ISBN 978-0-364-34624-2
PIBN 11006003

Journal

für die

reine und angewandte Mathematik.

In zwanglosen Heften.

Herausgegeben

von

A. L. Crelle.

Mit thätiger Beförderung hoher Königlich-Preufsischer Behörden.

Sechster Band,

In 4 Heften.

Mit 4 Kupfertafeln.

Berlin, 1830.
Bei G. Reimer.
Et se trouve à Paris chez Mr. Bachelier (successeur de Mme Ve Courcier),
Libraire pour les Mathématiques etc. Quai des Augustins No. 55.

Inhaltsverzeichniſs
des sechsten Bandes, nach den Gegenständen.

I. Reine Mathematik.

1. Analysis.

2. Geometrie.

II. Angewandte Mathematik.

Aufgaben und Lehrsätze.

1.
Theorie der Potenzial- oder cyklisch-hyperbolischen Functionen.

(Von Herrn Pr. *Gudermann* zu Cleve.)

Die cyklischen (trigonometrischen, goniometrischen) oder auch Kreis-Functionen gehören bekanntlich der analytischen Geometrie nicht ausschliefslich zu, sondern auch die reine Analysis entwickelt das Wesen derselben auf eine ihr eigenthümliche Weise; sie behält aber die Benennungen dieser Functionen sammt ihren Bezeichnungen bei, und macht von ihnen häufig einen nicht unwichtigen Gebrauch auch da, wo von Winkeln und überhaupt Raumverhältnissen nicht die Rede ist. Die höhere Arithmetik zumal bedient sich dieser Functionen, um vermittelst derselben Integrale auszudrücken, deren Werthe sonst aus ungeschlossenen Reihen berechnet werden müfsten, die aber oft divergiren oder doch so langsam convergiren, dafs zur Bestimmung numerischer Werthe kein unmittelbarer Gebrauch von ihnen gemacht werden kann; selbst im Falle gewünschter Convergenz würde die Benutzung der Reihen in angegebener Art den Rechner ermüden. Daher hat man Tafeln für die zusammengehörigen Werthe dieser Functionen oder doch ihrer Logarithmen angefertigt, durch deren Benutzung die Schwierigkeiten des Gebrauches der Reihen in Rechnungen mit bestimmten Zahlen umgangen werden.

Aber ein durch cyklische Functionen ausgedrücktes Integral (dasselbe gilt überhaupt von arithmetischen Ausdrücken, welche cyklische Functionen enthalten) kann in der Form, in der es aufgestellt worden ist, nicht immer in Anwendung kommen, weil die darin vorkommenden Gröfsen (häufig schon die Constanten allein) bewirken können, dafs die cyklischen Functionen imaginär werden, obgleich das Integral selbst einen reellen Werth hat. In einem solchen Falle pflegte das Integral umgeformt zu werden, damit es logarithmische Functionen statt der früheren cyklischen enthielt, worauf es dann in einer reellen, aber fast durchgehends unbequemeren Gestalt erschien, die aber geduldet werden mufste, weil sie die einzig zulässige war, obgleich das Integral für andere Werthe der in ihm vorkommenden Gröfsen, welche den Gebrauch der cyklischen Functionen zulassen, in Gemäfsheit bekannter Beziehungen, welche unter solchen Functionen Statt finden, vielfach umgeformt werden konnte.

Das Streben, diese lästigen Beschränkungen zu heben und die Vielseitigkeit der Analysis hier zu retten, wie auch eine gröfsere Gleichmäfsigkeit des Verfahrens herbeizuführen, leitete zu der Idee von Functionen, welche statt der bisher üblichen logarithmischen, oder auch Exponenzial-Functionen, dann eintreten sollen, wenn die Kreisfunctionen ihre unter anderen Umständen nützlichen Dienste versagen, und welche im Gegensatze zu ihnen **hyperbolische** genannt worden sind.

Die Benennung rührt von der gleichseitigen Hyperbel her, welche unter den Hyperbeln überhaupt ungefähr das ist, was der Kreis unter den Ellipsen.

Strenger genommen, sind aber diese hyperbolischen Functionen, wenn man auf ihren mit denen des Kreises fast gleichen analytischen Ursprung sieht, kaum neue Functionen zu nennen; wenigstens machen ihre Arten mit den eben so vielen des Kreises ein einziges Geschlecht aus, welches das der **Potenzial-Functionen** genannt werden mag.

Durch den Gebrauch der hyperbolischen Functionen werden die vorhin genannten Übelstände gehoben, und es ist mit ihrer Einführung in die Analysis, worauf sie ein gleiches, wenn nicht noch gröfseres Recht als die cyklischen Functionen haben, die gröfste Mannigfaltigkeit von neuen Formen arithmetischer Ausdrücke, welche nach zu entwerfenden Regeln leicht umgebildet werden können, gegeben; Ausdrücke mit imaginären cyklischen Functionen, welchen ein reeller Werth zukommt, bedürfen bei ihrer Anwendung keiner Umrechnung mehr, um diesen Werth zu erkennen; endlich hat dadurch die Einheit des Verfahrens eine allgemeine Geltung erhalten. Das Rechnen mit den hyperbolischen Functionen bildet überhaupt einen vollkommenen Parallelismus zu den Rechnungsweisen mit den cyklischen, der durch die gewählte Terminologie und Bezeichnung *) überall kenntlich wird und dem Gedächtnisse bei der Bewahrung

---

*) Ähnlich den cyklischen Functionen: $\cos x$, $\sin x$, $\operatorname{tang} x$, $\cot x$, $\operatorname{arc}(\sin = z)$, $\operatorname{arc}(\cos = z)$, $\operatorname{arc}(\operatorname{tang} = z)$, $\operatorname{arc}(\cot = z)$, sind die hyperbolischen Functionen bezeichnet durch 𝔈𝔬𝔰 x, 𝔖𝔦𝔫 x, 𝔗𝔞𝔫𝔤 x, 𝔈𝔬𝔱 x, 𝔄𝔯𝔠 (𝔖𝔦𝔫 $= x$) etc. Wem diese deutschen Vorsylben, welche den Gegensatz aber noch mehr ausdrücken, misfallen, der kann dafür lateinische Vorsylben mit grofsen Anfangsbuchstaben nehmen.

der am häufigsten vorkommenden Beziehungen zu nicht geringer Erleichterung dient.

Da nach einiger Übung das Rechnen mit den hyperbolischen Functionen noch bequemer von Statten geht, als das mit den cyklischen, und man in jedem Augenblicke von jenen auf diese überspringen kann, so fühlt man sich geneigt, mit ihnen fast ausschliefslich zu rechnen, wenn man im Gebiete der allgemeinen Arithmetik ist, und zwar aus ähnlichem Grunde, aus welchem man umgekehrt in trigonometrischen, die Vorstellung eines Winkels mit sich führenden Betrachtungen nicht zu den hyperbolischen Functionen greifen, sondern die Rechnung mit den cyklischen anlegen und durchführen wird.

Offenbar besteht aber die erwähnte Einfachheit und Leichtigkeit der Rechnung mit hyperbolischen Functionen nur im analytischen Sinne, d. h. so lange die Werthe dieser Functionen entweder unbestimmt oder unbekannt sind, und durch sie ist wenig erreicht, wenn man nicht im Stande ist, die bestimmten Werthe der hyperbolischen Functionen für eine als ihren Arcus gegebene Zahl, und umgekehrt diesen aus jenen nach einer sich gleich bleibenden und insofern allgemeinen Methode ohne viele Mühe mit einem befriedigenden Grade der Genauigkeit in der Form von Decimalbrüchen anzugeben.

Aber diese allerdings sehr erhebliche Schwierigkeit, welche sich der Einführung der hyperbolischen Functionen und ihrem Gebrauche in der Analysis, wenn er reellen Nutzen haben soll, entgegenstellte, und wodurch diese sonst sehr einfache Idee bisher mag vereitelt worden sein, hat der Verfasser durch eine ungewöhnliche Anstrengung gehoben, indem er Tafeln von bedeutendem Umfange angefertigt hat, welche ziemlich eben so für die Rechnungen mit den hyperbolischen Functionen zu gebrauchen sind, wie die sogenannten logarithmisch-trigonometrischen Tafeln zur Realisirung der Werthe der cyklischen Functionen täglich in Anwendung kommen. Nur die lebhafte Vorstellung des durch diese Tabellen zu stiftenden Nutzens konnte dem Verfasser den nöthigen Muth und die erforderliche Ausdauer geben und den Überdrufs vermindern, welchen der bei solchen Arbeiten nothwendige Mechanismus erzeugt. Was würde die Trigonometrie ohne trigonometrische Tafeln, was würde eine Theorie der hyperbolischen Functionen ohne Tabellen für ihre Werthe oder die Werthe ihrer Logarithmen helfen?

Sämmtliche hyperbolische Functionen, deren vielseitiger nützlicher Gebrauch von Kennern der Analysis auch ohne die im Werke enthaltene Theorie der Potenzial-Functionen anerkannt werden wird *), sind sowohl in ihren Beziehungen zu einander als auch zu den cyklischen Functionen geometrisch auf mehr als eine Weise versinnlicht worden. In gedrängter Darstellung sind daher einige Curven behandelt worden, unter welchen die von dem Verfasser sogenannte Longitudinale und die allbekannte Kettenlinie durch ihre früher zum Theil unbekannten Eigenschaften einige Aufmerksamkeit auf sich ziehen werden.

Die Theorie der Potenzial-Functionen welche hier geboten wird, macht nicht auf eine solche Vollständigkeit Anspruch, dafs alle einschlägige Fragen darin beantwortet wären; Vieles, was der Scharfsinn der Analytiker in Hinsicht auf die cyklischen Functionen fand, hätte noch aufgenommen und auf die hyperbolischen Functionen unter nöthigen Abänderungen übertragen werden können. Auch in der Aufnahme des Eigenen hat häufig eine Beschränkung Statt gefunden, und es ist selbst ein ganzer Abschnitt weggelassen worden, welcher Reihen enthält, nach welchen bei gleichen Arcus die hyperbolischen Functionen aus den cyklischen, und umgekehrt diese aus jenen zu berechnen wären, weil der Nutzen zu gering schien, obgleich die Reihen selbst zum Theil wegen der Gesetze ihres Fortschrittes anziehend sein mögen. Statt dessen ist aber der Theorie ein Anhang beigegeben worden, welcher zwar den anfänglich beabsichtigten Umfang überschritten hat, aber dafür Dinge behandelt, die in einer mehr oder minder nahen Beziehung zu dem in der Theorie Behandelten stehen, und welcher auch, abgesehen davon, vielleicht nicht überall als unwillkommen erscheinen möchte.

---

*) Schon Lambert erkannte den Nutzen der hyperbolischen Functionen.
Anm. d Verf.

Erster Abschnitt.
Von den Potenzial-Functionen überhaupt.

§. 1.

Die Potenz u^x kann in der Form einer zweitheiligen Gröfse $P+Q$ dergestalt angegegeben werden, dafs auch ihr reciproker Werth $\frac{1}{u^x}$ oder u^{-x} dieselben Theile P und Q hat, nur dafs der zweite Theil Q das entgegengesetzte Zeichen erhält. Setzt man in der That:

$$1.\quad u^x = P+Q,\quad u^{-x} = P-Q,$$

so findet man rückwärts für die Theile P und Q die beiden folgenden Ausdrücke:

$$2.\quad P = \frac{u^x+u^{-x}}{2} \text{ und } Q = \frac{u^x-u^{-x}}{2}.$$

Da die Gröfsen P und Q mit den Potenzen u^x und u^{-x} auf eine sehr einfache Weise zusammenhängen, so mögen sie **Potenzial-Functionen** heifsen. Sie sind in der That Functionen des gemeinschaftlichen Grundfactors u und des Exponenten x der beiden Potenzen.

Die Multiplication der Gleichungen (1.) führt zu der Gleichung:

$$3.\quad P^2 - Q^2 = 1,$$

woraus man sieht, dafs die beiden Potenzial-Functionen P und Q dergestalt von einander abhängen, dafs man aus dem Werthe der einen den der anderen berechnen kann, ohne den Grundfactor u und den Exponenten x zu kennen.

Die Function $P=\frac{u^x+u^{-x}}{2}$ heifse der **Cosinus** der Zahl x für die Grundzahl u und eben so die Function $Q=\frac{u^x-u^{-x}}{2}$ der **Sinus** der Zahl x für die Grundzahl u. Die Bezeichnung mag folgende sein:

$$4.\quad \text{Cos}(x,u) = \frac{u^x+u^{-x}}{2} \text{ und } \text{Sin}(x,u) = \frac{u^x-u^{-x}}{2}.$$

Die den gegenseitigen Zusammenhang zwischen dem Cosinus und Sinus ausdrückende Gleichung ist dann:

$$5.\quad \text{Cos}(x,u)^2 - \text{Sin}(x,u)^2 = 1.$$

§. 2.

Bekanntlich kann man die Potenz u^x nach Potenzen des Exponenten x entwickeln, und wenn $\log u$ den natürlichen Logarithmen von u bezeichnet, so hat man:

$$u^x = 1 + \frac{(x\log u)^1}{1} + \frac{(x\log u)^2}{1.2} + \frac{(x\log u)^3}{1.2.3} \ldots + \frac{(x\log u)^\alpha}{1.2.3\ldots\alpha} + \ldots$$

welche Reihe zwar nie abbricht, aber doch immer convergirt, welche Werthe man auch für x und u in Rechnung bringen mag.

Zur Abkürzung mag weiter gesetzt werden: $0' = 1$; $1' = 1$; $2' = 1.2$; $3' = 1.2.3$; $\alpha' = 1.2.\ldots\alpha$; und $(2+3)' = 5' = 1.2.3.4.5$ Es wird dann die an diesen Beispielen gezeigte Art der Bezeichnung im Nachfolgenden festgehalten werden. Man kann dann ferner die ganze Reihe einfacher also darstellen:

$$u^x = S\frac{(x\log u)^\alpha}{\alpha'} \quad \text{und} \quad u^{-x} = S(-1)^\alpha.\frac{(x\log u)^\alpha}{\alpha'},$$

so dafs das dem allgemeinen Gliede vorgesetzte **Summenzeichen** S sich auf die veränderliche positive ganze Zahl α bezieht und die Forderung enthält, dafs man für α nach einander die Werthe $\alpha = 0, 1, 2, 3,$ etc. zu setzen, und die durch solche Specialisirung des allgemeinen Gliedes erhaltenen besonderen Glieder zu addiren hat.

Nimmt man für u die Grundzahl e des natürlichen Logarithmensystems, so ist $\log u = e = 1$, und die Reihen werden dann einfacher:

$$e^x = S\frac{x^\alpha}{\alpha'} \quad \text{und} \quad e^{-x} = S(-1)^\alpha\frac{x^\alpha}{\alpha'}.$$

Die sich auf die Grundzahl e beziehenden Potenzial-Functionen heifsen **natürliche**, und in ihrer Bezeichnung darf diese Grundzahl der Kürze wegen wegbleiben; so dafs also

$$\mathfrak{Cos}(x,e) = \mathfrak{Cos}\,x \quad \text{und} \quad \mathfrak{Sin}(x,e) = \mathfrak{Sin}\,x.$$

Die Grundformeln sind dann folgende:

$$e^x = \mathfrak{Cos}\,x + \mathfrak{Sin}\,x;\quad e^{-x} = \mathfrak{Cos}\,x - \mathfrak{Sin}\,x;\quad \mathfrak{Cos}\,x = \frac{e^x + e^{-x}}{2};\quad \mathfrak{Sin}\,x = \frac{e^x - e^{-x}}{2}.$$

Die Reihen für den natürlichen Cosinus und Sinus sind weiter:

$$\mathfrak{Cos}\,x = \left(1 + \frac{x^2}{2'} + \frac{x^4}{4'} + \frac{x^6}{6'} \ldots\right) = S\frac{x^{2\alpha}}{(2\alpha)'},$$

$$\mathfrak{Sin}\,x = \left(x + \frac{x^3}{3'} + \frac{x^5}{5'} + \frac{x^7}{7'} \ldots\right) = S\frac{x^{2\alpha+1}}{(2\alpha+1)'}.$$

In Anwendung dieser Reihen findet man am leichtesten für $x = 1$ die beiden Werthe:

$$\mathfrak{Cos}\,1 = 1{,}54308\ 06348\ 15243\ 77847\ 79053,$$

$$\mathfrak{Sin}\,1 = 1{,}17520\ 11936\ 43801\ 45688\ 23812.$$

Da nun $e = \mathfrak{Cos}\,1 + \mathfrak{Sin}\,1$ und $e^{-1} = \mathfrak{Cos}\,1 - \mathfrak{Sin}\,1$ ist, so findet man hieraus leicht

$$e = 2{,}71828\ 18284\ 59045\ 23536\ 02865,$$
$$\frac{1}{e} = 0{,}36787\ 94411\ 71442\ 32159\ 55241\ ^{*}).$$

§. 3.

Dividirt man den Sinus einer Zahl durch ihren Cosinus, wobei aber beide Functionen auf dieselbe Grundzahl bezogen werden, so heifse der Quotient die Tangente jener Zahl: in Zeichen:

$$1.\quad \mathrm{Tang}(x,u) = \frac{\mathrm{Sin}(x,u)}{\mathrm{Cos}(x,u)} \quad \text{und} \quad \mathrm{Tang}\,x = \frac{\mathrm{Sin}\,x}{\mathrm{Cos}\,x}.$$

Wird umgekehrt bei einerlei Grundzahl der Cosinus einer Zahl durch ihren Sinus dividirt, so heifse der Quotient die Cotangente dieser Zahl; oder in Zeichen:

$$2.\quad \mathrm{Cot}(x,u) = \frac{\mathrm{Cos}(x,u)}{\mathrm{Sin}(x,u)} \quad \text{und} \quad \mathrm{Cot}\,x = \frac{\mathrm{Cos}\,x}{\mathrm{Sin}\,x}.$$

Die Tangenten und Cotangenten sind also abgeleitete Potenzial-Functionen, und zwar ist:

$$\mathrm{Tang}(x,u) = \frac{u^x - u^{-x}}{u^x + u^{-x}} \quad \text{und} \quad \mathrm{Cot}(x,u) = \frac{u^x + u^{-x}}{u^x - u^{-x}},$$

so wie:

$$\mathrm{Tang}\,x = \frac{e^x - e^{-x}}{e^x + e^{-x}} \quad \text{und} \quad \mathrm{Cot}\,x = \frac{e^x + e^{-x}}{e^x - e^{-x}}.$$

Aus diesen Bestimmungen des Wesens der vier Potenzial-Functionen und aus der Gleichung $\mathrm{Cos}\,x^2 - \mathrm{Sin}\,x^2 = 1$ folgen noch leicht nachstehende Formeln:

$$\begin{array}{lcl} \mathrm{Sin} - x = -\mathrm{Sin}\,x & & \mathrm{Tang}\,x.\mathrm{Cot}\,x = 1 \\ \mathrm{Cos} - x = +\mathrm{Cos}\,x & \text{und} & 1 - \mathrm{Tang}\,x^2 = \frac{1}{\mathrm{Cos}\,x^2} \\ \mathrm{Tang} - x = -\mathrm{Tang}\,x & & \\ \mathrm{Cot} - x = -\mathrm{Cot}\,x & & \mathrm{Cot}\,x^2 - 1 = \frac{1}{\mathrm{Sin}\,x^2} \end{array}$$

wodurch der gegenseitige Zusammenhang unter den vier Arten der Potenzial-Functionen zur Genüge ausgedrückt wird. Für $x = 0$ hat man endlich noch die besonderen Werthe:

$$\mathrm{Cos}\,0 = 1;\quad \mathrm{Sin}\,0 = 0;\quad \mathrm{Tang}\,0 = 0 \quad \text{und} \quad \mathrm{Cot}\,0 = \tfrac{1}{0}.$$

---

*) Der hier und im Nachfolgenden vorkommende Gebrauch des dem allgemeinen Gliede einer Reihe vorgesetzten und sich auf gewisse veränderliche, im allgemeinen Gliede vorkommende positive ganze Zahlen α, β, γ, δ, etc., welche auch zuweilen gewissen Bedingungsgleichungen genügen müssen, beziehenden Summenzeichens S wird leicht begriffen; Weiteres darüber findet man in Rothe's Theorie combinatorischer Integrale. Das von ihm vorgeschlagene Zeichen Σ ist aber hier in S abgeändert worden, weil jenes Zeichen nach dem allgemeinsten Gebrauche einen Rückgang von der Differenz einer Function zu der Function selbst oder eine Integration der Differenz vorschreibt, und namentlich, nach der Bezeichnung Euler's: $Sy = \Sigma y + y +$ const. ist

§. 4.

Die auf eine Grundzahl u bezogenen Potenzial-Functionen lassen sich leicht in natürliche verwandeln; denn da $u^x = e^{x \log u}$ ist, so hat man:

$$\frac{u^x + u^{-x}}{2} = \frac{e^{x \log u} + e^{-x \log u}}{2},$$

$$\frac{u^x - u^{-x}}{2} = \frac{e^{x \log u} - e^{-x \log u}}{2},$$

oder einfacher:

1. $\mathfrak{Cos}(x, u) = \mathfrak{Cos}(x \log u)$ und $\mathfrak{Sin}(x, u) = \mathfrak{Sin}(x \log u)$.

Hieraus findet man ferner für die Tangenten und Cotangenten die Formeln:

2. $\mathfrak{Tang}(x, u) = \mathfrak{Tang}(x . \log u)$ und $\mathfrak{Cot}(x, u) = \mathfrak{Cot}(x . \log u)$.

Da also die Zurückführung aller Potenzial-Functionen einer Zahl auf natürliche so einfach ist und nur eine Multiplication der Zahl verlangt, so brauchen die ferneren Verhandlungen sich fast nur über die natürlichen Potenzial-Functionen zu verbreiten.

§. 5.

Stellt man sich die Beziehungen, welche zwischen den Potenzial-Functionen und ihrem Argumente Statt finden, umgekehrt vor, so heifst dieses Argument der Arcus der gegebenen Potenzial-Function, welche man als Argument dient. In Zeichen wird solche Umkehrung ausgedrückt, wie folgt:

1.
$$\begin{cases} \text{Ist } \mathfrak{Cos}\, x = z, \text{ so ist } x = \mathfrak{Arc}(\mathfrak{Cos} = z). \\ \text{Ist } \mathfrak{Sin}\, x = z, \text{ so ist } x = \mathfrak{Arc}(\mathfrak{Sin} = z). \\ \text{Ist } \mathfrak{Tang}\, x = z, \text{ so ist } x = \mathfrak{Arc}(\mathfrak{Tang} = z). \\ \text{Ist } \mathfrak{Cot}\, x = z, \text{ so ist } x = \mathfrak{Arc}(\mathfrak{Cot} = z). \end{cases}$$

Man kann in Anwendung dieser Bezeichnung geschlossene arithmetische Ausdrücke angeben, welche zur Berechnung der Arcus aus den Functionen Cosinus, Sinus, Tangente und Cotangente dienen. Es folgt nemlich aus den Formeln

$$e^x = \mathfrak{Cos}\, x + \mathfrak{Sin}\, x \quad \text{und} \quad e^{-x} = \mathfrak{Cos}\, x - \mathfrak{Sin}\, x,$$

indem man die natürlichen Logarithmen nimmt:

$$x = \log(\mathfrak{Cos}\, x + \mathfrak{Sin}\, x) \quad \text{und} \quad -x = \log(\mathfrak{Cos}\, x - \mathfrak{Sin}\, x).$$

Setzt man daher $\mathfrak{Cos}\, x = z$, so ist $\mathfrak{Sin}\, x = \sqrt{(z^2 - 1)}$, und also

2. $\mathfrak{Arc}(\mathfrak{Cos} = z) = \log(z + \sqrt{(z^2 - 1)}) = -\log(z - \sqrt{(z^2 - 1)})$.

Setzt man aber $\mathfrak{Sin}\, x = z$, so ist $\mathfrak{Cos}\, x = \sqrt{(z^2 + 1)}$, und also

3. $\mathfrak{Arc}(\mathfrak{Sin} = z) = \log(\sqrt{(z^2 + 1)} + z) = -\log(\sqrt{(z^2 + 1)} - z)$.

Weil man weiter $x = \frac{1}{2}\log\left(\frac{\text{Cos}\,x + \text{Sin}\,x}{\text{Cos}\,x + \text{Sin}\,x}\right) = \frac{1}{2}\log\left(\frac{1+\text{Tang}\,x}{1-\text{Tang}\,x}\right)$ hat, so setze man $\text{Tang}\,x = z$, und man erhält:

$$7.\quad \text{Arc}(\text{Tang} = z) = \tfrac{1}{2}\log\left(\frac{1+z}{1-z}\right) = \log\sqrt{\frac{1+z}{1-z}}.$$

Die letzte Formel kann man auch in der nur wenig veränderten Form:

$$\text{Arc}(\text{Tang} = 1-v) = \tfrac{1}{2}\log\left(\frac{2-v}{v}\right) = \tfrac{1}{2}\log\left(\frac{2}{v} - 1\right)$$

darstellen, in der sie zu einer künftigen Entwickelung vorbereitet ist.

Zweiter Abschnitt.

Eintheilung der Potenzial-Functionen in zwei Geschlechte mit gleich vielen Arten.

§. 6.

Die Potenzial-Functionen können sowohl auf mögliche als auf unmögliche Arcus bezogen werden. Die Einheit der möglichen ist ± 1, die Einheit der unmöglichen $\pm\sqrt{-1}$.

Zunächst giebt die Zurückführung auf natürliche Potenzial-Functionen:

$$\text{Cos}(x\sqrt{-1}, u) = \text{Cos}((x\log u).\sqrt{-1}),$$
$$\text{Sin}(x\sqrt{-1}, u) = \text{Sin}((x\log u).\sqrt{-1}).$$

Um aber die natürlichen Cosinus und Sinus genauer zu erforschen, dienen die im §. 2. angegebenen Reihen; man findet:

$$\text{Cos}(x\sqrt{-1}) = S\frac{(x\sqrt{-1})^{2a}}{2a'} = S(-1)^a\frac{x^{2a}}{(2a)'},$$
$$\text{Sin}(x\sqrt{-1}) = S\frac{(x\sqrt{-1})^{2a+1}}{(2a+1)'} = \left(S(-1)^a\frac{x^{2a+1}}{(2a+1)'}\right).\sqrt{-1},$$

und da

$e^{x\sqrt{-1}} = \text{Cos}(x\sqrt{-1}) + \text{Sin}(x\sqrt{-1})$ und $e^{-x\sqrt{-1}} = \text{Cos}(x\sqrt{-1}) - \text{Sin}(x\sqrt{-1})$

ist, so hat man die beiden Formeln:

$$e^{x\sqrt{-1}} = P + Q\sqrt{-1},$$
$$e^{-x\sqrt{-1}} = P - Q\sqrt{-1},$$

so dass die beiden Reihen $P = S(-1)^a.\frac{x^{2a}}{(2a)'}$ und $Q = S(-1)^a.\frac{x^{2a+1}}{(2a+1)'}$ nicht mehr imaginär sind, oder $\sqrt{-1}$ nicht mehr enthalten.

Die jetzige Reihe P heisse wieder der Cosinus und die Reihe Q der Sinus von x, nur werden sie mit lateinischen Vorsilben, welche kleine Anfangsbuchstaben führen, zur auffallenderen Unterscheidung bezeichnet; also:

$$\cos x = \left(1 - \frac{x^2}{2'} + \frac{x^4}{4'} - \frac{x^6}{6'} + \frac{x^8}{8'} \ldots\right) = S(-1)^a \frac{x^{2a}}{2a'},$$

$$\sin x = \left(x - \frac{x^3}{3'} + \frac{x^5}{5'} - \frac{x^7}{7'} + \frac{x^9}{9'} \ldots\right) = S(-1)^a \frac{x^{2a+1}}{(2a+1)'}.$$

Man hat also $\mathfrak{Cos}(x\sqrt{-1}) = \cos x$ und $\mathfrak{Sin}(x\sqrt{-1}) = (\sin x).\sqrt{-1}$. Aber auch umgekehrt hat man $\cos(x\sqrt{-1}) = \mathfrak{Cos}\, x$ und $\sin(x\sqrt{-1}) = (\mathfrak{Sin}\, x).\sqrt{-1}$. Will man für die Functionen $\cos x$ und $\sin x$ geschlossene Ausdrücke haben, so leitet man aus den Gleichungen $e^{x\sqrt{-1}} = \cos x + \sin x.\sqrt{-1}$ und $e^{-x\sqrt{-1}} = \cos x - \sin x \sqrt{-1}$ leicht die beiden folgenden Ausdrücke her:

$$\cos x = \frac{e^{x\sqrt{-1}} + e^{-x\sqrt{-1}}}{2} \quad \text{und} \quad \sin x = \frac{e^{x\sqrt{-1}} - e^{-x\sqrt{-1}}}{2\sqrt{-1}}.$$

Um nun die Functionen $\mathfrak{Cos}\, x$ und $\mathfrak{Sin}\, x$ unter der Annahme, daſs x möglich sei, von den Functionen $\cos x$ und $\sin x$ zu unterscheiden, mögen jene **hyperbolische**, diese hingegen **cyklische** Potenzial Functionen heiſsen. Die Gründe dieser Benennungen werden später vorkommen. Auch die Tangenten und Cotangenten werden also unterschieden. Setzt man nemlich

$$\operatorname{tang} x = \frac{\sin x}{\cos x} \quad \text{und} \quad \cot x = \frac{\cos x}{\sin x}$$

als Bezeichnung der cyklischen Tangenten und Cotangenten fest, so findet man:

$$\mathfrak{Tang}(x\sqrt{-1}) = (\operatorname{tang} x).\sqrt{-1}, \qquad \operatorname{tang}(x\sqrt{-1}) = (\mathfrak{Tang}\, x).\sqrt{-1},$$

und eben so

$$\mathfrak{Cot}\,(x\sqrt{-1}) = \frac{\cot x}{\sqrt{-1}}, \qquad \cot\,(x\sqrt{-1}) = \frac{\mathfrak{Cot}\, x}{\sqrt{-1}},$$

so daſs also der Übergang von den hyperbolischen Functionen zu den cyklischen gleichförmig ist mit dem Rückgange von diesen zu jenen.

§. 7.

Die Multiplication der Gleichungen $e^{x\sqrt{-1}} = \cos x + \sin x \sqrt{-1}$ und $e^{-x\sqrt{-1}} = \cos x - \sin x \sqrt{-1}$ giebt die neue Formel:

$$\cos x^2 + \sin x^2 = 1.$$

dieselbe erhält man auch, wenn man in der ähnlichen früheren $\mathfrak{Cos}\, x^2 - \mathfrak{Sin}\, x^2 = 1$ für x nur $x\sqrt{-1}$ an die Stelle setzt, weil $(\mathfrak{Cos}\,(x\sqrt{-1}))^2 = (\cos x)^2$ und $(\mathfrak{Sin}\,(x\sqrt{-1}))^2 = ((\sin x).(\sqrt{-1}))^2 = -(\sin x)^2$ ist. Mit der so eben hergeleiteten Gleichung gehören noch die folgenden zusammen:

$$\operatorname{tang} x.\cot x = 1,$$

$$1 + \operatorname{tang} x^2 = \frac{1}{\cos x^2},$$

$$1 + \cot x^2 = \frac{1}{\sin x^2},$$

wodurch man in den Stand gesetzt wird, aus dem Werthe einer der vier Functionen $\cos x$, $\sin x$, $\tang x$ und $\cot x$ jedesmal die drei anderen zu berechnen.

Ferner hat man, wenn gesetzt wird:
$u^{x\sqrt{-1}} = \cos(x,u) + \sin(x,u)\sqrt{-1}$ und $u^{-x\sqrt{-1}} = \cos(x,u) - \sin(x,u)\sqrt{-1}$, die Formeln: $\cos(x,u) = \cos(x\log u)$ und $\sin(x,u) = \sin(x\log u)$; wie auch endlich $\mathfrak{Cos}(x\sqrt{-1},u) = \cos(x,u)$; $\mathfrak{Sin}(x\sqrt{-1},u) = \sin(x,u).\sqrt{-1}$, mit den umgekehrten Formeln:

$$\cos(x\sqrt{-1},u) = \mathfrak{Cos}(x,u) \text{ und } \sin(x\sqrt{-1},u) = \mathfrak{Sin}(x,u).\sqrt{-1}.$$

§. 8.

Zur Berechnung von $\cos x$ und $\sin x$ dienen die in §. 6. angegebenen Reihen, welche ebenfalls immer convergiren. Die Anwendung derselben ist am einfachsten für $x = 1$; man findet dann:

$$\cos 1 = 0,54030\ 23058\ 68039\ 71740\ 09367,$$
$$\sin 1 = 0,84147\ 09848\ 07896\ 50665\ 25024,$$

welche Werthe in die Gleichungen $e^{\sqrt{-1}} = \cos 1 + \sin 1.\sqrt{-1}$ und $e^{-\sqrt{-1}} = \cos 1 - \sin 1.\sqrt{-1}$ substituirt werden können.

Für $x = 0$ findet man, wie früher:

$$\cos 0 = 1;\quad \sin 0 = 0;\quad \tang 0 = 0 \text{ und } \cot 0 = \tfrac{1}{0}.$$

Stellt man sich die Beziehung zwischen den cyklischen Functionen und ihren Arcus umgekehrt vor, so hat man folgende Darstellungsweisen:

Ist $\cos x = z$, so ist $x = \text{arc}(\cos = z)$.
Ist $\sin x = z$, so ist $x = \text{arc}(\sin = z)$.
Ist $\tang x = z$, so ist $x = \text{arc}(\tang = z)$.
Ist $\cot x = z$, so ist $x = \text{arc}(\cot = z)$.

Die Arcus gegebener cyklischer Potenzial-Functionen lassen sich eben so wie die der hyperbolischen in geschlossenen Ausdrücken angeben. So hat man z. B.

$$\text{arc}(\tang = z) = \frac{1}{2\sqrt{-1}}\log\frac{1+z\sqrt{-1}}{1-z\sqrt{-1}}.$$

§. 9.

Die für $\mathfrak{Cos}\,x$ und $\mathfrak{Sin}\,x$ angegebenen Reihen geben unmittelbar zu erkennen, dafs die Werthe dieser beiden hyperbolischen Functionen immerfort wachsen, wenn der Arcus x zunimmt, und dafs sie also jeder auch noch so grofsen Zahl gleich werden können. Aber nur der (hyperbolische) Sinus $\mathfrak{Sin}\,x$ kann jede Kleinheit erreichen, denn für $x = 0$ ist er selbst Null, der Cosinus hingegen ist immer > 1, und nur für $x = 0$ ist er selbst $=1$. Auch bleibt der hyperbolische Cosinus einer Zahl immer grösser als ihr Sinus; denn da $\text{Cos}\,x^2 - \text{Sin}\,x^2 = 1$ ist, so ist $\text{Cos}\,x^2 > \text{Sin}\,x^2$, und also $\text{Cos}\,x > \text{Sin}\,x$.

Da weiter $\text{Tang}\,x = \frac{\text{Sin}\,x}{\text{Cos}\,x}$, so ist $\text{Tang}\,x$ immer <1; übrigens wird die hyperbolische Tangente eines Arcus immer grösser, wenn der Arcus wächst, welches durch die Formel $1 - \text{Tang}\,x^2 = \frac{1}{\text{Cos}\,x^2}$ klar wird; sie nähert sich also von Null an dem Werthe Eins, als einer unerreichbaren Grenze. Eben daher nehmen bei wachsendem Arcus die hyperbolischen Cotangenten von $\frac{1}{0}$ an immer ab, und nähern sich der Grenze Eins ebenfalls ins Unendliche.

Bei weitem schwieriger ist es, das Verhalten der cyklischen Functionen beim wachsenden Arcus im Allgemeinen anzugeben, da aus den Reihen für $\cos x$ und $\sin x$ nicht so leicht ihr Fallen und Steigen im Werthe erkannt wird, und aus der Gleichung $\cos x^2 + \sin x^2 = 1$ nicht zu ersehen ist, ob $\cos x >$ oder $< \sin x$ sei.

Schliesslich mögen noch einige Ausdrücke für die Potenzial-Functionen angegeben werden, welche bisweilen mit Nutzen zu gebrauchen sind. Setzt man nämlich $e^x = v$, so ist $e^{-x} = \frac{1}{v}$ und $x = \log v$. Werden diese Werthe substituirt, so hat man

$$\text{Cos}\log v = \frac{v^2+1}{2v},\quad \text{Sin}\log v = \frac{v^2-1}{2v},\quad \text{Tang}\log v = \frac{v^2-1}{v^2+1}.$$

Die Addition der beiden ersten Gleichungen giebt $\text{Cos}\log v + \text{Sin}\log v = v$, was auch anderweitig leicht erhellet.

Setzt man in der letzten Gleichung $v = \sqrt{(2w-1)}$, also $v^2 = 2w-1$, so erhält man

$$\text{Tang}\log\sqrt{(2w-1)} = 1 - \frac{1}{w}.$$

Leicht findet man auch die drei folgenden Formeln:

$$\text{Cos}\log\sqrt{\frac{1+w}{1-w}} = \frac{1}{\sqrt{(1-w^2)}};\quad \text{Sin}\log\sqrt{\frac{1+w}{1-w}} = \frac{w}{\sqrt{(1-w^2)}}\quad \text{und}$$

$$\text{Tang}\log\sqrt{\frac{1+w}{1-w}} = w.$$

Setzt man in den vorigen Formeln z. B. $v=2$, so findet man:

$$\text{Cos}\log 2 = \tfrac{5}{4};\quad \text{Sin}\log 2 = \tfrac{3}{4}\quad \text{und}\quad \text{Tang}\log 2 = \tfrac{3}{5},$$

als einfachste rationale Werthe der hyperbolischen Functionen; der Arcus ist aber:

$$\log 2 = 0.6931\ 4718\ 0559\ 9453\ 0941\ 7232\ 1214\ 5817\ 6568\ 0755\ldots.$$

Dritter Abschnitt.

Die einfachsten Beziehungen unter den Potenzial-Functionen verschiedener Arcus.

§. 10.

Für das gewöhnliche Rechnen mit den hyperbolischen und cyklischen Functionen ist es nothwendig, den Zusammenhang dieser Functionen bei einer Beziehung auf verschiedene Arcus zu kennen und in Formeln auszudrücken. Wird die Menge dieser Formeln nicht ohne Noth vergrößert, so können sie vom Gedächtnisse bewahrt werden.

Da $e^a = \text{Cos}\,a + \text{Sin}\,a$ und $e^b = \text{Cos}\,b + \text{Sin}\,b$ ist, so erhält man durch Multiplication:

$$e^{a+b} = \text{Cos}\,a.\text{Cos}\,b + \text{Sin}\,a.\text{Sin}\,b + \text{Sin}\,a.\text{Cos}\,b + \text{Cos}\,a.\text{Sin}\,b.$$

Eben so giebt die Multiplication der Gleichungen $e^{-a} = \text{Cos}\,a - \text{Sin}\,a$ und $e^{-b} = \text{Cos}\,b - \text{Sin}\,b$:

$$e^{-a-b} = \text{Cos}\,a.\text{Cos}\,b + \text{Sin}\,a.\text{Sin}\,b - \text{Sin}\,a.\text{Cos}\,b - \text{Cos}\,a.\text{Sin}\,b.$$

Da nun aber $\text{Cos}(a+b) = \frac{e^{a+b} + e^{-a-b}}{2}$ und $\text{Sin}(a+b) = \frac{e^{a+b} - e^{-a-b}}{2}$ ist, so findet man durch Substitution der vorhin entwickelten Producte die beiden Formeln:

1. $\text{Cos}(a+b) = \text{Cos}\,a.\text{Cos}\,b + \text{Sin}\,a.\text{Sin}\,b,$
2. $\text{Sin}(a+b) = \text{Sin}\,a.\text{Cos}\,b + \text{Cos}\,a.\text{Sin}\,b.$

Setzt man in diese Formeln $-b$ für b, so erhält man noch, da $\text{Cos}-b = \text{Cos}\,b$ und $\text{Sin}-b = -\text{Sin}\,b$ ist, die beiden Formeln:

3. $\text{Cos}(a-b) = \text{Cos}\,a.\text{Cos}\,b - \text{Sin}\,a.\text{Sin}\,b,$
4. $\text{Sin}(a-b) = \text{Sin}\,a.\text{Cos}\,b - \text{Cos}\,a.\text{Sin}\,b.$

Will man statt der hyperbolischen Functionen cyklische haben, so setze man nur in den erhaltenen vier Formeln $a\sqrt{-1}$ für a und zugleich $b\sqrt{-1}$ für b; die neuen Formeln sind dann:

5. $\cos(a+b) = \cos a \cos b - \sin a \sin b,$
6. $\sin(a+b) = \sin a \cos b + \cos a \sin b,$
7. $\cos(a-b) = \cos a \cos b + \sin a \sin b,$
8. $\sin(a-b) = \sin a \cos b - \cos a \sin b.$

Vermöge dieser acht Formeln kann man aus den bekannten Sinus und Cosinus zweier Arcus den Sinus und Cosinus ihrer Summe und ihres Unterschiedes berechnen.

§. 11.

Man kann den so eben hergeleiteten Formeln auch folgende Gestalt

$$\mathfrak{Cos}(a \pm b) = \mathfrak{Cos}\,a.\mathfrak{Cos}\,b(1 \pm \mathfrak{Tang}\,a.\mathfrak{Tang}\,b),$$
$$\mathfrak{Sin}(a \pm b) = \mathfrak{Cos}\,a.\mathfrak{Cos}\,b(\mathfrak{Tang}\,a \pm \mathfrak{Tang}\,b),$$
$$\cos(a \pm b) = \cos a.\cos b(1 \pm \operatorname{tang} a.\operatorname{tang} b),$$
$$\sin(a \pm b) = \cos a.\cos b(\operatorname{tang} a \pm \operatorname{tang} b),$$

und durch Dividiren erhält man dann ferner die vier neuen Formeln:

$$\mathfrak{Tang}(a+b) = \frac{\mathfrak{Tang}\,a + \mathfrak{Tang}\,b}{1 + \mathfrak{Tang}\,a.\mathfrak{Tang}\,b}, \quad \operatorname{tang}(a+b) = \frac{\operatorname{tang} a + \operatorname{tang} b}{1 - \operatorname{tang} a.\operatorname{tang} b},$$
$$\mathfrak{Tang}(a-b) = \frac{\mathfrak{Tang}\,a - \mathfrak{Tang}\,b}{1 - \mathfrak{Tang}\,a.\mathfrak{Tang}\,b}, \quad \operatorname{tang}(a-b) = \frac{\operatorname{tang} a - \operatorname{tang} b}{1 + \operatorname{tang} a.\operatorname{tang} b}.$$

Aus den bekannten Tangenten zweier Arcus lassen sich nach diesen Formeln die Tangente ihrer Summe und die ihres Unterschiedes berechnen. Für die Cotangenten könnte man leicht ähnliche Formeln herleiten. Man hat übrigens noch die vier folgenden Formeln:

$$\mathfrak{Tang}\,a + \mathfrak{Tang}\,b = \frac{\mathfrak{Sin}(a+b)}{\mathfrak{Cos}\,a.\mathfrak{Cos}\,b}, \quad \operatorname{tang} a + \operatorname{tang} b = \frac{\sin(a+b)}{\cos a \cos b},$$
$$\mathfrak{Tang}\,a - \mathfrak{Tang}\,b = \frac{\mathfrak{Sin}(a-b)}{\mathfrak{Cos}\,a\ \mathfrak{Cos}\,b}, \quad \operatorname{tang} a - \operatorname{tang} b = \frac{\sin(a-b)}{\cos a \cos b}.$$

Die Summe und der Unterschied zweier Tangenten können hiernach immer in einen eingliedrigen Ausdruck umgesetzt werden.

§ 12.

Setzt man in früheren Formeln (des §. 10. $\frac{a}{2}$ sowohl für a als auch für b, so erhält man

1. $\mathfrak{Sin}\,a = 2\,\mathfrak{Sin}\frac{a}{2}\,\mathfrak{Cos}\frac{a}{2}$ und $\sin a = 2\sin\frac{a}{2}\cos\frac{a}{2}$,

2. $\mathfrak{Cos}\,a = \mathfrak{Cos}\frac{a^2}{2} + \mathfrak{Sin}\frac{a^2}{2}$ und $\cos a = \cos\frac{a^2}{2} - \sin\frac{a^2}{2}$,

3. $\mathfrak{Tang}\,a = \dfrac{2\,\mathfrak{Tang}\frac{a}{2}}{1 + \mathfrak{Tang}\frac{a^2}{2}}$ und $\operatorname{tang} a = \dfrac{2\operatorname{tang}\frac{a}{2}}{1 - \operatorname{tang}\frac{a^2}{2}}$

Die Formeln (2.) haben Ähnlichkeit mit den Formeln:

$$1 = \mathfrak{Cos}\frac{a^2}{2} - \mathfrak{Sin}\frac{a^2}{2} \quad \text{und} \quad 1 = \cos\frac{a^2}{2} + \sin\frac{a^2}{2},$$

und durch ihre Verbindung mit diesen erhält man die neuen Formeln:

4. $\mathfrak{Cos}\,a + 1 = 2\,\mathfrak{Cos}\frac{a^2}{2}$ und $1 + \cos a = 2\cos\frac{a^2}{2}$,

5. $\mathfrak{Cos}\,a - 1 = 2\,\mathfrak{Sin}\frac{a^2}{2}$ und $1 - \cos a = 2\sin\frac{a^2}{2}$.

Durch Division erhält man hieraus weiter:

$$6.\quad \mathfrak{Tang}\frac{a}{2} = \sqrt{\frac{\mathfrak{Cos}\,a-1}{\mathfrak{Cos}\,a+1}} \quad \text{und} \quad \operatorname{tang}\frac{a}{2} = \sqrt{\frac{1-\cos a}{1+\cos a}}.$$

Macht man die Zähler oder auch die Nenner der letzten Ausdrücke rational, so entstehen die umgeformten Ausdrücke:

$$7.\quad \mathfrak{Tang}\frac{a}{2} = \frac{\mathfrak{Sin}\,a}{\mathfrak{Cos}\,a+1} = \frac{\mathfrak{Cos}\,a-1}{\mathfrak{Sin}\,a}, \quad \text{und} \quad \operatorname{tang}\frac{a}{2} = \frac{\sin a}{1+\cos a} = \frac{1-\cos a}{\sin a}$$

Diese Ausdrücke lassen sich auch auf folgende Weise darstellen:

$$8.\quad \mathfrak{Tang}\frac{a}{2} = \mathfrak{Cot}\,a - \frac{1}{\mathfrak{Sin}\,a} \qquad \operatorname{tang}\frac{a}{2} = \frac{1}{\sin a} - \cot a$$

$$9.\quad \mathfrak{Cot}\frac{a}{2} = \mathfrak{Cot}\,a + \frac{1}{\mathfrak{Sin}\,a} \qquad \cot\frac{a}{2} = \frac{1}{\sin a} + \cot a.$$

Durch Addition und Subtraction erhält man hieraus ferner:

$$10.\quad \mathfrak{Cot}\frac{a}{2} - \mathfrak{Tang}\frac{a}{2} = \frac{2}{\mathfrak{Sin}\,a}, \qquad \cot\frac{a}{2} + \operatorname{tang}\frac{a}{2} = \frac{2}{\sin a},$$

$$11.\quad \mathfrak{Cot}\frac{a}{2} + \mathfrak{Tang}\frac{a}{2} = 2\,\mathfrak{Cot}\,a \qquad \cot\frac{a}{2} - \operatorname{tang}\frac{a}{2} = 2\cot a$$

Endlich giebt die Umkehrung der Formeln (6.) die neuen:

$$12.\quad \mathfrak{Cos}\,a = \frac{1+\mathfrak{Tang}\frac{a^2}{2}}{1-\mathfrak{Tang}\frac{a^2}{2}} \quad \text{und} \quad \cos a = \frac{1-\operatorname{tang}\frac{a^2}{2}}{1+\operatorname{tang}\frac{a^2}{2}}.$$

§. 13.

Producte von $\mathfrak{Sinus}$ und $\mathfrak{Cosinus}$ lassen sich in Summen und Unterschiede solcher Functionen, und umgekehrt diese in jene umsetzen. Dazu dienen die Formeln:

$$\mathfrak{Cos}\,a.\mathfrak{Cos}\,b = \tfrac{1}{2}\mathfrak{Cos}(a+b) + \tfrac{1}{2}\mathfrak{Cos}(a-b) \qquad \cos a.\cos b = \tfrac{1}{2}\cos(a-b) + \tfrac{1}{2}\cos(a+b),$$

$$\mathfrak{Sin}\,a.\mathfrak{Sin}\,b = \tfrac{1}{2}\mathfrak{Cos}(a+b) - \tfrac{1}{2}\mathfrak{Cos}(a-b) \qquad \sin a.\sin b = \tfrac{1}{2}\cos(a-b) - \tfrac{1}{2}\cos(a+b),$$

$$\mathfrak{Sin}\,a.\mathfrak{Cos}\,b = \tfrac{1}{2}\mathfrak{Sin}(a+b) + \tfrac{1}{2}\mathfrak{Sin}(a-b) \quad \text{und} \quad \sin a.\cos b = \tfrac{1}{2}\sin(a+b) + \tfrac{1}{2}\sin(a-b),$$

$$\mathfrak{Cos}\,a.\mathfrak{Sin}\,b = \tfrac{1}{2}\mathfrak{Sin}(a+b) - \tfrac{1}{2}\mathfrak{Sin}(a-b) \qquad \cos a.\sin b = \tfrac{1}{2}\sin(a+b) - \tfrac{1}{2}\sin(a-b),$$

welche durch die einfachsten Verbindungen der Formeln des §. 10. gewonnen werden. Setzt man hierin weiter $\frac{a+b}{2}$ für a und $\frac{a-b}{2}$ für b, so erhält man noch:

$$\mathfrak{Cos}\,a + \mathfrak{Cos}\,b = 2\,\mathfrak{Cos}\frac{a+b}{2}.\mathfrak{Cos}\frac{a-b}{2} \qquad \cos b + \cos a = 2\cos\frac{a+b}{2}.\cos\frac{a-b}{2},$$

$$\mathfrak{Cos}\,a - \mathfrak{Cos}\,b = 2\,\mathfrak{Sin}\frac{a+b}{2}.\mathfrak{Sin}\frac{a-b}{2} \qquad \cos b - \cos a = 2\sin\frac{a+b}{2}.\sin\frac{a-b}{2},$$

$$\mathfrak{Sin}\,a + \mathfrak{Sin}\,b = 2\,\mathfrak{Sin}\frac{a+b}{2}.\mathfrak{Cos}\frac{a-b}{2} \quad \text{und} \quad \sin a + \sin b = 2\sin\frac{a+b}{2}.\cos\frac{a-b}{2},$$

$$\mathfrak{Sin}\,a - \mathfrak{Sin}\,b = 2\,\mathfrak{Cos}\frac{a+b}{2}.\mathfrak{Sin}\frac{a-b}{2} \qquad \sin a - \sin b = 2\cos\frac{a+b}{2}.\sin\frac{a-b}{2}.$$

Aus diesen Formeln können wieder neue abgeleitet werden; unter andern:

$$\mathfrak{Cos}\, a^2 - \mathfrak{Cos}\, b^2 = \mathfrak{Sin}\, a^2 - \mathfrak{Sin}\, b^2 = \mathfrak{Sin}(a+b).\mathfrak{Sin}(a-b),$$
$$\cos b^2 - \cos a^2 = \sin a^2 - \sin b^2 = \sin(a+b).\sin(a-b).$$

§. 14.

Der Gleichung $\sin k^2 + \cos k^2 = 1$ gemäfs, nimmt der Werth des cyklischen Cosinus ab, wenn der cyklische Sinus zunimmt, und umgekehrt. Da ferner, ungeachtet der ins Unendliche fortgesetzten Vergröfserung des Arcus k, die Functionen $\sin k$ und $\cos k$ im Werthe nie mehr betragen als ± 1, so entsteht die Vermuthung, dafs zu verschiedenen Arcus nicht immer verschiedene Sinus und Cosinus gehören, und auch, dafs es einen oder mehr Arcus geben werde, deren Sinus so grofs sind, als ihre Cosinus. Stellt k den kleinsten dieser Arcus vor, falls es deren mehr giebt, und setzt man $\sin k = \cos k$, so findet man

$$\sin k = \sqrt{\tfrac{1}{2}}, \text{ und also auch } \cos k = \sqrt{\tfrac{1}{2}}.$$

Das Vierfache dieser Zahl k, welche später berechnet wird, ist mit π bezeichnet worden, und man hat also:

$$\sin\frac{\pi}{4} = \cos\frac{\pi}{4} = \sqrt{\tfrac{1}{2}};$$

so wie

$$\mathfrak{Sin}\left(\frac{\pi}{4}\sqrt{-1}\right) = \sqrt{-\tfrac{1}{2}} \text{ und } \mathfrak{Cos}\left(\frac{\pi}{4}\sqrt{-1}\right) = \sqrt{\tfrac{1}{2}},$$

also auch

$$\tang\frac{\pi}{4} = 1 \text{ und } \mathfrak{Tang}\left(\frac{\pi}{4}\sqrt{-1}\right) = \sqrt{-1}.$$

Setzt man in der Formel $\cos a = \cos\frac{a^2}{2} - \sin\frac{a^2}{2}$, $2k$ oder $\frac{\pi}{2}$ an die Stelle von a, so erhält man $\cos\frac{\pi}{2} = 0$; und die Formel $\sin a = 2\sin\frac{a}{2}\cos\frac{a}{2}$ giebt $\sin\frac{\pi}{2} = +1$.

Setzt man in den so eben gebrauchten Formeln $a = \pi$, so findet man $\cos\pi = -1$ und $\sin\pi = 0$.

Wird weiter in den Formeln $\cos(a+b) = \cos a \cos b - \sin a \sin b$ und $\sin(a+b) = \sin a \cos b + \cos a \sin b$ für a gesetzt π, und für b gesetzt $\frac{\pi}{2}$, so findet man $\cos\frac{3}{2}\pi = 0$ und $\sin\frac{3}{2}\pi = -1$. Auf ähnliche Art findet man $\cos 2\pi = 1$ und $\sin 2\pi = 0$.

Setzt man endlich in den Formeln $\cos(a \pm b) = \cos a \cos b \mp \sin a \sin b$ und $\sin(a \pm b) = \sin a \cos b \pm \cos a \sin b$, 2π an die Stelle von b, so findet man

$$\cos(a \pm 2\pi) = \cos a, \quad \sin(a \pm 2\pi) = \sin a, \quad \text{also auch } \tang(a \pm 2\pi) = \tang a.$$

Man darf also den Arcus einer cyklischen Function immer um 2π, und also überhaupt um ein Vielfaches der Zahl 2π vermehren oder vermindern, ohne dafs dadurch der Werth der cyklischen Function im mindesten verändert wird; sie sind also periodische Functionen, weil immer dieselben Reihen ihrer Werthe wiederkehren.

§. 15.

Wollte man Tabellen für die cyklischen Functionen entwerfen, aus welchen für jeden Arcus der Werth einer ihm zugehörigen cyklischen Function entnommen werden könnte, so reicht es, wie man bald einsieht, hin, die Werthe des cyklischen Sinus und der cyklischen Tangente für die wachsenden Arcus zwischen den Grenzen 0 und $\frac{\pi}{2}$ zu berechnen, weil sie zur Realisirung der Werthe auch der übrigen cyklischen Functionen dienen, und auch dann noch dazu dienen, wenn der Arcus weit über die genannten Grenzen hinausgeht. Die Formeln $\sin a = \cos\left(\frac{\pi}{2} - a\right)$ und $\operatorname{tang} a = \cot\left(\frac{\pi}{2} - a\right)$, welche leicht bewiesen werden, zeigen nemlich, dafs die berechneten Sinus zugleich Cosinus, und die berechneten Tangenten zugleich Cotangenten sind, wenn nur die Arcus dieser von den Arcus jener allemal zu $\frac{\pi}{2}$ ergänzt werden.

Ist aber ein Arcus gröfser als $\frac{\pi}{2}$ und $<\pi$, so dienen zur Realisirung der Werthe eines solchen Arcus die Formeln:

$$\sin k = \sin(\pi - k);\quad \cos k = -\cos(\pi - k);\quad \operatorname{tang} k = -\operatorname{tang}(\pi - k) \text{ und}$$
$$\cot k = -\cot(\pi - k),$$

oder auch die folgenden:

$$\sin k = \cos\left(k - \frac{\pi}{2}\right);\quad \cos k = -\sin\left(k - \frac{\pi}{2}\right);\quad \operatorname{tang} k = -\cot\left(k - \frac{\pi}{2}\right) \text{ und}$$
$$\cot k = -\operatorname{tang}\left(k - \frac{\pi}{2}\right).$$

Ist ein Arcus $k > \pi$, aber $< \frac{3}{2}\pi$, so rechnet man nach den Formeln

$$\sin k = -\sin(k - \pi);\quad \cos k = -\cos(k - \pi);\quad \operatorname{tang} k = \operatorname{tang}(k - \pi) \text{ und}$$
$$\cot k = \cot(k - \pi).$$

Ist ein Arcus $k > \frac{3}{2}\pi$ und $< 2\pi$, so dienen die Formeln:

$$\sin k = -\sin(2\pi - k);\quad \cos k = \cos(2\pi - k);\quad \operatorname{tang} k = -\operatorname{tang}(2\pi - k) \text{ und}$$
$$\cot k = -\cot(2\pi - k).$$

Ist endlich der Arcus $k > 2\pi$, so wird man so oft 2π davon subtrahiren, als es angeht, weil eine solche Verkleinerung auf den Werth des cyklischen Function keinen Einfluſs hat; und da ihr Arcus dann $< 2\pi$ ist, so kann ihr Werth nach den vorigen Regeln aus der erwähnten Tabelle entnommen werden.

Die willkürliche Eintheilung der Zahl 2π in 360 sogenannte Grade, wie auch die neuere Eintheilung derselben Zahl in 400 (kleinere) Grade nebst den Unter-Abtheilungen, sind bekannt; auch die Einrichtung und der Gebrauch der sogenannten trigonometrischen Tafeln.

Von den mehreren Formeln, welche gewöhnlich in den Lehrbüchern der Trigonometrie aufgestellt werden, finden hier nur noch wenige Platz, weil sie später in Gebrauch kommen.

Da $1+\sin a = 1+\cos\left(\frac{\pi}{2}-a\right)$ ist, so hat man:

$$1.\quad \begin{cases} 1+\sin a = 2\left(\cos\left(\frac{\pi}{4}-\frac{a}{2}\right)\right)^2, \\ 1-\sin a = 2\left(\sin\left(\frac{\pi}{4}-\frac{a}{2}\right)\right)^2. \end{cases}$$

Da ferner $\cos\frac{a}{2}^2+\sin\frac{a}{2}^2 = 1$ und $2\sin\frac{a}{2}\cos\frac{a}{2} = \sin a$ ist, so erhält man durch Addition und Subtraction:

$$2.\quad \begin{cases} \cos\frac{a}{2}+\sin\frac{a}{2} = \sqrt{(1+\sin a)}, \\ \cos\frac{a}{2}-\sin\frac{a}{2} = \sqrt{(1-\sin a)}, \end{cases}$$

also auch:

$$3.\quad \frac{\cos\frac{a}{2}-\sin\frac{a}{2}}{\cos\frac{a}{2}+\sin\frac{a}{2}} = \frac{1-\operatorname{tang}\frac{a}{2}}{1+\operatorname{tang}\frac{a}{2}} = \sqrt{\left(\frac{1-\sin a}{1+\sin a}\right)} = \operatorname{tang}\left(\frac{\pi}{4}-\frac{a}{2}\right).$$

§. 16.

Werden die Potenzialfunctionen auf einen Arcus von der Form $a+b\sqrt{-1}$ bezogen, so gestatten sie eine Entwickelung, wodurch sie unter die ähnliche Form $A+B\sqrt{-1}$ gebracht werden, nemlich für die hyperbolischen Functionen:

$$\begin{aligned} \mathfrak{Cos}(a+b\sqrt{-1}) &= \mathfrak{Cos}\,a.\cos b+\mathfrak{Sin}\,a.\sin b.\sqrt{-1}, \\ \mathfrak{Cos}(a-b\sqrt{-1}) &= \mathfrak{Cos}\,a.\cos b-\mathfrak{Sin}\,a.\sin b.\sqrt{-1}, \\ \mathfrak{Sin}(a+b\sqrt{-1}) &= \mathfrak{Sin}\,a.\cos b+\mathfrak{Cos}\,a.\sin b.\sqrt{-1}. \\ \mathfrak{Sin}(a-b\sqrt{-1}) &= \mathfrak{Sin}\,a.\cos b-\mathfrak{Cos}\,a.\sin b.\sqrt{-1}. \end{aligned}$$

Für die cyklischen Functionen erhält man die ähnlichen Formeln:

$$\cos(a+b\sqrt{-1}) = \cos a \,.\, \mathfrak{Cos}\, b - \sin a \,.\, \mathfrak{Sin}\, b \,.\, \sqrt{-1},$$
$$\cos(a-b\sqrt{-1}) = \cos a \,.\, \mathfrak{Cos}\, b + \sin a \,.\, \mathfrak{Sin}\, b \,.\, \sqrt{-1},$$
$$\sin(a+b\sqrt{-1}) = \sin a \,.\, \mathfrak{Cos}\, b + \cos a \,.\, \mathfrak{Sin}\, b \,.\, \sqrt{-1},$$
$$\sin(a-b\sqrt{-1}) = \sin a \,.\, \mathfrak{Cos}\, b - \cos a \,.\, \mathfrak{Sin}\, b \,.\, \sqrt{-1}.$$

Ohne auf die möglichen Verbindungen unter diesen Formeln einzugehen, beschränken wir uns auf specielle Annahmen, welche die Größe von b in den vier ersten Formeln betreffen.

Setzt man $b = \frac{\pi}{2}$, so hat man die beiden Formeln:

$$\mathfrak{Cos}\left(a \pm \frac{\pi}{2}\sqrt{-1}\right) = \pm\, \mathfrak{Sin}\, a \,.\, \sqrt{-1},$$
$$\mathfrak{Sin}\left(a \pm \frac{\pi}{2}\sqrt{-1}\right) = \pm\, \mathfrak{Cos}\, a \,.\, \sqrt{-1}.$$

Wird $b = \pi = \frac{2\pi}{2}$ gesetzt, so sind die Formeln:

$$\mathfrak{Cos}(a \pm \pi\sqrt{-1}) = -\mathfrak{Cos}\, a,$$
$$\mathfrak{Sin}(a \pm \pi\sqrt{-1}) = -\mathfrak{Sin}\, a.$$

Für $b = 3 \,.\, \frac{\pi}{2}$ erhalten wir die zwei Formeln:

$$\mathfrak{Cos}(a \pm \tfrac{3}{2}\pi\sqrt{-1}) = \mp\, \mathfrak{Sin}\, a \,.\, \sqrt{-1},$$
$$\mathfrak{Sin}(a \pm \tfrac{3}{2}\pi\sqrt{-1}) = \mp\, \mathfrak{Cos}\, a \,.\, \sqrt{-1}.$$

Setzt man endlich b gleich einem Vielfachen der Zahl 2π, oder $b = 2n\pi$, so hat man, wenn n eine ganze Zahl ist:

$$\mathfrak{Cos}(a \pm 2n\pi\sqrt{-1}) = \mathfrak{Cos}\, a,$$
$$\mathfrak{Sin}(a \pm 2n\pi\sqrt{-1}) = \mathfrak{Sin}\, a.$$

Die hyperbolischen Functionen zeigen also auch ein periodisches Wiederkehren ihrer Werthe bei unmöglichen Arcus, und umgekehrt fehlt den cyklischen Functionen diese Eigenschaft bei einer Beziehung auf unmögliche Arcus.

Was die Tangenten betrifft, so erhält man für sie die Formeln:

$$\mathfrak{Tang}\left(a \pm \frac{\pi}{2}\sqrt{-1}\right) = \mathfrak{Cot}\, a,$$
$$\mathfrak{Tang}(a \pm \pi\sqrt{-1}) = \mathfrak{Tang}\, a,$$
$$\mathfrak{Tang}(a \pm \tfrac{3}{2}\pi\sqrt{-1}) = \mathfrak{Cot}\, a,$$
$$\mathfrak{Tang}(a \pm 2n\pi\sqrt{-1}) = \mathfrak{Tang}\, a.$$

Zu einer jeden hyperbolischen Function gehören also unzählige Arcus, die sich um ein Vielfaches des Ausdrucks $2\pi\sqrt{-1}$ von einander unterscheiden; bei den Tangenten und Cotangenten ist dieser Unterschied überhaupt ein Vielfaches von $\pi\sqrt{-1}$.

Vierter Abschnitt.

Differenziale der Potenzial-Functionen und ihrer Arcus. Grundformeln für die Integrale.

§. 17.

Wenn man die Reihe $\mathfrak{Sin}\,x = S\frac{x^{2a+1}}{(2a+1)'}$ differenzürt, so erhält man: $\partial\,\mathfrak{Sin}\,x = \partial x . S\frac{x^{2a}}{(2a)'}$, oder einfacher:

$$1. \quad \partial\,\mathfrak{Sin}\,x = \mathfrak{Cos}\,x . \partial x.$$

Auf ähnliche Art findet man aus der Reihe für $\mathfrak{Cos}\,x$ das Differenzial

$$2. \quad \partial\,\mathfrak{Cos}\,x = \mathfrak{Sin}\,x . \partial x.$$

Dasselbe Resultat erhält man aber auch, indem man die Gleichung $\mathfrak{Cos}\,x^2 = 1 + \mathfrak{Sin}\,x^2$ differenzürt.

Da weiter $\mathfrak{Tang}\,x = \frac{\mathfrak{Sin}\,x}{\mathfrak{Cos}\,x}$ ist, so hat man

$$\partial\,\mathfrak{Tang}\,x = \frac{\mathfrak{Cos}\,x\,\partial\,\mathfrak{Sin}\,x - \mathfrak{Sin}\,x\,\partial\,\mathfrak{Cos}\,x}{\mathfrak{Cos}\,x^2},$$

und werden die früheren Resultate substituirt, so gelangt man zu

$$3. \quad \partial\,\mathfrak{Tang}\,x = \frac{\partial x}{\mathfrak{Cos}\,x^2} = \partial x\,(1 - \mathfrak{Tang}\,x^2).$$

Eben so findet man

$$4. \quad \partial\,\mathfrak{Cot}\,x = \frac{-\partial x}{\mathfrak{Sin}\,x^2} = -\partial x\,(\mathfrak{Cot}\,x^2 - 1).$$

Setzt man in sämmtlichen Formeln $x\sqrt{-1}$ für x, so erhält man für die cyklischen Functionen die Formeln:

$$5. \quad \partial \sin x = \cos x . \partial x,$$

$$6. \quad \partial \cos x = -\sin x . \partial x,$$

$$7. \quad \partial\,\mathrm{tang}\,x = \frac{\partial x}{\cos x^2} = \partial x\,(1 + \mathrm{tang}\,x^2),$$

$$8. \quad \partial \cot x = \frac{-\partial x}{\sin x^2} = -\partial x\,(1 + \cot x^2).$$

Die Differenziale der natürlichen Logarithmen der Potenzialfunctionen sind eben so einfach, und zwar:

$$9. \quad \partial \log \mathfrak{Cos}\,x = \mathfrak{Tang}\,x . \partial x \qquad \partial \log \cos x = -\mathrm{tang}\,x . \partial x,$$

$$10. \quad \partial \log \mathfrak{Sin}\,x = \mathfrak{Cot}\,x . \partial x \quad \text{und} \quad \partial \log \sin x = \cot x . \partial x,$$

$$11. \quad \partial \log \mathfrak{Tang}\,x = \frac{2\partial x}{\mathfrak{Sin}\,2x} \qquad \partial \log \mathrm{tang}\,x = \frac{2\partial x}{\sin 2x}.$$

Setzt man in der Formel für $\partial \log \mathrm{tang}\,x$, $\frac{\pi}{4} + \frac{x}{2}$ anstatt x, so erhält man:

$$12. \quad \partial \log \mathrm{tang}\left(\frac{\pi}{4} + \frac{x}{2}\right) = \frac{\partial x}{\cos x}.$$

§. 18.

Setzt man $\mathfrak{Sin}\, x = v$, so ist $\partial v = \mathfrak{Cos}\, x . \partial x = \partial x \sqrt{(1+v^2)}$; also hat man

$$\partial\, \mathfrak{Arc}(\mathfrak{Sin} = v) = \frac{\partial v}{\sqrt{(v^2+1)}}.$$

Setzt man $\mathfrak{Cos}\, x = v$, so ist $\mathfrak{Sin}\, x = \sqrt{(v^2-1)}$ und $\partial v = \partial x . \mathfrak{Sin}\, x = \partial x \sqrt{(v^2-1)}$; also

$$\partial\, \mathfrak{Arc}(\mathfrak{Cos} = v) = \frac{\partial v}{\sqrt{(v^2-1)}}.$$

Auf ähnliche Art findet man noch die beiden Formeln:

$$\partial\, \mathfrak{Arc}(\mathfrak{Tang} = v) = \frac{\partial v}{1-v^2} \quad \text{und} \quad \partial\, \mathfrak{Arc}(\mathfrak{Cot} = v) = \frac{-\partial v}{v^2-1}.$$

Für die cyklischen Functionen giebt es eben so viele Formeln, nemlich:

$$\partial \operatorname{arc}(\sin = v) = \frac{\partial v}{\sqrt{(1-v^2)}},$$

$$\partial \operatorname{arc}(\cos = v) = \frac{-\partial v}{\sqrt{(1-v^2)}},$$

$$\partial \operatorname{arc}(\operatorname{tang} = v) = \frac{\partial v}{1+v^2},$$

$$\partial \operatorname{arc}(\cot = v) = \frac{-\partial v}{1+v^2}.$$

Wenn man, umgekehrt, integrirt, so hat man:

1) $\int \frac{\partial v}{\sqrt{(v^2+1)}} = \mathfrak{Arc}(\mathfrak{Sin} = v) + \text{const.}$ 2) $\int \frac{\partial v}{\sqrt{(1-v^2)}} = \operatorname{arc}(\sin = v) + \text{const.}$

3) $\int \frac{\partial v}{\sqrt{(v^2-1)}} = \mathfrak{Arc}(\mathfrak{Cos} = v) + \text{const.}$ 4) $\int \frac{-\partial v}{\sqrt{(1-v^2)}} = \operatorname{arc}(\cos = v) + \text{const.}$

5) $\int \frac{\partial v}{1-v^2} = \mathfrak{Arc}(\mathfrak{Tang} = v) + \text{const.}$ 6) $\int \frac{\partial v}{1+v^2} = \operatorname{arc}(\operatorname{tang} = v) + \text{const.}$

7) $\int \frac{-\partial v}{v^2-1} = \mathfrak{Arc}(\mathfrak{Cot} = v) + \text{const.}$ 8) $\int \frac{-\partial v}{1+v^2} = \operatorname{arc}(\cot = v) + \text{const.}$

und diese acht Formeln dienen als Grundformeln für die Integrale. Kann man ein vorgelegtes Integral unter eine von diesen Formeln bringen, so gelingt die Integration mit Leichtigkeit. Bisher sind nur die Formeln (2, 4, 6, 8) also benutzt worden; wo man die Formeln (1, 3, 5, 7) anzuwenden im Falle gewesen wäre, verzichtete man bisher auf ihre Benutzung, wegen Mangels gehöriger Ausbildung der Lehre von den hyperbolischen Functionen, und behalf sich mit den sogenannten logarithmischen Functionen, wenn gleich die Form solcher logarithmischer Integrale fast nie so bequem war, als man wünschen konnte. Wie ungleichmäßig hier das Verfahren der Integralrechnung sei, und welche Weitläufigkeiten aus dieser Ungleichmäßigkeit entstehen, darauf braucht wohl nicht aufmerksam gemacht zu werden.

Fünfter Abschnitt.

Reihen zur Berechnung der Arcus aus gegebenen Potenzial-Functionen.

§. 19.

Um zuerst die steigende Anordnung zu wählen, nehmen wir das Integral $\int \frac{\partial v}{\sqrt{(1+v^2)}} = \int \partial v (1+v^2)^{-\frac{1}{2}}$ und entwickeln die Potenz $(1+v^2)^{-\frac{1}{2}}$ nach Potenzen von v^2. Setzen wir, in Anwendung der Bezeichnung für die Facultäten von Vandermonde:

$[n]^1 = n$;

$[n]^2 = n(n-1)$;

$[n]^3 = n(n-1)(n-2)$; allgemein: $[n]^m = n(n-1)(n-2)\ldots(n-m+1)$;

u. s. w.,

so ist nach dem binomischen Lehrsatze.

$$(a+b)^n = a^n + [n]^1_{1^1} a^{n-1}b + [n]^2_{2^2} a^{n-2}b^2 + [n]^3_{3^3} a^{n-3}b^3 + [n]^4_{4^4} a^{n-4}b^4 + \text{etc.},$$

oder einfacher:

$$(a+b)^n = S\,[n]^a_{a^a}\, a^{n-a} b^a,$$

und also auch:

$$(1+v^2)^{-\frac{1}{2}} = S\,[-\tfrac{1}{2}]^a_{a^a}\, v^{2a}.$$

Wird auf beiden Seiten mit ∂v multiplicirt und dann integrirt, so hat man

$$\mathfrak{Arc}(\mathfrak{Sin}=v) = S\,[-\tfrac{1}{2}]^a_{a^a}\cdot\frac{v^{2a+1}}{2a+1},$$

denn, wenn das Integral für $v=0$ verschwinden soll, so ist die hinzuzufügende Constante Null. Setzt man $v\sqrt{-1}$ für v, so hat man:

$$\text{arc}(\sin=v) = S\,(-1)^a\,[-\tfrac{1}{2}]^a_{a^a}\cdot\frac{v^{2a+1}}{2a+1}.$$

Da weiter $\frac{\partial v}{1-v^2} = S\,v^{2a}.\partial v$, so hat man durch Integration

$\mathfrak{Arc}(\mathfrak{Tang}=v) = S\frac{v^{2a+1}}{2a+1}$, also auch $\text{arc}(\text{tang}=v) = S(-1)^a\frac{v^{2a+1}}{2a+1}$.

Da $\log\sqrt{\left(\frac{1+v}{1-v}\right)} = \mathfrak{Arc}(\mathfrak{Tang}=v)$, so ist die dritte Reihe auch als eine Entwickelung von $\log\sqrt{\left(\frac{1+v}{1-v}\right)}$ anzusehen; sie convergirt übrigens immer, da v, als Werth einer hyperbolischen Tangente, immer < 1 ist.

Die ersten Glieder dieser vier Reihen sind:

$$\mathfrak{Arc}(\mathfrak{Sin}=v)=\frac{v}{1}-\frac{1}{2}\cdot\frac{v^3}{3}+\frac{1.3}{2.4}\cdot\frac{v^5}{5}-\frac{1.3.5}{2.4.6}\cdot\frac{v^7}{7}+\frac{1.3.5.7}{2.4.6.8}\cdot\frac{v^9}{9}-\text{etc.}$$

$$\text{arc}(\sin=v)=\frac{v}{1}+\frac{1}{2}\cdot\frac{v^3}{3}+\frac{1.3}{2.3}\cdot\frac{v^5}{5}+\frac{1.3.5}{2.4.6}\cdot\frac{v^7}{7}+\frac{1.3.5.7}{2.4.6.8}\cdot\frac{v^9}{9}+\text{etc.}$$

$$\mathfrak{Arc}(\mathfrak{Tang}=v)=v+\frac{v^3}{3}+\frac{v^5}{5}+\frac{v^7}{7}+\frac{v^9}{9}+\text{etc}$$

$$\text{arc}(\text{tang}=v)=v-\frac{v^3}{3}+\frac{v^5}{5}-\frac{v^7}{7}+\frac{v^9}{9}-\text{etc.}$$

Man hat die zweite und auch die vierte Reihe auf mehr als eine Weise benutzt, um die sogenannte Ludolphische Zahl π danach zu berechnen, indem der Cosinus ihrer Hälfte gleich Null, also der Sinus dieser Hälfte, welcher $=1$ ist, bekannt ist. Es ist gefunden worden:

$$\pi=3,14159\ 26535\ 89793\ 23846\ 26433\ldots.$$

Man hat diese Zahl mit mehr als 150 Decimalstellen berechnet angegeben.

§. 20.

Eine Reihe, welche nach steigenden Potenzen des (hyperbolischen) Cosinus fortschritte, würde unnütz sein, wenn man sie auch herleiten könnte, da der Cosinus immer >1 ist. Aber der Ausdruck $\int\frac{\partial v}{\sqrt{(v^2-1)}}=\mathfrak{Arc}(\mathfrak{Cos}=v)+\text{const.}$ kann nach einiger Umformung brauchbar werden zu einer steigenden Entwickelung.

Setzt man nemlich $v=1+w$, also $\partial v=\partial w$ und $v^2-1=2w+w^2=w(2+w)$, so hat man:

$$\mathfrak{Arc}(\mathfrak{Cos}=1+w)=\int\frac{\partial w}{\sqrt{2w}\cdot\sqrt{\left(1+\frac{w}{2}\right)}},$$

und da $\frac{1}{\sqrt{\left(1+\frac{w}{2}\right)}}=S[-\tfrac{1}{2}]^{a}_{a'}\left(\frac{w}{2}\right)^a$ ist, so ist:

$$\mathfrak{Arc}(\mathfrak{Cos}=1+w)=S[-\tfrac{1}{2}]^{a}_{a'}\left(\tfrac{1}{2}\right)^{\frac{2a+1}{2}}\cdot\int w^{\frac{2a-1}{2}}\,\partial w.$$

Die Integration giebt:

$$\mathfrak{Arc}(\mathfrak{Cos}=1+w)=\left(S[-\tfrac{1}{2}]^{a}_{a'}\frac{\left(\frac{w}{2}\right)^a}{2a+1}\right)\cdot\sqrt{2w},$$

weil die Constante wieder Null ist, da das Integral für $1+w=1$ oder $w=0$ verschwinden mufs. Man kann die Reihe auch so schreiben:

$$x=\left(S[-\tfrac{1}{2}]^{a}_{a'}\frac{\left(\frac{\mathfrak{Cos}\,x-1}{2}\right)^a}{2a+1}\right)\cdot\sqrt{(2(\mathfrak{Cos}\,x-1))},$$

und da $\mathrm{Cos}\,x - 1 = 2\,\mathrm{Sin}^2\frac{x}{2}$, so hat man, nach einer geringen Reduction:

$$\frac{x}{2} = S\left[-\tfrac{1}{2}\right]^{n} \frac{\left(\mathrm{Sin}\frac{x}{2}\right)^{2n+1}}{2n+1},$$

welche Reihe mit der ersten im §. 19. wieder zusammenfällt. Im Anhange wird aber noch eine von den vorigen verschiedene, steigende Entwickelung hergeleitet werden.

§. 21.

Reihen mit fallender Anordnung der Glieder, welche brauchbar sind, gestatten die hyperbolischen Sinus und Cosinus, nicht aber die cyklischen. Da nemlich:

$$(v^2+1)^{-\frac{1}{2}} = \frac{1}{v} + S\left[-\tfrac{1}{2}\right]^{n} v^{-2n-1}$$

für $n > 0$ ist,

$$\text{und}\quad (v^2-1)^{-\frac{1}{2}} = \frac{1}{v} + S(-1)^n\left[-\tfrac{1}{2}\right]^{n} v^{-2n-1},$$

so hat man durch Integration, nach vorhergegangener Multiplication mit dv:

$$\mathrm{Arc}(\mathrm{Sin} = v) = \text{const.} + \log v - S\left[-\tfrac{1}{2}\right]^{n} \cdot \frac{v^{-2n}}{2n} \quad \text{für } n > 0,$$

$$\mathrm{Arc}(\mathrm{Cos} = v) = \text{const.} + \log v - S(-1)^n\left[-\tfrac{1}{2}\right]^{n} \cdot \frac{v^{-2n}}{2n} \quad \text{für } n > 0.$$

Entwickelt man aber die Formeln:

$$\mathrm{Arc}(\mathrm{Sin} = v) = \log(v + \sqrt{v^2+1}),$$

$$\mathrm{Arc}(\mathrm{Cos} = v) = \log(v + \sqrt{v^2-1}),$$

so findet man zum Anfangsgliede beider Reihen $\log 2v = \log 2 + \log v$, so daß also in beiden Reihen const. $= \log 2$ ist. Man hat also

$$\mathrm{Arc}(\mathrm{Sin} = v) = \log 2v - S\left[-\tfrac{1}{2}\right]^{n} \cdot \frac{\left(\frac{1}{v}\right)^{2n}}{2n} \quad \text{für } n > 0,$$

$$\mathrm{Arc}(\mathrm{Cos} = v) = \log 2v - S(-1)^n\left[-\tfrac{1}{2}\right]^{n} \cdot \frac{\left(\frac{1}{v}\right)^{2n}}{2n} \quad \text{für } n > 0.$$

Die ersten Glieder dieser beiden Reihen sind

$$\mathrm{Arc}(\mathrm{Cos} = v) = \log 2v - \frac{1}{2}\cdot\frac{1}{2v^2} - \frac{1.3}{2.4}\cdot\frac{1}{4v^4} - \frac{1.3.5}{2.4.6}\cdot\frac{1}{6v^6} - \frac{1.3.5.7}{2.4.6.8}\cdot\frac{1}{8v^8} - \text{etc.}$$

$$\mathrm{Arc}(\mathrm{Sin} = v) = \log 2v + \frac{1}{2}\cdot\frac{1}{2v^2} - \frac{1.3}{2.4}\cdot\frac{1}{4v^4} + \frac{1.3.5}{2.4.6}\cdot\frac{1}{6v^6} - \frac{1.3.5.7}{2.4.6.8}\cdot\frac{1}{8v^8} + \text{etc.}$$

Sie sind sehr brauchbar, wenn v eine beträchtliche Größe ist. Man kann aus diesen beiden Reihen eine dritte herleiten. Setzt man nemlich

$$\mathfrak{Sin}(x+d) = \mathfrak{Cos}\,x,$$

so findet man

$$d = \frac{1}{2}\left(\frac{1}{\mathfrak{Cos}\,x}\right)^2 + \frac{1}{3}\cdot\frac{1.3.5}{2.4.6}\cdot\left(\frac{1}{\mathfrak{Cos}\,x}\right)^6 + \frac{1}{5}\cdot\frac{1.3.5.7.9}{2.4.6.8.10}\cdot\left(\frac{1}{\mathfrak{Cos}\,x}\right)^{10} + \text{etc.}$$

zum Ausdrucke der Zahl, welche man dem Arcus eines hyperbolischen Cosinus noch zulegen muſs, damit der Sinus des also vergröſserten Arcus dem gegebenen Cosinus gleich komme.

Der Ausdruck

$$d = \frac{1}{2}\left(\frac{1}{\mathfrak{Sin}\,x}\right)^2 + \frac{1}{3}\cdot\frac{1.3.5}{2.4.6}\cdot\left(\frac{1}{\mathfrak{Sin}\,x}\right)^6 + \frac{1}{5}\cdot\frac{1.3.5.7.9}{2.4.6.8.10}\cdot\left(\frac{1}{\mathfrak{Sin}\,x}\right)^{10} + \text{etc.}$$

gilt für die Zahl, um welche man den Arcus eines gegebenen Sinus vermindern muſs, wenn der Cosinus des verkleinerten Arcus dem gegebenen Sinus gleich sein soll.

Beide Reihen convergiren in der Regel rasch, und man sieht daraus, daſs d immer desto kleiner ist, je gröſser x genommen wird.

Sechster Abschnitt.

Differenzen der Arcus der Potenzial-Functionen.

§. 22.

Bei der Entwickelung der Differenzen der Arcus der Potenzial-Functionen kommt Vieles auf die Herleitung der höheren Differenziale des Arcus der vorliegenden Function an. Es sei $\mathfrak{Arc}(\mathfrak{Tang}=x)=k$, so ist $x=\mathfrak{Tang}\,k$, und wenn x sich verändert und etwa das Increment Δx nimmt so geht k über in $k+\Delta k$. Nach dem Taylorschen Satze hat man dann:

$$\Delta k = \frac{\partial k}{\partial x}\cdot\Delta x + \frac{\partial^2 k}{\partial x^2}\cdot\frac{\Delta x^2}{2'} + \frac{\partial^3 k}{\partial x^3}\cdot\frac{\Delta x^3}{3'} + \text{etc.}$$

oder

$$k+\Delta k = S\,\frac{\partial^a k}{\partial x^a}\cdot\frac{\Delta x^a}{a'}.$$

Da nun aber $k=\frac{1}{2}\log\frac{1+x}{1-x}$ oder $2k=\log(1+x)-\log(1-x)$ ist, so hat man:

$$\frac{2\,\partial k}{\partial x} = (1+x)^{-1} + (1-x)^{-1}.$$

Differenziirt man also noch $(r-1)$mal nach einander, so erhält man:

$$\frac{\partial^r k}{\partial x^r} = \frac{(r-1)'}{2}\left[(1-x)^{-r} + (-1)^{r-1}(1+x)^{-r}\right].$$

Nun ist aber $x=\mathfrak{Tang}\,k$, also $(1-x)^{-r}=(\mathfrak{Cos}\,k-\mathfrak{Sin}\,k)^{-r}.\mathfrak{Cos}\,k^r=e^{+kr}.\mathfrak{Cos}\,k^r$ und $(-1)^{r-1}.(1+x)^{-r}=(-1)^{r-1}.(\mathfrak{Cos}\,k+\mathfrak{Sin}\,k)^{-r}.\mathfrak{Cos}\,k^r=(-1)^{r-1}.e^{-kr}.\mathfrak{Cos}\,k^r$;

also hat man:
$$\frac{\partial^r k}{\partial x^r} = \frac{(r-1)'}{2} \mathfrak{Cos}\, k^r (e^{kr} - (-1)^r e^{-kr}).$$
Der Ausdruck läfst sich noch weiter zusammenziehen, wenn man zwei Fälle unterscheidet, je nachdem r eine gerade oder ungerade Zahl ist.

1. Für ein gerades r hat man $\frac{\partial^r k}{\partial x^r} = (r-1)' \mathfrak{Cos}\, k^r . \mathfrak{Sin}(rk)$.

2. Für ein ungerades r hat man $\frac{\partial^r k}{\partial x^r} = (r-1)' \mathfrak{Cos}\, k^r . \mathfrak{Cos}(rk)$.

In Anwendung dieser Resultate giebt die vorhin genannte Taylorsche Reihe:
$$\Delta k = \mathfrak{Cos}\, k . (\mathfrak{Cos}\, k . \Delta \mathfrak{Tang}\, k)^1 + \frac{\mathfrak{Sin}\, 2k}{2} (\mathfrak{Cos}\, k . \Delta \mathfrak{Tang}\, k)^2 + \frac{\mathfrak{Cos}\, 3k}{3} (\mathfrak{Cos}\, k . \Delta \mathfrak{Tang}\, k)^3 + \text{etc}$$
Um zu der ähnlichen Reihe für die cyklischen Functionen zu gelangen, setze man nur $k\sqrt{-1}$ für k, und die Reihe ist:
$$\Delta k = \cos k . (\cos k . \Delta \tang k)^1 - \frac{\sin 2k}{2} (\cos k . \Delta \tang k)^2 - \frac{\cos 3k}{3} (\cos k . \Delta \tang k)^3 + + \text{etc}$$

§. 23.

Um die übrigen vorgelegten Aufgaben zu lösen, mufs man die höheren Differenzialverhältnisse von $(v^2 \pm 1)^{-\frac{1}{2}}$ berechnen. Setzen wir
$$w = (v^2 + k)^{-\frac{1}{2}},$$
so ist $w + \Delta w = ((v + \Delta v)^2 + k)^{-\frac{1}{2}}$, und wird dieser Ausdruck in eine Reihe nach steigenden Potenzen von Δv entwickelt, von der Form:
$\overset{0}{a} + \overset{1}{a} . \Delta v + \overset{2}{a} . \Delta v^2 + \overset{3}{a} . \Delta v^3 \ldots. + \overset{a}{a} . \Delta v^a \ldots..$ so ist:
$$\overset{r}{a} = \frac{1}{r'} . \frac{\partial^r w}{\partial v^r}.$$
Die wirkliche Entwicklung giebt aber:
$$w + \Delta w = S[-\tfrac{1}{2}]^{a}_{a'} (v^2 + k)^{-\frac{1}{2}-a} . (2v + \Delta v)^a . \Delta v^a,$$
und wird auch noch die Potenz $(2v + \Delta v)^a$ weiter entwickelt, so hat man:
$$\frac{1}{r'} . \frac{\partial^r w}{\partial v^r} = S[-\tfrac{1}{2}]^{a}_{a'} [a]^{\beta}_{\beta'} . \frac{(2v)^{a-\beta}}{(v^2+k)^{a+\frac{1}{2}}} \quad (\text{conditione: } a + \beta = r)$$
Dieser Ausdruck gestattet aber noch manche vereinfachende Abänderungen seiner Form. Zunächst ist klar, dafs jedes Glied desselben für $a < \beta$ gleich Null ist, und man also sogleich $a + \beta$ für a setzen darf, wodurch die Bedingungsgleichung $a + \beta = r$ in $a + 2\beta = r$ übergeht, so dafs nachher $a + \beta = r - \beta$ ist. Man hat hiernach:
$$\frac{1}{r'} . \frac{\partial^r w}{\partial v^r} = S[-\tfrac{1}{2}]^{r-\beta}_{(r-\beta)'} . [r-\beta]^{\beta}_{\beta'} . \frac{(2v)^{r-2\beta}}{(v^2+k)^{r-\beta+\frac{1}{2}}}.$$

Da weiter $\frac{r'}{(r-\beta)'\beta'} = [r]^{\beta}_{\beta^r}$ und $[r]^{\beta}[r-\beta]^{\beta} = [r]^{2\beta}$ ist, so hat man:

$$\frac{\partial^r w}{\partial v^r} = S[r]^{2\beta}_{\beta^r}[-\tfrac{1}{2}]^{r-\beta} \cdot \frac{(2v)^{r-2\beta}}{(v^2+k)^{r-\beta+1}}.$$

Da endlich $[-\tfrac{1}{2}]^{r} = [-\tfrac{1}{2}]^{r-\beta}[-\tfrac{1}{2}-r+\beta]^{\beta} = (-1)^{\beta}[-\tfrac{1}{2}]^{r-\beta}[r-\tfrac{1}{2}]^{\beta}$, und also rückwärts $[-\tfrac{1}{2}]^{r-\beta} = [-\tfrac{1}{2}]^{r} : (-1)^{\beta}[r-\tfrac{1}{2}]^{\beta}$ ist, so hat man:

$$\frac{\partial^r w}{\partial v^r} = 2^r[-\tfrac{1}{2}]^{r} S(-1)^{\beta}[r]^{2\beta}_{\beta^r} \cdot \frac{1}{2^{2\beta}[r-\tfrac{1}{2}]^{\beta}} \cdot \frac{v^{r-2\beta}}{(v^2+k)^{r-\beta+1}}.$$

§. 24.

Setzt man nun $k = +1$ und $v = \mathfrak{Sin}\, k$, so ist $\frac{\partial^r w}{\partial v^r} = \frac{\partial^{r+1} k}{(\partial\, \mathfrak{Sin}\, k)^{r+1}}$; $v^2+1 = \mathfrak{Cos}\, k^2$, und also $\frac{v^{r-2\beta}}{(v^2+1)^{r-\beta+1}} = \frac{\mathfrak{Sin}\, k^{r-2\beta}}{\mathfrak{Cos}\, k^{2r-2\beta+2}} = \frac{\mathfrak{Tang}\, k^{r-2\beta}}{\mathfrak{Cos}\, k^{r+2}}$. Werden diese Werthe substituirt, so hat man:

$$\partial^{r+1} k = \left(\frac{\partial\, \mathfrak{Sin}\, k}{\mathfrak{Cos}\, k}\right)^{r+1} \cdot 2^r[-\tfrac{1}{2}]^{r} \cdot S(-1)^{\beta}[r]^{2\beta}_{\beta^r} \cdot \frac{\mathfrak{Tang}\, k^{r-2\beta}}{2^{2\beta} \cdot [r-\tfrac{1}{2}]^{\beta}}.$$

Die ersten Specialfälle dieser allgemeinen Formel sind:

$$\partial k = +\frac{\partial\, \mathfrak{Sin}\, k}{\mathfrak{Cos}\, k},$$

$$\partial^2 k = -1.\left(\frac{\partial\, \mathfrak{Sin}\, k}{\mathfrak{Cos}\, k}\right)^2 \cdot \mathfrak{Tang}\, k,$$

$$\partial^3 k = +1.3.\left(\frac{\partial\, \mathfrak{Sin}\, k}{\mathfrak{Cos}\, k}\right)^3 \cdot \left\{\mathfrak{Tang}\, k^2 - \frac{2.1}{1.3} \cdot \frac{1}{2}\right\},$$

$$\partial^4 k = -1.3.5.\left(\frac{\partial\, \mathfrak{Sin}\, k}{\mathfrak{Cos}\, k}\right)^4 \cdot \left\{\mathfrak{Tang}\, k^3 - \frac{3.2}{1.5} \cdot \frac{\mathfrak{Tang}\, k}{2}\right\},$$

$$\partial^5 k = +1.3.5.7.\left(\frac{\partial\, \mathfrak{Sin}\, k}{\mathfrak{Cos}\, k}\right)^5 \cdot \left\{\mathfrak{Tang}\, k^4 - \frac{4.3}{1.7} \cdot \frac{\mathfrak{Tang}\, k^2}{2} + \frac{4.3.2.1}{1.2.7.5} \cdot \frac{1}{2^2}\right\},$$

$$\partial^6 k = -1.3.5.7.9.\left(\frac{\partial\, \mathfrak{Sin}\, k}{\mathfrak{Cos}\, k}\right)^6 \cdot \left\{\mathfrak{Tang}\, k^5 - \frac{5.4}{1.9} \cdot \frac{\mathfrak{Tang}\, k^3}{2} + \frac{5.4.3.2}{1.2.9.7} \cdot \frac{\mathfrak{Tang}\, k}{2^2}\right\},$$

$$\partial^7 k = +1.3.5.7.9.11.\left(\frac{\partial\, \mathfrak{Sin}\, k}{\mathfrak{Cos}\, k}\right)^7 \cdot \left\{\mathfrak{Tang}\, k^6 - \frac{6.5}{1.11} \cdot \frac{\mathfrak{Tang}\, k^4}{2} + \frac{6.5.4.3}{1.2.11.9} \cdot \frac{\mathfrak{Tang}\, k^2}{2^2} - \frac{6.5.4.3.2.1}{1.2.3.11.9.7} \cdot \frac{1}{2^3}\right\}.$$

Diese Werthe müssen endlich in der Formel:

$$\Delta k = \frac{\partial k}{\partial v} + \frac{\Delta v}{1} \cdot \frac{\partial^2 k}{\partial v^2} \cdot \frac{\Delta v^2}{\partial v^2} + \frac{\partial^3 k}{\partial v^3} \cdot \frac{\Delta v^3}{1.2.3} + \text{etc.}$$

substituirt werden, um das Increment des Arcus in eine nach Potenzen des Incrementes seines Sinus fortgehende Reihe entwickelt zu haben:

Setzt man eben so $k=-1$ und $v=\mathrm{Cos}\,k$, also $v^2+k=\mathrm{Sin}\,k^2$, so ist $\frac{v^{r-2\beta}}{(v^2+k)^{r-\beta+\frac{1}{2}}}=\frac{\mathrm{Cos}\,k^{r-2\beta}}{\mathrm{Sin}\,k^{2r-2\beta+1}}=\frac{\mathrm{Cot}\,k^{r-2\beta}}{\mathrm{Sin}\,k^{r+1}}$, und man erhält einen Ausdruck, welcher sich vom vorigen nur darin unterscheidet, daſs $\mathrm{Cot}\,k$ für $\mathrm{Tang}\,k$ und $\mathrm{Sin}\,k$ für $\mathrm{Cos}\,k$ gesetzt ist.

Für die cyklischen Functionen giebt es analoge Formeln, die man auf der Stelle erhält, wenn man in den vorigen Formeln nur $k\sqrt{-1}$, statt des Arcus k setzt, weil das Unmögliche aus den Ausdrücken von selbst wegfällt.

Siebenter Abschnitt.
Differenzen der Sinus und Cosinus.

§. 25.

Um eine Reihe von Sinus und Cosinus für gleich unterschiedene Arcus zu berechnen, giebt es mehr als ein Verfahren. Die Formeln:

$$\mathrm{Cos}\,(a+b)+\mathrm{Cos}\,(a-b)=2\,\mathrm{Cos}\,a\,.\,\mathrm{Cos}\,b,$$
$$\mathrm{Sin}\,(a+b)+\mathrm{Sin}\,(a-b)=2\,\mathrm{Sin}\,a\,.\,\mathrm{Cos}\,b$$

geben, wenn man $a+b$ für a setzt, die beiden folgenden:

$$\mathrm{Cos}\,(a+2b)=(2\,\mathrm{Cos}\,b)\,.\,\mathrm{Cos}\,(a+b)-\mathrm{Cos}\,a \quad \text{und}$$
$$\mathrm{Sin}\,(a+2b)=(2\,\mathrm{Cos}\,b)\,.\,\mathrm{Sin}\,(a+b)-\mathrm{Sin}\,a.$$

Daraus folgt:

$$\mathrm{Cos}\,3k=(2\,\mathrm{Cos}\,k)\,.\,\mathrm{Cos}\,2k-\mathrm{Cos}\,k$$
$$\mathrm{Cos}\,4k=(2\,\mathrm{Cos}\,k)\,.\,\mathrm{Cos}\,3k-\mathrm{Cos}\,2k$$
$$\mathrm{Cos}\,5k=(2\,\mathrm{Cos}\,k)\,.\,\mathrm{Cos}\,4k-\mathrm{Cos}\,3k$$
$$\mathrm{Cos}\,6k=(2\,\mathrm{Cos}\,k)\,.\,\mathrm{Cos}\,5k-\mathrm{Cos}\,4k$$

u. s. w.

und

$$\mathrm{Sin}\,3k=(2\,\mathrm{Cos}\,k)\,.\,\mathrm{Sin}\,2k-\mathrm{Sin}\,k,$$
$$\mathrm{Sin}\,4k=(2\,\mathrm{Cos}\,k)\,.\,\mathrm{Sin}\,3k-\mathrm{Sin}\,2k,$$
$$\mathrm{Sin}\,5k=(2\,\mathrm{Cos}\,k)\,.\,\mathrm{Sin}\,4k-\mathrm{Sin}\,3k,$$
$$\mathrm{Sin}\,6k=(2\,\mathrm{Cos}\,k)\,.\,\mathrm{Sin}\,5k-\mathrm{Sin}\,4k,$$

u. s. w.

Nach diesen Formeln, welche auch für die cyklischen Functionen gelten, kann man nun wenn man will die Sinus und Cosinus von Arcus, welche immer um k von Null an wachsen, recurrirend auf eine wie man sieht ziemlich einfache Weise berechnen. Als vor dem Beginne dieser recurrirenden Berechnung bekannt, wird bloſs $\mathrm{Cos}\,k$ und $\mathrm{Sin}\,k$ angesehen; denn man findet daraus $\mathrm{Cos}\,2k=(2\,\mathrm{Cos}\,k)\,.\,\mathrm{Cos}\,k-\mathrm{Cos}\,0k$ und $\mathrm{Sin}\,2k=(2\,\mathrm{Cos}\,k)\,.\,\mathrm{Sin}\,k-\mathrm{Sin}\,0k$ oder $\mathrm{Cos}\,2k=2\,\mathrm{Cos}\,k^2-1$ und $\mathrm{Sin}\,2k=2\,\mathrm{Sin}\,k\,.\,\mathrm{Cos}\,k$, der Regel dieser recurrirenden Berechnung gemäſs.

§. 26.

Auch unter den höheren Differenzen der Sinus und Cosinus giebt es eine sehr einfache Beziehung. Da nemlich:

$$\mathfrak{Cos}(x+2\Delta x) = (2\,\mathfrak{Cos}\,\Delta x).\mathfrak{Cos}(x+\Delta x) - \mathfrak{Cos}\,x,$$

so hat man, wenn man von jedem Gliede die $m$te Differenz nimmt, und dabei Δx, also auch $\mathfrak{Cos}\,\Delta x$ als constant ansieht:

$$\Delta^m\mathfrak{Cos}(x+2\Delta x) = (2\,\mathfrak{Cos}\,x).\Delta^m\mathfrak{Cos}(x+\Delta x) - \Delta^m\mathfrak{Cos}\,x.$$

Nun ist aber, wenn unter φx irgend eine Function von x verstanden wird, den Regeln der Differenzenrechnung gemäfs:

$$\Delta^m\varphi(x+\Delta x) = \Delta^m\varphi x + \Delta^{m+1}\varphi x \quad \text{und}$$

$$\Delta^m\varphi(x+2\Delta x) = \Delta^m\varphi x + 2\Delta^{m+1}\varphi x + \Delta^{m+2}\varphi x,$$

so dafs nun auch

$$\Delta^m\mathfrak{Cos}(x+\Delta x) = \Delta^m\mathfrak{Cos}\,x + \Delta^{m+1}\mathfrak{Cos}\,x \quad \text{und}$$

$$\Delta^m\mathfrak{Cos}(x+2\Delta x) = \Delta^m\mathfrak{Cos}\,x + 2\Delta^{m+1}\mathfrak{Cos}\,x + \Delta^{m+2}\mathfrak{Cos}\,x$$

ist. Diese Werthe substituirt man und es entsteht die Gleichung:

$$\Delta^m\mathfrak{Cos}\,x + 2\Delta^{m+1}\mathfrak{Cos}\,x + \Delta^{m+2}\mathfrak{Cos}\,x$$

$$= (2\,\mathfrak{Cos}\,\Delta x)(\Delta^m\mathfrak{Cos}\,x + \Delta^{m+1}\mathfrak{Cos}\,x) - \Delta^m\mathfrak{Cos}\,x \quad \text{oder}$$

$$\Delta^{m+2}\mathfrak{Cos}\,x = 2(\mathfrak{Cos}\,\Delta x - 1)(\Delta^m\mathfrak{Cos}\,x + \Delta^{m+1}\mathfrak{Cos}\,x).$$

Da weiter $2(\mathfrak{Cos}\,\Delta x - 1) = 2.2.\mathfrak{Sin}\,\tfrac{1}{2}\Delta x^2 = (2\,\mathfrak{Sin}\,\tfrac{1}{2}\Delta x)^2$ ist, so ist die Formel

$$\Delta^{m+2}\mathfrak{Cos}\,x = (2\,\mathfrak{Sin}\,\tfrac{1}{2}\Delta x)^2.\{\Delta^m\mathfrak{Cos}\,x + \Delta^{m+1}\mathfrak{Cos}\,x\}.$$

In ähnlicher Art erhält man aus der Gleichung

$$\mathfrak{Sin}(x+2\Delta x) = (2\,\mathfrak{Cos}\,\Delta x).\mathfrak{Sin}(x+\Delta x) - \mathfrak{Sin}\,x$$

die Formel:

$$\Delta^{m+2}\mathfrak{Sin}\,x = (2\,\mathfrak{Sin}\,\tfrac{1}{2}\Delta x)^2.\{\Delta^m\mathfrak{Sin}\,x + \Delta^{m+1}\mathfrak{Sin}\,x\}.$$

Die analogen Formeln für die cyklischen Functionen erhält man, wenn man $x\sqrt{-1}$ statt x und $\Delta x.\sqrt{-1}$ statt Δx setzt, nemlich:

$$\Delta^{m+2}\cos x = -(2\sin\tfrac{1}{2}\Delta x)^2.\{\Delta^m\cos x + \Delta^{m+1}\cos x\} \quad \text{und}$$

$$\Delta^{m+2}\sin x = -(2\sin\tfrac{1}{2}\Delta x)^2.\{\Delta^m\sin x + \Delta^{m+1}\sin x\}.$$

Nach diesen vier Formeln können die Differenzen der Sinus und Cosinus mit Leichtigkeit berechnet werden.

§. 27.

Um aber auf unabhängige Weise irgend eine höhere Differenz des Sinus oder Cosinus anzugeben, müssen die Regeln noch hergeleitet werden. Bekanntlich ist die höhere Differenz $\Delta^m e^x = e^x(e^{\Delta x}-1)^m$, und da:

$$\mathfrak{Cos}\,x = \frac{e^x+e^{-x}}{2} \quad \text{und} \quad \mathfrak{Sin}\,x = \frac{e^x-e^{-x}}{2}$$

ist, so findet man:

$$\Delta^m \mathrm{Cos}\, x = \frac{e^x(e^{\Delta x}-1)^m + e^{-x}(e^{-\Delta x}-1)^m}{2} \quad \text{und}$$

$$\Delta^m \mathrm{Sin}\, x = \frac{e^x(e^{\Delta x}-1)^m - e^{-x}(e^{-\Delta x}-1)^m}{2}.$$

Diese Ausdrücke lassen sich aber noch viel umformen. Denn da $e^{\Delta x} = \mathrm{Cos}\,\Delta x + \mathrm{Sin}\,\Delta x$, also $e^{\Delta x} - 1 = (\mathrm{Cos}\,\Delta x - 1) + \mathrm{Sin}\,\Delta x = 2\,\mathrm{Sin}\,\tfrac{1}{2}\Delta x^2 + 2\,\mathrm{Sin}\,\tfrac{1}{2}\Delta x\,\mathrm{Cos}\,\tfrac{1}{2}\Delta x = 2\,\mathrm{Sin}\,\tfrac{1}{2}\Delta x \,.\, e^{\frac{1}{2}\Delta x}$, und also auch $(e^{\Delta x}-1)^m = (2\,\mathrm{Sin}\,\tfrac{1}{2}\Delta x)^m . e^{\frac{m}{2}\Delta x}$, so wie $(e^{-\Delta x}-1)^m = (-2\,\mathrm{Sin}\,\tfrac{1}{2}\Delta x)^m . e^{-\frac{m}{2}\Delta x}$ ist, so hat man:

$$\Delta^m \mathrm{Cos}\, x = (2\,\mathrm{Sin}\,\tfrac{1}{2}\Delta x)^m . \frac{\left(e^{x+\frac{m}{2}\Delta x} + (-1)^m . e^{-x-\frac{m}{2}\Delta x}\right)}{2} \quad \text{und}$$

$$\Delta^m \mathrm{Sin}\, x = (2\,\mathrm{Sin}\,\tfrac{1}{2}\Delta x)^m . \frac{\left(e^{x+\frac{m}{2}\Delta x} - (-1)^m . e^{-x-\frac{m}{2}\Delta x}\right)}{2}.$$

Nun wird man zwei Fälle unterscheiden, je nachdem m eine gerade oder ungerade ganze Zahl ist.

Wenn nemlich m eine gerade Zahl ist, so hat man:

$$\Delta^m \mathrm{Cos}\, x = (2\,\mathrm{Sin}\,\tfrac{1}{2}\Delta x)^m . \mathrm{Cos}\left(x + \tfrac{m}{2}\Delta x\right) \quad \text{und}$$

$$\Delta^m \mathrm{Sin}\, x = (2\,\mathrm{Sin}\,\tfrac{1}{2}\Delta x)^m . \mathrm{Sin}\left(x + \tfrac{m}{2}\Delta x\right).$$

Wenn m eine ungerade Zahl ist, so hat man:

$$\Delta^m \mathrm{Cos}\, x = (2\,\mathrm{Sin}\,\tfrac{1}{2}\Delta x)^m . \mathrm{Sin}\left(x + \tfrac{m}{2}\Delta x\right) \quad \text{und}$$

$$\Delta^m \mathrm{Sin}\, x = (2\,\mathrm{Sin}\,\tfrac{1}{2}\Delta x)^m . \mathrm{Cos}\left(x + \tfrac{m}{2}\Delta x\right).$$

Für die cyklischen Functionen werden die Formeln fast noch einfacher. Denn man erhält hier:

$$\Delta^m \cos x = (2 \sin \tfrac{1}{2}\Delta x)^m \frac{\left((\sqrt{-1})^m . e^{(x+\frac{m}{2}\Delta x)\sqrt{-1}} + (\sqrt{-1})^{-m} . e^{-(x+\frac{m}{2}\Delta x)\sqrt{-1}}\right)}{2},$$

$$\Delta^m \sin x = (2 \sin \tfrac{1}{2}\Delta x)^m \frac{\left((\sqrt{-1})^m . e^{(x+\frac{m}{2}\Delta x)\sqrt{-1}} - (\sqrt{-1})^{-m} . e^{-(x+\frac{m}{2}\Delta x)\sqrt{-1}}\right)}{2\sqrt{-1}},$$

weil $(\mathrm{Sin}\,\tfrac{1}{2}\Delta x\sqrt{-1})^m = (\sin\tfrac{1}{2}\Delta x)^m . (\sqrt{-1})^m$ und $-\sqrt{-1} = (\sqrt{-1})^{-1}$, also auch $(-1)^m . (\sqrt{-1})^m = (\sqrt{-1})^{-m}$ ist.

Da aber weiter $e^{\frac{\pi}{2}\sqrt{-1}} = \cos\frac{\pi}{2} + \sin\frac{\pi}{2}\sqrt{-1} = \sqrt{-1}$ und $e^{\frac{m\pi}{2}\sqrt{-1}} = (\sqrt{-1})^m$ ist, so hat man auch weiter:

$$\Delta^m \cos x = (2\sin\tfrac{1}{2}\Delta x)^m\left(\frac{e^{\left(x+\frac{m}{2}\Delta x+\frac{m}{2}\pi\right)\sqrt{-1}}+e^{-\left(x+\frac{m}{2}\Delta x+\frac{m}{2}\pi\right)\sqrt{-1}}}{2}\right),$$

$$\Delta^m \sin x = (2\sin\tfrac{1}{2}\Delta x)^m\left(\frac{e^{\left(x+\frac{m}{2}\Delta x+\frac{m}{2}\pi\right)\sqrt{-1}}-e^{-\left(x+\frac{m}{2}\Delta x+\frac{m}{2}\pi\right)\sqrt{-1}}}{2\sqrt{-1}}\right),$$

und wenn man hierin endlich die Form der Exponentialgröfsen fahren läfst, so sind die einfachen Formeln:

$$\Delta^m \cos x = (2\sin\tfrac{1}{2}\Delta x)^m.\cos\left(x+m.\frac{\Delta x}{2}+m.\frac{\pi}{2}\right),$$

$$\Delta^m \sin x = (2\sin\tfrac{1}{2}\Delta x)^m.\sin\left(x+m.\frac{\Delta x}{2}+m.\frac{\pi}{2}\right).$$

Die Differenzenverhältnisse sind also:

$$\frac{\Delta^m \cos x}{\Delta x^m} = \left(\frac{\sin\frac{1}{2}\Delta x}{\frac{1}{2}\Delta x}\right)^m.\cos\left(x+m.\frac{\Delta x}{2}+m.\frac{\pi}{2}\right) \text{ und}$$

$$\frac{\Delta^m \sin x}{\Delta x^m} = \left(\frac{\sin\frac{1}{2}\Delta x}{\frac{1}{2}\Delta x}\right)^m.\sin\left(x+m.\frac{\Delta x}{2}+m.\frac{\pi}{2}\right).$$

Geht man also zu den Grenzen über, indem man $\Delta x = 0$ setzt, so erhält man:

$$\frac{\partial^m \cos x}{\partial x^m} = \cos\left(x+\frac{m\pi}{2}\right),$$

$$\frac{\partial^m \sin x}{\partial x^m} = \sin\left(x+\frac{m\pi}{2}\right),$$

als allgemeine Formeln für die höheren Differenzialverhältnisse der (cyklischen) Sinus und Cosinus.

Achter Abschnitt.

Beziehungen zwischen den Potenzen der Sinus, Cosinus und Tangenten eines Arcus und den Sinus, Cosinus und Tangenten des vervielfachten Arcus.

§. 28.

Es ist nicht selten nothwendig, Potenzen von Sinus und Cosinus in Ausdrücke umzusetzen, welche bald nach Sinus, bald nach Cosinus vervielfachter Arcus fortschreiten, und namentlich in der Integralrechnung ist eine solche Umsetzung oft vom gröfsten Nutzen, indem gerade davon die Integralität eines vorgelegten Differenzials abhängt. Der binomische Lehrsatz, unter der Beschränkung auf solche Exponenten, welche positive ganze Zahlen sind, reicht hin, die gesuchten Formeln herzuleiten. Es ist

$$(a+b)^n = S[n]^{\alpha}_{\beta}\, a^{n-\alpha} b^{\alpha} = S[n]^{\alpha}_{\alpha}\,(ab)^{\alpha}.a^{n-2\alpha} \text{ und}$$

$$(a+b)^n = S[n]^{\alpha}_{\beta}\, a^{n-\alpha} b^{\alpha} = S[n]^{\alpha}_{\alpha}\,(ab)^{\alpha}.b^{n-2\alpha}.$$

Beide Reihen brechen ab, weil nach der Annahme n eine positive ganze Zahl ist, und die Facultät $[n]^{\alpha} = 0$ ist, sobald $\alpha > n$ genommen wird.

Setzt man nun $a = \mathfrak{Cos}\,k + \mathfrak{Sin}\,k = e^k$ und $b = \mathfrak{Cos}\,k - \mathfrak{Sin}\,k = e^{-k}$, um diese Werthe im Ausdrucke

$$(a+b)^n = S[n]^{\alpha}_{\alpha'}(ab)^{\alpha}.\frac{a^{n-2\alpha}+b^{n-2\alpha}}{2}$$

zu substituiren, so erhält man

$$ab = 1,\quad a+b = 2\,\mathfrak{Cos}\,k \quad\text{und}\quad \frac{a^{n-2\alpha}+b^{n-2\alpha}}{2} = \mathfrak{Cos}(n-2\alpha)k;$$

und also

$$1.\quad (2\,\mathfrak{Cos}\,k)^n = S[n]^{\alpha}_{\alpha'}\,\mathfrak{Cos}(n-2\alpha)k.$$

Diese Formel kann noch zusammengezogen werden, wenn man zwei Fälle unterscheidet, je nachdem n eine gerade oder ungerade Zahl ist. Setzt man zuerst $2n$ für n, so hat man zunächst $(2\,\mathfrak{Cos}\,k)^{2n} = S[2n]^{\alpha}_{\alpha'}\,\mathfrak{Cos}(n-\alpha).2k$. Das Glied für $\alpha = n$ ist $[2n]^{n}$, denn $\mathfrak{Cos}\,0 = 1$. Zerlegt man daher den Ausdruck in drei Theile, indem man $n-\alpha$ statt α setzt wenn $\alpha > 0$; $n+\alpha$ statt α wenn $\alpha > 0$, und $\alpha = n$, so hat man:

$$(2\,\mathfrak{Cos}\,k)^{2n} = S[2n]^{n-\alpha}_{(n-\alpha)'}\,\mathfrak{Cos}\,2\alpha k + [2n]^{n} + S[2n]^{n+\alpha}_{(n+\alpha)'}\,\mathfrak{Cos}-2\alpha k.$$

Nun ist aber $[2n]^{n-\alpha}_{(n-\alpha)'} = [2n]^{n+\alpha}_{(n+\alpha)'}$ und $\mathfrak{Cos}-2\alpha k = \mathfrak{Cos}\,2\alpha k$; folglich hat man:

$$2.\quad (2\,\mathfrak{Cos}\,k)^{2n} = [2n]^{n}_{n'} + 2\,S[2n]^{n+\alpha}_{(n+\alpha)'}\,\mathfrak{Cos}\,2\alpha k, \text{ für } \alpha > 0.$$

Wenn hingegen der Exponent n ungerade ist, so giebt es kein mittleres Glied des Ausdruckes, weil die Menge der Glieder in der Formel (1.) dann eine gerade Zahl ist, und es gilt für diesen Fall die Formel:

$$3.\quad (2\,\mathfrak{Cos}\,k)^{2n+1} = 2.S[2n+1]^{\alpha}_{\beta'}\,\mathfrak{Cos}(2\alpha+1)k \quad (\text{cond. } \alpha+\beta = n).$$

Dieselben Formeln gelten auch für die cyklischen Functionen, nur muſs durchgehends die Vorsylbe $\mathfrak{Cos}$ in cos abgeändert werden.

Specialisirt man die allgemeinen Formeln, so hat man die Ausdrücke:

$\mathrm{Cos}\,k^2 = \frac{1}{2}\,\mathrm{Cos}\,2k + \frac{1}{2}$,
$\mathrm{Cos}\,k^3 = \frac{1}{4}\,\mathrm{Cos}\,3k + \frac{3}{4}\,\mathrm{Cos}\,k$,
$\mathrm{Cos}\,k^4 = \frac{1}{8}\,\mathrm{Cos}\,4k + \frac{1}{2}\,\mathrm{Cos}\,2k + \frac{3}{8}$,
$\mathrm{Cos}\,k^5 = \frac{1}{16}\,\mathrm{Cos}\,5k + \frac{5}{16}\,\mathrm{Cos}\,3k + \frac{5}{8}\,\mathrm{Cos}\,k$,
$\mathrm{Cos}\,k^6 = \frac{1}{32}\,\mathrm{Cos}\,6k + \frac{3}{16}\,\mathrm{Cos}\,4k + \frac{15}{32}\,\mathrm{Cos}\,2k + \frac{5}{16}$,
$\mathrm{Cos}\,k^7 = \frac{1}{64}\,\mathrm{Cos}\,7k + \frac{7}{64}\,\mathrm{Cos}\,5k + \frac{21}{64}\,\mathrm{Cos}\,3k + \frac{35}{64}\,\mathrm{Cos}\,k$,
$\mathrm{Cos}\,k^8 = \frac{1}{128}\,\mathrm{Cos}\,8k + \frac{1}{16}\,\mathrm{Cos}\,6k + \frac{7}{32}\,\mathrm{Cos}\,4k + \frac{7}{16}\,\mathrm{Cos}\,2k + \frac{35}{128}$,
$\mathrm{Cos}\,k^9 = \frac{1}{256}\,\mathrm{Cos}\,9k + \frac{9}{256}\,\mathrm{Cos}\,7k + \frac{9}{64}\,\mathrm{Cos}\,5k + \frac{21}{64}\,\mathrm{Cos}\,3k + \frac{63}{128}\,\mathrm{Cos}\,k$,
$\mathrm{Cos}\,k^{10} = \frac{1}{512}\,\mathrm{Cos}\,10k + \frac{5}{256}\,\mathrm{Cos}\,8k + \frac{45}{512}\,\mathrm{Cos}\,6k + \frac{15}{64}\,\mathrm{Cos}\,4k + \frac{105}{256}\,\mathrm{Cos}\,2k + \frac{63}{256}$,

u. s. w.

§. 29.

Um ähnliche Ausdrücke auch für die Potenzen der Sinus herzuleiten, dient ebenfalls der binomische Lehrsatz in der Form:

$$(a-b)^n = S(-1)^\alpha\,[n]^{\alpha}_{1}\,(ab)^\alpha\,a^{n-2\alpha},$$

und da $(a-b)^n = (-1)^n.(b-a)^n$ ist, so hat man auch:

$$(a-b)^n = S(-1)^{n+\alpha}\,[n]^{\alpha}_{1}\,(ab)^\alpha\,b^{n-2\alpha},$$

und also durch Addition:

$$(a-b)^n = S(-1)^\alpha\,[n]^{\alpha}_{1}\,(ab)^\alpha\,\frac{a^{n-2\alpha}+(-1)^n b^{n-2\alpha}}{2}.$$

Unterscheidet man also schon jetzt zwei Fälle, je nachdem n eine gerade oder ungerade Zahl ist, so hat man:

$$(a-b)^{2n} = S(-1)^\alpha\,[2n]^{\alpha}_{1}.\frac{a^{2n-2\alpha}+b^{2n-2\alpha}}{2}.(ab)^\alpha,$$

$$(a-b)^{2n+1} = S(-1)^\alpha\,[2n+1]^{\alpha}_{1}.\frac{a^{2n-2\alpha+1}+b^{2n-2\alpha+1}}{2}.(ab)^\alpha.$$

Werden nun wieder für a und b die Werthe, wie in §. 28. substituirt, so entstehen die Formeln:

$$(2\,\mathrm{Sin}\,k)^{2n} = S(-1)^\alpha\,[2n]^{\alpha}_{1}\,\mathrm{Cos}\,(n-\alpha)2k,$$

$$(2\,\mathrm{Sin}\,k)^{2n+1} = S(-1)^\alpha\,[2n+1]^{\alpha}_{1}\,\mathrm{Sin}\,(2n-2\alpha+1)k,$$

welche ebenfalls noch weiter zusammengezogen werden können; nemlich:

$$(2\,\mathrm{Sin}\,k)^{2n} = (-1)^n\,[2n]^{n}_{1} + S(-1)^{n+\alpha}\,[2n]^{n+\alpha}_{1}\,\mathrm{Cos}\,2\alpha k \quad \text{für } \alpha > 0,$$

$$(2\,\mathrm{Sin}\,k)^{2n+1} = 2.S(-1)^\beta\,[2n+1]^{\beta}_{1}\,\mathrm{Sin}\,(2\alpha+1)k \quad (\text{cond. } (\alpha+\beta=n)).$$

Diese Formeln können ebenfalls leicht in die für die cyklischen Functionen geltenden umgesetzt werden, und die ersten Specialisirungen derselben sind:

$\mathrm{Sin}\,k^2 = \frac{1}{2}\,\mathrm{Cos}\,2k - \frac{1}{2}$,

$\mathrm{Sin}\,k^3 = \frac{1}{4}\,\mathrm{Sin}\,3k - \frac{3}{4}\,\mathrm{Sin}\,k$,

$\mathrm{Sin}\,k^4 = \frac{1}{8}\,\mathrm{Cos}\,4k - \frac{1}{2}\,\mathrm{Cos}\,2k + \frac{3}{8}$,

$\mathrm{Sin}\,k^5 = \frac{1}{16}\,\mathrm{Sin}\,5k - \frac{5}{16}\,\mathrm{Sin}\,3k + \frac{5}{8}\,\mathrm{Sin}\,k$,

$\mathrm{Sin}\,k^6 = \frac{1}{32}\,\mathrm{Cos}\,6k - \frac{3}{16}\,\mathrm{Cos}\,4k + \frac{15}{32}\,\mathrm{Cos}\,2k - \frac{5}{16}$,

$\mathrm{Sin}\,k^7 = \frac{1}{64}\,\mathrm{Sin}\,7k - \frac{7}{64}\,\mathrm{Sin}\,5k + \frac{21}{64}\,\mathrm{Sin}\,3k - \frac{35}{64}\,\mathrm{Sin}\,k$,

$\mathrm{Sin}\,k^8 = \frac{1}{128}\,\mathrm{Cos}\,8k - \frac{1}{16}\,\mathrm{Cos}\,6k + \frac{7}{32}\,\mathrm{Cos}\,4k - \frac{7}{16}\,\mathrm{Cos}\,2k + \frac{35}{128}$.

$\mathrm{Sin}\,k^9 = \frac{1}{256}\,\mathrm{Sin}\,9k - \frac{9}{256}\,\mathrm{Sin}\,7k + \frac{9}{64}\,\mathrm{Sin}\,5k - \frac{21}{64}\,\mathrm{Sin}\,3k + \frac{63}{128}\,\mathrm{Sin}\,k$.

$\mathrm{Sin}\,k^{10} = \frac{1}{512}\,\mathrm{Cos}\,10k - \frac{5}{256}\,\mathrm{Cos}\,8k + \frac{45}{512}\,\mathrm{Cos}\,6k - \frac{15}{64}\,\mathrm{Cos}\,4k + \frac{105}{256}\,\mathrm{Cos}\,2k - \frac{63}{256}$,

u. s. w.

§. 30.

Aber auch umgekehrt läfst sich der Sinus und Cosinus eines vervielfachten Arcus durch Potenzen von Sinus und Cosinus des einfachen Arcus ausdrücken.

Da nemlich:

$$(e^k)^n = (\mathrm{Cos}\,k + \mathrm{Sin}\,k)^n = e^{nk} = \mathrm{Cos}\,nk + \mathrm{Sin}\,nk \text{ und}$$
$$(e^{-k})^n = (\mathrm{Cos}\,k - \mathrm{Sin}\,k)^n = e^{-nk} = \mathrm{Cos}\,nk - \mathrm{Sin}\,nk$$

ist, so hat man durch Addition und Subtraction:

$$\mathrm{Cos}\,nk = \frac{(\mathrm{Cos}\,k + \mathrm{Sin}\,k)^n + (\mathrm{Cos}\,k - \mathrm{Sin}\,k)^n}{2},$$
$$\mathrm{Sin}\,nk = \frac{(\mathrm{Cos}\,k + \mathrm{Sin}\,k)^n - (\mathrm{Cos}\,k - \mathrm{Sin}\,k)^n}{2}.$$

Nach geschehener Entwickelung hat man die Ausdrücke:

$$1. \quad \mathrm{Cos}\,nk = S\,[n]^{2a}_{(2a)'}\,\mathrm{Cos}\,k^{n-2a}\,.\,\mathrm{Sin}\,k^{2a},$$
$$2. \quad \mathrm{Sin}\,nk = S\,[n]^{2a+1}_{(2a+1)'}\,\mathrm{Cos}\,k^{n-2a-1}\,.\,\mathrm{Sin}\,k^{2a+1}.$$

Man kann ihnen auch folgende Gestalt geben:

$$\mathrm{Cos}\,nk = (\mathrm{Cos}\,k)^n . S\,[n]^{2a}_{(2a)'} . \mathrm{Tang}\,k^{2a} \text{ und } \mathrm{Sin}\,nk = (\mathrm{Sin}\,k)^n . S\,[n]^{2a+1}_{(2a+1)'} . \mathrm{Tang}\,k^{2a+1},$$

woraus für die Tangente folgt:

$$\mathrm{Tang}\,nk = (S\,[n]^{2a}_{(2a)'}\,\mathrm{Tang}\,k^{2a}) : (S\,[n]^{2a+1}_{(2a+1)'}\,\mathrm{Tang}\,k^{2a+1}).$$

Auch diese Formeln werden in die für die cyklischen Functionen geltenden leicht umgesetzt, indem man nur $k\sqrt{-1}$ für den Arcus k setzt, und brechen immer ab, da der Annahme gemäfs n eine positive ganze Zahl ist.

Die ersten Specialfälle der letzten Formel sind:

$$\mathfrak{Tang}\,2k = \frac{2\,\mathfrak{Tang}\,k}{1+\mathfrak{Tang}\,k^2},$$

$$\mathfrak{Tang}\,3k = \frac{3\,\mathfrak{Tang}\,k+\mathfrak{Tang}\,k^3}{1+3\,\mathfrak{Tang}\,k^2},$$

$$\mathfrak{Tang}\,4k = \frac{4\,\mathfrak{Tang}\,k+4\,\mathfrak{Tang}\,k^3}{1+6\,\mathfrak{Tang}\,k^2+\mathfrak{Tang}\,k^4},$$

$$\mathfrak{Tang}\,5k = \frac{5\,\mathfrak{Tang}\,k+10\,\mathfrak{Tang}\,k^3+\mathfrak{Tang}\,k^5}{1+10\,\mathfrak{Tang}\,k^2+5\,\mathfrak{Tang}\,k^4},$$

$$\mathfrak{Tang}\,6k = \frac{6\,\mathfrak{Tang}\,k+20\,\mathfrak{Tang}\,k^3+6\,\mathfrak{Tang}\,k^5}{1+15\,\mathfrak{Tang}\,k^2+15\,\mathfrak{Tang}\,k^4+\mathfrak{Tang}\,k^6},$$

u. s. w.

Diese Ausdrücke lassen sich übrigens auch leicht recurrirend vermehren; denn es sei $\mathfrak{Tang}\,nk = \frac{p}{q}$ und $\mathfrak{Tang}\,(n+1)k = \frac{P}{Q}$, so ist bekanntlich $\mathfrak{Tang}\,(n+1)k = \frac{\mathfrak{Tang}\,nk+\mathfrak{Tang}\,k}{1+\mathfrak{Tang}\,nk\,.\,\mathfrak{Tang}\,k}$, und also $\frac{P}{Q} = \frac{p+q\,\mathfrak{Tang}\,k}{q+p\,\mathfrak{Tang}\,k}$ oder:

$$P = p+q\,\mathfrak{Tang}\,k \quad \text{und} \quad Q = q+p\,\mathfrak{Tang}\,k,$$

nach welchen Formeln die Rechnung, wie man sieht, sehr bequem ist.

§. 31.

Die Formeln (1. und 2.) des §. 30. haben die Unbequemlichkeit, daſs sie nach Potenzen des Sinus und Cosinus zugleich fortschreiten. Brauchbarere Formeln leitet man aus zwei arithmetischen Theoremen her, nemlich:

$$a^n+b^n = S(-1)^\alpha \frac{n}{n-\alpha}\underset{\overline{\alpha'}}{\overset{\alpha}{[n-\alpha]}}(a+b)^{n-2\alpha}.(ab)^\alpha,$$

$$\frac{a^{n+1}-b^{n+1}}{a-b} = S(-1)^\alpha \underset{\overline{\alpha'}}{\overset{\alpha}{[n-\alpha]}}(a+b)^{n-2\alpha}.(ab)^\alpha.$$

Beide Ausdrücke sind geschlossen und dürfen nur so weit fortgesetzt werden, daſs $n-2\alpha=0$ oder $=+1$, nicht aber negativ werde. Sie gelten übrigens, es mag n eine gerade oder ungerade ganze Zahl sein, und ihr Beweis fällt nicht schwer.

Setzt man $a = \mathfrak{Cos}\,k+\mathfrak{Sin}\,k$, $b = \mathfrak{Cos}\,k-\mathfrak{Sin}\,k$, so ist $a.b=1$, $a+b = 2\,\mathfrak{Cos}\,k$, $a-b = 2\,\mathfrak{Sin}\,k$, $a^n+b^n = 2\,\mathfrak{Cos}\,nk$, $a^{n+1}-b^{n+1} = 2\,\mathfrak{Sin}(n+1)k$; und werden diese Werthe substituirt, so hat man auf der Stelle:

$$1.\quad 2\,\mathfrak{Cos}\,nk = S(-1)^\alpha \frac{n}{n-\alpha}\underset{\overline{\alpha'}}{\overset{\alpha}{[n-\alpha]}}.(2\,\mathfrak{Cos}\,k)^{n-2\alpha}$$

$$2.\quad \frac{\mathfrak{Sin}(n+1)k}{\mathfrak{Sin}\,k} = S(-1)^\alpha \underset{\overline{\alpha'}}{\overset{\alpha}{[n-\alpha]}}.(2\,\mathfrak{Cos}\,k)^{n-2\alpha},$$

und auch diese Reihen werden nur so weit fortgesetzt, daſs $n-2\alpha$ nicht negativ wird.

Setzt man vor der Substitution $-b$ statt b, so muſs man zwei Fälle unterscheiden, je nachdem n eine gerade oder ungerade Zahl ist.

1) Wenn n eine gerade Zahl ist.

Dann geben die Formeln

$$a^n + b^n = S\frac{n}{n-\alpha}\underset{\alpha'}{\overset{\alpha}{[n-\alpha]}}(a-b)^{n-2\alpha}.(ab)^\alpha \quad \text{und}$$

$$\frac{a^{n+1}+b^{n+1}}{a+b} = S\underset{\alpha'}{\overset{\alpha}{[n-\alpha]}}(a-b)^{n-2\alpha}.(ab)^\alpha$$

durch die Substitution $a = \mathrm{Cos}\,k + \mathrm{Sin}\,k$ und $b = \mathrm{Cos}\,k - \mathrm{Sin}\,k$ die zwei Gleichungen:

$$3. \quad 2\,\mathrm{Cos}\,nk = S\frac{n}{n-\alpha}\underset{\alpha'}{\overset{\alpha}{[n-\alpha]}}.(2\,\mathrm{Sin}\,k)^{n-2\alpha},$$

$$4. \quad \frac{\mathrm{Cos}\,(n+1)k}{\mathrm{Cos}\,k} = S\underset{\alpha'}{\overset{\alpha}{[n-\alpha]}}.(2\,\mathrm{Sin}\,k)^{n-2\alpha}.$$

2) Wenn n eine ungerade ganze Zahl ist.

Dann geben die Formeln

$$a^n - b^n = S\frac{n}{n-\alpha}\underset{\alpha'}{\overset{\alpha}{[n-\alpha]}}(a-b)^{n-2\alpha}.(ab)^\alpha \quad \text{und}$$

$$\frac{a^{n+1}-b^{n+1}}{a+b} = S\underset{\alpha'}{\overset{\alpha}{[n-\alpha]}}.(a-b)^{n-2\alpha}.(ab)^\alpha,$$

durch dieselbe Substitution, wie vorhin, die neuen Formeln:

$$5. \quad 2\,\mathrm{Sin}\,nk = S\frac{n}{n-\alpha}\underset{\alpha'}{\overset{\alpha}{[n-\alpha]}}.(2\,\mathrm{Sin}\,k)^{n-2\alpha},$$

$$6. \quad \frac{\mathrm{Sin}\,(n+1)k}{\mathrm{Cos}\,k} = S\underset{\alpha'}{\overset{\alpha}{[n-\alpha]}}.(2\,\mathrm{Sin}\,k)^{n-2\alpha}.$$

Wenn man die Gleichungen (1., 3., 5.) differentiirt, so erhält man drei andere, welche mit den Gleichungen (2., 4., 6.) fast dieselben sind, und auch darin übergehen, wenn man in ihnen die Zahl n nur um Eins erhöhet.

§. 32.

Die Berechnung der Vorzahlen in den Ausdrücken (1. und 2.) des §. 31. wird durch ein recurrirendes Verfahren erleichtert. Man setze zu dem Ende:

$$\mathrm{Cos}\,nk = S(-1)^\alpha\varphi(n,\alpha).\mathrm{Cos}\,k^{n-2\alpha},$$

so hat man, weil $\mathfrak{Cos}\,(n+2)k = (2\,\mathfrak{Cos}\,k).\mathfrak{Cos}\,(n+1)k - \mathfrak{Cos}\,nk$ ist:

$$S(-1)^a\,\varphi(n+2,a).\mathfrak{Cos}\,k^{n+2-2a}$$
$$= 2.S(-1)^a\,\varphi(n+1,a).\mathfrak{Cos}\,k^{n+1-2a} - S(-1)^a\,\varphi(n,a).\mathfrak{Cos}\,k^{n-2a},$$

und also:

$$\varphi(n+2,r) = 2\varphi(n+1,r) + \varphi(n,r-1).$$

Diese Recursionsformel läſst an Einfachheit nichts zu wünschen übrig; in Anwendung derselben findet man folgende Ausdrücke:

$$1.\left\{\begin{array}{l}
\mathfrak{Cos}\,2k = 2\,\mathfrak{Cos}\,k^2 - 1,\\
\mathfrak{Cos}\,3k = 4\,\mathfrak{Cos}\,k^3 - 3\,\mathfrak{Cos}\,k,\\
\mathfrak{Cos}\,4k = 8\,\mathfrak{Cos}\,k^4 - 8\,\mathfrak{Cos}\,k^2 + 1,\\
\mathfrak{Cos}\,5k = 16\,\mathfrak{Cos}\,k^5 - 20\,\mathfrak{Cos}\,k^3 + 5\,\mathfrak{Cos}\,k,\\
\mathfrak{Cos}\,6k = 32\,\mathfrak{Cos}\,k^6 - 48\,\mathfrak{Cos}\,k^4 + 18\,\mathfrak{Cos}\,k^2 - 1,\\
\mathfrak{Cos}\,7k = 64\,\mathfrak{Cos}\,k^7 - 112\,\mathfrak{Cos}\,k^5 + 56\,\mathfrak{Cos}\,k^3 - 7\,\mathfrak{Cos}\,k,\\
\mathfrak{Cos}\,8k = 128\,\mathfrak{Cos}\,k^8 - 256\,\mathfrak{Cos}\,k^6 + 160\,\mathfrak{Cos}\,k^4 - 32\,\mathfrak{Cos}\,k^2 + 1,\\
\mathfrak{Cos}\,9k = 256\,\mathfrak{Cos}\,k^9 - 576\,\mathfrak{Cos}\,k^7 + 432\,\mathfrak{Cos}\,k^5 - 120\,\mathfrak{Cos}\,k^3 + 9\,\mathfrak{Cos}\,k,\\
\mathfrak{Cos}\,10k = 512\,\mathfrak{Cos}\,k^{10} - 1280\,\mathfrak{Cos}\,k^8 + 1120\,\mathfrak{Cos}\,k^6 - 400\,\mathfrak{Cos}\,k^4 + 50\,\mathfrak{Cos}\,k^2 - 1,\\
\text{u. s. w.}
\end{array}\right.$$

Da nun die Formeln (3. und 5.) dieselben Vorzahlen haben, so ist auch:

$$2.\left\{\begin{array}{l}
\mathfrak{Cos}\,2k = 2\,\mathfrak{Sin}\,k^2 + 1,\\
\mathfrak{Sin}\,3k = 4\,\mathfrak{Sin} + 3\,\mathfrak{Sin}\,k,\\
\mathfrak{Cos}\,4k = 8\,\mathfrak{Sin} + 8\,\mathfrak{Sin}\,k^2 + 1,\\
\mathfrak{Sin}\,5k = 16\,\mathfrak{Sin} + 20\,\mathfrak{Sin}\,k^3 + 5\,\mathfrak{Sin}\,k,\\
\mathfrak{Cos}\,6k = 32\,\mathfrak{Sin} + 48\,\mathfrak{Sin}\,k^4 + 18\,\mathfrak{Sin}\,k^2 + 1,\\
\mathfrak{Sin}\,7k = 64\,\mathfrak{Sin}\,k^7 + 112\,\mathfrak{Sin}\,k^5 + 56\,\mathfrak{Sin}\,k^3 + 7\,\mathfrak{Sin}\,k,\\
\mathfrak{Cos}\,8k = 128\,\mathfrak{Sin}\,k^8 + 256\,\mathfrak{Sin}\,k^6 + 160\,\mathfrak{Sin}\,k^4 + 32\,\mathfrak{Sin}\,k^2 + 1,\\
\mathfrak{Sin}\,9k = 256\,\mathfrak{Sin}\,k^9 + 576\,\mathfrak{Sin}\,k^7 + 432\,\mathfrak{Sin}\,k^5 + 120\,\mathfrak{Sin}\,k^3 + 9\,\mathfrak{Sin}\,k,\\
\mathfrak{Cos}\,10k = 512\,\mathfrak{Sin}\,k^{10} + 1280\,\mathfrak{Sin}\,k^8 + 1120\,\mathfrak{Sin}\,k^6 + 400\,\mathfrak{Sin}\,k^4 + 50\,\mathfrak{Sin}\,k^2 + 1;\\
\text{u. s. w.}
\end{array}\right.$$

Die Formeln (1.) gelten unmittelbar auch von den cyklischen Cosinus, und man hat nur die Vorsylbe $\mathfrak{Cos}$ in cos abzuändern. Die Formeln (2.) aber, welche Sinus enthalten, bekommen abwechselnde Vorzeichen. So erhält man z. B. aus den beiden letzten Formeln, wenn $k\sqrt{-1}$ für k gesetzt wird:

$$\sin 9k = +256\sin k^9 - 576\sin k^7 + 432\sin k^5 - 120\sin k^3 + 9\sin k,$$
$$\cos 10k = -512\sin k^{10} + 1280\sin k^8 - 1120\sin k^6 + 400\sin k^4 - 50\sin k^2 + 1.$$

§. 33.

Will man in ähnlicher Art eine Recursionsformel für die Berechnung der Vorzahlen in den übrigen Ausdrücken herleiten, so wird man setzen:

$$\mathfrak{Sin}\, nk = \mathfrak{Sin}\, k \,.\, S(-1)^a \varphi(n, a)\, \mathfrak{Cos}\, k^{n-2a-1},$$

und da $\mathfrak{Sin}(n+2)k = (2\mathfrak{Cos}\, k).\mathfrak{Sin}(n+1)k - \mathfrak{Sin}\, k$ ist, so hat man:

$$\mathfrak{Sin}\, k \,.\, S(-1)^a \varphi(n+2, a)\, \mathfrak{Cos}\, k^{n-2a+1}$$

$$= 2\,\mathfrak{Sin}\, k \,.\, S(-1)^a \varphi(n+1, a)\, \mathfrak{Cos}\, k^{n-2a+1} - \mathfrak{Sin}\, k \,.\, S(-1)^a \varphi(n, a) \,.\, \mathfrak{Cos}\, k^{n-2a-1},$$

oder einfacher:

$$\varphi(n+2, r) = 2.\varphi(n+1, r) + \varphi(n, r-1).$$

Diese Formel stimmt mit der in §. 32. gefundenen völlig überein, und die Vorzahlen würden also wieder die vorigen werden, wenn die Rechnung nicht mit anderen Elementen begonnen würde. Die berechneten Ausdrücke sind:

$$1.\ \begin{cases}
\mathfrak{Sin}\, 2k = \mathfrak{Sin}\, k.\ (2\mathfrak{Cos}\, k), \\
\mathfrak{Sin}\, 3k = \mathfrak{Sin}\, k.\ (4\mathfrak{Cos}\, k^2 - 1), \\
\mathfrak{Sin}\, 4k = \mathfrak{Sin}\, k.\ (8\mathfrak{Cos}\, k^3 - 4\mathfrak{Cos}\, k), \\
\mathfrak{Sin}\, 5k = \mathfrak{Sin}\, k.\ (16\mathfrak{Cos}\, k^4 - 12\mathfrak{Cos}\, k^2 + 1), \\
\mathfrak{Sin}\, 6k = \mathfrak{Sin}\, k.\ (32\mathfrak{Cos}\, k^5 - 32\mathfrak{Cos}\, k^3 + 6\mathfrak{Cos}\, k), \\
\mathfrak{Sin}\, 7k = \mathfrak{Sin}\, k.\ (64\mathfrak{Cos}\, k^6 - 80\mathfrak{Cos}\, k^4 + 24\mathfrak{Cos}\, k^2 - 1), \\
\mathfrak{Sin}\, 8k = \mathfrak{Sin}\, k.(128\mathfrak{Cos}\, k^7 - 192\mathfrak{Cos}\, k^5 + 80\mathfrak{Cos}\, k^3 - 8\mathfrak{Cos}\, k), \\
\mathfrak{Sin}\, 9k = \mathfrak{Sin}\, k.(256\mathfrak{Cos}\, k^8 - 458\mathfrak{Cos}\, k^6 + 248\mathfrak{Cos}\, k^4 - 40\mathfrak{Cos}\, k^2 + 1), \\
\mathfrak{Sin}\, 10k = \mathfrak{Sin}\, k.(512\mathfrak{Cos}\, k^9 - 1044\mathfrak{Cos}\, k^7 + 688\mathfrak{Cos}\, k^5 - 160\mathfrak{Cos}\, k^3 + 10\mathfrak{Cos}\, k, \\
\text{u. s. w.}
\end{cases}$$

Da nun die Formeln (4. und 6.) des §. 31. dieselben Vorzahlen haben, so hat man noch:

$$2.\ \begin{cases}
\mathfrak{Sin}\, 2k = \mathfrak{Cos}\, k.\ (2\mathfrak{Sin}\, k), \\
\mathfrak{Cos}\, 3k = \mathfrak{Cos}\, k.\ (4\mathfrak{Sin}\, k^2 + 1), \\
\mathfrak{Sin}\, 4k = \mathfrak{Cos}\, k.\ (8\mathfrak{Sin}\, k^3 + 4\mathfrak{Sin}\, k), \\
\mathfrak{Cos}\, 5k = \mathfrak{Cos}\, k.\ (16\mathfrak{Sin}\, k^4 + 12\mathfrak{Sin}\, k^2 + 1), \\
\mathfrak{Sin}\, 6k = \mathfrak{Cos}\, k.\ (32\mathfrak{Sin}\, k^5 + 32\mathfrak{Sin}\, k^3 + 6\mathfrak{Sin}\, k), \\
\mathfrak{Cos}\, 7k = \mathfrak{Cos}\, k.\ (64\mathfrak{Sin}\, k^6 + 80\mathfrak{Sin}\, k^4 + 24\mathfrak{Sin}\, k^2 + 1), \\
\mathfrak{Sin}\, 8k = \mathfrak{Cos}\, k.(128\mathfrak{Sin}\, k^7 + 192\mathfrak{Sin}\, k^5 + 80\mathfrak{Sin}\, k^3 + 8\mathfrak{Sin}\, k), \\
\mathfrak{Cos}\, 9k = \mathfrak{Cos}\, k.(256\mathfrak{Sin}\, k^8 + 458\mathfrak{Sin}\, k^6 + 248\mathfrak{Sin}\, k^4 + 10\mathfrak{Sin}\, k^2 + 1), \\
\mathfrak{Sin}\, 10k = \mathfrak{Cos}\, k.(512\mathfrak{Sin}\, k^9 + 1044\mathfrak{Sin}\, k^7 + 688\mathfrak{Sin}\, k^5 + 160\mathfrak{Sin}\, k^3 + 10\mathfrak{Sin}\, k), \\
\text{u. s. w.}
\end{cases}$$

Auch diese Formeln können leicht auf die cyklischen Functionen übertragen werden, wenn man $k\sqrt{-1}$ für k setzt, und bemerkt, daſs $\mathfrak{Sin}(k\sqrt{-1}) = (\sin k).\sqrt{-1}$ und $\mathfrak{Cos}(k\sqrt{-1}) = \cos k$ ist.

§. 34.

Um das Verhalten der hyperbolischen Sinus, Cosinus und Tangenten an einem einfachen Beispiele zu veranschaulichen, nehmen wir wieder zum Arcus k den natürlichen Logarithmen von Zwei, wie in §. 9. Um die hyperbolischen Functionen eines Vielfachen dieses Arcus kennen zu lernen, könnten die so eben abgeleiteten Formeln allerdings gebraucht werden. Man gelangt hier aber kürzer zum Ziele, wenn man in den Formeln des §. 9. $v = 2^n$, also $\log v = n \log 2$ setzt. Man erhält auf der Stelle:

$$\mathfrak{Cos}(n \log 2) = \frac{2^{2n}+1}{2^{n+1}} = 2^{n-1} + \frac{1}{2^{n+1}}$$

$$\mathfrak{Sin}(n \log 2) = \frac{2^{2n}-1}{2^{n+1}} = 2^{n-1} - \frac{1}{2^{n+1}}$$

; also $\mathfrak{Tang}(n \log 2) = \dfrac{2^{2n}-1}{2^{2n}+1}$.

n	nk	$\mathfrak{Cos}\, nk$	$\mathfrak{Sin}\, nk$
1	0, 6931 4718 0559....	$1\frac{1}{4}$	$0\frac{3}{4}$
2	1, 3862 9436 1119....	$2\frac{1}{8}$	$1\frac{7}{8}$
3	2, 0794 4154 1679....	$4\frac{1}{16}$	$3\frac{15}{16}$
4	2, 7725 8872 2239....	$8\frac{1}{32}$	$7\frac{31}{32}$
5	3, 4657 3590 2799....	$16\frac{1}{64}$	$15\frac{63}{64}$
6	4, 1588 8308 3359....	$32\frac{1}{128}$	$31\frac{127}{128}$
7	4, 8520 3026 3919....	$64\frac{1}{256}$	$63\frac{255}{256}$
8	5, 5451 7744 4479....	$128\frac{1}{512}$	$127\frac{511}{512}$
9	6, 2383 2462 5039....	$256\frac{1}{1024}$	$255\frac{1023}{1024}$
10	6, 9314 7180 5599....	$512\frac{1}{2048}$	$511\frac{2047}{2048}$
11	7, 6246 1898 6159....	$1024\frac{1}{4096}$	$1023\frac{4095}{4096}$
12	8, 3177 6616 6719....	$2048\frac{1}{8192}$	$2047\frac{8191}{8192}$
13	9, 0109 1334 7279....	$4096\frac{1}{16384}$	$4095\frac{16383}{16384}$
14	9, 7040 6052 7839....	$8192\frac{1}{32768}$	$8191\frac{32767}{32768}$
15	10, 3972 0770 8399....	$16384\frac{1}{65536}$	$16383\frac{65535}{65536}$
16	11, 0903 5488 8959....	$32768\frac{1}{131072}$	$32767\frac{131071}{131072}$
17	11, 7835 0206 9519....	$65536\frac{1}{262144}$	$65535\frac{262143}{262144}$
18	12, 4766 4925 0079....	$131072\frac{1}{524288}$	$131071\frac{524287}{524288}$
19	13, 1697 9643 0638....	$262144\frac{1}{1048576}$	$262143\frac{1048575}{1048576}$
20	13, 8629 4361 1198....	$524288\frac{1}{2097152}$	$524287\frac{2097151}{2097152}$

(Die Fortsetzung im nächsten Hefte.)

2.

Nouvelles formules analogues aux séries de Taylor et de Maclaurin.

(Par MM. *Lamé* et *Clapeyron*, colonels du génie au service de Russie.)

Le théorème de Taylor, dans tous les cas où il n'est pas en défaut, et où il conduit à des séries convergentes, indique qu'une fonction continue $F(x)$, d'une seule variable x, est totalement déterminée, quand pour une valeur particulière $x=a$, cette fonction et tous ses coëfficiens différentiels sont des quantités connues; car on a:

$$1.\quad F(x)=F(a+x-a)=F(a)+F'(a)\frac{x-a}{1}+F''(a)\frac{(x-a)^2}{1.2}+F'''(a)\frac{(x-a)^3}{1.2.3}+\text{etc.}$$

Il suit de là que deux fonctions sont égales, ou se confondent, lorsqu'elles ont, ainsi que tous leurs coëfficiens différentiels, des valeurs respectivement égales, pour une même valeur particulière $x=a$ de la variable.

Le théorème de Maclaurin établit le même principe pour le seul cas particulier où $a=0$; mais il démontre en outre que dans ce cas, les conditions nécessaires à vérifier, pour établir l'identité des deux fonctions, se réduisent de moitié, quand ces fonctions sont paires ou impaires, c'est à dire quand elles ne changent pas de valeurs absolues avec le signe de la variable.

Il s'agit de prouver ici que cette réduction a toujours lieu pour des fonctions paires ou impaires, quelle que soit a ou la valeur particulière de la variable que l'on considère.

Si au moyen de la formule (1.) on cherche les développemens successifs de $F(x)$, $F''(x)$, $F^{\text{IV}}(x)\ldots$, suivant les puissances de $x-a$, et qu'on y fasse ensuite $x=-a$, on obtiendra la série des équations:

$$2.\quad\begin{cases}F(-a)=F(a)-\frac{2a}{1}F'(a)+\frac{(2a)^2}{1.2}F''(a)-\frac{(2a)^3}{1.2.3}F'''(a)+\text{etc.}\\ F''(-a)=F''(a)-\frac{2a}{1}F'''(a)+\frac{(2a)^2}{1.2}F^{\text{IV}}(a)-\frac{(2a)^3}{1.2.3}F^{\text{V}}(a)+\text{etc.}\\ F^{\text{IV}}(-a)=F^{\text{IV}}(a)-\frac{2a}{1}F^{\text{V}}(a)+\text{etc.}\end{cases}$$

Si $F(x)$ est une fonction impaire, on aura:

$$F(-a) = -F(a),\quad F''(-a) = -F''(a),\quad F^{\text{IV}}(-a) = -F^{\text{IV}}(a),\ \text{etc.};$$

et les équations (2.) deviendront:

$$3.\quad \begin{cases} 0 = 2F(a) - \frac{2a}{1}F'(a) + \frac{(2a)^2}{1.2}F''(a) - \text{etc.} \\ 0 = 2F''(a) - \frac{2a}{1}F'''(a) + \frac{(2a)^2}{1.2}F^{\text{IV}}(a) - \text{etc.} \\ 0 = 2F^{\text{IV}}(a) - \frac{2a}{1}F^{\text{V}}(a) + \text{etc.} \\ \dots\dots\dots\dots \end{cases}$$

Ces équations permettront de déterminer $F(a)$, $F''(a)$, $F^{\text{IV}}(a)$, ... au moyen de $F'(a)$, $F'''(a)$, ... ou réciproquement; l'élimination de $F''(a)$, $F^{\text{IV}}(a)$, ... entre elles conduira évidemment à une équation de la forme:

$$F(a) = A\frac{a}{1}F'(a) + B\frac{a^3}{1.2.3}F'''(a) + C\frac{a^5}{1.2.3.4.5}F^{\text{V}}(a) + \text{etc.};$$

A, B, C, ... étant des coëfficiens numériques indépendans de a et de la forme de la fonction, en sorte que si l'on pose $F(a) = \sin a$, on aura:

$$\operatorname{tang} a = A\frac{a}{1} - B\frac{a^3}{1.2.3} + C\frac{a^5}{1.2.3.4.5} - \text{etc.},$$

d'où l'on déduit:

$$A = \left(\frac{\partial}{\partial z}\operatorname{tang} z\right)_{z=0},\quad B = -\left(\frac{\partial^3}{\partial z^3}\operatorname{tang} z\right)_{z=0},\quad C = \left(\frac{\partial^5}{\partial z^5}\operatorname{tang} z\right)_{z=0},\ \dots:$$

cette notation indiquant, qu'après avoir effectué les intégrations par rapport à z, il faudra faire $z = 0$ dans les résultats.

Les équations (3.) donnent donc:

$$4.\quad \begin{cases} F(a) = \sum\limits_{n=0}^{n=\infty} \cos n\pi \left(\frac{\partial^{2n+1}\operatorname{tang} z}{\partial z^{2n+1}}\right)_{z=0} \frac{a^{2n+1}}{1.2.3\dots 2n+1} F^{(2n+1)}(a), \\ F^{(2r)}(a) = \sum\limits_{n=0}^{n=\infty} \cos n\pi \left(\frac{\partial^{2n+1}\operatorname{tang} z}{\partial z^{2n+1}}\right)_{z=0} \frac{a^{2n+1}}{1.2.3\dots 2n+1} F^{(2n+2r+1)}(a). \end{cases}$$

Cette dernière formule donne le coëfficient différentiel d'un ordre pair $(2r)$, en fonction des coëfficients différentiels des ordres impairs supérieurs à $2r$; son identité de forme avec la première résulte évidemment de ce qu'en supprimant les r premières des équations (3.), les équations restantes sont composées en $F^{(2r)}(a)$, $F^{(2r+1)}(a)$, $F^{(2r+2)}(a)$, ... comme toutes les équations (3.) le sont en $F(a)$, $F'(a)$, $F''(a)$, ...

Réciproquement: l'élimination de $F'''(a)$, $F^{\text{V}}(a)$, ..., entre les équations (3.), conduira évidemment à une équation de la forme:

$$aF'(a) = F(a) + AF''(a)\frac{a^2}{1.2} + BF^{iv}(a)\frac{a^4}{1.2.3.4} + CF^{vi}(a)\frac{a^6}{1.2.3.4.5.6} + \text{etc.}$$

A, B, C, ... étant indépendant de a et de la forme F, en sorte que si l'on pose $F(a) = \sin a$, on aura:

$$\frac{a\cos a}{\sin a} = 1 - A\frac{a^2}{1.2} + B\frac{a^4}{1.2.3.4} - C\frac{a^6}{1.2.3.4.5.6} + \text{etc.},$$

d'où l'on déduit:

$$A = -\left(\frac{\partial^2}{\partial z^2}\frac{z}{\operatorname{tang} z}\right)_{z=0},\quad B = \left(\frac{\partial^4}{\partial z^4}\frac{z}{\operatorname{tang} z}\right)_{z=0},\quad C = -\left(\frac{\partial^6}{\partial z^6}\frac{z}{\operatorname{tang} z}\right)_{z=0}, \ldots$$

Les équations (3.) donnent donc:

$$5.\quad \begin{cases} aF'(a) = F(a) + \sum\limits_{n=1}^{n=\infty} \cos n\pi \left(\dfrac{\partial^{2n}\frac{z}{\operatorname{tang} z}}{\partial z^{2n}}\right)_{z=0} \dfrac{a^{2n}}{1.2.3\ldots.2n} F^{(2n)}(a), \\ aF^{(2r+1)}(a) = F^{(2r)}(a) + \sum\limits_{n=1}^{n=\infty} \cos n\pi \left(\dfrac{\partial^{2n}\frac{z}{\operatorname{tang} z}}{\partial z^{2n}}\right)_{z=0} \dfrac{a^{2n}}{1.2.3\ldots.2n} F^{(2r+2n)}(a). \end{cases}$$

Cette dernière formule donne le coëfficient différentiel d'un ordre impair quelconque $(2r+1)$ en fonction des coëfficiens différentiels des ordres pairs égaux et supérieurs à $2r$; son identité de forme avec la première est une conséquence nécessaire de la symmétrie des équations (3.).

Si $F(x)$ est une fonction paire, on aura:

$$F(-a) = F(a),\quad F''(-a) = F''(a),\quad F^{iv}(-a) = F^{iv}(a), \ldots.$$

et les équations (2.) deviennent:

$$6.\quad \begin{cases} 0 = \frac{2a}{1}F'(a) - \frac{(2a)^2}{1.2}F'''(a) + \frac{(2a)^3}{1.2.3}F^{v}(a) - \text{etc.} \\ 0 = \frac{2a}{1}F'''(a) - \frac{(2a)^2}{1.2}F^{v}(a) + \frac{(2a)^3}{1.2.3}F^{vii}(a) - \text{etc.} \\ 0 = \frac{2a}{1}F^{v}(a) - \text{etc.} \\ \ldots\ldots\ldots \end{cases}$$

Ces équations permettront de déterminer $F'(a)$, $F'''(a)$, $F^{v}(a)$, ... en fonction de $F''(a)$, $F^{iv}(a)$, etc., et réciproquement. L'élimination des dérivées des ordres impaires supérieurs au premier, doit conduire évidemment à une équation de la forme:

$$F'(a) = A\frac{a}{1}F''(a) + B\frac{a^3}{1.2.3}F^{iv}(a) + C\frac{a^5}{1.2.3.4.5}F^{vi}(a) + \text{etc.}$$

A, B, C, ... étant des coëfficiens numériques indépendans de a et de la forme de la fonction F, en sorte que si l'on pose $F(a) = \cos a$, on devra avoir:

$$-\operatorname{tang} a = -Aa + B\frac{a^3}{1.2.3} - C\frac{a^5}{1.2.3.4.5} + \text{etc.};$$

d'où l'on déduit:

$$A = +\left(\frac{\partial}{\partial z}\operatorname{tang} z\right)_{z=0},\quad B = -\left(\frac{\partial^3}{\partial z^3}\operatorname{tang} z\right)_{z=0},\quad C = +\left(\frac{\partial^5}{\partial z^5}\operatorname{tang} z\right)_{z=0},\ \ldots;$$

Les équations (6.) conduisent ainsi aux formules:

$$7.\quad \begin{cases} F'(a) = \sum\limits_{n=0}^{n=\infty} \pm \cos n\pi \left(\dfrac{\partial^{2n+1}\operatorname{tang} z}{\partial z^{2n+1}}\right)_{z=0} \dfrac{a^{2n+1}}{1.2.3\ldots 2n+1} F^{(2n+2)}(a), \\ F^{(2r+1)}(a) = \sum\limits_{n=0}^{n=\infty} \pm \cos n\pi \left(\dfrac{\partial^{2n+1}\operatorname{tang} z}{\partial z^{2n+1}}\right)_{z=0} \dfrac{a^{2n+1}}{1.2.3\ldots 2n+1} F^{(2r+2n+2)}(a). \end{cases}$$

L'élimination de $F^{\text{IV}}(a)$, $F^{\text{VI}}(a)$, ... entre les équations (6.) conduira au contraire à une équation de la forme:

$$aF''(a) = F'(a) + A\frac{a^2}{1.2}F'''(a) + B\frac{a^4}{1.2.3.4}F^{\text{V}}(a) + C\frac{a^6}{1.2.3.4.5.6}F^{\text{VII}}(a) + \text{etc.}$$

A, B, C, ... étant toujours des coëfficiens numériques, indépendans de a et de la nature de la fonction F, en sorte que si l'on pose $F(a) = \cos a$, on devra avoir:

$$-\frac{a}{\operatorname{tang} a} = -1 + A\frac{a^2}{1.2} - B\frac{a^4}{1.2.3.4} + C\frac{a^6}{1.2.3.4.5.6} - \text{etc.},$$

ce qui donne:

$$A = -\left(\frac{\partial^2}{\partial z^2}\frac{z}{\operatorname{tang} z}\right)_{z=0},\quad B = \left(\frac{\partial^4}{\partial z^4}\frac{z}{\operatorname{tang} z}\right)_{z=0},\quad C = -\left(\frac{\partial^6}{\partial z^6}\frac{z}{\operatorname{tang} z}\right)_{z=0},\ \ldots.$$

Les équations (6.) donnent ainsi les formules:

$$8.\quad \begin{cases} aF''(a) = F'(a) + \sum\limits_{n=1}^{n=\infty} \cos n\pi \left(\dfrac{\partial^{2n}\dfrac{z}{\operatorname{tang} z}}{\partial z^{2n}}\right)_{z=0} \dfrac{a^{2n}}{1.2.3\ldots 2n} F^{(2n+1)}(a), \\ aF^{(2r+2)}(a) = F^{(2r+1)}(a) + \sum\limits_{n=1}^{n=\infty} \cos n\pi \left(\dfrac{\partial^{2n}\dfrac{z}{\operatorname{tang} z}}{\partial z^{2n}}\right)_{z=0} \dfrac{a^{2n}}{1.2.3\ldots 2n} F^{(2r+2n+1)}(a). \end{cases}$$

Les formules (4., 5., 7., 8.), qui peuvent être utiles dans plusieurs circonstances, transforment l'équation (1.) en de nouvelles séries, analogues aux séries de Taylor et de Maclaurin, et qui donnent $F(x)$, lorsque cette fonction est impaire ou paire, développée suivant les puissances de $(a-x)$, et au moyen des valeurs que prennent pour $x = a$ ses coëfficiens différentiels des ordres impairs, ou des ordres pairs seulement.

Ces nouvelles formules sont:

$$9.\quad F'(x) = \sum_{n=0}^{n=\infty} \cos n\pi \left(\frac{\partial^{2n+1} \tan z}{\partial z^{2n+1}}\right)_{z=0} \frac{a^{2n+1}}{1.2.3\ldots.2n+1}$$
$$\times \left[F^{(2n+1)}(a) + F^{(2n+3)}(a)\frac{(a-x)^2}{2} + F^{(2n+5)}(a)\frac{(a-x)^4}{2.3.4} + \text{etc.}\right]$$
$$- \left[F'(a)\frac{a-x}{1} + F'''(a)\frac{(a-x)^3}{1.2.3} + F^{V}(a)\frac{(a-x)^5}{1.2.3.4.5} + \text{etc.}\right];$$

$$10.\quad F(x) = \left[F(a) + F''(a)\frac{(a-x)^2}{2} + F^{IV}(a)\frac{(a-x)^4}{2.3.4} + \text{etc.}\right]$$
$$- \frac{1}{a}\left[F(a)\frac{(a-x)}{1} + F''(a)\frac{(a-x)^3}{1.2.3} + \text{etc.}\right]$$
$$- \frac{1}{a}\sum_{n=1}^{n=\infty} \cos n\pi \left(\frac{\partial^{2n} \frac{z}{\tan z}}{\partial z^{2n}}\right)_{z=0} \frac{a^{2n}}{1.2.3.\ldots.2n}$$
$$\times \left[F^{(2n)}(a)\frac{(a-x)}{1} + F^{(2n+2)}(a)\frac{(a-x)^3}{1.2.3} + \text{etc.}\right];$$

lorsque $F(x)$ est impair, et:

$$11.\quad F(x) = \left[F(a) + F''(a)\frac{(a-x)^2}{2} + F^{IV}(a)\frac{(a-x)^4}{2.3.4} + \text{etc.}\right]$$
$$- \sum_{n=0}^{n=\infty} \cos n\pi \left(\frac{\partial^{2n+1} \tan z}{\partial z^{2n+1}}\right)_{z=0} \frac{a^{2n+1}}{1.2.3.\ldots.2n+1}$$
$$\times \left[F^{(2n+2)}(a)\frac{(a-x)}{1} + F^{(2n+4)}(a)\frac{(a-x)^3}{1.2.3} + \text{etc.}\right];$$

$$12.\quad F(x) - F(a) = -\left[F'(a)\frac{(a-x)}{1} + F'''(a)\frac{(a-x)^3}{1.2.3} + \text{etc.}\right]$$
$$+ \frac{1}{a}\left[F'(a)\frac{(a-x)^2}{1.2} + F'''(a)\frac{(a-x)^4}{1.2.3.4} + \text{etc.}\right]$$
$$+ \frac{1}{a}\sum_{n=1}^{n=\infty} \cos n\pi \left(\frac{\partial^{2n} \frac{z}{\tan z}}{\partial z^{2n}}\right)_{z=0} \frac{a^{2n}}{1.2.3.\ldots.2n}$$
$$\times \left[F^{(2n+1)}(a)\frac{(a-x)^2}{1.2} + F^{(2n+3)}(a)\frac{(a-x)^4}{2.3.4} + \text{etc.}\right];$$

lorsque $F(x)$ est une fonction paire.

Nous nous abstiendrons de discuter maintenant ces formules; nous nous contenterons de faire remarquer qu'elles démontrent: que deux fonctions impaires sont identiques ou se confondent, lorsque leurs dérivées des ordres pairs ou des ordres impairs sont respectivement égales pour une même valeur de la variable; que deux fonctions paires sont pareillement identiques, ou ne diffèrent que d'une constante, lorsque leurs dérivées des ordres pairs ou des ordres impairs sont respectivement égales pour une même valeur de la variable. Dans cet énoncé les fonctions elles mêmes sont prises pour des dérivées de l'ordre zéro.

3.

Sur le développement des fonctions suivant des séries de lignes trigonométriques d'arcs imaginaires.

(Par MM. *Lamé* et *Clapeyron*, colonels du génie au service de Russie.)

Les équations intégrales qui doivent exprimer les lois de l'équilibre intérieur d'un corps solide, homogène et élastique, ayant pour forme un prisme rectangulaire, et soumis à des pressions extérieures données, nous paraissent exiger la connaissance du développement d'une fonction de x, entre les limites o et $2a$, suivant une série de la forme:

1. $A_1 \sin r_1 x + A_2 \sin r_2 x + A_3 \sin r_3 x +$ etc.

$r_1, r_2, r_3, \ldots$ étant les différentes racines imaginaires de l'équation:

2. $ar + \sin ar \cos ar = 0$ (ou $2ar + \sin 2ar = 0$),

ou bien les racines de l'équation:

3. $ar - \sin ar \cos ar = 0$ (ou $2ar - \sin 2ar = 0$).

Or la belle méthode dont M. **Fourier** nous parait avoir le premier fait sentir toute l'importance, dans son ouvrage sur la théorie analytique de la chaleur, conduit naturellement à chercher s'il ne serait pas possible de trouver, pour chaque terme du développement (1.), un facteur o fonction de x, tel qu'en multipliant par $o\,\partial x$ l'équation:

$$F(x) = A_1 \sin r_1 x + A_2 \sin r_2 x + \ldots . A_k \sin r_k x + \ldots .$$

et intégrant ses deux membres entre les limites o et $2a$, tous les termes du second membre disparaîtraient, excepté le terme $(A_k \sin r_k x)$ que l'on considère.

Des recherches, qu'il serait trop long de développer ici, nous ont conduit à la découverte de ce facteur. Nous avons trouvé:

$$o_k = \sin r_k (x - 2a).$$

On a en effet, par l'intégration par parties:

$$\int_0^{2a} \sin r_l x \sin r_k (x - 2a)\,\partial x$$

$$= \left(-\frac{1}{r_l} \cos r_l x \sin r_k (x - 2a) + \frac{r_k}{r_l^2} \sin r_l x \cos r_k (x - 2a)\right)^{2a}_{0}$$

$$+ \frac{r_k^2}{r_l^2} \int_0^{2a} \sin r_l x \sin r_k (x - 2a)\,\partial x,$$

d'où:

$$(r_i^2 - r_k^2)\int_0^{2a} \sin r_i x \sin r_k (x - 2a)\,\partial x = [r_k \sin 2ar_i - r_i \sin 2ar_k],$$

or on a évidemment:

$$r_i \sin 2ar_k = r_k \sin 2ar_i,$$

lorsque r_k et r_i sont deux racines de l'équation (2.), ou deux racines de l'équation (3.); on a donc généralement:

$$4. \quad (r_i^2 - r_k^2)\int_0^{2a} \sin r_i x \sin r_k (x - 2a)\,\partial x = 0,$$

et par suite:

$$\int_0^{2a} \sin r_i x \sin r_k (x - 2a)\,\partial x = 0,$$

lorsque r_i et r_k sont différens. On a d'ailleurs:

$$5. \quad \int_0^{2a} \sin r_k x \sin r_k (x - 2a)\,\partial x = a(\cos 2ar_k \pm 1);$$

le signe (+) correspond aux racines de l'équation:

$$\sin 2ar + 2ar = 0,$$

et le signe (—) à celles de l'équation:

$$\sin 2ar - 2ar = 0.$$

La découverte du facteur $[o_k = \sin r_k(x - 2a)]$ donne ainsi.

$$A_k = \frac{1}{a}\int_0^{2a} \frac{F(\mu)\sin r_k(\mu - 2a)\,\partial\mu}{(\cos 2ar_k \pm 1)}$$

et conduit aux deux développemens suivans:

$$6. \quad \begin{cases} F(x) = \dfrac{1}{a}\,\Sigma\,\dfrac{\sin rx}{\cos 2ar + 1}\displaystyle\int_0^{2a} F(\mu)\sin r(\mu - 2a)\,\partial\mu; \\ F(x) = \dfrac{1}{a}\,\Sigma\,\dfrac{\sin sx}{\cos 2as - 1}\displaystyle\int_0^{2a} F(\mu)\sin s(\mu - 2a)\,\partial\mu. \end{cases}$$

Les sigmas étant étendus à toutes les racines des équations:

$$\sin 2ar + 2ar = 0,$$
$$\sin 2as - 2as = 0;$$

les imaginaires disparaîtront évidemment du résultat définitif.

Ces formules (6.) peuvent être prouvées directement par d'autres méthodes; elles conduisent à des séries convergentes et qui jouissent de propriétés curieuses. Mais le résultat le plus remarquable qu'elles nous aient paru offrir, consiste dans de nouvelles formules qui s'en déduisent et qui ont une forme très simple:

Si l'on change x en $(a - x)$ ou $(a + x)$, dans la première des formules (6.), et que l'on représente $F(a - x)$ ou $F(a + x)$ par $f(x)$, on a, entre les limites $(-a)$ et $(+a)$.

$$f(x) = \frac{1}{a}\Sigma\frac{\sin r(x-a)}{\cos 2ar+1}\int_{-a}^{+a} f(v)\sin r(v+a)\,\partial v,$$

$$f(x) = \frac{1}{a}\Sigma\frac{\sin r(x+a)}{\cos 2ar+1}\int_{-a}^{+a} f(v)\sin r(v-a)\,\partial v.$$

Si $f(x)$ est une fonction impaire, ou telle que $f(-v) = -f(v)$, on a simplement:

$$f(x) = \frac{1}{a}\Sigma\frac{\sin r(x-a)}{\cos 2ar+1}\int_{-a}^{+a} f(v)\sin rv\cos ra\,\partial v,$$

$$f(x) = \frac{1}{a}\Sigma\frac{\sin r(x+a)}{\cos 2ar+1}\int_{-a}^{+a} f(v)\sin rv\cos ra\,\partial v;$$

enfin si l'on ajoute ces deux dernières équations, et que l'on observe que $\cos^2 ra = \frac{1}{2}(\cos 2ar+1)$, on aura définitivement, entre les limites o et a

$$7.\quad f(x) = \frac{1}{a}\Sigma\sin rx\int_{0}^{a} f(v)\sin rv\,\partial v,$$

r ayant successivement pour valeurs toutes les racines imaginaires de l'équation:

$$\sin ar\cos ar + ar = 0.$$

On démontrerait de la même manière que l'on a, entre les limites o et a:

$$8.\quad f(x) = \frac{1}{a}\Sigma\cos sx\int_{0}^{a} f(v)\cos sv\,\partial v;$$

s ayant successivement pour valeurs les racines de l'équation:

$$\sin as\cos as - as = 0.$$

Les formules (7. et 8.), qui ont rigoureusement la même forme que celles connues, qui donnent le développement des fonctions en sinus et cosinus d'arcs multiples, se prouvent directement par la méthode de décomposition des fractions rationnelles, ou bien par le calcul des résidus de M. Cauchy.

Les conclusions qu'il est permis de tirer de ce qui précède, c'est: 1°. que la question générale du développement d'une fonction, entre des limites données, suivant une série de la forme:

$$F(x) = A_1 V_1 + A_2 V_2 + A_3 V_3 + \text{etc.}$$

dans laquelle V_1, V_2, V_3, ..., représentent des fonctions de x de même nature, contenant un paramètre, qui a successivement pour valeurs les différentes racines, en nombre infini, d'une certaine équation transcendante, peut être résolue, dans un plus grand nombre de cas qu'on n'avait paru le croire jusqu'ici, par la méthode que l'on suit dans la théorie de la chaleur, c'est-à-dire par l'emploi d'un certain facteur $\varrho\, \partial x$, tel qu'en intégrant le développement, multiplié par ce facteur, entre les limites proposées, tous les termes de ce développement disparaissent excepté un; 2°. que cette méthode n'est pas seulement restreinte aux cas où l'équation transcendante n'a que des racines réelles, et où le facteur ϱ est précisément égal à celle des fonctions (V_i) dont on veut déterminer le coëfficient: 3°. qu'elle peut être étendue à des cas où l'équation transcendante n'a que des racines imaginaires, et qu'alors le facteur ϱ peut être une fonction (V_k) différente de (V_k), mais contenant le même paramètre (r_i) que le terme que l'on se propose d'isoler.

4.

Theorie der Cykloïde als Tautochrona.

Versuch einer mechanischen Discussion nach der antiken geometrischen Methode.

(Vom Herrn Prof. Dr. *Lehmann* zu Greifswalde.)

---

§. 1. **Erklärungen.** Wenn man aus einem angenommenen Punct der Bahn eines irgend wie bewegten Körpers ein beliebiges Stück des Weges abschneidet, und voraussetzt, es werde in der Zeit, in welcher es bei der ungleichförmigen Bewegung wirklich beschrieben wird, **gleichförmig** durchlaufen, und man läfst nun das abgeschnittene Stück immer kleiner werden, so heifst die Geschwindigkeit derjenigen gleichförmigen Bewegung, welcher sich die vorausgesetzte so sehr nähert, dafs der Unterschied kleiner werden kann als die Geschwindigkeit jeder gegebenen gleichförmigen Bewegung, ohne sie jedoch zu erreichen, **die Geschwindigkeit der ungleichförmigen Bewegung in dem angenommenen Puncte.** Wird die vorausgesetzte gleichförmige Bewegung bei Verkleinerung des abgeschnittenen Stücks des Weges langsamer als jede gegebene gleichförmige Bewegung, so sagt man, in dem **angenommenen Punct der Bahn der ungleichförmigen Bewegung findet die Geschwindigkeit 0 statt.** Denkt man sich zu einer ungleichförmigen Bewegung eine andere, welche vor- und rückwärts gehet, je nachdem in der ersteren Bewegung die Geschwindigkeit zu- oder abnimmt, und worin die von Anfang an zurückgelegten Wege in demselben Verhältnifs wachsen oder abnehmen wie die Geschwindigkeit in der ersteren Bewegung, so kann man sich leicht einen Begriff machen von der **Geschwindigkeit, womit die Geschwindigkeit bei einer ungleichförmigen Bewegung zu- oder abnimmt.** Die Geschwindigkeit, womit die Geschwindigkeit bei einer ungleichförmigen Bewegung zu- oder abnimmt, heifst die **beschleunigende oder verzögernde Kraft.**

Ein Körper oder eine Fläche oder eine Linie hat eine **blofs progressive Bewegung,** wenn alle Puncte des Körpers (der Fläche, der Linie) so fortgehen, dafs die geraden Verbindungslinien eines jeden Punctes mit dem Ort, den derselbe Punct späterhin einnimmt, für jede zwei Augenblicke der Bewegung sämmtlich einander parallel und gleich sind, die Puncte mögen sich nun inzwischen in dieser geraden Linie selbst oder in irgend einer zwischen denselben Endpuncten enthaltenen Curve bewegt haben. Wenn ein Punct sich in einer beliebigen geraden oder krummen Linie bewegt, und diese Linie hat zu gleicher Zeit eine andere blofs progressive Bewegung im Raume, so heifst die Bahn, welche der Punct nun wirklich im Raume beschreibt, die aus beiden Bewegungen zusammengesetzte Bewegung, und es ist aus Eucl. I, 33. klar, dafs es einerlei ist, welche von beiden Bewegungen man als die progressive der ganzen Linie, und welche man als die Bahn des Punctes in der progressiv fortrükkenden Linie ansehen will. Sind einem Puncte drei Bewegungen vorgeschrieben, und man setzt zwei derselben auf die angezeigte Art zusammen, und die daraus entspringende wieder mit der dritten, so hat man die aus allen dreien zusammengesetzte Bewegung, und es ist aus der Theorie des Parallelepipedums klar, dafs man die drei Bewegungen in beliebiger Ordnung zusammensetzen kann. Und hieraus beweiset man wieder, auf ähnliche Art wie bei der Multiplication den Satz von der beliebigen Ordnung der Factoren, dafs man auch vier und mehr Bewegungen, in welcher Ordnung man will, zusammensetzen kann, ohne die zuletzt entspringende Bewegung zu ändern.

Verbindet man einen angenommenen Punct einer Curve von einfacher oder doppelter Krümmung mit einem andern Punct derselben Curve durch eine Sehne, und bewegt diese um den zuerst angenommenen Punct, so dafs sie nach und nach alle zwischenliegende Puncte schneidet, so heifst diejenige gerade Linie, welcher sich die bewegte zuletzt so sehr nähert, dafs die Abweichung kleiner werden kann als jeder gegebene Winkel, ohne sie jedoch zu erreichen, die Tangente des angenommenen Puncts der Curve, und der Punct, den sie mit der Curve gemein hat, der Berührungspunct. Hieraus ist zugleich klar, dafs bei einer Curve von einfacher Krümmung zwischen die Tangente und die Curve keine gerade Linie aus dem Berührungspunct gezogen werden kann, und dafs jede gerade Linie, zwischen welche und die Curve keine andere gerade Linie aus dem gemeinsamen Punct gezogen werden kann, eine Tangente ist.

§. 2. Lehrsatz. Wenn mehrere geradlinige oder krummlinige Bewegungen in Eine zusammengesetzt werden, und man zieht nun an correspondirende Puncte der einzelnen Partialbewegungen Tangenten, und setzt gleichförmige Bewegungen, welche respective die Richtungen dieser Tangenten und die den entsprechenden Puncten angehörigen Geschwindigkeiten haben, in Eine zusammen, so erhält man die Richtung und Geschwindigkeit der aus allen krummlinigen Bewegungen zusammengesetzten Bewegung in dem correspondirenden Puncte.

Beweis. Es sei $ALHB$ (Taf. I. Fig. 1.) ein Stück der Bahn einer der Partialbewegungen, und diese sei

1) von einfacher Krümmung. Wir wollen beweisen, daſs wenn wir aus A eine Sehne AH ziehen, und den Punct H nahe genug bei A annehmen, das Verhältniſs AH : Bogen ALH dem Verhältniſs der Gleichheit näher kommen kann als jedes gegebene Verhältniſs einer kleineren Gröſse zu einer gröſseren, $m:n$. Man halbire eine beliebige gerade Linie DE in F, und errichte ein Perpendikel FG so, daſs $m:n-m=DF:FG$, und ziehe DG und GE. Dann ist verbunden (Eucl. 5, 18.) $m:n=DF:DF+FG=$ (Eucl. 5, 15.) $DE:DE+2FG$, also $DE:DG+GE>m:n$. Nun kann der Winkel, welchen die Tangente AC gegen eine aus A gezogene Sehne, wie auch der Winkel, welchen AC gegen ein benachbarte Tangente macht, kleiner werden als jeder gegebene Winkel; folglich kann um so mehr der Unterschied beider Winkel, d. i. der Winkel, welchen die Sehne gegen die Tangente ihres andern Endpuncts macht, kleiner werden als jeder gegebene Winkel. Man ziehe also eine Sehne AH so, daſs, wenn man noch die Tang. HI bis an AC zieht, $\angle IAH<GDE$, und zugleich $IHA<GED$ sei. Man errichte über AH, auf derselben Seite wo das ΔAIH liegt, ein ΔAHK, worin $\angle HAK=GDE=GED=AHK$. Dann ist (Eucl. 6, 4.) $DE:DG=AH:AK$

$$DE:GE=AH:HK$$

$$\overline{DE:DG+GE=AH:AK+HK}$$ (Eucl. 5, 24.),

also $AH:AK+HK>m:n$, also (Eucl. 1, 21.) um so mehr $AH:AI+IH>m:n$, also (Archim. *de Sphaer. et Cyl.* Annahme 2.) AH: Bogen $ALH>m:n$. Das Verhältniſs $AH:ALH$ kommt also dem Verhältniſs der Gleichheit näher als das Verhältniſs $m:n$.

2) Die Curve AB sei von doppelter Krümmung (Fig. 2.), und wir wollen gleichfalls beweisen, daſs das Verhältniſs der Sehne AB zum Bogen AB, wenn man B nahe genug bei A annimmt, dem Verhältniſs der Gleichheit näher kommen kann als jedes gegebene Verhältniſs einer kleineren Gröſse zu einer gröſseren. Man ziehe die Tangente AC. Man drehe die Ebene CAB um die Linie AC, so daſs sie nach und nach alle von B

bis A liegenden Puncte der Curve durchschneidet, so wird es eine Ebene CAD geben, welcher die sich drehende Ebene zuletzt sich so sehr nähert, daſs die Abweichung kleiner wird als jeder gegebene Flächenwinkel, ohne sie jedoch zu erreichen. Auf diese Ebene CAD (welche man die Krümmungs-Ebene des Punctes A nennt) projicire man den Bogen AB durch gefällte Perpendikel; Bogen AD sei die Projection. Der geometrische Ort des auf die Krümmungs-Ebene gefällten Perpendikels BD ist eine cylinderähnliche Fläche ABD, welche sich in eine Ebene ausbreiten läſst, wobei Bogen AD in eine eben so groſse gerade Linie EF, Bogen AB aber in eine eben so groſse krumme Linie EIG übergeht, so daſs, wenn man die gerade Linie GF zieht, diese auf EF winkelrecht steht und $= BD$ ist. Zieht man noch die Sehne EG, so kann das Verhältniſs derselben zum Bogen GIE (zufolge dessen, was unter No. 1. bewiesen) dem Verhältniſs der Gleichheit näher kommen als jedes gegebene Verhältniſs. Zieht man ferner die Sehne DA, so kann das Verhältniſs $BD:DA$, folglich um so mehr das Verhältniſs BD : Bogen DA, d. i. $GF:FE$, kleiner werden als jedes gegebene Verhältniſs. Daher kann der $\angle FEG$ kleiner werden als jeder gegebene Winkel; daher kann auch das Verhältniſs $GE:EF$ und folglich auch das Verhältniſs $GIE:EF$, d. i. Bogen BA : Bogen DA, dem Verhältniſs der Gleichheit näher kommen als jedes gegebene Verhältniſs. Aber auch das Verhältniſs des Bogens DA zur Sehne DA kann, nach dem was unter No. 1. bewiesen, dem Verhältniſs der Gleichheit näher kommen als jedes gegebene Verhältniſs, und dasselbe gilt vom Verhältniſs der Sehne DA zu Sehne BA, weil der $\angle BAD$ kleiner werden kann als jeder gegebene Winkel. Folglich kann auch das aus den drei letzteren zusammengesetzte Verhältniſs, d. i. Bogen BA : Sehne BA, dem Verhältniſs der Gleichheit näher kommen als jedes gegebene Verhältniſs einer gröſseren Gröſse zu einer kleineren.

Nachdem dies bewiesen, denken wir uns alle in Rede stehenden krummlinigen Partialbewegungen, nebst der aus ihnen zusammengesetzten, und nehmen in ihnen für einen beliebigen Augenblick correspondirende Puncte an. Von diesen Puncten ziehen wir nach den, einem andern Augenblick angehörigen correspondirenden Puncten Sehnen, und setzen voraus, die Bewegungen geschehen gleichförmig auf diesen Sehnen, in derselben Zeit, in welcher sie auf den zwischenliegenden Bogen wirklich geschehen. Dann ist, zufolge des Begriffs der aus mehreren krummlinigen Bewegungen zusammengesetzten Bewegung, auch die gleichförmige Bewegung auf der Sehne der zusammengesetzten Bewegung nach Richtung und Geschwindigkeit aus den gleichförmigen Bewegungen auf den Sehnen der Partialbewegungen zusammengesetzt. Rückt man nun in Gedanken den zweiten Augenblick immer näher an den ersten, so bleibt doch stets dasselbe eben ausgesprochene Gesetz. Da aber das Verhältniſs jeder Sehne zum entsprechenden Bogen dem Verhältniſs der Gleichheit näher kommen kann als jedes gegebene Verhältniſs, so kann auch das Verhältniſs jeder aus der gleichförmigen Sehnenbewegung geschlossenen Geschwindigkeit zu der aus der gleichförmigen Bogenbewegung geschlossenen Geschwindigkeit dem Verhältniſs der Gleichheit näher kommen als jedes gegebene Verhältniſs. Die letztere Geschwindigkeit nähert sich aber nach §. 1. der wahren Geschwindigkeit in dem dem ersten angenommenen Augenblick entsprechenden Puncte so, daſs der Unterschied kleiner werden kann als jede gegebene Geschwindigkeit, so wie sich andrerseits die Richtung der Sehne der Richtung der Tangente so nähert, daſs die Abweichung kleiner werden kann als jeder gegebene Winkel. Aus allem diesem folgt, was bewiesen werden sollte.

§. 3. **Lehrsatz.** Wenn man aus irgend einem Punct der Bahn eines auf beliebige Weise im Raum bewegten Punctes eine gerade Linie nach einem im Raume feststehenden Puncte zieht, welche wir **Radius vector** nennen wollen, und man zerfällt die wahre Geschwindigkeit des bewegten Punctes in zwei auf einander winkelrechte, davon die eine nach dem Radius vector gerichtet ist, so ist letztere gleich der Geschwindigkeit, mit welcher der Radius vector zu- oder abnimmt.

Beweis. Es sei BC (Fig. 3.) ein Bogen der beschriebenen Curve und A der feststehende Punct im Raum; man ziehe die Radii vectores AB und AC und die Sehne BC. Man beschreibe aus A durch C einen Kreisbogen CD bis an AB oder deren Verlängerung, und fälle das Perpendikel CE auf AD. Setzt man nun voraus, die Bewegung geschähe auf der Sehne BC in derselben Zeit τ, in welcher sie auf dem Bogen BC wirklich geschieht, und nennt man diejenige unveränderliche Zeit, in welcher ein Weg gleichförmig zurückgelegt wird, den man als Maaſs der Geschwindigkeit ansieht, t, und macht man $\tau : t =$ Sehne $BC : x = BD : y$, so ist die Gröſse, welcher sich x nähert, indem man den Punct C auf dem Bogen CB immer näher bei B annimmt, die wahre Geschwindigkeit der krummlinigen Bewegung im Punct B, die Gröfse aber, welcher sich y nähert, die Geschwindigkeit, womit der Radius vector zu- oder abnimmt. Da nun der $\angle BAC$ kleiner werden kann als jeder gegebener Winkel, so kann das Verhältnifs $DE:EC$ kleiner werden als jedes gegebene Verhältnifs. Das Verhältnifs $EC:EB$ aber nähert sich dem Verhältnifs des aus A auf die Tangente des Punctes B gefällten Perpendikels zu dem vom Perpendikel abgeschnittenen Stück der Tangente. Folglich kann auch das Verhältnifs $DE:EB$ kleiner werden als jedes gegebene Verhältnifs; oder, was dasselbe sagt: das Verhältnifs $BE:BD$ kann dem Verhältnifs der Gleichheit näher kommen als jedes gegebene Verhältnifs (es müfste denn sein, dafs die Tangente auf AB winkelrecht stehet). Macht man also $\tau:t = BE:z$, so nähert sich z, so gut wie vorher y, der Geschwindigkeit, womit der Radius vector zu- oder abnimmt (für den Fall aber, wo die Tangente winkelrecht auf AB steht, ist letztere Geschwindigkeit 0, und auch die nach dem Radius vector zerfällte wahre Geschwindigkeit der krummlinigen Bewegung im Puncte $B = 0$; daher brauchen wir diesen Fall nicht weiter zu berücksichtigen). Aus den Proportionen $\tau:t =$ Sehne $BC:x$ und $\tau:t = BE:z$, folgt simpliciter ex aequo: Sehne $BC:x = BE:z$; verwechselt (Eucl. 5, 16.): Sehne $BC:BE = x:z$. Folglich stehet die wahre Geschwindigkeit der krummlinigen Bewegung im Punct B zu der Geschwindigkeit, womit der Radius vector zu- oder abnimmt, in demjenigen Verhältnifs, dem sich das Verhältnifs der Sehne BC zu BE nähert, d. h. im Verhältnifs des Radius vector zu dem vom Perpendikel abgeschnittenen Stück der Tangente, d. h. im Verhältnifs der wahren Geschwindigkeit der krummlinigen Bewegung im Punct B zu der nach dem Radius vector zerfällten Geschwindigkeit.

§. 4. **Lehrsatz.** Wenn mehrere geradlinige, gleichförmige oder ungleichförmige Bewegungen (die wir mit A, B, C, D bezeichnen wollen) eben dieselbe zusammengesetzte geradlinige oder krummlinige Bewegung E geben als mehrere andere geradlinige Bewegungen F, G, H, und man setzt nun mehrere geradlinige gleichförmige Bewegungen I, K, L, M, N, O, P, welche respective die Richtungen der Bewegungen A, B, C, D, F, G, H haben, und sich wie die beschleunigenden oder verzögernden Kräfte in correspondirenden Augenblicken der Bewegungen A, B, C, D, F, G, H verhalten (wobei aber für verzögernde Kräfte die Richtungen der Bewegungen A, B, C, D, F, G, H in die entgegengesetzten zu verwandeln sind), in Eine zusammen, I, K, L, M in Q, und N, O, P

in *R*, so haben die Bewegungen *Q* und *R* einerlei Richtung und Geschwindigkeit.

Beweis. Die Bewegung *E* habe in dem correspondirenden Augenblicke die Richtung *AB* (Fig. 4.) und die Geschwindigkeit *a*, Dann ist nach §. 2. die Geschwindigkeit derjenigen Bewegung, die man aus den Richtungen und Geschwindigkeiten der correspondirenden Puncte der Bewegungen *A*, *B*, *C*, *D* zusammensetzen kann, gleichfalls *a*, und ihre Richtung *AB*, aber auch die Geschwindigkeit derjenigen Bewegung, die man aus den Richtungen und Geschwindigkeiten der correspondirenden Puncte der Bewegungen *F*, *G*, *H* zusammensetzen kann, gleichfalls *a*, und ihre Richtung *AB*. Hieraus folgt, daſs wenn man sich statt der Bewegungen *A*, *B*, *C*, *D*, *F*, *G*, *H* eben so viele andere geradlinige Bewegungen *S*, *T*, *U*, *V*, *W*, *X*, *Y* denkt, worin die Räume in demselben Verhältniſs wachsen oder abnehmen wie die Geschwindigkeiten in den Bewegungen *A*, *B*, *C*, *D*, *F*, *G*, *H*, daſs alsdann die Bewegungen *S*, *T*, *U*, *V* eben dieselbe geradlinige oder krummlinige Bewegung *Z* geben als die Bewegungen *W*, *X*, *Y*. Man kann daher wie zu Anfang schlieſsen, und findet dadurch, daſs die Bewegung, welche man aus den zu correspondirenden Augenblicken gehörigen Richtungen und Geschwindigkeiten der Bewegungen *S*, *T*, *U*, *V* zusammensetzen kann, nach Richtung und Geschwindigkeit einerlei ist mit der Bewegung, welche man aus den zu denselben Augenblicken gehörigen Richtungen und Geschwindigkeiten der Bewegungen *W*, *X*, *Y* zusammensetzen kann. Statt dessen können wir (zufolge des in §. 1. gegebenen Begriffs der beschleunigenden oder verzögernden Kraft) sagen: Die Kraft, welche man aus den zu correspondirenden Augenblicken gehörigen beschleunigenden oder verzögernden Kräften der Bewegungen *A*, *B*, *C*, *D* zusammensetzen kann, ist nach Stärke und Richtung einerlei mit der Kraft, welche man aus den zu denselben Augenblicken gehörigen beschleunigenden oder verzögernden Kräften der Bewegungen *F*, *G*, *H* zusammensetzen kann.

§. 5. Erklärung. Die auf die beschriebene Art aus den Kräften der einzelnen geradlinigen Partialbewegungen zusammengesetzte Kraft heiſst die der krummlinigen Bewegung zugehörige Kraft oder die Curvenkraft.

§. 6. Lehrsatz. Für jeden Punct einer krummlinigen Bewegung giebt es eine, aber auch nur eine Curvenkraft.

Beweis. Man projicire die Curve auf eine beliebige Ebene durch winkelrechte Linien, und die dadurch entstehende Partialbewegung auf zwei gerade Linien, die sich in derselben Ebene winkelrecht schneiden, so hat man die totale krummlinige Bewegung in drei auf einander winkelrechte geradlinige zerfällt. Für jede drei correspondirenden Puncte dieser geradlinigen Bewegungen giebt es drei beschleunigende oder verzögernde Kräfte, welche zusammengesetzt die dem correspondirenden Punct der Curve gehörige Curvenkraft geben; und diese Curvenkraft bleibt nach §. 4. immer dieselbe, wenn man die krummlinige Bewegung in beliebige andere geradlinige Bewegungen von beliebiger Anzahl zerfällt.

§. 7. **Lehrsatz.** Wenn man mehrere geradlinige oder krummlinige Bewegungen in Eine zusammensetzt, so ist die Curvenkraft für jeden Punct der zusammengesetzten Bewegung nach Stärke und Richtung einerlei mit derjenigen Kraft, die man aus den den correspondirenden Puncten der Partialbewegungen zugehörigen Curvenkräften zusammensetzen kann.

Beweis. Die Partialbewegungen mögen mit *A*, *B*, *C*, *D*, die zusammengesetzte mit *E* bezeichnet werden. Man zerfälle jede Partialbewegung in drei geradlinige auf einander winkelrechte, und zwar nach Richtungen, die für alle Partialbewegungen dieselben sind. Auf diese Art werde die Bewegung *A* in drei geradlinige, *F*, *G*, *H*, die Bewegung *B* in *I*, *K*, *L*, dagegen *C* in *M*, *N*, *O*, und *D* in *P*, *Q*, *R* zerfällt. Alsdann ist nach §. 1. die zusammengesetzte aus den Bewegungen *F*, *G*, *H*, *I*, *K*, *L*, *M*, *N*, *O*, *P*, *Q*, *R* einerlei mit *E*. Folglich ist die zusammengesetzte aus den zu correspondirenden Puncten gehörigen beschleunigenden oder verzögernden Kräften der Bewegungen *F*, *G*, *H*, *I*, *K*, *L*, *M*, *N*, *O*, *P*, *Q*, *R* einerlei mit der Curvenkraft, welche zu dem correspondirenden Puncte der Bewegung *E* gehört. Die zusammengesetzte aus den Kräften der Bewegungen *F*, *G*, *H* ist aber einerlei mit der Curvenkraft der Bewegung *A*, die zusammengesetzte aus den Kräften der Bewegungen *I*, *K*, *L* einerlei mit der Curvenkraft der Bewegung *B*, ... *M*, *N*, *O* - -
\- - - - - - - - - - - *C*, ... *P*, *Q*, *R*, - -
\- - - - - - - - - - - *D*. Folglich ist auch die zusammengesetzte aus den Curvenkräften der Bewegungen *A*, *B*, *C*, *D* einerlei mit der Curvenkraft der Bewegung *E*.

§. 8. **Erklärung.** Eine Bewegung in einer krummen Linie oder auf einer Fläche, wo außer den äußeren Kräften allemal noch eine auf der Tangente (Berührungs-Ebene) winkelrechte Kraft von unbestimmter Stärke wirkt, so daſs der bewegte Punct gezwungen wird, auf einer vorgezeichneten Curve oder Fläche zu bleiben, heiſst eine **Bewegung auf vorgeschriebenem Wege**, und die vorgezeichnete Curve oder Fläche die **Bedingung** der Bewegung. Ist keine solche Bedingung vorhanden, so sagt man, der Punct bewegt sich **frei**.

§. 9. **Lehrsatz.** Wenn auf zwei bewegte Puncte, die sich frei oder auf vorgeschriebenen Flächen oder Curven bewegen, Kräfte wirken, die nach feststehenden Puncten im Raume gerichtet sind, und deren Stärke von der **Entfernung** vom feststehenden Punct abhängt (worunter aber auch solche Kräfte sein können, die nach **parallelen** Richtungen wirken), und die Anfangs- und Endpuncte beider Bahnen fallen zusammen, so ist die Differenz der Quadrate der Anfangsgeschwindigkeiten gleich der Differenz der Quadrate der Endgeschwindigkeiten.

Beweis. Man setze bei demjenigen von beiden Puncten, der etwa frei oder nur gezwungen ist sich auf einer vorgezeichneten **Fläche** zu bewegen, voraus, nicht nur die Fläche, sondern auch die Curve, in welcher er sich wirklich bewegt, sei vorgeschrieben, welches im Erfolg nichts ändert. Nun trägt der Widerstand der Curve nichts zur Änderung der Geschwindigkeit bei (es müſste denn sein, daſs die Curve irgendwo eine scharfe Ecke hätte, für welchen Fall aber überhaupt der zu beweisende Lehrsatz nicht gilt). Die beschleunigende oder verzögernde Kraft auf der Curve ist also nur das Resultat der nach der Tangente zerfällten äuſseren Kräfte. Nach §. 3. verhält sich jede dieser äuſseren Kräfte zu der ihr zugehörigen nach der Tangente zerfällten Kraft wie die wahre Geschwindigkeit in dem betreffenden Punct der Bahn zu der Geschwindigkeit, womit die Entfernung dieses Puncts von dem zugehörigen im Raume feststehenden Puncte zu- oder abnimmt; d. h. die äuſsere Kraft zu der Geschwindigkeit, womit sie sich bestrebt die Geschwindigkeit des bewegten Puncts zu- oder abnehmen zu lassen, wie die Geschwindigkeit des bewegten Puncts zu der Geschwindigkeit, womit die Entfernung dieses Puncts vom feststehenden Punct zu- oder abnimmt. Folglich ist (Eucl. 6, 16.) das Rechteck aus der äuſseren Kraft und der Geschwindigkeit, womit die Entfernung des bewegten Puncts vom feststehenden Punct zu- oder abnimmt, gleich dem Rechteck aus der Geschwindigkeit des bewegten Puncts und aus der Geschwindigkeit, womit diese Geschwindigkeit in Folge der betreffenden äufseren Kraft zu- oder abnimmt. Addirt oder subtrahirt man Gleiches und Gleiches, so ergiebt sich: Die Summe der einzelnen Rechtecke, deren jedes aus einer äufseren Kraft und aus der Geschwindigkeit, womit die Entfernung des bewegten Puncts vom feststehenden Punct zu- oder abnimmt, gebildet ist (wobei aber, wenn der bewegte Punct sich dem einen feststehenden Punct nähert, und von dem andern sich entfernt, statt der Addition eine Subtraction vorzunehmen ist, welches auch für den Fall gilt, wo die eine äufsere Kraft eine anziehende und die andere eine abstofsende ist), ist sowohl für den einen bewegten Punct als für den andern gleich dem Rechteck aus der Geschwindigkeit des bewegten Puncts und aus der Geschwindigkeit, womit diese Geschwindigkeit wirklich zu- oder abnimmt, d. h. (wie man leicht aus der Betrachtung der Fig. 5. erkennt) gleich der halben Geschwindigkeit, womit das Quadrat der Geschwindigkeit des bewegten Puncts zu- oder abnimmt. (Die vollständige Ausführung des Beweises kann hier auf ähnliche Art wie in §. 3. gegeben werden.) Man construire nun zweimal soviel Curven, als äufsere Kräfte vorhanden sind, für jede äufsere Kraft zwei, eine für den einen, die andere für den andern bewegten Punct; man construire sie aber so, dafs die von einem unveränderlichen Anfangspunct an gerechneten Abscissen einer geraden Grundlinie die Entfernungen von dem im Raume feststehenden Punct, die aus den Endpuncten der Abscissen winkelrecht errichteten Ordinaten aber, die jenen Entfernungen zugehörigen anziehenden (oder abstofsenden) Kräfte ausdrücken (man richte aber die Ordinaten nach entgegengesetzten Seiten der Abscissenlinie auf, wenn die äufseren Kräfte theils anziehende, theils abstofsende Kräfte sind, und lasse für parallele Kräfte den Anfangspunct der Abscissenlinie unbestimmt); der geometrische Ort des Endpuncts der errichteten Ordinate ist alsdann die jedesmalige zu construirende Curve. Vergleicht man alsdann zwei zu einer und derselben äufseren Kraft gehörige Curven, und begrenzt man jede derselben so, dafs die Anfangs-Abscisse gleich der Entfernung des gemeinschaftlichen Anfangspuncts beider Bahnen vom feststehenden Punct, und die End-Abscisse gleich der Entfernung des gemeinschaftlichen Endpuncts beider Bahnen von demselben feststehenden Puncte ist, so erhellt, dafs die zwischen beiden Hülfscurven und ihren Abscissenlinien eingeschlossenen Flächenräume einander congruent sind (weil die Stärke der äufseren Kraft nach der Voraussetzung nur von der Entfernung vom feststehenden Puncte abhängig, also für beide bewegte Puncte bei gleicher Entfernung gleich ist). Folglich ist auch die Summe dieser Flächenräume (wenn wir alle äußeren Kräfte in Betracht ziehen, dabei aber die auf entgegengesetzten Seiten der Abscissenlinie liegenden Flächenräume, statt zu addiren, von einander subtrahiren) bei dem einen bewegten Punct so groß als bei dem andern. Denkt man sich nun die Ordinate in jeder Hülfscurve parallel mit sich selbst und so bewegt, daß sie die Abscissenlinie nach demselben Gesetz durchläuft, wie die Entfernung des bewegten Puncts vom feststehenden Punct sich ändert, so läßt sich an (Fig. 6.) auf ähnliche Art wie in §. 3. der Beweis führen, daß das Rechteck aus der äußeren Kraft und aus der Geschwindigkeit, womit die Entfernung des bewegten Puncts vom feststehenden sich ändert, gleich ist der Geschwindigkeit, womit der von der Ordinate durchlaufene Flächenraum sich ändert. Hieraus, verglichen mit dem bereits Bewiesenen, folgt, daß die Geschwindigkeit, womit die Summe der von der Ordinate in sämmtlichen Hülfscurven durchlaufenen Flächenräume sich ändert, sowohl für den einen als für den andern bewegten Punct gleich ist der Geschwindigkeit, womit das halbe Quadrat der Geschwindigkeit des bewegten Puncts sich ändert. Und hieraus folgt wieder, daß die Summe der ganzen, von der Ordinate durchlaufenen, auf die oben angezeigte Art begrenzten Flächenräume sowohl für den einen als für den andern bewegten Punct gleich ist der Größe, um welche das halbe Quadrat der Geschwindigkeit des bewegten Puncts von Anfang bis zu Ende der Bahn sich ändert. Da nun bewiesen worden, daß die Summe der Flächenräume für beide bewegte Puncte gleich ist, so nimmt auch das Quadrat der Geschwindigkeit von Anfang bis zu Ende der Bahn für beide bewegte Puncte um gleichviel zu oder ab.

§. 10. Zusatz. Laufen daher beide bewegte Puncte mit gleicher Geschwindigkeit aus, so langen sie auch im Endpunct mit gleicher Geschwindigkeit an.

§. 11. Zusatz. Wenn ein Körper auf einer vorgeschriebenen Bahn, durch die Schwere getrieben, herab- oder hinaufrollt, so erlangt er zuletzt dieselbe Geschwindigkeit, als wenn er auf einer zwischen demselben Anfangs- und Endpunct enthaltenen geraden Linie, mit derselben Anfangsgeschwindigkeit anhebend, herab- oder hinaufgerollt wäre.

§. 12. **Lehrsatz.** Wenn ein Körper auf einer schiefen geraden Linie, vom Zustand der Ruhe anhebend, herabrollt, so erlangt er zuletzt dieselbe Geschwindigkeit, als wenn er an einer eben so hohen senkrechten Linie, vom Zustand der Ruhe anhebend, frei herabgefallen wäre.

Beweis. Wenn bei einer beschleunigten Bewegung die beschleunigende Kraft sich gleich bleibt, also die Geschwindigkeit proportional mit der Zeit wächst, so läſst sich durch einfache geometrische Schlüsse, wie ich in meinen in diesem Jahre zu Zerbst bei Kummer herausgekommenen mathematischen Abhandlungen Seite 452.—58. gethan habe, zeigen, daſs die vom Zustand der Ruhe an beschriebenen Räume im doppelten Verhältniſs der darauf verwandten Zeiten stehen. Nun ist die Schwere eine unveränderliche Kraft, und sie bleibt es auch, wenn sie nach einer schiefen geraden Linie zerfällt wird; folglich stehen sowohl beim freien Fall, als beim Herabrollen auf einer schiefen geraden Linie die vom Zustand der Ruhe an zurückgelegten Räume im doppelten Verhältniſs der Zeiten. Wenn aber nach Ablauf irgend einer Zeit t die Beschleunigung aufhörte, so würde der Körper, wenn er mit der erlangten Geschwindigkeit fortführe sich zu bewegen, in der folgenden Zeit t einen Weg beschreiben, der durch die Wirkung der Beschleunigungskraft um eben so viel vermehrt wird, als der gesammte Weg in der ersten Zeit t beträgt. Folglich ist die Geschwindigkeit am Ende der ersten Zeit t so groſs, daſs ein mit dieser Geschwindigkeit behafteter gleichförmig bewegter Körper sich in der Zeit t um einen Weg fortbewegt, gleich dem Unterschiede der in der ersten Zeit t und in der zweiten Zeit t wirklich beschriebenen Wege, d. h. gleich dem Doppelten des in der ersten Zeit t beschriebenen Weges. Nun sei AB (Fig. 7.) die schiefe Linie, auf welcher der Körper herabrollt, und AC die eben so hohe senkrechte Linie; man ziehe BC, und fälle das Perpendikel CD auf AB. Alsdann verhält sich die Schwerkraft zu der beschleunigenden Kraft auf AB wie $AC:AD$ (indem die auf AB winkelrechte Kraft, worin die Schwerkraft zerfällt worden durch den Widerstand der vorgeschriebenen Bahn aufgehoben wird). Folglich werden AC und AD in gleicher Zeit beschrieben, und die in C erlangte Geschwindigkeit verhält sich zu der in D erlangten wie $AC:AD$. Die in D erlangte Geschwindigkeit aber verhält sich zu der in B erlangten (zufolge des Begriffs der gleichförmig beschleunigten Bewegung) wie die auf AD verwandte Zeit zu der auf AB verwandten, welche Zeiten, zufolge des aneinandergesetzten Gesetzes der Räume, im Verhältnifs $\frac{1}{2}(AD:AB)$, d. i. (Eucl. 6, 8. Zus.) im Verhältnifs $AD:AC$ stehen. Folglich ist die Geschwindigkeit in B gleich der in C.

§. 13. Zusatz. Hieraus ist leicht zu beweisen, dafs, wenn ein Körper, von der Schwere getrieben, auf einer schiefen geraden Linie, mit irgend einer Geschwindigkeit anhebend, herab- oder hinaufrollt, er zuletzt dieselbe Geschwindigkeit erlangt, als wenn er an einer eben so hohen senkrechten Linie, mit derselben Anfangsgeschwindigkeit anhebend, frei herab- oder hinaufgegangen wäre.

§. 14. Zusatz. Hieraus, verglichen mit §. 11., folgt, dafs ein Körper, der auf einer vorgeschriebenen Curve oder Fläche herab- oder hinaufrollt, zuletzt dieselbe Geschwindigkeit erlangt, als wenn er an einer eben so hohen senkrechten Linie, mit derselben Anfangsgeschwindigkeit anhebend, herab- oder hinaufgegangen wäre, und dafs überhaupt ein Körper, welcher aus einer horizontalen Ebene in eine andere herab- oder hinaufrollt, zuletzt einerlei Geschwindigkeit erlangt, auf welchem Wege er auch dahin gelangen mag, vorausgesetzt, dafs er allemal mit einerlei Anfangsgeschwindigkeit ausläuft. Die Geschwindigkeit ist aber bei jeder vorgeschriebenen Bahn desto gröfser, in einem je tieferen Puncte der Körper sich befindet, und es läfst sich aus dem Bisherigen durch leichte geometrische Schlüsse darthun, dafs die Differenz der Quadrate zweier Geschwindigkeiten in verschiedenen Horizontal-Ebenen gleich ist dem vierfachen Rechteck aus der Entfernung beider Horizontal-Ebenen von einander, und aus dem Wege, welchen ein vom Zustand der Ruhe an frei fallender Körper in der zum Maafs der Geschwindigkeiten dienenden unveränderlichen Zeit zurücklegt.

Wir wenden uns nun zur Betrachtung des Herabrollens eines Körpers auf einer Cykloïde.

§. 15. Erklärung. Wenn über einer geraden Linie AC (Fig. 8.) ein Halbkreis AEC beschrieben ist, und man fällt aus einem beliebigen Puncte E der Peripherie ein Perpendikel EH auf AC, und verlängert es von E aus, bis EF gleich Bogen EC, so heifst der geometrische Ort des Punctes F (die Curve CFD) eine Cykloïde oder Radlinie.

§. 16. Zusatz. Zieht man $CM \# HF$, so liegt CM ganz aufserhalb der Cykloïde; es läfst sich aber zwischen CM und den Kreis (nach

Eucl.3, 16.) keine gerade Linie aus C ziehen; folglich läfst sich noch weniger zwischen CM und die Cykloïde eine gerade Linie aus C ziehen; daher ist CM (nach §. 1.) auch eine Tangente der Cykloïde. Rückt man den Punct E immer näher an A, so kann (wenn AD die Tangente des Punctes E in O schneidet) das Verhältnifs $AO+OE-HE:AH$, also um so mehr das Verhältnifs des Bogens $AE-HE:AH$, d. i. $AD-EF-HE:AH$, d. i. $AD-HF:AH$ kleiner werden als jedes gegebene Verhältnifs; folglich kann der Winkel, welchen die Sehne DF gegen die aus D mit AC parallel gezogene Linie macht, kleiner werden als jeder gegebene Winkel; oder, was dasselbe sagt: die letztere Linie ist gleichfalls eine Tangente der Cykloïde. Die zusammengehörigen Puncte A und D des Kreises und der Cykloïde haben daher die Eigenschaft, dafs die Tangente der Cykloïde mit der nach C gezogenen Sehne des Kreises parallel ist.

Aber diese Eigenschaft ist allgemeiner, wie der folgende Lehrsatz zeigt.

§. 17. **Lehrsatz.** Zusammengehörige Puncte E und F des Kreises und der Cykloïde sind allemal so beschaffen, dafs die Tangente des Puncts F der Cykloïde mit der Sehne EC parallel ist.

Beweis. Man ziehe $FN \# EC$, und aus einem beliebigen Punct m des Bogens CF die Linie $mI \# MC$, so dafs mI die Linie AC in I, EC in L, den Bogen EC in i, die Tangente EG des Kreises in e, endlich FN in K schneidet. Alsdann ist (Eucl. 3, 32.) $\angle GEC = EAC = R - ECA = ILC = ELe$, daher $iEL < ELi$, und folglich (Eucl. 1, 19.) Sehne $Ei > Li$, und um so mehr Bogen $Ei > Li$, d. i. $EF - im > Li$; folglich (Eucl. 1, 4ter Grunds.) $EF > Lm$. Da aber (Eucl. 1, 34.) $EF = LK$, so ist auch $LK > Lm$, und so haben wir bewiesen, dafs die ganze Linie FN aufserhalb der Cykloïde liegt. Aber das Verhältnifs Li : Sehne iE kann, wenn man m nahe genug bei F annimmt, dem Verhältnifs der Gleichheit näher kommen als jedes gegebene Verhältnifs. Dasselbe gilt nach §. 2. vom Verhältnifs der Sehne iE zum Bogen iE, also auch vom Verhältnifs Li : Bogen iE, d. i. $Li : EF - im$, d. i. $Li : LK - im$, d. i. $Li : Li + mK$. Folglich kann das Verhältnifs $mK : Li$ kleiner werden als jedes gegebene Verhältnifs. Aber das Verhältnifs $Li : LE$ nähert sich dem Verhältnifs $CP : CE$ (P ist der Durchschnittspunct der Linien CM und EG). Folglich kann auch das Verhältnifs $mK : LE$, d. i. $mK : KF$, kleiner werden als jedes gegebene Verhältnifs. Daher läfst sich zwischen Fm

und FK keine gerade Linie aus F ziehen; also ist (§. 1.) FN eine Tangente der Cykloïde.

§. 18. Lehrsatz. Der von C aus gerechnete Bogen CF der Cykloïde ist allemal doppelt so groſs als die zugehörige Sehne CE des Kreises, und die ganze Cykloïde CD doppelt so groſs als der Durchmesser CA.

Beweis. Man denke sich zwei Puncte in Bewegung, einen auf der Peripherie des Halbkreises, den andern auf der Cykloïde entlang, so daſs sie zu gleicher Zeit allemal sich in zusammengehörigen Puncten E und F befinden, also auch zu gleicher Zeit von C auslaufen, und zu gleicher Zeit in A und D anlangen. Man bezeichne die Geschwindigkeiten in E und F mit c und c'. Man zerfälle beide Geschwindigkeiten nach den Richtungen CA und CM, und nenne die nach CA zerfällten Geschwindigkeiten d und d'. Man zerfälle aber die Geschwindigkeit c auch nach zwei andern auf einander winkelrechten Richtungen, deren eine die Richtung CE ist. Dann verhält sich nach §. 3. (weil $\angle CEG = CAE$) die Geschwindigkeit, womit CE wächst, zu c wie AE zu AC, d. i. (Eucl. 6, 8.) wie $HE : EC$; nach §. 2. aber (wenn G der Durchschnittspunct der Linien EG und AC ist) $c : d = GE : GH =$ (Eucl. 6, 8.) $BE : EH$, endlich (weil die Tangente des Puncts $F \# EC$ ist, §. 17.) d', d. i. $d : c' = CH : CE =$ (Eucl. 6, 8. Zus.) $CE : CA$. Setzt man alle diese Proportionen zusammen, so findet man: Geschwindigkeit, womit CE wächst, zu c', d. i. zur Geschwindigkeit, womit Bogen CF wächst, wie $BE : CA$, d. h. die Geschwindigkeit, womit Bogen CF wächst, ist doppelt so groſs als die Geschwindigkeit, womit Sehne CE wächst. Da nun Bogen CF und Sehne CE beide von 0 anfangen, so ist klar, daſs, wo man auch die correspondirenden Puncte E und F annehmen mag, allemal $CF = 2CE$. Daraus ist auch klar, daſs $CD = 2CA$.

§. 19. Lehrsatz. Hat eine Cykloïde CD (Fig. 8.) eine solche Lage, daſs der Scheitel C den untersten Punct ausmacht, die Tangente CM aber horizontal liegt, und man läſst zwei Körper von C aus mit gleichen oder verschiedenen Anfangsgeschwindigkeiten c und C bis zu beliebigen, gleichen oder verschiedenen Weiten aufsteigen, so daſs der erste Körper den Bogen s, der andere den Bogen S beschreibt, so verhält sich der Verlust des Quadrats der Geschwindigkeit zum Quadrat einer dem durchlaufenen Bogen gleichen geraden Linie bei dem einen Körper wie bei dem andern.

Beweis. Nach Durchlaufung des Bogens s erlange der erste Körper die Geschwindigkeit c', der zweite Körper nach Durchlaufung des Bogens S die Geschwindigkeit C', so ist nach §. 14., wenn wir den Weg, den ein vom Zustand der Ruhe an frei fallender Körper in der zum Maafs der Geschwindigkeiten dienenden Zeit beschreibt, g nennen, $\square c - \square c' =$ dem Rechteck aus $4g$ und aus der Höhe des Bogens s. Der Bogen s selbst ist aber nach §. 18. (verglichen mit Eucl. 6, 8. Zusatz) die doppelte mittlere Proportionale zwischen dem Durchmesser $2r$ des Kreises und der Höhe h des Bogens s. Folglich ist (Eucl. 6, 17.) $\square s = 8r \times h$. Also verhält sich $\square c - \square c' : \square s = 4g : 8r = g : 2r$, und eben so wird bewiesen, dafs $\square C - \square C' : \square S = g : 2r$. Folglich ist simpl. ex aeq. $\square c - \square c' : \square s = \square C - \square C' : \square S$.

§. 20. **Lehrsatz.** Wenn man, in der eben beschriebenen Lage der Cykloïde, zwei Körper vom untersten Punct an mit verschiedenen Anfangsgeschwindigkeiten aufsteigen läfst, so verhalten sich die ganzen durchlaufenen Bogen wie die Anfangsgeschwindigkeiten, und wenn man von beiden durchlaufenen Bogen vom untersten Punct an Stücke abschneidet, die sich wie die ganzen Bogen verhalten, so findet man zwei Puncte, in denen sich die Geschwindigkeiten wie die Anfangsgeschwindigkeiten verhalten.

Beweis. Die Bewegung erreicht ihr Ende, sobald die Geschwindigkeit in 0 übergegangen ist, d. h. sobald das $\square$ der Geschwindigkeit des ersten Körpers sich um $\square c$, das $\square$ der Geschwindigkeit des zweiten Körpers sich um $\square C$ vermindert hat. Folglich verhält sich, wenn s' und S' die ganzen durchlaufenen Bogen bedeuten, nach §. 19. $\square c : \square s' = \square C : \square S'$, also (Eucl. 6, 22.) $c : s' = C : S'$; verwechselt, $c : C = s' : S'$. Schneidet man von den Bogen s' und S' Stücke s und S ab, so dafs $s : S = c : C$, und nennt man die zu Ende der Bogen s und S erreichten Geschwindigkeiten c' und C', so ist nach §. 19.:

$$\begin{array}{l} \square c - \square c' : \square C - \square C' = \square s : \square S = \square c : \square C \\ \square c \qquad : \square C \qquad = \qquad \square c : \square C \\ \hline \square c' : \qquad \square C' = \qquad \square c : \square C, \end{array}$$

also auch $c' : C' = c : C$.

§. 21. **Lehrsatz.** Läfst man auf die in der beschriebenen Lage liegende Cykloïde zwei Körper vom untersten Punct an mit verschiedenen Anfangsgeschwindigkeiten aufsteigen, so verhalten sich die vom untersten Punct an in gleichen Zeiten beschriebenen Bogen wie die Anfangsgeschwindigkeiten.

Beweis. Da beide Körper nach Durchlaufung zweier Bogen, die sich wie die Anfangsgeschwindigkeiten verhalten, zufolge §. 20. allemal Geschwindigkeiten erlangt haben, welche in demselben Verhältnifs stehen, so sind beide Bewegungen in nichts als in dem zum Grunde liegenden Maafsstab des Raums unterschieden, übrigens aber in Beziehung auf die Zeit vollkommen ähnlich. Es werden daher in correspondirenden Zeiten Bogen beschrieben, welche in demselben Verhältnifs stehen, d. h. sich wie die Anfangsgeschwindigkeiten verhalten.

§. 22. Zusatz. Hieraus, verglichen mit §. 20., wo bewiesen ist, dafs die ganzen durchlaufenen Bogen sich wie die Anfangsgeschwindigkeiten verhalten, folgt, dafs die ganzen durchlaufenen Bogen in gleichen Zeiten beschrieben werden. Die Dauer der Bewegung auf der Cykloïde, vom untersten Punct an bis dahin, wo der Körper zurückzukehren anfängt, ist also dieselbe, wie grofs auch der ganze durchlaufene Bogen sein mag.

§. 23. Lehrsatz. Aufser der Cykloïde hat keine andere Curve von einfacher Krümmung die Eigenschaft des Tautochronismus.

Beweis. Es sei AB (Fig. 9.) eine senkrechte Linie und t eine gegebene Zeit. Man setze an AB eine gebrochene Linie $BCDEF$, deren Stücke von beliebiger, aber gleicher Gröfse sind, so dafs die concaven Winkel ABC, BCD, CDE, DEF u. s. w. sämmtlich nach oben gerichtet sind. Die Gröfse dieser Winkel aber bestimme man nach folgendem Gesetz: Man neige zuerst BC gegen AB so, dafs ein von der Schwere getriebener Körper in der Zeit t von C bis B herabrolle. (Zu dem Ende darf die Gröfse eines Stücks der gebrochenen Linie nicht gröfser gewählt werden als die freie Fallhöhe in der Zeit t. Die folgenden Determinationen, wodurch die Gröfse eines Stücks der gebrochenen Linie noch mehr eingeschränkt wird, ergeben sich nachher von selbst.) Alsdann neige man CD gegen BC so, dafs ein von der Schwere getriebener Körper in der Zeit t von D auf der gebrochenen Linie DCB entlang bis B herabrolle. Alsdann neige man DE gegen DC so, dafs ein von der Schwere getriebener Körper in der Zeit t von E auf der gebrochenen Linie $EDCB$ entlang bis B herabrolle. So fahre man allmälig weiter fort. Dadurch kann man die gebrochene Linie so weit fortsetzen, bis die Erreichung der senkrechten Lage eines Stücks das weitere Fortsetzen unmöglich macht, oder bis selbst bei der senkrechten Lage des folgenden Stücks das Herabrollen auf der ganzen gebrochenen Linie längere Zeit als die Zeit t erfordert. Man vermindere nun die Gröfse eines jeden Stücks der gebrochenen Linie, und wiederhole dieselbe Construction von vorn, so wird man eine andere gebrochene Linie erhalten. Man denke sich nun die Gröfse eines jeden Stücks so weit abnehmend, dafs es kleiner werden kann als jede gegebene Linie, so wird sich die gebrochene Linie einer, aber auch nur Einer krummen Linie so sehr nähern, dafs die Abweichung geringer werden kann als jede gegebene Abweichung, ohne sie jedoch zu erreichen. Für eine andere Zeit t wird die Curve eine andere sein. Nun läfst sich aber beweisen, dafs bei der Bewegung auf einer Cykloïde die Schwingungszeit gröfser und kleiner werden kann als jede gegebene Zeit, wenn man nur den Halbmesser des erzeugenden Kreises grofs oder klein genug annimmt. Denn wird der Halbmesser des erzeugenden Kreises allmälig gröfser als jede gegebene Linie, so nähert sich ein gleicher vom untersten Punct an gerechneter Bogen, hinsichtlich seiner Lage, allmälig einer horizontalen geraden Linie; folglich wird die Zeit des Herabrollens gröfser als jede gegebene Zeit. Wird aber der Halbmesser des erzeugenden Kreises allmälig kleiner als jede gegebene Linie, so wird die Zeit des Herabrollens kleiner als jede gegebene Zeit. Hieraus folgt, dafs die Schwingungszeit auf einer Cykloïde, bei unveränderter Intensität der Schwerkraft, jeder gegebenen Zeit gleich sein kann, wenn man nur den Halbmesser des erzeugenden Kreises danach bestimmt. Folglich sind die vorher angezeigten, durch Näherung vermittelst gebrochener Linien herausgebrachten Curven lauter Cykloïden. Daher hat keine andere Curve als die Cykloïde die Eigenschaft des Tautochronismus.

5.
Note sur les valeurs de la fonction 0^{0^x}.

(Par M. le comte *Guillaume Libri* de Florence.)

Les questions de Physique-mathématique dont on s'occupe de préférence depuis quelques années, ont obligé les géomètres à considérer avec plus d'attention qu'on ne l'avoit fait jusqu'à présent, les formules qui expriment des fonctions discontinues. Ces formules contiennent toutes des intégrales définies et l'on ne connaissait aucune expression propre à représenter les fonctions discontinues, et qui ne renfermât que des quantités algébriques ou des fonctions logarithmiques et circulaires. Cependant il est possible d'exprimer des fonctions discontinues par des formules qui ne contiennent point d'intégrales définies, et nous avons montré ailleurs *) pour la première fois, que la fonction 0^{0^x} peut servir à cet objet. Mais nous n'avons fait alors qu'indiquer la propriété dont jouit cette fonction de pouvoir exprimer une condition de discontinuité quelconque. Maintenant nous allons reprendre cet objet et indiquer avec briéveté quelques unes des applications que l'on peut faire des propriétés singulières que possède cette fonction, à la théorie des nombres et à d'autres branches de l'analyse.

On sait que lorsque $x = 0$, la fonction $x^n \log x$ est nulle si l'exposant n est positif, et infinie dans le cas contraire **). A présent si l'on discute les diverses valeurs de la fonction

$$e^{(\log y)\, e^{(x-n)\log y}}$$

lorsque $y = 0$, où ce qui revient au même, de la fonction

$$z = e^{(\log 0)\, e^{(x-n)\log 0}}.$$

*) Libri *Mémoires de mathématiques et de physique. Vol. I. page* 44.

**) Lacroix *Traité du calcul différentiel et intégral. Seconde édition. Tome I. page* 355.

on aura trois cas différens selon que l'on supposera $x > n$, $x = n$, $x < n$ (n étant une quantité réelle positive quelconque).

I. Soit $x > n$, alors le produit $(x-n)\log 0$ sera toujours égal à l'infini négatif, et l'on aura:

$$z = e^{(\log 0)e^{-\infty}} = e^{-\infty e^{-\infty}} = e^{0} = 1.$$

II. Soit $x = n$, l'on aura $(x-n)\log 0 = 0 \log 0 = 0$, et partant:

$$z = e^{(\log 0)e^{0\log 0}} = e^{-\infty e^{0}} = e^{-\infty} = 0.$$

III. Enfin soit $x < n$, on aura $x - n = -p$ (p étant une quantité réelle positive) et on trouvera:

$$(x-n)\log 0 = -p\log 0 = \infty,$$

et partant:

$$z = e^{(\log 0)e^{\infty}} = e^{-\infty e^{\infty}} = e^{-\infty} = 0.$$

Il résulte de là que la fonction $e^{(\log 0)e^{(\log 0)(x-n)}}$ est égale à zéro, depuis $x = -\infty$ jusques et inclusivement à $x = n$, et que depuis $x = n$ jusqu'à $x = \infty$ cette fonction est égale à l'unité. On peut observer que l'on a

$$e^{(\log 0)e^{(\log 0)(x-n)}} = 0^{0^{x-n}},$$

et comme l'expression $0^{0^{x-n}}$ est plus simple que l'autre, nous nous en servirons de préférence dans tout ce qui va suivre.

La fonction $0^{0^{x-n}}$ est d'un grand usage dans l'analyse mathématique. Ainsi p. ex. l'intégrale définie $\int_0^\infty \frac{\partial q \cos qx}{1+q^2}$, que l'on rencontre dans la théorie mathématique de la chaleur, et que l'on croyoit comprise parmi les transcendantes irréductibles, donne l'équation:

$$\frac{2}{\pi}\int_0^\infty \frac{\partial q . \cos qx}{1+q^2} = e^{x} 0^{0^{-x}} + e^{-x}(1 - 0^{0^{-x}}),$$

d'où l'on déduit cette relation fort singulière:

$$\left(e^{x} 0^{0^{-x}} + e^{-x}(1 - 0^{0^{-x}})\right)^{n} = e^{nx} 0^{0^{-x}} + e^{-nx}(1 - 0^{0^{-x}}).$$

En général étant donnée une fonction discontinue quelconque, on pourra toujours la considérer comme la somme d'un nombre donné de fonctions qui resteront continues entre des limites données; et ces limites seront déterminées par les points où il y a solution de continuité dans la fonction discontinue proposée. Maintenant chacune de ces fonctions continues partielles, dont la fonction discontinue se compose, pourra être considérée comme le produit de deux facteurs dont l'un fournira la valeur de la fonction entre les limites déjà assignées, et l'autre exprimera la loi de discontinuité; pourvuque l'on ait toujours égard aux valeurs de ces fonctions aux limites, et qu'il s'agisse de fonctions discontinues d'une seule variable: si le nombre des variables était plus grand, on devroit augmenter le nombre des facteurs *). En exprimant la condition de discontinuité par des fonctions de la forme $0^{0^{x-a}}$, on verra que les fonctions discontinues ne forment pas une classe séparée de transcendentes, comme on l'avoit cru jusqu'à présent, et on trouvera l'expression finie d'un grand nombre d'intégrales définies qui passaient pour irréductibles.

La fonction $0^{0^{x-a}}$ est d'une grande utilité dans l'analyse indéterminée, et en général dans la théorie des fonctions entières. Ainsi la somme des diviseurs du nombre m qui se trouvent compris dans la série des nombres b, $b+1$, $b+2$, ... $b+a$, sera donnée par la formule:

$$(A.)\quad a+1 + \sum_{x=b}^{x=b+a+1}\left\{\begin{array}{l} -m0^{0^{x-m}} - (m-1)0^{0^{x-m+1}}\left(-0^{0^{x-1}}\right) - (m-2)0^{0^{x-m+2}}\left(-0^{0^{x-2}}\quad 0^{0^{x-1}}\left(-0^{0^{x-1}}\right)\right) \ldots \\ -(m-n)0^{0^{x-m+n}}\left(-0^{0^{x-n}} - 0^{0^{x-n+1}}\left(-0^{0^{x-1}}\right) - 0^{0^{x-n+2}}\left(-0^{0^{x-2}} - 0^{0^{x-2}}\left(-0^{0^{x-1}}\right)\right) - \text{etc.}\right) - \text{etc.} \end{array}\right\}$$

dans laquelle la loi des termes est manifeste, puisque chaque terme se compose par une opération très simple de ceux qui le précèdent. Si l'on

*) Dans le *Bulletin des sciences mathématiques et physiques de Mr.* de Férussac, un géomètre distingué, Mr. Cournot, a paru revoquer en doute la possibilité d'exprimer les fonctions discontinues de la manière que je viens d'indiquer. La chose me semble si claire d'elle même, que je craindrais de la rendre moins évidente en voulant l'expliquer avec plus de détail. Mais du reste si ce que je dis ici, ne paraissait pas encore satisfaisant a Mr. Cournot, je le prierais de vouloir bien me désigner telle fonction discontinue qu'il voudra choisir, et je m'engage d'avance à la réduire à la forme que j'ai indiqué précédemment.

vouloit connoître, par exemple, la somme de tous les diviseurs du nombre 4, on auroit $b=1$, $a+b=m=a+1=4$; et en substituant ces valeurs dans l'expression précédente, on trouveroit:

$$4+\sum_{x=1}^{x=5}\left\{\begin{array}{l}-4.0^{0^{x-4}}-3.0^{0^{x-3}}\left(-0^{0^{x-1}}\right)-2.0^{0^{x-2}}\left(-0^{0^{x-2}}-0^{0^{x-1}}\left(-0^{0^{x-1}}\right)\right)\\-0^{0^{x-1}}\left(-0^{0^{x-3}}-0^{0^{x-2}}\left(-0^{0^{x-1}}\right)-0^{0^{x-1}}\left(-0^{0^{x-2}}-0^{0^{x-1}}\left(-0^{0^{x-1}}\right)\right)\right)\end{array}\right\}$$

$$=4-4.0-3.1(-1)-2\{(1(-1-1(-1))+1(-1-1(-1))\}$$
$$-1\{-1-1(-1)-1(-1-1(-1))+(-1(-1)-1(-1-1(-1)))+(-1)(-1(-1))\}$$
$$=4-0+3-2(-1+1-1+1)-(-1+1+1-1)-(1+1-1)+1$$
$$=4+3-1+1=7,$$

d'où il résulte que la somme des diviseurs du nombre 4 est égal à 7.

Si l'on vouloit exprimer le nombre des diviseurs de m qui sont compris dans la série des nombres b, $b+1$, $b+2$, ... $b+a$, on auroit la formule:

$$\sum_{x=b}^{x=b+a+1}\frac{1}{x}\left\{1+\left(-m.0^{0^{x-m}}-(m-1)0^{0^{x-m+1}}\left(-0^{0^{x-2}}\right)-(m-2)0^{0^{x-m+2}}\left(-0^{0^{x-2}}-0^{0^{x-1}}\left(-0^{0^{x-1}}\right)\right)-\text{etc.}\right)\right\},$$

qui se déduit aisément de l'expression (A.).

Maintenant soit pour abréger, $p=1.2.3\ldots.x-1=[x-1]^{x-2}$; la formule

$$a+1+\sum_{x=b}^{x=b+a+1}{}'\left\{\begin{array}{l}-(p+1)0^{0^{x-p-1}}-p.0^{0^{x-p}}\left(-0^{0^{x-1}}\right)-(p-1)0^{0^{x-p+1}}\left(-0^{0^{x-2}}-0^{0^{x-1}}\left(-0^{0^{x-1}}\right)\right)\ldots\\\ldots.-(p-n)0^{0^{x-p-n}}\left(-0^{0^{x-n-1}}-0^{0^{x-n}}\left(-0^{0^{x-1}}\right)-\text{etc.}\right)-\text{etc.}\end{array}\right\}$$

exprimera la somme des nombres premiers compris dans la série des nombres b, $b+1$, $b+2$, ... $b+a$. On pourroit par une formule semblable à la précédente, exprimer aussi le nombre des nombres premiers compris dans la série des nombres b, $b+1$, $b+2$, ... $b+a$.

Si l'on exprime par $M_m(y)$ le nombre de fois que y peut résulter de la somme de m termes différens dans la série des nombres naturels 1, 2, 3, ... etc., et si l'on fait, pour abréger, $y-\frac{m(m+1)}{2}=u$, on aura *) l'équation:

---

* *Memorie della società Italiana. Tom. I., 2da parte, pag.* 823.

$$(B.)\quad M_m(y) = \frac{\int_m(u)}{u} + \frac{\int_m(u-1)}{u}\int_m(1) + \frac{\int_m(u-2)}{u}\left(\frac{\int_m(2)+\int_m(1)\int_m(1)}{2}\right)\ldots$$
$$\ldots + \frac{\int_m(u-r)}{u}\left(\frac{\int_m(r)+\int_m(r-1)\int_m(1)+\text{etc.}}{r}\right) + \text{etc.},$$

dont le second membre sera tout à fait connu à l'aide de la formule $(A.)$.

Soit donnée l'équation

$$X = x^r + a_1 x^{r-1} + a_2 x^{r-2} + \ldots + a_r = 0,$$

dans laquelle on ait $a_1 = -y$, $a_2 = -y$, $a_3 = -y + y^2$, $a_4 = -y + y^2$, $a_5 = -y + 2.y^2$, ... et en général:

$$a_m = -y M_1(m) + y^2 M_2(m) - y^3 M_3(m) \ldots \pm y^z M_z(m) \mp \text{etc.};$$

en indiquant toujours par $M_z(m)$ le nombre de fois que le nombre m peut être formé par la somme de z termes différens entre eux, de la série des nombres naturels 1, 2, 3, ... m. Puisque la fonction $M_z(m)$ est déterminée par la formule $(B.)$, il en résulte que les coëfficiens a_1, a_2, a_3, ... a_m etc. seront tous connus généralement: on sait d'ailleurs *) que la somme des puissances $r^{\text{ièmes}}$ des racines de l'équation $X=0$ (somme que nous exprimerons par S_r), est donnée par l'équation:

$$S_r = r(-a_r) + (r-1)(-a_{r-1})(-a_1) + (r-2)(-a_{r-2})(-a_2 - a_1(-a_1))\ldots$$
$$\ldots + (r-s)(-a_{r-s})(-a_s - a_{s-1}(-a_1) - \text{etc.}) + \text{etc.},$$

et si l'on fait dans cette équation les substitutions et les réductions convenables, on aura:

$$S_r = y^r + \frac{r}{s}y^s + \frac{r}{t}y^t + \frac{r}{v}y^v + \text{etc.},$$

et les nombres s, t, v, etc. seront les diviseurs de r inégaux entre eux. Maintenant si l'on veut trouver un nombre premier plus grand qu'un nombre donné p, on fera dans les formules précédentes

$$r = 1.2.3\ldots(p-1) + s;$$

et le plus petit des nombres s, t, v, etc. dans la valeur de S_r sera un nombre premier plus grand que p.

Les formules précédentes offrent quelques unes des nombreuses applications de la fonction $0^{0^{x-n}}$ à la théorie des nombres, et servent d'introduction à la théorie des transcendentes numériques que nous avons annoncée à la fin du premier volume des Mémoires de mathé-

---

*) Libri *mémoires de mathématiques et de physique. Vol. I. pag.* 10.

matiques et de physique. Ces formules peuvent être variées d'une infinité de manières, et renferment la résolution de quelques uns des problèmes que nous avons proposés à la fin du volume que nous venons de citer. Mais l'exposition des méthodes variées dont il faut s'aider pour éviter des longueurs excessives de calcul, ne sauraient trouver place ici, et d'ailleurs les géomètres exercés dans ce genre de recherches, saisiront aisément l'esprit de notre méthode. Dans cette note nous n'avons eu d'autre bût, que de montrer la possibilité de résoudre d'une manière directe et générale quelques questions d'analyse numérique, qui étaient regardées comme insolubles jusqu'à présent, et nous espérons de l'indulgence de nos lecteurs qu'ils voudront nous pardonner la manière succincte dont nous avons traité dans cet écrit, ce genre de questions.

6.

Fernere mathematische Bruchstücke aus Herrn N. H. Abel's Briefen.

(Fortsetzung von No. 28. Bd. V. Heft 4. S. 336.)

Schreiben des Herrn N. H. Abel an Herrn Legendre zu Paris.

(Mitgetheilt durch die Güte des Letzteren.)

Monsieur. La lettre que Vous avez bien voulu m'adresser en date du 25. Octobre m'a causé la plus vive joie. Je compte parmi les momens les plus heureux de ma vie celui où j'ai vu mes essais mériter l'attention de l'un des plus grands géomètres de notre siècle. Cela a porté au plus haut degré mon zèle pour mes études. Je les continuerai avec ardeur, mais je serai assez heureux pour faire quelques découvertes; je les attribuerai à Vous plutôt qu'à moi, car certainement je n'aurais rien fait sans avoir été guidé par Vos lumières.

J'accepte avec reconnoissance l'exemplaire de Votre traité des fonctions elliptiques que Vous voulez bien m'offrir.

Je m'empresserai de Vous donner les éclaircissements que Vous m'avez fait l'honneur de me demander. Lorsque je dis, que le nombre de transformations différentes correspondantes à un nombre premier n est $6(n+1)$, j'entends par cela qu'on peut trouver $6(n+1)$ valeurs différentes pour le module c', en supposant l'équation différentielle

$$\frac{\partial y}{\sqrt{((1-y^2)(1-c'^2y^2))}} = \varepsilon.\frac{\partial x}{\sqrt{((1-x^2)(1-c^2x^2))}}$$

et en mettant pour y une fonction rationnelle de la forme:

$$y = \frac{A_0 + A_1 x + A_2 x^2 + \ldots + A_n x^n}{B_0 + B_1 x + B_2 x^2 + \ldots + B_n x^n}.$$

C'est ce qui a en effet lieu; mais parmi les valeurs de c' il y en aura $n+1$ qui répondent à la forme suivante de y:

$$y = \frac{A_1 x + A_3 x^3 + A_5 x_5 + \ldots + A_n x^n}{1 + B_2 x^2 + B_4 x^4 + \ldots + B_{n-1} x^{n-1}}.$$

Ce sont ces $n+1$ modules dont parle M. Jacobi. Ils sont en effet racines d'une même équation du degré $n+1$. Ces $n+1$ valeurs étant supposées connues, il est facile d'avoir les $5(n+1)$ autres.

En effet, en désignant par c' un quelconque des modules, on au encore ceux-ci:

$$\frac{1}{c'},\ \left(\frac{1-\sqrt{c'}}{1+\sqrt{c'}}\right)^2,\ \left(\frac{1+\sqrt{c'}}{1-\sqrt{c'}}\right)^2,\ \left(\frac{1-\sqrt{-c'}}{1+\sqrt{-c'}}\right)^2,\ \left(\frac{1+\sqrt{-c'}}{1-\sqrt{-c'}}\right)^2,$$

auxquelles répondent les valeurs suivantes de y:

$$\frac{y'}{c'},\ \frac{1+\sqrt{c'}}{1-\sqrt{c'}},\ \frac{1\pm y'\sqrt{c'}}{1\mp y'\sqrt{c'}},\ \frac{1-\sqrt{c'}}{1+\sqrt{c'}}\cdot\frac{1\pm y'\sqrt{c'}}{1\mp y'\sqrt{c'}},\ \frac{1-\sqrt{-c'}}{1+\sqrt{-c'}}\cdot\frac{1\pm y'\sqrt{-c'}}{1\mp y'\sqrt{-c'}},$$
$$\frac{1+\sqrt{-c'}}{1-\sqrt{-c'}}\cdot\frac{1\pm y'\sqrt{-c'}}{1\mp y'\sqrt{-c'}},$$

ce qui est facile de vérifier, en faisant la substitution dans l'équation différentielle.

Toutes les $6(n+1)$ valeurs du module c' sont différentes entre-elles, excepté pour quelques valeurs particulières de c. Dans ce qui précède, n est supposé impair et plus grand que l'unité. Si n est égal à deux, c' aura encore $6(n+1)=18$ valeurs différentes. De ces 18 valeurs il y aura six, qui répondent à une valeur de y de la forme:

$$y=\frac{a+bx^2}{a'+b'x^2};$$

ils sont:

$$c'=\frac{1\pm c}{1\mp c};\ \frac{1\pm\sqrt{(1-c^2)}}{1\mp\sqrt{(1-c^2)}};\ \frac{c\pm\sqrt{(c^2-1)}}{c\mp\sqrt{(c^2-1)}}.$$

Il y en aura quatre qui répondent à une valeur de y de la forme $y=\frac{ax}{1+bx^2}$, savoir:

$$c'=\frac{2\sqrt{\pm c}}{1\pm c},\ \frac{1\pm c}{2\sqrt{\pm c}},\quad y=(1\pm c)\frac{x}{1\pm cx^2}\quad \text{etc.}$$

Enfin pour les huit autres modules, y aura la forme:

$$a.\frac{A+Bx+Cx^2}{A-Bx+Cx^2}.$$

Ces huit modules seront

$$c'=\left(\frac{1\pm c\pm\sqrt{(2\sqrt{\pm c})}}{1\pm c\mp\sqrt{(2\sqrt{\pm c})}}\right)^2.$$

J'ai donné des développemens plus étendus sur cet objet dans un mémoire imprimé dans le cahier 4. tome II. du journal de Mr. Crelle. Peut-être vous en aurez déja connoissance.

Les fonctions elliptiques jouissent d'une certaine propriété bien remarquable et que je crois nouvelle. Savoir si l'on fait pour abréger:

$$\Delta x=\pm\sqrt{((1-x^2)(1-c^2x^2))},$$
$$\Pi(x)=\int\frac{\partial x}{\left(1-\frac{x^2}{a^2}\right)\Delta x};\quad \varpi(x)=\int\frac{\partial x}{\Delta x};\quad \varpi_0(x)=\int\frac{x^2\partial x}{\Delta x},$$

on aura toujours:

$$\varpi(x_1)+\varpi(x_2)+\ldots\ldots+\varpi(x_\mu)=C,$$

$$\varpi_0(x_1)+\varpi_0(x_2)+\ldots\ldots+\varpi_0(x_\mu)=C+p,$$

où p est une quantité algébrique, et

$$\Pi(x_1)+\Pi(x_2)+\ldots.+\Pi(x_\mu)=C-\frac{a}{2\Delta a}.\log\left(\frac{fa+\varphi a.\Delta a}{fa-\varphi a\ \Delta a}\right),$$

si l'on suppose les variables $x_1, x_2, \ldots . x_\mu$ liées entre elles de la manière à satisfaire à une équation de la forme:

$$(fx)^2-(\varphi x)^2.(1-x^2)(1-c^2x^2)=A_1(x^2-x_1^2)(x^2-x_2^2)\ldots.(x^2-x_\mu^2);$$

fx et φx étant deux fonctions entières quelconques de l'indéterminée x, mais dont l'une est paire et l'autre impaire. Cette propriété me paroit d'autant plus remarquable qu'elle appartiendra à toute fonction transcendente $\Pi(x)=\int\frac{\partial x}{\left(1-\frac{x^2}{a^2}\right)\Delta x}$, en supposant $(\Delta x)^2$ fonction entière quelconque de x^2. J'en ai donné la démonstration dans un petit mémoire inséré dans le cahier 4. du tome III. du journal de Mr. Crelle. Vous verrez que rien n'est plus simple que d'établir cette propriété générale. Elle m'a été fort utile dans mes recherches sur les fonctions elliptiques. En effet j'ai fondé sur elle toute la théorie de ces fonctions. Les circonstances ne me permettent point de publier un ouvrage de quelque étendue que j'ai composé depuis peu, car ici je ne trouverai personne qui fera l'imprimer à ses frais. C'est pourquoi j'en ai fait un extrait, qui paroîtra dans le journal de Mr. Crelle. La première partie, dans laquelle j'ai considéré les fonctions elliptiques en général, doit paroître dans le cahier prochain. Il me seroit infiniment intéressant de savoir votre jugement sur ma méthode. Je me suis surtout attaché à donner de la généralité à mes recherches. Je ne sais si j'ai pu y réussir. La seconde partie qui suivra incessament la première, traitera principalement les fonctions avec des modules réels et moindres que l'unité. C'est surtout la fonction inverse de la première espèce qui est l'objet de mes recherches dans cette seconde partie. Cette fonction, dont j'ai démontré quelques unes des propriétés les plus simples dans mes recherches sur les fonctions elliptiques, est généralement d'un usage infini dans cette théorie. Elle facilite à un degré inespéré la theorie de la transformation. Un premier essai sur cet objet est contenu dans le mémoire inséré dans le No. 138.

du journal de Mr. Schumacher, mais actuellement je puis rendre cette théorie beaucoup plus simple.

La théorie des fonctions elliptiques m'a conduit à considérer deux nouvelles fonctions qui jouissent de plusieurs propriétés remarquables. Si l'on fait

$$y = \lambda(x),$$

où

$$x = \int_0^y \frac{\partial y}{\sqrt{((1-y^2)(1-c^2y^2))}},$$

$\lambda(x)$ sera la fonction inverse de la première espèce. J'ai trouvé qu'on peut développer cette fonction de la manière suivante:

$$\lambda(x) = \frac{x + A_1 x^3 + A_2 x^5 + A_3 x^7 + \ldots}{1 + B_2 x^4 + B_3 x^6 + B_4 x^8 + \ldots},$$

où le numérateur et le dénominateur sont des séries toujours convergentes quelles que soient les valeurs de la variable x et du module c, réelles ou imaginaires. Les coëfficiens A_1, A_2, ... B_2, B_3, ... sont des fonctions entières de c^2. Si l'on fait

$$\varphi x = x + A_1 x^3 + A_2 x^5 + \ldots,$$
$$f x = 1 + B_2 x^4 + B_3 x^6 + \ldots,$$

où φx et fx sont les deux fonctions en question, elles auront la propriété exprimée par les deux équations:

$$\varphi(x+y).\varphi(x-y) = (\varphi x.fy)^2 - (\varphi y.fx)^2;$$
$$f(x+y).f(x-y) = (fx.fy)^2 - c^2(\varphi x.\varphi y)^2,$$

x et y étant des quantités quelconques. On pourra représenter ces fonctions de beaucoup de manières. Par exemple on a:

$$\varphi\left(x\frac{\varpi}{\pi}\right) = A.e^{ax^2}.\sin x.\{1-2\cos 2x.q^2+q^4\}\{1-2\cos 2x.q^4+q^8\}\{1-2\cos 2x.q^6+q^{12}\}\ldots,$$

$$\varphi\left(x\frac{\omega}{\pi}\right) = A'.e^{a'^2x^2}(e^x-e^{-x})\{1-p^2.e^{2x}\}\{1-p^2.e^{-2x}\}\{1-p^4.e^{2x}\}\{1-p^4.e^{-2x}\}\ldots,$$

$$f\left(x\frac{\varpi}{\pi}\right) = B.e^{ax^2} \quad -2\cos 2x.q+q^2\}\{1-2\cos 2x.q^3+q^6\}\ldots,$$

$$f\left(x\frac{\omega}{\pi}\right) = B'.e^{a'^2x^2}\{1-p.e^{-2x}\}\{1-p.e^{2x}\}\{1-p^3.e^{-2x}\}\{1-p^3.e^{2x}\}\ldots,$$

où A, A', B, B', a, a' sont des quantités indépendantes de x; $q = e^{-\frac{\varpi}{\omega}\pi}$, $p = e^{-\frac{\omega}{\varpi}\pi}$; $\frac{\omega}{2}$ et $\frac{\varpi}{2}$ enfin sont les fonctions complêtes correspondantes aux modules $b = \sqrt{(1-c^2)}$ et c.

Outre les fonctions elliptiques il y a deux autres branches de l'analyse, dont je me suis beaucoup occupé, savoir la théorie de l'intégration des formules différentielles algébriques et la théorie des équations. A l'aide d'une méthode particulière j'ai trouvé beaucoup de résultats nouveaux, qui surtout jouissent d'une très grande généralité. Je suis parti du problème suivant de la théorie de l'intégation:

„Étant proposé un nombre quelconque d'intégrales $\int y\,\partial x$, $\int y_1\,\partial x$, $\int y_2\,\partial x$ etc., où y, y_1, y_2, ... sont des fonctions algébriques quelconques de x, trouver toutes les relations possibles entre elles qui pourront s'exprimer par des fonctions algébriques et logarithmiques."

J'ai trouvé d'abord qu'une relation quelconque doit avoir la forme suivante:

$$A\int y\,\partial x + A_1\int y_1\,\partial x + A_2\int y_2\,\partial x + \ldots\ldots = u + B_1 \log v_1 + B_2 \log v_2 + \ldots\ldots,$$

où A, A_1, A_2, ... B_1, B_2, ... etc. sont des constantes, et u, v_1, v_2, ..., des fonctions algébriques de x. Ce théorème facilite extrêmement la solution du problême; mais le plus important est le suivant:

„Si une intégrale $\int y\,\partial x$, où y est lié à x par une équation algébrique quelconque, peut être exprimée d'une manière quelconque explicitement ou implicitement à l'aide de fonctions algébriques et logarithmiques, on pourra toujours supposer:

$$\int y\,\partial x = u + A_1 \log v_1 + A_2 \log v_2 + \ldots\ldots + A_m \log v_m,$$

où A_1, A_2, ... sont des constantes, et u, v_1, v_2, ... v_m des fonctions rationnelles de x et y."

P. ex. si $y = \frac{r}{\sqrt{R}}$, où r et R sont des fonctions rationnelles, on aura dans tous les cas où $\int \frac{r\,\partial x}{\sqrt{R}}$ est intégrable:

$$\int \frac{r\,\partial x}{\sqrt{R}} = p\sqrt{R} + A_1 \log\left(\frac{p_1 + q_1\sqrt{R}}{p_1 - q_1\sqrt{R}}\right) + A_2 \log\left(\frac{p_2 + q_2\sqrt{R}}{p_2 - q_2\sqrt{R}}\right) + \ldots\ldots,$$

où p, p_1, p_2, ... q_1, q_2, ... sont des fonctions rationnelles de x.

J'ai réduit de cette manière au plus petit nombre possible les fonctions transcendentes contenues dans l'expression:

$$\int \frac{r\,\partial x}{\sqrt[m]{R}},$$

où R est une fonction entière, et r une fonction rationnelle. J'ai decouvert de même des propriétés générales de ces fonctions. Savoir

Soient $p_0, p_1, p_2, \ldots p_{m-1}$ des fonctions entières quelconques d'une quantité indéterminée x, et regardons les coëfficiens des puissances de x dans ces fonctions comme des variables. Soient de même α^0, α^1, α^2, ... α^{m-1} les racines de l'équation $\alpha^m = 1$, m étant premier ou non, et faisons:

$$s_k = p_0 + \alpha^k p_1 R^{\frac{1}{m}} + \alpha^{2k} p_2 R^{\frac{2}{m}} + \ldots + \alpha^{(m-1)k} R^{\frac{m-1}{m}}.$$

Cela posé, en formant le produit:

$$s_0 . s_1 . s_2 \ldots s_{m-1} = V,$$

V sera comme vous voyez une fonction entière de x. Maintenant si l'on désigne par $x_1, x_2, \ldots x_\mu$ les racines de l'équation $V = 0$, la fonction transcendante

$$\psi(x) = \int \frac{\partial x}{(x-a)R^{\frac{n}{m}}},$$

où $\frac{n}{m} < 1$, et a une quantité quelconque, aura la propriété suivante:

$$\psi(x_1) + \psi(x_2) + \ldots + \psi(x_\mu)$$
$$= C + \frac{1}{R'^{\frac{n}{m}}} \{\log(s'_0) + \alpha^n \log(s'_1) + \alpha^{2n} \log(s'_2) + \ldots + \alpha^{(m-1)n} \log(s'_{m-1})\},$$

C étant une constante, et

$$R', \; s'_0, \; s'_1, \; \ldots \; s'_{m-1}$$

les valeurs, que prendront respectivement les fonctions

$$R, \; s_0, \; s_1, \; \ldots \; s_{m-1},$$

en écrivant simplement a au lieu de x.

Rien n'est plus facile que la démonstration de ce théorème. Je le donnerai dans un de mes mémoires prochains dans le journal de Mr. Crelle. Un corollaire bien remarquable du théorême précédent est le suivant.

Si l'on fait $\varpi(x) = \int \frac{r \partial x}{R^{\frac{n}{m}}}$, où r est une fonction quelconque entière de x, dont le degré est moindre que $\frac{n}{m}.\nu - 1$, où ν est le degré de R, la fonction $\varpi(x)$ est telle que

$$\varpi(x_1) + \varpi(x_2) + \ldots + \varpi(x_\mu) = \text{const.}$$

Si par exemple $m = 2$, $n = 1$, $\nu = 4$, on aura $r = 1$, donc

$$\varpi(x) = \int \frac{\partial x}{\sqrt{R}} \quad \text{et} \quad \varpi(x_1) + \varpi(x_2) + \ldots + \varpi(x_\mu) = C.$$

C'est le cas des fonctions elliptiques de la première espèce

Les belles applications que vous avez donné des fonctions elliptiques à l'intégration des formules différentielles, m'ont engagé à considérer un problème très général à cet égard, savoir:

Exprimer, s'il est possible, une intégrale de la forme $\int y\,\partial x$, où y est une fonction algébrique quelconque par des fonctions algébriques, logarithmiques et elliptiques de la manière suivante:

$$\int y\,\partial x =$$

fonct. algéb. de $[x, \log v_1, \log v_2, \log v_3, \ldots\ldots \Pi_1(z_1), \Pi_2(z_2), \Pi_3(z_3), \ldots\ldots]$, $v_1, v_2, v_3, \ldots\ldots z_1, z_2, z_3, \ldots\ldots$ étant des fonctions algébriques de x les plus générales possibles, et Π_1, Π_2, Π_3 etc. désignant des fonctions elliptiques quelconques en nombre fini. J'ai fait le premier pas vers la solution de ce problème, en démontrant le théorème suivant:

„S'il est possible d'exprimer $\int y\,\partial x$ comme on vient de le dire, on pourra toujours donner à son expression la forme suivante:

$$\int y\,\partial x = t + A_1 \log t_1 + A_2 \log t_2 + \ldots\ldots + B_1 \Pi_1(y_1) + B_2 \Pi_2(y_2) + B_3 \Pi_3(y_3) + \ldots\ldots,$$

où $t, t_1, t_2, \ldots\ldots y_1, y_2, y_3, \ldots\ldots$ sont toutes des fonctions rationnelles de x et z; mais en conservant à la fonction y toute sa généralité, j'ai été arrêté là par des difficultés qui surpassent mes forces et que je ne vaincrai jamais. Je me suis donc contenté de quelques cas particuliers, surtout de celui où y est de la forme $\frac{r}{\sqrt{R}}$, r et R étant deux fonctions rationnelles quelconques de x. Cela est déjà très général. J'ai reconnu qu'on pourra mettre l'intégrale $\int \frac{r\,\partial x}{\sqrt{R}}$ sous cette forme:

$$\int \frac{r\,\partial x}{\sqrt{R}} = p\sqrt{R} + A' \log\left(\frac{p' + \sqrt{R}}{p' - \sqrt{R}}\right) + A'' \log\left(\frac{p'' + \sqrt{R}}{p'' - \sqrt{R}}\right) + \ldots\ldots$$

$$\ldots\ldots + B_1 \Pi_1(y_1) + B_2 \Pi_2(y_2) + B_3 \Pi_3(y_3) + \ldots\ldots$$

où toutes les quantités $y_1, y_2, y_3, \ldots\ldots p, p', p'', \ldots\ldots$ sont des fonctions rationnelles de la variable x."

J'ai démontré ce théorème dans le mémoire sur les fonctions elliptiques qui va être imprimé dans le journal de Mr. Crelle. Il m'a été extrêmement utile pour donner la généralité la plus grande possible à la théorie de la transformation. Savoir, j'ai non seulement comparé entre elles deux fonctions, mais un nombre quelconque de fonctions. Je suis conduit à ce résultat remarquable:

Si l'on a entre un nombre quelconque de fonctions elliptiques des trois espèces avec les modules $c, c', c'', c''', \ldots\ldots$ une relation quelconque de la forme:

$$A\Pi(x)+A'\Pi_1(x_1)+A''\Pi_2(x_2)+A'''\Pi_3(x_3)+\ldots+A^{(n)}\Pi_n(x_n)=v,$$

où x_1, x_2, x_3, ... x_n sont des variables liées entre elles par un nombre quelconque d'équations algébriques, et v une expression algébrique et logarithmique: les modules c', c'', c''', ... doivent être tels qu'on puisse satisfaire aux équations;

$$\frac{\partial x}{\sqrt{((1-x^2)(1-c^2x^2))}}=a'\frac{\partial x'}{\sqrt{((1-x'^2)(1-c'^2x'^2))}}=a''\frac{\partial x''}{\sqrt{((1-x''^2)(1-c''^2x''^2))}}=\text{etc.}$$

en mettant pour x', x'', x''', ... des fonctions rationnelles de x; a', a'', ... étant des constantes. Ce théorème reduit la théorie générale des fonctions elliptiques à celle de la transformation d'une fonction en une autre.

Ne soyez pas faché, Monsieur, que j'ai osé vous présenter encore une fois quelques unes de mes découvertes. Si vous me permetterez de vous écrire, je désirerois bien de vous communiquer un bon nombre d'autres, tant sur les fonctions elliptiques et les fonctions plus générales, que sur la théorie des équations algébriques. J'ai été assez heureux de trouver une régle sûre à l'aide de laquelle on pourra reconnoître si une équation quelconque proposée est resoluble à l'aide de radicaux ou non. Un corollaire de ma théorie fait voir que généralement il est impossible de résoudre les équations supérieures au quatrième degré.

Agréez etc.

Christiania, le 25. Novembre 1828.

7.

Bemerkungen über die im 3. Hefte des 5. Bandes dieses Journals unter Nr. 22. enthaltene Auflösung der Aufgabe Nr. 6. Band 3. Heft 1. Seite 99.

(Von einem Abonnenten des Journals.)

Die Gleichung, welche S. 301. aufgestellt ist, nämlich:

$$h\varphi\left(\frac{\partial\varphi}{\partial\psi}\right)\cdot\frac{\partial\psi}{\partial P}\partial\psi - h\,\partial\left(\frac{\varphi^2\,\partial\psi}{\partial P}\right) + \varphi\,\partial s = 0$$

giebt, wenn man für $\frac{\partial P}{\partial\psi}$ seinen Werth $\sqrt{\left(\varphi^2+\frac{\partial s^2}{\partial\psi^2}\right)}$ setzt:

$$h\varphi\left(\frac{\partial\varphi}{\partial\psi}\right)\frac{1}{\sqrt{\left(\varphi^2+\frac{\partial s^2}{\partial\psi^2}\right)}} - h\,\frac{\partial\dfrac{\varphi^2}{\sqrt{\left(\varphi^2+\frac{\partial s^2}{\partial\psi^2}\right)}}}{\partial\psi} + \varphi\frac{\partial s}{\partial\psi} = 0.$$

Da nun

$$\frac{\partial\dfrac{\varphi^2}{\sqrt{\left(\varphi^2+\frac{\partial s^2}{\partial\psi^2}\right)}}}{\partial\psi} = \frac{2\varphi\frac{\partial\varphi}{\partial\psi}}{\sqrt{\left(\varphi^2+\frac{\partial s^2}{\partial\psi^2}\right)}} - \frac{\varphi^3\frac{\partial\varphi}{\partial\psi}+\varphi^2\frac{\partial s}{\partial\psi}\frac{\partial^2 s}{\partial\psi^2}}{\left(\varphi^2+\frac{\partial s^2}{\partial\psi^2}\right)^{\frac{3}{2}}}$$

und

$$\frac{\partial\varphi}{\partial\psi} = \left(\frac{\partial\varphi}{\partial\psi}\right) + \left(\frac{\partial\varphi}{\partial s}\right)\frac{\partial s}{\partial\psi},$$

also

$$\frac{\partial\dfrac{\varphi^2}{\sqrt{\left(\varphi^2+\frac{\partial s^2}{\partial\psi^2}\right)}}}{\partial\psi} = \frac{2\varphi\left(\frac{\partial\varphi}{\partial\psi}\right)+2\varphi\left(\frac{\partial\varphi}{\partial s}\right)\frac{\partial s}{\partial\psi}}{\sqrt{\left(\varphi^2+\frac{\partial s^2}{\partial\psi^2}\right)}} - \frac{\varphi^3\left(\frac{\partial\varphi}{\partial\psi}\right)+\varphi^3\left(\frac{\partial\varphi}{\partial s}\right)\frac{\partial s}{\partial\psi}+\varphi^2\frac{\partial s}{\partial\psi}\frac{\partial^2 s}{\partial\psi^2}}{\left(\varphi^2+\frac{\partial s^2}{\partial\psi^2}\right)^{\frac{3}{2}}},$$

so giebt die zuletzt genannte Gleichung:

$$h\left\{\frac{\varphi\left(\frac{\partial\varphi}{\partial\psi}\right)-2\varphi\left(\frac{\partial\varphi}{\partial\psi}\right)-2\varphi\left(\frac{\partial\varphi}{\partial s}\right)\frac{\partial s}{\partial\psi}}{\sqrt{\left(\varphi^2+\frac{\partial s^2}{\partial\psi^2}\right)}} + \frac{\varphi^3\left(\frac{\partial\varphi}{\partial\psi}\right)+\varphi^3\left(\frac{\partial\varphi}{\partial s}\right)\frac{\partial s}{\partial\psi}+\varphi^2\frac{\partial s}{\partial\psi}\frac{\partial^2 s}{\partial\psi^2}}{\left(\varphi^2+\frac{\partial s^2}{\partial\psi^2}\right)^{\frac{3}{2}}}\right\} + \varphi\frac{\partial s}{\partial\psi} = 0,$$

oder, wenn man die Nenner wegschafft:

$$h\left\{\varphi^2\frac{\partial s}{\partial\psi}\frac{\partial^2 s}{\partial\psi^2}+\varphi^3\left(\frac{\partial\varphi}{\partial s}\right)\frac{\partial s}{\partial\psi}+\varphi^3\left(\frac{\partial\varphi}{\partial\psi}\right)-\left[2\varphi\left(\frac{\partial\varphi}{\partial s}\right)\frac{\partial s}{\partial\psi}+\varphi\left(\frac{\partial\varphi}{\partial\psi}\right)\right]\left[\varphi^2+\frac{\partial s^2}{\partial\psi^2}\right]\right\}$$
$$+\varphi\left(\varphi^2+\frac{\partial s^2}{\partial\psi^2}\right)^{\frac{3}{2}}\frac{\partial s}{\partial\psi} = 0,$$

oder

$$h\left\{\varphi^2\frac{\partial s}{\partial\psi}\frac{\partial^2 s}{\partial\psi^2}-2\varphi\left(\frac{\partial\varphi}{\partial s}\right)\frac{\partial s^2}{\partial\psi^2}-\varphi\left(\frac{\partial\varphi}{\partial\psi}\right)\frac{\partial s^2}{\partial\psi^2}-\varphi^3\left(\frac{\partial\varphi}{\partial s}\right)\frac{\partial s}{\partial\psi}\right\}+\varphi\left(\varphi^2+\frac{\partial s^2}{\partial\psi^2}\right)^{\frac{3}{2}}\frac{\partial s}{\partial\psi}=0,$$

oder endlich:

$$\left\{h\left[\varphi\frac{\partial^2 s}{\partial\psi^2}-2\left(\frac{\partial\varphi}{\partial s}\right)\frac{\partial s^2}{\partial\psi^2}-\left(\frac{\partial\varphi}{\partial\psi}\right)\frac{\partial s}{\partial\psi}-\varphi^2\left(\frac{\partial\varphi}{\partial s}\right)\right]+\left(\varphi^2+\frac{\partial s^2}{\partial\psi^2}\right)^{\frac{3}{2}}\right\}.\varphi\frac{\partial s}{\partial\psi}=0.$$

Diese Gleichung besteht, wie man sieht, aus drei Factoren; aber die Factoren $\varphi=0$ und $\frac{\partial s}{\partial\psi}=0$ sind es keinesweges, welche die vollständige Lösung der Aufgabe geben; dies geschieht vielmehr nur durch die Differential-Gleichung 2ter Ordnung:

$$(A.)\quad h\left[\varphi\frac{\partial^2 s}{\partial\psi^2}-2\left(\frac{\partial\varphi}{\partial s}\right)\frac{\partial s^2}{\partial\psi^2}-\left(\frac{\partial\varphi}{\partial\psi}\right)\frac{\partial s}{\partial\psi}-\varphi^2\left(\frac{\partial\varphi}{\partial s}\right)\right]+\left(\varphi^2+\frac{\partial s^2}{\partial\psi^2}\right)^{\frac{3}{2}}=0.$$

Wenn die gegebene Fläche eine Ebene ist, so hat man $\varphi=s$, daher $\left(\frac{\partial\varphi}{\partial s}\right)=1$ und $\left(\frac{\partial\varphi}{\partial\psi}\right)=0$; dann verwandelt sich die letzte Gleichung in:

$$h\left[s\frac{\partial^2 s}{\partial\psi^2}-2\frac{\partial s^2}{\partial\psi^2}-s^2\right]+\left(s^2+\frac{\partial s^2}{\partial\psi^2}\right)^{\frac{3}{2}}=0 \text{ oder in } h=-\frac{\left(s^2+\frac{\partial s^2}{\partial\psi^2}\right)^{\frac{3}{2}}}{s\frac{\partial^2 s}{\partial\psi^2}-2\frac{\partial s^2}{\partial\psi^2}-s^2},$$

deren zweiter Theil nichts Anderes ist, als der Ausdruck für den Krümmungsradius in Polar-Coordinaten (s und ψ). Die Gleichung giebt also, wie es auch sein mufs, die Curve deren Krümmungsradius constant ($=h$) ist, d. i. den Kreis.

Wenn aber die gegebene Fläche weder eben, noch abwickelbar ist, so ist im Allgemeinen $\left(\frac{\partial\varphi}{\partial\psi}\right)$ nicht gleich Null; und die Gleichung (*A.*) wird durch $\frac{\partial s}{\partial\psi}=0$ nicht befriedigt; daher ist $\frac{\partial s}{\partial\psi}=0$ kein particulaires erstes Integral derselben, und folglich ist auch $s=$ Const. kein zweites Integral. Daher

kann man im Allgemeinen nicht behaupten, dafs die in Rede stehende Curve des kürzesten Perimeters die Eigenschaft habe, dafs alle Puncte ihres Umrings gleich weit von einem Puncte der Fläche entfernt sind.

So weit die Berichtigung. — Was die oben erwähnten Resultate betrifft, so fand ich

1stens, wie es S. 299. angegeben ist, $h\cos i=R$:

2tens, wenn man in irgend einem Puncte der Curve eine Normale zu der krummen Fläche errichtet und durch diese Normale und die Tangente der Curve in demselben Puncte eine Ebene legt, so schneidet diese Ebene die Fläche in einer Curve, deren Krümmungsradius ϱ, multiplicirt mit dem $\sin i$, nach dem bekannten Satze, gleich R sein mufs. Eliminirt man nun zwischen $h \cos i = R$ und $\varrho \sin i = R$ das i, so erhält man:

$$\frac{1}{h^2} = \frac{1}{R^2} - \frac{1}{\varrho^2},$$

d. i. die Differenz der inversen Quadrate der Krümmungsradien der Fläche, von denen der eine in der Osculations-Ebene, der andere aber in derjenigen Tangential-Ebene der Curve liegt, die durch die Normale der Fläche geht, ist eine constante Gröfse.

3tens, wenn man eine abwickelbare Fläche beschreibt, welche eine andere Fläche in einer bestimmten Linie berührt, sodann jene umschriebene Fläche in eine Ebene ausbreitet, so bildet die Linie, in welcher die Berührung statt fand, eine gewisse ebene Curve. Nennt man die rechtwinkligen Coordinaten im Raume x, y, z, und in der (abgewickelten) Ebene u, t, so hat man (aufser den Gleichungen die zwischen x, y, z als Coordinaten der Fläche und Curve im Raume Statt finden) zwischen den Gröfsen x, y, z, t und u, unter andern die Gleichung:

$$(B.)\quad \frac{\partial \frac{\partial y}{\partial s} + q\partial \frac{\partial z}{\partial s}}{\partial x \sqrt{(1+p^2+q^2)}} = -\frac{\frac{\partial^2 u}{\partial t^2}}{\left(1+\frac{\partial u^2}{\partial t^2}\right)^{\frac{3}{2}}}.$$

Nun ist aber für die Curve des kürzesten Perimeters $\frac{\partial \frac{\partial y}{\partial s} + q\partial \frac{\partial z}{\partial s}}{\partial x \sqrt{(1+p^2+q^2)}} = \frac{1}{h}$, daher

$$h = -\frac{\left(1+\frac{\partial u^2}{\partial t^2}\right)^{\frac{3}{2}}}{\frac{\partial^2 u}{\partial t^2}},$$

d. i. der Krümmungsradius der ebenen Curve ist constant, und folglich diese Curve ein Kreis. Also.

„Wenn man die Curve des kürzesten Perimeters von der gegebenen krummen Fläche vermittelst einer developpabeln Fläche abwickelt, so bildet sie einen Kreis.“

Dies nun ist die characteristische Eigenschaft der Curven des kürzesten Perimeters. — Bevorworten mufs ich noch den Fall, dafs Jemand die Formel (*B.*) in einem Lehrbuche nachschlüge, sie da nur für developpabele Flächen hergeleitet fünde, und daraus den Schlufs zöge, dafs sie nicht auf alle krumme Flächen, wie hier geschehen, angewendet werden könne. Sie gilt aber in der That für alle Flächen. In Lacroix *Traité du calc. diff. et int. sec. éd. T. I. p.* 648. findet man diese Formel für developpabele Flächen, und *p.* 649. die Bemerkung, dafs sie allgemein gültig sei.

8.

Auflösung zweier Aufgaben aus der sphärischen Trigonometrie.

(Von Herrn *Th. Clausen* zu München.*)

Beweis des von Herrn Steiner im II. Bd. p. 98. dieses Journals gegebenen 12ten Lehrsatzes.

1. Die drei Seiten l, l', l'' eines sphärischen Dreiecks sind gegeben; man verlangt die Gröfse des dem Dreiecke umschriebenen Kreises.

Man errichte aus den Mitten der Seiten l' und l'' senkrechte Bogen, die sich in dem Puncte P schneiden, so ist P der Pol des gesuchten Kreises. Der von dem Puncte P bis an die der Seite l gegenüberliegende Winkelspitze beschriebene Bogen sei $= \varrho$; der Winkel zwischen ihm und der Seite l' sei φ' und zwischen der Seite l'', φ''. Setzt man den der Seite l gegenüberliegenden Winkel des gegebenen Dreiecks $= a$, so ist: $a = \varphi' + \varphi''$. In den beiden kleinen rechtwinkligen Dreiecken hat man:

$$\operatorname{tang}\tfrac{1}{2}l' = \cos\varphi' \operatorname{tang}\varrho,$$

$$\operatorname{tang}\tfrac{1}{2}l'' = \cos\varphi'' \operatorname{tang}\varrho.$$

Addirt und subtrahirt man diese beiden Gleichungen, und berücksichtigt die bekannten trigonometrischen Relationen, so ergiebt sich:

$$\frac{\sin\frac{1}{2}(l'+l'')}{\cos\frac{1}{2}l' \cos\frac{1}{2}l''} = 2\cos\tfrac{1}{2}a \cos\frac{\varphi''-\varphi'}{2} \operatorname{tang}\varrho,$$

$$\frac{\sin\frac{1}{2}(l''-l')}{\cos\frac{1}{2}l' \cos\frac{1}{2}l''} = 2\sin\tfrac{1}{2}a \sin\frac{\varphi''-\varphi'}{2} \operatorname{tang}\varrho.$$

Die Summe der Quadrate dieser beiden ist:

$$\text{1.} \quad \frac{\sin\frac{1}{2}a^2 \sin\frac{1}{2}(l'+l'')^2 + \cos\frac{1}{2}a^2 \sin\frac{1}{2}(l'-l'')^2}{4\sin\frac{1}{2}a^2 \cos\frac{1}{2}a^2 \cos\frac{1}{2}l'^2 \cos\frac{1}{2}l''^2} = \operatorname{tang}\varrho^2.$$

Bekanntlich ist:

$$\cos l = \cos a \sin l' \sin l'' + \cos l' \cos l'' = \cos(l'-l'')\cos\tfrac{1}{2}a^2 + \cos(l'+l'')\sin\tfrac{1}{2}a^2.$$

Subtrahirt man diese von der identischen Gleichung:

$$1 = \cos\tfrac{1}{2}a^2 + \sin\tfrac{1}{2}a^2,$$

so folgt:

$$\text{2.} \quad \sin\tfrac{1}{2}l^2 = \sin\tfrac{1}{2}(l'-l'')^2 \cos\tfrac{1}{2}a^2 + \sin\tfrac{1}{2}(l'+l'')^2 \sin\tfrac{1}{2}a^2.$$

da

$$\sin x^2 - \sin y^2 = \sin(x+y)\sin(x-y):$$

$$3.\quad\begin{cases}\sin\left(\frac{l+l'-l''}{2}\right)\sin\left(\frac{l-l'+l''}{2}\right) = \sin\tfrac{1}{2}a^2 \sin l' \sin l'',\\ \sin\left(\frac{l+l'+l''}{2}\right)\sin\left(\frac{-l+l'+l''}{2}\right) = \cos\tfrac{1}{2}a^2 \sin l' \sin l''.\end{cases}$$

Substituirt man (2. und 3.) in (1.), so ergiebt sich:

$$\tan\varrho^2 = \frac{4\sin\frac12 l^2 \sin\frac12 l'^2 \sin\frac12 l''^2}{\sin\left(\frac{l+l'+l''}{2}\right)\sin\left(\frac{-l+l'+l''}{2}\right)\sin\left(\frac{l-l'+l''}{2}\right)\sin\left(\frac{l+l'-l''}{2}\right)},$$

und hieraus:

$$\begin{cases}\cos\varrho^2 = \dfrac{\sin\left(\frac{l+l'+l''}{2}\right)\sin\left(\frac{-l+l'+l''}{2}\right)\sin\left(\frac{l-l'+l''}{2}\right)\sin\left(\frac{l+l'-l''}{2}\right)}{\left(\sin\frac{l}{2}+\sin\frac{l'}{2}+\sin\frac{l''}{2}\right)\left(-\sin\frac{l}{2}+\sin\frac{l'}{2}+\sin\frac{l''}{2}\right)\left(\sin\frac{l}{2}-\sin\frac{l'}{2}+\sin\frac{l''}{2}\right)\left(\sin\frac{l}{2}+\sin\frac{l'}{2}-\mathrm{si}\ldots\right.}\\ \sin\varrho^2 = \dfrac{4\sin\frac12 l^2 \sin\frac12 l'^2 \sin\frac12 l''^2}{\left(\sin\frac{l}{2}+\sin\frac{l'}{2}+\sin\frac{l''}{2}\right)\left(-\sin\frac{l}{2}+\sin\frac{l'}{2}+\sin\frac{l''}{2}\right)\left(\sin\frac{l}{2}-\sin\frac{l'}{2}+\sin\frac{l''}{2}\right)\left(\sin\frac{l}{2}+\sin\frac{l'}{2}-\mathrm{si}\ldots\right.}\end{cases}$$

2. Es seien die drei Winkel eines sphärischen Dreiecks, a, a', a'', man sucht die Größe des in dem Dreiecke beschriebenen Kreises.

Man halbire die beiden Winkel a und a' durch Bogen, die sich in dem Puncte Q schneiden. Der von Q auf die dem Winkel a'' gegenüberliegende Seite l'' gefällte senkrechte Bogen sei σ, dessen Endpunct die Seite in die beiden Theile θ und θ' theilt. Es ist unter diesen Voraussetzungen:

$$\cot\tfrac12 a = \sin\theta \cot\sigma,$$
$$\cot\tfrac12 a' = \sin\theta' \cot\sigma,$$

woraus man durch Addition und Subtraction erhält:

$$\frac{\sin\frac12(a'+a)}{\sin\frac12 a \sin\frac12 a'} = 2\sin\tfrac12 l'' \cos\tfrac12(\theta-\theta')\cot\sigma,$$
$$\frac{\sin\frac12(a'-a)}{\sin\frac12 a \sin\frac12 a'} = 2\cos\tfrac12 l'' \sin\tfrac12(\theta-\theta')\cot\sigma.$$

Die Summe der Quadrate dieser beiden Gleichungen ist:

$$5.\quad \frac{\cos\frac12 l''^2 \sin\frac12(a'+a)^2 + \sin\frac12 l''^2 \sin\frac12(a'-a)^2}{4\sin\frac12 l''^2 \cos\frac12 l''^2 \sin\frac12 a^2 \sin\frac12 a'^2} = \cot\sigma^2.$$

Ferner hat man:

$$\cos a'' = \cos l'' \sin a \sin a' - \cos a \cos a'$$
$$= -\cos\tfrac12 l''^2 \cos(a'+a) - \sin\tfrac12 l''^2 \cos(a'-a),$$

und da

$$\cos x^2 - \sin y^2 = \cos(x+y)\cos(x-y):$$

$$6.\quad \begin{cases} \cos\left(\frac{-a+a'+a''}{2}\right)\cos\left(\frac{a-a'+a''}{2}\right) = \cos\tfrac{1}{2}l'''^2 \sin a \sin a', \\ \cos\left(\frac{a+a'+a''}{2}\right)\cos\left(\frac{a+a'-a''}{2}\right) = -\sin\tfrac{1}{2}l'''^2 \sin a \sin a'. \end{cases}$$

Nach Substitution der Gleichungen (5. und 6.) in die Gleichung (4. erhält man:

$$\cot\sigma^2 = \frac{4\cos\tfrac{1}{2}a^2\cos\tfrac{1}{2}a'^2\cos\tfrac{1}{2}a''^2}{-\cos\left(\frac{a+a'+a''}{2}\right)\cos\left(\frac{-a+a'+a''}{2}\right)\cos\left(\frac{a-a'+a''}{2}\right)\cos\left(\frac{a+a'-a''}{2}\right)},$$

und hierdurch:

$$\sin\sigma^2 =$$

$$\frac{-\cos\left(\frac{a+a'+a''}{2}\right)\cos\left(\frac{-a+a'+a''}{2}\right)\cos\left(\frac{a-a'+a''}{2}\right)\cos\left(\frac{a+a'-a''}{2}\right)}{\left(\cos\frac{a}{2}+\cos\frac{a'}{2}+\cos\frac{a''}{2}\right)\left(-\cos\frac{a}{2}+\cos\frac{a'}{2}+\cos\frac{a''}{2}\right)\left(\cos\frac{a}{2}-\cos\frac{a'}{2}+\cos\frac{a''}{2}\right)\left(\cos\frac{a}{2}+\cos\frac{a'}{2}-\cos\frac{a''}{2}\right)},$$

$$\cos\sigma^2 =$$

$$\frac{4\cos\tfrac{1}{2}a^2\cos\tfrac{1}{2}a'^2\cos\tfrac{1}{2}a''^2}{\left(\cos\frac{a}{2}+\cos\frac{a'}{2}+\cos\frac{a''}{2}\right)\left(-\cos\frac{a}{2}+\cos\frac{a'}{2}+\cos\frac{a''}{2}\right)\left(\cos\frac{a}{2}-\cos\frac{a'}{2}+\cos\frac{a''}{2}\right)\left(\cos\frac{a}{2}+\cos\frac{a'}{2}-\cos\frac{a''}{2}\right)}.$$

Es ist kaum nöthig zu bemerken, dafs ϱ und σ die sphärischen Radien der gesuchten kleinen, auf der Kugel beschriebenen Kreise sind.

3. Die Gleichungen für die Gröfse des umschriebenen Kreises läfst sich durch die Winkel des Dreiecks folgendermafsen ausdrücken. Durch die Gleichung (6.) hat man:

$$\cos\tfrac{1}{2}l'''^2 = \frac{\cos\left(\frac{-a+a'+a''}{2}\right)\cos\left(\frac{a-a'+a''}{2}\right)}{\sin a \sin a'}.$$

folglich auch:

$$\cos\tfrac{1}{2}l'^2 = \frac{\cos\left(\frac{a+a'-a''}{2}\right)\cos\left(\frac{-a+a'+a''}{2}\right)}{\sin a'' \sin a}$$

und

$$\sin\tfrac{1}{2}l^2 = \frac{-\cos\left(\frac{a+a'+a''}{2}\right)\cos\left(\frac{-a+a'+a''}{2}\right)}{\sin a' \sin a''}.$$

Verbindet man diese letztere mit der Gleichung (2.) und substituirt sie mit den beiden ersten zugleich in (1.), so folgt:

$$8.\quad \tang\varrho^2 = \frac{-\cos\left(\frac{a+a'+a''}{2}\right)}{\cos\left(\frac{-a+a'+a''}{2}\right)\cos\left(\frac{a-a'+a''}{2}\right)\cos\left(\frac{a+a'-a''}{2}\right)}.$$

4. Eben so findet man für den in dem Dreiecke beschriebenen Kreis, wenn die Seiten gegeben sind, mittelst der Gleichungen (3.):

$$\sin\tfrac{1}{2}a^2 = \frac{\sin\left(\frac{l+l'-l''}{2}\right)\sin\left(\frac{l-l'+l''}{2}\right)}{\sin l'\sin l''},$$

$$\sin\tfrac{1}{2}a'^2 = \frac{\sin\left(\frac{-l+l'+l''}{2}\right)\sin\left(\frac{l+l'-l''}{2}\right)}{\sin l''\sin l},$$

$$\cos\tfrac{1}{2}a''^2 = \frac{\sin\left(\frac{l+l'+l''}{2}\right)\sin\left(\frac{l+l'-l''}{2}\right)}{\sin l\sin l'},$$

und endlich aus (5.):

$$9.\quad \cot\sigma^2 = \frac{\sin\left(\frac{l+l'+l''}{2}\right)}{\sin\left(\frac{-l+l'+l''}{2}\right)\sin\left(\frac{l-l'+l''}{2}\right)\sin\left(\frac{l+l'-l''}{2}\right)}.$$

5. Setzt man die Spitze eines dreiseitigen Körper-Ecks in den Mittelpunct einer Kugel, so bildet der Durchschnitt der drei, das Eck bildenden Ebenen, mit der Kugelfläche ein sphärisches Dreieck, dessen Seiten den Winkeln der Kanten, und dessen Winkel den Flächenwinkeln des Körper-Ecks gleich sind. Eine von der Spitze desselben durch den Pol des in dem sphärischen Dreiecke beschriebenen Kreises gezogene Linie ist der geometrische Ort des Mittelpuncts aller Kugeln, die einzeln die drei Ebenen berühren; und zwar ist der Halbmesser R_1 einer beliebigen derselben, wenn die Entfernung des Mittelpuncts von der Spitze des Körper-Ecks $= g_1$ ist, $R_1 = g_1\sin\sigma$. Es sei in Beziehung auf eine zweite dieser Kugeln $R_2 = g_2\sin\sigma$, so ist, wenn sie die erstere berührt:

$$g_2 - g_1 = \frac{R_2 - R_1}{\sin\sigma} = R_2 + R_1,$$

folglich:

$$\frac{R_2}{R_1} = \frac{1+\sin\sigma}{1-\sin\sigma} = \operatorname{tang}(45+\tfrac{1}{2}\sigma)^2 = \left(\frac{1+\sin\sigma}{\cos\sigma}\right)^2 = (\operatorname{tang}\sigma + \sqrt{(1+\operatorname{tang}\sigma^2)})^2,$$

welches, wenn die Gleichung (7.) oder (9.) substituirt wird, die von Hrn. **Steiner** gegebene Formel ist.

Auflösung der im 2ten Bande dieses Journals p. 96. von Hrn. Steiner gegebenen 4ten Aufgabe.

Die von Hrn. **Steiner** gegebene Aufgabe ist mit der folgenden identisch.

„In dem Umfange eines Kegelschnitts liegen die Mittelpuncte einer Reihe Kreise, wovon jeder die auf beiden Seiten liegenden, und einen aus dem Brennpuncte des Kegelschnitts als Mittelpunct beschriebenen Kreis berührt; die Relation zwischen den Dimensionen des Kegelschnitts und dem letztgenannten Kreise zu finden."

1. Es sei der halbe Parameter des Kegelschnitts p, die Excentricität e, der Halbmesser des aus dem Brennpuncte beschriebenen Kreises ϱ, die aus dem Brennpuncte an die Mittelpuncte zweier aufeinander folgenden der andern Kreise gezogenen Linien r und r', welche mit der Absidenlinie die Winkel φ und φ' bilden, so hat man:

$$r = \frac{p}{1+e\cos\varphi}; \quad r' = \frac{p}{1+e\cos\varphi'},$$

und die Halbmesser der beiden Kreise:

$$\frac{p}{1+e\cos\varphi} - \varrho, \quad \frac{p}{1+e\cos\varphi'} - \varrho.$$

Die Summe dieser beiden Halbmesser bilden die Seite eines ebenen Dreiecks, in welchem $\varphi'-\varphi$ der gegenüberstehende Winkel, und r und r' die beiden übrigen Seiten sind. Es ist also:

$$\left\{\frac{p}{1+e\cos\varphi} + \frac{p}{1+e\cos\varphi'} - 2\varrho\right\}^2$$
$$= \frac{pp}{(1+e\cos\varphi)^2} + \frac{pp}{(1+e\cos\varphi')^2} - \frac{2pp\cos(\varphi'-\varphi)}{(1+e\cos\varphi)(1+e\cos\varphi')},$$

und nach Reduction:

$$1. \quad 0 = (pp - 4p\varrho + 2\varrho\varrho) + 2e\varrho(\varrho - p)(\cos\varphi' + \cos\varphi)$$
$$+ (pp + 2ee\varrho\varrho)\cos\varphi\cos\varphi' + pp\sin\varphi\sin\varphi'.$$

Um dieser Gleichung eine einfachere Gestalt zu geben, bemerke ich, daſs man folgende Substitutionen machen könne:

$$2. \quad \begin{cases} t\cos\varphi = \cos\theta - \cos\alpha, & t'\cos\varphi' = \cos\theta' - \cos\alpha, \\ t\sin\varphi = \sin\alpha\sin\theta, & t'\sin\varphi' = \sin\alpha\sin\theta', \\ t = 1 - \cos\alpha\cos\theta, & t' = 1 - \cos\alpha\cos\theta. \end{cases}$$

Multiplicirt man also die Gleichung (1.) mit tt', und substituirt dann diese Werthe, so ergiebt sich:

$$3.\quad \begin{cases} 0 = pp - 4p\varrho + 2\varrho\varrho - 4e\varrho(\varrho - p)\cos\alpha + (pp + 2ee\varrho\varrho)\cos\alpha^2 \\ + \{-(pp - 4p\varrho + 2\varrho\varrho)\cos\alpha + 2e\varrho(\varrho - p)(1 + \cos\alpha^2) - (pp + 2ee\varrho\varrho)\cos\alpha\}(\cos\theta' + \cos\theta) \\ + \{(pp - 4p\varrho + 2\varrho\varrho)\cos\alpha^2 - 4e\varrho(\varrho - p)\cos\alpha + (pp + 2ee\varrho\varrho)\}\cos\theta'\cos\theta \\ + pp\sin\alpha^2\sin\theta'\sin\theta. \end{cases}$$

Setzt man also den Coëfficienten von $\cos\theta' + \cos\theta = 0$, so wird

$$\cos\alpha = \frac{\varrho - p}{e\varrho} \text{ oder } = \frac{e\varrho}{\varrho - p}.$$

2. D . erste dieser Werthe von $\cos\alpha$ giebt für die Gleichung (3.):

$$4.\quad 1 = \frac{2ee\varrho\varrho - 2\varrho\varrho + 4p\varrho - pp}{pp}\cos\theta'\cos\theta + \sin\theta'\sin\theta.$$

Der zweite Werth giebt:

$$5.\quad \cos(\theta' - \theta) = \frac{2ee\varrho\varrho - 2\varrho\varrho + 4p\varrho - pp}{pp}.$$

Wenn man die zweite Substitution anwendet, so ist $\varrho = \dfrac{p}{1 - \dfrac{e}{\cos\alpha}}$; und da $\cos\alpha$ zwischen den Grenzen $+1$ und -1 enthalten ist, so muſs ϱ zwischen 0 und $\frac{p}{1+e}$ oder zwischen $\frac{p}{1-e}$ und ∞ liegen. (Es versteht sich von selbst, daſs ϱ immer positiv ist.) Sie umfaſst also alle Fälle, wo der aus dem Brennpuncte beschriebene Kreis den Kegelschnitt nicht schneidet. Dieses ist für unsern Fall hinreichend, da die Reihe der Kugeln nicht über den Schneidungspunct hinaus verlängert werden kann.

Ist nun $\sin\alpha$ nicht $= 0$, welches nur für den Fall einer Berührung mit dem Kegelschnitte Statt findet, so sind φ und θ zu gleicher Zeit 0, π, 2π etc.; und wenn θ dem Werthe φ entspricht, so entspricht $\pi + \theta$ dem Werthe $\pi + \varphi$, woraus die von Herrn Steiner durch so scharfsinnige geometrische Betrachtungen gefundene Gleichzeitigkeit der Commensurabilität für alle beliebige Anfangspuncte der Reihe folgt. Soll also nach u Umläufen der $(n+1)$te Kreis mit dem ersten zusammenfallen, so muſs

$$6.\quad \cos\left(\frac{2u\pi}{n}\right) = \frac{2ee\varrho\varrho - 2\varrho\varrho + 4p\varrho - pp}{pp}$$

sein; mithin:

$$7.\quad \frac{\varrho}{p} = \frac{1}{1-ee}\left[1 \pm \sqrt{\left(\sin\left(\frac{u\pi}{n}\right)^2 + ee\cos\left(\left(\frac{u\pi}{n}\right)^2\right)\right)}\right].$$

$\frac{\varrho}{p}$ kann also bei einer Ellipse, wo $e < 1$, nicht gröſser als $\frac{2}{1-ee}$ werden, welche Grenze für ϱ der groſsen Axe gleich ist.

Ich füge einige specielle Fälle hinzu: Ist der Kegelschnitt eine Parabel, oder $e = 1$, so ist

$$8. \quad \cos\left(\frac{2\varkappa\pi}{n}\right) = \frac{4\varrho}{p} - 1.$$

Ist a die senkrechte Entfernung des Mittelpuncts des Hauptkreises von einer geraden Linie, so hat man für diese:

$$r = \frac{a}{\cos\varphi};$$

betrachtet man also dieselbe als einen Kegelschnitt, so wird $\frac{p}{e} = a$, $\frac{1}{e} = 0$, folglich:

$$9. \quad \cos\left(\frac{2\varkappa\pi}{n}\right) = \frac{2\varrho\varrho}{aa} - 1.$$

Dieser Fall, dafs eine Reihe Kreise, deren Mittelpuncte auf einer geraden Linie liegen, sich gegenseitig und alle einen andern Kreis berühren können, wird nur dadurch möglich, dafs der eine Kreis sie alle einschliefst, und so den Übergang von der einen auf die andere Seite bildet *).

*) Erst nachdem die gegenwärtige Abhandlung gedruckt ist, bemerke ich, dafs die in derselben enthaltenen Ausdrücke der Tangenten der Halbmesser-Winkel der in und um ein sphärisches Dreieck beschriebenen Kreise sich auch in meinem Lehrbuche der Geometrie, Berlin, bei Reimer, 1826—27, Seite 916. §. 747. finden. Da dieses Buch, obgleich fast durchweg eigenthümlich, bis jetzt noch wenig allgemein bekannt geworden ist, so sind die benannten Formeln gleichwohl noch als neu zu betrachten, und es ist gut, dafs sie hier mitgetheilt wurden. Ich bitte indessen den verehrten Herrn Verfasser hierdurch um Verzeihung, dafs ich ihn darauf aufmerksam zu machen übersehen habe, und zwar um so mehr, da ich so eben erinnert worden war, welche sorgfaltige Rücksicht Er auf etwa schon Vorhandenes zu nehmen gewohnt ist. Denn noch ganz kürzlich hatte Er mir in einem Briefe seinen Willen zu erkennen gegeben, dafs der Aufsatz No 33. im 4. Hefte 5. Bandes S. 383, der inzwischen gedruckt worden war, zurückgelegt werden sollte, weil die Darstellung desselben, wie Er spater gefunden, schon von Lagrange in der *Mec. anal.* gegeben sei, welche Bemerkung des Herrn Verfassers ich zugleich hierdurch bekannt zu machen nicht unterlasse. Ich hoffe auf geneigte Entschuldigung.

Anm. d. Herausg.

9.

Über die Berechnung des Näherungswerthes doppelter Integrale.

(Von Herrn Dr. Ferd. Minding zu Berlin.)

1. Es sey $z = \varphi(x, y)$ irgend eine rationale Function von x und y von einem beliebig hohen Grade. Man habe n Werthe von x, die zwischen 0 und s liegen, nemlich:

$$a_1 s,\ a_2 s,\ a_3 s,\ \ldots\ a_n s,$$

eben so m Werthe von y, alle zwischen 0 und σ, nemlich:

$$\alpha_1 \sigma,\ \alpha_2 \sigma,\ \alpha_3 \sigma,\ \ldots\ \alpha_n \sigma.$$

Das Product $x - a_1 s \,.\, x - a_2 s \,.\, x - a_3 s \ldots x - a_n s$ werde durch fx, und $y - \alpha_1 \sigma \,.\, y - \alpha_2 \sigma \,.\, y - \alpha_3 \sigma \ldots y - \alpha_m \sigma$ durch Fy bezeichnet. Ferner sei

$$\frac{1}{fx} = \frac{A_1}{x^n} + \frac{A_2}{x^{n+1}} + \frac{A_3}{x^{n+2}} + \ldots$$

$$\frac{1}{Fy} = \frac{B_1}{y^m} + \frac{B_2}{y^{m+1}} + \frac{B_3}{y^{m+2}} + \ldots$$

Dividirt man nun $\varphi(x, y)$ zuerst mit fx, so wird der Quotient einen ungebrochenen und einen gebrochenen Theil enthalten; dividirt man den Quotienten mit Fy, so wird jeder Theil desselben wiederum in zwei andre zerfallen, so daſs man erhält:

$$\frac{\varphi(x, y)}{fx \,.\, Fy} = \frac{\varphi_1(x, y)}{fx \,.\, Fy} + \frac{P}{Fy} + \frac{Q}{fx} + R,$$

oder

$$z = z' + P.fx + Q.Fy + R.fx.Fy,$$

wo $z' (= \varphi_1(x, y))$, P, Q, R rationale ganze Functionen sind.

2. Da $\frac{z'}{fx \,.\, Fy}$ ein ächter Bruch ist, so kann z' in Bezug auf x und y höchstens resp. von der Ordnung $n-1$ und $m-1$ sein. Bedeutet b irgend eine der Gröſsen $a_1 s$, $a_2 s$, ... $a_n s$, und β irgend eine der Gröſsen $\alpha_1 \sigma$, $\alpha_2 \sigma$, ... $\alpha_m \sigma$, so hat die Function z' die Eigenschaft, daſs für $x = b$, $y = \beta$: $z = z'$ wird.

Hieraus kann z' folgendermaſsen gefunden werden:

Man setze

$$z' = Y_0 + Y_1 x + Y_2 x^2 + Y_3 x^3 + \ldots Y_{n-1} x^{n-1},$$

wo $Y_0, Y_1, Y_2, \dots$ ganze Functionen von y von der $m-1$ten Ordnung sind.

Man erhält

$$\frac{z'}{fx} = \frac{U_1}{f'a_1s.x-a_1s} + \frac{U_2}{f'a_2s.x-a_2s} + \dots + \frac{U_n}{f'a_ns.x-a_ns},$$

wo $U_1=\varphi_1(a_1s,y)$, $U_2=\varphi_1(a_2s,y)$, etc.

Nun sind aber $\frac{U_1}{Fy}$, $\frac{U_2}{Fy}$, etc. ebenfalls ächte Brüche; und da allgemein: $\varphi_1(b,\beta)=\varphi(b,\beta)$, so erhält man durch Zerlegung:

$$\frac{U_1}{Fy} = \frac{\varphi(a_1s,a_1\sigma)}{F'a_1\sigma.y-a_1\sigma} + \frac{\varphi(a_1s,a_2\sigma)}{F'(a_2\sigma).y-a_2\sigma} + \dots \frac{\varphi(a_1s,a_m\sigma)}{F'a_m\sigma.y-a_m\sigma},$$

und so fort für $U_2, U_3, \dots$

Hieraus ergiebt sich:

$$\frac{z'}{fx.Fy} = \frac{1}{f'a_1s.x-a_1s}\left(\frac{\varphi a_1s,a_1\sigma}{F'a_1\sigma.y-a_1\sigma} + \frac{\varphi a_1s,a_2\sigma}{F'a_2\sigma.y-a_2\sigma} + \dots \frac{\varphi a_1s,a_m\sigma}{F'a_m\sigma.y-a_m\sigma}\right)$$
$$+ \frac{1}{f'a_2s.x-a_2s}\left(\frac{\varphi a_2s,a_1\sigma}{F'a_1\sigma.y-a_1\sigma} + \dots + \frac{\varphi a_2s,a_m\sigma}{F'a_m\sigma.y-a_m\sigma}\right) + \dots$$
$$\dots + \frac{1}{f'a_ns.x-a_ns}\left(\frac{\varphi a_ns,a_1\sigma}{F'a_1\sigma.y-a_1\sigma} + \dots + \frac{\varphi a_ns,a_m\sigma}{F'a_m\sigma.y-a_m\sigma}\right).$$

Dies ist eine Interpolationsformel für eine Function zweier veränderlicher Gröſsen.

3. Man setze $\Pi = P + RFy$, $K = Q + Rfx$, so erhält man

$$z - z' = \Pi fx + KFy - Rfx\,Fy = \Pi fx + QFy.$$

Man bestimmt nun leicht die Functionen Π, K und R. Stellen wir zu diesem Zwecke z durch folgende Reihe vor:

$$z = Y_0 + Y_1x + Y_2x^2 + Y_3x^3 + \dots + Y_\mu x^\mu + \dots,$$

in welcher allgemein:

$$Y_\mu = \binom{\mu}{0} + \binom{\mu}{1}y + \binom{\mu}{2}y^2 + \dots + \binom{\mu}{\nu}y^\nu \dots,$$

so daſs, wenn man nach Potenzen von x und y zugleich ordnet, hervorgeht:

$$z = \binom{0}{0} + \binom{1}{0}x + \binom{0}{1}y + \binom{1}{1}xy + \dots + \binom{\mu}{\nu}x^\mu y^\nu + \dots$$

Um nun Π zu erhalten, braucht man bloſs mit fx in z zu dividiren und den gebrochenen Theil des Quotienten wegzulassen. Auf diese Weise erhält man, indem man sich der oben gegebenen Reihe für $\frac{1}{fx}$ bedient:

$$\Pi = Y_nA_1 + Y_{n+1}(A_1x + A_2) + Y_{n+2}(A_1x^2 + A_2x + A_3) + \dots$$

Ordnet man hierauf z nach Potenzen von y, so daſs:

$$z = X_0 + X_1y + X_2y^2 + \dots X_\nu y^\nu + \dots$$

wo

$$X_\nu = \binom{0}{\nu} + \binom{1}{\nu} x + \binom{2}{\nu} x^2 + \ldots \binom{\mu}{\nu} x^\mu + \ldots,$$

und dividirt mit Fy, so erhält man:

$$K = X_m B_1 + X_{m+1}(By + B_2) + X_{m+2}(B_1 y^2 + B_2 y + B_3) + \ldots$$

Um nun R zu erhalten, braucht man nur eine dieser Reihen, z. B. Π, noch mit Fy zu dividiren. Zu dem Ende sei Π, nach y geordnet:

$$\Pi = U_0 + U_1 y + I_2 y^2 + \ldots + U_\nu y^\nu + \ldots$$

wo

$$U_\nu = \binom{n}{\nu} A_1 + \binom{n+1}{\nu}(A_1 x + A_2) + \binom{n+2}{\nu}(A_1 x^2 + A_2 x + A_3) + \ldots$$

Man erhält dann durch Division:

$$R = B_1 U_m + U_{m+1}(B_1 y + B_2) + U_{m+2}(B_1 y^2 + B_2 y + B_3) + \ldots$$

Aus Π und K lassen sich P und Q erhalten. Bezeichnet man die verschiedenen Werthe von Π, welche man erhält, wenn $y = a_1\sigma$, $a_2\sigma$, ... $a_m\sigma$ gesetzt wird, der Reihe nach mit Π_1, Π_2, Π_3, ..., so ist

$$\frac{P}{Fy} = \frac{\Pi_1}{F'a_1\sigma . y - a_1\sigma} + \frac{\Pi_2}{F'a_2\sigma . y - a_2\sigma} + \ldots + \frac{\Pi_m}{F'a_m\sigma . y - a_m\sigma}.$$

Auf ähnliche Weise findet sich:

$$\frac{Q}{fx} = \frac{K_1}{f'a_1 s . x - a_1 s} + \frac{K_2}{f'a_2 s . x - a_2 s} + \ldots + \frac{K_n}{f'a_n s . x - a_n s}.$$

4. Soll nun das Integral $\iint z\,dx\,dy$ zwischen den Grenzen 0 und s, 0 und σ in Bezug auf x und y näherungsweise gefunden werden, so substituire man demselben das Integral $\iint z'\,dx\,dy$, und der Fehler E wird sein:

$$E = \iint P fx\,dx\,dy + \iint Q Fy\,dx\,dy + \iint R fx Fy\,dx\,dy, \text{ oder auch}$$

$$E = \iint \Pi fx\,dx\,dy + \iint K Fy\,dx\,dy - \iint R fx Fy\,dx\,dy.$$

Um nun den Fehler möglichst zu verringern, nehmen wir, nach dem Aufsatze des Hrn. Prof. Jacobi im ersten Bande dieses Journals p. 301.:

$$fx = \frac{1}{n+1.n+2\ldots 2n} \frac{d^n x^n . \overline{x-s}^n}{dx^n}; \quad Fy = \frac{1}{m+1\ldots 2m} \frac{d^m y^m . \overline{y-\sigma}^m}{dy^m},$$

durch welche Annahme man erhält:

$$\int_0^s fx\,dx = 0, \quad \int_0^s x fx\,dx = 0, \quad \ldots \quad \int_0^s x^{n-1} fx\,dx = 0;$$

und, zwischen denselben Grenzen:

$$\int x^n fx\,dx = \frac{1^2.2^2.3^2\ldots n^2}{\overline{n+1}^2.\overline{n+2}^2\ldots \overline{2n}^2} . \frac{s^{2n+1}}{2n+1} = N.s^{2n+1};$$

$$\int x^{n+1} fx\,dx = N.\frac{\overline{n+1}^2}{2n+2} s^{2n+2}; \quad \int x^{n+2} fx\,dx = N.\frac{\overline{n+1}^2.\overline{n+2}^2}{2n+2 . 2n+3} s^{2n+3}, \text{ u. s. f.}$$

Es sei nun

$$\int_0^s \frac{fx\,dx}{f'a_1 s . x - a_1 s} = r_1 . s, \quad \int_0^\sigma \frac{Fy\,dy}{F'a_1\sigma . y - a_1\sigma} = \varrho' . \sigma. \text{ u. s. f.,}$$

so erhält man den Näherungswerth des Integrals $\iint z\, dx\, dy$:

$$\iint z'\, dx\, dy = s\sigma . r'\{\varrho'\varphi a_1 s, \alpha_1\sigma + \varrho''\varphi a_1 s, \alpha_2\sigma + \dots + \varrho^m \varphi a_1 s, \alpha_m\sigma\}$$
$$+ s\sigma . r''\{\varrho'\varphi a_2 s, \alpha_1\sigma + \varrho''\varphi a_2 s, \alpha_2\sigma + \dots + \varrho^m \varphi a_2 s, \alpha_m\sigma\}$$
$$+ \dots + s\sigma . r^n\{\varrho'\varphi a_n s, \alpha_1\sigma + \varrho''\varphi a_n s, \alpha_2\sigma + \dots + \varrho^m \varphi a_n s, \alpha_m\sigma\}.$$

5. Man hat, vermöge des oben gegebenen Ausdrucks für P

$$\iint P f x\, dx\, dy = \sum_1^m \int \Pi_\mu f x\, dx . \int \frac{F y\, dy}{y - \alpha_\mu\sigma . F'\alpha_\mu\sigma} = \sigma \sum_1^m \varrho^\mu \int \Pi_\mu f x\, dx.$$

Man bezeichne den Werth, den Y_μ erlangt, wenn $y = \alpha_\nu\sigma$ gesetzt wird, durch Γ^ν_μ, so erhält man:

$$\int_0^s \Pi_\mu f x\, dx = N . s^{2n+1}\left\{\Gamma^\mu_{2n} A_1 + \Gamma^\mu_{2n+1}\left(A_1 \frac{n+1^2}{2n+2} s + A_2\right) + \dots\right\}.$$

Nun ist aber die Summe $\sigma(\varrho'\Gamma^1_{2n} + \varrho''\Gamma^2_{2n} + \dots \varrho^m\Gamma^m_{2n})$ offenbar der Näherungswerth des Integrals $\int_0^\sigma Y_{2n}\, dy$, nach der Gaussischen Methode mit m Ordinaten berechnet, welchen wir mit Y'_{2n} bezeichnen. Auf gleiche Weise wird unter Y'_{2n+1} der Näherungswerth von $\int_0^\sigma Y_{2n+1}\, dy$ verstanden, d. i. die Summe:

$$\sigma(\varrho'\Gamma^1_{2n+1} + \varrho''\Gamma^2_{2n+1} + \dots + \varrho^m\Gamma^m_{2n+1}),\ \text{u. s. f.}$$

Hieraus folgt:

$$\iint P f x\, dx\, dy = N . s^{2n+1}\left\{Y'_{2n} A_1 + Y'_{2n+1}\left(A_1 \frac{n+1^2}{2n+2} s + A_2\right)\right.$$
$$\left. + Y'_{2n+2}\left(A_1 \frac{n+1^2 . n+2^2}{2n+2 . 2n+3} s^2 + A_2 \frac{n+1^2}{2n+2} s + A_3\right) + \dots\right\}.$$

Ganz auf dieselbe Weise ergiebt sich, wenn man die Näherungswerthe der Integrale $\int_0^s X_\mu\, dx$ mit n Ordinaten berechnet, durch X'_μ bezeichnet:

$$\iint Q F y\, dx\, dy = M . \sigma^{2m+1}\left\{X'_{2m} B_1 + X'_{2m+1}\left(B_1 \frac{m+1^2}{2m+2}\sigma + B_2\right) + \dots\right\},$$

wo M eben so von m abhängt, wie vorhin N von n.

Ferner ist

$$\iint \Pi f x\, dx\, dy = N . s^{2n+1}\left\{V_{2n} A_1 + V_{2n+1}\left(A_1 \frac{n+1^2}{2n+2} s + A_2\right) + \dots\right\}.$$

$$\iint K F y\, dx\, dy = M . \sigma^{2m+1}\left\{\xi_{2m} B_1 + \xi_{2m+1}\left(B_1 \frac{m+1^2}{2m+2}\sigma + B_2\right) + \dots\right\},$$

wenn man den genauen Werth des Integrals $\int_0^\sigma Y_\mu\, dy$ mit V_μ, und den von $\int_0^s X_\mu\, dx$ mit ξ_μ bezeichnet.

Hierdurch erhält man, indem man R eliminirt, für den Fehler folgenden Ausdruck:

$$2E = N . s^{2n+1}\left\{V_{2n} + Y'_{2n} . A_1 + V_{2n+1} + Y'_{2n+1} . A_1 \frac{n+1^2}{2n+2} + A_2 + \dots\right\}$$
$$+ M . \sigma^{2m+1}\left\{\xi_{2m} + X'_{2m} . B_1 + \xi_{2m+1} + X'_{2m+1} . B_1 \frac{m+1^2}{2m+2} + B_2 + \dots\right\}$$

Da in dem Ausdrucke des Fehlers E alle Coëfficienten $\binom{\mu}{\nu}$ verschwunden sind, deren Indices μ und ν resp. kleiner waren, als $2n$ und $2m$, und da solcher Coëfficienten, von $\binom{0}{0}$ bis $\binom{2n-1}{2m-1}$ incl., überhaupt $4nm$ sind, so haben wir durch die Wahl der vortheilhaftesten Werthe der Coordinaten die $4nm$ ersten Glieder der Reihe z erschöpft.

Soll die Integration von $\iint z\,dx\,dy$ zuerst zwischen veränderlichen Grenzen geschehen, so lassen sich diese sehr leicht auf constante zurückführen. Denn wenn zuerst von $y=\omega$ bis $y=\pi$ zu integriren ist (wo π und ω Functionen von x sind), so setze man: $y=\omega+(\pi-\omega)u$, wodurch das gegebene Integral übergeht in: $\iint z.\overline{\pi-\omega}.dx\,du$, welches in Bezug auf u zwischen den Grenzen 0 und 1 zu nehmen ist.

Um die Brauchbarkeit der vorstehenden Methode zu prüfen, berechnete ich das Integral: $\iint dx\,dy\frac{\log \text{vulg}\, x+y}{x+y}$ zwischen den Grenzen $x=y=1$, $x=y=101$. Ich fand zuerst durch Annahme zweier Werthe von x und von y den Werth: 231,1; durch drei Werthe von x und y 237,3; durch 4 Werthe: 236,4. Durch wirkliche Integration aber fand ich: 236,3.

10.
Beweis des Satzes No. 68. 2. Band, 4. Heft, S. 395. dieses Journals.

(Von dem Herrn Ingenieur Pr Lieut. v. *Renthe* zu Berlin.)

Lehrsatz. Wenn drei Kreise von gegebenen Halbmessern in einer und derselben Ebene liegen, und von einer und derselben geraden Linie berührt werden, und Δ bezeichnet den Flächen-Inhalt des geradlinigen Dreiecks, in dessen Ecken die Mittelpuncte der drei Kreise liegen, δ' hingegen den Flächen-Inhalt des Dreiecks, in dessen Ecken die Mittelpuncte der drei Kreise dann liegen, wenn sie in veränderter Lage eine beliebige Coordinaten-Axe der x berühren, während ihre Mittelpuncte in derselben Entfernung von der auf dieser Axe senkrechten Axe der y bleiben, wie zuvor; δ'' endlich den Flächen-Inhalt des Dreiecks, in dessen Ecken die Mittelpuncte der drei Kreise liegen, wenn sie wieder in veränderter Lage die Coordinaten-Axe der y berühren, während ihre Mittelpuncte in gleicher Entfernung wie in der ersten Lage von der Axe der x sind, so ist:

$$\Delta^2 = \delta'^2 + \delta''^2$$

Beweis. Es seien r, r', r'' die Halbmesser der gegebenen, die gerade Linie AB (Taf. I. Fig. 10.) in o, o', o'' berührenden Kreise, zu deren Mittelpuncten a, b, c die senkrechten Coordinaten x, y; x', y'; x'', y'' gehören, und a', b', c' und a'', b'', c'' die Mittelpuncte der drei gegebenen Kreise in der veränderten Lage gegen die Axen der x und der y; ferner werden die Seiten der drei Dreiecke, deren Ecken in den Mittelpuncten der Kreise liegen, durch die am entgegengesetzten Scheitel stehenden Buchstaben benannt.

Nach der angenommenen Bezeichnung ist:

$$a^2 = (x''-x')^2 + (y'-y'')^2,$$
$$a'^2 = (x''-x')^2 + (r'-r'')^2,$$
$$a''^2 = (r'-r'')^2 + (y'-y'')^2,$$

daher

$$a'^2 + a''^2 - a^2 = 2(r'-r'')^2 = 2d^2.$$

Eben so

$$b'^2+b''^2-b^2 = 2(r-r'')^2 = 2d'^2,$$
$$c'^2+c''^2-c^2 = 2(r'-r)^2 = 2d''^2.$$

Ferner

$$r-r''+r'-r = r'-r'',$$

oder

$$d'+d'' = d.$$

Endlich

$$(A.) \quad \sqrt{(a^2-d^2)}+\sqrt{(c^2-d''^2)} = \sqrt{(b^2-d'^2)},$$
$$(B.) \quad \sqrt{(a'^2-d^2)}+\sqrt{(c'^2-d''^2)} = \sqrt{(b'^2-d'^2)},$$

und

$$(C.) \quad \sqrt{(a''^2-d^2)}+\sqrt{(c''^2-d''^2)} = \sqrt{(b''^2-d'^2)},$$

Durch Wegschaffen der Wurzelzeichen erhält man aus (*A.*):

$$2a^2b^2+2a^2c^2+2b^2c^2-a^4-b^4-c^4+2d^2d'^2+2d^2d''^2-2d'^2d''^2-d^4-d'^4-d''^4$$
$$= 2a^2(d'^2+d''^2-d^2)+2b^2(d^2+d''^2-d'^2)+2c^2(d^2+d'^2-d''^2),$$

oder

$$4\Delta^2 = -a^2d'd''+b^2dd''+c^2dd';$$

Aus (*B.*) und (*C.*):

$$4\delta'^2 = -a'^2d'd''+b'^2dd''+c'^2dd',$$
$$4\delta''^2 = -a''^2d'd''+b''^2dd''+c''^2dd';$$

daher

$$4(\delta'^2+\delta''^2-\Delta^2) = -(a'^2+a''^2-a^2)d'd''+(b'^2+b''^2-b^2)dd''+(c'^2+c''^2-c^2)dd'$$
$$= 2(d'+d''-d)dd'd'' = 0,$$

also

$$\Delta^2 = \delta'^2+\delta''^2.$$

Berlin, den 28. März 1830.

11.
Beweise einiger geometrischen Sätze.

(Von Herrn *Th. Scheerer*, Stud. math.)

I. **Lehrsatz.** *Jede Ebene welche durch die Mittelpuncte zweier gegenüberstehender Kanten eines beliebigen Tetraëders gelegt wird, halbirt dasselbe.* (Gergonne's Annalen.)

Beweis. *ABCD* (Taf. I. Fig. 11.) sei ein beliebiges Tetraëder, *E* und *F* seien die Mitten zweier gegenüberstehender Kanten. Legt man durch die Kante *AD* und den Punct *E* eine Ebene, so wird, weil sie durch den Scheitel *A* geht, und die Grundfläche *BCD* halbirt, das Tetraëder durch dieselbe in zwei Hälften getheilt:

$$1.\quad ACDE = ABDE = \tfrac{1}{2}ABCD.$$

Wird eine Ebene durch den Punct *F* und die Kante *BC* gelegt, so ist aus demselben Grunde:

$$2.\quad BCDF = ABCF = \tfrac{1}{2}ABCD.$$

Aus (1. und 2.) folgt:

$$3.\quad ACDE = ABCF.$$

Da aber *ACDE* und *ABCF* das Tetraëder *ACEF* gemein haben, so ergiebt sich aus (3.):

$$4.\quad CDEF = ABEF.$$

Jetzt lege man eine beliebige Ebene *EGFH* durch *E* und *F*, und fälle aus den vier Ecken des Tetraëders die vier Lothe *a*, *b*, *c* und *d* auf dieselbe, so ist:

$$a \times EFH + d \times EFH = CDEF,$$
$$b \times EFG + c \times EFG = ABEF,$$

und deshalb nach (4.):

$$5.\quad (a+d)EFH = (b+c)EFG.$$

Da die Ebene *EGFH* die Kanten *AD* und *BC* in der Mitte schneidet, und die Neigungswinkel dieser Kanten unterhalb und oberhalb jener Ebene gleich sind, so ist $a = c$ und $d = b$, woraus folgt:

$$6.\quad EFH = EFG,$$
$$7.\quad d \times EFH = b \times EFG,$$
$$8.\quad DEFH = AEFG.$$

Aus (1. und 8.) aber folgt:

$$9.\quad ACHEGF = BDHEGF.$$

II. **Lehrsatz.** *Zieht man in einem convexen Vieleck alle möglichen Diagonalen, und verlängert alle Seiten, dafs alle diese Geraden einander wo möglich paarweise schneiden: so entstehen, im Allgemeinen,* *innerhalb des Vielecks gerade halb so viele Durchschnittspuncte als aufserhalb, z. B. beim Zwanzigeck innerhalb* 4845, *aufserhalb* 9690. (Gegenw. Journal, Band III. Heft 2. S. 209.)

Beweis. Bei einem beliebigen n Eck werden, bei Verlängerung der Seiten und Diagonalen, im Allgemeinen nur solche Durchschnittspuncte entstehen, die von zwei Geraden gebildet werden. Nun kann man bekanntlich durch vier Puncte sechs Gerade legen, und diese schneiden sich paarweise in drei Puncten, von denen einer innerhalb und zwei aufserhalb der beiden Puncte liegen. Zu je vier Ecken eines n Ecks werden also ebenfalls ein Durchschnittspunct in dem Polygon, und zwei aufserhalb desselben gehören. So viel mal, wie man also vier verschiedene Ecken zusammenstellen kann, so viel Durchschnittspuncte wird es innerhalb, und noch einmal so viel aufserhalb geben. Es lassen aber n Elemente, zu vieren geordnet verbunden, $\frac{n(n-1)(n-2)(n-3)}{1.2.3.4}$ verschiedene Verbindungen zu. Daher giebt es $\frac{n(n-1)(n-2)(n-3)}{1.2.3.4}$ Durchschnittspuncte im n Ecke, und $2\times\frac{n(n-1)(n-2)(n-3)}{1.2.3.4}$ aufserhalb desselben. Beim Zwanzigeck würden dies z. B. innerhalb $\frac{20.19.18.17}{1.2.3.4}=4845$, und aufserhalb $2\times\frac{20.19.18.17}{1.2.3.4}=9690$ sein.

III. **Aufgabe.** *Drei in einer Ecke zusammenstofsende Seitenkanten einer dreiseitigen Pyramide sind gegeben: man soll die der Ecke gegenüberliegende Seitenfläche so bestimmen, dafs der Inhalt der Pyramide ein Maximum sei.* (Gegenw. Journal, Band V. Heft. 3. Seite 318.)

Auflösung. Da die Gröfse einer dreiseitigen Pyramide von ihrer Grundfläche und Höhe abhängig ist, so werden die drei gegebenen Kanten nothwendig so zusammengefügt werden müssen, dafs die möglichst gröfste Grundfläche und Höhe entstehet. Dies wird aber nur dann der Fall sein, wenn zwei Kanten auf einander senkrecht stehen, und die dritte auf beiden senkrecht ist. Denn sobald die dritte Kante mit den andern keine rechte Winkel mehr bildet, ist die Höhe, und sobald die beiden übrigen Kanten nicht mehr senkrecht zu einander sind, die Grundfläche kleiner als vorher. Sind a, b, c die drei gegebenen Kanten, so müfste also, für das Maximum des aus ihnen zusammengefügten Tetraëders, nach einem bekannten Lehrsatze, die gegenüberliegende Fläche $=\frac{1}{2}\sqrt{(a^2b^2+a^2c^2+b^2c^2)}$ sein *).

---

*) Die nemliche Auflösung ist auch von dem ungenannten Herrn Verfasser des Aufsatzes Nr. 7. in diesem Journal gefunden und dem Herausgeber fast zu derselben Zeit mitgetheilt worden, als er die gegenwärtige erhielt. Anm. d. Herausg.

12.
Théorèmes et problèmes sur les nombres.

Théorème I. *Si n est un nombre premier, les sommes des nombres $1, 2, 3, 4 \ldots n-1$, pris deux à deux, quatre à quatre, six à six etc. et divisées par n, laissent un nombre égal de fois les restes $1, 2, 3 \ldots \ldots n-1$, et le restes 0 une fois de plus; et les sommes des mêmes nombres $1, 2, 3, 4, \ldots n-1$, pris trois à trois, cinq à cinq, sept à sept etc. et divisées par n, laissent encore les restes $1, 2, 3 \ldots n-1$ un nombre égal de fois, mais le reste 0 une fois de moins.*

Demonstration. Soit α une des racines imaginaires de l'équation

$$1.\quad x^n - 1 = 0,$$

on sait que les $n-1$ racines de l'équation

$$2.\quad x^{n-1} + x^{n-2} + x^{n-3} + \ldots + 1 = 0$$

sont $\alpha, \alpha^2, \alpha^3, \ldots \alpha^{n-1}$ et que les coëfficiens de l'équation (2.), exprimés par ses racines, sont:

$$3.\quad \begin{cases} \alpha + \alpha^2 + \alpha^3 + \ldots\ldots + \alpha^{n-1} = -1, \\ \alpha.\alpha^2 + \alpha.\alpha^3 + \ldots\ldots + \alpha^2.\alpha^3 = +1, \\ \alpha.\alpha^2.\alpha^3 + \alpha.\alpha^2.\alpha^4 + \ldots + \alpha^2.\alpha^3.\alpha^4 = -1, \\ \ldots\ldots\ldots\ldots\ldots\ldots \end{cases}$$

Si dans ces équations on fait les produits des racines, les expressions des puissances de α seront les sommes des nombres $1, 2, 3 \ldots n-1$ deux à deux, trois à trois, quatre à quatre etc. Mais puisque $\alpha^n = 1$, ces produits se réduiront aux puissances $\alpha, \alpha^2, \alpha^3, \ldots \alpha^{n-1}, \alpha^n = 1$; donc ces puissances se présenteront plusieurs fois, aussitôt que les exposans surpassent n. Mais toutes les sommes de ces produits étant des quantités réelles et entières, il faut qu'elles contiennent les puissances $\alpha, \alpha^2, \alpha^3 \ldots \ldots \alpha^{n-1}$ un même nombre de fois; car si quelques unes des puissances n'y étoient pas, il y entreroit des quantités imaginaires, ou au moins irrationnelles, qui ne pourroient être détruites par d'autres: donc il faut que les équations (3.) aient la forme:

$$4.\quad \begin{cases} \alpha + \alpha^2 + \alpha^3 + \ldots + \alpha^{n-1} = -1, \\ p(\alpha + \alpha^2 + \alpha^3 + \ldots + \alpha^{n-1}) + p + 1 = +1, \\ q(\alpha + \alpha^2 + \alpha^3 + \ldots + \alpha^{n-1}) + q - 1 = -1, \\ \ldots\ldots\ldots\ldots\ldots\ldots \end{cases}$$

où p, q .... sont des nombres entiers; et cela fait voir que la division des sommes $1+2$, $1+3$, ... $2+3$, ... par n donnera un même nombre de fois les restes 1, 2, 3, ... $n-1$ et le reste 0 une fois de plus; la division des sommes $1+2+3$, $1+2+4$, ... $2+3+4$, ... par n donnera un même nombre de fois les restes 1, 2, 3 .... $n-1$ et le reste 0 une fois de moins etc.

Théorème II. *Si n est un nombre premier, les coefficiens binomiaux $(n-1)_1$, $(n-1)_3$, $(n-1)_5$ etc. étant divisées par n, laissent -1 pour restes, et ceux-ci: $(n-1)_0$, $(n-1)_2$, $(n-1)_4$, ... étant divisées par n, laissent $+1$ pour restes.*

Démonstration 1. Les nombres des termes à gauche dans les équations (3.) sont $(n-1)_1$, $(n-2)_2$, $(n-3)_3$, ... Mais en vertu des équations (4.) elles pourront toujours être réduites à:

$$5.\quad \begin{cases} (1+\alpha+\alpha^2+\alpha^3+\ldots\ldots+\alpha^{n-1})-1=-1, \\ p(1+\alpha+\alpha^2+\alpha^3+\ldots\ldots+\alpha^{n-1})+1=+1, \\ q(1+\alpha+\alpha^2+\alpha^3+\ldots\ldots+\alpha^{n-1})-1=-1, \\ \ldots\ldots\ldots\ldots\ldots\ldots\ldots\ldots\ldots\ldots \end{cases}$$

dont chacune n'a que n termes, après avoir alternativement supprimé ou ajouté un seul terme; donc il faut que $(n-1)_1+1$, $(n-1)_2-1$, $(n-1)_3-1$. $(n-1)_4+1$ etc. soient divisibles par n.

Démonstration 2. (Par un abonné.) Un quelconque des coëfficiens binomiaux de la puissance $n-1$ peut être exprimé par

$$6.\quad \frac{(n-1)(n-2)(n-3)\ldots\ldots(n-m)}{1.2.3\ldots\ldots m}=k,$$

ou bien par

$$7.\quad \frac{n^m-\beta_1 n^{m-1}+\beta_2 n^{m-2}-\beta_3 n^{m-3}\ldots\ldots\pm 1.2.3\ldots\ldots m}{1.2.3\ldots\ldots m}=k,$$

où β_1, β_2, β_3 .... sont des nombres entiers. L'équation (7.) donne

$$n^m-\beta_1 n^{m-1}+\beta_2 n^{m-2}\ldots\ldots\pm 1.2.3\ldots\ldots m=k.1.2.3\ldots\ldots m,$$

ou bien

$$8.\quad n(n^{m-1}-\beta_1 n^{m-2}+\beta_2 n^{m-3}\ldots\ldots\beta_{m-1})=(k\mp 1)\,1.2.3\ldots\ldots m.$$

Cette équation est divisible à gauche par n; mais les facteurs 1, 2, 3 .... m à droite ne le sont pas, n étant premier et tous les nombres 1, 2, 3 .... m étant moindres que n; donc il faut que le facteur $k\mp 1$ soit divisible par n, c'est à dire que $(n-1)_1-1$, $(n-1)_2+1$, $(n-1)_3-1$, $(n-1)_4+1$ etc. le sont.

Théorème III. *Généralement, si n est un nombre premier, les quantités suivantes:*

1) n_1, n_2, n_3, ... n_{m-1},

2) $(n-1)_1+1$, $(n-1)_2-1$, $(n-1)_3+1$, ... $(n-1)_m \pm 1$,

3) $(n-2)_1+2$, $(n-2)_2-3$, $(n-2)_3+4$, ... $(n-2)_m \pm m+1$,

4) $2(n-3)_1+2.3$, $2(n-3)_2-3.4$, $2(n-3)_3+4.5$, ... $2(n-3)_m \pm (m+1)(m+2)$.

5) $2.3(n-4)_1+2.3.4$, $2.3(n-4)_2-3.4.5$, $2.3(n-4)_3+4.5.6$, ...

.... $2.3(n-4)_m \pm (m+1)(m+2)(m+3)$,

. . . .

μ) $2.3....(\mu-1)(n-\mu)_1+2.3....\mu$, $2.3....(\mu-1)(n-\mu)_2-2.3....\mu$, ...

.... $2.3....(\mu-1)(n-\mu)_m \pm (m+1)(m+2)....(m+\mu-1)$

sont divisibles par n. Les indices à droite designent les coëfficiens binomiaux.

Démonstration. Le théorème de la première ligne est évident. Celui de la seconde ligne a été démontré précédemment. Aussi est-il contenu implicitement dans le théorème général de la ligne (μ); donc il ne s'agit que de démontrer ce dernier. Cela se fait comme suit, en imitant la seconde démonstration du théorème II. ci-dessus.

Le m^{me} coëfficient binomial de la puissance $n-\mu$ peut être exprimé par:

10. $$\frac{(n-\mu)(n-\mu-1)(n-\mu-2)....(n-\mu-m+1)}{1.2.3....m} = (n-\mu)_m.$$

En développant, cela donne

11. $\varkappa n \pm \mu(\mu+1)(\mu+2)....(\mu+m-1) = 2.3.4....m(n-\mu)_m$,

étant un nombre entier, ou bien:

12. $\varkappa n =$

$(2.3.4....(\mu-1)(n-\mu)_m \mp (m+1)(m+2))....(m+\mu-1))\mu(\mu+1)(\mu+2)....m.$

La partie à gauche de cette équation est divisible par n: le facteur $\mu(\mu+1)(\mu+2)....m$, ne l'est pas, μ, $\mu+1$, $\mu+2$, ... m étant moindres que n et n premier; donc il faut que l'autre facteur à droite le soit: et cela donne le théorème général ci-dessus (III. μ.).

Corollaire. On a

13. $$\begin{cases} (1+1)^n = 1+n_1+n_2+n_3 \,.......+ n_{n-1}+1, \\ (1+1)^{n-1} = 1+(n-1)_1+(n-1)_2+(n-1)_3 \,....+(n-1)_{n-1}, \\ (1+1)^{n-2} = 1+(n-2)_1+(n-2)_2+(n-2)_3 \,....+(n-2)_{n-2}, \\ . \quad . \quad . \quad . \quad . \quad . \quad . \quad . \quad . \quad . \\ (1+1)^{n-\mu} = 1+(n-\mu)_1+(n-\mu)_2+(n-\mu)_3 \,....+(n-\mu)_{n-\mu}. \end{cases}$$

Cela donne en vertu du théorème (III.):

$$14.\quad \begin{cases} 2^n = vn + 2, \\ 2^{n-1} = v'n + 1 - 1 + 1 - 1 \ldots + 1, \\ 2^{n-2} = v_2 n + 1 - 2 + 3 - 4 \ldots \pm (n-1), \\ 2^{n-3} = v_3 n + 1.2 - 2.3 + 3.4 - 4.5 \ldots \pm (n-2)(n-1), \\ \cdot\;\cdot\;\cdot\;\cdot\;\cdot\;\cdot\;\cdot\;\cdot\;\cdot\;\cdot\;\cdot\;\cdot\;\cdot\;\cdot\;\cdot\;\cdot\;\cdot\;\cdot \\ 2.3.4\ldots(\mu-1).2^{n-\mu} = v_\mu n + S_{n-\mu}(\pm 1.2.3\ldots\mu-1), \end{cases}$$

où v, v_1, v_2, v_3 . . . . v_μ sont des nombres entiers. Par là on voit que les quantités

$$15.\quad \begin{cases} 2.(2^{n-1}-1), \\ 2^{n-1}-1, \\ \cdot\;\cdot\;\cdot\;\cdot\;\cdot\;\cdot \\ 2.3.4\ldots\mu-1.2^{n-\mu} - S_{n-\mu}(\pm 1.2.3\ldots\mu-1) \end{cases}$$

sont divisibles par n.

Problème. Il s'agit de savoir si les quantités (15.) peuvent être divisibles par n, même dans le cas où n n'est pas premier mais un nombre composé.

Il est aisé de voir que si les quantités (15.) n'étoient divisibles par n, qu'exclusivement dans les cas où n est premier, on auroit un moyen assez expéditif pour reconnoître si un nombre donné est premier ou non.

Mais ce ne sera que la divisibilité de plusieurs ou de toutes les quantités (15.) qui soit peut-être exclusivement propre aux nombres premiers n; car on démontre aisément comme il suit, que n peut être un nombre composé, sans que la divisibilité de la première quantité $2^{n-1}-1$ par n cessât d'avoir lieu. Soit p. ex. p un nombre premier, on sait que $a^{p-1} = xp + 1$, où x est un nombre entier qui n'est pas nécessairement premier. Soit donc $x = \lambda q$, on a $a^{p-1} = \lambda pq + 1$, donc a^{p-1} divisé par pq laisse 1 pour reste, donc aussi $a^{(p-1)q} = a^{pq-q}$ divisé par n laisse 1 pour reste; et si a^{q-1} divisé par n laisse également 1 pour reste, $a^{pq-q}.a^{q-1}-1 = a^{pq-1}-1$ sera divisible par pq. Mais $a^{q-1}-1$ sera effectivement divisible par pq, si $q-1$ est un multiple de $p-1$, et puisque cela peut être ainsi, on voit que a^n-1 peut être divisible par n, même si n est un nombre composé pq.

Soient par ex. $p = 11$, $q = 31$. Si $a = 2$, on a $2^{11.31-1} = 2^{340}$ et cela divisé par 341 laisse 1 pour reste, comme il est aisé de voir; car $2^{10} = 1024$, divisé par 341, laisse 1 pour reste, donc aussi $2^{10.34} = 2^{340}$, divisé par 341, laissera le même reste.

Remarque 1. Nous remarquerons que le théorème (II.) ci-dessus offre une démonstration du théorème de **Fermat** de la divisibilité de $a^{n-1}-1$ par n, toute semblable et en partie égale à celle qu'**Euler** a fondée sur la divisibilité des coëfficiens n_1, n_2, n_3 .... n_{n-1} par n. Car on a

16. $(1+x)^{n-1}-1=(n-1)_1 x+(n-1)_2 x^2+(n-1)_3 x^3 \ldots +(n-1)_{n-2} x^{n-2}+x^{n-1}$.

Mais suivant le théorème (II.) les coëfficiens binomiaux $(n-1)_1$, $(n-1)_2$, ..., si on les divise par n, laissent alternativement -1, $+1$, -1, etc. pour restes; donc l'équation (16.) donne

$$(1+x)^{n-1}-1 = \nu n - x(1-x+x^2-x^3+\ldots-x^{n-3}),$$

ν étant un nombre entier, et en multipliant par $1+x$:

17. $(1+x)((1+x)^{n-1}-1) = \nu_1 n + x(x^{n-1}-1)$,

où ν_1 est également un nombre entier. Si dans cette équation on fait $x=1$, elle donne

18. $2(2^{n-1}-1) = \nu_2 n$;

donc $2^{n-1}-1$ est divisible par n, si n est un nombre premier plus grand que 2. En faisant $x=2$, et substituant (18.) dans (17.), on a

19. $3(3^{n-1}-1) = \nu_1 n - \nu_2 n = \nu_3 n$;

donc $3^{n-1}-1$ est divisible par n, si n est premier et plus grand que 3. En faisant $x=3$ et substituant de nouveau, on trouve que $4^{n-1}-1$ est divisible par n. On pourra continuer de cette sorte, et on trouvera jusqu'à $(n-1)^{n-1}-1$ que ces quantités sont divisibles par n. Mais la substitution suivante, x étant $=n-1$, donne

20. $n(n^{n-1}-1) = \nu_n n + (n-1)((n-1)^{n-1}-1)$.

Ici les termes à droite sont divisibles par n, mais il ne s'en suit pas que $n^{n-1}-1$ le soit également, car l'autre facteur à gauche l'est aussi. En vérité $n^{n-1}-1$ n'est pas divisible par n; au contraire cette quantité divisée par n laisse -1 pour reste. En continuant, on trouve:

21. $(n+1)((n+1)^{n-1}-1) = \nu_{n+1} n + n(n^{n-1}-1)$,

et les deux termes à droite étant divisibles par n, mais non pas le facteur $n+1$ à gauche, il s'en suit que $(n+1)^{n-1}-1$ sera divisible par n. Puis $(n+2)^{n-1}-1$ le sera etc. Généralement $a^{n-1}-1$, n étant un nombre premier, sera divisible par n pour une valeur quelconque de a non-divisible par n, et c'est le théorème connu de **Fermat** *).

---

*) La démonstration la plus simple, claire et élementaire du théorème de **Fermat**: $\frac{a^{n-1}-1}{n}=\nu n$ est sans doute celle qu'a donnée Mr. **Dirichlet**, tome 3. de ce journal, cahier 3, page 392.

Remarque 2. Nous rapporterons encore en cette occasion quelques transformations des théorèmes de **Fermat** et **Wilson** qui se présentent aisément.

I. Si le nombre entier a n'est pas divisible par les n nombres premiers inégaux $p_1, p_2, p_3 \dots p_n$ et que c soit le plus grand commun diviseur de $p_1-1, p_2-1, p_3-1, \dots p_n-1$ (le nombre 2 au moins en sera toujours un diviseur commun, puisque $p_1-1, p_2-1, p_3-1, \dots \dots p_n-1$ sont nécessairement pairs), la puissance

$$27. \quad a^{\frac{(p_1-1)(p_2-1)(p_3-1)\dots(p_n-1)}{c^{n-1}}} = A,$$

divisée par le produit $p_1 p_2 p_3 \dots p_n$ laissera $+1$ pour reste. Car suivant le théorème de **Fermat** a^{p_1-1} divisé par p_1 laisse $+1$ pour reste, donc aussi toute puissance de a^{p_1-1}, et parconséquent

$$a^{(p_1-1)\left[\frac{p_2-1}{c}\cdot\frac{p_3-1}{c}\cdots\frac{p_n-1}{c}\right]} = A,$$

divisé par p_1 laissera $+1$ pour reste Mais aussi a^{p_2-1} divisé par p_2 laisse $+1$ pour reste, donc aussi $a^{(p_2-1)\left[\frac{p_1-1}{c}\cdot\frac{p_3-1}{c}\cdots\frac{p_n-1}{c}\right]} = A$, divisé par p_2 laissera $+1$ pour reste. On dira la même chose de $p_3, p_4 \dots p_\nu$. et A divisé séparément par tous ces nombres laissera $+1$ pour reste. Donc $A-1$ est divisible par $p_1, p_2, p_3, \dots p_n$ en même tems, c'est-à-dire par le produit $p_1 p_2 p_3 \dots p_n$, ou bien A divisé par ce produit laisse $+1$ pour reste *).

II. Suivant le théorème de **Wilson** la quantité $(n-1)(n-2)(n-3)\dots\dots 1+1$ est, comme on sait, divisible par n, si n est un nombre premier. Mais les quantités

$$28. \quad \begin{cases} (n-2)(n-3)(n-4) \dots 1-1, \\ 2(n-3)(n-4)(n-5) \dots 1+1, \\ 2.3(n-4)(n-5)(n-6) \dots 1-1, \\ 2.3.4(n-5)(n-6)(n-7) \dots 1+1, \\ \dots\dots\dots\dots \end{cases}$$

le seront également.

Car si l'on divise la quantité $(n-1)(n-2)(n-3)\dots +1$ par $n-1+1=n$ on a $(n-2)(n-3)\dots 1$ pour quotient et $-(n-2)(n-3)(n-4)\dots\dots 1+1$ pour reste. Donc il faut que ce reste, ou bien $(n-2)(n-3)(n-4)\dots\dots 1-1$ soit également divisible par n. Si l'on divise cette quantité par

*) Il a été d'abord remarqué que $a^{(p_1-1)(p_2-1)(p_3-1)\dots(p_n-1)}$ divisé par $p_1 p_2 p_3 \dots\dots p_n$ laisse $+1$ pour reste. La remarque que l'exposant $(p_1-1)(p_2-1)(p_3-1)\dots\dots(p_n-1)$ peut encore être divisé par c^{n-1} est due à l'auteur de la seconde démonstration du théorème II. ci-dessus.

$n-2+2=n$, on a $(n-3)(n-4)\ldots.1$ pour quotient et $-2(n-3)(n-4)\ldots.-1$ pour reste; donc cette quantité, ou bien $2(n-3)(n-4)\ldots.+1$, sera aussi divisible par n. Si l'on divise de nouveau par $n-3+3=n$, on a $2(n-4)(n-5)\ldots.1$ pour quotient et $-2.3(n-4)(n-5)\ldots.+1$ pour reste, donc ce reste, ou bien $2.3(n-4)(n-5)\ldots.1-1$, sera divisible par n. En continuant de cette sorte on trouvera les expressions (28.).

On tire les mêmes résultats de la considération suivante. Savoir $(n-1)(n-2)(n-3)\ldots.1+1$ étant divisible par n et égal à

$$n(n-2)(n-3)\ldots.1-(n-2)(n-3)\ldots.1+1,$$

où le premier terme est divisible par n, il faut que les deux autres termes $(n-2)(n-3)\ldots.1-1$ le soient également. Ces deux termes sont égaux à

$$n(n-3)(n-4)\ldots.1-2(n-3)(n-4)\ldots.1-1,$$

et de là on conclut que $2(n-3)(n-3)\ldots.1+1$ est divisible par n etc.

Puisque n est nécessairement impair, $n-1$ sera pair, donc une des quantités (28.) aura la forme

$$29.\quad \left(\frac{n-1}{2}.\frac{n-3}{2}.\frac{n-5}{2}\ldots\ldots1\right)^2-1,$$

si $\frac{n-1}{2}$ est impair, et la forme

$$30.\quad \left(\frac{n-1}{2}.\frac{n-3}{2}.\frac{n-5}{2}\ldots\ldots1\right)^2+1,$$

si $\frac{n-1}{2}$ est pair; et ces quantités seront divisibles par n. La première de ces quantités est égale à

$$31.\quad \left(\frac{n-1}{2}.\frac{n-3}{2}.\frac{n-5}{2}\ldots.1-1\right)\left(\frac{n-1}{2}.\frac{n-3}{2}.\frac{n-5}{2}\ldots.1+1\right),$$

donc, n étant premier, un des deux facteurs sera divisible par n. La seconde étant divisible par n, il faut que si l'on divise $\frac{n-1}{2}.\frac{n-3}{2}.\frac{n-5}{2}\ldots.1$ par n, le reste soit tel que son quarré divisé par n laisse le reste -1. Puisque la quantité (30.) est égale à la moitié de

$$32.\quad \left(\frac{n-1}{2}.\frac{n-3}{2}.\frac{n-5}{2}\ldots.1+1\right)^2+\left(\frac{n-1}{2}.\frac{n-3}{2}.\frac{n-5}{2}\ldots.-1\right)^2,$$

on voit aussi que les deux quantités

$$\left(\frac{n-1}{2}.\frac{n-3}{2}.\frac{n-5}{2}\ldots.1+1\right)^2 \text{ et } \left(\frac{n-1}{2}.\frac{n-3}{2}.\frac{n-5}{2}\ldots.-1\right)^2$$

étant divisées par n, les restes seront égaux, mais de signes différents.

Corrigenda.

In commentatione: „de descerptione singulari fractionum etc." Vol. V. pag. 344 ab ... legendum est hunc in modum:

Proposita expressione $\frac{1}{ax+by-1}\cdot\frac{1}{b'y+a'x-1}$

evolvamus alterum factorem $\frac{1}{ax+by-1}$

ad dignitates negativas ipsius x, alterum factorem $\frac{1}{b'y+a'x-1}$

ad dignitates negativas ipsius y. Quem evolutionis modum etc.

13.

Über eine neue Art, in der analytischen Geometrie Puncte und Curven durch Gleichungen darzustellen.

(Vom Herrn Professor *Plücker* zu Bonn.)

---

1. In einem Aufsatze, der in einem frühern Hefte dieses Journals abgedruckt worden ist, habe ich mich mit einem neuen Coordinaten-Systeme beschäftigt. Die Absicht des vorliegenden Aufsatzes geht weiter. Wir haben es jetzt nicht mehr zu thun bloß mit einer neuen Bestimmungsweise der Lage eines Punctes, wodurch man eben ein neues Coordinaten-System erhält, sondern mit einer gänzlich verschiedenen Art, eine Curve durch eine Gleichung auszudrücken. Man denkt sich nemlich, indem man eine Curve wie gewöhnlich durch eine Gleichung zwischen veränderlichen Größen darstellt, welche, wenn man ihnen bestimmte Werthe beilegt, die Coordinaten eines bestimmten Punctes bedeuten, diese Curve als aus einer unendlichen Menge stetig auf einander folgender Puncte bestehend, oder, wenn man lieber will, als durch die Bewegung eines Punctes beschrieben. Man kann aber auch durch nicht minder einfache und bequeme Gleichungen zwischen veränderlichen Größen, durch welche, wenn man ihnen bestimmte Werthe beilegt, eine bestimmte gerade Linie gegeben ist, unendlich viele gerade Linien darstellen, die nach einem Gesetze stetig auf einander folgen, und also eine bestimmte Curve umhüllen.

Auf diese neue Art wird eine Curve durch eine Gleichung eben so vollständig dargestellt, als nach der gewöhnlichen Methode: denn hier wie dort lassen sich alle Eigenschaften derselben aus ihrer Gleichung vollständig ableiten. Man durchschaut leicht, wie hiernach in der Geometrie der Curven die Beweismittel sich verdoppeln; wie jeder Entwickelung, die bisher gemacht worden ist, indem man die gebräuchlichen Gleichungen zu Grunde gelegt, eine andere entspricht, die auf den neuen Gleichungen beruht. Ich übersehe jetzt schon neue Entwickelungen, die mehr als einen Band füllen, und neue Sätze und Constructionen, die von allen Seiten sich darbieten. In dem Folgenden will ich Einzelnes hervorheben.

Man wird bald erkennen, daſs die in dem Vorstehenden angedeuteten analytischen Methoden in naher Verbindung stehen mit der Theorie der Reciprocität (*Théorie des polaires réciproques*). Es gingen aus denselben diejenigen Entwickelungen hervor, die ich an einem andern Orte angedeutet habe, und die jene Theorie einschlieſslich enthalten *).

2. Die allgemeine Form der Gleichung einer geraden Linie, bezogen auf zwei unter einem beliebigen Winkel sich schneidende Coordinaten-Axen ist folgende:

$$1. \quad Ay + Bx + C = 0,$$

indem wir durch y und x Coordinaten, durch A, B und C drei Constanten bezeichnen. Wenn wir diesen Constanten nach und nach verschiedene Werthe beilegen, so können wir alle möglichen geraden Linien durch die vorstehende Gleichung darstellen. Diese Gleichung stellt auch dann noch unendlich viele geraden Linien dar, die aber wie bekannt alle durch denselben Punct gehen, wenn zwischen den obigen drei Constanten, die wir übrigens als ganz beliebig betrachten, eine Gleichung von folgender Form besteht:

$$aA + bB + cC = 0,$$

in der a, b und c drei beliebige neue Constanten bezeichnen. Wenn wir also A, B und C als veränderlich betrachten und demnach statt derselben u, v und w schreiben, so können wir sagen, es stelle die Gleichung:

$$2. \quad au + bv + cw = 0,$$

einen Punct dar. Je drei Werthen von u, v und w, die die letzte Gleichung befriedigen, entspricht eine gerade Linie, und jede solche gerade Linie geht durch den in Rede stehenden Punct. Wir betrachten also hier einen Punct als einen geometrischen Ort, in dem unendlich viele gerade Linien sich schneiden, während man, indem man von der gewöhnlichen Gleichung einer geraden Linie ausgeht, diese als einen geometrischen Ort von unendlich vielen Puncten betrachtet.

Wir können eine der drei Veränderlichen u, v oder w beliebig annehmen, und der Kürze halber auch gleich Eins setzen. Alsdann erhalten wir aus (2.) folgende Gleichungen:

---

*) Ich hoffe später Gelegenheit zu finden, in diesem Journale auf die Theorie der Reciprocität zurückzukommen und unter Anderm auch die Beziehung der von mir angedeuteten Theorie zu der Theorie der Herren Poncelet und Gergonne nachzuweisen.

$$a + bv + cw = 0,$$
$$au + b + cw = 0,$$
$$au + bv + c = 0.$$

3. Wenn statt der Gleichung (2.) eine beliebige, in Beziehung auf u, v und w homogene Gleichung gegeben ist, die wir durch:

$$3. \quad F(u, v, w) = 0$$

bezeichnen wollen, so entspricht je drei Werthen von u, v und w, die die vorstehende Gleichung befriedigen, eine bestimmte gerade Linie. Solcher Linien erhalten wir also unendlich viele, die unmittelbar auf einander folgen und also eine stetige Curve umhüllen. Wir sagen, diese Curve werde dargestellt durch die Gleichung (3.). Wir sagen ferner, die Curve sei von der zweiten, dritten, etc. Classe *), wenn ihre Gleichung vom zweiten, dritten, etc. Grade ist, so wie man sagt: die Curve sei von der zweiten, dritten, etc. Ordnung, wenn die gewöhnliche Gleichung derselben in y und x vom zweiten, dritten, etc. Grade ist. Der Analogie nach nennen wir den Punct: geometrischen Ort erster Classe. Die Örter zweiter Classe werden durch folgende allgemeine Gleichung dargestellt:

$$au^2 + buv + cv^2 + duw + evw + fw^2 = 0,$$

und enthalten alle Curven zweiter Ordnung. Die Örter der dritten und höherer Classen sind im Allgemeinen nicht Örter dritter und derselben höheren Ordnung **).

---

*) Ich gebrauche hier das Wort Classe nach Hrn. Gergonne, der einer Curve, an die sich im Allgemeinen von einem gegebenen Puncte aus m Tangenten legen lassen, den Namen einer Curve $m$ter Classe giebt, dem analog, wie man einer Curve, die von einer geraden Linie in m Puncten geschnitten wird, eine Curve $m$ter Ordnung nennt. (Mir scheint es passender, hier das Wort Ordnung statt des Wortes Grad zu gebrauchen, weil auch eine Curve $m$ter Classe durch eine Gleichung $m$ten Grades dargestellt wird.

**) Ich kann eine Bemerkung, die nahe liegt und vielleicht nicht ganz unerheblich ist, hier nicht unberührt lassen. Wenn ein System von Parallel-Coordinaten gegeben ist, und man sucht, gleichviel ob nach der Poncelet-Gergonneschen oder der rein analytischen Theorie, die Polar-Figur desselben, so erhält man statt der beiden Axen zwei Puncte, statt des Anfangspunctes eine gerade Linie, die diese beiden Puncte verbindet, und statt der Coordinaten Puncte die auf zwei durch jene beiden Puncte gehenden geraden Linien liegen. Statt eines durch zwei Coordinaten gegebenen Punctes erhält man eine durch zwei Puncte bestimmte gerade Linie; statt unendlich vieler in gerader Linie liegenden Puncte, die durch eine lineare Gleichung gegeben ist: einen Punct, durch den unendlich viele gerade Linien gehen, und dessen lineare Gleichung zu bestimmen die Aufgabe ist. Statt einer Curve, deren Puncte durch eine Gleichung zwischen den gewöhnlichen Coordinaten gegeben ist erhält man

§. 1.

Discussion der Gleichung des Punctes oder des Ortes erster Classe (Taf. II. Fig. 1.).

4. Die allgemeine Gleichung des Punctes ist nach dem Vorstehenden folgende:

$$1. \quad au + bv + cw = 0.$$

Setzen wir $w = 0$, so kommt:

$$au + bv = 0,$$

mithin:

$$2. \quad \frac{a}{b} = -\frac{u}{v}.$$

Wenn aber $w = 0$ ist, so geht die bezügliche gerade Linie durch den Anfangspunct der Coordinaten, und ist also, wenn M der dargestellte Punct ist, keine andere als OM, mithin ist:

$$3. \quad \frac{a}{b} = \frac{\sin\alpha}{\sin\beta},$$

wenn α und β die beiden Winkel sind, die OM mit der ersten und zweiten Coordinaten-Axe bildet.

Setzen wir ferner $u = 0$, so giebt (1.):

$$bv + cw = 0,$$

mithin kommt:

$$\frac{c}{b} = -\frac{v}{w};$$

und da der Bedingung $u = 0$ eine mit der zweiten Axe parallele gerade Linie, also MP entspricht, so kommt:

$$4. \quad \frac{c}{b} = \frac{1}{OP}.$$

Aus (3. und 4.) endlich folgt:

$$5. \quad \frac{c}{a} = \frac{1}{OP}\cdot\frac{\sin\beta}{\sin\alpha} = \frac{1}{OQ}.$$

---

eine Polar-Curve, deren Tangenten durch eine Gleichung desselben Grades zu bestimmen alsdann nicht schwer sein wird. Vermittelst der einen Gleichung bestimmt man die Lage von Puncten in Beziehung auf zwei gerade Linien, vermittelst der andern die Lage von geraden Linien in Beziehung auf zwei Puncte.

Wenn wir dann ferner in dem Polar-Systeme, um diesen Ausdruck hier zu gebrauchen, die lineare Gleichung eines Punctes zu Hülfe nehmen, gerade so wie wir uns im Texte der Hülfs-Gleichung (1.) bedienen, so erhalten wir in diesem Systeme eine lineare Gleichung für eine gerade Linie, und die Gleichungen der höhern Grade entsprechen hier wiederum Curven derselben höheren Ordnungen.

Wir erhielten also hiernach im Ganzen eine doppelte Bestimmung, sowohl von geraden Linien als von Puncten, nemlich ein Mal in Beziehung auf zwei gegebene gerade Linien, das andere Mal in Beziehung auf zwei Puncte.

5. Es stellt die Gleichung:

$$w = 0$$

den Anfangspunct der Coordinaten dar. Die beiden Gleichungen

$$u = 0, \qquad v = 0$$

stellen zwei Puncte dar, die auf der zweiten Axe und der ersten Axe unendlich weit liegen. Es stellt die Gleichung

$$au + bv = 0$$

irgend einen Punct dar, der unendlich weit liegt. Es stellen die beiden Gleichungen: $au + cw = 0, \qquad bv + cw = 0$
zwei solche Puncte dar, die irgendwo auf der zweiten Axe und der ersten Axe liegen.

6. Nach der 4. Nummer sind die gewöhnlichen Coordinaten des durch die Gleichung (1.) dargestellten Punctes:

$$x = OP = \frac{b}{c}, \qquad y = OQ = \frac{a}{c}.$$

7. Wir erhalten die Bestimmung einer geraden Linie, die durch zwei durch die beiden Gleichungen

$$6. \quad \begin{cases} au + bv + cw = U = 0, \\ a'u + b'v + c'w = U' = 0, \end{cases}$$

gegebenen Puncte geht, wenn wir zwischen diesen beiden Gleichungen die Werthe von u, v und w, oder vielmehr die Werthe der Quotienten je zweier dieser drei Veränderlichen eliminiren.

Es ergiebt sich hiernach für die Gleichung jedes dritten Punctes, der mit den beiden gegebenen in gerader Linie liegt, eine Gleichung von folgender Form: $\mu U + \mu' U' = 0,$
wo μ und μ' unbestimmte Coëfficienten bedeuten, für deren einen wir auch Eins nehmen können.

8. Die Entfernung D der beiden Puncte (6.) von einander ist durch folgende Gleichung gegeben:

$$\left(\frac{a}{c} - \frac{a'}{c'}\right)^2 + \left(\frac{b}{c} - \frac{b'}{c'}\right)^2 = D^2.$$

9. Derjenige Punct, der in der Mitte zwischen den beiden gegebenen liegt, ist offenbar durch folgende Coordinaten-Werthe gegeben:

$$x = \tfrac{1}{2}\left(\frac{b}{c} + \frac{b'}{c'}\right) = \tfrac{1}{2}\,\frac{bc' + b'c}{cc'},$$

$$y = \tfrac{1}{2}\left(\frac{a}{c} + \frac{a'}{c'}\right) = \tfrac{1}{2}\,\frac{ac' + a'c}{cc'};$$

und hiernach erhalten wir für die Gleichung des Punctes:

$$c'U + cU' = 0.$$

Für den vierten harmonischen Theilungspunct, der zu den drei durch folgende Gleichungen:

$$U = 0, \quad U' = 0, \quad \mu U + \mu' U' = 0,$$

gegebenen Puncten gehört, ergiebt sich folgende Gleichung:

$$\mu U - \mu' U' = 0;$$

wobei μ und μ' irgend zwei unbestimmte Coëfficienten bedeuten.

10. Wir wollen den Abstand einer geraden Linie, für welche

$$u = u', \quad v = v', \quad w = w',$$

von dem durch die Gleichung

$$au + bv + cw = 0$$

gegebenen Puncte bestimmen. Dieser Abstand, den wir P nennen wollen, ist offenbar kein anderer als der Abstand des Punctes (y', x') von der geraden Linie:

$$u'y + v'x + w' = 0,$$

wenn wir

$$x = \frac{b}{c}, \quad + y = \frac{a}{c}$$

setzen. Wir erhalten also, nach bekanntem Ausdrucke:

$$P = \pm \frac{u'y + v'x + w'}{\sqrt{(u'^2 + v'^2)}},$$

$$= \pm \frac{au' + bv' + cw'}{c\sqrt{(u'^2 + v'^2)}}.$$

Wenn wir in der letzten Gleichung u', v' und w' als veränderlich betrachten, so stellt diese Gleichung einen Kreis dar, dessen Mittelpunct durch folgende Gleichung gegeben ist:

$$au + bv + cw = 0.$$

§. 2.

Beispiel von der Verbindung linearer Gleichungen.

11. Aus dem folgenden bekannten Satze:

„Wenn man durch die drei Winkelpuncte eines Dreiecks und irgend zwei feste Puncte dreimal zwei gerade Linien zieht, so begegnen diese Linien jeden der drei gegenüberliegenden Seiten in zwei Puncten: die sechs Puncte, die man auf diese Weise erhält, liegen auf einer und derselben Linie zweiter Ordnung,"

erhält man nach dem Princip der Reciprocität sogleich nachstehenden Satz:

Wenn jede der drei Seiten eines Dreiecks von irgend zwei festen geraden Linien in zwei Puncten geschnitten wird, und man verbindet diese Durchschnitte mit den gegenüberliegenden Winkelpuncten des Dreiecks durch gerade Linien, so umhüllen die sechs geraden Linien, die man auf diese Weise erhält, dieselbe Linie zweiter Classe, oder bilden, was dasselbe heifst, Sechsecke, deren drei Diagonalen in demselben Puncte sich schneiden.

Es seien, um den Beweis dieses letztern Satzes direct zu geben (Fig. 2.): $a = 0, \quad b = 0, \quad c = 0$
die Gleichungen der drei Winkelpuncte des gegebenen Dreiecks. Es seien ferner:

$$A = 0, \quad B = 0, \quad C = 0,$$
$$A' = 0, \quad B' = 0, \quad C' = 0,$$

die Gleichungen der zweimal drei Puncte, die in gerader Linie und auf den jenen drei Winkelpuncten resp. gegenüberstehenden Seiten liegen. Hiernach erhalten wir die Voraussetzungen des obigen Satzes auf folgende Weise vollständig ausgedrückt:

$$C = a - b, \qquad C' = a - \mu b,$$
$$B = a - c, \qquad B' = a - \nu c,$$
$$A = b - c; \qquad A' = \mu b - \nu c.$$

Wir haben hierzu nur zwei unbestimmte Coëfficienten μ und ν nöthig. Die sechs geraden Linien, die die Puncte A und a, A' und a u. s. w. verbinden, mithin nach bekannter Bezeichnung folgende:

$$(A, a), \quad (A', a), \quad (B, b), \quad (B', b), \quad (C, c), \quad (C', c),$$

wollen wir der Kürze halber durch:

$$(1), \quad (2), \quad (3), \quad (4), \quad (5), \quad (6)$$

bezeichnen. Sechs gerade Linien bestimmen bekanntlich sechzig verschiedene Sechsecke. Wir wollen hier dasjenige betrachten, dessen sechs Winkelpuncte folgende sind:

$$(1, 2), \quad (2, 3), \quad (3, 4), \quad (5, 6), \quad (6, 1),$$

und beweisen, dafs die drei geraden Linien, welche die drei Paare gegenüberliegender Winkelpuncte verbinden, mithin folgende drei Linien:

$$[(1,2)(4,5)], \quad [(2,3)(5,6)], \quad [(3,4)(6,1)],$$

in demselben Puncte sich schneiden. Für jene sechs Winkelpuncte ergeben sich auf einfache Weise die folgenden Gleichungen:

$$\begin{array}{ll} (1,2) & a = 0, \\ (4,5) & a - b - \nu c = 0, \\ (2,3) & \nu a + \mu b - \nu c = 0, \\ (5,6) & c = 0, \\ (3,4) & b = 0, \\ (6,1) & a - \mu b + \mu c = 0. \end{array}$$

Für die Gleichung desjenigen Punctes endlich, in welchem zwei beliebige der eben bezeichneten drei geraden Linien [(1,2)(4,5)], [(2,3)(5,6)] und [(3,4)(6,1)] sich schneiden, erhält man sogleich:

$$\nu a + \mu b + \mu \nu c = 0.$$

Hierdurch ist also der obige Satz bewiesen.

12. Wenn von jenen sechs geraden Linien drei durch denselben Punct P (Fig. 3.) gehen, so vereinigen sich die übrigen drei in einem zweiten Puncte Q. In der 3ten Figur gehen die drei Linien (2), (3) und (5) durch denselben Punct, so dafs also

$$(2,3), \quad (2,5), \quad (3,5),$$

für deren Gleichungen wir sogleich folgende erhalten:

$$\begin{array}{ll} (2,3) & \nu a + \mu b - \nu c = 0, \\ (2,5) & \mu a - \mu b + \nu c = 0, \\ (3,5) & a - b - c = 0 \end{array}$$

denselben Punct bezeichnen. Diesem entspricht die Bedingungs-Gleichung:

$$\mu = -\nu,$$

wodurch die vorstehenden Gleichungen identisch werden. Alsdann werden aber auch die Gleichungen der drei Puncte

$$(1,4), \quad (1,6), \quad (4,6),$$

nemlich folgende drei Gleichungen:

$$\begin{array}{ll} (1,4) & a + \nu b - \nu c = 0, \\ (1,6) & a - \mu b + \mu c = 0, \\ (4,6) & a - \mu b - \nu c = 0, \end{array}$$

identisch. Die drei geraden Linien (1), (4) und (6) gehen mithin durch denselben Punct In diesem Falle erhalten wir also statt einer Curve zweiter Classe ein System von zwei Puncten, so wie auf ähnliche Weise an die Stelle einer Curve zweiter Ordnung ein System von zwei geraden Linien treten kann. Hierauf werden wir bald zurückkommen.

Übrigens werden auch in dem zuletzt betrachteten Falle durch die sechs geraden Linien (1), (2), (3), (4), (5) und (6) noch sechs verschiedene Sechsecke bestimmt, und von diesen ist nach der vorigen Nummer als bewiesen anzusehen, dafs in jedem derselben die drei Diagonalen in demselben Puncte sich schneiden. Legen wir nun die Construction so an, dafs wir von den zweimal drei, in den beiden Puncten P und Q sich schneidenden, und als durchaus beliebig zu betrachtenden geraden Linien ausgehen, so erhalten wir folgenden bekannten Satz:

Wenn durch jeden von zwei festen Puncten drei beliebige gerade Linien gehen, so lassen sich durch die neun Durchschnitte dieser Linien achtzehn gerade Linien legen, die zu drei und drei durch dieselben Puncte gehen.

In den Gergonneschen Annalen (Oct. 1828) wird der vorstehende Satz von Hrn. Steiner noch dahin vervollständigt, dafs von den sechs Durchschnittspuncten, die man nach diesem Satze erhält, drei und drei in gerader Linie liegen, und dann zugleich mit demjenigen Satze, mit welchem er durch die Theorie der Reciprocität verbunden ist, zum Beweise vorgelegt. Dieser Zusatz ergiebt sich ohne Mühe nach der Methode der unbestimmten Coëfficienten, von der wir in dem Vorstehenden ein Beispiel gegeben haben, das hier für unsere Absicht hinreichend ist; oder auch unmittelbar aus den Sätzen über das umschriebene und eingeschriebene Seckseck.

§. 3.

Discussion der allgemeinen Gleichung der Örter zweiter Classe.

(Bruchstück.)

14. Wir wollen für die allgemeine Gleichung dieser Örter in dem Nachstehenden folgende nehmen:

$$1.\quad Au^2 + 2Buv + Cv^2 + 2Duw + 2Evw + Fw^2 = 0.$$

Wenn wir in dieser Gleichung $w = 0$ setzen, so kommt:

$$2.\quad Au^2 + 2Buv + Cv^2 = 0.$$

Diese Gleichung bestimmt die Werthe für $\frac{v}{u}$, die denjenigen Tangenten entsprechen, welche durch den Anfangspunct der Coordinaten gehen. Diese Tangenten sind reell, fallen zusammen, oder sind imaginär, je nachdem der Ausdruck

$$B^2 - AC$$

positiv, Null, oder negativ ist: also, im Allgemeinen, je nachdem der Anfangspunct der Coordinaten aufserhalb der Curve, auf ihrem Umfange, oder innerhalb der Curve liegt.

15. Wenn wir $v = 0$ setzen, so erhält sich aus (1.):

$$3.\quad Au^2 + 2Duw + Fw^2 = 0.$$

Diese Gleichung giebt die Werthe von $\frac{u}{w}$, also die Ordinaten (mit entgegengesetzten Zeichen genommen) derjenigen Puncte, in welchen die der ersten Axe parallelen Tangenten die zweite Axe einschneiden. Diese Tangenten sind **reell**, **fallen zusammen**, oder sind **imaginär**, jenachdem der Ausdruck:

$$D^2 - AF,$$

positiv, Null, oder negativ ist.

Wenn wir $u = 0$ setzen, so erhalten wir aus (1.) folgende Gleichung:

$$4.\quad Cv^2 + 2Evw + Fw^2 = 0,$$

und diese Gleichung giebt die Werthe für $\frac{w}{v}$, d. h. die Abscissen (mit entgegengesetztem Zeichen genommen) derjenigen Puncte, in welchen die der zweiten Axe parallelen Tangenten die erste Axe einschneiden. Diese Tangenten sind **reell**, **fallen zusammen**, oder sind **imaginär**, je nachdem der Ausdruck:

$$E^2 - CF,$$

positiv, Null, oder negativ ist.

Jede der beiden Gleichungen:

$$D^2 - AF = 0, \qquad E^2 - CF = 0.$$

zeigt hiernach im Allgemeinen an, daß die Gleichung (1) einen **Punct** oder ein **System zweier geraden Linien** darstellt.

16. Wenn

$$A = 0,$$

so giebt die Gleichung (2.) für das $\frac{v}{u}$ einer durch den Anfangspunct gehenden Tangente einen Werth gleich Null. Die Gleichung (3.) giebt alsdann für das auf eine der ersten Axe parallele Tangente sich beziehende $\frac{w}{u}$ ebenfalls einen Werth gleich Null. Hieraus erhellet also auf zwiefache Art, daß alsdann die **Curve von der ersten Axe berührt wird.**

Auf ähnliche Weise ergiebt sich, daß wenn

$$C = 0,$$

die **Curve von der zweiten Axe berührt wird.**

17. Wenn

$$F = 0,$$

so erhalten wir sowohl für $\frac{w}{u}$ aus (3.) als für $\frac{w}{v}$ aus (4.) unendliche Werthe. Die Curve hat also nur eine Tangente, die jeder der beiden Coordinaten-

Axen parallel ist; die zweite Tangente liegt unendlich weit. Die Curve ist, im Allgemeinen, eine **Parabel.**

Die Gleichung einer auf zwei ihrer Tangenten, als Coordinaten-Axen, bezogenen Parabel hat also folgende einfache und symmetrische Form:

$$5. \quad Buv + Cuw + Evw = 0.$$

18. Wenn

$$B = 0,$$

so giebt die Gleichung (2.) für $\frac{v}{u}$ zwei gleiche und entgegengesetzte Werthe, d. h.: in dem Falle rechtwinkliger Coordinaten, **halbiren die beiden Axen den von den beiden, durch den Anfangspunct an die Curve gelegten Tangenten gebildeten Winkel.** In dem Falle eines beliebigen Coordinaten-Winkels bilden die beiden Axen und jene beiden Tangenten vier **Harmonicalen.**

19. Wenn

$$D = 0,$$

so giebt die Gleichung (3.) für $\frac{w}{u}$ zwei gleiche und entgegengesetzte Werthe: es liegen also die beiden der ersten Axe parallelen Tangenten zu beiden Seiten derselben und gleich weit von ihr entfernt. **Der Mittelpunct der Curve liegt also auf der ersten Axe.** Wenn

$$E = 0,$$

so liegt nach Gleichung (4.) der Mittelpunct der Curve auf der **zweiten Axe.**

20. Die nachstehende Gleichung:

$$6. \quad Au^2 + Cv^2 + Fw^2 = 0$$

stellt, nach der vorigen Nummer, einen Ort zweiter Classe dar, dessen Mittelpunct zum Anfangspunct der Coordinaten genommen ist. Dafs auch das mit uv behaftete Glied fehlt, können wir hier nicht unmittelbar nach der 18. Nummer deuten. Man sieht aber leicht aus der Form dieser Gleichung, dafs die bezügliche Curve auf zwei ihrer zugeordneten Durchmesser als Coordinaten-Axen bezogen ist, und dafs die Quadrate der Längen dieser in die zweite und erste Axe fallenden Durchmesser respective gleich sind $\left(-\frac{A}{F}\right)$ und $\left(-\frac{C}{F}\right)$. Die Curve ist **imaginär**, wenn A, C und F dasselbe Zeichen haben; eine **Ellipse**, wenn A und C, was das Zeichen betrifft, unter einander übereinstimmen, nicht aber mit F; eine **Hyperbel**, wenn F entweder allein mit A oder allein mit C im Zeichen übereinstimmt. Wenn einer der drei Coëfficienten A, C und F gleich Null ist, so stellt die Gleichung (6.) das System von zwei **Puncten** dar, die, nach der 5. Nummer, unendlich weit in dem einen Falle, in den andern beiden Fällen beide auf derselben Coordinaten-Axe liegen. Es können aber in allen diesen Fällen diese beiden Puncte imaginär werden. Die beiden Puncte fallen in den Anfangspunct der Coordinaten zusammen, wenn zugleich $A=0$ und $C=0$; sie fallen zusammen, liegen aber unendlich weit, und zwar auf einer der beiden Coordinaten-Axen, wenn zugleich mit $F=0$, auch $A=0$ oder $C=0$.

21. Die nachstehenden Gleichungen

$$7.\quad Au^2+2Evw=0,$$

$$8.\quad Cv^2+2Duw=0$$

stellen Parabeln dar (No. 17.). Die erste derselben berührt die zweite Axe im Anfangspuncte der Coordinaten und hat die andere Axe zu einem ihrer Durchmesser; die zweite Parabel berührt die erste Axe im Anfangspuncte der Coordinaten und hat die zweite Axe zu einem ihrer Durchmesser (No. 16., 18., 19.).

22. Die nachstehende Gleichung:

$$9.\quad Fw^2+2Buv=0$$

stellt, was sogleich aus der 16. und 18. Nummer ersichtlich ist, eine auf ihre beiden Asymptoten bezogene Hyperbel dar.

23. Die Gleichung (3.) giebt die halbe Summe der Werthe von $\frac{w}{u}$ gleich $\left(-\frac{D}{F}\right)$: eben so giebt die Gleichung (4.) die halbe Summe der Werthe von $\frac{w}{v}$ gleich $\left(-\frac{E}{F}\right)$. Hiernach erhält man für die Coordinaten des Mittelpunctes der durch die allgemeine Gleichung (1.) dargestellten Curve:

$$y=\frac{D}{F},\qquad x=\frac{E}{F}.$$

Die Gleichung dieses Mittelpunctes ist also folgende:

$$10.\quad Du+Ev+Fw=0.$$

24. Es sei wiederum (Fig. 4.)

$$1.\quad Au^2+2Buv+Cv^2+2Duw+2Evw+Fw^2=0$$

die Gleichung irgend einer Curve zweiter Classe. Wenn wir von dieser Gleichung folgende abziehen:

$$11.\quad Au^2+2Buv+Cv^2=0,$$

so kommt:

$$12.\quad w(2Du+2Ev+Fw)=0.$$

Die Gleichung (11.) stellt zwei Puncte dar, die (nach bestimmten Richtungen hin) unendlich weit liegen. Die gemeinschaftlichen Tangenten der beiden Örter (1. und 11.), also hier insbesondere die Tangenten die sich von jenen beiden unendlich weit entfernten Puncten an die Curve legen lassen, bilden ein Parallelogramm. Da die Gleichung (12.) eine Folge von (1. und 11.) ist, so erhalten wir dasselbe Parallelogramm, wenn wir von den beiden Puncten (12.) aus Tangenten an die Curve legen. Diese beiden letztgenannten Puncte sind also zwei gegenüberstehende Winkelpuncte jenes Parallelogrammes. Die Form der Gleichung (12.) zeigt, dafs einer derselben der Anfangspunct der Coordinaten ist, wonach wir jenes Parallelogramm, wenn die Curve gegeben ist, leicht construiren können, und mithin auch den andern Punct P, dessen Gleichung:

$$13.\quad 2Du + 2Ev + Fw = 0,$$

erhalten.

25. Wenn in den Gleichungen zweier oder mehrerer Curven zweiter Classe, von der Form der Gleichung (1.), die Coëfficienten der drei ersten Glieder dieselben sind, so berühren diese Curven dieselben beiden, im Anfangspuncte sich schneidenden (reellen oder imaginären) Tangenten.

Wenn die Coëfficienten der drei letzten Glieder dieselben sind, so haben nach der 23. Nummer die bezüglichen Curven denselben Mittelpunct.

26. Wenn wir die Gleichung

$$14.\quad Au^2 + 2Duw + Fw^2 = 0$$

von der Gleichung (1.) abziehen, so bleibt:

$$15.\quad v(2Bu + Cv + 2Ew) = 0.$$

Die Gleichung (14.) stellt zwei Puncte (Fig. 5.) dar, die auf der zweiten Axe liegen. Wenn man von diesen Puncten aus Tangenten an die Curve legt, so erhält man ein Viereck, in welchem zwei gegenüberstehende Winkelpuncte durch (15.) dargestellt werden. Einer dieser beiden Puncte Q liegt aber, wie die Form dieser Gleichung zeigt, unendlich weit auf der ersten Axe: die Gleichung des andern Punctes P ist:

$$16.\quad 2Bu + Cv + 2Ew = 0.$$

Man erhält also, wenn die Curve gegeben ist, die beiden durch (14.) gegebenen Puncte R und S, wenn man an die Curve zwei der ersten Axe parallele Tangenten legt. Der Durchschnitt der beiden übrigen durch R und S gehenden Tangenten ist alsdann der Punct P.

Auf ähnliche Weise stellt die Gleichung

$$17.\quad Cv^2 + 2Evw + Fw^2 = 0$$

die beiden auf der ersten Axe liegenden Puncte M und N dar, und die

Gleichung den Punct L. 16. $Au + 2Bv + 2Dw = 0$

27. Wenn in den Gleichungen zweier oder mehrerer Curven zweiter Classe die Coëfficienten von u^2, uv und w^2 dieselben sind, so berühren diese Curven zwei feste, der ersten Axe parallele, gerade Linien: sie berühren zwei der zweiten Axe parallele gerade Linien, wenn die Coëfficienten von uv, v^2 und w^2 dieselben sind.

Wenn in mehreren Gleichungen die Coëfficienten von u^2, v^2, uw, vw und w^2 dieselben sind, und mithin nur der Coëfficient von uv irgend einen beliebigen Werth hat, so sind die bezüglichen Curven alle demselben Parallelogramme eingeschrieben, dessen Seiten den beiden Coordinaten-Axen parallel sind.

28. Wenn in mehrern Gleichungen nur die Coëfficienten von vw oder uw verschieden sind, so sind die bezüglichen Curven alle demselben Parallel-Trapez eingeschrieben, dessen zwei parallele Seiten der ersten oder zweiten Axe parallel sind, und dessen beide andern Seiten im Anfangspuncte sich schneiden (No. 25., 27.).

29. Wenn in mehrern Gleichungen nur die Coëfficienten von uv und v^2 oder von u^2 und uv verschieden sind, so haben die bezüglichen Curven denselben Mittelpunct und berühren dieselben beiden der ersten oder zweiten Axe parallelen geraden Linien, etc. etc.

30. **Theorie der Berührung.** Da die allgemeine Gleichung, die alle Örter zweiter Classe darstellt, und die wir der Kürze halber durch

$$1.\quad U = 0$$

darstellen wollen, in Beziehung auf u, v und w homogen ist, so erhalten wir sogleich für die Gleichung des Berührungspunctes auf einer durch u', v' und w' gegebenen Tangente folgende:

$$2.\quad \frac{dU}{du}u + \frac{dU}{dv}v + \frac{dU}{du}w = 0,$$

wenn wir, nach der Differentiation, in den Ausdrücken der drei partiellen Differential-Coëfficienten statt der drei veränderlichen Gröfsen, u', v' und w' setzen. Denn, nach dem **Theorem über die homogenen Functionen**, werden die Gleichungen (1. und 2.) identisch, wenn wir u', v' und w' für u, v und w schreiben, so dafs also der Punct (2.) auf der gegebenen Tangente liegt. Wenn wir ferner die Gleichungen (1. und 2.) vollständig differentiiren, und nach der Differentiation wiederum u', v' und

w' für die drei Veränderlichen schreiben, so erhalten wir ebenfalls zwei identische Gleichungen. Es schneiden sich also zwei consecutive Tangenten der Curve (1.) in dem Puncte (2.), der mithin der **Berührungspunct auf der gegebenen Tangente** ist.

Wenn wir die Gleichung (2.) entwickeln, so kommt:

3. $(Au'+Bv'+Dw')u+(Bu'+Cv'+Ew')v+(Du'+Ev'+Fw')w=0$

für die Gleichung des Berührungspunctes auf der Tangente (u', v', w').

31. Die letzte Gleichung ist, in Beziehung auf u, v, w und u', v', w', symmetrisch, so dafs wir sie auch folgendergestalt schreiben können:

$$(Au+Bv+Dw)u'+(Bu+Cv+Ew)v'+(Du+Ev+Fw)w'=0.$$

Diese Gleichung wird befriedigt, wenn wir für die drei Veränderlichen drei solche Werthe u'', v'' und w'' nehmen, die sich auf irgend eine durch den Berührungspunct gehende gerade Linie beziehen. Betrachten wir ferner u', v' und w' als veränderlich, und lassen aus diesem Grunde die Accente fort, so stellt die Gleichung:

4. $(Au''+Bv''+Dw'')u+(Bu''+Cv''+Ew'')v+(Du''+Ev''+Fw'')w=0$,

da sie sich mit gleichem Rechte auf die Tangenten in **beiden** Durchschnitten der geraden Linie (u'', v'', w'') mit der Curve bezieht, den Durchschnitt jener beiden Tangenten, den **Pol dieser geraden Linie**, dar.

32. Wenn der Pol unendlich weit liegt, so ist jene gerade Linie ein Durchmesser. Der Pol liegt aber unendlich weit, wenn die Gleichung (4.) folgende Form annimmt:

$$mu+nv=0,$$

was nur dann geschieht, wenn

$$Du''+Ev''+Fw''=0,$$

d. h. wenn die gerade Linie (u'', v'', w'') durch den Mittelpunct geht, dessen Gleichung, nach der 23. Nummer, nachstehende ist:

$$5. \quad Du+Ev+Fw=\frac{dU}{dw}=0.$$

Wenn der Pol auf der ersten Axe liegt, so mufs die Gleichung (4.) folgende Form:

$$mv+nw=0,$$

annehmen (Nro. 5.), was nur dann geschieht, wenn

$$Au''+Bv''+Dw''=0.$$

Hiernach stellt also die Gleichung:

$$6. \quad Au + Bv + Dw = \frac{dU}{du} = 0$$

diejenige des Pols der ersten Axe dar.

Eben so stellt die Gleichung

$$7. \quad Bu + Cv + Ew = \frac{dU}{dv} = 0$$

den Pol der zweiten Axe dar.

33. Durch Verbindung der Gleichungen (6. und 7.) zu einer neuen linearen Gleichung erhält man die Gleichung jedes beliebigen Punctes der Polaren des Anfangspunctes. Die Coordinaten dieser Polaren erhält man, indem man zwischen den beiden eben genannten Gleichungen die Werthe für $\frac{v}{u}$ und $\frac{w}{u}$ eliminirt.

Wenn man die Gleichung des Mittelpunctes (5.) mit einer der beiden Gleichungen (6.) oder (7.) zu einer neuen linearen Gleichung verbindet, so erhält man die Gleichung eines beliebigen Punctes desjenigen Durchmessers, der die der ersten oder zweiten Coordinaten-Axe parallele Chorden halbirt.

34. Es ergeben sich aus dem Vorstehenden einige Sätze zu unmittelbar, als dafs ich dieselben hier unerwähnt lassen sollte. Es seien

$$U = 0, \qquad U' = 0, \qquad U'' = 0$$

die Gleichungen dreier Örter zweiter Classe. Alsdann sind

$$\frac{dU}{dw} = 0, \qquad \frac{dU'}{dw} = 0, \qquad \frac{dU''}{dw} = 0$$

die Gleichungen ihrer Mittelpuncte. Wenn jene drei Örter dieselben vier geraden Linien berühren, so ist, wenn μ und μ' unbestimmte Coëfficienten bedeuten:

$$\mu U + \mu' U' + U'' = 0;$$

es ist mithin auch:

$$\mu \frac{dU}{dw} + \mu' \frac{dU'}{dw} + \frac{dU''}{dw} = 0,$$

d. h. die drei Mittelpuncte liegen in gerader Linie. Hiermit ist also folgender bekannter Satz gegeben:

Die Mittelpuncte aller Kegelschnitte (Örter zweiter Classe), die dieselben vier geraden Linien berühren, liegen in gerader Linie (Newton).

Zu diesen Örtern zweiter Classe gehören auch drei Systeme von zwei Puncten, nemlich die dreimal zwei gegenüberstehenden Winkelpuncte der von den vier gegebenen geraden Linien gebildeten vollständigen, vierseitigen Figur. Der Mittelpunct des Systems zweier Puncte ist aber offenbar, was auch sogleich aus dessen Gleichung sich ergiebt, die Mitte zwischen den beiden Puncten des Systems. Wir erhalten hiernach diejenige gerade Linie, welche alle Mittelpuncte enthält, indem wir die drei Mitten der drei Diagonalen der von den vier gegebenen geraden Linien gebildeten vierseitigen Figur durch eine gerade Linie verbinden. Wir sehen hier beiläufig, dafs diese drei Mitten derselben geraden Linie angehören.

35. Die Gleichungen der Pole irgend einer geraden Linie (u'', v'', w'') in Beziehung auf dieselben drei in der vorigen Nummer betrachteten Curven sind folgende:

$$\frac{dU}{du}u'' + \frac{dU}{dv}v'' + \frac{dU}{dw}w'' = V = 0,$$
$$\frac{dU'}{du}u'' + \frac{dU'}{dv}v'' + \frac{dU'}{dw}w'' = V' = 0,$$
$$\frac{dU''}{du}u'' + \frac{dU'}{dv}v'' + \frac{dU''}{dw}w'' = V'' = 0,$$

und man sieht sogleich, dafs, unter denselben Voraussetzungen als bisher, auch: $$\mu V + \mu' V' + V'' = 0,$$
so dafs also die drei Pole in gerader Linie liegen. Hiernach ergiebt sich folgender Satz:

Wenn beliebig viele Curven zweiter Classe vier gegebene gerade Linien berühren, so liegen die Pole derselben beliebigen geraden Linie in Beziehung auf alle diese Curven in gerader Linie.

Es ist im Allgemeinen klar, dafs alle Örter, die durch Gleichungen dargestellt werden, in denen, als Constanten, auf dieselbe beliebige Weise und überdies blofs **linear**, Constanten aus den verschiedenen Gleichungen solcher Örter zweiter Classe die demselben Viereck eingeschrieben sind vorkommen, alle dieselben gemeinschaftlichen Tangenten haben; und also insbesondere, wenn diese Örter Puncte sind, in gerader Linie liegen.

36. **Theorie der Osculation.** Die Gleichung irgend eines Ortes zweiter Classe, der die zweite Axe im Anfangspunct der Coordinaten berührt, sei folgende (No. 16. 14.):

$$Au^2 + 2Duw + 2Evw + Fw^2 = 0.$$

Stellen wir mit dieser Gleichung eine zweite ihr ähnliche:

$$Au^2 + 2D'uw + 2E'vw + F'w^2 = 0,$$

zusammen und ziehen ab, so kommt:

$$w(2(D-D')u + 2(E-E')v + (F-F')w) = 0.$$

Diese Gleichung stellt ein System von zwei Puncten dar. Der Factor w bezieht sich auf den Anfangspunct der Coordinaten, durch den zwei in die zweite Axe zusammenfallende, gemeinschaftliche Tangenten der beiden Curven gehen. Der andere Factor, gleich Null gesetzt:

$$1.\quad 2(D-D')u+2(E-E')v+(F-F')w=0,$$

stellt den Durchschnittspunct der beiden übrigen gemeinschaftlichen Tangenten dar, und ist reell, diese Tangenten mögen es sein oder nicht. Wenn dieser Punct auf der zweiten Axe liegt, so fallen in diese Axe drei Tangenten zusammen; die beiden Curven haben alsdann eine dreipunctige Osculation. Damit die Gleichung (1.), dem entsprechend, die Form

$$2.\quad 2(D-D')u+(F-F')w=0$$

annehme, ergiebt sich die Bedingungs-Gleichung:

$$3.\quad E=E'.$$

37. Wenn die Osculation eine vierpunctige sein soll, so muſs, damit die vierte gemeinschaftliche Tangente mit den drei übrigen zusammenfalle, die Gleichung (2.) den Anfangspunct darstellen und also folgende Form annehmen:

$$w=0;$$

wonach wir neben der Bedingungs-Gleichung (3.) noch nachstehende erhalten:

$$4.\quad D=D'.$$

38. Wenn bloſs die letzte Bedingungs-Gleichung (4.) zwischen den Gleichungen der beiden, sich im Anfangspuncte berührenden Curven besteht, so ist sogleich ersichtlich, daſs alsdann die beiden gemeinschaftlichen Tangenten der beiden Curven sich auf der ersten Axe schneiden.

39. Ich werde in dem folgenden Paragraphen, durch Verbindung allgemeiner Symbole vermittelst unbestimmter Coëfficienten, allgemeine Sätze beweisen und aus denselben viele einzelne Constructionen ableiten. Doch, um ein Beispiel der Behandlungsweise zu geben, will ich schon hier einige einzelne Sätze direct beweisen. Dies wird hinreichend sein, um zu zeigen, daſs man hier auf eine ganz ähnliche Weise verfahren kann, wie ich in dem ersten Bande meiner „Entwickelungen" §. 8. S. 222. ff. verfahren bin.

Die Gleichung irgend einer gegebenen Curve zweiter Classe, welche die zweite Axe im Anfangspuncte berührt, sei folgende:

$$5.\quad Au^2+2Duw+2Evw+Fw^2=0.$$

Das System irgend zweier Puncte die auf der zweiten Axe liegen, können wir durch folgende Gleichung darstellen:

6. $Au^2 + 2D'uw + F'w^2 = 0.$

Die beiden Gleichungen (5. und 6.) vereint, dienen zur Bestimmung der vier gemeinschaftlichen Tangenten der beiden bezüglichen Örter, d. h. derjenigen beiden Tangenten-Paare, welche man durch die beiden Puncte des Systems an die Curve legen kann. Ziehen wir diese beiden Gleichungen von einander ab, so kommt:

$$w(2(D-D')u + 2Ev + (F-F')w) = 0.$$

Der Factor w des ersten Theiles dieser Gleichung, der, gleich Null gesetzt, den Anfangspunct darstellt, entspricht den beiden in die zweite Axe zusammenfallenden Tangenten. Die beiden andern Tangenten schneiden sich also in demjenigen Puncte, dessen Gleichung folgende ist:

7. $2(D-D')u + 2Ev + (F-F')w = 0.$

40. Die Coëfficienten von u und v in dieser Gleichung ändern sich nicht, wenn man statt (5.) die Gleichung irgend einer andern Curve nimmt, welche die gegebene im Anfangspuncte vierpunctig osculirt (No. 37.). Es stellt also (7.) einen solchen Punct dar, der für alle diese Curven auf einer und derselben, durch den gemeinschaftlichen Osculationspunct gehenden geraden Linie liegt. Also:

Wenn man von irgend zwei festen Puncten der gemeinschaftlichen Tangente im Osculationspuncte mehrerer sich vierpunctig osculirender Curven an jede derselben noch zwei Tangenten zieht, so liegen die Durchschnitte je zweier solcher Tangenten auf einer festen, durch den Osculationspunct gehenden geraden Linie.

41. Hiernach erhalten wir eine neue Construction folgender Aufgabe:

Eine Curve zweiter Classe zu beschreiben, die eine gegebene in einem gegebenen Puncte vierpunctig osculirt und überdies eine gegebene gerade Linie berührt.

Sei *OMN* (Fig. 6.) die gegebene Curve, *TS* die gegebene gerade Linie, welche der Tangente im Osculationspuncte *O* im Puncte *T* begegne. Man lege durch *T* die zweite Tangente *TS'* und ziehe eine beliebige dritte Tangente, die den beiden ersten Tangenten in *T'* und *S'* begegne. Man ziehe *OS'*, die der gegebenen geraden Linie in *S* begegne, und endlich *T'S*. Diese gerade Linie ist alsdann eine neue Tangente der zu construirenden Curve.

Wenn die beiden Puncte *T* und *T'* zusammenfallen, so sind *S'* und

und S Puncte der gegebenen und der zu construirenden Curve, die immer noch mit O in gerader Linie liegen. Wir können hiernach, wenn ein Punct der zu construirenden Curve gegeben ist, in diesem Puncte die Tangente legen, und wenn eine Tangente gegeben ist, auf dieser Tangente den Berührungspunct bestimmen.

42. Die Coëfficienten von v und w bleiben in der Gleichung (7.) dieselben, wenn die Gleichung (5.) eine Parabel darstellt, mithin $F=0$ ist, und wir diese Parabel mit irgend einer andern vertauschen, welche dieselbe im Anfangspuncte dreipunctig osculirt. Der Punct (7.) rückt aber alsdann auf einer der zweiten Axe parallelen geraden Linie fort. Also:

Wenn man von irgend zweien festen Puncten der Tangente im Osculationspuncte mehrerer sich osculirender Parabeln noch zwei Tangenten an jede Parabel legt, so liegt der Durchschnitt solcher zwei Tangenten auf einer festen, der gemeinschaftlichen Tangente parallelen geraden Linie.

43. Hiernach können wir folgende Aufgabe construiren:

Eine Parabel (Fig. 7.) zu beschreiben, die eine gegebene in einem gegebenen Puncte osculirt und überdies eine gegebene gerade Linie berührt.

Sei MON die gegebene Parabel, die in O osculirt werden soll; SS' die gegebene gerade Linie, die der Tangente in O im Puncte T begegnet. Man lege durch T eine zweite Tangente TM an die gegebene Parabel, und an dieselbe noch irgend eine beliebige Tangente $S'N$, die der Tangente TM in S' und der Tangente OT in T' begegne. Man ziehe parallel mit OT durch den Punct S' die gerade Linie $S'S$, die der gegebenen in S begegne, und endlich ST. Diese Linie ist eine neue Tangente der zu construirenden Curve.

44. Wenn die beiden Puncte T und T' zusammenfallen, so erhalten wir statt S und S' zwei Berührungspuncte auf den beiden Parabeln. Also:

Wenn man von irgend einem festen Puncte der Tangente im Osculationspuncte mehrerer sich osculirender Parabeln noch eine zweite Tangente an jede derselben legt, so liegen die Berührungspuncte auf einer der gemeinschaftlichen Tangente parallelen geraden Linie.

Hiernach können wir in der letzten Aufgabe auf der gegebenen geraden Linie sogleich den Berührungspunct finden und auch die Parabel construiren, die ein egegebene in einem gegebenen Puncte osculirt, und überdies durch einen gegebenen Punct geht.

45. Die Coëfficienten von u und w bleiben in der Gleichung (7.) dieselben, wenn die Gleichung (5.) eine Parabel darstellt, wir an die Stelle derselben irgend eine andere Parabel setzen, die mit der gegebenen dieselbe gemeinschaftliche Tangente hat, und parallel mit dieser Tangente die erste Axe legen. Dies ergiebt sich sogleich aus der 38. Nummer, wenn wir überdies berücksichtigen, daſs die vierte gemeinschaftliche Tangente zweier Parabeln unendlich weit liegt. Wenn aber die Coëfficienten von u und w dieselben bleiben, so stellt (7.) einen Punct dar, der auf einer der ersten Axe parallelen geraden Linie bleibt. Hiernach ergeben sich leicht folgende beiden Sätze.

Wenn mehrere Parabeln zwei gegebene gerade Linien berühren und die erste derselben in einem gegebenen Puncte, so schneiden sich diejenigen beiden Tangenten, die von irgend zwei festen Puncten dieser ersten gegebenen geraden Linie an jede Parabel gelegt werden können, in einem solchen Puncte, der auf einer festen, der zweiten gegebenen geraden Linie parallelen Linie bleibt.

Wenn man von irgend einem festen Puncte der ersten gegebenen geraden Linie noch eine Tangente an jede Parabel legt, so liegen die Berührungspuncte auf allen diesen Tangenten in derselben, der zweiten gegebenen geraden Linie parallelen Linie.

Aus diesen Sätzen ergeben sich wiederum lineare Constructionen, die wir hier übergehen.

46. Wir können die Gleichung (7.) auch noch aus einem andern Gesichtspuncte discutiren. Es ändern sich nemlich in dieser Gleichung z. B. die Coëfficienten von u und w nicht, wenn man statt (6.) eine andere Gleichung von derselben Form nimmt, in der man nur dem Coëfficienten D' irgend einen andern Werth beilegt; d. h. wenn man statt der durch (6.) dargestellten beiden Puncte irgend zwei andere Puncte der zweiten Axe nimmt, deren Abstände vom Berührungspuncte mit einander multiplicirt, dasselbe Product geben. Der Durchschnitt der beiden Tangenten, die durch solche zwei Puncte sich noch an die gegebene Curve legen lassen, liegt also auf einer festen, der zweiten Axe parallelen, geraden Linie. Also, auch umgekehrt:

Wenn man von irgend einem Puncte einer gegebenen geraden Linie zwei Tangenten an eine gegebene Curve zweiter Classe legt, so wird das von diesen beiden Tangenten intercepтirte Segment einer dritten Tangente, die der gegebenen geraden Linie parallel ist, im Berührungspuncte so getheilt, dafs das Product der beiden Theile ein constantes ist

Wenn wir insbesondere annehmen, dafs die gegebene gerade Linie unendlich weit liege, so erhalten wir einen bekannten Satz.

47. Den nachstehenden Satz erhalten wir auf eine ganz ähnliche Weise, wie wir den Satz der vorigen Nummer erhalten haben.

Wenn irgend eine Linie zweiter Ordnung gegeben ist, und man construirt in einem beliebigen Puncte derselben die Tangente, legt durch denselben Punct eine beliebige gerade Linie und durch *irgend* einen Punct dieser geraden Linie zwei neue Tangenten an die Curve, so schneiden diese beiden Tangenten die erstgezogene in solchen zwei Puncten, für welche die Summe der reciproken Werthe der Abstände vom Berührungspuncte constant ist.

Wir brechen hier ab, um sogleich zu einer allgemeinern Verbindung der Gleichungen der Örter zweiter Classe überzugehen, weil hier auf eine ungemein leichte Weise eine Menge von Sätzen und Constructionen sich ergeben.

Bonn, den 11. Sept. 1829.

§. 4.

Verbindung der allgemeinen Gleichung der Örter zweiter Classe vermittelst unbestimmter Coëfficienten.

48. Wenn die beiden Gleichungen

$$1. \quad A = 0, \qquad A' = 0$$

irgend zwei Örter zweiter Classe darstellen, so stellt, wenn μ einen unbestimmten Coëfficienten bedeutet, die Gleichung

$$2. \quad A + \mu A' = 0$$

alle möglichen Örter derselben Classe dar, welche mit den beiden gegebenen dieselben vier gemeinschaftlichen Tangenten haben. Wenn der erste Theil der Gleichung (2.) sich in zwei Factoren des ersten Grades auflösen läfst, so stellt dieselbe ein System von zwei Puncten dar. Ein solches System ist also als ein Ort zweiter Classe anzusehen. (Es ist wohl überflüssig zu bemerken, dafs die beiden Puncte auf keine Weise als verschwindende Ellipsen zu betrachten sind.) Wenn aber die in Rede stehende Zerlegung Statt finden soll, so erhalten wir eine Bedingungs-Gleichung, die in Beziehung auf μ vom dritten Grade ist. Es reducirt sich diese Gleichung nur dann auf den zweiten Grad, wenn schon eine der beiden Gleichungen (1.) ein System von zwei Puncten darstellt. Wir erhalten also immer, wenn wir die Gleichungen zweier solcher Örter zweiter Classe, die Curven sind, gehörig mit einander verbinden, mindestens die Gleichung eines Systems von zwei Puncten. Nur dürfen wir nicht übersehen, dafs im Allgemeinen solche zwei Puncte auch zusammenfallen und auch imaginär sein können. In diesem letztern Falle erhalten wir eine bestimmte gerade Linie welche durch diese beiden imaginären Puncte geht, statt dieser Puncte: eine gerade Linie, die durch eine Gleichung des zweiten Grades dargestellt wird *). Man kann aber leicht zeigen, dafs immer eine resultirende Gleichung (2). ein System zweier reellen Puncte darstellt. Wenn die Bedingungs-Gleichung in μ nur reelle Wurzeln hat, so erhalten wir drei reelle Gleichungen von der Form der Gleichung (2.). Alsdann haben die beiden Curven entweder vier reelle oder gar keine reelle gemeinschaftliche Tangenten. Im ersten Falle stellen jene drei resultirenden Gleichungen die dreimal zwei gegenüberstehenden Winkelpuncte der von den vier gemeinschaftlichen Tangenten gebildeten vollständigen vierseitigen Figur dar; im zweiten Falle erhalten wir ein System von zwei reellen Puncten und aufserdem zwei reelle gerade Linien. Wenn die Gleichung in μ zwei imaginäre Wurzeln hat, so erhalten wir durch Verbindung der gegebenen Gleichungen nur eine einzige Gleichung eines Systems von zwei Puncten: die beiden andern Systeme existiren gar nicht. Diesem Falle entspricht, dafs die beiden gegebenen Curven nur zwei reelle gemeinschaftliche Tangenten haben.

Wenn die Bedingungs-Gleichung in μ zwei gleiche Wurzeln hat,

---

*) Dies wird deutlicher, wenn wir die Gleichung

$$v^2 + 2avw + bw^2 = 0$$

betrachten, welche zwei auf der ersten Axe liegende Puncte darstellt. Wenn aber

$$a^2 - b > 0,$$

so giebt diese Gleichung für v und w keine andere reellen Werthe, als

$$v = 0, \qquad w = 0.$$

Es stellt also die vorstehende Gleichung blofs die erste Coordinaten-Axe dar.

so berühren sich die beiden gegebenen Curven. Die drei resultirenden Systeme von zwei Puncten sind in diesem Falle die beiden Durchschnittspuncte der Tangente im Berührungspuncte der Curven mit den beiden übrigen gemeinschaftlichen Tangenten derselben (zweimal genommen) und dann das System des Berührungspunctes und des Durchschnittes der letztgenannten beiden Tangenten. Wenn die beiden Curven einen doppelten Contact haben, so sind die drei Systeme, der Durchschnittspunct der beiden gemeinschaftlichen Tangenten als doppelter Punct betrachtet (zweimal genommen) und dann das System der beiden Berührungspuncte.

Wenn die Bedingungs-Gleichung in μ drei gleiche Wurzeln hat, so haben die beiden Curven einen dreipunctigen Contact. Von den drei resultirenden und alsdann identischen Systemen besteht jedes aus dem Osculationspuncte und dem Durchschnittspuncte der Tangente in diesem Puncte mit der noch übrigen einzigen gemeinschaftlichen Tangente. Für den Fall einer vierpunctigen Osculation fallen die beiden Puncte der drei identischen Systeme in den Osculationspunct zusammen.

49. Es tritt uns hier noch folgende Frage entgegen: Giebt es Curven zweiter Classe, die nur zwei gemeinschaftliche Tangenten haben, oder bestimmter ausgedrückt, von deren vier gemeinschaftlichen Tangenten zwei unendlich weit liegen, so wie es Curven zweiter Ordnung giebt (ähnliche und ähnlich liegende), von deren vier Durchschnitten zwei unendlich weit liegen? Eine gemeinschaftliche Tangente liegt, wie wir schon früher gesehen haben, unendlich weit, wenn die beiden Curven Parabeln sind; aber zwei gemeinschaftliche Tangenten können nicht unendlich weit liegen.

50. Herr Poncelet hat schon bemerkt, dafs wenn zwei Örter zweiter Classe denselben Brennpunct haben, dieser Brennpunct als der Durchschnitt zweier gemeinschaftlichen, imaginären Tangenten anzusehen ist.

Wenn die beiden gegebenen Curven ähnliche, ähnlich-liegende und concentrische sind, so ist ihr gemeinschaftlicher Mittelpunct der Durchschnitt zweier Paare gemeinschaftlicher, imaginärer Tangenten.

Wenn in den vorstehenden Andeutungen irgend etwas dunkel erscheinen sollte, so verweise ich auf die ganz analogen Erörterungen über die Verbindung der Gleichungen von Örtern zweiter Ordnung im ersten Bande meiner „Entwickelungen."

51. Auf dem bisher Entwickelten beruhen Erörterungen, die denen des letzten Paragraphen der eben angeführten Schrift entsprechen. In dem Folgenden will ich einige Momente hervorheben.

Es seien

$$1. \quad A = 0, \quad A' = 0, \quad A'' = 0$$

die Gleichungen dreier solcher Curven zweiter Classe, welche dieselben beiden gemeinschaftlichen Tangenten haben, deren Durchschnittspunct durch die Gleichung

$$c = 0$$

dargestellt werde. Alsdann erhalten wir, durch gehörige Verbindung vermittelst unbestimmter Coëfficienten je zweier der drei Gleichungen (1.), folgende Ausdrücke:

$$2. \quad A - \mu'' A' = c.a'' = 0, \quad A' - \mu' A'' = c.a' = 0, \quad A' - \mu A'' = c.a = 0.$$

Wenn wir die beiden ersten dieser drei Gleichungen von einander abziehen, so kommt:

$$\mu'' A' - \mu' A'' = c(a' - a'') = 0,$$

eine Gleichung, die, was ihre Form zeigt, mit der dritten der Gleichungen (2.) identisch sein muſs; wonach wir

$$\mu'' a = a' - a''$$

erhalten. Es liegen also die drei, durch folgende drei Gleichungen vom ersten Grade dargestellten Puncte

$$a = 0, \quad a' = 0, \quad a'' = 0$$

in gerader Linie. Hierin ist der nachstehende Satz enthalten:

Wenn irgend drei Örter zweiter Classe dieselben zwei gemeinschaftlichen (reellen oder imaginären) Tangenten haben, so liegen die Durchschnitte der noch übrigen dreimal zwei gemeinschaftlichen (reellen oder imaginären) Tangenten in gerader Linie.

52. Wenn drei Curven eine gegebene gerade Linie in demselben Puncte berühren, so haben je zwei derselben einerseits dieselben zwei zusammenfallenden Durchschnittspuncte und andrerseits zwei zusammenfallende gemeinschaftliche Tangenten. Es gehen also nicht allein, wie bekannt, die drei gemeinschaftlichen Chorden je zweier derselben durch denselben Punct, sondern es liegen auch die drei Durchschnitte der drei Paare gemeinschaftlicher Tangenten in gerader Linie.

53. Wir wollen mehrere einzelne Fälle des Satzes der 51. Nummer genauer betrachten. Wenn die drei Örter zweiter Classe **Parabeln**

sind, so liegt eine gemeinschaftliche Tangente je zweier derselben unendlich weit, und den Voraussetzungen des obigen Satzes geschieht Genüge, wenn die Parabeln eine einzige gemeinschaftliche Tangente haben. Also:

Wenn irgend drei Parabeln dieselbe gerade Linie berühren, so liegen die Durchschnitte der übrigen beiden gemeinschaftlichen Tangenten je zweier derselben in gerader Linie.

54. Es ist bekannt, von welchem Vortheile es in der Theorie der Örter zweiter Ordnung ist, daſs man Systeme von zwei geraden Linien mit Curven dieser Ordnung zusammenstellt: ein Verfahren, das man auf die Betrachtung der Gleichungen gründen oder auch durch allgemeine, rein geometrische Betrachtungen rechtfertigen kann. In dem Folgenden werden wir gleichen Vortheil daraus ziehen, daſs wir, was früher noch nicht geschehen zu sein scheint, mit Curven zweiter Classe, oder, was dasselbe heiſst, zweiter Ordnung, Systeme von zwei Puncten zusammenstellen: ein Verfahren, gegen welches sich auch nicht der geringste Einwurf machen läſst, sobald wir zu den Gleichungen zurückgehen.

Um die Bedingungen der 51. Nummer zu befriedigen, müssen wir, wenn wir mit zwei Curven A und B (Fig. 8.) ein System von zwei Puncten c, c' zusammenstellen wollen, diese beiden Puncte auf zweien gemeinschaftlichen Tangenten der beiden Curven annehmen. Ziehen wir alsdann von solchen zwei Puncten noch zwei Tangenten an jede der beiden Curven, die sich in den beiden Puncten S und S' schneiden, so liegen diese beiden Puncte mit dem Durchschnitte derjenigen beiden gemeinschaftlichen Tangenten, auf denen c und c' nicht liegen, mit Φ, in gerader Linie. Also:

Wenn man von irgend zwei Puncten zweier gemeinschaftlichen Tangenten zweier Curven zweiter Classe noch vier Tangenten an die beiden Curven legt, so bilden diese Tangenten ein Viereck, dessen eine Diagonale durch einen festen Punct geht, der unveränderlich derselbe bleibt, wie auch jene beiden Puncte auf den gemeinschaftlichen Tangenten fortrücken mögen.

Wir erhalten eine Modification dieses Satzes, wenn wir für die Puncte c, c' zwei Berührungspuncte auf den beiden Tangenten nehmen.

Für den Fall zweier Parabeln erhalten wir eine doppelte Construction; einmal können wir nemlich die beiden Puncte c, c' auf zweien der drei gemeinschaftlichen Tangenten annehmen: alsdann liegen die beiden Constructionspuncte S und S' auf einer sich immer parallel bleibenden geraden Linie. Oder wir können auch einen Punct c auf einer beliebigen gemeinschaftlichen Tangente und den andern Punct c' auf der unendlich weit entfernt liegenden vierten gemeinschaftlichen Tangente annehmen, d. h. nach beliebiger Richtung zwei parallele Tangenten an die beiden Parabeln ziehen. Der feste Punct ist alsdann der Durchschnitt derjenigen beiden gemeinschaftlichen Tangenten, auf denen c nicht angenommen worden ist.

55. Nach der vorigen Nummer ergiebt sich, wenn wir zwei gemeinschaftliche Tangenten zweier Curven zweiter Classe kennen, eine leichte Construction des Durchschnittspunctes der beiden übrigen gemeinschaftlichen Tangenten; und also können wir auch diese Tangenten selbst, in dem Falle daſs dieselben reell sind, construiren.

56. Der Satz der 54. Nummer erleidet Modificationen, wenn zwischen den beiden gegebenen Curven besondere Beziehungen Statt finden. Wir wollen sogleich zwei sich **dreipunctig osculirende** Curven (Fig. 9.) betrachten. Alsdann fallen drei gemeinschaftliche Tangenten in die Tangente des Osculationspunctes zusammen, und es giebt auſserdem nur noch eine einzige gemeinschaftliche Tangente. Nehmen wir also die beiden Puncte c, c' auf der Tangente im Osculationspuncte an, so ist der feste Punct Φ der Durchschnitt derselben Tangente mit der noch übrigen gemeinschaftlichen Tangente. Also:

Wenn man von irgend zwei beliebigen Puncten der Tangente im Osculationspuncte zweier oder mehrerer sich dreipunctig osculirender und überdies dieselbe gerade Linie berührender Kegelschnitte, an jede derselben noch zwei Tangenten zieht, so liegt der Durchschnitt dieser Tangenten auf derselben geraden Linie, und diese gerade Linie geht durch den Durchschnitt der gemeinschaftlichen Tangente mit der Tangente im Osculationspuncte, und dreht sich um diesen Durchschnitt, wenn die beiden beliebigen Puncte auf der letztgenannten Tangente fortrücken.

Nach diesem Satze können wir einen Kegelschnitt beschreiben, der einen gegebenen **in einem gegebenen Puncte osculirt und überdies zwei gegebene gerade Linien berührt.**

Construction. (Fig. 9.) Es sei O der Punct, in welchem die gegebene Curve OM osculirt werden soll; die Tangente in diesem Puncte werde von den beiden, sich in S schneidenden, gegebenen geraden Linien in den beiden Puncten c und c' geschnitten; von diesen beiden Puncten lege man an die gegebene Curve die beiden Tangenten cS' und $c'S'$, die sich im Puncte S' schneiden. Zieht man endlich SS', so begegnet diese Linie der Tangente in O in demjenigen Puncte Φ, in welchem dieselbe Tangente von der gemeinschaftlichen Tangente der gegebenen und gesuchten Curve getroffen wird.

Wenn die eine gegebene gerade Linie die gemeinschaftliche Tangente der beiden Curven ist, so bietet sich unmittelbar eine ganz einfache Construction beliebig vieler Tangenten der gesuchten Curve dar.

57. Wenn wir annehmen, dafs der Punct c' mit dem Puncte c zusammenfalle, so erhalten wir die Berührungspuncte σ und σ' statt der Puncte S und S'. Also:

Wenn man von irgend einem Puncte der Tangente im Osculationspuncte irgend zweier Kegelschnitte zwei Tangenten an dieselben legt, so liegen die Berührungspuncte auf diesen beiden Tangenten mit dem Durchschnittspuncte der gemeinschaftlichen Tangente beider Curven und jener Tangente im Osculationspuncte in gerader Linie.

Nach diesem Satze können wir in der Aufgabe der vorigen Nummer auf jeder Tangente den Berührungspunct finden. Wir erhalten z. B. den Berührungspunct σ auf cS, wenn wir durch Φ und den Berührungspunct σ' auf der gegebenen Curve die gerade Linie $\Phi\sigma$ legen.

Wir können ferner auch eine Curve beschreiben, die eine gegebene in einem gegebenen Puncte osculirt und überdies eine von folgenden Bedingungen erfüllt:

1) eine gegebene gerade Linie in einem gegebenen Puncte berührt,
2) mit der gegebenen Curve eine gegebene gemeinschaftliche Tangente hat und durch irgend einen gegebenen Punct geht.

Es sei, um nur den zweiten Fall hervorzuheben, $O\sigma'$ die gegebene Curve, O der Osculationspunct, Φ derjenige Punct, in welchem die Tangente in diesem Puncte von der gegebenen gemeinschaftlichen Tangente $T\Phi$ geschnitten wird, und endlich σ der gegebene Punct. Man ziehe die gerade Linie σO, von der die gegebene Curve in σ' und σ_1 geschnitten werde. In diesen beiden Puncten construire man die Tangenten an die gegebene Curve, welche der Tangente in O in zwei Puncten begegnen. Wenn man diese Puncte (von denen c der eine ist) mit dem Puncte σ verbindet, so erhält man zwei Tangenten derjenigen beiden Curven, die den Bedingungen der Aufgabe entsprechen. Die Aufgabe hat also im Allgemeinen **zwei** Auflösungen; sie hat nur **eine** Auflösung, wenn der gegebene Punct auf der gegebenen Curve liegt.

58. Wenn man die beiden Puncte c und c' (Fig. 10.) auf der Tangente im Osculationspuncte und der gemeinschaftlichen Tangente zweier sich dreipunctig osculirender Curven annimmt, so erhält man statt des Satzes der 56. Nummer folgenden:

Wenn man von zwei Puncten der Tangente im Osculationspuncte und der gemeinschaftlichen Tangente zweier sich dreipunctig osculirender Curven an jede Curve noch zwei Tangenten zieht, so schneiden sich die zweimal zwei Tangenten in solchen zwei Puncten, die mit dem Osculationspuncte in gerader Linie liegen.

Hieraus ergiebt sich eine neue Construction der Aufgabe der 56. Nummer, die auch dann ihre Anwendbarkeit behält, wenn der Durchschnitt der Tangente im Osculationspuncte mit der gemeinschaftlichen Tangente der gegebenen und zu construirenden Curve sehr weit liegt. Es sei wiederum OM die gegebene Curve, die in O osculirt werden soll; Sc und Sc' seien die beiden zu berührenden geraden Linien. Man verbinde den Durchschnitt S dieser beiden geraden Linien mit O; lege von c, dem Durchschnitt einer (beliebigen) dieser beiden Linien mit der Tangente in O, die Tangente cS' an die gegebene Curve, die der OS in S' begegne und endlich durch S' die zweite Tangente $S'c'$ an dieselbe Curve. Diese Tangente begegnet der gegebenen Sc' in einem Puncte c', welcher ein Punct der gemeinschaftlichen Tangente der gegebenen und gesuchten Curve ist.

Die Modification dieser Construction für den Fall, dafs statt der beiden Tangenten eine einzige und auf derselben der Berührungspunct gegeben ist, ergiebt sich von selbst, und hiernach ergeben sich endlich auch neue Constructionen für die in der 57. Nummer behandelten Aufgabe.

59. Wenn wir annehmen, dafs alle Curven **Parabeln** sind, so erhalten wir aus No. 58. und 57. die bereits in der 42., 43. und 44. Nummer

unmittelbar bewiesenen Sätze und Constructionen, und aus No. 58. noch einige neue.

Es kann aber auch die gegebene Curve irgend eine beliebige sein und eine **Parabel** verlangt werden. Dies kommt alsdann darauf hinaus, in den vorstehenden Constructionen statt einer gegebenen zu berührenden geraden Linie eine unendlich weit entfernt liegende zu nehmen. Wir wollen zwei Aufgaben hier hervorheben.

Eine Parabel zu beschreiben, die einen gegebenen Kegelschnitt in einem gegebenen Puncte osculirt und überdies eine gegebene gerade Linie berührt.

Construction. Es sei OM (Fig. 11.) die gegebene Curve, die in O osculirt werden soll; cS die gegebene gerade Linie, die der Tangente im Osculationspuncte in c begegne. Man ziehe die Tangenten cS' und $c'S'$, letztere parallel mit der Tangente im Osculationspuncte, ziehe $S'\Phi$ parallel mit cS, wodurch auf Oc der Punct Φ bestimmt wird. Legt man durch Φ eine zweite Tangente an die gegebene Curve, so berührt dieselbe auch die zu beschreibende Parabel. Den Berührungspunct P auf cS erhält man, indem man N, den Berührungspunct auf cS' mit Φ durch eine gerade Linie verbindet.

Eine Parabel zu beschreiben, die einen gegebenen Kegelschnitt in einem gegebenen Puncte osculirt und überdies durch irgend einen gegebenen Punct geht.

Construction. Es sei O (Fig. 12.) der Osculationspunct und M der gegebene Punct. Man ziehe, parallel mit der Tangente in O und durch M eine gerade Linie, die der gegebenen Curve im Allgemeinen in zwei Puncten begegnen wird; man lege in diesen Puncten zwei Tangenten an die gegebene Curve, und verbinde diejenigen beiden Puncte, in welchen diese beiden Tangenten die Tangente in O schneiden, durch zwei gerade Linien mit dem Puncte M. Diese beiden geraden Linien TM und $T'M$ berühren alsdann diejenigen beiden Parabeln, die den Forderungen der Aufgabe Genüge leisten, in dem gegebenen Puncte.

60. Wenn wir ein System von zwei Puncten mit zwei sich **doppelt berührenden Curven** zusammenstellen, so erhalten wir folgende beiden Sätze.

Wenn man von irgend zwei Puncten der beiden gemeinschaftlichen Tangenten zweier sich doppelt berührender Ke-

gelschnitte noch zwei Tangenten an jede derselben legt, so schneiden sich diese zweimal zwei Tangenten in solchen zwei Puncten, die mit dem Durchschnitte der gemeinschaftlichen Tangenten in gerader Linie liegen.

Wenn man von irgend zwei Puncten einer der beiden gemeinschaftlichen Tangenten noch zwei Tangenten an jede derselben legt, so schneiden sich diese zweimal zwei Tangenten in solchen zwei Puncten, die mit dem Berührungspuncte auf der andern gemeinschaftlichen Tangente in gerader Linie liegen.

Es ergeben sich aus diesen beiden Sätzen und ihren Modificationen eine Reihe von einzelnen Constructionen, die wir übergehen. Wenn die beiden Curven statt des doppelten Contacts einen **vierpunctigen** haben, so erhalten wir die in der 40. und 41. Nummer unmittelbar bewiesenen Sätze und Constructionen. Als letztes Beispiel wollen wir noch folgende Aufgabe nehmen.

Eine Parabel zu beschreiben, die eine gegebene Curve zweiter Classe in einem gegebenen Puncte vierpunctig berührt.

Construction. (Fig. 13.) Man lege in dem gegebenen Puncte O eine Tangente an die gegebene Curve, und parallel mit ihr eine zweite Tangente; construire ferner irgend eine dritte Tangente, die der ersten in dem Puncte T, der zweiten in dem Puncte S begegne; ziehe OS und parallel hiermit eine gerade Linie durch T. Diese Linie ist alsdann eine Tangente der verlangten Parabel. Man erhält den Berührungspunct P auf dieser Tangente, wenn man den Berührungspunct N auf der obigen dritten Tangente durch eine gerade Linie mit O verbindet.

61. In dieser Nummer wollen wir mit **einer Curve zwei Systeme von zwei Puncten** zusammenstellen. Nach den Voraussetzungen der 51. Nummer müssen die Puncte der beiden Systeme, etwa wie in der 14. Figur, auf zweien Tangenten bc und $b'c'$ angenommen werden. Die drei Puncte, die in gerader Linie liegen, sind alsdann 1) S der Durchschnitt der neuen von b und b' an die Curve gelegten Tangenten bS und $b'S$; 2) S' der Durchschnitt der neuen von c und c' an die Curve gelegten Tangenten cS' und $c'S'$, und endlich 3) Φ der Durchschnitt von bc' und $b'c$. Der hierin enthaltene Satz ist der bekannte von **Brianchon:**

Die drei Diagonalen eines um einen Kegelschnitt beschriebenen Sechsecks gehen durch einen und denselben Punct.

62. Wir können endlich noch drei **Systeme** von zwei Puncten a und a', b und b, c und c' zusammenstellen, die, etwa wie in der 15. Figur, auf zwei geraden Linien vertheilt liegen. Die drei in gerader Linie liegenden Puncte sind alsdann: $(a, b'; a', b)$, $(a, c'; a', c)$ und $(b, c'; b', c)$ oder S, S' und S''. Da wir beliebig die Puncte jedes Systems mit einander vertauschen können, erhalten wir sechsmal drei solcher Puncte und hiernach folgenden bekannten Satz:

Wenn man auf jeder von zwei gegebenen geraden Linien drei Puncte beliebig annimmt, und diese Puncte durch neue gerade Linien verbindet, so erhält man sechsmal drei Durchschnitte dieser Linien, welche in gerader Linie liegen.

63. Wir gehen zu einem zweiten Schema über. Es sei:

$$A = 0$$

die Gleichung irgend eines Ortes zweiter Classe, der von zweien andern, deren Gleichungen folgende seien:

$$A' = 0, \quad A'' = 0,$$

doppelt berührt wird. Alsdann erhalten wir, bei schicklicher Bestimmung von μ' und μ'', folgende Gleichungen:

$$1. \quad \begin{cases} A - \mu' A' = p^2 = 0, \\ A - \mu'' A'' = q^2 = 0, \end{cases}$$

indem wir durch $p = 0$ und $q = 0$ die Gleichungen des Durchschnittspunctes der gemeinschaftlichen Tangenten des ersten und zweiten, und des ersten und dritten Ortes darstellen. Wenn wir die letzten beiden Gleichungen von einander abziehen, so kommt:

$$2. \quad \mu' A' - \mu'' A'' = q^2 - p^2 = (q+p)(q-p) = 0.$$

Da diese Gleichung ein System von zwei Puncten darstellt, so ist sie identisch mit einer Gleichung von folgender Form:

$$a a' = 0,$$

indem $a = 0$ und $a' = 0$ die Durchschnittspuncte der zu zwei und zwei genommenen vier gemeinschaftlichen Tangenten des zweiten und dritten Ortes darstellen. Hiernach müssen die Factoren $(q+p)$ und $(q-p)$ vermittelst gehöriger Coëfficienten den Factoren a und a' des ersten Theiles der letzten Gleichung identisch werden, wonach also die vier durch

$$a = 0, \quad a' = 0, \quad p = 0, \quad q = 0$$

dargestellten Puncte in gerader Linie liegen. Also:

Wenn ein Ort zweiter Classe zwei andere, und beide doppelt berührt, so liegen zwei Durchschnitte der vier gemeinschaftlichen Tangenten der letztern und diejenigen beiden Puncte, in welchen die gemeinschaftlichen Tangenten des ersten und jedes der beiden andern Örter sich schneiden, alle vier in gerader Linie.

64. Statt der doppelten Berührung können wir eine **vierpunctige Osculation** nehmen; an die Stelle des Durchschnittspunctes der gemeinschaftlichen Tangenten tritt alsdann der Osculationspunct. Wenn wir mit einer Curve ein **System von zwei Puncten** zusammenstellen, so erhellt unmittelbar aus den Gleichungen, daſs alsdann die beiden Puncte, wenn von einer doppelten Berührung die Rede ist, auf der Curve angenommen werden müssen. Stellt man **zwei** Systeme von zwei Puncten zusammen, so müssen, unter gleicher Voraussetzung, alle vier Puncte in gerader Linie liegen. Hiernach ergeben sich mehrere einzelne Sätze. So erhalten wir z. B., wenn wir als ersten Ort eine Curve und für die beiden andern Örter zwei Puncten-Systeme nehmen, so daſs also eine Curve und auf dem Umfange derselben vier Puncte gegeben sind, folgenden bekannten Satz:

Wenn man in eine Curve zweiter Ordnung ein Viereck beschreibt, dessen Winkelpuncte die Berührungspuncte eines umschriebenen Vierecks sind, so liegen die beiden Durchschnitte der beiden Paare gegenüberliegender Seiten des erstgenannten und zwei Winkelpuncte des letztgenannten Vierecks in gerader Linie.

65. Wir wollen in dem Folgenden nur noch den einen Fall hervorheben, wo eine gegebene Curve (Fig. 15.) von einer andern doppelt berührt wird, und wir überdies auf dem Umfange derselben zwei Puncte beliebig annehmen. Aus diesem Falle wollen wir mehrere Constructionen herleiten, und zwar zuerst die Construction folgender Aufgabe:

Eine Curve zweiter Classe zu beschreiben, die eine gegebene vierpunctig osculirt, und überdies durch irgend zwei gegebene Puncte geht.

Es sei *OMN* eine Curve, die von *OPQ* vierpunctig in *O* osculirt wird und auf deren Umfange die beiden Puncte M und N liegen. Die vor M und N an die zweite Curve gelegten Tangenten bilden eine vierseitige Figur, deren zwei Winkelpuncte S und S' mit dem Osculationspuncte O in gerader Linie liegen (63.). Hiernach ergiebt sich sogleich folgende Construction der vorstehenden Aufgabe, wenn OPQ die gegebene Curve ist und M und N die beiden gegebenen Puncte sind. Man lege von jedem der beiden Puncte M und N zwei Tangenten an die gegebene Curve. Diese beiden Tangenten-Paare schneiden sich in vier Puncten, durch welche sich noch zwei gerade Linien SS' und $S''S'''$ legen lassen. Diese beiden Linien schneiden die gegebene Curve im Allgemeinen in vier Puncten: O, O', O'' und O'''; und diese Puncte sind diejenigen, in welchen die gegebene Curve von denjenigen Curven, die den Forderungen der Aufgabe Genüge leisten, und deren es also im Allgemeinen **vier** giebt, osculirt wird.

Nichts hindert uns die vorstehende Construction unmittelbar auch auf den Fall zu übertragen, wo ein gegebener Punct oder auch beide gegebene Puncte **unendlich weit liegen**; d. h. wo eine Hyperbel verlangt wird und die Richtung einer oder beider Asymptoten derselben gegeben ist.

66. **Eine Curve zweiter Classe zu beschreiben, die eine gegebene zweimal berührt und überdies durch drei gegebene Puncte geht.**

Construction. Indem wir nach einander die gegebene Curve mit zweimal zwei der drei gegebenen Puncte zusammenstellen, erhalten wir wie vorhin zweimal zwei gerade Linien, die sich in vier Puncten schneiden, und diese Puncte sind offenbar diejenigen, in welchen die gemeinschaftlichen Tangenten der gegebenen Curve und jeder der **vier** gesuchten Curven, die im Allgemeinen möglich sind, sich schneiden.

Da drei gegebene Puncte sich auf dreifache Art zu zwei combiniren lassen, so erhalten wir dreimal zwei gerade Linien, die nothwendig durch dieselben vier Puncte gehen müssen. Diese vier Puncte sind diejenigen, in welchen sich die drei Diagonalen von solchen umschriebenen Sechsecken schneiden, die durch die sechs von den drei gegebenen Puncten an die Curve gelegten Tangenten bestimmt werden. Wir haben hiernach auf indirectem Wege den **Brianchon**'schen Satz vom **umschriebenen Sechseck** dargethan und zugleich die geometrische Bedeutung des Durchschnittspunctes der drei Diagonalen nachgewiesen. Es ist nemlich dieser Punct der Durchschnitt der (reellen oder imaginären) gemeinschaftlichen Tangenten der gegebenen Curve und einer andern, welche dieselbe doppelt berührt und außerdem durch die drei Durchschnitte der gegenüberliegenden Seiten des umschriebenen Sechsecks geht.

67. Damit das Schema der 63. Nummer vollständig werde, müssen wir in den Gleichungen (1.) die Ausdrücke p^2 und q^2, wenigstens einen derselben, mit dem doppelten Vorzeichen nehmen. Statt der Gleichung (2.) erhalten wir alsdann folgende allgemeinere:

$$\mu' A' - \mu'' A'' = \pm(q^2 \pm p^2) = 0.$$

In dem einen bisher unbeachtet gebliebenen Falle, wo in dieser Gleichung p^2 mit dem Zeichen $+$ vorkommt, stellt diese Gleichung nicht mehr zwei Puncte, sondern eine bloße gerade Linie dar. Es sind alsdann die Durchschnitte der (imaginären) gemeinschaftlichen Tangenten der beiden Curven $A' = 0$ und $A'' = 0$ imaginär, liegen aber auf einer reellen geraden Linie (No. 48.), die zugleich die beiden Puncte $p = 0$ und $q = 0$ enthält.

68. Wenn wir zu den beiden Örtern zweiter Classe, die einen gegebenen doppelt berühren, noch einen dritten hinzunehmen, so erhalten wir nach demselben Schema, welches in der 385. Nummer meiner „Entwickelungen" ausgeführt worden ist, folgenden Satz:

Wenn ein gegebener Ort zweiter Classe von dreien andern doppelt berührt wird, so sind diejenigen dreimal zwei Durchschnitte gemeinschaftlicher Tangenten je zweier dieser drei letzgenannten Örter, mit denen (nach 63.) die Durchschnitte der gemeinschaftlichen Tangenten des ersten und jeder der drei übrigen in gerader Linie liegen, die sechs Winkelpuncte einer vollständigen vierseitigen Figur.

Diesen Satz ausführlich zu discutiren, verbietet hier der Raum. Nur einige besondere Fälle kann ich nicht ganz unberücksichtigt lassen.

69. Wenn wir für den ersten gegebenen Ort zweiter Classe ein System von zwei Puncten nehmen, und demnach drei Curven erhalten, welche eine gemeinschaftliche, reelle oder ideale Chorde haben, so liegen viermal drei Durchschnitte der gemeinschaftlichen Tangenten dieser drei Curven in gerader Linie. Und endlich auch dann, wenn jene gemeinschaftliche Chorde unendlich weit liegt, d. h. wenn die drei Curven irgend

drei ähnliche und ähnlich liegende, insbesondere also Kreise sind, besteht obiger Satz und erhält alsdann folgende Aussage:

Die Durchschnitte der äufsern und innern (reellen und imaginären) gemeinschaftlichen Tangenten je zweier von irgend drei Kreisen sind solche sechs Puncte, von denen viermal drei in gerader Linie liegen.

Wir begegnen also hier einem von jenen beiden Hauptsätzen, die sich auf Zusammenstellungen von Kreisen beziehen. In solchen Verknüpfungen von scheinbar sehr verschiedenen Sätzen liegt der eigenthümliche Character der neuern Geometrie.

70. Wenn wir für den ersten gegebenen Ort zweiter Classe eine Curve nehmen, und für die drei übrigen drei Systeme von zwei Puncten, die alsdann auf dem Umfange der Curve angenommen werden müssen, so erhalten wir wiederum den Pascalschen Satz vom eingeschriebenen Sechseck, der uns eben so oft und ungesucht begegnet, als er eine grofse Rolle in dieser Art von Untersuchungen spielt.

71. Wenn wir für den ersten Ort ein System von zwei Puncten, und für die drei übrigen zwei Curven und ein Puncten-System nehmen, so müssen, den obigen Voraussetzungen gemäfs, diese beiden Curven sich in den beiden Puncten des ersten Systems schneiden, und mit denselben Puncten müssen die Puncte des zweiten Systems in gerader Linie liegen. Hiernach erhalten wir folgenden Satz:

Wenn man von irgend zwei Puncten einer gemeinschaftlichen Chorde zweier Curven zweiter Classe vier Tangenten an jede derselben legt, so erhält man zwei vollständige vierseitige Figuren, von denen jede, aufser den beiden Puncten des zweiten Systems, noch zweimal zwei gegenüberliegende Winkelpuncte hat. Zweimal zwei Paare dieser gegenüberliegenden Winkelpuncte bilden mit zwei Durchschnitten der vier gemeinschaftlichen (reellen oder imaginären) Tangenten der beiden Curven die sechs Winkelpuncte zweier neuen vollständigen vierseitigen Figuren.

Wenn die beiden Puncte des zweiten Puncten-Systems zusammenfallen, so geht der vorstehende Satz in folgenden über:

Wenn man von irgend einem Puncte einer gemeinschaftlichen (wirklichen oder idealen) Chorde zweier Curven zweiter Classe zwei Tangenten an jede derselben legt, so schneiden sich diejenigen vier geraden Linien, welche die Berührungspuncte auf der einen Curve mit den Berührungspuncten auf der andern Curve verbinden, in zwei Durchschnittspuncten der vier gemeinschaftlichen Tangenten der beiden Curven.

(Nach der Theorie der Reciprocität erhält man aus diesem Satze dessen Umkehrung; diese findet sich direct bewiesen: Entw. No. 387.).

72. Nach der bisherigen Bezeichnung stellt die Gleichung

$$A'' + \mu' A' + \mu A = 0$$

einen Ort zweiter Classe dar. Diese Gleichung wird befriedigt, wenn wir zugleich

$$A'' + \mu' A' = 0 \quad \text{und} \quad A = 0,$$
$$A'' + \mu A = 0 \quad - \quad A' = 0$$

setzen. Die beiden Paare der durch die in derselben Zeile befindlichen Gleichungen dargestellten Örter haben also mit dem durch (1.) dargestellten Orte dieselben gemeinschaftlichen Tangenten. Also:

Wenn irgend drei Örter zweiter Classe gegeben sind, so hat jede der beiden ersten mit einem beliebigen Orte, der mit der andern und der dritten dieselben gemeinschaftlichen Tangenten hat, vier gemeinschaftliche Tangenten; die acht gemeinschaftlichen Tangenten, die man auf diese Weise erhält, umhüllen denselben Ort zweiter Classe.

73. Aus diesem allgemeinen Satze ergeben sich mehrere zierliche Constructionen. Wir wollen zuerst für die drei gegebenen Örter drei Systeme von zwei Puncten nehmen. Es mögen die Puncte a und a', b und b', c und c' (Fig. 17.) durch die Gleichungen

$$A = 0, \qquad A' = 0, \qquad A'' = 0$$

dargestellt werden. Zieht man alsdann:

cb	und $c'b'$	die sich im Puncte	m,
cb'	- $c'b$	- - - -	m',
ca	- $c'a'$	- - - -	n,
ca'	- $c'a$	- - - -	n'

schneiden, so können wir die beiden Puncten-Systeme m und m', n und n' durch die beiden Gleichungen

$$A'' + \mu' A' = 0, \qquad A'' + \mu A = 0$$

darstellen. Zieht man endlich am, am', $a'm$, $a'm'$, bn, bn', $b'n$ und $b'n'$, so berühren diese **acht** gerade Linien eine und dieselbe Curve zweiter Classe.

Aus diesem Satze lassen sich mehrere einfache, verschieden modificirte Constructionen folgender Aufgabe herleiten:

Eine Curve zweiter Classe zu beschreiben, die fünf gegebene gerade Linien berührt.

Construction. Es seien am, am', $a'm$, $a'm'$ und bn die fünf gegebenen, zu berührenden geraden Linien. Die erste und zweite dieser fünf Linien schneiden sich in a, die dritte und vierte in a', die erste und dritte in m, die zweite und vierte in m'. Auf der fünften geraden Linie nehme man beliebig die beiden Puncte b und n an. Man ziehe:

an	und bm	die sich im Puncte	c,
$a'n$	- bm'	- - - -	c',
cm'	- $c'm$	- - - -	b',
ca'	- $c'a$	- - - -	n'

schneiden. Zieht man endlich bn', $b'n$ und $b'n'$, so berühren diese drei gerade Linien die verlangte Curve.

Aus derselben Figur ergiebt sich sogleich eine zweite Construction der vorstehenden Aufgabe, wenn man fünf andere gerade Linien als die gegebenen betrachtet. Es seien nemlich am, $a'm$, bn, $b'n$ und $a'm'$ gegeben. Die erste und zweite dieser fünf Linien schneiden sich in m, die dritte und vierte in n, die zweite und fünfte in a'. Man nehme einen Punct c beliebig an, ziehe cm und ca'. Man nehme auf dieser letzten geraden Linie einen Punct c' beliebig an und ziehe

$c'm$	wodurch auf $b'n$	der Punct	b',
cb'	- - $a'm'$	- -	m',
$c'm'$	- - cm	- -	b,
$c'a$	- - ca'	- -	n'

bestimmt wird. Zieht man endlich die drei geraden Linien bn', $b'n'$ und $a'm$, so berühren dieselben die zu bestimmende Curve.

74. Nach der 72. Nummer können wir auch eine Curve zweiter Classe beschreiben, die mit zweien gegebenen dieselben vier imaginären Tangenten hat, und überdies eine gegebene gerade Linie berührt. Als besonderer Fall gehört hierher auch folgende Aufgabe:

Eine Curve zweiter Classe zu beschreiben, die mit einer gegebenen vier imaginäre gemeinschaftliche Tangen-

ten hat, die sich in zwei gegebenen (innerhalb der letztgenannten Curve liegenden) Puncten schneiden, und überdies eine gegebene gerade Linie berührt.

Die Curve in der 18. Figur werde durch die Gleichung

$$A = 0,$$

die beiden Puncten-Systeme b und b', c und c' werden durch die beiden Gleichungen

$$A' = 0, \qquad A'' = 0$$

dargestellt. Alsdann können wir die beiden Puncten-Systeme m und m', n und n' durch die beiden Gleichungen

$$A'' + \mu' A' = 0, \qquad A'' + \mu A = 0$$

darstellen. Und hiernach erhalten wir acht gerade Linien, welche eine und dieselbe Curve berühren, nemlich die vier reellen geraden Linien bn, bn', $b'n$ und $b'n'$ und vier, im Falle der Figur wo die beiden Puncte m und m' innerhalb der gegebenen Curve liegen, imaginäre gerade Linien, die vier imaginären von m und m' an die letztgenannte Curve zu legenden Tangenten. Hiernach ergiebt sich folgende Construction der vorstehenden Aufgabe, wenn m und m' die beiden gegebenen Puncte sind und bn die gegebene gerade Linie. Man nehme auf dieser Linie zwei Puncte b und n beliebig an, lege durch n zwei Tangenten an die gegebene Curve, ziehe bm welche der einen Tangente in c, und bm' welche der andern Tangente in c' begegne. Durch c und c' lege man noch zwei Tangenten an die gegebene Curve, welche sich in n', und ziehe $c'm$ und cm, welche sich in b' schneiden. Alsdann erhält man drei neue Tangenten der verlangten Curve, wenn man bn', $b'n$ und $b'n'$ zieht.

75. Wenn man annimmt, dafs die beiden gegebenen Puncte m und m' zusammenfallen, so modificirt sich die vorstehende Construction. Man erhält alsdann eine Curve, die mit der gegebenen einen doppelten Contact hat, der imaginär wird, wenn die zusammenfallenden Puncte innerhalb der gegebenen Curve angenommen werden. Werden dieselben auf dem Umfange der Curve angenommen, so erhält man folgende neue Construction einer Curve, die eine gegebene in einem gegebenen Puncte vierpunctig osculirt und überdies eine gegebene gerade Linie berührt.

Es sei (Fig. 19.), m der gegebene Osculationspunct auf der gegebenen Curve, nb die gegebene gerade Linie. Von einem beliebigen Puncte derselben, von n, lege man zwei Tangenten an die Curve, die von einer beliebigen durch m gehenden geraden Linie, die der gegebenen in irgend einem Puncte b begegne, in den Puncten c und c' geschnitten werden. Durch c und c' lege man noch zwei Tangenten an die gegebene Curve, die sich in irgend einem Puncte n' schneiden. Die gerade Linie bn' ist alsdann eine neue Tangente der verlangten Curve.

76. Die Aufgabe, einen Ort zweiter Classe zu beschreiben, der mit zwei gegebenen dieselben vier, reellen oder imaginären, gemeinschaftlichen Tangenten hat und eine gegebene gerade Linie berührt, hat immer eine einzige reelle Auflösung. Wenn insbesondere die gegebene gerade Linie durch zwei Durchschnitte der gemeinschaftlichen Tangenten der beiden gegebenen Curven geht, so ist der verlangte Ort kein anderer, als zwei Puncte dieser Linie oder diese Linie selbst, je nachdem jene beiden Tangenten-Durchschnitte reell oder imaginär sind, und es giebt also keine andere Tangenten des verlangten Ortes als die gegebene Linie selbst. Hiernach ergiebt sich folgende characteristische Eigenschaft einer solchen Linie.

Wenn man von einem beliebigen Puncte einer derjenigen geraden Linien, welche zwei Durchschnitte der vier gemeinschaftlichen Tangenten irgend zweier Curven zweiter Classe enthalten, zwei Tangenten an die eine Curve legt, und von einem andern Puncte derselben geraden Linie zwei Tangenten an die andere Curve: und man legt endlich von zwei gegenüberliegenden Durchschnittspuncten dieser beiden Tangenten-Paare noch zwei Tangenten an jede der beiden Curven; so schneiden sich diese zweimal zwei Tangenten in zwei neuen Puncten derselben geraden Linie.

Durch diesen ersten Aufsatz „über eine neue Art Curven durch Gleichungen darzustellen," in welchem ich nicht über gewisse Grenzen hinausgehen wollte, ist der Weg zu allgemeinern Untersuchungen angezeigt.

Bonn, im October 1828 *).

---

*) Der gegenwärtige Aufsatz enthält Vorbereitungen zu denjenigen Arbeiten über diesen Gegenstand, die der Herr Verfasser in dem unter der Presse befindlichen zweiten Bande seiner „Analytisch-geometrischen Entwickelungen" zu liefern im Begriff ist.

Anm. d. Herausg.

14.

Bemerkungen über höhere Arithmetik.

(Von Herrn Dr. *Stern*, Universitäts-Docenten zu Göttingen.)

Die folgenden Bemerkungen beziehen sich fast alle auf Untersuchungen, die man in dem berühmten Werke „*Disquisitiones arithmeticae*" von Gaufs findet. Ich werde daher, diese Untersuchungen als bekannt voraussetzend, im Folgenden blofs die Stellen dieses Werkes, auf die ich mich jedesmal beziehe, andeuten.

1.

Es sei g eine Zahl, die zur Potenz d gehört, d. h. deren $d$te Potenz die niedrigste ist, welche für den $mod. p$ (unter p verstehe ich immer eine Primzahl) der Einheit congruent ist. Hat die Periode dieser Zahl eine unpaare Anzahl von Gliedern, so kann man diese, wenn man das erste Glied $a^0 \equiv 1$ wegläfst, paarweise so ordnen, dafs das Product eines jeden Paars $\equiv 1 \ (mod. p)$ ist. Hat sie aber eine paare Anzahl von Gliedern, so kann man, wenn das erste Glied $a^0 \equiv 1$ und das mittlere $a^{\frac{1}{2}d} \equiv -1$ weggelassen werden, die übrigen wieder auf die angegebene Weise ordnen (vergl. *Disq. arithm. art.* 75.).

Im ersten Falle kann man immer zwei Glieder multipliciren, die die Form a^m, a^{d-m} haben, also ist ihr Product $\equiv a^d \equiv 1 \ (mod. p)$. Im zweiten Falle ist, wenn $m = \frac{1}{2}d$ ist, auch $d - m = \frac{1}{2}d$; für alle übrigen Werthe von m ist $d - m \gtrless m$; also entspricht jedem Gliede a^m ein anderes von ihm verschiedenes a^{d-m}, so dafs ihr Product $\equiv 1$ ist.

Für den $mod.$ 23 gehört die Zahl 2 zur 11ten Potenz, und ihre Periode besteht aus den Gliedern 1, 2, 4, 8, 16, 9, 18, 13, 3, 6, 12. Hier ist: $2.12 \equiv 1$, $4.6 \equiv 1$, $8.3 \equiv 1$, $16.13 \equiv 1$, $9.18 \equiv 1$. Für den $mod.$ 41 gehört 2 zur 20sten Potenz, und die Periode besteht, in diesem Falle, aus den Gliedern 1, 2, 4, 8, 16, 32, 23, 5, 10, 20, 40, 39, 37, 33, 25, 9, 18, 36, 31, 21. Hier ist $2.21 \equiv 1$, $4.31 \equiv 1$ u. s. w.

2.

Ist m Primzahl zu d, so ist auch, wie sich leicht beweisen läfst, $d - m$ Primzahl zu d, folglich gehören a^m und a^{d-m} zur Potenz d (*Disq.*

arithm. art. 53.). Hieraus erhält man folgendes Theorem. **Das Product aller Zahlen, die für den** $mod.\,p$ **zur Potenz** d **gehören, ist** $\equiv 1$, **und zwar kann man diese Zahlen paarweise so ordnen, dafs das Product eines jeden Paars** $\equiv 1$ **ist.** Es versteht sich von selbst, dafs die Fälle $d=1$, $d=2$ ausgenommen sind. Einen einzelnen Fall dieses Theorems findet man in *Disq. arithm. art.* 80.

3.

Wenn für den $mod.\,p$ die Zahl x zur Potenz A, die Zahl y zur Potenz B gehört, so gehört die Zahl xy zur Potenz AB, wenn A und B Primzahlen zu einander sind.

Es sei $A = a^{\alpha}.b^{\beta}\ldots$, $B = a'^{\alpha'}.b'^{\beta'}\ldots$ und $a, b \ldots, a', b'$ seien unter sich verschiedene Primzahlen. Da $x^{AB} \equiv 1\ (mod.\,p)$ und $y^{AB} \equiv 1\ (mod.\,p)$ ist, so ist auch $(xy)^{AB} = (xy)^{a^{\alpha}.b^{\beta}\ldots a'^{\alpha'}.b'^{\beta'}\ldots} \equiv 1\ (mod.\,p)$. Gehörte xy zu einer Potenz s die kleiner als AB wäre, so müfste nothwendig $s = a^{\alpha_{,,}}.b^{\beta_{,,}}\ldots a'^{\alpha'_{,,}}.b'^{\beta'_{,,}}\ldots$ und $a^{\alpha_{,,}}.b^{\beta_{,,}}\ldots a'^{\alpha'_{,,}}.b'^{\beta'_{,,}}\ldots$ ein Factor von $a^{\alpha}.b^{\beta}\ldots a'^{\alpha'}.b'^{\beta'}\ldots$ sein, also wenigstens eine der Zahlen $\alpha_{,,}, \beta_{,,}\ldots \alpha_{,,,}, \beta_{,,,}\ldots$ kleiner als $\alpha, \beta \ldots \alpha_{,}, \beta_{,}\ldots$ resp.; es sei z. B. $\alpha_{,,} < \alpha$, man erhebe die Zahl $(xy)^{a^{\alpha_{,,}}.b^{\beta_{,,}}\ldots a'^{\alpha'_{,,}}.b'^{\beta'_{,,}}\ldots}$ zur Potenz $b^{\beta-\beta_{,,}}\ldots a'^{\alpha'-\alpha'_{,,}}.b'^{\beta'-\beta'_{,,}}\ldots$, so ist $(xy)^{a^{\alpha_{,,}}.b^{\beta}\ldots a'^{\alpha'}.b'^{\beta'}\ldots} \equiv 1$, folglich auch $x^{a^{\alpha_{,,}}.b^{\beta}\ldots a'^{\alpha'}.b'^{\beta'}\ldots} \equiv 1$, weil $y^{a'^{\alpha'}.b'^{\beta'}\ldots} \equiv 1$ ist. Da aber $a'^{\alpha'}.b'^{\beta'}\ldots$ kein Multiplum von $a^{\alpha}.b^{\beta}$ ist, so kann auch $x^{a'^{\alpha'}.b'^{\beta'}\ldots}$ nicht $\equiv 1$ sein, also müfste $x^{a^{\alpha_{,,}}.b^{\beta}\ldots} \equiv 1$ sein, gegen die Voraussetzung.

Hieraus folgt, dafs, wenn überhaupt n Zahlen zu n verschiedenen Exponenten gehören, die alle unter sich Primzahlen sind, alsdann das Product dieser Zahlen zu einem Exponenten gehört, der dem Producte der n Exponenten gleich ist. Man habe z. B. $x^{a^{\alpha}.b^{\beta}\ldots} \equiv 1$, $y^{a'^{\alpha'}.b'^{\beta'}\ldots} \equiv 1$, $z^{a''^{\alpha''}.b''^{\beta''}\ldots} \equiv 1$, so dafs x, y, z resp. zu den Exponenten $a^{\alpha}.b^{\beta}\ldots$, $a'^{\alpha'}.b'^{\beta'}\ldots$, $a''^{\alpha''}.b''^{\beta''}\ldots$ gehören, und $a, b, \ldots a', b', \ldots a'', b'', \ldots$ unter sich verschiedene Primzahlen bedeuten, so gehört xy zum Exponenten $a^{\alpha}.b^{\beta}\ldots a'^{\alpha'}.b'^{\beta'}\ldots$, folglich xyz zum Exponenten $a^{\alpha}.b^{\beta}\ldots a'^{\alpha'}.b'^{\beta'}\ldots a''^{\alpha''}.b''^{\beta''}\ldots$ u. s. w. Diese Bemerkung führt zu folgendem Theorem.

Die Summe aller Zahlen, die zur Potenz d **gehören, ist entweder** $\equiv 0\ (mod.\,p)$ (wenn d durch ein Quadrat divisibel ist) **oder**

$\equiv \pm 1 \pmod{p}$ (wenn d ein Product aus unter sich verschiedenen Primzahlen ist), und zwar mufs das positive oder negative Zeichen genommen werden, je nachdem die Anzahl dieser Primzahlen paar oder unpaar ist. Einen einzelnen Fall dieses Theorems findet man in *Disq. arithm. art.* 81. Der dort gegebene Beweis läſst sich ohne Mühe auch auf den allgemeineren Satz ausdehnen, und ich übergehe ihn daher der Kürze halber.

4.

Gehört die Zahl a zu einer unpaaren Potenz d, so kann in ihrer Periode nicht zugleich m und $p-m$ vorkommen, wenn der mod. $= p$ ist. Denn es sei $a^l \equiv m$, $a^n \equiv -m$, so wird $a^{2l} \equiv a^{2n} \equiv m^2$, und $a^{2l}(1-a^{2(n-l)}) \equiv 0$, oder $a^{2n}(1-a^{2(l-n)}) \equiv 0$, je nachdem $n >$ oder $< l$ ist, also im ersten Falle $a^{2(n-l)} \equiv 1$, welches unmöglich ist, da $n-l < d$ ist, und also $2(n-l)$ kein Multiplum von d sein kann. Eben so unmöglich ist, im zweiten Falle, die Congruenz $a^{2(l-n)} \equiv 1$. Da 1 in jeder Periode vorkommt, so kann $p-1$ nie in der Periode einer Zahl vorkommen, die zum Exponenten $2n+1$ gehört.

5.

Kommen die Zahlen b, c in der Periode einer Zahl a vor, so kommt auch ihr Product, oder dessen Rest (wenn es $> p$ ist), darin vor. Dies versteht sich von selbst. Kommt b in der Periode der Zahl a vor, und c nicht, so kann auch bc nicht darin vorkommen. Denn es gehöre a zur Potenz d, so ist, nach der Voraussetzung $b^d \equiv 1$, wäre auch $(bc)^d \equiv 1$, so müſste $c^d \equiv 1$ sein, gegen die Voraussetzung. Ist $p = 2n+1$ und a eine Zahl die zur Potenz n gehört, so mufs das Product zweier Zahlen c, d, die nicht in der Periode der Zahl a vorkommen, in dieser Periode vorkommen. Die Zahlen c, d müssen zu Exponenten r, s resp. gehören, die Factoren von $2n$ und nicht Factoren von n sind, da $c^{2n} \equiv 1$, $d^{2n} \equiv 1$ ist (*Disq. arithm. art.* 50.); ist nun $2n = 2^{t+1}.a^{\alpha}.b^{\beta}\ldots.$ und sind a, b unpaare, unter sich verschiedene Primzahlen, so muſs $r = 2^{t+1}.a^{\alpha'}.b^{\beta'}\ldots.$ $s = 2^{t+1}.a^{\alpha''}.b^{\beta''}\ldots.$ sein, also $c^{2^t a^{\alpha'}.b^{\beta'}} \equiv -1$, $d^{2^t a^{\alpha''}.b^{\beta''}} \equiv -1$, und weil $a^{\alpha-\alpha'}.b^{\beta-\beta'}$, $a^{\alpha-\alpha''}.b^{\beta-\beta''}$ unpaare Zahlen sind, auch

$$\left(c^{2^t a^{\alpha'} b^{\beta'}\ldots}\right)^{a^{\alpha-\alpha'}.b^{\beta-\beta'}\ldots} \equiv -1, \quad \left(d^{2^t.a^{\alpha''}.b^{\beta''}\ldots}\right)^{a^{\alpha-\alpha''}b^{\beta-\beta''}\ldots} \equiv -1,$$

folglich $(cd)^{2^t.a^{\alpha}b^{\beta}\ldots} = (cd)^n \equiv 1$.

6.

Wenn man alle Zahlen von 1 bis $p-1$ incl. zur $n$ten Potenz erhebt, die dadurch entstehenden Zahlen durch p dividirt und die Reste nimmt, so heifsen diese letzteren, Reste der $n$ten Potenz, die übrigen Zahlen, die $<p$ sind, Nichtreste der $n$ten Potenz. Will man die Anzahl der unter sich verschiedenen Zahlen wissen, die unter den Resten enthalten sind, so mufs man drei Fälle unterscheiden.

I. Ist n Primzahl zu $p-1$, so giebt es $p-1$ verschiedene Reste.

Gäbe es zwei Zahlen a, b, so beschaffen, dafs $a^n \equiv b^n$ wäre, so hätte man auch, wenn die Zahl e zur Potenz $p-1$ gehörte, zwei Zahlen e^m, e^{m+l}, die resp. $\equiv a$, $\equiv b$ wären, also $e^{mn} \equiv e^{n(m+l)}$ und $e^{nl} \equiv 1$; da aber n zu $p-1$ Primzahl ist, so müfste e^n zur $p-1$ten Potenz gehören, und es kann daher nicht $(e^n)^l \equiv 1$ sein, da e immer $<p$ genommen werden kann. Man kann also sagen, dafs, wenn n zu $p-1$ Primzahl ist, die Reste der $n$ten Potenz identisch sind mit den Zahlen, die in der Periode einer Zahl vorkommen, welche zur $p-1$ten Potenz gehört.

II. Ist n ein Factor von $p-1$, so giebt es $\frac{p-1}{n}$ verschiedene Reste, und zwar kommt jeder Rest n mal vor. Sucht man z. B. die Reste der 4ten Potenz für den *mod.* 13, so findet man die Zahlen: 1, 3, 3, 9, 1, 9, 9, 1, 9, 3, 3, 1.

Gehört die Zahl a zur Potenz $\frac{p-1}{n}$, so kann man (nach *Disq. arithm. art.* 71.) immer eine Zahl e finden, die zur Potenz $p-1$ gehört, und deren $n$te Potenz $\equiv a$ ist. Da also $a \equiv e^n$ ist, so sind die in der Periode von a enthaltenen Zahlen, die alle unter sich verschieden sind, und deren Anzahl $= \frac{p-1}{n}$ ist, resp. congruent mit $(e^2)^n$, $(e^3)^n$ u. s. w. Es giebt also in jedem Falle wenigstens $\frac{p-1}{n}$ verschiedene Reste der $n$ten Potenz. Mehr als diese kann es nicht geben. Denn da für jede Zahl r, $r^{p-1} \equiv 1$ (*mod.* p) ist, so ist $(r^n)^{\frac{p-1}{n}} \equiv 1$, also die $n$te Potenz jeder Zahl, oder deren Rest, in der Periode von a enthalten. Jede der $p-1$ Zahlen, die zur Potenz n erhoben werden sollen, ist congruent mit einer Potenz von e, aber $(e^m)^n \equiv \left(e^{m+\frac{p-1}{n}}\right)^n \equiv \ldots \equiv \left(e^{m+\frac{(n-1)(p-1)}{n}}\right)^n$; also kommt jeder Rest n mal vor. Man kann daher sagen, dafs, wenn n ein Factor von $p-1$ ist, die unter sich verschiedenen Reste der Potenz n identisch sind mit den Zahlen, die in der Periode einer Zahl vorkommen, welche zur Potenz $\frac{p-1}{n}$ gehört.

III. Ist $n = ab$, $p-1 = ac$, und sind b, c unter sich Primzahlen, so giebt es c verschiedene Reste der Potenz n, und jeder dieser Reste kommt a mal vor. Ist z. B. $a = 2$, $b = 2$, $c = 5$, so sind die Reste: 1, 5, 4, 3, 9, 9, 3, 4, 5, 1.

Denn, erhebt man zuerst alle Zahlen von 1 bis $p-1$ incl. zur Potenz a, so erhält man (nach II.) c verschiedene Werthe, die mit den Zahlen identisch sind, welche die Periode einer zur Potenz c gehörenden Zahl A ausmachen: erhebt man alle Zahlen dieser Periode zur Potenz b, so erhält man dieselben Reste, als wenn man alle Zahlen von 1 bis $p-1$ incl. zur Potenz ab erhöbe; diese Reste müssen aber alle unter sich verschieden und folglich $= c$ sein. Denn da b zu c Primzahl ist, so gehört A^b zur Potenz c, wäre aber die Potenz b zweier Zahlen A^m, A^{m+l}, die in der Periode von A vorkommen, congruent, also $(A^b)^m \equiv (A^b)^{m+l}$, so wäre $(A^b)^l \equiv 1$, welches unmöglich ist, da l immer $< p-1$ genommen werden kann. Will man daher die Reste der Potenz ab wissen, so braucht man nur die der Potenz a zu suchen, oder die Reste der Potenz ab sind identisch mit den Zahlen, welche die Periode einer zur Potenz c gehörenden Zahl ausmachen, wenn $p-1 = ac$ ist und b, c unter sich Primzahlen sind.

7.

Aus 5. und 6. folgen mehrere Theoreme.

α) Das Product zweier Reste der Potenz m ist wieder ein Rest dieser Potenz. Das Product eines Restes und eines Nichtrestes der Potenz m ist ein Nichtrest dieser Potenz. Für die zweite Potenz ist das Product zweier Nichtreste ein Rest dieser Potenz.

β) Ist $p = mn+1$, so muss, wenn a ein Rest der Potenz n sein soll, $a^m \equiv 1$ sein; ist $n = 2$, so ist in jedem Falle $a^{2m} \equiv 1$, also $a^m \equiv 1$ oder $\equiv -1$, je nachdem g ein Rest oder Nichtrest der 2ten Potenz ist (vergl. *Disq. arithm. art.* 106.).

γ) Es sei n eine unpaare Zahl. Da $p-1$ immer eine paare Zahl ist, so sind die Reste der Potenz n identisch mit den Gliedern der Periode einer Zahl A, die zu einer paaren Potenz, z. B. zu $2q$, gehört, folglich, da $A^q \equiv -1$ ist, so ist in diesem Falle -1 immer ein Rest der Potenz n. Ist aber n eine paare Zahl $= 2^r . M$, $p-1 = 2^s N$, und M, N sind unpaare Zahlen, so ist -1 ein Rest oder Nichtrest der Potenz n, p, nachdem s grösser oder nicht grösser als r ist. Dieses Resultat kann man auch auf folgende Weise aussprechen: Ist n eine unpaare Zahl, so ist die Congruenz $x^n \equiv -1$ (*mod. p*) immer auflösbar, und zwar hat x nur einen Werth der $< p$ ist, wenn n zu $p-1$ Primzahl ist, n Werthe, wenn n ein Factor von $p-1$ ist, und a Werthe, wenn $n = ab$, $p-1 = ac$, und a der grösste gemeinschaftliche Factor der Zahlen n, $p-1$ ist. Ist aber n eine paare Zahl, so ist die Congruenz $x^n \equiv -1$ nur dann auflösbar, wenn in $p-1$ der Factor 2 zu einer höheren Potenz erhoben vorkommt als in n; im entgegengesetzten Falle ist sie unauflösbar.

8.

Das Product der unter sich verschiedenen Reste der Potenz n ist $\equiv \pm 1$, und zwar immer $\equiv -1$, wenn n eine unpaare Zahl ist; ist aber $n = 2^r . M$, $p-1 = 2^s N$, und sind M, N unpaare Zahlen, so ist das Product $\equiv -1$, oder $\equiv +1$, je nachdem s grösser oder nicht grösser als r ist. Dies folgt aus 1 und 6.

9.

Die Summe der Reste der $n$ten Potenz ist $\equiv 0$ (*mod. p*). Ausgenommen ist der Fall $n = p-1$, weil alsdann alle $p-1$ Reste $= 1$ sind. (Nach *Disq. arithm. art* 79.)

10.

Es ist bekannt, dass es nur in wenigen Fällen möglich ist, die primitiven Wurzeln direct zu bestimmen (vergl. *Disq. arithm. art.* 73.). Dies ist aber sehr häufig möglich, wenn $p-1 = 2.a.b.c....$ ist, und $a, b, c....$ unter sich verschiedene unpaare Primzahlen bezeichnen. Man nehme eine beliebige Zahl, z. B. 2, erhebe diese zur Potenz $2bc....$, und es sei

$2^{2bc\ldots} \equiv m$ (*mod. p*), eben so sei $2^{\frac{p-1}{b}} \equiv n$ (*mod. p*), $2^{\frac{p-1}{c}} \equiv l$ (*mod. p*), u. s. w. Ist nun keine der Zahlen $m, n, l.... \equiv 1$, so ist das Product $(p-1) m n l....$, oder dessen Rest nach dem *mod. p* eine primitive Wurzel.

Nach 6 II. kommt m in der Periode einer Zahl d vor, die zur Potenz a gehört, und gehört selbst zur Potenz a (da a eine Primzahl ist), wenn nicht $m \equiv d^a$, d. h. $\equiv 1$ ist. Unter derselben Bedingung gehört n zur Potenz b, l zur Potenz c u. s. w.; $p-1$ aber gehört zur zweiten Potenz, folglich $(p-1)m.n.l\ldots$, oder dessen Rest, zur Potenz $2.a.b.c\ldots = p-1$ (nach 3.). Sucht man z. B. eine primitive Wurzel für den *mod.* 211, so ist $p-1 = 2.3.5.7$, $2^{30} \equiv 171$, $2^{42} \equiv 184$, $2^{70} \equiv 196$. und $171.184.196.210 \equiv -40.-27.-15.-1 \equiv 164$.

Ist eine der Zahlen $m, n, l, \ldots \equiv 1$, z. B. die Zahl m, so nehme man nur statt $2^{bc\ldots}$ eine andere Zahl, z. B. $3^{bc\ldots}$; ist auch diese $\equiv 1$, so nehme man $5^{bc\ldots}$ und fahre so fort bis man eine Primzahl A findet, deren $2bc\ldots$te Potenz nicht $\equiv 1$ ist, und substituire diese oder ihren Rest statt m in das Product.

Ist $p-1 = 2^{\nu}.a^{\alpha}.b^{\beta}.c^{\gamma}\ldots$ und sind $a, b, c \ldots$ unpaare, unter sich verschiedene Primzahlen, so kann man in jedem Falle durch ein dem obigen ähnliches Verfahren eine Zahl finden, die zur Potenz $2.a.b.c\ldots$ gehört, und auch dies ist beim Aufsuchen der primitiven Wurzeln von Nutzen.

11.

Ist $p = 2q+1$, und q eine unpaare Primzahl, so ist 2 oder -2 eine primitive Wurzel, je nachdem $p = 8n+3$ oder $8n+7$ ist. Denn eine Zahl a kann für den *mod.* p nur zur 1ten, 2ten, $q$ten oder $2q$ten Potenz gehören; nun gehört (nach *Disq. arithm. art.* 112. 113.) für $p = 8n+3$ die Zahl 2, und für $p = 8n+7$ die Zahl -2 nicht zur Potenz q, ferner sind 2^2 und $(-2)^2$ nur für den *mod.* 3, $\equiv 1$, also gehört 2 oder -2 zur Potenz $2q$, je nachdem $p = 8n+3$ oder $8n+7$ ist.

Ist $p = 4q+1$ und q eine Primzahl, so kann eine Zahl a für diesen *mod.* nur zu einer der Potenzen $1, 2, 4, q, 2q, 4q$ gehören. Nach *Disq. arithm. art.* 112. gehört ± 2 weder zur Potenz q noch zur Potenz $2q$, zur Potenz 2 gehört nur $p-1$, und da $(\pm 2)^4 = 16$ ist, so gehört ± 2 nur für den *mod.* 5 zur Potenz 4, also ist für jeden *mod.* $p = 4q+1$, sowohl $+2$ als -2 eine primitive Wurzel.

Es lassen sich sehr leicht auf diesem Wege noch andere Fälle finden, in welchen man eine primitive Wurzel direct bestimmen kann. So z. B. ist (nach *Disq. arithm. art.* 118.), wenn $p = 12n+5$ ist, ± 3 ein Nichtrest der 2ten Potenz; ist nun $p = 4(3n+1)+1$ und $3n+1$ eine Primzahl $= q$, so kann ± 3 nur zu einer der Potenzen $4, 4q$ gehören; da nun $3^4 = 81$ ist, so ist für alle Zahlen $p = 4q+1$, die > 81 sind sowohl $+3$ als -3 primitive Wurzel; Zahlen, die < 81 sind, giebt es nur drei der angegebenen Form, 5, 29, 53, und auch für diese gehören ± 3 zur Potenz $4q$.

12.

Will man über die Theorie der cubischen Reste oder der Reste der 3ten Potenz Untersuchungen anstellen, so muſs man (nach 6.) bei den *modd.* zwei Classen unterscheiden; zur ersten Classe gehören die *modd.* $p=3n+2$, und für diese ist jede Zahl $<p$ ein Rest, zur anderen Classe gehören die *modd.* $p=3n+1$, für welche es immer n unter sich verschiedene Reste der 3ten Potenz giebt. Ich werde im Folgenden unter p immer eine Zahl der zweiten Classe verstehen.

Da in der Form $p=3n+1$, n eine paare Zahl ist, so folgt aus 8. daſs

—1 für jeden *mod.* p ein cubischer Rest ist,

und aus 7. *a*), daſs überhaupt, wenn m ein cubischer Rest ist, auch $-m$ ein solcher ist.

13.

Sucht man die Zahlen p, für welche ± 2 ein cubischer Rest ist, so findet man, daſs unter den Zahlen 7, 13, 19, 31, 37, 43, 61, 67, 73, 79, 97, 103, 109, 127, 139, 151 folgende: 31, 43, 109, 127, diese Eigenschaft haben, und man entdeckt bald durch Induction, wodurch sich letztere Zahlen von den übrigen unterscheiden. Es ist bekannt, daſs jede Primzahl von der Form $3n+1$ unter die Form a^2+3b^2 gebracht werden kann, und zwar nur auf Eine Weise (*Disq. arithm. art.* 182.). Wendet man dieses auf die oben angegebenen Zahlen an, so findet man: $7=2^2+3.1$, $13=1+3.2^2$, $19=4^2+3.1$, $31=2^2+3.3^2$, $37=5^2+3.2^2$, $43=4^2+3.3^2$, $61=7^2+3.2^2$, $67=8^2+3.1$, $73=5^2+3.4^2$, $79=2^2+3.5^2$, $97=7^2+3.4^2$, $103=10^2+3.1$, $109=1+3.6^2$, $127=10^2+3.3^2$, $139=8^2+3.5^2$, $151=2^2+3.7^2$, und man bemerkt sogleich, daſs bei den Zahlen 31, 43, 109, 127, und bei keiner der übrigen Zahlen, $b=3m$ ist. Ich werde nun beweisen *), daſs ± 2 immer ein cubischer Rest ist, wenn $p=a^2+3b^2$, und $b=3m$ ist, mit anderen Worten, wenn $p=a^2+27m^2$ ist; im entgegengesetzten Falle kann ± 2 kein cubischer Rest sein.

Wenn g eine Zahl ist, die zur Potenz $3n$ gehört, so sind die cubischen Reste resp. congruent mit den Zahlen g^0, g^3, g^6, ... g^{3n-3} (nach 6. II.), der Inbegriff dieser Zahlen heiſse die Classe A. Multi-

*) Der folgende Beweis ist eine bloſse Anwendung der Principien, die Gauſs in seiner Abhandlung „*De residuis biquadraticis*" (*Comm. soc. Gott. rec. Vol. VI.*) gegeben hat. Man vergleiche auch *Disq. arithm. art.* 358.

plicirt man alle Glieder der Classe A mit g, so erhält man die Zahlen: $g, g^4, \ldots g^{3n-2}$; der Inbegriff dieser Zahlen heiße die Classe B. Multiplicirt man alle Glieder der Classe B mit g, so erhält man die Zahlen $g^2, g^5, \ldots g^{3n-1}$, deren Inbegriff die Classe C heißen möge. Bezeichnet man nun unbestimmte Zahlen aus der Classe A, durch $\alpha, \alpha', \alpha''$ etc., und eben so durch β, β', β'' etc., $\gamma, \gamma', \gamma''$ etc. unbestimmte Zahlen aus den Classen B, C resp., so ist klar, daß für den *mod.* p $\alpha.\alpha' = \alpha''$, $\alpha.\beta = \beta'$, $\alpha\gamma = \gamma'$, $\beta\beta' = \gamma$, $\beta\gamma = \alpha$, $\gamma\gamma' = \beta$ ist.

14.

Die Menge der Zahlen aus der Classe A, welchen unmittelbar eine Zahl aus der Classe A, B, C folgt, soll durch (AA), (AB), (AC) resp. bezeichnet werden; eben so soll (BA), (BB), (BC) die Menge der Zahlen aus der Classe B bezeichnen, welchen eine Zahl aus der Classe A, B, C resp. unmittelbar folgt, und man sieht hieraus leicht, was durch (CA), (CB), (CC) ausgedrückt werden soll. Behält man die in 13. angegebene Bezeichnung bei, so bezeichnet (AA) die Menge der Auflösungen, welche die Gleichung $\alpha + 1 = \alpha'$ zuläßt. Da aber α und $p-\alpha$ nach 12. immer zu derselben Classe A gehören, so kann man sagen, AA bezeichne die Menge der Auflösungen, welche die Gleichung $\alpha + 1 = p - \alpha'$ oder die Congruenz $\alpha + \alpha' + 1 \equiv 0$ (*mod.* p) zuläßt. Eben so bezeichnet (AB), (AC) die Menge der Auflösungen, welche die Congruenz $1 + \alpha + \beta \equiv 0$, $1 + \alpha + \gamma \equiv 0$ resp. zuläßt. Sucht man eben so was (BA), (CB), (CA) bezeichnet, so findet man sogleich $(AB) = (BA)$, $(AC) = (CA)$, $(BC) = (CB)$.

(BB) ist die Menge der Auflösungen, welche die Congruenz $1 + \beta + \beta' \equiv 0$ (*mod.* p) zuläßt. Man suche eine Zahl m, welche der Congruenz $\beta m \equiv 1$ (*mod.* p) Genüge leistet (m muß nach 13. $= \gamma$ sein), und setze $\beta'\gamma = \alpha''$, so hat die Congruenz $1 + \beta + \beta' \equiv 0$ eben so viel Auflösungen wie die Congruenz $\gamma + 1 + \alpha'' \equiv 0$, also ist $(BB) = (AC)$. Eben so findet man $(CC) = (AB)$.

Auf diese Weise sind die neun Größen (AA), (AB), (AC), (BA) etc. auf vier (AA), (AB), (AC), (BC) zurückgeführt.

Auf jede der in der Classe A enthaltenen Zahlen, $p-1$ ausgenommen, muß eine Zahl aus einer der Classen A, B, C folgen, also ist

$$(AA) + (AB) + (AC) = n - 1.$$

Eben so ist $(BA)+(BB)+(BC)=(AB)+(AC)+(BC)=n$, und daher $(BC)-(AA)=1$.

15.

Eine andere Gleichung erhält man, wenn man die Menge der Auflösungen sucht, welche die Congruenz $1+\alpha+\beta+\gamma\equiv 0$ zuläfst (wo α, β, γ dasselbe wie in 13. bezeichnen). $1+\alpha$ ist nothwendig entweder $\equiv\alpha'$, oder $\equiv\beta'$, oder $\equiv\gamma'$. Man mufs daher untersuchen, wie viel Auflösungen die Congruenzen $\alpha'+\beta+\gamma\equiv 0$, $\beta'+\beta+\gamma\equiv 0$, $\gamma'+\beta+\gamma\equiv 0$ zulassen, um die Anzahl der Werthe zu finden, welche der Congruenz $1+\alpha+\beta+\gamma\equiv 0$ Genüge leisten. Die Congruenz $\alpha'+\beta+\gamma\equiv 0$ kann auf eben so viel Arten aufgelöst werden, wie die Congruenz $1+\beta'+\gamma'\equiv 0$ (wenn $\beta\equiv\alpha'\beta'$, $\gamma\equiv\alpha'\gamma'$ gesetzt wird), d. h. sie hat (BC) verschiedene Auflösungen. Die Congruenz $\beta'+\beta+\gamma\equiv 0$ hat eben so viel Auflösungen wie die Congruenz $1+\alpha+\beta\equiv 0$, d. h. sie hat (AB) verschiedene Auflösungen (wenn $\beta'\alpha\equiv\beta$, $\beta'\beta\equiv\gamma$ gesetzt wird). Eben so findet man, dafs die Congruenz $\gamma'+\beta+\gamma\equiv 0$, (AC) verschiedene Auflösungen hat. Da aber die Congruenzen $\alpha+1\equiv\alpha'$, $\alpha+1\equiv\beta'$, $\alpha+1\equiv\gamma'$, (AA), (AB), (AC) Auflösungen resp. haben, so hat die Congruenz $1+\alpha+\beta+\gamma\equiv 0$, $(AA)(BC)+(AB)^2+(AC)^2$ verschiedene Auflösungen. Die Anzahl der Auflösungen der Congruenz $1+\alpha+\beta+\gamma\equiv 0$ kann man aber auch erhalten, wenn man $1+\beta$ successiv $\equiv\alpha'$, $\equiv\beta'$, $\equiv\gamma'$ setzt, und dann untersucht, auf wie viel Arten die Congruenzen $\alpha'+\alpha+\gamma\equiv 0$, $\beta'+\alpha+\gamma\equiv 0$, $\gamma'+\alpha+\gamma\equiv 0$ aufgelöst werden können. Auf diesem Wege findet man, dafs die Congruenz $1+\alpha+\beta+\gamma\equiv 0$, $(AB)(AC)+(AC)(BC)+(AB)(BC)$ Auflösungen hat, folglich ist

$$(AA)(BC)+(AB)^2+(AC)^2=(AC)(BC)+(AB)(BC)+(AB)(AC).$$

Substituirt man für AA seinen Werth $BC-1$, so geht die obige Gleichung in folgende über:

$$(BC)^2+(AB)^2+(AC)^2-(AC)(BC)-(AB)(BC)-(AB)(AC)=BC, \text{ oder}$$

$$12BC+12AC+12AB+4$$
$$=36\{(BC)^2+(AB)^2+(AC)^2-(AC)(BC)-(AB)(AC)-(AB)(BC)\}$$
$$-24BC+12AC+12AB+4,$$

und da $AB+AC+BC=n$ ist,

$$12n+4=(6BC-3AB-3AC-2)^2+27(AB-AC)^2=P^2+27Q^2$$

wenn man
$$6BC-3AB-3AC-2=\pm P,$$
$$AB-AC=\pm Q$$

setzt. Da aber, wie sich leicht beweisen läfst, $12n+4$ nur auf eine Weise unter die Form g^2+27h^2 gebracht werden kann, so sind P^2 und Q^2 bestimmte Zahlen. Nimmt man keine Rücksicht auf die Zeichen von P und Q, so kann man die vier Gröfsen (AA), (AB), (AC), (BC) aus den vier Gleichungen $(AA)+(AB)+(AC) = n-1$, $(BA)+(AC)+(BC) = n$, $6(BC)-3(AB)-3(AC)-2 = P$, $(AB)-(AC) = Q$ bestimmen, und zwar ist

$$18(AA) = 2P-14+6n,$$
$$18(AB) = 6n-2+9Q-P,$$
$$18(AC) = 6n-2-9Q-P,$$
$$18(BC) = 2P+4+6n.$$

16.

Die Zahlen P und Q sind nothwendig entweder beide paar oder beide unpaar; im ersten Falle kann $p=3n+1$ immer unter die Form a^2+27m^2 gebracht werden (indem man $a=\frac{P}{2}$, $m=\frac{Q}{2}$ setzt), im zweiten Falle niemals (weil sonst $12n+4$ auf zwei Arten durch die Form g^2+27h^2 ausgedrückt werden könnte). Aus der Gleichung $9AA = P-7+3n$ folgt, dafs (AA) paar oder unpaar ist, je nachdem P unpaar oder paar ist, da n immer paar ist. Sind aber die Zahlen α und $\alpha+1$ in der Classe A enthalten, so sind auch $p-\alpha$, $p-\alpha-1$ in dieser Classe enthalten, also ist (AA) immer eine paare Zahl, ausgenommen wenn $\alpha=\frac{p-1}{2}$ ist; in diesem letzteren Falle gehört aber nothwendig auch 2 zur Classe A, folglich ist (AA) unpaar oder paar, je nachdem 2 in der Classe A, oder in einer der andern Classen enthalten ist, und umgekehrt; **die Zahl 2 ist also ein cubischer Rest oder Nichtrest, je nachdem p in der Form a^2+27m^2 enthalten oder nicht enthalten ist,** oder: **wenn $4p=g^2+27h^2$, so ist ± 2 ein cubischer Rest oder Nichtrest, je nachdem die Zahlen g, h paar oder unpaar sind.** Da 8 eine Cubikzahl ist, so ist 4 immer zugleich mit 2 ein cubischer Rest oder Nichtrest (nach 7. α.).

17.

Es seien α, β, γ unbestimmte Zahlen aus den Classen A, B, C resp., so ist $\alpha^{\frac{p-1}{3}} \equiv 1 \pmod{p}$; ist ferner $\beta^{\frac{p-1}{3}} \equiv f$, so ist $f^3 \equiv 1 \pmod{p}$ und $\gamma^{\frac{p-1}{3}} \equiv f^2$.

Substituirt man in dem Ausdrucke $\Sigma(x^3+1)^{\frac{p-1}{3}}$ für x alle ganze Zahlen von 1 bis $p-1$ incl., so ist

$$\Sigma(x^3+1)^{\frac{p-1}{3}} \equiv -2 \equiv 3(AA)+3f(AB)+3f^2(AC) \text{ oder}$$
$$-4 \equiv 6(AA)+6f(AB)+6f^2(AC) \pmod{p} \text{ *)}.$$

Es ist aber $1+f+f^2 = \frac{f^3-1}{f-1}$, oder, da f nicht der Einheit gleich sein kann und $f^3\equiv 1$ ist, $1+f+f^2\equiv 0 \pmod{p}$, also $f^2\equiv -(1+f)$; setzt man daher in die obige Formel $-(1+f)$ für f^2, und substituirt zugleich für (AA), (AB), (AC) die in 15. gefundenen Werthe, so erhält man $-4\equiv P-4+6fQ+3Q$, also

$$P\equiv -3Q(1+2f).$$

Ferner ist $\Sigma(x^3+1)^{\frac{2(p-1)}{3}} \equiv -2-R$, wo R den Binomial-Coëfficienten des Gliedes bedeutet, in dem x^{p-1} vorkommt. Man hat daher $-2-R\equiv 3(AA)+3f^2(AB)+3f(AC)$, und erhält hieraus durch Substitution, $-4-2R\equiv P-4-3Q-6fQ\equiv P-4+P$, also $P\equiv -R$.

Wahrscheinlich ist es möglich, auf eine ähnliche Weise auch Q auf directem Wege zu bestimmen, jedoch ist es mir noch nicht gelungen, den Ausdruck dafür zu finden.

Aus $\Sigma(x^3+1)^{\frac{p-1}{3}} \equiv 3(AA)+3f(AB)+3f^2(AC)$ folgt:

$$\Sigma(x^3+1)^{p-1} \equiv 3(AA)+3(AB)+3(AC).$$

Entwickelt man aber $(x^3+1)^{p-1}$ nach der Binomialformel, so haben die zwei Glieder, in welchen x^{p-1} und $x^{2(p-1)}$ vorkommt, gleiche Binomial-Coëfficienten. Setzt man diesen Coëfficienten $=T$, so ist

$$\Sigma(x^3+1)^{p-1} \equiv -2-2T \text{ und}$$
$$-2-2T \equiv 3(AA)+3(AB)+3(AC) \equiv 3n-3 \text{ (nach 14.)},$$

folglich $\quad 2-2T\equiv 0$, und $T\equiv 1 \pmod{p}$.

18.

Wenn $4p = g^2+27h^2$ ist, so sind die Zahlen g, h entweder beide cubische Reste oder beide cubische Nichtreste der Zahl p. Denn es ist

$$g^2\equiv(-3)^3.h^2, \text{ oder } g^{\frac{p-1}{3}} \equiv (-3)^{\frac{p-1}{2}}.h^{\frac{p-1}{3}} \pmod{p};$$

aber $(-3)^{\frac{p-1}{2}}$ ist $\equiv 1 \pmod{p}$ (Disq. arithm. art. 119.), also $g^{\frac{p-1}{3}} \equiv h^{\frac{p-1}{3}}$. Ist daher eine der Zahlen g, h, z. B. g, ein cubischer Rest der Zahl p, so ist $g^{\frac{p-1}{3}} \equiv 1$, und daher auch $h^{\frac{p-1}{3}} \equiv 1$, oder h ein cubischer Rest der Zahl p.

*) Man vergleiche die oben angeführte Abhandlung De resid. biq. art. 19.

15.
Bemerkung über die Abwickelung krummer Linien von Flächen.

(Von Herrn Dr. *Minding* zu Berlin.)

Die Gröfse $\frac{\cos i}{R}$, welche im Sinne der in dem Aufsatze 22. des vorigen Bandes gebrauchten Bezeichnung den umgekehrten Werth des Krümmungshalbmessers ϱ einer auf die Ebene abgewickelten Curve bezeichnet, läfst sich auf ähnliche Weise allgemein ausdrücken, wie das Maafs der (*mensura curvaturae*) in den *Disquisitiones generales circa superficies curvas* von Gaufs dargestellt wird. Setzt man nemlich, wie in dieser Abhandlung geschieht:

$$dx = a\,dp + a'\,dq\,.\;dy = b\,dp + b'\,dq\,.\;dz = c\,dp + c'\,dq,$$

indem man die Coordinaten x, y, z als gegebene Functionen zweier Veränderlichen p und q ansieht; ferner:

$$a^2 + b^2 + c^2 = E, \quad aa' + bb' + cc' = F, \quad a'^2 + b'^2 + c'^2 = G,$$

so hängt ϱ von den Gröfsen E, F, G, und ihren Differentialen, so wie von den Differentialquotienten $\frac{dp}{dq}$, $\frac{d^2p}{dq^2}$ ab, welche durch die Gleichung der Curve bestimmt werden.

Ist die Differentialgleichung der Fläche:

$$X\,dx + Y\,dy + Z\,dz = 0,$$

so erhält man:

$$X : Y : Z = cb' - bc' : ac' - ca' : ba' - ab',$$

mithin für die Tangential-Ebene:

$$(cb' - bc')x + (ac' - ca')y + (ba' - ab')z + \alpha = 0.$$

Für die anschliefsende Ebene hat man:

$$Ax + By + Cz + \beta = 0,$$

wo $A = dz\,d^2y - dy\,d^2z$, $B = dx\,d^2z - dz\,d^2x$, $C = dy\,d^2x - dx\,d^2y$.

Drückt man nun die Coordinaten durch p und q aus, so erhält man:

$$A = (c\,db - b\,dc)dp^2 + (c'\,db' - b'\,dc')dq^2$$
$$+ (c\,db' + c'\,db - b\,dc' - b'\,dc)dp\,dq + (cb' - bc')(dp\,d^2q - dq\,d^2p).$$
$$B = (a\,dc - c\,da)dp^2 + (a'\,dc' - c'\,da')dq^2$$
$$+ (a\,dc' + a'\,dc - c\,da' - c'\,da)dp\,dq + (ac' - ca')(dp\,d^2q - dq\,d^2p).$$

$$C = (b\,da - a\,db)\,dp^2 + (b'\,da' - a'\,db')\,dq^2$$
$$+ (b\,da' + b'\,da - a\,db' - a'\,db)\,dp\,dq + (b\,a' - a\,b')(dp\,d^2q - dq\,d^2p).$$

Mit Hülfe dieser Ausdrücke erhält man den Zähler Z von $\cos i$:

$$Z = (cb' - bc')A + (ac' - ca')B + (ba' - ab')C =$$
$$\{(Ea' - Fa)\,da + (Eb' - Fb)\,db + (Ec' - Fc)\,dc\}\,dp^2$$
$$+ \{(Fa' - Ga)\,da' + (Fb' - Gb)\,db' + (Fc' - Gc)\,dc'\}\,dq^2$$
$$+ \left\{\begin{matrix} + (Ea' - Fa)\,da' + (Fa' - Ga)\,da \\ + (Eb' - Fb)\,db' + (Fb' - Gb)\,db \\ + (Ec' - Fc)\,dc' + (Fc' - Gc)\,dc \end{matrix}\right\} dp\,dq$$
$$+ (EG - FF)(dp\,d^2q - dq\,d^2p).$$

Nun hat man, vermöge der Bedeutung der Gröfsen a, b, c, a', b', c':

$$\frac{da}{dq} = \frac{da'}{dp}, \quad \frac{db}{dq} = \frac{db'}{dp}, \quad \frac{dc}{dq} = \frac{dc'}{dp},$$

woraus sich ergiebt:

$$a\,da' + b\,db' + c\,dc' = \tfrac{1}{2}\frac{dE}{dq}\,dp + \left(\frac{dF}{dq} - \tfrac{1}{2}\frac{dG}{dp}\right)dq,$$
$$a'\,da + b'\,db + c'\,dc = \tfrac{1}{2}\frac{dG}{dp}\,dq + \left(\frac{dF}{dp} - \tfrac{1}{2}\frac{dE}{dq}\right)dp.$$

Daher erhält man endlich für Z folgenden Werth:

$$\left\{E\left(\tfrac{1}{2}\frac{dG}{dp}\,dq + \frac{dF}{dp}\,dp - \tfrac{1}{2}\frac{dE}{dq}\,dp\right) - \tfrac{1}{2}F\,dE\right\}dp^2$$
$$+ \left\{\tfrac{1}{2}F\,dG - G\left(\tfrac{1}{2}\frac{dE}{dq}\,dp + \frac{dF}{dq}\,dq - \tfrac{1}{2}\frac{dG}{dp}\,dq\right)\right\}dq^2$$
$$+ \left\{\tfrac{1}{2}E\,dG - \tfrac{1}{2}G\,dE + F\left(\frac{dF}{dp}\,dp - \frac{dF}{dq}\,dq + \frac{dG}{dp}\,dq - \frac{dE}{dq}\,dq\right)\right\}dp\,dq$$
$$+ (EG - FF)(dp\,d^2q - dq\,d^2p).$$

Man hat nun

$$\cos i = \frac{Z}{\sqrt{(EG - FF)}\,.\,\sqrt{(A^2 + B^2 + C^2)}}.$$

Ferner hat man für den Krümmungshalbmesser R.

$$R = \frac{dP^3}{\sqrt{(A^2 + B^2 + C^2)}},$$

wo

$$dP^2 = E\,dp^2 + 2F\,dp\,dq + G\,dq^2 = dx^2 + dy^2 + dz^2.$$

Also

$$\frac{\cos i}{R} = \frac{1}{\varrho} = \frac{Z}{\sqrt{EG - FF}\,dP^3}.$$

Läfst man p und q Polarcoordinaten auf der Fläche bedeuten, d. h. setzt man nach den frühern Bezeichnungen $p = s$, $q = \psi$, so erhält man:

$$E = 1, \quad F = 0, \quad G = \varphi^2, \quad dP^2 = ds^2 + \varphi^2\,d\psi^2.$$

Hieraus ergiebt sich:

$$\frac{dP^3}{\varrho}+\varphi d\psi d^2 s-2\frac{d\varphi}{ds}d\psi ds^2-\frac{d\varphi}{d\psi}d\psi^2 ds-\varphi^2\frac{d\varphi}{ds}d\psi^3=0,$$

wenn man $d^2\psi=0$ setzt. Ferner hat man:

$$\frac{d\frac{dy}{dP}+q\,d\frac{dz}{dP}}{dx\sqrt{(1+p^2+q^2)}}=\frac{1}{\varrho}.$$

Aus der Vergleichung dieser beiden Formeln für $\frac{1}{\varrho}$ geht hervor, dafs man für eine Curve, deren Gleichung in dem Ausdrucke: $s=$const. enthalten ist, auch die folgende Relation bei:

$$(A.)\quad d\frac{dy}{dP}+q\,d\frac{dz}{dP}=\frac{d\varphi}{ds}\cdot\frac{1}{\varphi}.$$

Der auf der rechten Seite stehende Ausdruck enthält im Allgemeinen, aufser der veränderlichen Gröfse ψ, auch noch die Coordinaten des Mittelpuncts der Curve, welche noch vermittelst der Gleichungen $s=$const. und $ds=0$ eliminirt werden mufsten, wenn (A.) die allgemeine Differentialgleichung für eine Curve von constantem Radius auf der Fläche sein sollte. Die Gröfsen α, β, ψ fallen aber aus demselben von selbst hinweg auf denjenigen Flächen, auf welchen das Maafs der Krümmung constant ist.

Bezeichnet man dasselbe mit k, so lehrt der 19te §. der erwähnten Abhandlung von Gaufs, dafs allgemein:

$$\frac{d^2\varphi}{ds^2}+k\varphi=0.$$

Die Function φ (welche dort mit m bezeichnet wird) mufs so beschaffen sein, dafs für $s=0$, $\varphi=0$ und $\frac{d\varphi}{ds}=1$. Hieraus folgt, wenn k constant ist, $\varphi=\frac{1}{\sqrt{k}}\sin s\sqrt{k}$. In diesem Falle geht also die Gleichung (A.) über in:

$$\frac{d\frac{dy}{dP}+q\,d\frac{dz}{dP}}{dx\sqrt{1+p^2+q^2}}=\sqrt{k}\cot s\sqrt{k}.$$

Daher gilt auf diesen Flächen der Satz, welchen allgemein aufzustellen ich durch seine Voraussetzung verleitet ward, deren Grund man Seite 303. des vorigen Bandes kurz angedeutet findet.

Berlin, im Mai 1830.

16.

Theorie der Potenzial- oder cyklisch-hyperbolischen Functionen.

(Von Herrn Prof. Gudermann zu Cleve.)

(Fortsetzung der Abhandlung No. 1. im vorigen Hefte.)

Neunter Abschnitt.

Vermittelung zwischen den hyperbolischen und cyklischen Functionen durch Longitudinalfunctionen.

§. 35.

Die Beziehungen unter den hyperbolischen Functionen eines und desselben Arcus lassen sich in ähnlicher Weise, wie die Beziehungen unter den cyklischen Functionen eines Arcus an einem ebenen Dreiecke nachweisen. Es sei ABC (Taf. II. Fig. 20.) ein ebenes Dreieck, dessen Winkel durch A, B, C bezeichnet sein mögen; die Seiten heißen a, b, c, und zwar in der Ordnung, in welcher sie den ähnlich benannten Winkeln gegenüberliegen.

Wäre nun etwa der Winkel C ein rechter, so wäre

$$\sin A = \frac{a}{c};\quad \cos A = \frac{b}{c} \quad \text{und} \quad \operatorname{tang} A = \frac{a}{b}.$$

Die drei cyklischen Functionen $\sin A$, $\cos A$, $\operatorname{tang} A$ wären also auf den Winkel A, oder richtiger auf eine unbenannte Zahl als ihren gemeinschaftlichen Arcus bezogen, welche durch $\frac{A.\pi}{180}$ ausgedrückt wird, wenn A in Graden der alten Eintheilung angegeben wird, und durch $\frac{A\pi}{200}$, wenn der Winkel A in Graden der neuen Eintheilung gegeben ist.

Man lasse nun aber einmal den Winkel C unbestimmt, damit er nicht gerade ein rechter sei, und denke sich einen von dem Winkel A in anderer Weise ebenfalls abhängenden Arcus x, auf welchen die hyperbolischen Functionen bezogen werden sollen. Setzt man dann wieder:

$$1.\quad \mathfrak{Sin}\, x = \frac{a}{c},\quad \mathfrak{Cos}\, x = \frac{b}{c} \quad \text{und} \quad \mathfrak{Tang}\, x = \frac{a}{b},$$

und wird die Abhängigkeit des Arcus x vom Winkel A oder vom vorigen Arcus etwa durch $x = \varphi A$ vorgestellt, so müssen den Beziehungen unter diesen drei hyperbolischen Functionen die Beziehungen unter den Seiten und Winkeln des Dreiecks angemessen sein.

Nun ist aber, wenn der Winkel C ein unbestimmter ist:

$$\frac{a}{c}=\frac{\sin A}{\sin C};\quad \frac{b}{c}=\frac{\sin(A+C)}{\sin C}\quad \text{und}\quad \frac{a}{b}=\frac{\sin A}{\sin(A+C)};$$

also hat man auch, wenn diese Werthe substituirt werden:

$$2.\quad \mathfrak{Sin}\,x=\frac{\sin A}{\sin C};\quad \mathfrak{Cos}\,x=\frac{\sin(A+C)}{\sin C}\quad \text{und}\quad \mathfrak{Tang}\,x=\frac{\sin A}{\sin(A+C)}.$$

Die eine zwischen den hyperbolischen Functionen Statt findende Beziehung, $\mathfrak{Tang}\,x=\frac{\mathfrak{Sin}\,x}{\mathfrak{Cos}\,x}$, ist wie man sieht erfüllt, und es kommt also nur noch darauf an, daſs auch der Gleichung $\mathfrak{Cos}\,x^2-\mathfrak{Sin}\,x^2=1$ ein Genüge geschehe, und hiernach muſs also die Gröſse des vorhin unbestimmten Winkels C bestimmt werden. Substituirt man in dieser Gleichung die Werthe (2.), so erhält man:

$$\sin(A+C)^2-\sin A^2=\sin C^2.$$

Da nun aber $\sin w^2-\sin v^2=\sin(w+v).\sin(w-v)$ ist, so verwandelt sich die gefundene Gleichung offenbar in $\sin(2A+C).\sin C=\sin C^2$, oder

$$[\sin(2A+C)-\sin C].\sin C=0.$$

Es ist daher entweder $\sin C=0$ oder auch $\sin(2A+C)-\sin C=0$. Die erste Voraussetzung giebt $C=0$ oder $C=\pi$ und ist nicht zu gebrauchen, weil in jedem der beiden Fälle das Dreieck ABC in eine gerade Linie zusammenfallen würde. Die zweite Bestimmung $\sin(2A+C)=\sin C$ ist gleichgeltend mit $2A+C=\pi-C$, woraus $A+C=\frac{\pi}{2}$, d. h. $B=\frac{\pi}{2}$ folgt.

Die Seite BC des Dreiecks ABC, welche bei der früheren Anwendung der cyklischen Functionen auf AC senkrecht sein muſste, muſs also, wenn nun die hyperbolischen Functionen auf den Winkel A in der durch die Gleichung $x=\varphi A$ bestimmten Weise bezogen werden sollen, auf AB senkrecht sein.

Wird weiter der Werth $C=\frac{\pi}{2}-A$ in den Ausdrücken (2.) substituirt, so erhält man:

$$\mathfrak{Sin}\,x=\frac{\sin A}{\sin C}=\tang A,$$

$$\mathfrak{Cos}\,x=\frac{\sin(A+C)}{\sin C}=\frac{1}{\cos A},$$

$$\mathfrak{Tang}\,x=\frac{\sin A}{\sin(A+C)}=\sin A.$$

Die hyperbolischen Functionen eines Arcus sind also der Reihe nach gleich gewissen cyklischen Functionen eines Winkels A, und es bleibt der Zusammenhang zwischen dem Arcus x und dem Arcus $\frac{A\pi}{180}$, welcher durch die Gleichung $x=\varphi A$ angedeutet wurde, nur noch allein zu erforschen übrig.

§. 36.

Zu denselben Resultaten führen auch rein arithmetische Betrachtungen. Die Function $\sin y$ ist $=0$ für $y=0$ und nähert sich wachsend der Grenze Eins, wenn der Arcus y zwischen den Grenzen 0 und $\frac{\pi}{2}$ wächst; für $y=\frac{\pi}{2}$ ist $\sin y=+1$. Die hyperbolische Function $\mathfrak{Tang}\,x$ ist auch Null für $x=0$ und nähert sich wachsend ebenfalls der Grenze Eins, nur daſs der Arcus x dabei ins Unendliche wächst. Geht man vom positiven Arcus zum negativen über, so werden beide Functionen negativ, ohne ihre absolute Gröſse zu ändern. Daher wird es für jeden willkürlich gewählten (möglichen) Werth von x allemal einen zwischen den Grenzen $-\frac{\pi}{2}$ und $+\frac{\pi}{2}$ befindlichen Werth von y geben, der so beschaffen ist, daſs er der Gleichung $\mathfrak{Tang}\,x=\sin y$ Genüge leistet.

Unter der Voraussetzung aber, daſs x und y solche zwei zusammengehörige Arcus sind, lassen sich auch die übrigen hyperbolischen Functionen des Arcus x durch cyklische Functionen des Arcus y ausdrücken. Da, um zu dem Cosinus überzugehen, $1-\mathfrak{Tang}\,x^2=\frac{1}{\mathfrak{Cos}\,x^2}$ ist, so hat man $\frac{1}{\mathfrak{Cos}\,x^2}=1-\sin y^2=\cos y^2$ und also $\mathfrak{Cos}\,x=\frac{1}{\cos y}$. Da weiter $\mathfrak{Cos}\,x.\mathfrak{Tang}\,x=\mathfrak{Sin}\,x$, so hat man $\mathfrak{Sin}\,x=\frac{1}{\cos y}.\sin y=\tan y$.

Wenn man weiter die abgeleiteten Formeln, aus deren einer man immer die übrigen wird finden können, etwa in folgender Anordnung zusammenstellt:

$$\mathfrak{Sin}\,x=\operatorname{tang} y \qquad \sin y=\mathfrak{Tang}\,x,$$
$$\mathfrak{Cos}\,x=\frac{1}{\cos y} \quad \text{und} \quad \cos y=\frac{1}{\mathfrak{Cos}\,x},$$
$$\mathfrak{Tang}\,x=\sin y \qquad \operatorname{tang} y=\mathfrak{Sin}\,x,$$

so sieht man, daſs der Übergang von den Functionen des Arcus x zu denen des Arcus y ähnlich ist dem Rückgange von diesen zu jenen; es kommen nemlich dabei immer dieselben Benennungen in Anwendung, nur daſs die Bezeichnung im einen Falle da durch deutsche Buchstaben ausgedrückt wird, wo sie im anderen Falle gleichlautende lateinische Buchstaben enthält und durch sie auf die cyklischen Functionen hinweiset. Wegen dieser Wechselbeziehung, welche dem Gedächtnisse nicht wenig zu Hülfe kommt, empfehlen sich die aufgestellten Formeln als eben so viele Grundformeln. Da sie ferner sämmtlich aus einer hergeleitet sind, so drücken sie auch alle denselben Zusammenhang zwischen den beiden Arcus x und y aus. Was noch mehr ist: wenn man eine einzige Zahlencolumne anfertigte, aus der man für jeden willkürlich gewählten Werth von x den zugehörigen Werth von y entnehmen könnte, dann wären die sämmtlichen hyperbolischen Functionen auf cyklische und umgekehrt diese auf jene in ganz einfacher Weise zurückgebracht.

§. 37.

Da die Zahlen oder Arcus x und y so von einander abhängen, dafs man die eine aus der anderen wird berechnen können, so erscheint x als eine Function von y und umgekehrt y als eine Function von x. Obgleich man diese Functionen noch nicht in der zu ihrer Berechnung geeigneten Gestalt kennt, so wird es dennoch gestattet sein, für die unmittelbare Beziehung zwischen x und y in ihren beiden Wechselformen schon jetzt eine einfache Bezeichnung festzusetzen, welche später unverändert beibehalten werden soll.

Da x und y Arcus bezeichnen, so mögen die Anfangsbuchstaben der Wörter „Länge" und „*longitudo*" allein jene Beziehungen ausdrücken, und zwar sei:

$$x = \mathfrak{L}y \quad \text{und} \quad y = lx.$$

In Anwendung dieser Bezeichnungsart erscheinen die obigen Formeln in folgender Gestalt:

1) $\mathfrak{Sin}\, k = \tang lk,$	5) $\sin k = \mathfrak{Tang}\, \mathfrak{L}k,$
2) $\mathfrak{Cos}\, k = \frac{1}{\cos lk},$	6) $\cos k = \frac{1}{\mathfrak{Cos}\, \mathfrak{L}k},$
3) $\mathfrak{Tang}\, k = \sin lk,$	7) $\tang k = \mathfrak{Sin}\, \mathfrak{L}k,$
4) $\mathfrak{Cot}\, k = \frac{1}{\sin lk},$	8) $\cot k = \frac{1}{\mathfrak{Sin}\, \mathfrak{L}k}.$

Man wird aber nicht vergessen, dafs diese acht Formeln erst dann bei Rechnungen in bestimmten Zahlen nützen können, wenn man die Functionen $\mathfrak{L}k$ und lk, deren erste man die dem Arcus k zugehörige Längezahl, und deren zweite man die dem Arcus k zugehörige Longitudinalzahl nennen wird, so kennt, dafs man ihre Werthe für die einzelnen Werthe von k anzugeben vermag. Die Charactere $\mathfrak{L}$ und l können auch als Zeichen oder Andeutungen gewisser Operationen angesehen werden, durch welche man aus einem Arcus k die Arcus $\mathfrak{L}k$ und lk finden kann. Später wird bewiesen werden, dafs das Zeichen $\mathfrak{L}k$ eine Vergröfserung, und dafs hingegen das Zeichen lk eine Verkleinerung des Arcus k verlangt.

Wenn man die Logarithmen durch die Vorsylbe log bezeichnet, so können die Functionen lk und $\mathfrak{L}k$ mit $\log k$ nicht verwechselt werden.

Man übersieht auch schon jetzt leicht, daſs die so eben genannten beiden Operationen einander dergestalt entgegengesetzt sind, daſs sie bei ihrem Zusammenkommen gegenseitig ihren Einfluſs auf eine Zahl k ganz vernichten. Es ist immer:

$$\mathfrak{L}lk = l\mathfrak{L}k = k.$$

Denn da nach den Fundamentalformeln $\mathfrak{Sin}\,\varphi = \tang l\varphi$ ist, so setze man $\mathfrak{L}k$ für φ, und man erhält $\mathfrak{Sin}\,\mathfrak{L}k = \tang l\mathfrak{L}k$; da aber $\mathfrak{Sin}\,\mathfrak{L}k = \tang k$ ist, so ist auch $\tang k = \tang l\mathfrak{L}k$, oder einfacher $l\mathfrak{L}k = k$. Eben so wird bewiesen, daſs $\mathfrak{L}lk = k$ sei. In ähnlicher Art beweiset man auch die beiden Formeln:

$$\mathfrak{L}(-k) = -\mathfrak{L}k \quad \text{und} \quad l(-k) = -lk,$$

woraus man sieht, daſs man nur die Länge- oder Longitudinalzahlen der positiven Arcus zu berechnen hat.

§. 38.

Nehmen wir die Gleichung $\mathfrak{Tang}\,\mathfrak{L}k = \sin k$ vor, so ziehen wir daraus durch Umkehrung:

$$\mathfrak{L}k = \mathfrak{Arc}\,(\mathfrak{Tang} = \sin k).$$

Nun ist aber immer $\mathfrak{Arc}\,(\mathfrak{Tang} = z) = \log \sqrt{\left(\frac{1+z}{1-z}\right)}$ (nach §. 5.), also hat man auch:

$$\mathfrak{L}k = \log \sqrt{\left(\frac{1+\sin k}{1-\sin k}\right)}.$$

Dieser Ausdruck kann aber mehrfach umgeformt werden, nemlich:

$$\mathfrak{L}k = \log \frac{1+\tang\frac{k}{2}}{1-\tang\frac{k}{2}} = \log \frac{1+\sin k}{\cos k} = \log \frac{\cos k}{1-\sin k}.$$

In der einfachsten Gestalt ist aber der Ausdruck $\mathfrak{L}k$ der folgende:

$$\mathfrak{L}k = \log \tang \tfrac{1}{2}\left(\frac{\pi}{2} + k\right).$$

Wären also in den gewöhnlichen trigonometrischen Tafeln neben den briggesschen Logarithmen der Tangenten und Cotangenten die natürlichen Logarithmen dieser cyklischen Functionen enthalten, so könnte man für jeden willkürlich gewählten Werth von k zwischen den Grenzen $k = 0$ und $k = \frac{\pi}{2}$ den zugehörigen Werth der Function $\mathfrak{L}k$ aus einer solchen Tabelle fast ohne alle Rechnung, etwa eine unbedeutende Interpolation zur Correction der letzten Ziffern der Decimalbrüche abgerechnet, entnehmen.

Da man die letzte Formel auch also ausdrücken kann:

$$\log \operatorname{tang} \tfrac{1}{2}\left(\frac{\pi}{2} + lk\right) = k,$$

so würde die so eingerichtete Tabelle auch dazu dienen, die einem gegebenen Arcus k zugehörige Longitudinalzahl lk mit gleicher Leichtigkeit zu finden. Es belohnt daher die Mühe, den gewöhnlichen trigonometrischen Tafeln noch die zweckmäſsige Abänderung oder Erweiterung zu geben, daſs in ihnen noch eine Zahlencolumne fortgeführt wird, welche für die einzelnen von Minute zu Minute wachsenden Werthe des Arcus oder Winkels k die zugehörigen Werthe der Function $\mathfrak{L}k$, und zwar den Werthen von k, log brigg. sin k, log brigg. tang k und log brigg. cot k gerade gegenüber, und also in einer und derselben Horizontalreihe mit ihnen befindlich enthält. Eine also eingerichtete Tabelle hat einen doppelt so groſsen Werth als vorhin, indem sie nun auch zur bequemen Realisirung der Werthe der hyperbolischen Functionen dient, statt daſs ihr Gebrauch früher bloſs auf die Realisirung der cyklischen Functionen beschränkt war. Wird nun z. B. die hyperbolische Function $\mathfrak{Tang}\,k$, oder vielmehr ihr briggischer Logarithme für einen gegebenen Werth von k gefordert, so wird man die Zahl k in der so eben beschriebenen Columne aufsuchen; ihr zur Seite steht dann der Winkel lk in Graden und Minuten angegeben, und in derselben Horizontalreihe steht nun zugleich log brigg. sin lk als Werth von log brigg. $\mathfrak{Tang}\,k$.

§. 39.

Eine solche Abänderung der trigonometrischen Tafeln würde eine neue Ausgabe derselben nothwendig machen, statt dessen ist aber in den von dem Verfasser entworfenen cyklisch-hyperbolischen Tafeln eine Tabelle enthalten, welche für beide Kreis-Eintheilungen zu gebrauchen ist, und worin man für alle um eine Centesimal-Minute wachsende Werthe des Winkels k zwischen den Grenzen $k = 0^g$ und $k = 100^g$ (der neuen Eintheilung) die zugehörigen Werthe der Function $\mathfrak{L}k$ findet, und welche, da die Differenzen dieser Function bei einem Wachsen des Winkels k um eine Centesimal-Secunde, oder auch um eine Sexagesimal-Secunde darin ebenfalls durchweg angegeben sind, in ähnlicher Art die Einschaltungen erleichtert, wie die gemeinen trigonometrischen Tafeln.

Wollte man z. B. die Werthe der hyperbolischen Functionen des Arcus 1,9736427 berechnen, so würde man $\mathfrak{L}k = 1{,}9736427$ setzen, und

$k = 82^\circ 42' 09'', 214$ nach der neuen, oder auch $k = 74^\circ 10' 43'', 785$ nach der alten Eintheilung finden. Die beiden Rechnungen sind nemlich:

Mit der Zahl $\mathfrak{L}k = 1,9736427$ stimmt der genannten Tabelle gemäfs am nächsten überein d. Zahl $= 1,9735896$.

Die Differenz ist . . . . 531.

Zu der Zahl 1,9735896 gehört aber als Winkel $82^\circ 42'$ nach der neuen, oder $74^\circ 10' 40'', 80$ nach der alten Eintheilung. Zugleich werden die entsprechenden Differenzen aus der Tabelle für ein Wachsen des Winkels um eine Secunde abgelesen. Diese sind:

57,63 für die neue, oder 177,87 für die alte Eintheilung.

Die noch hinzukommenden Secunden werden durch Division gefunden, nemlich $\frac{531}{57,63} = 9,214$ und $\frac{531}{177,87} = 2,985$. Also ist $k = 82^\circ 42' + 9'', 214 = 82^\circ 42' 09'', 214$ nach der neuen, oder $74^\circ 10' 40'', 80 + 2'', 985 = 74^\circ 10' 43'', 785$ nach der alten Eintheilung, und also weiter:

$$\mathfrak{Cos}\,\mathfrak{L}k = \frac{1}{\cos k}; \quad \mathfrak{Sin}\,\mathfrak{L}k = \operatorname{tang} k; \text{ u. s. w.}$$

Eben so findet man umgekehrt, wenn der Werth einer hyperbolischen Function gegeben ist, den ihr zugehörigen Arcus mittelst der genannten Tabelle. Denn wäre z. B. $\mathfrak{Cos}\,k = a$ gegeben, so würde man aus der Gleichung $\cos\varphi = \frac{1}{a}$ mittelst der trigonometrischen Tafeln zuerst den Winkel φ suchen, und aus ihm findet man dann leicht durch ein dem vorigen entgegengesetztes Verfahren den Arcus $k = \mathfrak{L}\varphi$.

Die mehrgedachte Tabelle für die Werthe der Functionen $\mathfrak{L}k$ eignet sich aber nicht mehr zu einem schnellen Gebrauche, wenn der Arcus der hyperbolischen Functionen > 4 ist, oder die zugehörige Longitudinalzahl der Arcus eines Winkels ist, welchem nur noch zwei Centesimal-Grade an einem rechten Winkel fehlen. In diesem Falle aber wird die Rechnung durch den Gebrauch anderer ebenfalls von dem Verfasser berechneter Tafeln noch leichter als selbst vorhin, weil dann der Gebrauch der vermittelnden Function ganz vermieden wird. Diese Tafeln haben eben deswegen einen ungleich gröfseren Umfang erhalten, indem sie die gemeinen Logarithmen der hyperbolischen Functionen selbst für alle Arcus, welche > 2 sind, und anfänglich um 0,001, später aber um 0,01 wachsen, anfänglich mit neun, später aber mit zehn Decimalstellen enthalten und so weit fortgeführt sind, dafs die Differenzen der Logarithmen der hyperbolischen Functionen den Differenzen ihrer Arcus hinlänglich genau proportional sind, selbst dann, wenn der die Grenzen der Tafeln überschreitende Arcus um ein Beliebiges grüſser ist, als der letzte darin vorkommende Arcus 12.

§. 40.

Aus den in §. 37. enthaltenen Grundformeln flieſsen andere als fernere Folgerungen. Da nemlich $\mathfrak{Cos}\,k = \frac{1}{\cos lk}$, so ist $\mathfrak{Cos}\,k - 1 = \frac{1 - \cos lk}{\cos lk}$ und $\mathfrak{Cos}\,k + 1 = \frac{1 + \cos lk}{\cos lk}$. Nun ist aber $\mathfrak{Cos}\,k - 1 = 2\,\mathfrak{Sin}\,\tfrac{1}{2}k^2$; $\mathfrak{Cos}\,k + 1 = 2\,\mathfrak{Cos}\,\tfrac{1}{2}k^2$; $1 - \cos lk = 2\sin\tfrac{1}{2}lk^2$ und $1 + \cos lk = 2\cos\tfrac{1}{2}lk^2$; also hat man:

$$\mathfrak{Sin}\,\tfrac{1}{2}k = \frac{\sin\tfrac{1}{2}lk}{\sqrt{(\cos lk)}};\quad \mathfrak{Cos}\,\tfrac{1}{2}k = \frac{\cos\tfrac{1}{2}lk}{\sqrt{(\cos lk)}};\quad \mathfrak{Tang}\,\tfrac{1}{2}k = \operatorname{tang}\tfrac{1}{2}lk.$$

In umgekehrter Beziehung erhält man drei ähnliche Formeln:

$$\sin\tfrac{1}{2}k = \frac{\mathfrak{Sin}\,\tfrac{1}{2}\mathfrak{L}k}{\sqrt{(\mathfrak{Cos}\,\mathfrak{L}k)}};\quad \cos\tfrac{1}{2}k = \frac{\mathfrak{Cos}\,\tfrac{1}{2}\mathfrak{L}k}{\sqrt{(\mathfrak{Cos}\,\mathfrak{L}k)}};\quad \operatorname{tang}\tfrac{1}{2}k = \mathfrak{Tang}\,\tfrac{1}{2}\mathfrak{L}k.$$

Da $\mathfrak{Cos}\left(\frac{a}{2} + \frac{b}{2}\right) = \mathfrak{Cos}\,\frac{a}{2}\,\mathfrak{Cos}\,\frac{b}{2} + \mathfrak{Sin}\,\frac{a}{2}\,\mathfrak{Sin}\,\frac{b}{2}$ und $\cos\left(\frac{a}{2} + \frac{b}{2}\right) = \cos\frac{a}{2}\cos\frac{b}{2} - \sin\frac{a}{2}\sin\frac{b}{2}$ ist, so erhält man, wenn die vorausgeschickten Formeln benutzt werden:

$$\mathfrak{Cos}\left(\frac{a+b}{2}\right) = \frac{\cos(\tfrac{1}{2}la - \tfrac{1}{2}lb)}{\sqrt{(\cos la \cos lb)}} \quad\text{und}\quad \cos\left(\frac{a+b}{2}\right) = \frac{\mathfrak{Cos}\,(\tfrac{1}{2}\mathfrak{L}a - \tfrac{1}{2}\mathfrak{L}b)}{\sqrt{(\mathfrak{Cos}\,\mathfrak{L}a\,\mathfrak{Cos}\,\mathfrak{L}b)}}.$$

In ähnlicher Art erhält man für die Sinus von $\frac{a+b}{2}$ die beiden Formeln:

$$\mathfrak{Sin}\left(\frac{a+b}{2}\right) = \frac{\sin(\tfrac{1}{2}la + \tfrac{1}{2}lb)}{\sqrt{(\cos la \cos lb)}} \quad\text{und}\quad \sin\left(\frac{a+b}{2}\right) = \frac{\mathfrak{Sin}\,(\tfrac{1}{2}\mathfrak{L}a + \tfrac{1}{2}\mathfrak{L}b)}{\sqrt{(\mathfrak{Cos}\,\mathfrak{L}a\,\mathfrak{Cos}\,\mathfrak{L}b)}}.$$

Werden diese Formeln durch die vorigen dividirt, so bekommt man

$$\mathfrak{Tang}\left(\frac{a+b}{2}\right) = \frac{\sin(\tfrac{1}{2}la + \tfrac{1}{2}lb)}{\cos(\tfrac{1}{2}la - \tfrac{1}{2}lb)} \quad\text{und}\quad \operatorname{tang}\left(\frac{a+b}{2}\right) = \frac{\mathfrak{Sin}\,(\tfrac{1}{2}\mathfrak{L}a + \tfrac{1}{2}\mathfrak{L}b)}{\mathfrak{Cos}\,(\tfrac{1}{2}\mathfrak{L}a - \tfrac{1}{2}\mathfrak{L}b)}.$$

Da endlich $\mathfrak{Sin}\,2k = 2\,\mathfrak{Sin}\,k.\mathfrak{Cos}\,k$, und $\mathfrak{Sin}\,k = \operatorname{tang} lk$, $\mathfrak{Cos}\,k = \frac{1}{\cos lk}$ ist, so findet man

$$\mathfrak{Sin}\,2k = \frac{2\sin lk}{(\cos lk)^2},\quad\text{und auch}\quad \sin 2k = \frac{2\,\mathfrak{Sin}\,\mathfrak{L}k}{(\mathfrak{Cos}\,\mathfrak{L}k)^2}.$$

Zusatz. Da nach diesem §. $\operatorname{tang}\tfrac{1}{2}k = \mathfrak{Tang}\,\tfrac{1}{2}\mathfrak{L}k$ und nach §. 37 auch $\operatorname{tang}\tfrac{1}{2}k = \mathfrak{Sin}\,\mathfrak{L}\tfrac{1}{2}k$ ist, so hat man offenbar $\mathfrak{Tang}\,\tfrac{1}{2}\mathfrak{L}k = \mathfrak{Sin}\,\mathfrak{L}\frac{k}{2}$; in ähnlicher Art findet man die Formel: $\operatorname{tang}\tfrac{1}{2}lk = \sin l\frac{k}{2}$, und durch diese Formeln sind die Tangenten auf die Sinus und umgekehrt die Sinus auf die Tangenten zurückgebracht, so daſs man in den Gleichungen $\sin x = \operatorname{tang} y$ und $\mathfrak{Sin}\,x = \mathfrak{Tang}\,y$ aus dem gegebenen Arcus x immer den Arcus y und umgekehrt aus diesem jenen in Anwendung der vorigen Formein berechnen kann. Ist z. B. in der Gleichung $\sin x = \tang y$ der Arcus x gegeben, so setze man $x = l\frac{k}{2}$ und $y = \frac{1}{2}lk$. Rückwärts hat man dann $\frac{k}{2} = \mathfrak{L}x$, also $k = 2\mathfrak{L}x$ und demnach $y = \frac{1}{2}l(2\mathfrak{L}x)$; umgekehrt findet man $x = l(\frac{1}{2}\mathfrak{L}2y)$. In ähnlicher Art findet man für die Beziehung zwischen x und y in der Gleichung $\mathfrak{Sin}\,x = \mathfrak{Tang}\,y$ die beiden Formeln: $y = \frac{1}{2}\mathfrak{L}(2lx)$ und $x = \mathfrak{L}(\frac{1}{2}l\,ly)$.

Zehnter Abschnitt.

Reihen für die Potenzial-Functionen eines Arcus, für die Logarithmen derselben und für die Längezahl dieses Arcus.

§. 41.

Um die Potenzial-Functionen eines Arcus in Reihen zu entwickeln, welche nach Potenzen desselben fortschreiten, wird man mit den Sinus und Cosinus beginnen. Die im §. 2. und §. 6. bereits hergeleiteten Reihen:

$$\mathfrak{Cos}\,x = S\frac{x^{2a}}{(2a)'} \qquad \cos x = S(-1)^a\frac{x^{2a}}{(2a)'},$$

und

$$\mathfrak{Sin}\,x = S\frac{x^{2a+1}}{(2a+1)'} \qquad \sin x = S(-1)^a\frac{x^{2a+1}}{(2a+1)'}$$

für die Sinus und Cosinus des Arcus x schreiten schon nach Potenzen des Arcus x fort, und gehören also hierher. Vergebens sieht man sich aber nach Reihen um, welche in fallender Anordnung ihrer Glieder fortschreiten.

Die Quotienten $\frac{1}{\cos x}$ und $\frac{1}{\sin x}$ heifsen Secante und Cosecante des Arcus x, und man könnte diese Benennungen auch auf die hyperbolischen Functionen übertragen. Obgleich wir nun von diesen Benennungen keinen Gebrauch machen werden, so sollen doch für diese Quotienten Reihen hergeleitet werden, weil sie später angewandt werden müssen; mit der Herleitung der Reihe für die Function $\frac{1}{\cos x}$ werden wir den Anfang machen.

§. 42.

Man übersieht sogleich, dafs die Reihe für $\frac{1}{\cos x}$ die folgende Form haben werde

$$\frac{1}{\cos x} = 1 + \overset{2}{U}.\frac{x^2}{2'} + \overset{4}{U}.\frac{x^4}{4'} + \overset{6}{U}.\frac{x^6}{6'} \ldots + \overset{a}{U}.\frac{x^{2a}}{(2a)'} + \ldots$$

In Anwendung der schon früher benutzten Bezeichnungsart hat man also den Ausdruck:

$$\frac{1}{\cos x} = S\,\frac{\overset{\alpha}{U}}{(2\alpha)'}\,.\,x^{2\alpha},$$

und es müssen nur noch die Vorzahlen $\overset{1}{U}$, $\overset{2}{U}$, $\overset{3}{U}$, u. s. w. berechnet werden, denn bekannt ist schon für $\alpha = 0$ das Glied $\overset{0}{U} = 1$.

Da die Reihe $\cos x = S(-1)^{\alpha}.\frac{x^{2\alpha}}{(2\alpha)'}$ mit der für $\frac{1}{\cos x}$ multiplicirt ein Product $= 1$ geben mufs, und das allgemeine Glied des entwickelten Productes zum Coëfficienten hat:

$$S(-1)^{\alpha}.\frac{1}{(2\alpha)'}.\frac{\overset{\beta}{U}}{(2\beta)'} \qquad \text{cond. } (\alpha + \beta = r),$$

so mufs dieser Coëfficient $= 0$ sein für jedes r, welches > 0 ist. Die also gebildete Gleichung wird aber einfacher, wenn man sie mit $(2r)' = (2\alpha + 2\beta)'$ multiplicirt, und beachtet, dafs $\frac{(2r)'}{(2\alpha)'(2\beta)'} = [2r]^{2\alpha}_{(2\alpha)'} = [2r]^{2\beta}_{(2\beta)'}$ ist. Bringt man weiter das Glied für $\alpha = 0$ auf die eine Seite der Gleichung allein, so hat man die allgemeine Recursionsformel

$$\overset{r}{U} = S(-1)^{\alpha-1}\,[2r]^{2\alpha}_{(2\alpha)'}\,.\,\overset{\beta}{U} \qquad \text{cond. } \binom{\alpha+\beta=r}{\alpha>0}.$$

Die ersten Specialfälle dieser allgemeinen Formel sind zur deutlicheren Auffassung des Gesetzes hierher gestellt:

$$\overset{1}{U} = [2]^{2}_{2'},$$

$$\overset{2}{U} = [4]^{2}_{2'}\,\overset{1}{U} - [4]^{4}_{4'},$$

$$\overset{3}{U} = [6]^{2}_{2'}\,\overset{2}{U} - [6]^{4}_{4'}\,\overset{1}{U} + [6]^{6}_{6'},$$

$$\overset{4}{U} = [8]^{2}_{2'}\,\overset{3}{U} - [8]^{4}_{4'}\,\overset{2}{U} + [8]^{6}_{6'}\,\overset{1}{U} - [8]^{8}_{8'},$$

u. s. w.

Zieht man beim Gebrauche dieser Formeln vollends eine Tabelle der figurirten Zahlen zu Hülfe, so ist die Rechnung sehr einfach und man findet:

$\overset{1}{U} = 1$	$\overset{6}{U} = 2702765,$
$\overset{2}{U} = 5,$	$\overset{7}{U} = 199360981,$
$\overset{3}{U} = 61,$	$\overset{8}{U} = 19391512145,$
$\overset{4}{U} = 1385,$	$\overset{9}{U} = 2404879661671,$
$\overset{5}{U} = 50521,$	u. s. w.

Für diese Werthe der Coëfficienten hat man dann $\frac{1}{\cos x} = S\frac{\overset{\alpha}{V}}{(2\alpha)'}.x^{2\alpha}$.
Setzt man $x\sqrt{-1}$ für x, so findet man dadurch noch die folgende Reihe:

$$\frac{1}{\mathfrak{Cos}\,x} = S(-1)^{\alpha}.\frac{\overset{\alpha}{U}}{(2\alpha)'}.x^{2\alpha}.$$

Von der vorigen Reihe unterscheidet sich diese nur darin, daſs die Vorzeichen der Glieder abwechseln.

§. 43.

Die Quadrate der so eben abgeleiteten Reihen geben entwickelt Reihen von ähnlicher Form, aus denen mehrere andere Reihen hergeleitet werden. Man gelangt zur Entwickelung dieser Quadrate auf mehr als eine Weise. Wir benutzen zur Herleitung die Bemerkung, daſs

$$\left(\frac{1}{\cos x}\right)^2 = \frac{2}{1+\cos 2x} \text{ ist.}$$

Wird also $\frac{1}{\cos x^2} = 1 + \overset{1}{w}\frac{x^2}{2'} + \overset{2}{w}\frac{x^4}{4'} + \overset{3}{w}\frac{x^6}{6'} + \text{etc.} = S\frac{\overset{\alpha}{w}x^{2\alpha}}{(2\alpha)'}$ gesetzt, so muſs

$$2 = \left(S\frac{\overset{\beta}{w}x^{2\beta}}{(2\beta)'}\right).\left(1 + S(-1)^{\alpha}2^{2\alpha}.\frac{x^{2\alpha}}{(2\alpha)'}\right) \text{ sein.}$$

Der Coëfficient des allgemeinen Gliedes im entwickelten Producte ist offenbar:

$$\frac{\overset{r}{w}}{(2r)'} + S(-1)^{\alpha}\frac{2^{2\alpha}}{(2\alpha)'}.\frac{\overset{\beta}{w}}{(2\beta)'} \quad \text{cond. } (\alpha+\beta=r).$$

Da derselbe gleich Null sein muſs, sobald $r > 0$ ist, so hat man eine Recursionsformel:

$$\overset{r}{w} = 2.S(-1)^{\alpha-1}.2^{2\alpha-2}.\frac{(2r)^{2\alpha|}}{(2\alpha)'}.\overset{\beta}{w} \quad \text{cond. } \binom{\alpha+\beta=r}{\alpha>0}$$

Da nach dieser Formel jeder Coëfficient den Factor 2 beim Aufsteigen erhält, so folgt daraus, daſs im Allgemeinen der Coëfficient $\overset{r}{w}$ durch die Potenz 2^r theilbar sei. In der Regel sind aber die Coëfficienten durch noch höhere Potenzen von 2 theilbar. Die wirkliche Rechnung giebt:

$$\begin{array}{lll}
\overset{1}{w} = 2 & = 2^1.1, & \\
\overset{2}{w} = 16 & = 2^2.4 & = 2^4. \\
\overset{3}{w} = 272 & = 2^3.34 & = 2^4.17, \\
\overset{4}{w} = 7936 & = 2^4.496 & = 2^8.31, \\
\overset{5}{w} = 353792 & = 2^5.11056 & = 2^9.691, \\
\overset{6}{w} = 22368256 & = 2^6.349504 & = 2^{12}.5461.
\end{array}$$

Die Rechnung ist sehr bequem, wenn man eine Tabelle der figurirten Zahlen dabei zur Hand nimmt. Für diese Werthe hat man dann die beiden Reihen:

$$\left(\frac{1}{\cos x}\right)^2 = 1 + \overset{1}{w}.\frac{x^2}{2'} + \overset{2}{w}.\frac{x^4}{4'} + \overset{3}{w}.\frac{x^6}{6'} + \text{etc.} = S\overset{a}{w}.\frac{x^{2a}}{(2a)'}$$

und

$$\left(\frac{1}{\mathfrak{Cos}\, x}\right)^2 = 1 - \overset{1}{w}.\frac{x^2}{2'} + \overset{2}{w}.\frac{x^4}{4'} - \overset{3}{w}.\frac{x^6}{6'} + \text{etc.} = S(-1)^a\overset{a}{w}.\frac{x^{2a}}{(2a)'}.$$

§. 44.

Werden die so eben erhaltenen Reihen mit ∂x multiplicirt und wird darauf integrirt, so erhält man dadurch zwei neue Reihen:

$$\operatorname{tang} x = x + \overset{1}{w}.\frac{x^3}{3'} + \overset{2}{w}.\frac{x^5}{5'} + \overset{3}{w}.\frac{x^7}{7'} + \text{etc.} = S\overset{a}{w}.\frac{x^{2a+1}}{(2a+1)'},$$

$$\mathfrak{Tang}\, x = x - \overset{1}{w}.\frac{x^3}{3'} + \overset{2}{w}.\frac{x^5}{5'} - \overset{3}{w}.\frac{x^7}{7'} + \text{etc.} = S(-1)^a\overset{a}{w}.\frac{x^{2a+1}}{(2a+1)'}.$$

Aus diesen Reihen leitet man die Reihen für die Cotangenten her in Benutzung der Formel:

$$\cot\frac{x}{2} - 2\cot x = \operatorname{tang}\frac{x}{2} \quad \text{und} \quad 2\,\mathfrak{Cot}\, x - \mathfrak{Cot}\frac{x}{2} = \mathfrak{Tang}\frac{x}{2}.$$

Man schliefst nemlich aus der Form der Reihe für Tangenten auf die Form der Reihen für die Cotangenten, da $\cot x = \frac{1}{\operatorname{tang} x}$ ist. Setzt man hiernach

$$\cot x = \frac{1}{x} + S\overset{a}{a}.\frac{x^{2a+1}}{(2a+1)'},$$

so findet man $\frac{\overset{r}{w}}{2^{2r+1}} = \overset{r}{a}.\left(\frac{1}{2^{2r+1}} - 2\right)$, und also rückwärts $\overset{r}{a} = -\frac{\overset{r}{w}}{4^{r+1}-1}$.

Man hat also die beiden Reihen:

$$\cot x = \frac{1}{x} - S\frac{\overset{a-1}{w}}{4^a-1}.\frac{x^{2a-1}}{(2a-1)'} \quad \text{für } a > 0,$$

$$\mathfrak{Cot}\, x = \frac{1}{x} + S\frac{\overset{a-1}{w}}{4^a-1}.\frac{x^{2a-1}}{(2a-1)'} \quad \text{für } a > 0.$$

Aus diesen und den vorigen Reihen gelangt man zu neuen Reihen für die Functionen $\frac{1}{\sin x}$ und $\frac{1}{\mathfrak{Sin}\, x}$ unter Benutzung der Formeln:

$$\tfrac{1}{2}\cot\frac{x}{2} + \tfrac{1}{2}\operatorname{tang}\frac{x}{2} = \frac{1}{\sin x}, \quad \text{und} \quad \tfrac{1}{2}\mathfrak{Cot}\frac{x}{2} - \tfrac{1}{2}\mathfrak{Tang}\frac{x}{2} = \frac{1}{\mathfrak{Sin}\, x}.$$

Man erhält nemlich:

$$\frac{2}{\sin 2x} = \frac{1}{x} + S\frac{4^a-2}{4^a-1}.\overset{a-1}{w}.\frac{x^{2a-1}}{(2a-1)'} \quad \text{für } a > 0,$$

$$\frac{2}{\mathfrak{Sin}\, 2x} = \frac{1}{x} + S(-1)^a.\frac{4^a-2}{4^a-1}.\overset{a-1}{w}.\frac{x^{2a-1}}{(2a-1)'} \quad \text{für } a > 0.$$

§. 45.

Werden die so eben gefundenen 6 Formeln mit ∂x multiplicirt, und integrirt man, so gelangt man zu eben so vielen Reihen für die natürlichen Logarithmen der Potenzialfunctionen, nemlich:

$$\log\cos x = -S\overset{a-1}{w}.\frac{x^{2a}}{(2a)'} \text{ für } a > 0,$$

$$\log\mathfrak{Cos}\,x = -S(-1)^a.\overset{a-1}{w}.\frac{x^{2a}}{(2a)'} \text{ für } a > 0.$$

Aus den Reihen für die Cotangenten erhält man in ähnlicher Art:

$$\log\sin x = \log x - S\frac{\overset{a-1}{w}}{4^a-1}.\frac{x^{2a}}{(2a)'} \text{ für } a > 0,$$

$$\log\mathfrak{Sin}\,x = \log x + S\frac{\overset{a-1}{w}}{4^a-1}.\frac{x^{2a}}{(2a)'} \text{ für } a > 0.$$

Endlich erhält man noch die beiden Reihen:

$$\log\operatorname{tang} x = \log x + S\frac{4^a-2}{4^a-1}.\overset{a-1}{w}.\frac{x^{2a}}{(2a)'} \text{ für } a > 0,$$

$$\log\mathfrak{Tang}\,x = \log x + S(-1)^a.\frac{4^a-2}{4^a-1}.\overset{a-1}{w}.\frac{x^{2a}}{(2a)'} \text{ für } a > 0.$$

Die Coëfficienten $\overset{1}{w}$, $\overset{2}{w}$, $\overset{3}{w}$, etc. kommen noch in den Entwickelungen anderer Functionen vor, und daher rührt es, dafs man zu ihrer Berechnung mehrere, dem Anscheine nach gänzlich verschiedene Formeln, und nicht nur Recursionsformeln, sondern auch solche, welche zur independenten Berechnung dienen, abzuleiten vermag, worauf man hier und da ein gröfseres Gewicht legt, als sie verdienen. Später werden auch Formeln, welche zur independenten Berechnung dienen, mitgetheilt werden. Es ist nicht nöthig, die Reihe der Zahlen $\overset{1}{w}$, $\overset{2}{w}$, $\overset{3}{w}$, etc. weithin zu berechnen, weil sie mit den sogenannten Bernoullischen Zahlen auf eine einfache Weise zusammenhängen und diese bereits bis zu ansehnlicher Weite berechnet worden sind. Bezeichnet man nemlich die Bernoullischen Zahlen, wie folgt: $\overset{1}{B} = \frac{1}{6}$; $\overset{2}{B} = \frac{1}{30}$; $\overset{3}{B} = \frac{1}{42}$; $\overset{4}{B} = \frac{1}{30}$; $\overset{5}{B} = \frac{5}{66}$; $\overset{6}{B} = \frac{691}{2730}$; u. s. w., so ist allgemein:

$$\overset{r}{B} = \frac{2r.\overset{r-1}{w}}{4^r(4^r-1)}, \text{ also rückwärts } \overset{r-1}{w} = \frac{4^r(4^r-1)}{2r}.\overset{r}{B}.$$

Man hätte auch wohl gethan, statt der Bernoullischen Zahlen, welche Brüche sind, gewisse ganze Zahlen, welche mit ihnen eng verbunden sind, wie etwa die Zahlen $\overset{1}{w}$, $\overset{2}{w}$, $\overset{3}{w}$, $\overset{4}{w}$, etc. zu berechnen und statt der Bernoullischen Zahlen in Anwendung zu bringen.

§. 46.

Um nun auch noch die einem gegebenen Arcus zugehörige Längezahl und auch Longitudinalzahl, welche als neuer Arcus zu dienen bestimmt ist, in eine nach Potenzen jenes Arcus fortschreitende Reihe zu entwickeln, ist es erforderlich, die Gleichung $y = \mathfrak{L}x$ oder auch die umgekehrte $x = ly$ differentiiren zu können. Da $\mathfrak{Cos}\,\mathfrak{L}x \,.\, \cos x = 1$ ist, so erhält man

$$\log \mathfrak{Cos}\,\mathfrak{L}x + \log\cos x = 0,$$

und wenn man differentiirt: $\mathfrak{Tang}\,\mathfrak{L}x\,\partial\mathfrak{L}x = \tang x\,\partial x$; da aber $\mathfrak{Tang}\,\mathfrak{L}x = \sin x$ ist, so hat man einfacher:

$$\partial\mathfrak{L}x = \frac{\partial x}{\cos x}.$$

Eben so findet man umgekehrt: $\partial l x = \frac{\partial x}{\mathfrak{Cos}\,x}$. Hierauf gründen sich also die beiden folgenden Integralformeln:

$$\int\frac{\partial k}{\cos k} = \mathfrak{L}k + \text{const.},$$

$$\int\frac{\partial k}{\mathfrak{Cos}\,k} = lk + \text{const.}$$

Zusatz. Es können die Functionen $\mathfrak{L}k$ und lk selbst schon in einem vorgelegten Differenziale enthalten sein. Differentiirt man nemlich die Gleichung $y = \sin(a+k).\mathfrak{L}k$, so erhält man $\partial y = \partial k\cos(a+k)\mathfrak{L}k + \frac{\sin(a+k)}{\cos k}\partial k$; es ist also umgekehrt $\int\partial k\cos(a+k).\mathfrak{L}k = \sin(a+k)\mathfrak{L}k - \int\frac{\sin(a+k)}{\cos k}\partial k = \sin(a+k).\mathfrak{L}k - k\sin a + \cos a\log\cos k + \text{const.}$ Auf ähnliche Art findet man das Integral $\int\partial k\sin(a+k).\mathfrak{L}k$.

§. 47.

Die Functionen $\mathfrak{L}k$ und lk können auf mannigfaltige Weise aus Functionen des Arcus k berechnet werden. Jede Reihe, nach welcher man aus der Potenzialfunction eines Arcus den Arcus selbst findet, dient auch zur Berechnung der Functionen $\mathfrak{L}k$ und lk. So ist z. B. $\frac{1}{2}k = \mathfrak{Tang}\,\frac{1}{2}k + \frac{1}{3}\mathfrak{Tang}\,\frac{1}{2}k^3 + \frac{1}{5}\mathfrak{Tang}\,\frac{1}{2}k^5 + \text{etc.}$ Setzt man also $\mathfrak{L}k$ für k, und bemerkt, dafs $\mathfrak{Tang}\,\frac{1}{2}\mathfrak{L}k = \tang\frac{1}{2}k$ ist, so erhält man auf der Stelle:

$$\tfrac{1}{2}\mathfrak{L}k = \tang\tfrac{1}{2}k + \tfrac{1}{3}\tang\tfrac{1}{2}k^3 + \tfrac{1}{5}\tang\tfrac{1}{2}k^5 + \tfrac{1}{7}\tang\tfrac{1}{2}k^7 + \text{etc.}$$

In ähnlicher Art erhält man die Reihe:

$$\mathfrak{L}k = \tang k - \frac{1}{2}\cdot\frac{\tang k^3}{3} + \frac{1.3}{2.4}\cdot\frac{\tang k^5}{5} - \frac{1.3.5}{2.4.6}\cdot\frac{\tang k^7}{7} + \text{etc.}$$

Wenn der Arcus k grofs wird, oder $\frac{\pi}{2} - k$ gering ist, dann dienen zwei Reihen, welche man leicht aus denen des §. 21. herleitet:

$$\mathfrak{L}\left(\frac{\pi}{2}-k\right) = \log\frac{2}{\tan k} + \frac{1}{2}\cdot\frac{\tan k^2}{2} - \frac{1.3}{2.4}\cdot\frac{\tan k^4}{4} + \frac{1.3.5}{2.4.6}\cdot\frac{\tan k^6}{6} - \text{etc.}$$

$$\mathfrak{L}\left(\frac{\pi}{2}-k\right) = \log\frac{2}{\sin k} - \frac{1}{2}\cdot\frac{\sin k^2}{2} + \frac{1.3}{2.4}\cdot\frac{\sin k^4}{4} - \frac{1.3.5}{2.4.6}\cdot\frac{\sin k^6}{6} + \text{etc.}$$

Sie convergiren beide offenbar desto mehr, je kleiner der Unterschied $\frac{\pi}{2}-k$ wird. Es belohnt aber die Mühe nicht, die Anzahl dieser Formeln noch zu vermehren und die ähnlichen für die Function lk ihnen gegenüber zu stellen, wo es angeht.

§. 48.

Wichtiger ist die Angabe solcher Reihen für die Functionen $\mathfrak{L}k$ und lk, welche nach den Potenzen des Arcus k fortschreiten. Werden die im §. 42. für $\frac{1}{\cos k}$ und $\frac{1}{\mathfrak{Cos} k}$ hergeleiteten Reihen mit ∂x multiplicirt, so giebt die darauf folgende Integration nach §. 46. auf der Stelle die beiden Reihen:

$$\mathfrak{L}k = k + \overset{1}{U}\cdot\frac{k^3}{3!} + \overset{2}{U}\cdot\frac{k^5}{5!} + \overset{3}{U}\cdot\frac{k^7}{7!} + \overset{4}{U}\cdot\frac{k^9}{9!} + \text{etc.},$$

$$lk = k - \overset{1}{U}\cdot\frac{k^3}{3!} + \overset{2}{U}\cdot\frac{k^5}{5!} - \overset{3}{U}\cdot\frac{k^7}{7!} + \overset{4}{U}\cdot\frac{k^9}{9!} - \text{etc.}$$

Die in diesen Reihen vorkommenden Zahlen $\overset{1}{U}$, $\overset{2}{U}$, $\overset{3}{U}$, etc. sind ganze Zahlen, und im §. 42. sind sie bis zu einer ziemlichen Weite hin angegeben worden.

Man kann aber für die Function $\mathfrak{L}k$ noch eine Reihe angeben, welche desto brauchbarer wird, je mehr der Arcus k sich vergrößert oder der ihm zugehörige Winkel einem rechten Winkel nahe kommt. Da nemlich nach §. 38. $\mathfrak{L}k = \log\tan\frac{1}{2}\left(\frac{\pi}{2}+l\right)$, also $\mathfrak{L}\left(\frac{\pi}{2}-k\right) = \log\tan\left(\frac{\pi}{2}-\frac{k}{2}\right)$ $= \log\cot\frac{k}{2} = \log\frac{1}{\tan\frac{k}{2}}$ ist, so hat man nach §. 45.:

$$\mathfrak{L}\left(\frac{\pi}{2}-k\right) = \log\frac{2}{k} - S\frac{4^n-2}{4^n-1}\cdot\overset{n}{\omega}\cdot\frac{\left(\frac{k}{2}\right)^{2n}}{n} \quad \text{für } n>0.$$

Diese Reihe fällt nun gleichsam in die Mitte zwischen die im §. 47. für die Function $\mathfrak{L}\left(\frac{\pi}{2}-k\right)$ angegebenen beiden Reihen, indem $\tan k > k$ und $\sin k < k$ ist.

Zusatz. Setzt man in den für $\mathfrak{L}k$ und lk angegebenen Reihen $k\sqrt{-1}$ für k, so erhält man noch $\mathfrak{L}(k\sqrt{-1}) = (lk)\cdot\sqrt{-1}$, und umgekehrt $l(k\sqrt{-1}) = (\mathfrak{L}k)\sqrt{-1}$. Es braucht wohl kaum angemerkt zu werden, dafs man dieselben Resultate auch aus den Fundamentalformeln des §. 37. unmittelbar hätte schliefsen können. Die oben genannten Reihen geben auch zu erkennen, was schon früher behauptet worden ist, dafs $\mathfrak{L}k > k$ sei. Daher ist auch $l\mathfrak{L}k > lk$, oder, was dasselbe ist, $lk < k$.

Auch haben die für $\mathfrak{L}k$ und lk angegebenen Reihen die Eigenschaft, dafs man durch die Umkehrung der einen die andere erhält, welche Eigenschaft um so interessanter ist, als die beiden Reihen fast völlig übereinstimmen, nur dafs die Reihe für lk abwechselnde Vorzeichen vor ihren Gliedern hat und die Vorzeichen vor den Gliedern der ersten Reihe durchgehends + sind.

§. 40.

Die vorgehenden Reihen setzen also immer in den Stand, die Werthe der Function $\mathfrak{L}k$ für beliebige Werthe von k zu berechnen. Schon die Formel $\mathfrak{L}k = \log\operatorname{tang}\frac{1}{2}\left(\frac{\pi}{2}+k\right)$ eignet sich zu einem bequemen Gebrauche, da die briggischen Logarithmen der cyklischen Tangenten bereits berechnet und in Tafeln niedergelegt sind. Da diese Formel aber nicht briggische, sondern natürliche Logarithmen verlangt, so kommt man bei ihrem Gebrauche immer in den Fall, den aus den trigonometrischen Tafeln entnommenen briggischen Logarithmen der cyklischen Tangente mit dem Modul des natürlichen Logarithmensystems, d. h. mit der Zahl 2,3025 8509 2994 0456 8401 .... zu multipliciren, wenn der Werth von $\mathfrak{L}k$ aus dem gegebenen Werthe von k berechnet werden soll. Will man aber aus dem gegebenen Werthe von $\mathfrak{L}k$ den zugehörigen Werth von $l\mathfrak{L}k$ oder k finden, so hat man bei Anwendung der Formel den gegebenen Werth $\mathfrak{L}k$ mit der Zahl 0,4342 9448 1903 2518 2765 .... zu multipliciren, um in den trigonometrischen Tafeln dann einen diesem Producte möglichst nahe kommenden briggischen Logarithmen einer cyklischen Tangente aufzusuchen und den ihr zugehörigen Arcus oder Winkel zu finden, welcher verdoppelt und dann um einen rechten Winkel vermindert werden mufs, um den gesuchten Winkel k zu ermitteln. Man wird diese Rechnungsweisen aber auch nur dann anwenden, wenn ein besonders hoher Grad von Genauigkeit erzielt wird, so dafs eine Rechnung mit sieben Decimalziffern nicht mehr genügt, und man also die von dem Verfasser berechnete Tabelle, welche nur sieben Decimalziffern hat, nicht gebrauchen kann, deren Benutzung sonst für beide Winkel-Eintheilungen ungleich rascher zum Ziele führt. In einem solchen Falle mufs man aber auch zu trigonometrischen Tafeln greifen, welche wegen des ungewöhnlich gröfseren Umfanges, den die mehren Decimalziffern veranlassen, kostpieliger und unbequemer sind.

So mannigfaltig aber auch die Mittel sein mögen, welche zu Gebote stehen, um in einem vorgelegten besonderen Falle aus dem Werthe von k den von $\mathfrak{L}k$ oder umgekehrt aus diesem jenen zu finden, so kann jedoch die Veranlassung zu solchen Rechnungen wegfallen, weil der Gebrauch der vermittelnden Function Behufs der Realisirung der Werthe der hyperbolischen Functionen nicht mehr zusagt, d. h. weil wegen allzu raschen Wachsens oder Abnehmens die Einschaltung nicht mehr bequem und sicher angeht. Dieses ereignet sich, wie es fast die blofse Ansicht der im §. 47. und §. 48 mitgetheilten Formeln zu erkennen giebt, dann, wenn der Arcus $\mathfrak{L}k$ zu grofs und etwa >4 wird, oder also dem Winkel k nur noch ungefähr zwei Grade an einem rechten Winkel fehlen, denn dann beschleunigt sich das Wachsen von $\mathfrak{L}k$ bei einer auch geringen Zunahme von k zu sehr. Deutlicher noch als die Ansicht der genannten Formeln zeigt dieses der Blick in die berechneten Tafeln. Es ist daher nothwendig, die hyperbolischen Functionen oder doch ihre Logarithmen selbst zu berechnen und ihre Werthe in Tafeln niederzulegen, so dafs man also von ihrer Zurückführung auf die cyklischen Functionen, welche unter anderen Umständen nützlich ist, nun absteht.

§. 50.

Es ändern sich zwar die Werthe der hyperbolischen Functionen bei der Zunahme ihres Arcus desto rascher, je gröfser der Arcus wird, glücklicherweise aber verhält es sich in Hinsicht auf ihre Logarithmen gerade umgekehrt, ihre zweiten und mehr noch ihre höheren Differenzen sind gering, und desto geringer, je gröfser der Arcus der hyperbolischen Functionen wird. Diese Logarithmen eignen sich also zur Construction einer Tabelle aus ihnen, welche, ohne einen sehr grofsen Umfang zu haben, weit hin reicht, so dafs der Arcus vom Werthe 2,000...., an bis zu einem beliebig grofsen Werthe wachsen darf und kann, und diese Tabelle wegen ihrer Brauchbarkeit selbst zwischen den Grenzen 2 und 4 des Arcus benutzt werden kann, obgleich für diese Strecke schon durch die früher genannte Tabelle gesorgt war. Die Construction dieser zweiten Tabelle gründet sich auf folgende Entwickelungen. Da

$$\text{Cos}\,k = \frac{e^{k}+e^{-k}}{2} \quad\text{und}\quad \text{Sin}\,k = \frac{e^{k}-e^{-k}}{2}$$

ist, so findet man in Anwendung der bekannten logarithmischen Reihe:

$$\log(a+b) = \log a + \frac{b}{a} - \frac{1}{2}\left(\frac{b}{a}\right)^2 + \frac{1}{3}\left(\frac{b}{a}\right)^3 - \frac{1}{4}\left(\frac{b}{a}\right)^4 + \text{etc.}$$

auf der Stelle die gesuchten beiden Reihen:

$$\log \text{Cos}\,k = k - \log 2 + e^{-2k} - \tfrac{1}{2}e^{-4k} + \tfrac{1}{3}e^{-6k} - \tfrac{1}{4}e^{-8k} + \text{etc.},$$

$$\log \text{Sin}\,k = k - \log 2 - e^{-2k} - \tfrac{1}{2}e^{-4k} - \tfrac{1}{3}e^{-6k} - \tfrac{1}{4}e^{-8k} - \text{etc.}$$

für die natürlichen Logarithmen der Functionen Cos k und Sin k. Den natürlichen Logarithmen der Function Tang k findet man, wenn man die erste Reihe von der zweiten subtrahirt, wodurch die folgende Reihe entsteht:

$$\log \text{Tang}\,k = -2\left(e^{-2k} + \tfrac{1}{3}e^{-6k} + \tfrac{1}{5}e^{-10k} + \text{etc.}\right).$$

Da nun die Werthe der Exponentialfunctionen e^{-2k}, e^{-6k}, e^{-10k} etc., welche in den Gliedern der drei Reihen vorkommen, geringe Werthe haben, wenn $k = 2$ oder $k > 2$ ist und diese Größen überhaupt bequem zu berechnen sind, so hat der Verfasser sie zur Anfertigung der genannten zweiten Tabelle benutzt, und so die briggischen Logarithmen der hyperbolischen Functionen für alle Arcus, welche > 2 sind und um 0,001 zunehmen, in neun Decimalstellen berechnet. Es schien aber unzweckmäßig, die Arbeit ganz so durchzuführen, denn von $k = 5$ an reichte es vollkommen hin, den Arcus um 0,01 wachsen zu lassen; dafür sind aber von dieser Grenze an die briggischen Logarithmen der Potenzialfunctionen in zehn Decimalstellen angegeben worden, und zwar bis zu so großer Weite hin, daß keine Tabelle mehr nöthig ist. Für $k = 12$ ist nemlich Cos k = Sin k, also Tang $k = 1$ oder log Tang $k = 0$, wenigstens so genau, daß der Unterschied zwischen Cos k und Sin $k < 0,000\,000\,000\,01$ ist.

Die in dieser Tabelle enthaltenen Logarithmen der Tangenten sind sämmtlich jeder um 10 zu groß und also negativ, in ähnlicher Art wie die Logarithmen der Sinus und Cosinus in den trigonometrischen Tafeln.

§. 51.

Die nach den angegebenen drei Reihen berechneten Logarithmen mußten, damit sie briggische würden, mit dem bekannten Modul $\mu = 0,4342\,9448\,1903\,2518\ldots$ multiplicirt werden. So genau die Einschaltung in die Reihe der Sinus und Cosinus dieser Tabelle sein mag, da man in Hinsicht auf die Bestimmung des Arcus bei sonst richtiger Rechnung kaum einen (unvermeidlichen) Fehler von der Größe 0,000 000 001 [illegible]gehen wird, so [illegible] wird die Bestimmung des Arcus, wenn die hyperbolische Tangente gegeben ist, in den Grenzen dieser Tabelle [illegible] immer mehr, je größer der Arcus wird. Gegen das Ende der Tabelle ist der unvermeidliche Fehler fast $= 1$, wie es die Ansicht der Tafeln lehrt. Man hätte, um diese Fehler geringer zu machen, noch [illegible] mehr als zehn Decimalziffern nehmen müssen. Die trigonometrischen Tafeln der Sinus, Cosinus, Tangenten und Cotangenten sind in gewissen Gegenden ihres Umfanges einem ähnlichen Übelstande unterworfen. Glücklicher Weise kann man aber im vorliegenden Falle durch geringe Mühe die höhere Genauigkeit in der Bestimmung des Arcus erreichen, da nach §. 50. gerade in diesem Falle überflüssig genau:

$$\log \mathfrak{Tang}\, k = -2\mu . e^{-2k} \quad \text{oder} \quad \log \mathfrak{Cot}\, k = 2\mu e^{-2k}$$

ist, wenn briggische Logarithmen verstanden werden. Man hat also, wenn man zum zweiten Male auf beiden Seiten zu den briggischen Logarithmen übergeht, die Formel

$$\log\log \mathfrak{Cot}\, k = \log(2\mu) - 2k\mu.$$

Hiernach kann der Arcus k mit höherer Genauigkeit leicht gefunden werden, vorausgesetzt, daß auch die hyperbolische Tangente oder eigentlich ihr Logarithme in mehr als zehn Decimalstellen gegeben ist. Eben so kann man nach dieser Formel auch umgekehrt, wenn ein Arcus gegeben ist, welcher beträchtlich > 2 ist, den Logarithmen seiner hyperbolischen Tangente in mehr als zehn Decimalziffern genau angeben. Der bei diesen Rechnungen zu gebrauchende beständige Logarithme ist:

$$\log(2\mu) = 9{,}9388143070 - 10.$$

So ist z. B. für $k = 12$ das Glied $2k\mu = 10{,}4230675657.$

$$\text{Also } \log(2\mu) - 2k\mu = 0{,}5157467413 - 11 = \log\log \mathfrak{Cot}\, k.$$

$$\text{Also } \log \mathfrak{Cot}\, k = 0{,}000\,000\,000\,032\,7904 \ldots.$$

$$\text{und } \log \mathfrak{Tang}\, k = 9{,}999\,999\,999\,967\,2096 \ldots.$$

Da ferner der briggische Logarithme $\log(1 \pm \delta) = \pm \mu . \delta$ ist, wenn δ gering ist, wie im vorliegenden Falle, so wird man $\log \mathfrak{Cot}\, k$ mit $\frac{1}{\mu}$ multipliciren und zum Producte Eins addiren, um $\mathfrak{Cot}\, k$ selbst zu erhalten, oder das Product von Eins subtrahiren, um $\mathfrak{Tang}\, k$ zu erhalten.

Die angestellte Rechnung giebt:

$$\mathfrak{Cot}\, k = 1{,}0000\,0000\,0014\,2407 \ldots. \quad \text{und}$$

$$\mathfrak{Tang}\, k = 0{,}9999\,9999\,9985\,7593 \ldots.$$

Man [illegible] oder noch [illegible] mehr Decimalstellen [illegible] können. Wie grofs aber der [illegible] sei, mufs aus dem Gliede [illegible] welches [illegible] Rechnungen außer Acht bleibt, beurtheilt werden. Im vorliegenden Falle, wo $k = 12$ ist, hat das Glied den Werth:

$$\tfrac{1}{2}e^{-k} = 0,\ [illegible]\ 0003\ [illegible],$$

und man hätte also Tang l [illegible] bis auf einen unvermeidlichen Fehler von der Kleinheit

$$0,0000\ 0000\ 0000\ 0000\ 0000\ 0000\ 0000\ 0001,$$

d. h. in 31 Decimalstellen genau angeben können. Zu einem so geringen Fehler in der Bestimmung des Werthes der Tangente oder auch Cotangente gehört aber ein nicht ganz so geringer Fehler in der Bestimmung des Arcus, wenn die Tangente oder auch Cotangente gegeben sind.

Eilfter Abschnitt.

Bemerkenswerthe Reihen, welche nach Potenzial-Functionen äquidifferenter Arcus fortgehen; Folgerungen daraus.

§. 52.

Wenn man die bekannte logarithmische Entwickelungs-Formel $\log z = S(-1)^{\alpha}\frac{z^{\alpha+1} - z^{-(\alpha+1)}}{2}$ auf die Function $z = \mathfrak{Cos}\,k + \mathfrak{Sin}\,k = e^{k}$ anwendet, so hat man:

$z^{\alpha+1} = \mathfrak{Cos}(\alpha+1)k + \mathfrak{Sin}(\alpha+1)k$ und $z^{-(\alpha+1)} = \mathfrak{Cos}(\alpha+1)k - \mathfrak{Sin}(\alpha+1)k$.

Daraus folgt $z^{\alpha+1} - z^{-(\alpha+1)} = 2\,\mathfrak{Sin}(\alpha+1)k$, und weil $\log z = \log e^{k} = k$ ist, so hat man offenbar:

$$\tfrac{1}{2}k = S(-1)^{\alpha}\frac{\mathfrak{Sin}(\alpha+1)k}{\alpha+1}.$$

Differentiirt man auf beiden Seiten, so hat man:

$$\tfrac{1}{2} = S(-1)^{\alpha}\,\mathfrak{Cos}(\alpha+1)k.$$

Diese Gleichung aufs Neue $2r$ mal nach einander differentiirt, so ist.

$$S(-1)^{\alpha}(\alpha+1)^{2r}.\mathfrak{Cos}(\alpha+1)k = 0.$$

Wird diese Gleichung noch einmal differentiirt, so hat man:

$$S(-1)^{\alpha}(\alpha+1)^{2r+1}.\mathfrak{Sin}(\alpha+1)k = 0.$$

Setzt man in der vorigen Reihe den Arcus $k = 0$, so ist allgemein $\mathfrak{Cos}(\alpha+1)k = 1$, und also:

$$S(-1)^\alpha(\alpha+1)^{2r} = 0,$$

oder auch:

$$(1^{2r} - 2^{2r} + 3^{2r} - 4^{2r} + 5^{2r} - 6^{2r} + \ldots \text{etc.}) = 0,$$

welches ein bekanntes Resultat ist.

§. 53.

Wenn man die beiden Factoren $1+zv$ und $1+\frac{v}{z}$ multiplicirt und unter z den Ausdruck $z = \mathfrak{Cos}\,k + \mathfrak{Sin}\,k$ versteht, so ist das Product $=1+(z+z^{-1}).v+v^2$ oder $1+2v\,\mathfrak{Cos}\,k+v^2$.

Also hat man $\log(1+2v\,\mathfrak{Cos}\,k+v^2) = \log(1+zv)+\log\left(1+\frac{v}{z}\right)$.
Entwickelt man $\log(1+zv)$ und $\log\left(1+\frac{v}{z}\right)$ nach Potenzen von v, und addirt man die Entwickelungen, so ist:

$$\log(1+2v\,\mathfrak{Cos}\,k+v^2) = S(-1)^\alpha.\frac{z^{\alpha+1}+z^{-(\alpha+1)}}{\alpha+1}.v^{\alpha+1},$$

oder einfacher:

$$\log\sqrt{(1+2v\,\mathfrak{Cos}\,k+v^2)} = S(-1)^\alpha.\frac{v^{\alpha+1}}{\alpha+1}.\mathfrak{Cos}(\alpha+1)k.$$

Setzt man $v=1$, so hat man $1+2v\,\mathfrak{Cos}\,k+v^2=2(1+\mathfrak{Cos}\,k)=(2\,\mathfrak{Cos}\,\tfrac{1}{2}k)^2$, und also:

$$\log(2\,\mathfrak{Cos}\,\tfrac{1}{2}k) = S(-1)^\alpha.\frac{\mathfrak{Cos}(\alpha+1)k}{\alpha+1}.$$

Wird auf beiden Seiten differentiirt, so erhält man:

$$\tfrac{1}{2}\mathfrak{Tang}\,\frac{k}{2} = S(-1)^\alpha\,\mathfrak{Sin}(\alpha+1)k.$$

Wird diese Gleichung $2r+1$ mal nach einander differentiirt, so hat man:

$$\tfrac{1}{2}.\frac{\partial^{2r+1}\mathfrak{Tang}\,\frac{k}{2}}{\partial k^{2r+1}} = S(-1)^\alpha(\alpha+1)^{2r+1}.\mathfrak{Cos}(\alpha+1)k \quad \text{und}$$

$$\tfrac{1}{2}.\frac{\partial^{2r}\mathfrak{Tang}\,\frac{k}{2}}{\partial k^{2r}} = S(-1)^\alpha(\alpha+1)^{2r}.\mathfrak{Sin}(\alpha+1)k.$$

Obgleich nun die Werthe oder Summen dieser Reihen nicht so einfach sind, wie bei den sehr ähnlichen Reihen im §. 52., so können sie dennoch durch ein fortgesetztes Differentiiren immer gefunden werden. Zu ähnlichen Ausdrücken gelangt man für $v=-1$.

Setzt man $k=0$, so hat man $S(-1)^\alpha(\alpha+1)^{2r+1} = \tfrac{1}{2}.\frac{\partial^{2r+1}\mathfrak{Tang}\,\frac{k}{2}}{\partial k^{2r+1}}$ für $k=0$.

Da aber nach §. 44. $\text{Tang}\,\frac{1}{2}\lambda = S(-1)^\alpha . \overset{\alpha}{w} . \frac{(\frac{1}{2}\lambda)^{2\alpha+1}}{(2\alpha+1)'}$ ist, so hat man $\frac{\partial^{2r+1}\,\text{Tang}\,\frac{1}{2}\lambda}{\partial\lambda^{2r+1}}$ (für $\lambda = 0$) offenbar $= (-1)^r . \overset{r}{w} . (\frac{1}{2})^{2r+1}$, und es ist also die Reihe.

$$1^{2r+1} - 2^{2r+1} + 3^{2r+1} - 4^{2r+1} + 5^{2r+1} - 6^{2r+1} + 7^{2r+1} - \text{etc.} = (-1)^r . \frac{\overset{r}{w}}{4^{r+1}}.$$

§. 54.

Wenn man die Reihe für $\frac{1}{2}\lambda$ im §. 52. statt zu differentiiren mit ∂x mehrere Male nach einander multiplicirt, und darauf jedesmal integrirt, so erhält man Reihen von der Form:

$$1. \quad \varphi(r, k) = S(-1)^\alpha \left(\frac{1}{\alpha+1}\right)^{2r+1} . \,\mathfrak{Sin}(\alpha+1)k.$$

Entwickelt man $\mathfrak{Sin}(\alpha+1)k$ in eine nach Potenzen von k fortschreitende Reihe, so erhält man:

$$\varphi(r, k) = S(-1)^\alpha (\alpha+1)^{2(\beta-r)} . \frac{k^{2\beta+1}}{(2\beta+1)'}.$$

Diese Reihe hat einen zweifachen Fortschritt: den einen hat sie wegen der Veränderlichkeit von α, den zweiten hat sie durch die Veränderlichkeit von β; sie läfst sich aber noch sehr zusammenziehen, da nach §. 52. immer $S(-1)^\alpha . (\alpha+1)^{2n} = 0$ ist, wenn n eine positive ganze Zahl bedeutet und > 0 ist. Denn nun darf man sogleich $r - \beta$ für β setzen und erhält dadurch:

$$\varphi(r, k) = S(-1)^\alpha \left(\frac{1}{\alpha+1}\right)^{2\beta} . \frac{k^{2\gamma+1}}{(2\gamma+1)'} \quad \text{cond.}\ (\gamma + \beta = r).$$

Dieser Ausdruck hat nur $(r+1)$ Glieder, und es ist also die unendliche Reihe (1.) summirt worden; aber die Coëfficienten in diesem Ausdrucke sind nun ungeschlossene Reihen von der Form:

$$2. \quad [r] = S(-1)^\alpha \left(\frac{1}{\alpha+1}\right)^{2r}.$$

Werden daher diese Coëfficienten ein für allemal berechnet, so hat man:

$$3. \quad \varphi(r, k) = S[\beta] . \frac{k^{2\gamma+1}}{(2\gamma+1)'} \quad \text{cond.}\ (\gamma + \beta = r),$$

und durch diese Formel ist dann die vorgelegte Summations-Aufgabe gelöset. Durch einmaliges Differentiiren erhält man nun noch:

$$S(-1)^\alpha \left(\frac{1}{\alpha+1}\right)^{2r} . \,\mathfrak{Cos}(\alpha+1)k = S[\beta] . \frac{k^{2\gamma}}{(2\gamma)'} \quad \text{cond.}\ (\gamma + \beta = r).$$

Beide Formeln können sammt den vorigen leicht auf cyklische Functionen übertragen werden, wenn man nur $k\sqrt{-1}$ für k setzt.

Die in §. 54. vorkommende Reihe [r] kann man, da sie convergirt, nach ihrem Werthe finden, wenn man die einzelnen Glieder derselben in Decimalbrüche verwandelt, und dieselben dann abwechselnd addirt und subtrahirt. Man kann jedoch auch noch auf andere Art die Summe dieser Reihe finden. Man gelangt dazu durch die Bemerkung, daſs die im §. 54. ebenfalls vorkommende Reihe $\vartheta(r, \lambda)$ für gewisse Werthe des Winkels λ, welche nicht Null sind, den Werth Null annimmt. Ein solcher Werth ist z. B.

$$\lambda = \pi\sqrt{-1}.$$

Für ihn hat man $\frac{\vartheta(r, \pi\sqrt{-1})}{\sqrt{-1}} = S(-1)^{\alpha} \left(\frac{1}{\alpha+1}\right)^{2r+1} . \sin(\alpha+1).\pi$, und da $\sin\pi = \sin 2\pi = \sin 3\pi =$ etc. $= 0$ ist, so ist jedes Glied der Reihe und mithin sie selbst Null, also:

$$\frac{\vartheta(r, \pi\sqrt{-1})}{\sqrt{-1}} = 0.$$

Da der im §. 54. vorkommende geschlossene Ausdruck denselben Werth geben muſs, so hat man die Gleichung:

$$S(-1)^{\gamma}[\beta].\frac{\pi^{2\gamma+1}}{(2\gamma+1)'} = 0, \quad \text{cond.}\ (\beta+\gamma=r).$$

und vermöge derselben können die Werthe der Reihen [1], [2], [3], u. s. w. recurrirend berechnet werden, obgleich sie für $r=0$ versagt.

Will man aber eine Formel zur independenten Berechnung dieser Werthe ableiten, so multiplicire man nur die so eben gefundene Recursionsformel mit $v^{2r+1} = v^{2\beta}.v^{2\gamma+1}$, setze darauf, um auch r als veränderlich anzusehen, etwa λ für r, und man hat:

$$S(-1)^{\gamma}[\beta].\frac{\pi^{2\gamma+1}}{(2\gamma+1)'}.v^{2\lambda+1} = \text{const.}, \quad \text{cond.}\ (\beta+\gamma=\lambda).$$

Die Constante rührt daher, weil die Recursionsformel für $r=0$ nicht anzuwenden war; sie kann aber leicht bestimmt werden, indem man nur $\lambda=0$ setzt, wodurch man $\beta=\gamma=0$ und also:

$$[0].\pi.v = \text{const.}$$

erhält. Nun ist aber $[0] = S(-1)^{\alpha} = \frac{1}{1+1} = \frac{1}{2}$, also hat man:

$$\tfrac{1}{2}\pi v = S(-1)^{\gamma}[\beta].\frac{\pi^{2\gamma+1}}{(2\gamma+1)'}.v^{2\lambda+1}, \quad \text{cond.}\ (\beta+\gamma=\lambda).$$

Diese Reihe ist aber das Product der beiden Reihen $S(-1)^{\gamma}\frac{(v\pi)^{2\gamma+1}}{(2\gamma+1)'}$ und $S[\beta].v^{2\beta}$, wovon man sich durch die Multiplication überzeugt, und die erste derselben ist der Ausdruck [illegible]. Daher hat man rückwärts:

$$S[r].v^{[illegible]} = \frac{[illegible]}{[illegible]},$$

und wenn man den Ausdruck auf der rechten Seite nach Potenzen von v entwickelt:

$$S[r].v^{[illegible]} = \tfrac{1}{2}\left(1 + S\,\frac{4^{r}-2}{4^{r}-1}.\,\overset{r-1}{w}.\,\frac{[illegible]}{[illegible]}\right).$$

Weil endlich die beiden Reihen identisch sein müssen, so hat man:

$$[0] = \tfrac{1}{2},$$

$$[r] = \tfrac{1}{2}.\frac{4^{r}-2}{4^{r}-1}.\overset{r-1}{w}.\frac{\left(\frac{\pi}{2}\right)^{4}}{(2r-1)^{[illegible]}},$$

wenn die Zahl $r > 0$ ist. Nach dieser Formel können nun die Werthe der Reihen [1], [2], [3], [4], etc. unabhängig von den Werthen der vorhergehenden und nachfolgenden berechnet werden.

§. 56.

Den Beschlufs dieses Abschnittes mag noch eine ziemlich allgemeine Summation mit einigen Anwendungen derselben machen. Kennt man eine Function φx und ihre nach (steigenden) Potenzen von x fortgehende Entwickelung, etwa:

$$\varphi x = \overset{0}{a}.x^{0} + \overset{1}{a}.x^{1} + \overset{2}{a}.x^{2} + \overset{3}{a}.x^{3} + \text{etc.} = S\overset{a}{a}.x^{a},$$

so ist man auch immer im Stande, die beiden folgenden Reihen:

$$P = \overset{0}{a}\,\mathrm{Cos}\,v + \overset{1}{a}x\,\mathrm{Cos}(v+w) + \overset{2}{a}.x^{2}\,\mathrm{Cos}(v+2w)\ldots = S\overset{a}{a}x^{a}.\,\mathrm{Cos}(v+aw),$$

$$Q = \overset{0}{a}\,\mathrm{Sin}\,v + \overset{1}{a}x\,\mathrm{Sin}(v+w) + \overset{2}{a}.x^{2}\,\mathrm{Sin}(v+2w)\ldots = S\overset{a}{a}x^{a}.\,\mathrm{Sin}(v+aw),$$

zu summiren, oder zwei Functionen in geschlossener Form nachzuweisen, durch deren gehörige Entwickelung die Reihen P und Q entstehen.

Die Addition und Subtraction giebt nemlich sogleich:

$$P + Q = S\overset{a}{a}x^{a}.e^{v+aw} = e^{v}.S\overset{a}{a}.(xe^{w})^{a} = e^{v}.\varphi(x.e^{w}),$$

$$P - Q = S\overset{a}{a}x^{a}.e^{-v-aw} = e^{-v}.S\overset{a}{a}.(xe^{-w})^{a} = e^{-v}.\varphi(x.e^{-w}).$$

Die wiederholte Addition und auch Subtraction giebt dann die beiden gesuchten Ausdrücke:

$$P = \frac{e^{v}.\varphi(x.e^{w}) + e^{-v}.\varphi(x.e^{-w})}{2},$$

$$Q = \frac{e^{v}.\varphi(x.e^{w}) - e^{-v}.\varphi(x.e^{-w})}{2}.$$

Sie lassen sich bei der gegenwärtigen Allgemeinheit nicht weiter zusammenziehen, in jedem einzelnen Falle kann man sie aber so umformen, dafs die Exponentialgröfsen verschwinden und dafür Sinus und Cosinus in ihnen vorkommen.

§. 57.

Ist z. B. $\varphi x = 1 + x + x^2 + x^3 \ldots + x^{r-1} = \frac{x^r - 1}{x - 1}$, so hat man auf der Stelle:

$$2P = \frac{x^r . e^{v+rw} - e^v}{x e^w - 1} + \frac{x^r . e^{-v-rw} - e^{-v}}{x e^{-w} - 1}.$$

Werden die beiden Ausdrücke unter gleiche Benennung gebracht, so erhält man für die beiden Reihen:

$$P = \mathrm{Cos}\, v + x\, \mathrm{Cos}(v+w) + x^2 . \mathrm{Cos}(v+2w) \ldots + x^{r-1} . \mathrm{Cos}(v+rw-w),$$
$$Q = \mathrm{Sin}\, v + x\, \mathrm{Sin}(v+w) + x^2 . \mathrm{Sin}(v+2w) \ldots + x^{r-1} . \mathrm{Sin}(v+rw-w)$$

die einfacheren Ausdrücke:

$$P = \frac{x^{r+1}\mathrm{Cos}(v+rw-w) - x^r \mathrm{Cos}(v+rw) - x\,\mathrm{Cos}(v-w) + \mathrm{Cos}\, v}{x^2 - 2x\,\mathrm{Cos}\, w + 1} \text{ und}$$

$$Q = \frac{x^{r+1}\mathrm{Sin}(v+rw-w) - x^r \mathrm{Sin}(v+rw) - x\,\mathrm{Sin}(v-w) + \mathrm{Sin}\, v}{x^2 - 2x\,\mathrm{Cos}\, w + 1}.$$

Nimmt man die ungeschlossenen beiden folgenden Reihen vor:

$$P = S x^\alpha . \mathrm{Cos}(v + \alpha w),$$
$$Q = S x^\alpha . \mathrm{Sin}(v + \alpha w),$$

so ist die Rechnung noch einfacher. Man hat nun $\varphi x = S x^\alpha =$ und findet:

$$P = \frac{\mathrm{Cos}\, v - x\,\mathrm{Cos}(v-w)}{1 - 2x\,\mathrm{Cos}\, w + x^2},$$
$$Q = \frac{\mathrm{Sin}\, v - x\,\mathrm{Sin}(v-w)}{1 - 2x\,\mathrm{Cos}\, w + x^2}.$$

Zusatz 1. Setzt man im Ausdrucke Q einmal $v = 0$ und dann $v = w$, so hat man:

$$S x^\alpha \,\mathrm{Sin}\, \alpha w = \frac{x\,\mathrm{Sin}\, w}{1 - 2x\,\mathrm{Cos}\, w + x^2}$$
$$S x^\alpha \,\mathrm{Sin}(\alpha+1) w = \frac{\mathrm{Sin}\, w}{1 - 2x\,\mathrm{Cos}\, w + x^2}.$$

Wird nun die erste Reihe mit B und die zweite mit A multiplicirt, so giebt die nachherige Addition:

$$\frac{A + Bx}{1 - 2x\,\mathrm{Cos}\, w + x^2} = S \frac{A\,\mathrm{Sin}(\alpha+1)w + B\,\mathrm{Sin}\,\alpha w}{\mathrm{Sin}\, w} . x^\alpha.$$

Zusatz 2. Setzt man in den beiden Ausdrücken für P den Arcus $v = k$, $w = 2k$ und $x = -1$, so erhält man:

$$S(-1)^\alpha \,\mathrm{Cos}(2\alpha + 1)k = \frac{2\,\mathrm{Cos}\, k}{2 + 2\,\mathrm{Cos}\, 2k} = \frac{1}{2\,\mathrm{Cos}\, k}.$$

Multiplicirt man beide Seiten mit ∂k und integrirt, so erhält man:

$$lk = 2.S(-1)^a \frac{\mathfrak{Sin}(2\alpha+1)k}{2\alpha+1}.$$

Wird hierin $k\sqrt{-1}$ für k gesetzt, so erhält man noch:

$$\mathfrak{L}k = 2.S(-1)^a \frac{\sin(2\alpha+1)k}{2\alpha+1}.$$

Die ersten Glieder dieser beiden Reihen sind:

$$lk = 2(\mathfrak{Sin}\,k - \tfrac{1}{3}\mathfrak{Sin}\,3k + \tfrac{1}{5}\mathfrak{Sin}\,5k - \tfrac{1}{7}\mathfrak{Sin}\,7k + \text{etc.}) \quad \text{und}$$

$$\mathfrak{L}k = 2(\sin k - \tfrac{1}{3}\sin 3k + \tfrac{1}{5}\sin 5k - \tfrac{1}{7}\sin 7k + \text{etc.}).$$

§. 58.

Endlich sei $P = S\dfrac{x^\alpha}{\alpha}\,\mathfrak{Cos}(v + \alpha w)$, und $Q = S\dfrac{x^\alpha}{\alpha}\,\mathfrak{Sin}(v+\alpha w)$, so

daß die Function $\varphi x = e^x = S\dfrac{x^\alpha}{\alpha}$ ist. Für diese Reihen hat man dann:

$$P = \frac{e^{v+xe^w} + e^{-v+xe^{-w}}}{2},$$

$$Q = \frac{e^{v+xe^w} - e^{-v+xe^{-w}}}{2},$$

oder $2P = \mathfrak{Cos}(v+xe^w) + \mathfrak{Sin}(v+xe^w) + \mathfrak{Cos}(-v+xe^{-w}) + \mathfrak{Sin}(-v+xe^{-w})$
und $2Q = \mathfrak{Cos}(v+xe^w) + \mathfrak{Sin}(v+xe^w) - \mathfrak{Cos}(-v+xe^{-w}) - \mathfrak{Sin}(-v+xe^{-w})$,
oder einfacher:

$$P = \mathfrak{Cos}(v + x\,\mathfrak{Sin}\,w).[\mathfrak{Cos}(x\,\mathfrak{Cos}\,w) + \mathfrak{Sin}(x\,\mathfrak{Cos}\,w)] \quad \text{und}$$

$$Q = \mathfrak{Sin}(v + x\,\mathfrak{Sin}\,w).[\mathfrak{Cos}(x\,\mathfrak{Cos}\,w) + \mathfrak{Sin}(x\,\mathfrak{Cos}\,w)].$$

Will man also die Form der Exponentialgröße nicht durchaus meiden, so hat man endlich:

$$P = e^{x\,\mathfrak{Cos}\,w}.\mathfrak{Cos}(v + x\,\mathfrak{Sin}\,w),$$
$$Q = e^{x\,\mathfrak{Cos}\,w}.\mathfrak{Sin}(v + x\,\mathfrak{Sin}\,w).$$

Diese und alle vorhergehenden Formeln dieses Abschnittes lassen sich ohne alle weitere Rechnung auf cyklische Functionen übertragen.

Zwölfter Abschnitt.

Die Potenzialfunctionen als Producte unendlich vieler Factoren. Folgerungen daraus.

Wenn man die Vorstellung von Reihen zuläßt, welche ins Unendliche auslaufen, so ist auch die Darstellung einer Größe als ein Product unendlich vieler Factoren eben dadurch erlaubt. Die logarithmischen Entwickelungen bestehen in der That sämmtlich gerade in der Auffindung oder Angabe solcher Producte. Wenn z. B. die Reihe: $\log\sqrt{\left(\frac{1+x}{1-x}\right)} = S\frac{x^{2\alpha+1}}{2\alpha+1}$ gefunden ist, so hat man auf der Stelle umgekehrt:

$$\sqrt{\left(\frac{1+x}{1-x}\right)} = e^{x}.\sqrt[3]{e^{x^3}}.\sqrt[5]{e^{x^5}}.\sqrt[7]{e^{x^7}}.\sqrt[9]{e^{x^9}}\ldots$$

Der allgemeine Factor dieses Productes ist offenbar: $e^{\frac{x^{2\alpha+1}}{2\alpha+1}}$. Ein dem allgemeinen Factor eines Productes vorgesetztes Zeichen P kann und soll die Bedeutung haben, dafs aus diesem Factor eine Reihe besonderer Factoren hergeleitet werden soll, damit aus ihnen ein Product gebildet werde. Soll der Fortschritt nicht ins Unendliche fortgehen, so kann er durch hinzugefügte Bedingungen eingeschränkt werden. Dieses Zeichen bezieht sich dann, wie das Summezeichen S, auf gewisse veränderliche positive ganze Zahlen, welche durch die ersten Buchstaben des kleinen griechischen Alphabetes bezeichnet werden. In Anwendung dieser Bezeichnung hat man dann z. B.

$$\sqrt{\left(\frac{1+x}{1-x}\right)} = P\left(e^{\frac{x^{2\alpha+1}}{2\alpha+1}}\right),$$

und es bedeutet also diese Darstellung nur in anderer Form, was auch durch die Bezeichnung $\log\sqrt{\left(\frac{1+x}{1-x}\right)} = S\frac{x^{2\alpha+1}}{2\alpha+1}$, obgleich im vorliegenden Falle bequemer, ausgedrückt wird.

§. 60.

Die Function $\sin(v\pi)$ ist allemal Null, wenn unter v eine ganze Zahl verstanden wird, und also aus der Zahlenreihe:

$$\ldots -5,\ -4,\ -3,\ -2,\ -1,\ \mp 0,\ +1,\ +2,\ +3,\ +4,\ +5,\ \ldots$$

welche nach beide Seiten ins Unendliche ausläuft, ein Glied als Werth für t genommen wird. Die Gröfse $1+\frac{v}{\alpha+1}$ und auch $1-\frac{v}{\alpha+1}$ wird Null, die erste für $v = -(\alpha+1)$ und die zweite für $v = +(\alpha+1)$.

Das Product: $P\left(1+\frac{v}{\alpha+1}\right)$ ist also $=0$ für jeden negativen Werth von v, welcher >0 und eine ganze Zahl ist, und eben so wird das Product $P\left(1-\frac{v}{\alpha+1}\right) = 0$ für jeden positiven Werth von v, welcher >0 und eine ganze Zahl ist. Daher ist das Product:

$$v.P\left(1+\frac{v}{\alpha+1}\right).P\left(1-\frac{v}{\alpha+1}\right) = 0.$$

für jeden Werth von v, welcher in der vorhin aufgestellten Zahlenreihe enthalten ist, und es hat in sofern dieselbe Eigenschaft, als die Function $\sin(v\pi)$.

Es steht daher zu erwarten, dafs jenes Product mit dieser Potenzialfunction entweder gleichbedeutend ist, oder doch in einer einfachen Beziehung zu ihr stehen wird.

Da nun $P\left(1+\frac{v}{a+1}\right).P\left(1-\frac{v}{a+1}\right)=P\left[\left(1+\frac{v}{a+1}\right)\left(1-\frac{v}{a+1}\right)\right]$, oder auch endlich $=P\left(1-\frac{v^2}{(a+1)^2}\right)$ ist, so wird man untersuchen, ob man diesem Producte nicht eine Form geben kann, welche vergleichbar ist mit einer ähnlichen Form, unter der auch die Function $\sin(v\pi)$ dargestellt werden kann. Deuten wir dieses Product mit Q an, also: $Q=P\left(1-\frac{v^2}{(a+1)^2}\right)$, so wird man von dem Versuche, Q nach Potenzen von v zu entwickeln, abstehen und lieber den natürlichen Logarithmen von Q also entwickeln, um die entstehende Reihe dann mit der für $\log\sin(v\pi)$ zu vergleichen. Man hat nemlich sogleich:

$$\log Q = S\log\left(1-\frac{v^2}{(a+1)^2}\right) = -S\left(\frac{1}{a+1}\right)^{2\beta}.\frac{v^{2\beta}}{\beta} \text{ für } \beta>0.$$

Die Reihe hat einen doppelten Fortschritt, und erscheint einfacher, wenn man allgemein setzt:

$$\overset{r}{a} = S\left(\frac{1}{a+1}\right)^{2r},$$

denn nun kann sie also dargestellt werden: $\log Q=-S\frac{\overset{\beta}{a}}{\beta}.v^{2\beta}$ für $\beta>0$.

Die fernere Untersuchung mufs natürlich zunächst die durch $\overset{1}{a}$, $\overset{2}{a}$, $\overset{3}{a}$, $\overset{4}{a}$, etc. bezeichneten Reihen betreffen.

§. 61.

Die Reihe $\overset{r}{a}=S\left(\frac{1}{a+1}\right)^{2r}=\frac{1}{1^{2r}}+\frac{1}{2^{2r}}+\frac{1}{3^{2r}}+\frac{1}{4^{2r}}+$ etc. hat Ähnlichkeit mit der im §. 55. vorgekommenen Reihe:

$$[r] = S(-1)^a\left(\frac{1}{a+1}\right)^{2r}.$$

Wird diese Reihe, da ihr Werth der geringere ist, von der vorigen subtrahirt, so erhält man

$$\overset{r}{a}-[r]=2.S\left(\frac{1}{2a+2}\right)^{2r}=\frac{2}{4^r}.S\left(\frac{1}{a+1}\right)^{2r}=\frac{2}{4^r}.\overset{r}{a}.$$

Rückwärts hat man also $\overset{r}{a} = \frac{4^r}{4^r - 2}.[r]$, und wird für $[r]$ der im §. 55 gefundene Werth substituirt, so hat man:

$$\overset{r}{a} = \tfrac{1}{2}.\frac{4^r}{4^r-1}.\overset{r-1}{w}.\frac{\left(\frac{\pi}{2}\right)^{2r}}{(2r-1)'} = r.\frac{\overset{r-1}{w}}{4^r-1}.\frac{\pi^{2r}}{(2r)'}.$$

Wird dieser Werth weiter in die für $\log Q$ im §. 60. gefundene Reihe gebracht, so hat man:

$$\log Q = -S\frac{\overset{a-1}{w}}{4^a-1}.\frac{(\pi v)^{2a}}{(2a)'} \text{ für } a > 0.$$

Da nun aber $\log\sin(v\pi) = \log(v\pi) - S\frac{\overset{a-1}{w}}{4^a-1}.\frac{(v\pi)^{2a}}{(2a)'}$ für $a>0$ nach §. 45 ist, so hat man offenbar: $\log\sin(v\pi) = \log(v\pi) + \log Q = \log(v\pi Q)$, und also:

$$\sin(v\pi) = v\pi Q = v\pi.P\left[\left(1+\frac{v}{a+1}\right)\left(1-\frac{v}{a+1}\right)\right].$$

Setzt man, um zu den hyperbolischen Sinus überzugehen: $v\sqrt{-1}$ für v, so erhält man:

$$\mathfrak{Sin}(v\pi) = v\pi.P\left(1+\frac{v^2}{(a+1)^2}\right).$$

§. 62.

Die Cosinus lassen sich ebenfalls in der Form von Producten unendlich vieler Factoren darstellen. Man gelangt auch zu dieser Form auf eine ähnliche Art, wie bei den Sinus; indessen wird es gerathener sein, diese Form aus der vorigen herzuleiten, weil dadurch zugleich der Zusammenhang beider aufgehellet wird. Da nemlich $\sin\left(\frac{\pi}{2} - v\frac{\pi}{2}\right) = \sin\left(\frac{1-v}{2}\right)\pi = \cos\frac{\pi v}{2}$ ist, so braucht man nur in der für $\sin v\pi$ gefundenen Formel des §. 61. an die Stelle von v zu setzen $\frac{1-v}{2}$. Das giebt.

$$\cos\frac{v\pi}{2} = \frac{1-v}{2}\pi.P\left[\left(1+\frac{1-v}{2(a+1)}\right)\left(1-\frac{1-v}{2(a+1)}\right)\right].$$

Nun ist aber $1+\frac{1-v}{2(a+1)} = \frac{2a+3-v}{2a+2}$, und $1-\frac{1-v}{2(a+1)} = \frac{2a+1+v}{2a+2}$; daher hat man:

$$1.\quad \cos\frac{v\pi}{2} = \frac{\pi}{2}P\left(\frac{(2a+1-v)(2a+1+v)}{(2a+2)(2a+2)}\right).$$

Setzt man hierin $v=0$, so hat man, weil $\cos 0 = 1$ ist:

$$1 = \frac{\pi}{2} \cdot P\left[\left(\frac{2a+1}{2a+2}\right)^2\right],$$

woraus $\frac{\pi}{2} = P\left(\frac{2a+2}{2a+1}\right)^2$ folgt. Dieser Ausdruck soll von **Wallisius** herrühren: er ist ohne die abkürzende Bezeichnung:

$$\sqrt{\frac{\pi}{2}} = \frac{2.4.6.8.10.12\ldots.}{1.3.5.7.\ 9.11\ldots.}.$$

Wird der für $\frac{\pi}{2}$ gefundene Ausdruck im Ausdrucke von $\cos\frac{v\pi}{2}$ substituirt, so erhält man für $\cos\frac{v\pi}{2}$ den neuen Ausdruck:

$$\cos\frac{v\pi}{2} = P\left[\left(1+\frac{v}{2a+1}\right)\left(1-\frac{v}{2a+1}\right)\right].$$

Wird endlich noch $v\sqrt{-1}$ für v gesetzt, so entsteht für den hyperbolischen Cosinus der Ausdruck:

$$\mathfrak{Cos}\frac{v\pi}{2} = P\left(1+\frac{v^2}{(2a+1)^2}\right).$$

Da nun $\sin\frac{v\pi}{2} = \frac{v\pi}{2} P\left(\frac{2a+2+v}{2a+2} \cdot \frac{2a+2-v}{2a+2}\right)$, so giebt die Division durch den ersten Ausdruck von $\cos\frac{v\pi}{2}$ die neue Formel:

$$\tang\frac{v\pi}{2} = v \cdot P\left(\frac{(2a+2+v)(2a+2-v)}{(2a+1+v)(2a+1-v)}\right) \quad \text{und}$$

$$\mathfrak{Tang}\frac{v\pi}{2} = v \cdot P\left(\frac{(2a+2)^2+v^2}{(2a+1)^2+v^2}\right).$$

§. 63.

Hiermit ist man im Stande, einen für die genauere Kenntniss der Function $\mathfrak{L}k$ wichtigen Ausdruck herzuleiten. Da nemlich $\mathfrak{L}k = \log\tang\frac{1}{2}\left(\frac{\pi}{2}+k\right)$ ist, so erhält man, wenn $v\frac{\pi}{2}$ für k gesetzt wird:

$$\mathfrak{L}\left(\frac{v\pi}{2}\right) = \log\tang\frac{1+v}{4}\pi = \log\tang\left(\frac{1+v}{2} \cdot \frac{\pi}{2}\right).$$

Setzt man daher im Ausdrucke für $\tang\frac{v\pi}{2}$ für v an die Stelle $\frac{1+v}{2}$, so erhält man:

$$\tang\frac{1+v}{4}\pi = \frac{1+v}{2} \cdot P\left(\frac{4a+5+v}{2}\right) \cdot P\left(\frac{4a+3-v}{2}\right) \cdot P\left(\frac{2}{4a+3+v}\right) \cdot P\left(\frac{2}{4a+1-v}\right).$$

Nun ist aber $\frac{1+v}{2} \cdot P\left(\frac{4a+5+v}{2}\right) = P\left(\frac{4a+1+v}{2}\right)$, also hat man:

$$\tang\frac{1+v}{4}\pi = P\left(\frac{(4a+1+v)(4a+3-v)}{(4a+1-v)(4a+3+v)}\right).$$

Daher ist $\mathfrak{L}\left(\frac{v\pi}{2}\right) = S\log\frac{4a+1+v}{4a+1-v} - S\log\frac{4a+3+v}{4a+3-v}$.

Die ersten Glieder dieser Reihe sind offenbar:

$$\mathfrak{L}\left(\frac{v\pi}{2}\right) = \log\frac{1+v}{1-v} - \log\frac{3+v}{3-v} + \log\frac{5+v}{5-v} - \log\frac{7+v}{7-v} + \log\frac{9+v}{9-v} - \text{etc}$$

und man kann sie kurz so ausdrücken:

$$\mathfrak{L}\left(\frac{v\pi}{2}\right) = S(-1)^a.\log\frac{2a+1+v}{2a+1-v}.$$

Zusatz 1. Setzt man weiter allgemein $\varphi(r) = \mathfrak{Arc}\left(\mathfrak{Tang} = \frac{v}{2r+1}\right)$, so ist bekanntlich:

$$\varphi(r) = \log\sqrt{\left(\frac{2r+1+v}{2r+1-v}\right)} = \tfrac{1}{2}\log\frac{2r+1+v}{2r+1-v},$$

und also offenbar auch:

$$\mathfrak{L}\left(\frac{v\pi}{2}\right) = 2.S(-1)^a.\varphi(a).$$

Setzt man $v\sqrt{-1}$ für v, so erhält man noch die Reihe:

$$l\left(\frac{v\pi}{2}\right) = 2.S(-1)^a.\varphi(a) \quad \text{für} \quad \varphi(r) = \text{arc}\left(\text{tang} = \frac{v}{2r+1}\right).$$

Dieselben Resultate erhält man auch aus dem Ausdrucke für $\sin v\pi$ im §. 61., da $\mathfrak{L}\left(\frac{v\pi}{2}\right) = \log\frac{\sin\frac{1+v}{4}\pi}{\sin\frac{1-v}{4}\pi}$.

Zusatz 2. Wenn man den Ausdruck $\mathfrak{L}\left(\frac{v\pi}{2}\right) = S(-1)^a\log\frac{2a+1+v}{2a+1-v}$ differentiirt und dann k setzt für $\frac{v\pi}{2}$, so erhält man:

$$\frac{1}{\cos k} = S(-1)^a\frac{(2a+1)\pi}{(a+\frac{1}{2})^2\pi^2 - k^2}$$

und also auch:

$$\frac{1}{\mathfrak{Cos}\, k} = S(-1)^a\frac{(2a+1)\pi}{(a+\frac{1}{2})^2\pi^2 + k^2}.$$

§. 64.

Man kann die im §. 63. für $\mathfrak{L}\left(v.\frac{\pi}{2}\right)$ gefundene Reihe leicht nach Potenzen von v entwickeln, und erhält dann eine Reihe mit doppeltem Fortschritte:

$$\begin{aligned}\mathfrak{L}\left(v.\frac{\pi}{2}\right) = {} & \frac{2v}{1}.\left(1-\frac{1}{3}+\frac{1}{5}-\frac{1}{7}+\frac{1}{9}-\text{etc.}\right)\\ & + \frac{2v^3}{3}.\left(1-\frac{1}{3^3}+\frac{1}{5^3}-\frac{1}{7^3}+\frac{1}{9^3}-\text{etc.}\right)\\ & + \frac{2v^5}{5}.\left(1-\frac{1}{3^5}+\frac{1}{5^5}-\frac{1}{7^5}+\frac{1}{9^5}-\text{etc.}\right)\\ & + \frac{2v^7}{7}.\left(1-\frac{1}{3^7}+\frac{1}{5^7}-\frac{1}{7^7}+\frac{1}{9^7}-\text{etc.}\right)\\ & + \text{etc.}\end{aligned}$$

Wählt man für die Reihen in den Klammern die folgende Bezeichnung:

$$\psi n = S(-1)^a.\left(\frac{1}{2a+1}\right)^{2n+1},$$

so ist offenbar:

$$\mathfrak{L}\left(v.\frac{\pi}{2}\right) = 2.S\psi a.\frac{v^{2a+1}}{2a+1}.$$

Da nun aber:

$$\mathfrak{L}\left(u.\frac{\pi}{2}\right) = S\overset{a}{u}.\frac{\left(\frac{v\pi}{2}\right)^{2a+1}}{(2a+1)'}$$

nach §. 48. gefunden wird, so giebt die Identificirung der beiden Reihen:

$$\frac{2\psi n}{2n+1} = \frac{\overset{n}{u}.\left(\frac{\pi}{2}\right)^{2n+1}}{(2n+1)'}, \quad \text{oder} \quad \psi n = \tfrac{1}{2}.\frac{\overset{n}{u}}{(2n)'}.\left(\frac{\pi}{2}\right)^{2n+1}.$$

Da nun zur Berechnung der Vorzahlen $\overset{1}{u}$, $\overset{2}{u}$, $\overset{3}{u}$, etc. in der Reihe des §. 48. für $\mathfrak{L}k$ eine ziemlich einfache Recursionsformel nachgewiesen ist, so können also auch die Summen der Reihen $\psi 1$, $\psi 2$, $\psi 3$, etc. berechnet werden, ohne die einzelnen Glieder dieser Reihen in Decimalbrüche zu verwandeln.

Aus der blofsen Ansicht der Reihe ψn erhellet, dafs ihr Werth sich bei wachsendem n der Grenze Eins nähert. Daher nähert sich aber der Ausdruck $\frac{\overset{n}{u}}{(2n+1)'}.\left(\frac{\pi}{2}\right)^{2n+1}$, welcher der Coëfficient des allgemeinen Gliedes in der Reihe für $\mathfrak{L}\left(\frac{v\pi}{2}\right)$ ist, der Grenze $\frac{2}{2n+1}$, woraus erhellet, dafs diese Reihe nur bei einem geringen Werthe von v rasch convergirt, da v immer < 1 ist.

§. 65.

Werden die einzelnen Glieder oder wenigstens ihre Coëfficienten in Decimalbrüche verwandelt, so hat man:

$$\begin{aligned}\mathfrak{L}\left(v.\frac{\pi}{2}\right) = {} & v.1,57079\ 63267\ 94896\ 61923\ 13216\ 916\\ & + v^3.0,64596\ 40975\ 06246\ 25365\ 57565\ 636\\ & + v^5.0,39846\ 31312\ 30835\ 22560\ 25277\ 44\\ & + v^7.0,28558\ 70022\ 54439\ 97414\ 18132\ 55\\ & + v^9.0,22221\ 10409\ 30493\ 35329\ 36348\\ & + v^{11}.0,18181\ 71590\ 86149\ 76348\ 5278\\ & + v^{13}.0,15384\ 60574\ 74429\ 43709\ 25\\ & + v^{15}.0,13333\ 33240\ 45445\ 68308\\ & + v^{17}.0,11764\ 70579\ 12680\ 234\\ & + v^{19}.0,10526\ 31572\ 01451\ 8\\ & + \text{etc.}\end{aligned}$$

Läfst man aber in der Reihe des §. 63. das erste Glied $\log\frac{1+v}{1-v}$ unentwickelt, so findet man:

$$\begin{aligned}
\mathfrak{L}\left(v.\tfrac{\pi}{2}\right) = \log\frac{1+v}{1-v} & - v\ .\ 0,42920\ 36732\ 05103\ 38076\ 86783 \\
& - v^{3}.\ 0,02070\ 25691\ 60420\ 41301\ 09101 \\
& - v^{5}.\ 0,00153\ 68687\ 69164\ 77439\ 74722 \\
& - v^{7}.\ 0,00012\ 72834\ 59845\ 74014\ 39010 \\
& - v^{9}.\ 0,00001\ 11812\ 91728\ 86892\ 85874 \\
& - v^{11}.\ 0,00000\ 10227\ 32032\ 05469\ 6540 \\
& - v^{13}.\ 0,00000\ 00963\ 71727\ 40906\ 13 \\
& - v^{15}.\ 0,00000\ 00092\ 87887\ 65025 \\
& - v^{17}.\ 0,00000\ 00009\ 10849\ 178 \\
& - v^{19}.\ 0,00000\ 00000\ 10057\ 6 \\
& - \text{etc.}
\end{aligned}$$

Diese Reihe convergirt nun ungleich rascher als die vorige; wenn man zwei oder noch mehrere erste Glieder der Reihe des §. 63. unentwickelt läfst, so gelangt man zu Reihen, welche noch rascher convergiren, als die vorstehenden. Wenn $v > \frac{1}{2}$ wird, so kann man auch die folgende Reihe mit Vortheil gebrauchen, worin dann $v < \frac{1}{2}$ ist:

$$\begin{aligned}
\mathfrak{L}\left(\frac{\pi}{2} - v.\pi\right) = \log\frac{1}{v} & - \phantom{v^{2}.\ } 0,45158\ 27052\ 89454\ 86473 \\
& - v^{2}.\ 0,82246\ 69334\ 24113\ 21823 \\
& - v^{4}.\ 0,47351\ 64147\ 48617\ 95879 \\
& - v^{6}.\ 0,32851\ 70304\ 32478\ 36803 \\
& - v^{8}.\ 0,24905\ 82504\ 63161\ 97481 \\
& - v^{10}.\ 0,19980\ 79015\ 19654\ 32313 \\
& - v^{12}.\ 0,16662\ 62808\ 57309\ 69848 \\
& - v^{14}.\ 0,14284\ 84529\ 06568\ 53116 \\
& - v^{16}.\ 0,12499\ 80955\ 26863\ 26330 \\
& - v^{18}.\ 0,11111\ 06875\ 41067\ 79039 \\
& - \text{etc.}
\end{aligned}$$

Es ist somit für eine bequeme Berechnung der Function $\mathfrak{L}k$ zwischen den Grenzen $k=0$ und $k=\frac{\pi}{2}$ behufs der Anfertigung einer Tabelle für die Werthe dieser Function gesorgt.

(Die Fortsetzung im nächsten Hefte.)

17.

Remarques sur une certaine transformation des fonctions, fondée sur les relations des racines de l'unité.

(Par Mr. C. Jürgensen de Copenhague.)

Dans le troisième cahier du second volume de ce journal Mr. L. Olivier a considéré une espèce particulière de fonctions, qui jouissent des propriétés semblables à celles des fonctions connues sous le nom de Cosinus et Sinus.

Le procédé fort élégant, dont il a fait usage, appliqué à une fonction quelconque, m'a conduit à quelque chose de plus général; aussi suis je parvenu à démontrer, que les fonctions, trouvées par Mr. Olivier, peuvent en effet s'exprimer au moyen de Sinus et Cosinus.

Peut-être les résultats, auxquels je suis parvenu, pourront ils intéresser quelques-uns des lecteurs de ce journal.

Lorsqu'on désigne par

$$x^n + p_1 x^{n-1} + p_2 x^{n-2} + p_3 x^{n-3} + \ldots + p_{n-1} x + p_n = 0$$

une équation d'un dégré quelconque, et par

$$S_0, \; S_1, \; S_2, \; S_3, \; \ldots \; S_k \text{ etc.}$$

les sommes des puissances 0, 1, 2, 3, ... k etc. des racines, on aura, comme on sait:

$$S_k + p_1 S_{k-1} + p_2 S_{k-2} + \ldots + p_{k-1} S_1 + p_k k = 0.$$

Supposant maintenant

$$p_1 = 0, \; p_2 = 0, \; p_3 = 0, \; \ldots \; p_{n-1} = 0, \; p_n = -1, \; p_{n+1} = 0 \text{ etc.},$$

on aura,

lorsque $k < n$, $S_k = 0$,

lorsque $k = n$, $S_k - n = 0$ ou $S_k = n$,

enfin, lorsque $k > n$, $S_k - S_{k-n} = 0$ ou $S_k = S_{k-n}$,

d'où on conclura, que S_k sera toujours $= 0$ pour l'équation $x^n - 1 = 0$, lorsque k n'est pas multiple de n, mais $= n$ dans le cas contraire.

Désignant donc par

$$\alpha, \; \alpha^2, \; \alpha^3, \; \alpha^4, \; \ldots \; \alpha^n$$

les n racines de l'équation

$$x^n - 1 = 0,$$

on aura $\alpha^m + \alpha^{2m} + \alpha^{3m} + \alpha^{4m} + \ldots + \alpha^{nm} = n$ ou $= 0$,
selon que m est ou n'est pas multiple de n.

Soit maintenant fx une fonction quelconque de x, qui peut se développer suivant les puissances entières et positives de x, et

$$f_0,\ f_1,\ f_2,\ f_3,\ \ldots\ f_m\ \ldots$$

les valeurs de la fonction elle-même et des coefficiens différentiels du premier, second, 3e, m^e ordre, lorsque $x = 0$. Cela posé, on a, par le théorème connu:

$$1.\quad fx = f_0 + x f_1 + \frac{x^2}{2} f_2 + \frac{x^3}{2.3} f_3 + \ldots + \frac{x^m}{2.3\ldots m} f_m + \ldots$$

Substituant au lieu de x respectivement les valeurs

$$\alpha x,\ \alpha^2 x,\ \alpha^3 x,\ \ldots\ \alpha^n x,$$

on trouve:

$$2.\quad \begin{cases} f\alpha x = f_0 + \alpha x f_1 + \frac{\alpha^2 x^2}{2} f_2 + \frac{\alpha^3 x^3}{2.3} f_3 + \ldots + \frac{\alpha^m x^m}{2.3\ldots m} f_m + \ldots \\ f\alpha^2 x = f_0 + \alpha^2 x f_1 + \frac{\alpha^4 x^2}{2} f_2 + \frac{\alpha^6 x^3}{2.3} f_3 + \ldots + \frac{\alpha^{2m} x^m}{2.3\ldots m} f_m + \ldots \\ f\alpha^3 x = f_0 + \alpha^3 x f_1 + \frac{\alpha^6 x^2}{2} f_2 + \frac{\alpha^9 x^3}{2.3} f_3 + \ldots + \frac{\alpha^{3m} x^m}{2.3\ldots m} f_m + \ldots \\ \quad \text{etc.} \qquad\qquad \text{etc.} \\ f\alpha^n x = f_0 + \alpha^n x f_1 + \frac{\alpha^{2n} x^2}{2} f_2 + \frac{\alpha^{3n} x^3}{2.3} f_3 + \ldots + \frac{\alpha^{nm} x^m}{2.3\ldots m} f_m + \ldots \end{cases}$$

Ajoutant ces équations, on trouve:

$$3.\quad f\alpha x + f\alpha^2 x + f\alpha^3 x + \ldots + f\alpha^n x$$
$$= n\left(f_0 + \frac{x^n}{2.3\ldots n} f_n + \frac{x^{2n}}{2.3\ldots 2n} f_{2n} + \frac{x^{3n}}{2.3\ldots 3n} f_{3n} + \ldots\right).$$

Multipliant maintenant la première des équations (2.) par α^{n-1}, la seconde par α^{n-2}, la troisième par α^{n-3} et ainsi de suite, et ajoutant les produits, on obtient:

$$4.\quad \alpha^{n-1} f\alpha x + \alpha^{n-2} f\alpha^2 x + \alpha^{n-3} f\alpha^3 x + \ldots + f\alpha^n x$$
$$= n\left(x f_1 + \frac{x^{n+1}}{2.3\ldots n+1} f_{n+1} + \frac{x^{2n+1}}{2.3\ldots 2n+1} f_{2n+1} + \ldots\right).$$

Multipliant de même par

$$\alpha^{2(n-1)},\ \alpha^{2(n-2)},\ \alpha^{2(n-3)},\ \ldots\ \text{etc.}$$

respectivement et ajoutant les produits on obtient:

$$5.\quad \alpha^{2(n-1)} f\alpha x + \alpha^{2(n-2)} f\alpha^2 x + \ldots + f\alpha^n x$$
$$= n\left(\frac{x^2}{2} f_2 + \frac{x^{n+2}}{2.3\ldots n+2} f_{n+2} + \frac{x^{2n+2}}{2.3\ldots 2n+2} f_{2n+2} + \ldots\right).$$

Continuant ainsi on trouve en général:

$$6. \quad \alpha^{m(n-1)} f \alpha x + \alpha^{m(n-2)} f \alpha^2 x \ldots + f \alpha^n x$$

$$= n\left(\frac{x^m}{2.3\ldots m} f_m + \frac{x^{n+m}}{2.3\ldots n+m} f_{n+m} + \frac{x^{2n+m}}{2.3\ldots 2n+m} f_{2n+m} + \ldots\right)$$

et en mettant βx au lieu de x, β étant une quantité arbitraire:

$$7. \quad \alpha^{m(n-1)} f \alpha \beta x + \alpha^{m(n-2)} f \alpha^2 \beta x + \ldots + f \alpha^n \beta x$$

$$= n\beta^m\left(\frac{x^m}{2.3\ldots m} f_m + \frac{x^{n+m}\beta^n}{2.3\ldots n+m} f_{n+m} + \frac{x^{2n+m}\beta^{2n}}{2.3\ldots 2n+m} f_{2n+m} + \frac{x^{3n+m}\beta^{3n}}{2.3\ldots 3n+m} + \ldots\right).$$

Cependant si l'on choisit la quantité β de manière à satisfaire à l'équation:

$$y^n + 1 = 0,$$

on aura:

$$\beta^n = -1, \quad \beta^{2n} = +1, \quad \beta^{3n} = -1, \quad \beta^{4n} = +1 \text{ etc.}$$

et on changera seulement les signes des termes, affectés de β^n, β^{3n} etc. (Voy. le mémoire cité pag. 244.)

Les formules générales 6. et 7. pourront maintenant s'appliquer à plusieurs classes des fonctions. Par l'application aux fonctions algébriques je ne suis parvenu qu'à des choses connues; cependant, pour commencer par les cas les plus simples, je vais en présenter quelques exemples.

Soit la fonction

$$f(x) = a + bx + cx^2,$$

on aura:

$$f_0 = a, \quad f_1 = b, \quad f_2 = 2c, \quad f_3 = 0 \text{ etc.}$$

Supposant $n = 1$, et par conséquent $\alpha = 1$, et m (qu'on pourra toujours choisir $> n$) $= 0$, on trouve

$$f(x) = a + bx + cx^2,$$

comme précédemment.

Posant ensuite $n = 2$, $\alpha = -1$, on aura:

$$\text{lorsque } m = 0, \quad f(-x) + f(x) = 2[a + cx^2],$$

$$m = 1, \quad -f(-x) + f(x) = 2bx.$$

Enfin lorsque $n = 3$, donc $\alpha = \frac{-1+\sqrt{-3}}{2}$; $\alpha^2 = \frac{-1-\sqrt{-3}}{2}$, on a pour

$$m = 0, \quad f\alpha x + f\alpha^2 x + f\alpha^3 x = 3a,$$

$$m = 1, \quad \alpha^2 f\alpha x + \alpha f\alpha^2 x + f\alpha^3 x = 3bx,$$

$$m = 2, \quad \alpha f\alpha x + \alpha^2 f\alpha^2 x + f\alpha^3 x = 3cx^2.$$

Considérant en général une fonction rationnelle et entière quelconque,

$$f(x) = a + bx + cx^2 + dx^3 + \ldots + lx^r,$$

il est aisé de parvenir aux équations suivantes.

$$\begin{aligned}
f\alpha x + f\alpha^2 x + f\alpha^3 x + \ldots\ldots + fx &= (r+1)a,\\
\alpha^r f\alpha x + \alpha^{r-1} f\alpha^2 x + \alpha^{r-2} f\alpha^3 x + \ldots\ldots + fx &= (r+1)bx,\\
\alpha^{2r} f\alpha x + \alpha^{2(r-1)} f\alpha^2 x + \alpha^{2(r-2)} f\alpha^3 x + \ldots\ldots + fx &= (r+1)cx^2,\\
\text{etc.} \qquad\qquad & \text{etc.}\\
\alpha^{r.r} f\alpha x + \alpha^{r(r-1)} f\alpha^2 x + \alpha^{r(r-2)} f\alpha^3 x + \ldots\ldots + fx &= (r+1)px^r,
\end{aligned}$$

de sorte, qu'on pourra exprimer tous les termes d'une fonction rationnelle et entière par la même fonction des quantités

$$x,\ \alpha x,\ \alpha^2 x,\ \alpha^3 x,\ \ldots\ldots\ \alpha^r x.$$

Prenant ensuite une fonction fractionnaire, p. ex.

$$f(x) = \frac{1}{1+x},$$

on aura, comme $f_0 = 1$, $f_1 = -1$, $f_2 = 2$, $f_3 = -2.3$, ... $f_m = \pm 2.3\ldots.m$, lorsque $n = 3$ p. ex.:

$$\begin{aligned}
f\alpha x + f\alpha^2 x + f\alpha^3 x &= 3[\ 1 - x^3 + x^6 - x^9 + \ldots.],\\
\alpha^2 f\alpha x + \alpha f\alpha^2 x + f\alpha^3 x &= 3[-x + x^4 - x^7 + x^{10} - \ldots.],\\
\alpha f\alpha x + \alpha^2 f\alpha^2 x + f\alpha^3 x &= 3[\ x^2 - x^5 + x^8 - x^{11} + \ldots.].
\end{aligned}$$

La dernière de ces équations donne:

$$\alpha f\alpha x + \alpha^2 f\alpha^2 x + f\alpha^3 x = \frac{2x-1}{x^2-x+1} + \frac{1}{1+x} = 3x^2 - 3x^5 + 3x^8 - 3x^{11} + \ldots.,$$

expression, aisée à vérifier.

Il sera facile de multiplier les exemples en appliquant les formules 6. et 7. aux fonctions fractionnaires quelconques, qu'on peut développer suivant les puissances entières et positives de x, ainsi qu'aux fonctions irrationnelles.

Considérons maintenant les fonctions transcendentes et en particulier les fonctions exponentielles et circulaires, et comparons ensuite les résultats que nous allons trouver.

Comme la considération des deux cas où n est un nombre pair et impair, mène à des conséquences différentes, nous allons d'abord nous occuper du premier.

Supposant donc $fx = \sin x$, on a

$$f_0 = 0,\ f_1 = 1,\ f_2 = 0,\ f_3 = -1,\ f_4 = 0,\ f_5 = 1 \text{ etc.}$$

et en général

$$f_{2n} = 0,\ f_{2(2n+1)+1} = -1,\ f_{4(2n+1)+1} = +1,$$

n étant un nombre entier quelconque.

Nous aurons aussi les équations suivantes, savoir:

pour $n = 2$, donc $\alpha = -1$:

$$8.\ \begin{cases} m=0, & \sin(-x)+\sin x=0, \text{ donc } \sin(-x)=-\sin x, \text{ comme l'on sait,} \\ m=1, & -\sin(-x)+\sin x=2\left(x-\frac{x^3}{2.3}+\frac{x^5}{2.3.4.5}-\frac{x^7}{2.3..7}+\dots\right) \\ & =2\sin x. \end{cases}$$

Pour $n=4$:

$$9.\ \begin{cases} m=0, & \sin\alpha x+\sin\alpha^2x+\sin\alpha^3x+\sin\alpha^4x=0, \\ m=1, & \alpha^3\sin\alpha x+\alpha^2\sin\alpha^2x+\alpha\sin\alpha^3x+\sin\alpha^4x= \\ & 4\left(x+\frac{x^5}{2.3.4.5}+\frac{x^9}{2.3\dots9}+\dots\right), \\ m=2, & \alpha^6\sin\alpha x+\alpha^4\sin\alpha^2x+\alpha^2\sin\alpha^3x+\sin\alpha^4x=0, \\ m=3, & \alpha^9\sin\alpha x+\alpha^6\sin\alpha^2x+\alpha^3\sin\alpha^3x+\sin\alpha^4x= \\ & -4\left(\frac{x^3}{2.3}+\frac{x^7}{2.3\dots7}+\frac{x^{11}}{2.3\dots11}+\dots\right), \end{cases}$$

pour $n=6$:

$$10.\ \begin{cases} m=0, & \sin\alpha x+\sin\alpha^2x+\sin\alpha^3x+\dots+\sin\alpha^6x=0 \\ m=1, & \alpha^5\sin\alpha x+\alpha^4\sin\alpha^2x+\alpha^3\sin\alpha^3x+\dots+\sin\alpha^6x= \\ & 6\left(x-\frac{x^7}{2.3\dots7}+\frac{x^{13}}{2.3\dots13}-\dots\right), \\ m=2, & \alpha^{10}\sin\alpha x+\alpha^8\sin\alpha^2x+\alpha^6\sin\alpha^3x+\dots+\sin\alpha^6x=0 \\ m=3, & \alpha^{15}\sin\alpha x+\alpha^{12}\sin\alpha^2x+\alpha^9\sin\alpha^3x+\dots+\sin\alpha^6x= \\ & 6\left(-\frac{x^3}{2.3}+\frac{x^9}{2.3\dots9}-\frac{x^{15}}{2.3\dots15}+\dots\right), \\ m=4, & \alpha^{20}\sin\alpha x+\alpha^{16}\sin\alpha^2x+\alpha^{12}\sin\alpha^3x+\dots+\sin\alpha^6x=0 \\ m=5, & \alpha^{25}\sin\alpha x+\alpha^{20}\sin\alpha^2x+\alpha^{15}\sin\alpha^3x+\dots+\sin\alpha^6x= \\ & 6\left(\frac{x^5}{2.3.4.5}-\frac{x^{11}}{2.3\dots11}+\frac{x^{17}}{2.3\dots17}-\dots\right). \end{cases}$$

La loi de ces valeurs est évidente, de sorte que des équations qui répondent à des valeurs paires de m, on peut tirer en général:

$$11.\ \begin{cases} \sin\alpha x+\sin\alpha^2x+\sin\alpha^3x+\dots+\sin\alpha^nx=0, \\ \alpha^{2(n-1)}\sin\alpha x+\alpha^{2(n-2)}\sin\alpha^2x+\alpha^{2(n-3)}\sin\alpha^3x+\dots+\sin\alpha^nx=0, \\ \alpha^{4(n-1)}\sin\alpha x+\alpha^{4(n-2)}\sin\alpha^2x+\alpha^{4(n-3)}\sin\alpha^3x+\dots+\sin\alpha^nx=0, \\ \text{etc.} \qquad \text{etc.} \\ \alpha^{(n-2)(n-1)}\sin\alpha x+\alpha^{(n-2)(n-2)}\sin\alpha^2x+\alpha^{(n-2)(n-3)}\sin\alpha^3x+\dots+\sin\alpha^nx=0, \end{cases}$$

n étant toujours un nombre pair et α une des racines imaginaires de l'équation

$$x^n-1=0.$$

Quant aux équations, pour lesquelles on a supposé m un nombre impair, nous allons montrer, que les expressions en sinus, qui répondent à ces valeurs de m, s'expriment par des fonctions exponentielles correspondantes Pour cela nous formons le tableau suivant:

Pour $n=4$ on a, en posant $\beta = \sqrt{-1} = i$ dans (7.):

$$12. \begin{cases} m=0, & e^{\alpha ix} + e^{\alpha^2 ix} + e^{\alpha^3 ix} + e^{\alpha^4 ix} \\ & = 4\left(1 + \frac{x^4}{2.3.4} + \frac{x^8}{2.3\ldots 8} + \frac{x^{12}}{2.3\ldots 12} + \ldots\right), \\ m=1, & \alpha^3 e^{\alpha ix} + \alpha^2 e^{\alpha^2 ix} + \alpha e^{\alpha^3 ix} + e^{\alpha^4 ix} \\ & = 4i\left(x + \frac{x^5}{2.3.4.5} + \frac{x^9}{2.3\ldots 9} + \frac{x^{13}}{2.3\ldots 13} + \ldots\right), \\ m=2, & \alpha^6 e^{\alpha ix} + \alpha^4 e^{\alpha^2 ix} + \alpha^2 e^{\alpha^3 ix} + e^{\alpha^4 ix} \\ & = -4\left(\frac{x^2}{2} + \frac{x^6}{2.3\ldots 6} + \frac{x^{10}}{2.3\ldots 10} + \frac{x^{14}}{2.3\ldots 14} + \ldots\right), \\ m=3, & \alpha^9 e^{\alpha ix} + \alpha^6 e^{\alpha^2 ix} + \alpha^3 e^{\alpha^3 ix} + e^{\alpha^4 ix} \\ & = -4i\left(\frac{x^3}{2.3} + \frac{x^7}{2.3\ldots 7} + \frac{x^{11}}{2.3\ldots 11} + \frac{x^{15}}{2.3\ldots 15} + \ldots\right), \end{cases}$$

pour $n=6$:

$$13. \begin{cases} m=0, & e^{\alpha ix} + e^{\alpha^2 ix} + e^{\alpha^3 ix} + \ldots + e^{\alpha^6 ix} \\ & = 6\left(1 - \frac{x^6}{2.3\ldots 6} + \frac{x^{12}}{2.3\ldots 12} - \frac{x^{18}}{2.3\ldots 18} + \ldots\right), \\ m=1, & \alpha^5 e^{\alpha ix} + \alpha^4 e^{\alpha^2 ix} + \alpha^3 e^{\alpha^3 ix} + \ldots + e^{\alpha^6 ix} \\ & = 6i\left(x - \frac{x^7}{2.3\ldots 7} + \frac{x^{13}}{2.3\ldots 13} - \frac{x^{19}}{2.3\ldots 19} + \ldots\right), \\ m=2, & \alpha^{10} e^{\alpha ix} + \alpha^8 e^{\alpha^2 ix} + \alpha^6 e^{\alpha^3 ix} + \ldots + e^{\alpha^6 ix} \\ & = -6\left(\frac{x^2}{2} - \frac{x^8}{2.3\ldots 8} + \frac{x^{14}}{2.3\ldots 14} - \frac{x^{20}}{2.3\ldots 20} + \ldots\right), \\ m=3, & \alpha^{15} e^{\alpha ix} + \alpha^{12} e^{\alpha^2 ix} + \alpha^9 e^{\alpha^3 ix} + \ldots + e^{\alpha^6 ix} \\ & = -6i\left(\frac{x^3}{2.3} - \frac{x^9}{2.3\ldots 9} + \frac{x^{15}}{2.3\ldots 15} - \frac{x^{21}}{2.3\ldots 21} + \ldots\right), \\ m=4, & \alpha^{20} e^{\alpha ix} + \alpha^{16} e^{\alpha^2 ix} + \alpha^{12} e^{\alpha^3 ix} + \ldots + e^{\alpha^6 ix} \\ & = 6\left(\frac{x^4}{2.3.4} - \frac{x^{10}}{2.3\ldots 10} + \frac{x^{16}}{2.3\ldots 16} - \frac{x^{22}}{2.3\ldots 22} + \ldots\right), \\ m=5, & \alpha^{25} e^{\alpha ix} + \alpha^{20} e^{\alpha^2 ix} + \alpha^{15} e^{\alpha^3 ix} + \ldots + e^{\alpha^6 ix} \\ & = 6i\left(\frac{x^5}{2.3.4.5} - \frac{x^{11}}{2.3\ldots 11} + \frac{x^{17}}{2.3\ldots 17} - \frac{x^{23}}{2.3\ldots 23} + \ldots\right), \end{cases}$$

Faisons maintenant pour abréger:

$$-e^{-ix} + e^{ix} = F_1,$$

et désignons de même les valeurs exponentielles ci-dessus, qui répondent à des valeurs impairs de m, respectivement par:

$$F_2,\ F_3,\ F_4,\ F_5 \text{ et } F_6$$

et les valeurs en sinus correspondantes par:

$$S_1,\ S_2,\ S_3,\ S_4,\ S_5,\ S_6.$$

Cela posé il est aisé de voir que

14. $\frac{E_1}{i} = S_1,\ \frac{E_2}{i} = S_2,\ \frac{E_3}{i} = S_3,\ \frac{E_4}{i} = S_4,\ \frac{E_5}{i} = S_5,\ \frac{E_6}{i} = S_6.$

Comme la loi de ces valeurs est évidente, il est aisé de les généraliser, de sorte qu'on trouve en général, lorsque n est pair et m impair:

15. $$\frac{a^{m(n-1)}e^{ai x} + a^{m(n-2)}e^{a^2 ix} + a^{m(n-3)}e^{a^3 ix} + \ldots + e^{a^n ix}}{i}$$

$$= a^{m(n-1)}\sin ax + a^{m(n-2)}\sin a^2 x + a^{m(n-3)}\sin a^3 x + \ldots + \sin a^n x.$$

L'expression exponentielle connue de $\sin x$ est un cas particulier de cette formule. En effet, faisant $n = 2$ et par conséquent $a = -1$, $a^2 = +1$, $m = 1$, on a:

$$\frac{-e^{-ix} + e^{ix}}{i} = -\sin(-x) + \sin x = 2\sin x,$$

ou bien:

$$\frac{e^{x\sqrt{-1}} - e^{-x\sqrt{-1}}}{2\sqrt{-1}} = \sin x.$$

Corollaire. Comparant les deux dernières équations (22. et 23.) du mémoire cité de Mr. Olivier, à l'équation (9.) ci-dessus, on trouve sans peine:

$$-e^{-x} + e^{x} + \frac{-e^{-ix} + e^{ix}}{i} = S_2,$$

$$e^{-x} - e^{x} + \frac{-e^{-ix} + e^{ix}}{i} = S_6.$$

Mais ces valeurs ne sont autre chose que celles que nous venons de trouver, savoir

$$\frac{E_2}{i} \text{ et } \frac{E_6}{i},$$

ce qu'il est aisé de voir, puisque a dans E_2 et E_6 doit satisfaire à l'équation $x^4 - 1 = 0$.

Posons maintenant $f(x) = \cos x$, d'où:

$$f_0 = 1,\ f_1 = 0,\ f_2 = -1,\ f_3 = 0,\ f_4 = 1,\ f_5 = 0 \text{ etc.}$$

et en général

$$f_{2n+1} = 0,\ f_{4n+2} = -1,\ f_{4n} = +1.$$

Il est maintenant aisé de former le tableau suivant pour $n = 6$ p. ex.:

$$16.\quad\begin{cases} m=0, & \cos\alpha x + \cos\alpha^2 x + \ldots + \cos\alpha^n x = \\ & \qquad 6\left(1 - \frac{x^6}{2.3\ldots6} + \frac{x^{12}}{2.3\ldots12} - \ldots\right), \\ m=1, & \alpha^5\cos\alpha x + \alpha^4\cos\alpha^2 x + \ldots + \cos\alpha^n x = 0, \\ m=2, & \alpha^{10}\cos\alpha x + \alpha^8\cos\alpha^2 x + \ldots + \cos\alpha^n x = \\ & \qquad 6\left(-\frac{x^2}{2} + \frac{x^8}{2.3\ldots8} - \frac{x^{14}}{2.3\ldots14} + \ldots\right), \\ m=3, & \alpha^{15}\cos\alpha x + \alpha^{12}\cos\alpha^2 x + \ldots + \cos\alpha^n x = 0, \\ m=4, & \alpha^{20}\cos\alpha x + \alpha^{16}\cos\alpha^2 x + \ldots + \cos\alpha^n x = \\ & \qquad 6\left(\frac{x^4}{2.3.4} - \frac{x^{10}}{2.3\ldots10} + \frac{x^{16}}{2.3\ldots16} \ldots\right), \\ m=5, & \alpha^{25}\cos\alpha x + \alpha^{20}\cos\alpha^2 x + \ldots + \cos\alpha^n x = 0, \end{cases}$$

ce qui suffit pour conclure en général, lorsque n est pair:

$$17.\quad\begin{cases} \alpha^{n-1}\cos\alpha x + \alpha^{n-2}\cos\alpha^2 x + \ldots + \cos\alpha^n x = 0, \\ \alpha^{3(n-1)}\cos\alpha x + \alpha^{3(n-2)}\cos\alpha^2 x + \ldots + \cos\alpha^n x = 0, \\ \alpha^{5(n-1)}\cos\alpha x + \alpha^{5(n-2)}\cos\alpha^2 x + \ldots + \cos\alpha^n x = 0, \\ \qquad\text{etc.} \qquad\qquad \text{etc.} \\ \alpha^{(n-1)(n-1)}\cos\alpha x + \alpha^{(n-1)(n-2)}\cos\alpha^2 x + \ldots + \cos\alpha^n x = 0, \end{cases}$$

et de même, en comparant les équations (16. et 13.), on verra qu'on aura en général, lorsque n et m sont paires:

$$18.\quad \alpha^{m(n-1)}e^{i\alpha x} + \alpha^{m(n-2)}e^{i\alpha^2 x} + \alpha^{m(n-3)}e^{i\alpha^3 x} + \ldots + e^{i\alpha^n x}$$
$$= \alpha^{m(n-1)}\cos\alpha x + \alpha^{m(n-2)}\cos\alpha^2 x + \alpha^{m(n-3)}\cos\alpha^3 x + \ldots + \cos\alpha^n x.$$

Supposant $n=2$, $\alpha=-1$, $\alpha^2=+1$ et $m=0$, on a:

$$e^{-ix} + e^{ix} = \cos(-x) + \cos x = 2\cos x,$$

ou bien:

$$\frac{e^{x\sqrt{-1}} + e^{-x\sqrt{-1}}}{2} = \cos x,$$

formule connue.

Nous ferons maintenant quelques remarques sur les formules (15. et 18.), que nous venons de trouver.

1. En mettant $-ix$ pour x dans les deux formules et multipliant dans la première haut et bas par i, on aura sur le champ:

$$19.\quad i(\alpha^{m(n-1)}e^{\alpha x} + \alpha^{m(n-2)}e^{\alpha^2 x} + \ldots + e^{\alpha^n x})$$
$$= \alpha^{m(n-1)}\sin\alpha ix + \alpha^{m(n-2)}\sin\alpha^2 ix + \ldots + \sin\alpha^n ix,$$

lorsque m est impair:

$$20.\quad \alpha^{m(n-1)}e^{\alpha x} + \alpha^{m(n-2)}e^{\alpha^2 x} + \ldots + e^{\alpha^n x}$$
$$= \alpha^{m(n-1)}\cos\alpha ix + \alpha^{m(n-2)}\cos\alpha^2 ix + \ldots + \cos\alpha^n ix.$$

2. Comme la dépendance entre les fonctions exponentielles et circu-

laires est entièrement exprimée par les deux équations connues:

$$\frac{e^{x\sqrt{-1}}+e^{-x\sqrt{-1}}}{2}=\cos x,\qquad \frac{e^{x\sqrt{-1}}-e^{-x\sqrt{-1}}}{2\sqrt{-1}}=\sin x,$$

qui ne forment d'ailleurs qu'une équation distincte; il s'en suit que toute autre relation entre les mêmes quantités doit rentrer dans les deux formules. Nous allons montrer, que les deux expressions (15. 18.) que nous avons trouvées, ne sont au fond que des transformations de ces formules.

Pour cela nous ferons observer que les racines de l'équation

$$y^n-1$$

lorsque n est pair, sont comprises dans la formule

$$y=\cos\frac{k\pi}{n}+\sin\frac{k\pi}{n}\sqrt{-1},$$

où l'on doit prendre pour k tous les nombres pairs depuis 0 jusqu'à $2(n-1)$ inclusivement. De plus, lorsqu'on prend $k=\frac{1}{2}n+i$, i étant pair ou impair suivant que $\frac{1}{2}n$ est pair ou impair, on a:

$$\cos\frac{(\frac{1}{2}n+i)\pi}{n}=-\cos\frac{(\frac{1}{2}n-i)\pi}{n},\ \text{et}$$

$$\sin\frac{(\frac{1}{2}n+i)\pi}{n}=\ \sin\frac{(\frac{1}{2}n-i)\pi}{n}.$$

Au contraire, en prenant $k=n+i$, i étant pair, on a:

$$\cos\frac{(n+i)\pi}{n}=\ \cos\frac{(n-i)\pi}{n},\ \text{et}$$

$$\sin\frac{(n+i)\pi}{n}=-\sin\frac{(n-i)\pi}{n}.$$

Cela posé, il est aisé de voir que les valeurs

$$\alpha,\ \alpha^2,\ \alpha^3,\ \alpha^4,\ \dots,\ \alpha^{\frac{1}{2}n},\ \alpha^{\frac{1}{2}n+1},\ \alpha^{\frac{1}{2}n+2},\ \dots,\ \alpha^n \text{ équivalent à}$$

$$\alpha,\ \alpha^2,\ \alpha^3,\ \alpha^4,\ \dots,\ -1,\ -\alpha,\ -\alpha^2,\ \dots,\ +1,$$

n étant toujours pair.

En mettant ces valeurs dans les formules (15. 18.) elles deviendront:

21. $$-\alpha^{m(\frac{1}{2}n-1)}e^{\alpha ix}-\alpha^{m(\frac{1}{2}n-2)}e^{\alpha^2 ix}-\dots-e^{-ix}+\alpha^{m(\frac{1}{2}n-1)}e^{-\alpha ix}+\alpha^{m(\frac{1}{2}n-2)}e^{-\alpha^2 ix}+\dots+e^{ix}$$
$$=-\alpha^{m(\frac{1}{2}n-1)}\sin\alpha x-\alpha^{m(\frac{1}{2}n-2)}\sin\alpha^2 x-\dots$$
$$\dots-\sin(-x)+\alpha^{m(\frac{1}{2}n-1)}\sin(-\alpha x)+\alpha^{m(\frac{1}{2}n-2)}\sin(-\alpha^2 x)+\dots+\sin x,$$

m étant impair, et

22. $$\alpha^{m(\frac{1}{2}n-1)}e^{\alpha ix}+\alpha^{m(\frac{1}{2}n-2)}e^{\alpha^2 ix}+\dots+e^{-ix}+\alpha^{m(\frac{1}{2}n-1)}e^{-\alpha ix}+\alpha^{m(\frac{1}{2}n-2)}e^{-\alpha^2 ix}+\dots+e^{ix}$$
$$=\alpha^{m(\frac{1}{2}n-1)}\cos\alpha x+\alpha^{m(\frac{1}{2}n-2)}\cos\alpha^2 x+\dots+\cos(-x)+\alpha^{m(\frac{1}{2}n-1)}\cos(-\alpha x)+\alpha^{m(\frac{1}{2}n-2)},$$

lorsque m est pair.

Maintenant, en écrivant ces formules comme il suit:

23. $a^{m(\frac{1}{2}n-1)}\left(\frac{e^{aix}-e^{-aix}}{i}\right)+a^{m(\frac{1}{2}n-2)}\left(\frac{e^{a^2ix}-e^{-a^2ix}}{i}\right)+\ldots-\left(\frac{e^{ix}-e^{-ix}}{i}\right)$
$= a^{m(\frac{1}{2}n-1)}2\sin ax + a^{m(\frac{1}{2}n-2)}2\sin a^2x + \ldots - 2\sin x,$

24. $a^{m(\frac{1}{2}n-1)}(e^{aix}+e^{-aix})+a^{m(\frac{1}{2}n-2)}(e^{a^2ix}+e^{-a^2ix})+\ldots+(e^{ix}+e^{-ix})$
$= a^{m(\frac{1}{2}n-1)}2\cos ax + a^{m(\frac{1}{2}n-2)}2\cos a^2x + \ldots + 2\cos x,$

on reconnait qu'elles rentrent dans les formules connues.

Il est aisé de vérifier les formules (11 et 17.), trouvées plus haut, par des considérations semblables à celles ci.

Passons à la considération du cas, où n est un nombre impair. Faisons pour abréger, lorsque $n=3$:

$$\sin aix + \sin a^2ix + \sin a^3ix = S_1x,$$
$$a^2\sin aix + a\sin a^2ix + \sin a^3ix = S_2x,$$
$$a^4\sin aix + a^2\sin a^2ix + \sin a^3ix = S_3x$$

et désignons de même les valeurs correspondantes à $r=5$ par

$$S'_1,\ S'_2,\ S'_3,\ S'_4 \text{ et } S'_5,$$

nous aurons en vertu de (7.) les équations suivantes:

lorsque $n=3$:

25. $$\begin{cases} m=0, & S_1x = 3i\left(\frac{x^3}{2.3}+\frac{x^9}{2.3\ldots9}+\frac{x^{15}}{2.3\ldots15}+\ldots\right),\\ m=1, & S_2x = 3i\left(x+\frac{x^7}{2.3\ldots7}+\frac{x^{13}}{2.3\ldots13}+\ldots\right),\\ m=2, & S_3x = 3i\left(\frac{x^5}{2.3.4.5}+\frac{x^{11}}{2.3\ldots11}+\frac{x^{17}}{2.3\ldots17}+\ldots\right),\end{cases}$$

lorsque $n=5$:

26. $$\begin{cases} m=0, & S'_1x = 5i\left(\frac{x^5}{2.3.4.5}+\frac{x^{15}}{2.3\ldots15}+\ldots\right),\\ m=1, & S'_2x = 5i\left(x+\frac{x^{11}}{2.3\ldots11}+\ldots\right),\\ m=2, & S'_3x = 5i\left(\frac{x^7}{2.3\ldots7}+\frac{x^{17}}{2.3\ldots17}+\ldots\right),\\ m=3, & S'_4x = 5i\left(\frac{x^3}{2.3}+\frac{x^{13}}{2.3\ldots13}+\ldots\right),\\ m=4, & S'_5x = 5i\left(\frac{x^9}{2.3\ldots9}+\frac{x^{19}}{2.3\ldots19}+\ldots\right).\end{cases}$$

Dénotons de même par:

$$C_1x,\ C_2x,\ C_3x \text{ (pour } n=3\text{), et}$$
$$C'_1x,\ C'_2x,\ C'_3x,\ C'_4x,\ C'_5x \text{ (pour } n=5\text{)}$$

les valeurs

$$\cos a i x + \cos a^2 i x + \cos a^3 i x,$$
$$a^2 \cos a i x + a \cos a^2 i x + \cos a^3 i x,$$
etc. etc.

nous aurons

lorsque $n = 3$:

$$27. \begin{cases} m = 0 & C_1 x = 3\left(1 + \frac{x^6}{2.3\ldots6} + \frac{x^{12}}{2.3\ldots12}\right. \\ m = 1, & C_2 x = 3\left(\frac{x^4}{2.3.4} + \frac{x^{10}}{2.3\ldots10} + \frac{x^{16}}{2.3\ldots16}\right. \\ m = 2, & C_3 x = 3\left(\frac{x^2}{2} + \frac{x^8}{2.3\ldots8} + \frac{x^{14}}{2.3\ldots14}\right. \end{cases}$$

lorsque $n = 5$:

$$28. \begin{cases} m = 0, & C'_1 x = 5\left(1 + \frac{x^{10}}{2.3\ldots10} + \ldots\right), \\ m = 1, & C'_2 x = 5\left(\frac{x^6}{2.3\ldots6} + \frac{x^{16}}{2.3\ldots16} + \ldots\right), \\ m = 2, & C'_3 x = 5\left(\frac{x^2}{2} + \frac{x^{12}}{2.3\ldots12} + \ldots\right), \\ m = 3, & C'_4 x = 5\left(\frac{x^8}{2.3\ldots8} + \frac{x^{18}}{2.3\ldots18} + \ldots\right), \\ m = 4, & C'_5 x = 5\left(\frac{x^4}{2.3.4} + \frac{x^{14}}{2.3\ldots14} + \ldots\right). \end{cases}$$

Pour comparer ces expressions avec celles des exponentielles, faisons usage d'une notation abrégée semblable à celle qu'a employée Mr. Olivier (Mem. cit. pag. 247.).

Faisant donc

$$e^{ax} + e^{a^2x} + e^{a^3x} + e^{a^4x} + e^{a^5x} = \Phi'_1 x,$$
$$a^4 e^{ax} + a^3 e^{a^2x} + a^2 e^{a^3x} + a e^{a^4x} + e^{a^5x} = \Phi'_2 x,$$
etc.

et

$$e^{-ax} + e^{-a^2x} + e^{-a^3x} + e^{-a^4x} + e^{-a^5x} = f'_1 x,$$
$$a^4 e^{-ax} + a^3 e^{-a^2x} + a^2 e^{-a^3x} + a e^{-a^4x} + e^{-a^5x} = f'_2 x,$$
etc.

on formera les équations suivantes, n étant $= 5$:

$$29. \begin{cases} m = 0, & \Phi'_1 x = 5\left(1 + \frac{x^5}{2.3.4.5} + \frac{x^{10}}{2.3\ldots10} + \ldots\right), \\ m = 1, & \Phi'_2 x = 5\left(x + \frac{x^6}{2.3\ldots6} + \frac{x^{11}}{2.3\ldots11} + \ldots\right), \\ m = 2, & \Phi'_3 x = 5\left(\frac{x^2}{2} + \frac{x^7}{2.3\ldots7} + \frac{x^{12}}{2.3\ldots12} + \ldots\right). \end{cases}$$

$$29.\quad \begin{cases} m=3, & \varphi'_4 x = 5\left(\frac{x^3}{2.3} + \frac{x^8}{2.3\ldots8} + \frac{x^{13}}{2.3\ldots13} + \ldots\right), \\ m=4, & \varphi'_5 x = 5\left(\frac{x^4}{2.3.4} + \frac{x^9}{2.3\ldots9} + \frac{x^{14}}{2.3\ldots14} + \ldots\right), \end{cases}$$

$$30.\quad \begin{cases} m=0, & f'_1 x = 5\left(1 - \frac{x^5}{2.3.4.5} + \frac{x^{10}}{2.3\ldots10} - \ldots\right), \\ m=1, & f'_2 x = 5\left(-x + \frac{x^6}{2.3\ldots6} - \frac{x^{11}}{2.3\ldots11} + \ldots\right), \\ m=2, & f'_3 x = 5\left(\frac{x^2}{2} - \frac{x^7}{2.3\ldots7} + \frac{x^{12}}{2.3\ldots12} - \ldots\right), \\ m=3, & f'_4 x = 5\left(-\frac{x^3}{2.3} + \frac{x^8}{2.3\ldots8} - \frac{x^{13}}{2.3\ldots13} + \ldots\right), \\ m=4, & f'_5 x = 5\left(\frac{x^4}{2.3.4} - \frac{x^9}{2.3\ldots9} + \frac{x^{14}}{2.3\ldots14} - \ldots\right). \end{cases}$$

Mettant maintenant

$\varphi_1 x$, $\varphi_2 x$, $\varphi_3 x$ et $f_1 x$, $f_2 x$, $f_3 x$ au lieu de
$3\Phi_1 x$, $3\Phi_2 x$, $3\Phi_3 x$ et $3f_1 x$, $-3f_2 x$, $3f_3 x$ (Mem. cit. p. 247.),
nous aurons en soustrayant les équations (27.) du mém. cit. des équations (26.) et comparant le résultat aux équations (25.) ci-dessus:

$$31.\quad \frac{\varphi_1 x - f_1 x}{2} = \frac{S_1 x}{i}, \quad \frac{\varphi_2 x - f_2 x}{2} = \frac{S_2 x}{i}, \quad \frac{\varphi_3 x - f_3 x}{2} = \frac{S_3 x}{i},$$

et en soustrayant (30.) de (29.) et comparant le résultat à (26.):

$$32.\quad \frac{\varphi'_1 x - f'_1 x}{2} = \frac{S'_1 x}{i}, \quad \frac{\varphi'_2 x - f'_2 x}{2} = \frac{S'_2 x}{i}, \ldots\ldots \frac{\varphi'_5 x - f'_5 x}{2} = \frac{S'_5 x}{i}.$$

Au contraire, en ajoutant on a:

$$33.\quad \frac{\varphi_1 x + f_1 x}{2} = C_1 x, \quad \frac{\varphi_2 x + f_2 x}{2} = C_2 x, \quad \frac{\varphi_3 x + f_3 x}{2} = C_3 x,$$

et

$$34.\quad \frac{\varphi'_1 x + f'_1 x}{2} = C'_1 x, \quad \frac{\varphi'_2 x + f'_2 x}{2} = C'_2 x, \ldots\ldots \frac{\varphi'_5 x + f'_5 x}{2} = C'_5 x.$$

expressions qu'il est aisé de généraliser.

On en déduit aisément par l'élimination:

$$35.\quad \varphi_1 x = C_1 x + \frac{S_1 x}{i}$$

et d'autres expressions de la même forme, et enfin:

$$36.\quad f_1 x = C_1 x - \frac{S_1 x}{i} \text{ etc.,}$$

de sorte qu'on peut exprimer les fonctions trouvées par Mr. Olivier, par des Sinus et Cosinus des quantités imaginaires.

Au reste, la seconde remarque de pag. 202. s'applique aussi aux expressions 31., 32., 33., 34., 35., 36.

Il est clair qu'on peut transformer les formules générales 6. et 7. de beaucoup de manières différentes, pour parvenir à des expressions des diverses séries; nous en allons présenter un exemple.

En supposant

$$F_0 x = n\left(f_0 + \frac{x^n}{2.3\ldots n} f_n + \frac{x^{2n}}{2.3\ldots 2n} f_{2n} + \frac{x^{3n}}{2.3\ldots 3n} f_{3n} + \ldots\right),$$

$$F_1 x = n\left(x f_1 + \frac{x^{n+1}}{2.3\ldots n+1} f_{n+1} + \frac{x^{2n+1}}{2.3\ldots 2n+1} f_{2n+1} + \frac{x^{3n+1}}{2.3\ldots 3n+1} f_{3n+1} + \ldots\right),$$

$$F_2 x = n\left(\frac{x^2}{2} f_2 + \frac{x^{n+2}}{2.3\ldots n+2} f_{n+2} + \frac{x^{2n+2}}{2.3\ldots 2n+2} f_{2n+2} + \frac{x^{3n+2}}{2.3\ldots 3n+2} f_{3n+2} + \ldots\right),$$

etc. etc.

$$F_m x = n\left(\frac{x^m}{2.3\ldots m} f_m + \frac{x^{n+m}}{2.3\ldots n+m} f_{n+m} + \frac{x^{2n+m}}{2.3\ldots 2n+m} f_{2n+m} + \frac{x^{3n+m}}{2.3\ldots 3n+m} f_{3n+m} + \ldots\right),$$

il est aisé de transformer ces formules par des différentiations et intégrations de manière à renfermer les mêmes puissances de x. En effet, si l'on prend le premier coëfficient différentiel de $F_1 x$, le second de $F_2 x$, le troisième de $F_3 x$ et ainsi de suite, et ajoutant ensemble $F_0 x$ et les équations ainsi trouvées, on trouve:

$$F_0 x + F_1' x + F_2'' x + \ldots + F_m^{(m)} x$$
$$= n\Big((f_0 + f_1 + f_2 + \ldots + f_m) + (f_n + f_{n+1} + f_{n+2} + \ldots + f_{n+m}) \frac{x^n}{2.3\ldots n}$$
$$+ (f_{2n} + f_{2n+1} + f_{2n+2} + \ldots + f_{2n+m}) \frac{x^{2n}}{2.3\ldots 2n} + \ldots\Big).$$

De même en différentiant $F_2 x$ une fois, $F_3 x$ deux fois, et intégrant $F_0 x$, et prenant ensuite la somme des résultats et $F_1 x$, on trouve:

$$\int F_0 x \partial x + F_1 x + F_2' x + F_3'' x + \ldots + F_m^{(m-1)} x$$
$$= n\Big((f_0 + f_1 + f_2 + \ldots + f_m) x + (f_n + f_{n+1} + f_{n+2} + \ldots + f_{n+m}) \frac{x^{n+1}}{2.3\ldots n+1}$$
$$+ (f_{2n} + f_{2n+1} + f_{2n+2} + \ldots + f_{2n+m}) \frac{x^{2n+1}}{2.3\ldots 2n+1} + \ldots\Big).$$

Intégrant $F_0 x$ deux fois, $F_1 x$ une fois, et différentiant $F_3 x$ une fois, $F_4 x$ deux fois et ainsi de suite, et ajoutant à $F_2 x$, on trouve:

$$\iint F_0 x \partial x^2 + \int F_1 x \partial x + F_2 x + F_3' x + F_4'' x + \ldots + F_m^{(m-2)} x$$
$$= n\Big((f_0 + f_1 + f_2 + \ldots + f_m) \frac{x^2}{2} + (f_n + f_{n+1} + f_{n+2} + \ldots + f_{n+m}) \frac{x^{n+2}}{2.3\ldots n+2}$$
$$+ (f_{2n} + f_{2n+1} + f_{2n+2} + \ldots + f_{2n+m}) \frac{x^{2n+2}}{2.3\ldots 2n+2} + \ldots\Big),$$

et ainsi de suite:

$$\iiint F_0 x \partial x^3 + \iint F_1 x \partial x^2 + \int F_2 x \partial x + F_3 x + F'_4 x + F''_5 x + \ldots + F_m^{(m-3)} x$$
$$= n\Big((f_0 + f_1 + f_2 + \ldots + f_m)\frac{x^3}{2.3} + (f_n + f_{n+1} + f_{n+2} + \ldots + f_{n+m})\frac{x^{n+3}}{2.3\ldots n+3}$$
$$+ (f_{2n} + f_{2n+1} + f_{2n+2} + \ldots + f_{2n+m})\frac{x^{2n+3}}{2.3\ldots 2n+3} + \ldots\Big)$$

etc. etc.

$$\int^{m-1} F_0 x \partial x^{m-1} + \int^{m-2} F_1 x \partial x^{m-2} + \int^{m-3} F_2 x \partial x^{m-3} + \ldots + F_{m-1} x + F'_m x$$
$$= n\Big((f_0 + f_1 + f_2 + \ldots + f_m)\frac{x^{m-1}}{2.3\ldots m-1} + (f_n + f_{n+1} + f_{n+2} + \ldots + f_{n+m})\frac{x^{n+m-1}}{2.3\ldots n+m-1}$$
$$+ (f_{2n} + f_{2n+1} + f_{2n+2} + \ldots f_{2n+m})\frac{x^{2n+m-1}}{2.3\ldots 2n+m-1} + \ldots\Big),$$

$$\int^m F_0 x \partial x^m + \int^{m-1} F_1 x \partial x^{m-1} + \int^{m-2} F_2 x \partial x^{m-2} + \ldots + \int F_{m-1} x \partial x + F_m x$$
$$= n\Big((f_0 + f_1 + f_2 + \ldots + f_m)\frac{x^m}{2.3\ldots m} + (f_n + f_{n+1} + f_{n+2} + \ldots + f_{n+m})\frac{x^{n+m}}{2.3\ldots n+m}$$
$$+ (f_{2n} + f_{2n+1} + f_{2n+2} + \ldots + f_{2n+m})\frac{x^{2n+m}}{2.3\ldots 2n+m} + \ldots\Big).$$

Ajoutant maintenant toutes ces équations et désignant pour abréger les valeurs à gauche par:

$$\Sigma_0,\ \Sigma_1,\ \Sigma_2,\ \Sigma_3,\ \ldots\ \Sigma_m$$

et faisant:

$$f_0 + f_1 + f_2 + \ldots + f_m = S_m^0,$$
$$f_n + f_{n+1} + f_{n+2} + \ldots + f_{n+m} = S_{n+m}^n,$$
$$f_{2n} + f_{2n+1} + f_{2n+2} + \ldots + f_{2n+m} = S_{2n+m}^{2n},$$

on trouve:

$$\frac{1}{n}(\Sigma_0 + \Sigma_1 + \Sigma_2 + \Sigma_3 + \ldots + \Sigma_m) = S_m^0\Big(1 + x + \frac{x^2}{2} + \ldots + \frac{x^m}{2.3\ldots m}\Big)$$
$$+ S_{n+m}^n\Big(\frac{x^n}{2.3\ldots n} + \frac{x^{n+1}}{2.3\ldots n+1} + \frac{x^{n+2}}{2.3\ldots n+2} + \ldots + \frac{x^{n+m}}{2.3\ldots n+m}\Big)$$
$$+ S_{2n+m}^{2n}\Big(\frac{x^{2n}}{2.3\ldots 2n} + \frac{x^{2n+1}}{2.3\ldots 2n+1} + \frac{x^{2n+2}}{2.3\ldots 2n+2} + \ldots + \frac{x^{2n+m}}{2.3\ldots 2n+m}\Big)$$
$$+ \text{etc.}$$

Pour appliquer cette formule à un exemple simple, supposons qu'on demande l'expression de la série suivante:

$$S = 1 + x + \frac{x^2}{2} + \frac{x^4}{2.3.4} + \frac{x^5}{2.3.4.5} + \frac{x^6}{2.3\ldots 6} + \frac{x^8}{2.3\ldots 8} + \frac{x^9}{2.3\ldots 9}$$
$$+ \frac{x^{10}}{2.3\ldots 10} + \frac{x^{12}}{2.3\ldots 12} + \ldots$$

En la multipliant par 3, on la réduira à la forme ci-dessus, lorsqu'on choisit une fonction $f(x)$, pour laquelle on a:

$$S_2^0 = S_6^4 = S_{10}^8 = \text{etc.} = 3,$$

raison on doit faire

$$n = 4 \text{ et } m = 2.$$

La fonction e^x répond à cette condition, car on a alors

$$f_0 = f_1 = f_2 = \text{etc.} = 1,$$

donc en posant $m = 2$:

$$S_2^0 = S_4^4 = S_{12}^8 = \text{etc.} = 3.$$

Il reste maintenant a trouver

$$\Sigma_0, \; \Sigma_1 \text{ et } \Sigma_2;$$

$n = 4$ conduit à l'équation

$$y^4 - 1 = 0,$$

dont les racines sont:

$$\alpha = \sqrt{-1}, \;\; \alpha^2 = -1, \;\; \alpha^3 = -\sqrt{-1}, \; \alpha^4 = +1,$$

donc:

$$F_0 x = e^{x\sqrt{-1}} + e^{-x} + e^{-x\sqrt{-1}} + e^x = 2\cos x + e^x + e^{-x},$$
$$F_1 x = -\sqrt{-1}\, e^{x\sqrt{-1}} - e^{-x} + \sqrt{-1}\, e^{-x\sqrt{-1}} + e^x = 2\sin x + e^x - e^{-x},$$
$$F_2 x = -e^{x\sqrt{-1}} + e^{-x} - e^{-x\sqrt{-1}} + e^x = -2\cos x + e^x + e^{-x},$$

On a ensuite:

$$F_1 x = F_2'' x = F_0 x,$$
$$\int F_0 x \partial x = F_2' x = F_1 x.$$
$$\int\int \Sigma_0 x \partial x^2 = \int F_1 x \partial x = F_2 x.$$

Au moyen de ces valeurs on trouve:

$$\Sigma_0 = 6\cos x + 3e^x + 3e^{-x},$$
$$\Sigma_1 = 6\sin x + 3e^x + 3e^{-x},$$
$$\Sigma_2 = -6\cos x + 3e^x + 3e^{-x},$$

donc

$$\tfrac{1}{4}(\Sigma_0 + \Sigma_1 + \Sigma_2) = \tfrac{1}{4}(6\sin x + 9e^x + 3e^{-x}).$$

Divisant donc cette expression par 3, on trouve:

$$S = \tfrac{1}{4}(2\sin x + 3e^x + e^{-x}),$$

expression qu'il est aisé de vérifier par le développement.

En terminant ces remarques, nous ferons seulement observer, qu'on rendra la formule ci-dessus (pag. 208.) plus générale en ajoutant des constantes arbitraires aux intégrales.

18.
Aufgaben und Lehrsätze,
erstere zu beweisen, letztere aufzulösen.

(Lehrsätze vom Herrn Professor *Plücker* zu Bonn.)

1. Wenn nach allen, einer beliebigen geraden Linie parallelen Tangenten irgend einer gegebenen algebraischen Curve beliebige, unter einander gleiche Kräfte wirken, so geht die Mittelkraft aus allen diesen Kräften beständig durch einen festen Punct, wie sich die Richtung der parallelen Tangenten auch ändern mag.

Es giebt noch einige Sätze, die dem vorstehenden analog sind.

2. Wenn man auf einer geraden Linie QPQ', welche irgend eine gegebene, stetig gekrümmte, in sich selbst geschlossene Linie berührt, in gleichen Abständen vom Berührungspuncte P, zu beiden Seiten desselben zwei Puncte Q und Q' beliebig annimmt, und dann diese gerade Linie sich so bewegen läfst, dafs sie fortwährend im Puncte P die gegebene Curve berührt, so beschreibt jeder der beiden Puncte Q und Q' eine in sich selbst zurückkehrende Curve. Der Flächen-Inhalt dieser beiden Curven ist derselbe. Der zwischen jeder dieser beiden Curven und der gegebenen Curve liegende Ring behält denselben Flächenraum, was für eine Curve die gegebene auch sein mag, und dieser Flächenraum ist dem Inhalte eines Kreises gleich, der PQ zum Radius hat.

3. Neue Construction des Apollonischen Problems der Tactionen.

(Um einen bestimmten Fall vor Augen zu haben, wollen wir annehmen, dafs die drei gegebenen Kreise aufser einander und so liegen, dafs es einen Berührungs-Kreis giebt, der die gegebenen Kreise alle drei umhüllt, und einen andern, der keinen derselben umhüllt; die beiden eben genannten Berührungs-Kreise sind es, die wir construiren wollen.)

Man bestimme auf der Central-Linie des ersten und zweiten gegebenen Kreises die Mitten zwischen den beiden innern und den beiden äufsern Rändern dieser beiden Kreise, construire die Polaren dieser Mitten in Beziehung auf den ersten gegebenen Kreis und einen neuen Kreis, der diese beiden Polaren berührt und dessen Mittelpunct auf der Central-Linie jener beiden gegebenen Kreise liegt. Man erhält einen zweiten ganz analogen Kreis, wenn man in der eben angezeigten Construction den dritten gegebenen Kreis an die Stelle des zweiten setzt. Die Pole der äufsern gemeinschaftlichen Tangenten der beiden Constructions-Kreise, genommen in Beziehung auf den ersten gegebenen Kreis, sind die Mittelpuncte der beiden gesuchten Kreise.

Dieselbe Construction behält ihre Anwendbarkeit, wenn an die Stelle von einem oder von zwei gegebenen Kreisen gerade Linien oder Puncte treten.

4. Wenn irgend eine algebraische Curve, und auf dem Umfange derselben irgend ein Punct gegeben ist, und man beschreibt in diesem Puncte die Tangente und die Normale; legt ferner an die Curve 1) alle Tangenten die dieser Normalen parallel sind, und nennt die Abstände jener Tangenten von der Normalen $\eta_1, \eta_2, \eta_3, \ldots \eta_m$, 2) alle Tangenten die der Tangente im gegebenen Puncte parallel sind, und nennt die Abstände von dieser Tangente $\xi_1, \xi_2, \xi_3, \ldots \xi_{m-1}$, und 3) alle Tangenten die durch den gegebenen Punct gehen (die Tangente in diesem Puncte selbst nicht mitgerechnet), und nennt die Winkel, welche diese Tangenten mit der Tangente im gegebenen Puncte bilden $\omega_1, \omega_2, \omega_3, \ldots \omega_{m-2}$, so erhält man für den Krümmungshalbmesser der gegebenen Curve in dem gegebenen Puncte folgenden Ausdruck:

$$\frac{2}{m-1} \cdot \frac{\eta_1 \cdot \eta_2 \cdot \eta_3 \ldots \eta_m}{\xi_1 \cdot \xi_2 \cdot \xi_3 \ldots \xi_{m-1}} \cdot \text{tang}\,\omega_1 \cdot \text{tang}\,\omega_2 \cdot \text{tang}\,\omega_3 \ldots \text{tang}\,\omega_{m-2}.$$

5. In allen Hyperbeln, welche auf einer gemeinschaftlichen Asymptote, in unendlicher Entfernung, einen dreipunctigen Contact haben, ist dasjenige Dreieck, welches durch eine beliebige Tangente von dem jedesmaligen Asymptoten-Winkel abgeschnitten wird, von constantem Inhalte. Diesen Inhalt können wir das Maafs der Krümmung der Hyperbel in unendlicher Entfernung nennen; je gröfser derselbe ist, desto langsamer nähert sich die Hyperbel ihren Asymptoten.

Wenn irgend eine beliebige algebraische Curve und eine reelle Asymptote derselben gegeben sind, so giebt es unendlich viele Hyperbeln, welche mit der Curve auf der gegebenen Asymptote einen Contact zweiter Ordnung und dieselbe Krümmung haben. Für das Maafs dieser Krümmung erhalten wir folgenden Ausdruck:

$$-\frac{m-1}{2} \cdot \frac{\eta_1 \cdot \eta_2 \cdot \eta_3 \ldots \eta_m}{\xi_1 \cdot \xi_2 \cdot \xi_3 \ldots \xi_{m-2}} \cdot \text{tang}\,\omega_1 \cdot \text{tang}\,\omega_2 \ldots \text{tang}\,\omega_{m-1},$$

wenn wir voraussetzen, dafs die gegebene Curve nach einer beliebigen Richtung m parallele Tangenten hat und 1) die Winkel, welche die durch einen beliebigen Punct der gegebenen Asymptote an die Curve gelegten Tangenten mit dieser Asymptote bilden, $\omega_1, \omega_2, \ldots \omega_{m-1}$ nennen, 2) die Abstände dieses beliebigen Punctes von denjenigen Tangenten, welche auf der Asymptote senkrecht stehen, durch $\eta_1, \eta_2, \ldots \eta_m$, und endlich 3) die Abstände derjenigen Tangenten, die der Asymptote parallel sind, durch $\xi_1, \xi_2, \ldots \xi_{m-2}$ bezeichnen.

6. Wenn irgend eine algebraische Curve einen parabolischen Zweig hat, so kann man für das Maafs der Krümmung dieses parabolischen Zweiges in unendlicher Entfernung, den Parameter einer osculirenden Parabel nehmen. Wenn man irgend einen Punct beliebig annimmt, und sich von diesem Puncte m Tangenten (reelle oder imaginäre) an eine solche Curve legen lassen, so giebt es eine Richtung, nach welcher sich nur $m-2$ parallele Tangenten an die Curve legen lassen. Wir wollen die

Abstände dieser Tangenten von dem beliebig angenommenen Puncte durch $\eta_1, \eta_2, \ldots \eta_{m-1}$ bezeichnen, ferner die Winkel, welche die durch diesen beliebig angenommenen Punct gehenden Tangenten mit der Richtung jener Tangenten bilden, $\omega_1, \omega_2, \ldots \omega_m$ nennen, und endlich die Abstände derjenigen Tangenten, die auf dieser Richtung senkrecht stehen und deren es $(m-1)$ giebt: $\xi_1, \xi_2, \ldots \xi_{m-1}$. Alsdann ist jener Krümmungs-Parameter gleich:

$$\frac{4}{m-1} \cdot \frac{\xi_1 \cdot \xi_2 \cdot \ldots \xi_{m-1}}{\eta_1 \cdot \eta_2 \cdot \ldots \eta_{m-1}} \cdot \tang \omega_1 \cdot \tang \omega_2 \cdot \ldots \tang \omega_m.$$

(Die Fortsetzung folgt.)

(Par M. *C. G. J. Jacobi*, prof. en math. à Königsberg.)

7. **Problème d'analyse.** Soit donnée l'équation $\frac{\partial y}{\partial x} = \varphi(x, y)$, on pourra trouver successivement les différentielles des ordres supérieurs: $\frac{\partial^2 y}{\partial x^2}$, $\frac{\partial^3 y}{\partial x^3}$ etc. On demande l'expression générale de $\frac{\partial^n y}{\partial x^n}$.

8. **Problème d'analyse indéterminée.** Soient $r, r', r'', \ldots \ldots r^{(n)}$ des nombres irrationnels donnés par autant de décimales qu'on voudra, et soit donnée l'équation:

$$Ar + A'r' + A''r'' \ldots A^{(n)}r^{(n)} = 0,$$

$A, A', A'', \ldots A^{(n)}$ étant des nombres **entiers** inconnus. On demande une méthode générale et directe de trouver ces nombres.

(Lehrsätze von Hrn. Prof. *Gudermann* zu Cleve.)

9. Wenn man die drei Seiten eines sphärischen Dreiecks ABC (Taf. II. Fig. 21.) durch die Puncte E, F, D halbirt, und durch die beiden ersten einen Hauptkreis legt, so wird die verlängerte Grundlinie AB davon in einem Puncte X so geschnitten, daſs $DX = 90$ Grad ist.

Wenn man ferner $XN = FE$ und $XM = BD$ macht, und den Bogen MN eines gröſsten Kreises zieht, so ist immer das Dreieck XMN an M rechtwinklig und der Bogen MN das Maaſs für den halben Inhalt des Dreiecks ABC. Bezeichnet man nemlich den Überschuſs der Summe der drei Winkel desselben über 180 Grad mit ε, so ist: $\varepsilon = 2.MN$. Construirt man ferner über der Grundlinie AB ein zweites Dreieck ABC' mit einem gegebenen Winkel BAC' so, daſs $E'C' = E'A$ ist, so ist jedesmal auch $F'C' = F'B$ und $EF = E'F'$.

Endlich ist auch das Dreieck $ABC' = ABC$ und Dreieck $CC'A = CC'B$.

Man kann auch die Construction des Dreiecks ABC', statt wie vorhin, dadurch bedingen, daſs $EE' = \frac{1}{2}\ldots$ sein müsse.

Es wird ein möglichst einfacher oder elementarer Beweis dieses Theorems verlangt.

Hinzugefügt kann noch werden, dafs wenn man in D ein Perpendikel aufsteigen läfst, wovon EX in Y geschnitten wird, und man die Verlängerung $YZ = 90$ Grad macht, der Punct Z der Mittelpunct des dem Dreiecke ABC oder ABC' zugehörigen Lexellschen Kreises ist, und also $ZC = ZC'$ den Radius dieses kleinen Kreises ausdrückt.

10. Beschreibt man über den drei Diagonalen eines vollständigen ebenen Vierecks, als Durchmesser, ähnliche und ähnlich liegende Ellipsen, so schneiden sie sich zweimal in einem und demselben Puncte.

(Par un anonyme.)

11. **Théorème de géométrie.** Supposons qu'un angle mobile et de grandeur donnée touche constamment une même courbe donnée; soit P un des points de la courbe décrite par le sommet de l'angle et A, B les points de contact de la courbe donnée qui répondent à ce point: la normale menée au point P à la courbe décrite par le sommet de l'angle mobile passera par le centre du cercle circonscrit au triangle PAB.

Si l'angle mobile est droit, la normale passera par le milieu de la corde de contact AB. On en tire aisément le théorème connu, que la courbe décrite par le sommet d'un angle mobile droit, dont les côtés touchent constamment une conique, est un cercle concentrique à cette courbe.

(Aufgaben von Anderen.)

12. Nachdem nachgewiesen worden, dafs ein geradliniges Dreieck ABC (Fig. 22.) durch die drei geraden Linien AP, BQ, CR, die, durch die Ecken desselben gehend, in einem und demselben Punct sich schneiden, **bestimmt** wird, so dafs mit gegebenen drei Scheitellinien nur Ein Dreieck möglich ist, käme es darauf an, die Seiten, Winkel und den Inhalt des Dreiecks ABC durch die Scheitel-Linien AP, BQ, CR auszudrücken, desgleichen die Abstände ihrer Durchschnitte mit den Seiten von den Ecken des Dreiecks, und die Winkel-Abstände der Scheitel-Linien von den Seiten des Dreiecks, für welche bekanntlich die Gleichungen

$$AR.BP.CQ = BR.CP.AQ, \text{ und}$$

$$\sin BAP.\sin CBQ.\sin ACR = \sin CAP.\sin ABQ.BCR$$

Statt finden.

Aus einem **allgemeinen** Ausdrucke des Inhalts $\triangle$ des Dreiecks durch die Scheitel-Linien $AP = p$, $BQ = q$, $CR = r$ würden sich z. B. unmittelbar die bekannten, dem Ausdrucke des Inhalts durch die Seiten analogen Ausdrücke desselben für die Fälle ergeben, wenn die Scheitel-Linien auf den Seiten senkrecht stehen oder sie halbiren, nemlich:

$$\triangle = \frac{1}{\sqrt{\left[\left(\frac{1}{p}+\frac{1}{q}+\frac{1}{r}\right)\left(\frac{1}{p}+\frac{1}{q}-\frac{1}{r}\right)\left(\frac{1}{p}+\frac{1}{r}-\frac{1}{q}\right)\left(\frac{1}{q}+\frac{1}{r}-\frac{1}{p}\right)\right]}}$$

für den ersten Fall, und

$$\triangle = \tfrac{1}{3}\sqrt{[(p+q+r)(p+q-r)(p+r-q)(q+r-p)]}$$

für den zweiten, die sich einzeln bewiesen in den Elementen finden (z. B. in dem Lehrbuche der Geometrie des Herausgebers, Berlin 1826., 1ster Band S. 144.); desgleichen der Ausdruck für den dritten elementaren Fall, wenn die Scheitel-Linien die Winkel des Dreiecks halbiren, welcher Ausdruck noch nicht in den Elementen angetroffen wird.

Die Theorie der Scheitel-Linien im Dreieck dürfte überhaupt noch manche interessante Sätze geben. Man findet einiges Frühere dahin Gehörige in Kästner's „geometrischen Abhandlungen," in Puissant „Recueil de diverses propositions de géometrie" und in einer kleinen Schrift des Herausgebers, unter dem Titel „Über einige Eigenschaften des ebenen geradlinigen Dreiecks, rücksichtlich dreier durch die Winkel-Spitzen gezogener gerader Linien, Berlin 1816."

13. Es käme auf die Sätze von den größten Kreisen an, die, durch die Spitzen eines Kugel-Dreiecks gehend, in einem und demselben Puncte sich schneiden.

14. Es sei eine der vier dreieckigen Seiten-Ebenen einer dreiseitigen Pyramide gegeben, nebst einer der drei Kanten aus der vierten Ecke nach der gegebenen Seiten-Ebene: man soll die beiden andern nicht gegebenen Kanten unter der Bedingung finden, daſs das sphärische Dreieck, welches von den drei nicht gegebenen Seiten-Ebenen der Pyramide begrenzt wird, ein Maximum sei.

15. Aus fünf von den sechs Winkeln zwischen den Seiten-Ebenen einer dreiseitigen Pyramide den sechsten Winkel zu finden.

16. Aus den nemlichen fünf Winkeln und der Kante am sechsten den körperlichen Inhalt der Pyramide zu finden.

17. Wenn zwei Polyëder eine gleiche Zahl dreieckiger Seiten-Ebenen haben, und die Winkel, welche diese Seiten-Ebenen mit einander machen in beiden Polyëdern die nemlichen sind: sind dann diese Polyëder einander ähnlich? und wenn sie es sind: wie viel Winkel zwischen den Seiten-Ebenen werden durch die übrigen bestimmt?

19.

Beiträge zu der Lehre von den Kettenbrüchen, nebst einem Anhange dioptrischen Inhalts.

(Von dem Herrn Prof. *A. F. Möbius* zu Leipzig.)

Bei Abfassung des im 2ten Heft des 5ten Bandes befindlichen Aufsatzes über die Haupt-Eigenschaften eines Systems von Linsengläsern, wo ich diese Eigenschaften aus denen der Kettenbrüche zu entwickeln suchte, führte mich der innige Zusammenhang der Lehre von den Kettenbrüchen mit den Eigenschaften der Linsensysteme zu verschiedenen Bemerkungen über die ersteren, welche mir neu, und, wenn auch nur den Elementen angehörend, einer spätern Mittheilung nicht ganz unwerth schienen. Der in der erwähnten Abhandlung erwiesene Satz, daſs die Wirkung jedes Systems von Gläsern, eben so wie die jedes einzelnen Glases, durch zwei gegebene Puncte (die Brennpuncte) und durch eine Linie von gegebener Länge (die Brennweite) vollkommen bestimmt ist, und die leicht auszumittelnde Art, nach der, wenn ein Gläsersystem in mehrere einzelne Systeme zertheilt wird, aus den Wirkungen und der gegenseitigen Lage der einzelnen die Wirkung des ganzen beurtheilt werden kann, veranlaſsten mich, auf analoge Weise einen Kettenbruch in mehrere einzelne zu zerlegen, um somit nach Berechnung dieser einzelnen und ihrer Wiedervereinigung zu einer kürzern Form des anfänglichen, so wie zu merkwürdigen Eigenschaften der Kettenbrüche überhaupt zu gelangen.

Die Ergebnisse dieser Untersuchungen sind in den nachfolgenden Blättern enthalten. Voran geht die Entwicklung der Haupt-Eigenschaften der Kettenbrüche, so wie der für diese Lehre besonders wichtigen, aus beliebigen Elementen gebildeten ganzen rationalen Zusammensetzungen (sie sind hier, so wie in dem oben gedachten Aufsatze durch Einschlieſsung der Elemente mit Klammern angedeutet), deren gegenseitige Relationen schon Euler in einer besondern Abhandlung (*Specimen algorithmi singularis* in *Nov. comment. Petrop. Tom. IX.*) untersucht hat. Doch glaube ich hier (§. 5. — 7.) diese Relationen etwas schärfer, als Euler, der sich oft nur der Induction bedient, erwiesen zu haben. Dies gelang mir theils durch die vorhin erwähnte Zerlegung eines Kettenbruches in zwei oder mehrere Theile, theils dadurch, dafs ich ähnlicher Weise wie Euler für jene Zusammensetzungen einen Algorithmus für die Kettenbrüche selbst zu bilden suchte, womit aber nicht blofs dem Erweis jener von Euler entdeckten Relationen, sondern der Elementarlehre von den Kettenbrüchen überhaupt einiger Nutzen gebracht sein dürfte.

Zum Schlusse habe ich noch die oben gedachten Sätze von den bei jedem Gläsersystem im Allgemeinen angebbaren zwei Brennpuncten und Brennweiten und von den daraus zu berechnenden Wirkungen des Systems, so wie auch die Haupt-Eigenschaften der Fernröhre auf eine neue, der Einfachheit dieser Sätze entsprechende, ganz elementare Weise dargethan.

---

§. 1. Ein Kettenbruch entsteht, wenn man von einer Reihe auf einander folgender Brüche zu dem Nenner des ersten Bruchs den zweiten addirt, sodann in diesem Aggregate den Nenner des zweiten um den dritten Bruch vermehrt, u. s. w. Hieraus folgt sogleich, dafs ein Kettenbruch seinen Werth nicht ändert, wenn Zähler und Nenner irgend eines der einzelnen Brüche, so wie der Zähler des nächstfolgenden Bruchs mit einer und derselben Zahl multiplicirt werden. Sind daher

$$(a.)\quad \frac{\alpha}{a},\ \frac{\beta}{b},\ \frac{\gamma}{c},\ \frac{\delta}{d},\ \ldots\ldots$$

die einzelnen Brüche, welche den Kettenbruch ausmachen, so werden auch

$$(b.)\quad \frac{p\alpha}{pa},\ \frac{pq\beta}{qb},\ \frac{qr\gamma}{rc},\ \frac{rs\delta}{sd},\ \ldots\ldots$$

in Verbindung denselben Kettenbruch erzeugen, was für Werthe auch p, q, r, s, ... haben mögen. Man kann hiernach die anfänglichen Brüche (a.) immer so umbilden, dafs in den neuen Brüchen (b.) die Zähler (oder die Nenner) irgend gegebene Werthe A, B, C, D, ... haben, indem man die willkürlichen p, q, r, ... aus den Gleichungen $p\alpha = A$, $pq\beta = B$, $qr\gamma = C$, etc. (oder $pa = A$, $qb = B$, $rc = C$, etc.) bestimmt.

Ohne daher der Allgemeinheit Abbruch zu thun, kann man immer die Zähler sämmtlicher einzelnen Brüche der positiven Einheit gleich setzen, wie dies auch bei Elementar-Untersuchungen über Kettenbrüche zu geschehen pflegt. Im Gegenwärtigen sollen aber aus weiterhin sich ergebenden Gründen nur der Zähler des ersten Bruchs $= +1$, die der übrigen dagegen $=-1$ gesetzt werden, so daſs in der Reihe $(a.)$: $\alpha=1$, $\beta=\gamma=\delta=\ldots.=-1$. Wird alsdann $p=1$, $q=-1$, $r=1$, $s=-1$, und so fort abwechselnd genommen, so wird die umgeformte Reihe $(b.)$:

$$\frac{1}{a},\quad \frac{1}{-b},\quad \frac{1}{c},\quad \frac{1}{-d},\quad \ldots.$$

woraus erhellet, daſs man in der hier anzuwendenden Form mit negativen Zählern die Nenner des 2ten, 4ten, 6ten etc. Bruchs negativ zu nehmen hat, um diese Form auf die gewöhnliche, wo jeder Zähler $=+1$ ist, zu reduciren.

Der Raum-Ersparniſs willen mögen nun die Kettenbrüche von der besagten Form, wie

$$\frac{1}{a},\quad \frac{1}{a-\frac{1}{b}},\quad \frac{1}{a-\frac{1}{b-\frac{1}{c}}},\quad \frac{1}{a-\frac{1}{b-\frac{1}{c-\frac{1}{d}}}},\quad \text{u. s. w.}$$

durch (a), (a,b), (a,b,c), (a,b,c,d), u. s. w. ausgedrückt werden. Hiernach ist:

1. $(a,b)=\frac{1}{a-(b)}$, $(a,b,c)=\frac{1}{a-(b,c)}$, $(a,b,c,d)=\frac{1}{a-(b,c,d)}$, u. s. w.,

so wie

$$a-(b)=\frac{1}{(a,b)},\quad a-(b,c)=\frac{1}{(a,b,c)},\quad \text{u. s. w.}$$

Eben so ist, wenn man $(c,d,e,\ldots.)=p$ setzt:

2. $(a,b,c,d,e,\ldots.)=(a,b-p)=(a,b-(c,d,e,\ldots.))$,

und auf gleiche Art:

$$=(a,b,c-(d,e,\ldots.))=(a,b,c,d-(e,\ldots.)),\quad \text{u. s. w.}$$

Ferner leuchtet ein, daſs, wenn z. B. in (a,b,c,d) das letzte Element d unendlich groſs genommen wird, der Kettenbruch in (a,b,c) übergeht. Setzt man aber $d=0$, so fällt nicht nur das letzte, sondern auch das vorletzte Element weg, d. h. es ist:

3. $\begin{cases}(a,b,c,0)=(a,b),\ \text{und eben so}\ (a,b,c,d,0)=(a,b,c),\ \text{u. s. w.},\\ \text{so wie}\ (a,b,c,\infty)=(a,b,c),\ \text{u. s. w.}\end{cases}$

§. 2. **Aufgabe.** x ist durch y und die Constanten a, b, c, d, e, mittelst des Kettenbruchs

4. $x=(a,b,c,d,e,y)$

gegeben. Man soll umgekehrt y, durch x ausgedrückt, finden.

Auflösung. Aus (4.) folgt nach (1.):

$x = \frac{1}{a-(b,\ldots.y)}$, mithin $(b,\ldots.y) = a - \frac{1}{x} = a-(x)$; oder

$\frac{1}{(a,x)} = (b,\ldots.y) = \frac{1}{b-(c,\ldots.y)}$, folglich $(c,\ldots.y) = b-(a,x)$, oder

$$\frac{1}{(b,a,x)} = (c,\ldots.y) = \frac{1}{c-(d,e,y)},$$

und hieraus eben so:

$\frac{1}{(c,b,a,x)} = (d,e,y)$, $\frac{1}{(d,\ldots.a,x)} = (e,y)$, $\frac{1}{(e,\ldots.a,x)} = (y)$, oder

$$5.\quad y = (e,d,c,b,a,x).$$

§. 3. **Aufgabe.** Die im vorigen §. angenommene Relation zwischen x und y durch eine Gleichung darzustellen, in der weder x noch y, in Kettenbrüchen enthalten, vorkommen.

Auflösung. Da von den zwei identischen Gleichungen

$$4.\quad x = (a,b,c,d,e,y) \quad \text{und} \quad 5.\quad y = (e,d,c,b,a,x),$$

vermöge der ersten, jedem Werth von y nur ein Werth von x, und vermöge der zweiten, jedem x nur ein y zukommt, so mufs die gesuchte Gleichung zwischen x und y von der Form sein:

$$(a.)\quad A + Bx + Cy + Dxy = 0.$$

Nach (3.) wird nun, wenn man in (4.), $y = \infty$ setzt: $x = (a,b,c,d,e)$. Für denselben Werth von y reducirt sich aber (*a.*) auf: $C + Dx = 0$. Mithin ist:

$$(b.)\quad C:D = -(a,b,c,d,e).$$

Eben so wird für $y = 0$, wegen (4.): $x = (a,b,c,d)$, und wegen (*a.*): $A + Bx = 0$; folglich:

$$(c.)\quad A:B = -(a,b,c,d).$$

Auf gleiche Art ergiebt sich, wenn man in (5.) und (*a.*) das eine Mal $x = \infty$, das andere Mal $x = 0$ setzt:

$$(d.)\quad B:D = -(e,d,c,b,a), \qquad (e.)\quad A:C = -(e,d,c,b),$$

und wenn man (*b.*) mit (*e.*) und (*c.*) mit (*d.*) multiplicirt:

$$(f.)\quad A:D = (a,\ldots.e)(e,\ldots.b) = (e,\ldots.a)(a,\ldots.d).$$

Hiermit haben wir zugleich eine der bemerkenswerthesten Relationen zwischen Kettenbrüchen:

$$6.\quad (a,\ldots.e)(e,\ldots.b) = (e,\ldots.a)(a,\ldots.d)$$

erhalten, in welcher, wenn sie auf eine beliebige Anzahl von Elementen ausgedehnt wird, a und b das erste und zweite, e und d das letzte und vorletzte Element bezeichnen.

Substituiren wir jetzt die gefundenen Verhältnifswerthe von A, B, C, D in (a.), so kommmt:

$$7.\quad \begin{cases}(a,\ldots e)(e,\ldots b)-(e,\ldots a)x-(a,\ldots e)y+xy=0, \text{ oder}\\ (e,\ldots a)(a,\ldots d)-(e,\ldots a)x-(a,\ldots e)y+xy=0,\end{cases}$$

zwei Gleichungen, denen man auch die Form:

$$7^*.\quad [x-(a,\ldots e)][y-(e,\ldots a)]=(a,\ldots e)[(e,\ldots a)-(e,\ldots b)]$$
$$=(e,\ldots a)[(a,\ldots e)-(a,\ldots d)]$$

geben kann.

§. 4. **Zusätze und Folgerungen.** a) Setzt man in (7*.) für x seinen Werth aus (4.), so kommt die identische Gleichung:

$$\frac{(a,\ldots e,y)-(a,\ldots e)}{(y,e,\ldots a)}=(e,\ldots a)[(a,\ldots e)-(a,\ldots d)],$$

wo noch $\frac{1}{(y,e,\ldots a)}$ für $y-(e,\ldots a)$ gesetzt worden (1.).

Man schreibe jetzt f statt y und bezeichne die Differenzen:

$$(a,\ldots f)-(a,\ldots e),\quad (a,\ldots e)-(a,\ldots d),\quad \text{u. s. w.}$$

mit $\Delta(a,\ldots e)$, $\Delta(a,\ldots d)$, u. s. w., so hat man:

$$\Delta(a,\ldots e)=(f,\ldots a)(e,\ldots a)\Delta(a,\ldots d),$$

und eben so:

$$\Delta(a,\ldots d)=(e,\ldots a)(d,\ldots a)\Delta(a,b,c),$$
$$\Delta(a,b,c)=(d,\ldots a)(c,b,a)\Delta(a,b),$$
$$\Delta(a,b)=(c,b,a)(b,a)\Delta(a),$$

folglich, weil $(a,b)=\frac{b}{ab-1}$, $(b,a)=\frac{a}{ab-1}$, und daher $\Delta(a)=(a,b)-(a)$ $=(b,a)(a)^2$ wird:

$$8.\quad \begin{cases}\Delta(a,b)=(c,b,a)(b,a)^2(a)^2,\\ \Delta(a,b,c)=(d,c,b,a)(c,b,a)^2(b,a)^2(a)^2,\\ \Delta(a,\ldots d)=(e,\ldots a)(d,\ldots a)^2(c,b,a)^2(b,a)^2(a)^2,\\ \text{u. s. w.}\end{cases}$$

b) Die Gleichung (7*.) läfst sich daher auch so darstellen:

$$9.\quad [x-(a,\ldots e)][y-(e,\ldots a)]=(e,\ldots a)^2(d,\ldots a)^2\ldots(a)^2,$$

woraus wir den Schlufs ziehen: Wenn von zwei veränderlichen Gröfsen x und y, die eine von der andern so abhängt, dafs $x=(a,\ldots e,y)$, folglich auch $y=(e,\ldots a,x)$, so ist, je nachdem $x>$ oder $<(a,\ldots e)$ genommen wird, auch $y>$ oder $<(e,\ldots a)$, indem das Product aus den Differenzen $x-(a,\ldots e)$ und $y-(e,\ldots a)$ einem, von x oder y übrigens unabhängigen Quadrate gleich ist.

c) Von den zwei nach (7*.) identischen Ausdrücken:

$(e, \ldots a)[(a, \ldots e) - (a, \ldots d)]$ und $(a, \ldots e)[(e, \ldots a) - (e, \ldots b)]$

entsteht der eine aus dem andern, indem man die Elemente a, b, c, d, e in umgekehrter Folge nimmt. Es wird daher auch das dem erstern dieser Ausdrücke gleich gefundene, aus Quadraten zusammengesetzte Product durch Vertauschung der Elemente $a, \ldots e$ mit $e, \ldots a$ seinen Werth nicht ändern; also, nach Ausziehung der Wurzeln:

$$(e, \ldots a)(d, \ldots a) \ldots (b, a)(a) = \pm (a, \ldots e)(b, \ldots e) \ldots (d, e)(e).$$

Um über das doppelte Vorzeichen zu entscheiden, so begreift man leicht, daſs, wenn bald das eine, bald das andere Statt finden sollte, ein solcher Wechsel nur bei Änderung der Elementenzahl eintreten könnte, nicht aber bei Änderung der Werthe der Elemente, während ihre Anzahl dieselbe bleibt. Nimmt man nun alle Elemente einander gleich an, so wird $(e, \ldots a) = (a, \ldots e)$, $(d, \ldots a) = (b, \ldots e)$, u. s. w., $(b, a) = (d, e)$, $(a) = (e)$, welches auch die Zahl der Elemente sein mag. Mithin kann immer nur das obere Zeichen in jener Gleichung Statt haben, also:

10. $$(e, \ldots a)(d, \ldots a) \ldots (b, a)(a) = (a, \ldots e)(b, \ldots e) \ldots (d, e)(e).$$

d) Dasselbe Resultat läſst sich auch unmittelbar aus der Gleichung (6.) und den ihr analogen herleiten, wie jeder ohne Schwierigkeit finden wird. Auch hätte man durch dieselbe Gleichung selbst zu den Gleichungen (7. und 7*.) geradezu gelangen können. Es ist nemlich nach (6.), wenn y als neues Element zu $a, \ldots e$ hinzugefügt wird:

$$(a, \ldots e, y)(y, e, \ldots b) = (y, e, \ldots a)(a, \ldots e),$$

oder nach (1.):
$$\frac{(a, \ldots e, y)}{y - (e, \ldots b)} = \frac{(a, \ldots e)}{y - (e, \ldots a)}.$$

Setzt man hierin x für $(a, \ldots e, y)$, so hat man die erste der Gleichungen (7.) und damit auch zugleich die übrigen gefunden.

§. 5. Man setze die aus den Elementen $a, \ldots e$ gebildete Function:

11. $$\frac{1}{(a, \ldots e)(b, \ldots e)(c, d, e)(d, e)(e)} = [a, b, c, d, e],$$

so ist zufolge der Gleichung (10.):

12. $$[a, b, c, d, e] = [e, d, c, b\ a],$$

und eben so bei jeder kleinern oder gröſsern Zahl von Elementen.

Diese neuen durch Klammern angedeuteten Zusammensetzungen der Elemente $a, b, c, \ldots$ spielen in der Lehre von den Kettenbrüchen eine sehr wichtige Rolle und besitzen eine nicht geringe Anzahl merkwürdiger Eigenschaften.

Die aus dem Bisherigen unmittelbar fließenden Eigenschaften derselben sind folgende.

a) Der Werth einer solchen Function ändert sich nicht, wenn die Elemente in umgekehrter Folge genommen werden (12.).

b) Weil nach (11.): $\frac{1}{(b,\ldots e)\ldots(d,e)(e)}=[b,\ldots e]$ ist, so kommt, wenn man diese Gleichung durch (11.) dividirt:

13. $(a,\ldots e)=\frac{[b,\ldots e]}{[a,\ldots e]}$, so wie $(e,\ldots a)=\frac{[d,\ldots a]}{[e,\ldots a]}=\frac{[a,\ldots d]}{[a,\ldots e]}$,

wonach daher jeder Kettenbruch von der in §. 1. angenommenen Form als der Quotient zweier dergleichen in einander dividirten Functionen dargestellt werden kann.

c) Eben so ist: $(d,\ldots a)=\frac{[a,\ldots c]}{[a,\ldots d]}$. Mit diesen Werthen für $(e,\ldots a)$ und $(d,\ldots a)$ verwandelt sich die Gleichung (1.): $(e,\ldots a)=\frac{1}{e-(d,\ldots a)}$ in

14. $[a,\ldots e] = [a,\ldots d]e-[a,\ldots c]$,

und auf gleiche Art hat man:

$[a,\ldots d]=[a,b,c]d-[a,b]$, $[a,b,c]=[a,b]c-[a]$, wo $[a]=\frac{1}{(a)}=a$.

Endlich ist $[a,b]=\frac{1}{(a,b)(b)}=ab-1$, so daſs daher, weil analog mit den vorhergehenden Formeln $[a,b]=[a]b-[\ ]$ sein sollte, wir schlieſsen können, daſs, wenn innerhalb der Klammern kein Element mehr vorkommt, ein solcher Ausdruck der Einheit selbst gleich ist.

Die neuen Functionen sind demnach insgesammt rationale und ganze Functionen ihrer Elemente, nemlich:

$[a]=a$, $[a,b]=ab-1$, $[a,b,c]=abc-a-c$, u. s. w.,

und mit Hülfe derselben kann nach (13.) jeder Kettenbruch in einen gewöhnlichen Bruch mit rationalem und ganzem Zähler und Nenner verwandelt werden.

d) Werden in den Gleichungen (8.) die eingeklammerten Ausdrücke statt der Kettenbrüche eingeführt, so erhält man:

$$(e,\ldots a)(d,\ldots a)^2\ldots(a)^2=\frac{(e,\ldots a)}{[d,\ldots a]^2}=\frac{1}{[a,\ldots d][a,\ldots e]}$$

$$=\Delta(a,\ldots d)=(a,\ldots e)-(a,\ldots d)=\frac{[b,\ldots e]}{[a,\ldots e]}-\frac{[b,\ldots d]}{[a,\ldots d]},$$

und damit die merkwürdige Relation:

$$15.\quad [a,\ldots d][b,\ldots e]-[a,\ldots e][b,\ldots d]=1\text{*)}.$$

Endlich kann der Gleichung (9.) zwischen x und y die sehr einfache Form gegeben werden:

$$16.\quad [x-(a,\ldots e)][y-(e,\ldots a)]=\frac{1}{[a,\ldots e]^2},$$

oder, wenn man die Kettenbrüche durch Functionen mit Klammern ausdrückt, und mit Anwendung von (15.):

$$16^*.\quad [a,\ldots e]xy-[a,\ldots d]x-[b,\ldots e]y+[b,\ldots d]=0.$$

§. 6. Um etwas verborgener liegende Eigenschaften der Kettenbrüche und der mit ihnen verwandten Functionen zu entdecken, wollen wir in der Gleichung (4.), wo eine beliebige Anzahl constanter Elemente und ein veränderliches Element y, zu einem Kettenbruche verbunden, den Werth einer andern Veränderlichen x bestimmten, die Reihe der Elemente als aus zwei Gruppen bestehend uns denken und demzufolge

$$(a.)\quad x=(a,b,\ldots d,e,f,a',b',\ldots d',e',y)$$

schreiben. Hierbei sind nemlich a, b und a', b' die zwei ersten Elemente, d, e, f und d', e', y die drei letzten Elemente der ersten und zweiten Gruppe. Die Anzahl der Elemente in jeder der beiden Gruppen ist willkürlich.

Man setze nun

$$(b.)\quad w=(a',\ldots e',y),$$

so wird nach (2.): $x=(a,\ldots e,f-w)$; also wenn man

---

*) Bei Euler, welcher die einzelnen Brüche $\frac{1}{a}$, $\frac{1}{b}$, $\frac{1}{c}$, ... nicht durch Subtraction, wie hier geschehen, sondern durch Addition zu einem Kettenbruche vereinigt, haben deshalb auch die Ausdrücke $[a,b,c,\ldots]$ eine etwas andere Bedeutung. Statt dafs nemlich hier die Producte, in welche sich diese Ausdrücke auflösen lassen, durch Addition und Subtraction wechselsweise mit einander verbunden sind, sind sie es dort blofs durch Addition; und eben so werden sich auch die zwischen solchen Ausdrücken selbst hier aufgestellten Relationen von den dortigen rücksichtlich der Vorzeichen unterscheiden. So ist zwar die Formel (12.) auch bei Euler ganz dieselbe. Dagegen müssen in den Formeln (14.), um sie in die Eulerschen zu übertragen, statt der Minuszeichen rechter Hand, Pluszeichen gesetzt werden. In (15.) aber ist statt der 1 zur Rechten, ± 1 zu setzen, $+1$ bei einer ungeraden, -1 bei einer geraden Anzahl der Elemente $a,\ldots e$. Eben so mufs auch in den später folgenden Formeln (20. und 24.) das Glied zur Rechten nach Beschaffenheit der Elementenzahl bald positiv bald negativ genommen werden.

Diese doppelten Vorzeichen fallen nun bei der von mir angenommenen Bildung der Kettenbrüche durch Subtraction überall hinweg, daher ich dieser Bildung, der dadurch für das Folgende bewirkten gröfseren Einfachheit willen, den Vorzug geben zu müssen geglaubt habe.

$$(c.)\quad f = v + w \text{ setzt:}$$

$$(d.)\quad x = (a, \ldots. e, v).$$

Die Gleichung ($a.$) kann hiernach, als durch Elimination von v und w aus ($b.$, $c.$ und $d.$) entstanden, angesehen werden. Um diese Elimination jetzt auszuführen, setze man:

$$(a, \ldots. e) = \alpha, \quad (e, \ldots. a) = \beta, \quad 1 : [a, \ldots. e] = \gamma,$$

$$(a', \ldots. e') = \alpha', \quad (e', \ldots. a') = \beta', \quad 1 : [a', \ldots. e'] = \gamma',$$

so gehen die Gleichungen ($d.$ und $b.$) nach (16.) über in:

$$[x - \alpha][v - \beta] = \gamma^2, \quad [w - \alpha'][y - \beta'] = \gamma'^2,$$

und man erhält in Verbindung mit ($c.$):

$$(e.)\quad \frac{\gamma^2}{x - \alpha} + \frac{\gamma'^2}{y - \beta'} = \delta, \quad \text{wo } \delta = f - \beta - \alpha',$$

als das gesuchte Resultat der Elimination.

Zu einer Gleichung zwischen x und y, wo keine dieser beiden Veränderlichen in einen Kettenbruch mehr verwickelt ist, führt aber ($a.$) unmittelbar, wenn man

$$(a, \ldots. e') = \alpha'', \quad (e', \ldots. a) = \beta'', \quad 1 : [a, \ldots. e'] = \gamma''$$

setzt, indem dann

$$(f.)\quad [x - \alpha''][y - \beta''] = \gamma''^2.$$

($e.$ und $f.$) müssen daher zwei identische Gleichungen sein. Es folgt aber aus ($f.$): $y = \infty$ für $x = \alpha''$, und $x = \infty$ für $y = \beta''$. Substituirt man diese zwei Paare zusammengehöriger Werthe von x und y in ($e.$), so kommt:

$$(g.)\quad \gamma^2 = [\alpha'' - \alpha]\delta, \quad \gamma'^2 = [\beta'' - \beta']\delta.$$

Da ferner α und β' zwei zusammengehörige Werthe von x und y in der Gleichung ($e.$) sind, so hat man wegen ($f.$):

$$(h.)\quad [\alpha - \alpha''][\beta' - \beta''] = \gamma''^2.$$

Mittelst der drei Gleichungen ($g.$ und $h.$) werden die drei Constanten α'', β'', γ'' in ($f.$) durch die Constanten in ($e.$) bestimmt, und es können daher aus der Vergleichung von ($e.$) mit ($f.$) nicht noch andere, aus ($g.$) und ($h.$) nicht schon fliefsende Gleichungen hervorgehen.

Durch Verbindung der drei Gleichungen ($g.$ und $h.$) erhält man leicht folgende:

$$(i.)\quad [\alpha'' - \alpha]^2 = \frac{\gamma^2 \gamma''^2}{\gamma'^2}, \quad [\beta'' - \beta']^2 = \frac{\gamma'^2 \gamma''^2}{\gamma^2}, \quad \delta^2 = \frac{\gamma^2 \gamma'^2}{\gamma''^2}.$$

Zieht man aus diesen die Quadratwurzeln, und behält, was bald nachher gerechtfertigt werden wird, blofs die positiven Vorzeichen bei, und setzt endlich für α, α'', β', β'', γ, ... δ aus dem Vorigen ihre Werthe, so ergeben sich die Relationen:

$$17.\qquad (a, \ldots. e') - (a, \ldots. e) = \frac{[a', \ldots. e']}{[a, \ldots. e][a, \ldots. e']},$$

$$18.\qquad (e', \ldots. a) - (e', \ldots. a') = \frac{[e, \ldots. a]}{[e', \ldots. a'][e', \ldots. a]},$$

$$19.\qquad f - (e, \ldots. a) - (a', \ldots. e') = \frac{[a, \ldots. e']}{[e, \ldots. a][a', \ldots. e']},$$

von denen sich die beiden ersten nur durch die entgegengesetzte Folge ihrer Elemente, also nicht wesentlich von einander unterscheiden.

Drückt man die in (17. und 19.) noch vorkommenden Kettenbrüche nach (13.) durch Functionen mit Klammern aus, so kommt nach leichter Reduction:

$$20.\qquad [a, \ldots. e][b, \ldots. e'] - [a, \ldots. e'][b, \ldots. e] = [a', \ldots. e'],$$

$$21.\qquad [a, \ldots. e] f [a', \ldots. e'] - [a, \ldots. e, f, a', \ldots. e']$$
$$= [a, \ldots. d][a', \ldots. e'] + [a, \ldots. e][b', \ldots. e'],$$

oder noch einfacher, weil $[a, \ldots. e] f - [a, \ldots. d] = [a, \ldots. f]$ ist:

$$22.\qquad [a, \ldots. f][a', \ldots. e'] - [a, \ldots. e'] = [a, \ldots. e][b', \ldots. e'].$$

Um uns noch von der Richtigkeit der bei Ausziehung der Wurzeln angenommenen Vorzeichen zu überzeugen, so ist es, wie schon in §. 4. erinnert worden, hinreichend, diese Richtigkeit für bestimmte Werthe der Elemente, aber für eine unbestimmte Anzahl derselben darzuthun. Man setze daher sämmtliche Elemente einander gleich, jedes $= 2$, so erhält man nach (14.):

$$[2] = 2,\quad [2, 2] = 3,\quad [2, 2, 2] = 4,\quad [2, 2, 2, 2] = 5,\quad \text{u. s. w.},$$

und nach (13.), $(2, 2, 2, \ldots.) = \frac{m}{m+1}$, wenn m die Anzahl der Elemente bezeichnet; also $(2, 2, 2, \ldots.)$ = einem positiven echten Bruche, der sich desto mehr der Einheit nähert, je gröfser die Elementenzahl ist. Hiermit übersieht man nun sogleich, dafs (wenn jedes Element $= 2$ ist, welches übrigens auch ihre Anzahl sein mag) das in jeder der Gleichungen (17. — 19.) zu beiden Seiten des (=) Zeichens Befindliche eine positive Gröfse ist, dafs folglich diese Gleichungen, mithin auch die daraus abgeleiteten (20. und 21.), hinsichtlich der Vorzeichen ihrer Glieder, richtig sind.

§. 7. Die Gleichung (20.) kann als eine Verallgemeinerung von (15.) angesehen werden, indem die erstere Gleichung in letztere übergeht, wenn man auf e unmittelbar e' folgen läfst. Man kann aber die

Gleichung (20.) selbst noch sehr verallgemeinern, wenn man die Reihe der Elemente in noch mehr als zwei Gruppen zerlegt.

Bestehe sie zuerst aus drei Gruppen und sei sie daher nach einer, der vorigen analogen Bezeichnungsart:

$$a, \ldots. e, \; f, a', \ldots. e', \; f', a'', \ldots. e'',$$

so ist wie in (17.):

$$(a, \ldots. e') - (a, \ldots. e) = \frac{[a', \ldots. e']}{[a, \ldots. e][a, \ldots. e']},$$

$$(a, \ldots. e'') - (a, \ldots. e') = \frac{[a'', \ldots. e'']}{[a, \ldots. e'][a, \ldots. e'']},$$

$$(a, \ldots. e'') - (a, \ldots. e) = \frac{[a', \ldots. e'']}{[a, \ldots. e][a, \ldots. e'']},$$

folglich

23. $$\frac{[a', \ldots. e']}{[a, \ldots. e][a, \ldots. e']} + \frac{[a'', \ldots. e'']}{[a, \ldots. e'][a, \ldots. e'']} = \frac{[a', \ldots. e'']}{[a, \ldots. e][a, \ldots. e'']},$$ oder

24. $$[a, \ldots. e'][a', \ldots. e''] - [a, \ldots. e''][a', \ldots. e'] = [a, \ldots. e][a'', \ldots. e''],$$

eine Relation, deren Bildungsgesetz, wenn man sie mit der oben stehenden Reihenfolge der Elemente zusammenhält, sehr leicht erkannt wird, und daher keiner weitern Erörterung bedarf.

Von dieser allgemeinen Relation kommt man auf (20.) wieder zurück durch Weglassung der Elemente $a, \ldots. e$, so daſs noch $f, a', \ldots e', f', a'', \ldots. e''$ übrig bleiben. Hiermit wird $[a, \ldots. e] = 1$ (vergl. §. 5.), und (24.) geht über in:

$$[f, \ldots. e'][a', \ldots. e''] - [f, \ldots. e''][a', \ldots. e'] = [a'', \ldots. e''].$$

Eben so gelangt man wieder zu (20.), wenn man die letzten Elemente $a'', \ldots. e''$ streicht und die noch übrigen in umgekehrter Folge nimmt.

Vernichtet man aber die mittlern Elemente $a', \ldots. e'$ und läſst daher

$$a, \ldots. e, \; f, \; f', \; a'', \ldots. e''$$

die Reihenfolge der Elemente sein, so ist $[a', \ldots. e'] = 1$ zu setzen, und (24.) verwandelt sich in:

$$[a, \ldots. f][f', \ldots. e''] - [a, \ldots. e''] = [a, \ldots. e][a'', \ldots. e''],$$

welches auf (22.) hinauskommt.

Die Gleichung (22.) kann insbesondere dienen, um Producte aus Functionen mit Klammern in Summen derselben aufzulösen, eben so, wie ein Product aus Sinussen und Cosinussen in eine aus diesen Linien bestehende Summe verwandelt werden kann. So ist z. B.

$$[a,b,c][a',b',c'] = [a,b,c,a',b',c'] + [a,b][b',c'],$$
$$[a,b][b',c'] = [a,b,b',c'] + [a][c'],$$
$$[a][c'] = [a,c'] + 1, \text{ folglich}$$
$$[a,b,c][a',b',c'] = [a,b,c,a',b',c'] + [a,b,b',c'] + [a,c'] + 1.$$

Werde jetzt das System der Elemente in vier Gruppen zerlegt und sey es daher

$$a, \ldots e,\ f,\ a', \ldots e',\ f',\ a'', \ldots e'',\ f'',\ a''', \ldots e''',$$

so erhalten wir auf ganz ähnliche Art, wie wir vorhin zu (23.) gelangten, die Relation:

$$25. \quad \frac{[a', \ldots e']}{[a, \ldots e][a, \ldots e']} + \frac{[a'', \ldots e'']}{[a, \ldots e'][a, \ldots e'']} + \frac{[a''', \ldots e''']}{[a, \ldots e''][a, \ldots e''']}$$
$$= \frac{[a', \ldots e''']}{[a, \ldots e][a, \ldots e''']},$$

woraus sich die bei noch mehreren Gruppen Statt findenden Gleichungen von selbst abnehmen lassen.

§. 8. Nachdem in dem Bisherigen die merkwürdigsten Relationen zwischen Kettenbrüchen und den mit ihnen verwandten Functionen entwickelt worden sind, will ich noch zeigen, wie die Zerlegung der Elemente eines Kettenbruchs in mehrere Gruppen nicht selten zur Vereinfachung seiner Form und seiner Berechnung mit Nutzen angewendet werden kann. Sei zu dem Ende, wie in (4.), x durch y und mehrere constante Elemente mittelst eines Kettenbruchs gegeben. Man bilde aus den Elementen mehrere, z. B. vier, Gruppen, und nehme daher an:

$$26. \quad x = (a, \ldots e, f, a', \ldots e', f', a'', \ldots e'', f'', a''', \ldots e''', y).$$

Man setze nun:

$$(a', \ldots e', f', a'', \ldots y) = x', \quad (a'', \ldots e'', f'', a''', \ldots y) = x'',$$
$$(a''', \ldots e''', y) = x''',$$

so ist nach (2.):

$$x = (a, \ldots e, f - x'), \quad x' = (a', \ldots e', f' - x''), \quad x'' = (a'', \ldots e'', f'' - x'''),$$

und nach (16.), wenn man noch $(a, \ldots e) = \alpha$, $(e, \ldots a) = \beta$, $1 : [a, \ldots e] = \gamma$, $(a', \ldots e') = \alpha'$, u. s. w. setzt:

$$(a.) \quad [x-\alpha][f-x'-\beta] = \gamma^2, \quad [x'-\alpha'][f'-x''-\beta'] = \gamma'^2, \text{ u. s. w.}$$
$$[x'''-\alpha'''][y-\beta'''] = \gamma'''^2,$$

folglich $x = \alpha + \frac{\gamma^2}{f-\beta-x'}$, $x' = \alpha' + \frac{\gamma'^2}{f'-\beta'-x''}$, u. s. w., und wenn man daraus x', x'', x''' successive eliminirt:

$$x = \alpha + \cfrac{\gamma^2}{f-\beta-\alpha'-\cfrac{\gamma'^2}{f'-\beta'-\alpha''-\cfrac{\gamma''^2}{f''-\beta''-\alpha'''-\cfrac{\gamma'''^2}{y-\beta'''}}}}.$$

Hiermit erscheint der Werth von x wieder in der Gestalt eines Kettenbruchs, der jedoch nur aus so vielen Gliedern besteht, als in wie viel Gruppen man die Elemente des anfänglichen vertheilt hatte.

Es läßt sich aber dieser neue Kettenbruch auf eine für die Berechnung noch bequemere Form bringen. Man setze $x-\alpha=z$, $x'-\alpha'=z'$, u. s. w., so werden die Gleichungen (a.):

$$(b.) \quad z[f-\beta-\alpha'-z']=\gamma^2,\quad z'[f'-\beta'-\alpha''-z'']=\gamma'^2,\ \text{u. s. w.}$$
$$z'''[y-\beta''']=\gamma'''^2.$$

Es ist aber nach (19.):

$$f-\beta-\alpha'=f-(e,\ldots.a)-(a',\ldots.e')=\frac{[a,\ldots.e']}{[a,\ldots.e][a',\ldots.e']},$$

und eben so: $f'-\beta'-\alpha''=\dfrac{[a',\ldots.e'']}{[a',\ldots.e'][a'',\ldots.e'']}$, u. s. w. Ferner war $\gamma^2=1:[a,\ldots.e]^2$, u. s. w., $\beta'''=(e''',\ldots.a''')=\dfrac{[a''',\ldots.d''']}{[a''',\ldots.e''']}$. Substituirt man alles dieses in (b.), und setzt hierauf noch der Kürze willen:

$$[a,\ldots.e]z=v,\quad [a',\ldots.e']z'=v',\ \text{u. s. w.},$$

so verwandeln sich die Gleichungen (b.) in:

$$v\ \{[a,\ldots.e']-[a,\ldots.e]v'\}=[a',\ldots.e'],$$
$$v'\ \{[a',\ldots.e'']-[a',\ldots.e']v''\}=[a'',\ldots.e''],$$
$$v''\ \{[a'',\ldots.e''']-[a'',\ldots.e'']v'''\}=[a''',\ldots.e'''],$$
$$v'''\{[a''',\ldots.e''']y-[a''',\ldots.d''']\}=1.$$

Endlich ist $x=\alpha+z=\dfrac{1}{[a,\ldots.e]}\{[b,\ldots.e]+v\}$, und wenn man darin den aus den vorhergehenden Gleichungen, nach Elimination von v', v'', v''', fließenden Werth von v substituirt:

$$27.\quad x=$$
$$\frac{1}{[a,\ldots.e]}\left\{[b,\ldots.e]+\cfrac{[a',\ldots.e']}{[a,\ldots.e']-\cfrac{[a,\ldots.e][a'',\ldots.e'']}{[a',\ldots.e'']-\cfrac{[a',\ldots.e'][a''',\ldots.e''']}{[a'',\ldots.e''']-\cfrac{[a'',\ldots.e'']}{[a''',\ldots.e''']y-[a''',\ldots.d''']}}}}\right.$$

§. 9. Von dieser Formel, deren Fortgang bei einer noch größern Anzahl von Gruppen von selbst erhellet, wird sich der Nutzen am besten durch Anwendung derselben auf einige besondere Fälle erörtern lassen.

Nimmt man, was bisher unbestimmt blieb, die Anzahl der Elemente in jeder Gruppe, gleich grofs an, $= m$, so ist in (27.) die Aufgabe gelöst: einen Kettenbruch von der in §. 1. angenommenen Form in einen andern zu verwandeln, der m mal weniger Glieder hat.

Soll daher z. B. der Kettenbruch

$$(a, f, a', f', a'', f'', a''', \ldots .)$$

in einen andern mit halb so viel Gliedern umgeformt werden, so hat man in Vergleich mit (26.) die Elemente $b, \ldots . e$, $b', \ldots . e'$, $b'', \ldots . e''$, u. s. w. als weggelassen zu betrachten, und es wird $[b, \ldots . e] = 1$, $[a, \ldots . e] = a$, $[a', \ldots . e'] = a'$, u. s. w., $[a, \ldots . e'] = [a, f, a'] = afa' - a - a'$ (§. 5. c.), $[a', \ldots . e''] = a'f'a'' - a' - a''$, u. s. w.; folglich nach (27.):

$$28.\quad \cfrac{1}{a-\cfrac{1}{f-\cfrac{1}{a'-\cfrac{1}{f'-\text{etc.}}}}} = \frac{1}{a}\left\{1+\cfrac{a'}{afa'-a-a'-\cfrac{aa''}{a'f'a''-a'-a''-\cfrac{aa'''}{a''f''a'''-a''-a'''-\text{etc.}}}}\right.$$

also auch, wenn man $f, f', f'', \ldots .$ mit den entgegengesetzten Zeichen nimmt:

$$29.\quad \cfrac{1}{a+\cfrac{1}{f+\cfrac{1}{a'+\cfrac{1}{f'+\text{etc.}}}}} = \frac{1}{a}\left\{1-\cfrac{a'}{afa'+a+a'-\cfrac{aa''}{a'f'a''+a'+a''-\text{etc.}}}\right.$$

So ist z. B., wenn wir $a = f = a' = f' = \ldots . = 2$ setzen, nach (29.):

$$\sqrt{2} = 1+\cfrac{1}{2+\cfrac{1}{2+\cfrac{1}{2+\cfrac{1}{2+\text{etc.}}}}} = 1+\frac{1}{2}\left\{1-\cfrac{2}{12-\cfrac{4}{12-\cfrac{4}{12-\text{etc.}}}}\right. = 1+\frac{1}{2}\left\{1-\cfrac{1}{6-\cfrac{1}{6-\cfrac{1}{6-\text{etc.}}}}\right.$$

wobei daher die Berechnung von $\sqrt{2}$ durch den letztern Kettenbruch nur halb so viel Glieder zu berücksichtigen erfordert, als wenn $\sqrt{2}$ durch den erstern berechnet werden soll. Da ferner nach (28.):

$$\cfrac{1}{6-\cfrac{1}{6-\cfrac{1}{6-\text{etc.}}}} = \frac{1}{6}\left\{1+\cfrac{1}{34-\cfrac{1}{34-\cfrac{1}{34-\text{etc.}}}}\right., \text{ so ist } \sqrt{2} = 1+\frac{1}{2}-\frac{1}{12}\left\{1+\cfrac{1}{34-\cfrac{1}{34-\text{etc.}}}\right.$$

und damit von Neuem eine doppelt so schnelle Convergenz, also eine viermal schnellere als bei dem anfänglichen Kettenbruche bewirkt.

Um einen Kettenbruch auf einen andern mit einer dreimal geringern Zahl von Gliedern zu reduciren, so kommt, wenn man in (26. und

27.) die Elemente $c, \ldots. e$, $c', \ldots. e'$, u. s. w. wegläfst und der Kürze willen $[a,b]=ab-1=\alpha$, $[a',b']=\alpha'$, $[a'',b'']=\alpha''$, u. s. w., $[a,b,f,a',b'] = abfa'b'-aa'b'-abb'-abf-fa'b'+a+f+b'=A$, $[a',b',f',a'',b''] = A'$, $[a'',\ldots. b''']=A''$, u. s. w. setzt:

$$30. \quad \cfrac{1}{a-\cfrac{1}{b-\cfrac{1}{f-\cfrac{1}{a'-\text{etc.}}}}} = \frac{1}{\alpha}\left\{b+\cfrac{\alpha'}{A-\cfrac{\alpha\alpha''}{A'-\cfrac{\alpha'\alpha'''}{A''-\text{etc.}}}}\right. .$$

Will man in dem Kettenbruche zur Linken die einzelnen Brüche durch Addition verbunden haben, so nehme man die Elemente von gerader Stellenzahl, d. i. b, a', f', b'', a''', f''', ... mit entgegengesetzten Zeichen. Sei demnach $[a,-b]=-ab-1=-\beta$, $[-a',b']=[a',-b'] =-\beta'$, $[a'',-b'']=-\beta''$, u. s. w. Da ferner, wie leicht ersichtlich, die Entwickelungen von $[a,-b,f,-a',b']$ und $[-a,b,-f,a',-b']$ gefunden werden, wenn man in obiger Entwickelung von $[a,b,f,a',b']$ alle Glieder das eine Mal mit positiven, das andere Mal mit negativen Zeichen nimmt, so setze man:

$$[a,-b,f,\ldots.]=B,\quad [-a',b',\ldots.]=-[a',-b',\ldots.]=-B',$$
$$[a'',-b'',\ldots.]=B'',\ \text{u. s. w.},$$

und es wird die vorige Gleichung:

$$31. \quad \cfrac{1}{a+\cfrac{1}{b+\cfrac{1}{f+\cfrac{1}{a'+\text{etc.}}}}} = \frac{1}{-\beta}\left\{-b-\cfrac{\beta'}{B-\cfrac{\beta\beta''}{-B'-\cfrac{\beta'\beta'''}{B''-\cfrac{\beta''\beta^{\text{IV}}}{-B'''-\text{etc.}}}}}\right. = \frac{1}{\beta}\left\{b+\cfrac{\beta'}{B+\cfrac{\beta\beta''}{B'+\cfrac{\beta'\beta'''}{B''+\text{etc.}}}}\right.$$

Mit Anwendung auf das obige numerische Beispiel, wo jedes der Elemente $=2$ war, ergiebt sich $\beta=\beta'=\ldots.=5$, $B=B'=\ldots.=70$, und daher:

$$\sqrt{2}=1+\cfrac{1}{2+\cfrac{1}{2+\cfrac{1}{2+\text{etc.}}}} = 1+\frac{1}{5}\left\{2+\cfrac{5}{70+\cfrac{25}{70+\cfrac{25}{70+\text{etc.}}}}\right. = 1+\frac{1}{5}\left\{2+\cfrac{1}{14+\cfrac{1}{14+\cfrac{1}{14+\text{etc.,}}}}\right.$$

wodurch wir einen Kettenbruch erhalten haben, von welchem die ersten m Glieder den Werth von $\sqrt{2}$ mit derselben Genauigkeit darstellen, als ihn die ersten $3m$ Glieder des anfänglichen geben.

§. 10. Nicht selten tritt der Fall ein, dafs in einem Kettenbruche, wie (26.), zwischen gewissen willkürlich zu nehmenden Elementen die andern stets auf dieselbe Weise wiederkehren. Seien $f, f', f'', \ldots$ die erstern Elemente, zwischen denen die übrigen sich periodisch wiederholen, so dafs $a = a' = a'' = \ldots$, $b = b' = b'' = \ldots$, u. s. w., $e = e' = e'' = \ldots$, und daher $[a, \ldots e] = [a', \ldots e'] = [a'', \ldots e''] = \ldots$ In diesem Falle läfst sich der reducirte Kettenbruch (27.), bei welchem mit jeder neuen Periode ein neues Glied anhebt, noch etwas einfacher darstellen. Es wird nemlich nach (21.):

$$[a, \ldots e'] = [a, \ldots e]^2 f - \{[a, \ldots d] + [b, \ldots e]\}[a, \ldots e] = A[Af - D - B],$$

wenn wir $[a, \ldots e] = A$, $[b, \ldots e] = B$, $[a, \ldots d] = D$ setzen; und eben so $[a', \ldots e] = A[Af' - D - B]$, u. s. w., folglich nach leichter Reduction:

$$32. \quad (a, \ldots e, f, a, \ldots e, f', a, \ldots e, f'', a, \ldots)$$
$$= \frac{1}{A}\left\{B + \cfrac{1}{Af - D - B - \cfrac{1}{Af' - D - B - \cfrac{1}{Af'' - \text{etc.}}}}\right.$$

So fliefst z. B. schon aus (28. und 29.):

$$33. \quad \cfrac{1}{a \mp \cfrac{1}{f \mp \cfrac{1}{a \mp \cfrac{1}{f' \mp \text{etc.}}}}} = \frac{1}{a}\left\{1 \pm \cfrac{1}{af \mp 2 - \cfrac{1}{af' \mp 2 - \cfrac{1}{af'' \mp 2 - \text{etc.}}}}\right.$$

Ferner ist für die Entwickelung von $(a, b, f, a, b, f', a, b, f'', \ldots)$, $A = [a, b] = ab - 1$, $B = b$, $D = a$, und mithin

$$34. \quad \cfrac{1}{a - \cfrac{1}{b - \cfrac{1}{f - \cfrac{1}{a - \text{etc.}}}}} = \frac{1}{ab-1}\left\{b + \cfrac{1}{(ab-1)f - a - b - \cfrac{1}{(ab-1)f' - a - b - \cfrac{1}{(ab-1)f'' - \text{etc.}}}}\right.$$

Sollen in dem Kettenbruche zur Linken blofs positive Zeichen vorkommen, soll also der Kettenbruch $(a, -b, f, -a, b, -f', a, -b, f'', \ldots)$ reducirt werden, so scheint es wegen des Wechsels der Zeichen von a und b nöthig, zu der allgemeinern Formel (31.) zurückzukehren, um damit zu erfahren, welche a und welche b in (34.) zur Linken mit entgegengesetzten Zeichen zu nehmen sind. Indessen kann man das gesuchte Resultat auch aus (34.) unmittelbar auf folgende Weise erhalten. Es ist, wie man leicht findet:

$$(a, b, c, d, e, \ldots) = i\left(ai, \frac{b}{i}, ci, \frac{d}{i}, ei, \ldots\right)$$

für jeden beliebigen Werth von i. Setzt man nun erstlich $i = \sqrt{-1}$, so wird $\frac{1}{i} = -i$, und

$$(a, b, c, d, e, \ldots\ldots) = i(ai, -bi, ci, -di, ei, \ldots\ldots),$$

und wenn man b, d, f, ... mit entgegengesetzten Zeichen nimmt:

$$(a, -b, c, -d, e, \ldots\ldots) = i(ai, bi, ci, di, ei, \ldots\ldots).$$

Setzt man ferner $i = -1$, so kommt:

$$(a, b, c, d, \ldots\ldots) = -(-a, -b, -c, -d, \ldots\ldots),$$

und bei negativen Werthen von b, d, f, ...:

$$(a, -b, c, -d, \ldots\ldots) = -(-a, b, -c, d, \ldots\ldots).$$

Man multiplicire daher die Gleichung (34.) beiderseits mit i, $=\sqrt{-1}$, schreibe darin ai, bi, fi, $f'i$, ... statt a, b, f, f', ..., und es ergiebt sich mit Hülfe der eben aufgestellten Relationen:

$$35. \quad \cfrac{1}{a+\cfrac{1}{b+\cfrac{1}{f+\cfrac{1}{a+\text{etc.}}}}} = \frac{1}{ab+1}\left\{b+\cfrac{1}{(ab+1)f+a+b+\cfrac{1}{(ab+1)f'+a+b+\text{etc.}}}\right.$$

§. 11. Wenn in (32.) die immer wiederkehrenden Elemente $a, \ldots\ldots e$, in umgekehrter Folge genommen werden, so bleibt $A = [a, \ldots\ldots e] = [e, \ldots\ldots a]$ ungeändert; $B = [b, \ldots\ldots e]$ geht über in $[d, \ldots\ldots a] = [a, \ldots\ldots d] = D$, und eben so D in B. So wie daher

$$(a, \ldots\ldots e, f, a, \ldots\ldots e, f', \ldots\ldots) = \frac{1}{A}\{B + (Af - D - B,\ Af' - D - B,\ \ldots\ldots)\},$$

so hat man auf gleiche Art:

$$(e, \ldots\ldots a, f, e, \ldots\ldots a, f', \ldots\ldots) = \frac{1}{A}\{D + (Af - B - D,\ Af' - B - D,\ \ldots\ldots)\};$$

folglich ist die Differenz:

$$36. \quad (a, \ldots\ldots e, f, a, \ldots\ldots e, f', \ldots\ldots) - (e, \ldots\ldots a, f, e, \ldots\ldots a, f', \ldots\ldots)$$
$$= \frac{B}{A} - \frac{D}{A} = (a, \ldots\ldots e) - (e, \ldots\ldots a),$$

also diese Differenz merkwürdiger Weise ganz unabhängig von den Werthen der Elemente f, f', f'', ... Nur mufs die Anzahl derselben, was wohl zu bemerken, unendlich sein; d. i. die zwei Kettenbrüche zur Linken dürfen nie abbrechen.

Sind auch die Elemente f, f', f'', ... in inf. einander gleich, ist also der Kettenbruch ein vollkommen periodischer, so läfst er sich, wie bekannt, als die Wurzel einer quadratischen Gleichung betrachten, deren Coëfficienten rationale Functionen seiner Elemente $a, \ldots\ldots e, f$ sind. Setzt man nemlich:

37. $(a, \ldots. e, f, a, \ldots. e, f, a, \ldots.) = x,$

so ist nach (2.) auch: $x = (a, \ldots. e, f - x)$, und daher nach (16.), wenn man $f - x$ für das dortige y schreibt:

38. $[x - (a, \ldots. e)][f - x - (e, \ldots. a)] = \frac{1}{[a, \ldots. e]^2},$

oder weil $f - (e, \ldots. a) = \frac{1}{(f, \ldots. a)} = \frac{[a, \ldots. f]}{[a, \ldots. e]}$, und $(a, \ldots. e) = \frac{[b, \ldots. e]}{[a, \ldots. e]}$:

39. $\{[a, \ldots. e]x - [b, \ldots. e]\}\{[a, \ldots. f] - [a, \ldots. e]x\} = 1,$

oder auch mit Hülfe der Relation (15.):

40. $[a, \ldots. e]x^2 - \{[a, \ldots. f] + [b, \ldots. e]\}x + [b, \ldots. f] = 0,$

eine quadratische Gleichung, woraus nach (39.) rückwärts und übereinstimmend mit (32.):

$$[a, \ldots. e]x = [b, \ldots. e] + \frac{1}{[a, \ldots. f] - [a, \ldots. e]x}$$

$$= [b, \ldots. e] + \cfrac{1}{[a, \ldots. f] - [b, \ldots. e] - \cfrac{1}{[a, \ldots. f] - \text{etc.}}}$$

fliefst.

Die Summe der zwei Wurzeln ist zufolge (38.):

$$= (a, \ldots. e) + f - (e, \ldots. a).$$

Da nun die eine Wurzel $= (a, \ldots. e, f, a, \ldots.)$, so ist die andere

$$= f + (a, \ldots. e) - (e, \ldots. a) - (a, \ldots. e, f, a, \ldots.),$$

also nach (36.):

$$= f - (e, \ldots. a, f, e, \ldots. a, f, \ldots.) = \frac{1}{(f, e, \ldots. a, f, e, \ldots. a, f, \ldots.)}.$$

Wir folgern hieraus: Die quadratische Gleichung, zu welcher ein periodischer Kettenbruch von der Form (37.) führt, von welcher also derselbe die eine Wurzel ist, hat zur andern Wurzeln den reciproken Werth des periodischen Kettenbruchs, welcher durch Umkehrung der Elemente des erstern entsteht.

Dasselbe Theorem läfst sich auch unmittelbar aus der Betrachtung von (40.) ableiten. Denn da von dieser Gleichung der Werth von x in (37.) die eine Wurzel ist, so mufs auch, wenn $a, \ldots. e, f$ mit $f, e, \ldots. a$ vertauscht werden, $(f, e, \ldots. b, a, f, e, \ldots. b, a, f, \ldots.)$ die eine Wurzel der Gleichung

$$[b, \ldots. f]y^2 - \{[a, \ldots. f] + [b, \ldots. e]\}y + [a, \ldots. e] = 0$$

sein. Da aber, wie man sogleich sieht, die Wurzeln dieser Gleichung den reciproken Werthen der Wurzeln von (40.) gleich sind, so mufs auch das Reciproke von $(f, \ldots. a, f, \ldots. a, \ldots.)$ eine Wurzel von (40.) sein.

Das Product aus den beiden Wurzeln der Gleichung (40.) ist $\frac{[b,\ldots f]}{[a,\ldots e]} = \frac{[b,\ldots f]}{[a,\ldots f]}\cdot\frac{[a,\ldots f]}{[a,\ldots e]} = \frac{(a,\ldots f)}{(f,\ldots a)}$, und man hat daher die nicht minder merkwürdige Relation:

$$41.\quad \frac{(a,\ldots f,\, a,\ldots f,\, a,\ldots f,\, a,\ldots)}{(f,\ldots a,\, f,\ldots a,\, f,\ldots a,\, f,\ldots)} = \frac{(a,\ldots f)}{(f,\ldots a)}.$$

Ist der Kettenbruch von der Form $(a, -b, c, -d, \ldots)$, sind also die einzelnen Brüche durch Addition mit den Nennern der jedesmal vorhergehenden verbunden, so unterscheide man, ob die Anzahl der die Perioden bildenden Elemente gerade oder ungerade ist. Im erstern Falle kehren in gedachter Form die gleichnamigen Elemente immer mit denselben Zeichen zurück, und das letzte Element f jeder Periode hat das negative Zeichen. Zu $(a, -b; \ldots e, -f, a, -b, \ldots)$ gehört daher als zweite Wurzel:

$$\frac{1}{(-f, e, \ldots -b, a, -f, e, \ldots)} = \frac{-1}{(f, -e, \ldots b, -a, f, -e, \ldots)}.$$

Dasselbe findet aber auch statt, wenn zweitens die Anzahl der periodischen Glieder ungerade ist. Man mufs nämlich alsdann immer zwei Perioden für eine rechnen, damit die Elemente nicht nur ihrem absoluten Werthe, sondern auch ihrem Vorzeichen nach periodisch wiederkehren.

Von der quadratischen Gleichung, zu welcher ein periodischer Kettenbruch mit blofs positiven Zeichen führt, wird daher die andere Wurzel gefunden, indem man die Elemente in umgekehrter Folge nimmt und hierauf den Kettenbruch in die negative Einheit dividirt. So sind z. B.

$$x' = \cfrac{1}{a+\cfrac{1}{b+\cfrac{1}{c+\cfrac{1}{a+\cfrac{1}{b+\text{etc.}}}}}} \quad\text{und}\quad x'' = -\left\{c+\cfrac{1}{b+\cfrac{1}{a+\cfrac{1}{c+\cfrac{1}{b+\text{etc.}}}}}\right.$$

die zwei Wurzeln der quadratischen Gleichung:

$$(ab+1)x^2 + (abc+a-b+c)x - bc - 1 = 0.$$

Werden für a, b, c, wie gewöhnlich, positive ganze Zahlen genommen, so ist die Wurzel x' ein positiver echter Bruch, und x'' negativ und absolut gröfser als die Einheit.

Die reciproken Werthe von x' und x'' sind:

$$y' = a + \cfrac{1}{b+\cfrac{1}{c+\text{etc.}}} \quad\text{und}\quad y'' = \cfrac{-1}{c+\cfrac{1}{b+\cfrac{1}{a+\text{etc.}}}}.$$

und diese die Wurzeln der Gleichung:

$$(bc+1)y^2-(abc+a-b+c)y-ab-1=0.$$

Nimmt man auch hier für a, b, c positive ganze Zahlen, so ist y' gröſser als 1, und y'' zwischen 0 und -1 enthalten.

§. 12. Die hiermit erörterte Art und Weise, nach welcher zwei periodische Kettenbrüche als Wurzeln einer quadratischen Gleichung zusammengehören, ist von einem Herrn Galois entdeckt und in Gergonne's Annalen, Tom. XIX., bekannt gemacht worden. Doch ist mir davon nur die Anzeige in de Férussac *Bulletin des scienc. mathém. Avril* 1829. *pag.* 254. zu Gesicht gekommen.

Wird die von Hrn. Galois gemachte, wenn auch nicht ausdrücklich a. a. O. beigefügte Bedingung, daſs a, b, c, ... positive ganze Zahlen sind, weggelassen, so können die Wurzeln einer quadratischen Gleichung, wenn sie anders möglich sind, stets durch zwei Kettenbrüche von der gedachten Form annäherungsweise gefunden werden.

So folgt, um dieses auf die möglich einfachste Weise zu bewerkstelligen, aus der quadratischen Gleichung: $x^2-px+q=0$, unmittelbar:

$$x=\frac{q}{p-x}=\cfrac{q}{p-\cfrac{q}{p-\cfrac{q}{p-\text{etc.}}}}=\left(\frac{p}{q},\ p,\ \frac{p}{q},\ p,\ \ldots\right).$$

Hat nun die Gleichung zwei mögliche Wurzeln, ist also $p^2>4q$, so convergirt dieser Kettenbruch, und giebt so genau, als man will, die absolut kleinere der beiden Wurzeln. Die absolut gröſsere ist:

$$1:\left(p,\ \frac{p}{q},\ p,\ \frac{p}{q},\ \ldots\right)=p-\cfrac{q}{p-\cfrac{q}{p-\text{etc.}}}$$

Um dieses Verhalten der Wurzeln darzuthun, so heiſsen sie selbst: a und b. Alsdann ist $p=a+b$, $q=ab$, und der erstere Kettenbruch wird:

$$\cfrac{ab}{a+b-\cfrac{ab}{a+b-\cfrac{ab}{a+b-\text{etc.}}}}=\cfrac{am}{1+m-\cfrac{m}{1+m-\cfrac{m}{1+m-\text{etc.}}}}=aM,$$

wenn man noch $b=am$, und den Kettenbruch, durch a dividirt, $=M$ setzt. Die angenäherten Werthe von M werden in ihrer Folge sein:

$$M'=\frac{m}{1+m},\quad M''=\frac{m}{1+m-M'},\quad M'''=\frac{m}{1+m-M''},\quad \text{u. s. w.},$$

folglich, wenn man $M'=1-N'$, $M''=1-N''$, $M'''=1-N'''$, u. s. w.

setzt: $N' = \frac{1}{1+m}$, $N'' = \frac{N'}{m+N'}$, $N''' = \frac{N''}{m+N''}$, u. s. w.,

woraus sich weiter ergiebt:

$$N' = \frac{1}{1+m},\quad N'' = \frac{1}{1+m+m^2},\quad N''' = \frac{1}{1+m+m^2+m^3},$$

und nach diesem Gesetz weiter fort. Sei nun b die absolut größere der beiden Wurzeln, also m absolut größer als 1, so werden sich die $N''\ldots$ in ihrem Fortgange immer mehr und ohne Grenzen der Null, folglich die $M''\ldots$ der positiven Einheit nähern, so daß M selbst $=1$ ist. Der Grenzwerth, dem obiger Kettenbruch immer näher kommt, ist daher $= aM = a =$ der absolut kleinern von beiden Wurzeln.

§. 13. Unter den Kettenbrüchen mit wiederkehrenden Elementen dürften diejenigen noch einige Aufmerksamkeit verdienen, bei denen das wiederkehrende Element die Einheit selbst ist. Man findet leicht, daß:

$$(1,y) = \frac{y}{y-1},\quad (1,1,y) = 1-y,\quad (1,1,1,y) = \frac{1}{y},\quad (1,1,1,1,y) = \frac{y}{y-1},$$

und so fort zu dreien abwechselnd. Es folgt hieraus:

$$(1,1,a,1,1,b) = (1,1,a-(1,1,b)) = (1,1,a+b-1) = 2-a-b,$$

und eben so:

$$(1,1,a,1,1,b,1,1,c) = 3-a-b-c, \text{ u. s. w.}$$

Man hat ferner:

$$(a,b,1,1,1,c,d,e) = (a,b-(1,1,1,c-(d,e)))$$

$$= \left(a, b-\frac{1}{c-(d,e)}\right) = (a,b-(c,d,e)) = (a,b,c,d,e).$$

Kommen daher in dem Ausdrucke eines Kettenbruchs drei der Einheit gleiche Elemente unmittelbar hintereinander vor, so kann man sie, ohne den Werth des Kettenbruchs zu ändern, auch weglassen. So ist z. B.:

$$(1,1,1,a,1,1,1,b,1,1,1,c) = (a,b,c).$$

Daß mehrere aufeinander folgende Elemente in dem Ausdrucke eines Kettenbruchs ohne Änderung seines Werthes gestrichen werden können, ist noch auf unzählig viel andere Arten möglich. Denn, wie schon aus dem vorigen speciellen Falle erhellet, ist überhaupt zur Weglassung der Elemente $\alpha, \beta, \gamma, \ldots \lambda, \mu, \nu$ in einem Kettenbruche, wie $(a, b, \alpha, \beta, \ldots \nu, c, d, \ldots)$, nur nöthig, daß für jeden Werth von y

$$(\alpha, \beta, \ldots \mu, \nu, y) = (y) = 1 : y$$

sei, also wenn diese Gleichung nach (16*.) entwickelt wird:

$$[\alpha, \ldots \nu] - [\alpha, \ldots \mu]\frac{1}{y} - [\beta, \ldots \nu]y + [\beta, \ldots \mu] = 0;$$

woraus wegen der Unbestimmtheit von y die drei Bedingungsgleichungen:
(a.) $[\alpha, \dots \nu] + [\beta, \dots \mu] = 0$, (b.) $[\alpha, \dots \mu] = 0$, (c.) $[\beta, \dots \nu] = 0$
fließen, die sich aber für die Anwendung folgendergestalt noch bequemer einrichten lassen. Nach (15.) ist:

$$[\alpha, \dots \mu][\beta, \dots \nu] - [\alpha, \dots \nu][\beta, \dots \mu] = 1,$$

folglich wegen (a.), (b.), (c.):

$$(d.) \quad [\beta, \dots \mu] = \pm 1.$$

Hiermit wird wegen (b.):

$$[\alpha, \dots \mu] = \alpha[\beta, \dots \mu] - [\gamma, \dots \mu] = 0,$$

folglich:

$$(e.) \quad \alpha = \pm[\gamma, \dots \mu],$$

und eben so wegen (c.):

$$(f.) \quad \nu = \pm[\beta, \dots \lambda].$$

Man wähle daher von den Elementen $\beta, \dots \mu$, eines ausgenommen, die übrigen nach Belieben, und bestimme dieses eine mit Hülfe der Gleichung (d.), worauf sich dann α und ν durch (e.) und (f.) ergeben.

So ist z. B. bei 5 Elementen α, β, γ, δ, ε, wenn man β und δ willkürlich nimmt, und von den doppelten Zeichen bloß die obern beibehält:

$$\gamma = \frac{1+\beta+\delta}{\beta\delta}, \quad \alpha = \frac{1+\delta}{\beta}, \quad \varepsilon = \frac{1+\beta}{\delta}.$$

Setzt man daher $\beta = \delta = 1$, so wird $\gamma = 3$, $\alpha = \varepsilon = 2$, und es ist:

$$(\dots a, b, 2, 1, 3, 1, 2, c, d, \dots) = (\dots a, b, c, d, \dots).$$

Anwendung der Lehre von den Kettenbrüchen auf die Dioptrik.

§. 14. Bei einem System von drei Linsengläsern, welche eine gemeinschaftliche Axe haben, sei a das Reciproke der Brennweite des ersten, d. i. das Licht zuerst empfangenden Glases; c und e die Reciproken des zweiten und dritten Glases; b der Abstand des zweiten Glases vom ersten; d der Abstand des dritten vom zweiten. Beide Abstände sind positiv, indem die positive Richtung der Achse der Gläser diejenige sein soll, nach welcher das Licht fortgeht. a, c, e sind positiv oder negativ, nachdem die Gläser, denen sie zugehören, erhaben oder hohl sind. Sei endlich noch x der Abstand des ersten Glases von einem Objecte, y der Abstand des durch die drei Gläser gemachten Bildes vom letzten Glase, so folgt aus den Grundformeln der Dioptrik (vergl. meinen Aufsatz „über die Haupt-Eigenschaften eines Systems von Linsengläsern" §. 3.):

$$5. \quad y = (e, d, c, b, a, x),$$

und auf ähnliche Weise verhält sich die Gleichung zwischen x und y bei jeder andern Zahl von Gläsern. Man kann aber dieser Gleichung auch noch die Gestalt geben:

$$16. \quad [x-\alpha][y-\beta] = \gamma^2,$$

wo $\alpha = (a, \ldots . e)$, $\beta = (e, \ldots . a)$, $\gamma = 1 : [a, \ldots . e]$. Bezeichnet daher P den Mittelpunct des ersten Glases, Q den Mittelpunct des letzten, X den Ort des Objects, Y den Ort des Bildes, und bestimmt man zwei Puncte F, G in der Axe so, daſs $FP = \alpha$, $QG = \beta$: so wird $x - \alpha = XP - FP = XF$, $y - \beta = QY - QG = GY$, und (16.) geht über in:

$$XF \, . \, GY = \gamma^2.$$

Ist also X in F, so liegt Y unendlich weit entfernt, und wird X in das Unendliche entfernt, so rückt Y nach G. **Überhaupt aber ist das negative Product aus den Abständen des Objects und des Bildes von den Puncten F und G** (negativ, weil $XF \, . \, GY = - FX \, . \, GY$) **einem constanten Quadrate gleich.** Analog mit den Eigenschaften einer einzigen Linse hatte ich daher in jenem Aufsatze (§. 8.) F und G die **beiden Brennpuncte**, γ die **Brennweite** des Linsensystems genannt. Statt daſs aber dort F der erste, G der zweite Brennpunct geheiſsen hatte, möchte es wohl bezeichnender und daher angemessener sein, F, als den Ort des Objects für ein unendlich entferntes Bild, den **Brennpunct des Objects** und eben so G den **Brennpunct des Bildes** zu nennen.

Sei jetzt Q nicht mehr das letzte Glas, sondern folge darauf an derselben Axe ein zweites Gläsersystem, welches eben so durch die Constanten a', ... e', als das erste System durch a, ... e, bestimmt werde. Die Mittelpuncte des ersten und letzten Glases des zweiten Systems heiſsen P' und Q', die Brennpuncte dieses Systems seien F', G', und die Brennweite $= \gamma'$, so ist

$$F'P' = (a', \ldots . e') = \alpha', \quad Q'G' = (e', \ldots . a') = \beta', \quad \gamma' = 1 : [a', \ldots . e'].$$

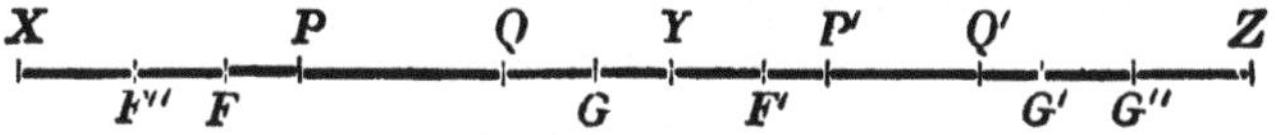

Setzt man aber noch QP', oder den Abstand des ersten Glases des zweiten Systems vom letzten Glase des ersten, $= f$, so sind a, ... e, f, a', ... e' die Constanten beider Systeme, als eines einzigen betrachtet, dessen Brennpuncte F'', G'' und Brennweite γ'' durch die Gleichungen

$$F''P = (a, \ldots . e') = \alpha'', \quad Q'G'' = (e', \ldots . a) = \beta'', \quad \gamma'' = 1 : [a, \ldots . e']$$

bestimmt werden.

Diese Brennpuncte und Brennweite des ganzen Systems lassen sich nun, sobald die Brennpuncte und Brennweiten der beiden einzelnen Systeme gegeben sind, mittelst der in §. 6. erhaltenen Relationen zwischen $\alpha, \beta, \gamma, \alpha', \ldots . \gamma''$ sehr leicht finden. Man hat nemlich:

$$\delta = f - \beta - \alpha' = QP' - QG - F'P' = GF', \quad \alpha'' - \alpha = F''P - FP = F''F,$$
$$\beta'' - \beta' = Q'G'' - Q'G' = G'G'',$$

und hiermit werden die Gleichungen ($g.$) und ($h.$) in §. 6.:

$$F''F = \frac{\gamma^2}{GF'}, \quad G'G'' = \frac{\gamma'^2}{GF'}, \quad \gamma'' = \sqrt{(F''F . G'G'')} = \frac{\gamma\gamma'}{GF'},$$

wodurch der vorgesetzte Zweck erreicht wird.

§. 15. Es sind diese Gleichungen so einfach, dafs man wohl hoffen darf, sie auch ohne Zuhülfenahme jener aus der Theorie der Kettenbrüche entlehnten Relationen zu finden. In der That seien von einem einfachen Glase F, G die beiden Brennpuncte, γ die Brennweite, in X das Object, in Y das Bild, so folgt ohne Schwierigkeit aus der für ein einfaches Glas bekannten Grundformel (Haupt-Eigensch. §. 8.):

$$(a.) \quad XF . GY = \gamma^2.$$

Dafs γ bei einem einzigen Glase $= \frac{1}{2}FG$ braucht nicht berücksichtigt zu werden. Das von diesem Glase ausgehende Licht falle auf ein zweites Glas, das mit dem ersten eine gemeinschaftliche Axe hat, und dessen Brennpuncte und Brennweite werden durch F', G' und γ' bezeichnet werden. Für dieses zweite Glas dient Y als Object; das durch das zweite von Y oder durch beide Gläser von X gemachte Bild sei Z, so hat man:

$$(b.) \quad YF' . G'Z = \gamma'^2.$$

Heifsen nun für beide Gläser, als ein System betrachtet, die beiden Brennpuncte F'', G'', so mufs nach der oben davon gegebenen Definition, wenn X in F'' ist, Z unendlich entfernt liegen, also wegen ($b.$), Y mit F' zusammenfallen; folglich wegen ($a.$):

$$(c.) \quad F''F . GF' = \gamma^2.$$

Ist zweitens X unendlich entfernt, kommt also, wegen ($a.$), Y nach G, so mufs Z in G'' sein, und hiermit wird nach ($b.$):

$$(d.) \quad GF' . G'G'' = \gamma'^2.$$

Aus ($a.$) und ($c.$) in Verbindung folgt aber:

(*e*.) $XF : GF' = F''F : GY = XF - F''F : GF' - GY = XF'' : YF'$,

und eben so aus (*b*.) und (*d*.):

(*f*.) $YF' : G'G'' = GF' : G'Z = GF' - YF' : G'Z - G'G'' = GY : G''Z$,

und daraus weiter:

$$F''F : XF'' = GY : YF' = G''Z : G'G'',$$

folglich: (*g*.) $XF''.G''Z = F''F.G'G'' = \frac{\gamma^2\gamma'^2}{FG'^2}$.

Ein System von zwei Gläsern besitzt daher ebenfalls die Eigenschaft eines einzigen Glases, dafs das negative Product aus den Abständen des Objects und Bildes von ihren Brennpuncten einem constanten Quadrate gleich ist. Nennen wir daher die Wurzel dieses Quadrats, der Analogie nach, die Brennweite des Systems, und bezeichnen sie mit γ'', so ist

(*h*.) $F''F.G'G'' = \gamma''^2$.

Hiermit ist aber unser Satz für ein System nicht blofs von zwei, sondern auch von jeder gröfsern Anzahl von Gläsern dargethan. Denn nach dem von zwei Gläsern Erwiesenen können nunmehr F, G, γ in (*a*.) die Brennpuncte und Brennweite eines Systems von zwei Gläsern bezeichnen, und F', G', γ' einem dritten auf erstere zwei folgendem Glase, oder einem dritten und vierten Glase in Vereinigung angehören; und somit gilt der Satz auch für ein System von drei oder vier Gläsern; u. s. w.

Überhaupt also kann man F, G, γ auf ein System von Gläsern in beliebiger Anzahl beziehen, und eben so F', G', γ' auf ein dergleichen zweites, auf das erste folgendes System. Die Brennpuncte F'', G'' und die Brennweite γ'' für beide Systeme in Verbindung werden sich alsdann mittelst der Formeln (*c*.), (*d*.) und (*h*.) ergeben, derselben, welche wir zu Ende des vorigen Paragraphs durch die Theorie der Kettenbrüche gefunden hatten.

Sollen drei aufeinander folgende Systeme mit einander verbunden werden, so kann dies geschehen, indem man zuerst das erste mit dem zweiten verbindet und zu dieser Vereinigung das dritte setzt, oder auch, indem man mit der Verbindung des zweiten und dritten anfängt und mit der Hinzufügung des ersten schliefst. Auf beiden Wegen müssen für alle drei Systeme, als ein einziges betrachtet, dieselben Brennpuncte und dieselbe Brennweite gefunden werden. Sind der zu verbindenden Systeme noch mehrere, so mehrt sich auch die Anzahl der Wege, auf denen man zur Verknüpfung aller Systeme gelangen kann; nur darf dabei nicht aufser

Acht gelassen werden, dafs zwischen den zwei zu verbindenden Systemen niemals ein zu ihnen nicht gehöriges Glas liegen darf.

§. 16. Es haben diese Zusammensetzungen von Systemen einige Ähnlichkeit mit der Art und Weise, nach welcher von einem Systeme gewichtiger Puncte der Schwerpunct bestimmt wird. Was dort einzelne Puncte sind, sind hier Paare von Puncten, nemlich je zwei zusammengehörige Brennpuncte; den dortigen Gewichten der Puncte entsprechen hier die den Paaren von Brennpuncten zugehörigen Brennweiten, und so wie durch allmälige Combination der gewichtigen Puncte, in welcher Ordnung sie auch vorgenommen werden mag, man doch immer denselben Schwerpunct mit demselben Gewicht findet, so gelangt man auch hier bei den verschiedenen möglichen Arten der Verbindung stets zu denselben zwei Brennpuncten und zu derselben Brennweite. Dem Falle, in welchem die Summe der Gewichte, die sowohl negativ als positiv sein können, gleich Null ist, und wo daher der Schwerpunct unendlich entfernt liegt, entspricht ein Fernrohr, indem von einem System von Gläsern, welche ein Fernrohr bilden, die beiden Brennpuncte ebenfalls unendlich entfernt sind. Mit dem noch speciellern Falle endlich, wo zwischen den positiven und negativen Gewichten Gleichgewicht herrscht, kann ein Fernrohr verglichen werden, dessen Vergröfserungszahl $=1$ ist, und welches daher nahe und ferne Gegenstände in ihrer natürlichen Gröfse zeigt, indem, eben so wie dort, die Wirkungen der Kräfte, so hier die Wirkungen der Gläser sich gegenseitig aufheben.

Ein solches dioptrisches Gleichgewicht findet, wenn auch nicht ganz vollkommen, bei einem System zweier Gläser statt, welche gleiche positive Brennweiten haben und um das Doppelte dieser Brennweite von einander entfernt sind. Denn hier ist das Bild mit dem Object immer von gleicher Gröfse, allein verkehrt und dem Auge stets um das Vierfache der Brennweite des einen oder andern Glases näher als das Object.

Ein vollkommneres Gleichgewicht, so dafs Bild und Object nicht nur gleiche Gröfse, sondern auch von dem Auge gleiche Entfernung haben, läfst sich hervorbringen, wenn man zwischen jene zwei Gläser in die Mitte ein drittes setzt, dessen Brennweite viermal kürzer als die Brennweite der erstern ist; oder noch allgemeiner: Werden bei einem System von drei Linsen die Buchstaben a, b, c, d, e, x, y in derselben Bedeutung, wie in §. 14. genommen, so ist der Abstand des Bildes vom Object $=x+b+d+y$. Giebt man daher der Gleichung $x=(a,\ldots.e,y)$ die

Form (16*.), und setzt darin, weil das Bild mit dem Object immer zusammenfallen soll, $y = -(b+d+x)$, so kommt eine nach x quadratische Gleichung, aus der, weil sie für jeden Werth von x bestehen mufs, die drei Bedingungs-Gleichungen hervorgehen:

$$[a, \ldots. e] = 0, \quad [a, \ldots. d] - [b, \ldots. e] = 0, \quad [b, \ldots. e][b+d] + [b, \ldots. d] = 0,$$

welche sich vermöge der Relation (15.) auf:

$$[a, \ldots. d] = [b, \ldots. e] = \pm 1, \quad b + d \pm [b, \ldots. d] = 0$$

reduciren. Nimmt man darin die untern Vorzeichen, indem die obern, wie man leicht findet, auf ein System von drei Plangläsern führen, so erhält man nach weiterer Entwickelung die Brennweiten der drei Gläser durch ihre Entfernungen von einander ausgedrückt:

$$\frac{1}{a} = \frac{b(b+d)}{2d}, \quad \frac{1}{c} = \frac{bd}{2(b+d)}, \quad \frac{1}{e} = \frac{d(b+d)}{2b},$$

wodurch man, wenn die Entfernungen b und d gegeben sind, die Brennweiten $1:a$, u. s. w. finden kann. Eliminirt man b und d, so ergiebt sich zwischen den Brennweiten allein die nicht uninteressante Relation:

$$\frac{1}{\sqrt{(ae)}} = \frac{1}{\sqrt{(ac)}} + \frac{1}{\sqrt{(ce)}}.$$

Dieses System von Gläsern ist, weil vermöge der Relation $x+b+d+y=0$, für $x=\infty$ auch $y=\infty$ wird, ein Fernrohr, wie auch die Gleichung $[a, \ldots. e] = 0$ zu erkennen giebt (H. E. §. 11.). Das Verhältnifs zwischen den Durchmessern des Objects und des Bildes ist bei einem aus den Elementen $a, \ldots. e$ construirten Fernrohr $= -[b, \ldots. e]:(-1)^3$ (H. E. §. 13.), also bei gegenwärtigem $= 1:-1$, d. h. das Bild ist mit dem Object von gleicher Gröfse, aber verkehrt.

Sollen die Wirkungen der Gläser sich vollkommen aufheben, so dafs das Bild mit dem Objecte stets nicht nur von gleicher Gröfse und in gleicher Entfernung vom Auge, sondern auch in derselben Lage wie das Object erscheint, so werden, wenn anders keine der gegenseitigen Entfernungen der Gläser $= 0$ sein soll, zum wenigsten vier Gläser erfordert.

§. 17. Auch der (in H. E. §. 9. erwiesene) allgemeine Satz, dafs bei einem System von Gläsern, welche kein Fernrohr bilden, die Durchmesser von Object und Bild sich wie die Quadratwurzeln aus den Entfernungen des Objects und Bildes von ihren Brennpuncten verhalten, läfst sich mittelst des vorhin Entwickelten sehr einfach darthun.

Für ein einziges Glas fliefst er leicht aus den Grundformeln der Dioptrik (H. E. §. 8.). Sind also, wie vorhin, F, G und F', G' die Brennpuncte zweier Gläser, x, y, z die resp. Durchmesser des Objects in X, des vom ersten Glase in Y, und des von beiden zugleich in Z gemachten Bildes, so hat man:

$$x : y = \sqrt{(XF)} : \sqrt{(GY)}, \quad y : z = \sqrt{(YF')} : \sqrt{(G'Z)},$$

folglich:

$$(i.) \quad x : z = \sqrt{(XF \, . \, YF')} : \sqrt{(GY \, . \, G'Z)}.$$

Sind aber F'', G'' die Brennpuncte des von den zwei Gläsern gebildeten Systems, so verhält sich zufolge $(e.)$ und $(f.)$ in §. 15.:

$$XF : GF' = XF'' : YF', \quad \text{und} \quad GF' : G'Z = GY : G''Z,$$

mithin

$$XF : G'Z = XF'' \, . \, GY : YF' \, . \, G''Z, \quad \text{und}$$

$$(k.) \quad x : z = \sqrt{(XF'')} : \sqrt{(G''Z)}.$$

Unser Satz ist daher auch für ein System von zwei Gläsern richtig, folglich auch für ein System von drei, vier, u. s. w. Gläsern, wenn man F, G nach und nach als die Brennpuncte eines Systems von zwei, drei, u. s. w. Gläsern nimmt.

§. 18. Sollen zwei Systeme von Gläsern, welche durch F, G, γ und F', G', γ' bestimmt werden, ein Fernrohr bilden, so mufs, wenn das Object (Bild) unendlich entfernt ist, der Ort G'' (F'') des Bildes (Objects) ebenfalls unendlich entfernt sein. Die Brennpuncte F'', G'' eines Fernrohrs sind also zwei unendlich entfernte Puncte, und daher vermöge $(c.)$ oder $(d.)$, $GF' = 0$, d. h.: Von zwei Systemen, welche in ihrer Vereinigung ein Fernrohr ausmachen, fällt des Bildes Brennpunct beim ersten System mit des Objectes Brennpunct beim zweiten System zusammen.

Hiermit wird $YF' = YG = -GY$, und daher zufolge der Gleichungen $(a.)$ und $(b.)$:

$$XF : ZG' = \gamma^2 : \gamma'^2,$$

also auch, wenn X', Z' zwei andere zusammengehörige Örter von Object und Bild sind:

$$XX' : ZZ' = \gamma^2 : \gamma'^2.$$

Die Proportion $(i.)$ aber wird:

$$x : z = \sqrt{(XF)} : \sqrt{(ZG')} = \pm \gamma : \gamma'.$$

Wir folgern hieraus die (in H. E. §. 13. bewiesenen) Sätze:

Beim Fernrohr ist das Verhältnifs $(\gamma' : \gamma)$ zwischen den wahren (nicht scheinbaren) Durchmessern des Bildes und Ob-

jects, so wie das Verhältnifs $(\gamma''^2 : \gamma^2)$ zwischen den Geschwindigkeiten beider, wenn das Object längs der Axe bewegt wird, von constanter Gröfse, und zwar ist letzteres Verhältnifs dem Zweifachen des erstern gleich.

Das Verhältnifs zwischen den scheinbaren Durchmessern von Bild und Object ist zusammengesetzt aus dem Verhältnifs der wahren Durchmesser und dem umgekehrten Verhältnifs ihrer Entfernungen vom Auge, und daher die Vergröfserung des Fernrohrs, oder das Verhältnifs der scheinbaren Durchmesser von Bild und Object in dem Falle, wenn beide unendlich entfernt sind, und wo daher die Entfernungen der Puncte F, G' vom Auge gegen die Entfernungen der Puncte X und Z verschwinden, $= (\gamma' : \gamma) : (\gamma'^2 : \gamma^2) = \gamma : \gamma'$. Die Vergröfserung eines Fernrohrs ist daher dem umgekehrten Verhältnifs der wahren Durchmesser von Bild und Object gleich.

Zusätze. *a*) Denkt man sich ein System von Gläsern, welche ein Fernrohr bilden, in zwei Systeme zerlegt (welches auf $n-1$ Arten geschehen kann, wenn das Fernrohr aus n Gläsern besteht), so fällt immer des Bildes Brennpunct beim ersten System mit des Objectes Brennpunct beim zweiten zusammen, und immer ist die Brennweite des ersten Systems, dividirt durch die Brennweite des zweiten, der Vergröfserung gleich: zwei Eigenschaften, ganz denen analog, welche man schon längst bei einem nur aus zwei Gläsern bestehendem Fernrohr kannte. Es wird also auch bei einem Fernrohr mit zwei oder mehrern Oculargläsern die Vergröfserung gefunden, wenn man die Brennweite des Objectivs durch die Brennweite des Systems der Oculare dividirt.

b) Ist die Vergröfserung eines Fernrohrs $= 1$, so ist $\gamma = \gamma'$, also $x = z$ und $XF = ZG'$, d. h. das Bild ist mit dem Object immer von gleicher Gröfse und von ihm stets um einen Abstand $= FG'$ entfernt. Soll daher überdies das Bild mit dem Object immer zusammenfallen, so mufs $FG' = 0$ sein. Wird demnach ein solches Fernrohr (vergl. §. 16.) in zwei Systeme zerlegt, so haben diese immer einander gleiche Brennweiten, und die Brennpuncte des einen Systems coincidiren mit den ungleichnamigen des andern, F^V mit G und G' mit F.

20.
Über die analytische Sphärik.

(Von Hrn. Prof. *Gudermann* zu Cleve.)

Für die Lehre von den Constructionen auf der Oberfläche der Kugel mag der Name „Sphärik" eintreten, so wie sie sich überhaupt der Planimetrie gegenüber stellt; dort ist die Kugelfläche das Constructionsfeld, hier ist es die Ebene. Obgleich die analytische Geometrie so vielseitig ausgebildet worden ist, so hat man sie dennoch bisher zu wenig auf die Untersuchung der Gesetze sphärischer Constructionen ausgedehnt, und nur in Einzelnheiten die Grenzen der sphärischen Trigonometrie, des elementaren Abschnittes der analytischen Sphärik überschritten, geleitet von der Analogie, welche zwischen ebenen und sphärischen Constructionen Statt findet. Diese Analogie des Stoffes nun auch in der analytischen Behandlung selbst auf die vollkommenste Weise darzustellen und weiter zu verfolgen, war der Grundgedanke, welcher mich bei der Abfassung eines im Verlage des Hrn. Dumont-Schauberg in Cölln erscheinenden Werkes unter dem Titel: „Grundrifs der analytischen Sphärik" leitete. Diese Analogie der Behandlung wird auf die vollständigste Weise durch den ausschliefslichen Gebrauch sphärischer Coordinaten erreicht, deren Theorie denn also zuerst entworfen werden mufste. Eingeführt von diesem Grundrisse wird man bald das Urtheil gewinnen, dafs die analytische Sphärik einer im Ganzen eben so einfachen und allgemeinen Darstellung fähig ist, als die analytische Planimetrie, und dafs man nur selten auf eine gröfsere Schwierigkeit stöfst.

Die Sphärik läfst sich als eine verallgemeinerte Planimetrie, aber nicht umgekehrt, darstellen; jene enthält diese gleichsam eingeschlossen, denn in den Formeln und Gleichungen jener lassen sich ohne Weiteres die Specialisirungen für den Fall angeben, dafs der Radius der Kugel unendlich grofs angenommen wird, wobei sich also die Kugelfläche in eine Ebene und so auch die behandelte sphärische Construction selbst in eine ebene verwandelt. Wird daher ein Theorem aus der Planimetrie in die Sphärik übertragen, so ist dieses jedesmal ein Schritt zum Allgemeineren.

Zahllose Lehrsätze gestatten eine solche Übertragung, zu deren Ausführung das angeführte Werk die nöthige Anleitung giebt, und es bedarf der Erinnerung kaum, daſs die bei einer solchen Übertragung nöthigen Modificationen in der Regel desto geringer sind, je gröſsere Allgemeinheit das planimetrische Theorem selbst hat.

Das Interesse an der Sphärik wird sehr gesteigert durch die groſse Mannigfaltigkeit dieser Modificationen, welche nicht selten sehr auffallend sind. So ist z. B. der geometrische Ort für die Mittelpuncte aller (sphärischen) Kegelschnitte, welche durch vier gegebene Puncte geschrieben werden, nicht, wie in der Planimetrie, wieder ein Kegelschnitt, sondern eine Linie der dritten Ordnung, die aber durch, dem Begriffe nach, dieselben neun Puncte geht, wie in der Planimetrie. Diese Veränderlichkeit in der Analogie wird man auch in den nachfolgenden Lehrsätzen erkennen, welche ich hier als Problem analytischer Behandlung spärischer Objecte vorzulegen wage, zu deren besserem Verständniſs ich jedoch auf das Werk selbst verweisen muſs, dem sie als Nachtrag dienen können.

1.

In der Planimetrie ist der geometrische Ort für die Fuſspuncte der Perpendikel, welche von einem Brennpuncte einer Ellipse auf ihre Tangenten gefällt werden, ein über der groſsen Axe beschriebener Kreis; was ist das Analogon in der Sphärik?

Es werde (Taf. III. Fig. 1.) der Brennpunct F zum Anfangspuncte genommen, die groſse Axe $AB = 2a$ diene als Abscissenlinie, die Excentricität sei $CF = e$, der Parameter sei p; die trigonometrischen Tangenten der rechtwinkligen Axen-Coordinaten eines Punctes der Ellipse seien x und y; dann ist die Gleichung an den Kegelschnitt:

$$\sqrt{(x^2+y^2)} = m + nx,$$

wenn wir zur Abkürzung setzen:

$$m = \operatorname{tang} p \quad \text{und} \quad n = \frac{\sin 2e}{\sin 2a}.$$

Ziehen wir nach einem Puncte M oder (t, u) vom Brennpuncte aus die Linie FM, so ist ihre Gleichung $y = \frac{u}{t} x$ oder $ux - ty = 0$, und die Gleichung an ein in M darauf errichtetes Perpendikel ist:

$$\frac{y-u}{x-t} = -\frac{t}{u} \quad \text{oder} \quad u.y + t.x = t^2 + u^2.$$

Soll dieses eine Berührungslinie der Curve sein, so erhält man zur Bedingungsgleichung:

$$(1-n^2).(t^2+u^2) = 2mnt+m^2.$$

Der geometrische Ort des Punctes M ist also wieder ein Kegelschnitt. Setzt man $u=0$, so hat man die Gleichung:

$$t^2-\frac{2mn}{1-n^2}t = \frac{m^2}{1-n^2},$$

d. h. es ist

$$t = \frac{m}{1-n} \quad \text{und} \quad t = -\frac{m}{1+n}.$$

Da aber $\operatorname{tang} FA = \frac{m}{1+n}$ und $\operatorname{tang} FB = \frac{m}{1-n}$ ist, so ist die Ortscurve ein Kegelschnitt, welcher mit dem gegebenen die Axe AB gemein hat.

Fällt man die Applicate $MP = z$ auf AB und wird $FP = x$ gesetzt, so ist $\operatorname{tang} z = u.\cos x$ und $t = \operatorname{tang} x$; daher verwandelt sich die Gleichung in:

$$(1-n^2)\operatorname{tang} z^2 = m^2 \cos x^2 + 2mn \sin x \cos x - (1-n^2)\sin x^2 \quad \text{oder}$$

$$(1-n^2)\operatorname{tang} z^2 = (m\cos x + n \sin x)^2 - \sin x^2.$$

Um die Axe $D'E' = 2a'$ zu finden, dient nun die Bemerkung, dafs $z = a'$ ist, für $x = e$. Also hat man:

$$(1-n^2)\operatorname{tang} a'^2 = (m\cos e + n\sin e)^2 - \sin e^2.$$

Werden hierin die Werthe $m = \frac{\cos e^2 - \cos a^2}{\sin a \cos a}$ und $n = \frac{\sin e \cos e}{\sin a \cos a}$ substituirt, so findet man:

$$\operatorname{tang} a'^2 = \frac{\sin a^2}{\cos e^2 - \sin a^2} \quad \text{oder} \quad \sin a' = \frac{\sin a}{\cos e}.$$

Wird die zweite Axe DE des gegebenen Kegelschnitts mit $2b$ bezeichnet, so ist $\cos a = \cos e.\cos b$, und also:

$$\sin a' = \operatorname{tang} a.\cos b.$$

Da $D'E' > AB$ ist, so liegen die beiden Brennpuncte des Kegelschnitts $AD'BE'$ in der Axe $D'E'$, und wenn seine Excentricität mit e' bezeichnet wird, so ist $\cos a' = \cos e'.\cos a$, und daher findet man:

$$\sin e' = \operatorname{tang} e.\operatorname{tang} a.$$

Der Kürze wegen brechen wir hier schon ab und wenden uns zu einer zweiten Aufgabe.

II.

Werden in einen spärischen Kegelschnitt Dreiecke beschrieben, so dafs zwei Seiten immer durch feste Puncte gehen, so berührt die dritte Seite allemal einen Kegelschnitt, welcher mit dem ersten einen zweifachen Contact hat, und die beiden Berührungspuncte liegen in derjenigen (sphärisch-) geraden Linie, welche durch die beiden festen Puncte geht. Dieses Theorem, ursprünglich planimetrisch, gilt fast ohne alle Modification von den sphärischen Kegelschnitten. Sobald wir es aber specialisiren, treten namhafte Modificationen ein; daher werden wir der Kürze wegen hier nur einen solchen Specialfall behandeln.

In den Kegelschnitt $AC'BD'$ (Fig. 2.), dessen Hauptaxen $AB=2a'$ und $C'D'=2b'$ sein mögen, werden Dreiecke RPQ beschrieben; die Seite PR gehe immer durch den Mittelpunct M und die Seite RQ durch einen festen Punct N der großen Axe AB, und es sei $\tang MN=\varepsilon$.

Die Gleichung an den Kegelschnitt, wenn M zum Anfangspuncte genommen wird, sei: $\alpha x^2+\beta y^2=1$, und es ist dann $\alpha=\cot a''$; $\beta=\cot b''$. Der Punct R werde bezeichnet mit (t, u), also ist auch:

$$\alpha t^2+\beta u^2=1.$$

Die Gleichung an den Kegelschnitt läßt sich unter folgende Form bringen:

$$\beta(y-u)^2+2\beta(y-u).u+\alpha(x-t)^2+2\alpha(x-t).t=0.$$

Die Gleichung an RNQ ist: $y-u=\frac{-u}{\varepsilon-t}(x-t)$, und wird sie mit der vorigen Gleichung verbunden, so erhält man zur Bestimmung des Punctes Q die Ausdrücke:

$$x''-t=\frac{2(\varepsilon-t)(1-\alpha\varepsilon t)}{1+\alpha\varepsilon^2-2\alpha\varepsilon t} \text{ und } y''-u=\frac{-2u(1-\alpha\varepsilon t)}{1+\alpha\varepsilon^2-2\alpha\varepsilon t}, \text{ oder}$$

$$x''=\frac{2\varepsilon-t-\alpha\varepsilon^2 t}{1+\alpha\varepsilon^2-2\alpha\varepsilon t} \quad \text{und} \quad y''=\frac{-u(1-\alpha\varepsilon^2)}{1+\alpha\varepsilon^2-2\alpha\varepsilon t}.$$

Setzt man hierin $\varepsilon=0$, so findet man zur Bestimmung des Punctes P die Ausdrücke:

$$x'=-t \text{ und } y'=-u.$$

Die Gleichung an PQ ist nun $-(x'-x'')y+(y'-y'')x+x'y''-y'x''=0$, und werden die angegebenen vier Werthe substituirt, so erhält man an PQ die Gleichung:

$$\beta u.y+\alpha(t-\varepsilon)x=\alpha\varepsilon t-1.$$

Die Differentialgleichung ist: $\beta.\frac{\partial u}{\partial t}.y+\alpha x=\alpha\varepsilon$, und da aus der Gleichung $\alpha t^2+\beta u^2=1$ folgt $\frac{\partial u}{\partial t}=\frac{-\alpha t}{\beta u}$, so verwandelt sie sich in:

$$t.y=u(x-\varepsilon).$$

Wird diese Gleichung mit der vorigen verbunden, so erhält man die Werthe von x und y zur Bestimmung des Berührungspunctes π, in welchem die Tangente PQ von der nächst folgenden geschnitten wird.

Man kann daraus aber auch rückwärts ziehen die Ausdrücke:

$$t = \frac{(x-\varepsilon)(\alpha\varepsilon x-1)}{\beta y^2+\alpha(x-\varepsilon)^2} \text{ und } u = \frac{y(\alpha\varepsilon x-1)}{\beta y^2+\alpha(x-\varepsilon)^2},$$

welche der Gleichung $\alpha t^2+\beta u^2=1$ Genüge leisten müssen, und, darin substituirt, die folgende einfache Bedingungsgleichung: $\beta y^2+\alpha(x-\varepsilon)^2 = (\alpha\varepsilon x-1)^2$ geben. Diese gehört nun der Ortscurve des Punctes π an und läfst sich noch zusammenziehen auf:

$$\frac{\beta}{1-\alpha\varepsilon^2}.y^2+\alpha.x^2 = 1.$$

Diese Gleichung gehört einem Kegelschnitte an, und wenn wir seine beiden Axen mit $2a$ und $2b$ bezeichnen, so ist:

$$\cot a^2 = \alpha \text{ und } \cot b^2 = \frac{\beta}{1-\alpha\varepsilon^2}.$$

Man hat also $a=a'$, d. h. die beiden Kegelschnitte haben die Axe AB gemein und berühren sich auch in den Puncten A und B.

Wird nun noch $MN=e$ gesetzt, so hat man:

$$\tang b^2 = \tang b'^2.\frac{\sin(a'+e).\sin(a'-e)}{\sin a'^2.\cos e^2}.$$

Errichtet man in N die Applicate $NV=c$ senkrecht auf AB, so ist:

$$\tang c^2 = \frac{\tang b'^2}{\sin a'^2}.\sin(a'+e).\sin(a'-e),$$

und also:

$$\tang b.\cos e = \tang c;$$

d. h. wenn man von V das Loth VC auf $C'D'$ fällt, so ist $MC=b$ die gesuchte kleine Halb-Axe des Kegelschnitts $ACBD$, welcher immer von der dritten Seite PQ des Dreiecks RPQ berührt wird.

Stellen wir nun eine Vergleichung mit dem planimetrischen Analogon an, indem wir uns erinnern, dafs, wenn (in der Ebene) $AC'BD'$ ein Kreis ist, der Punct N gerade ein Brennpunct der Ellipse $ACBD$ ist. Setzen wir zu dem Ende $b'=a'=a$, so finden wir:

$$\tang b^2 = \tang a^2-\tang e^2,$$

woraus leicht erhellet, dafs nun der Punct N nicht, wie in der Planimetrie, der Brennpunct der Ellipse $ACBD$ ist.

Stellen wir uns aber die Ellipse $ACBD$ als gegeben vor, so entsteht die Frage, wie der Kegelschnitt $AC'BD'$ beschaffen sein müsse, wenn der Punct N der Brennpunct der gegebenen Ellipse sein soll, da der Kreis diese Bedingung nicht befriedigt. Da immer $a=a'$ ist, so kommt es also nur noch auf die Ermittelung von b' an. Dazu dient die Formel:

$$\operatorname{tang} b^2 = \operatorname{tang} b'^2 . \frac{\sin a'^2 - \sin e^2}{\sin a'^2 . \cos e^2} = \operatorname{tang} b'^2 . \frac{\cos e^2 - \cos a'^2}{\sin a'^2 . \cos e^2}.$$

Soll e die Excentricität sein, so ist $\cos a = \cos e . \cos b = \cos a'$. Eliminiren wir e, so erhalten wir:

$$\operatorname{tang} b' = \frac{\sin a}{\cos b} \quad \text{oder} \quad \operatorname{tang} b' = \operatorname{tang} a . \cos e = \operatorname{tang} a' . \cos e.$$

Es ist also $b' < a'$; auch kann b' durch eine einfache Construction gefunden werden. Man errichte nur im Brennpuncte N der Ellipse $ACBD$ auf AB das Loth NW, mache es gleich $MB \doteq MA$, und errichte in W das Loth WC' auf NW, so schneidet es CD in einem Puncte C' so, dafs $MC' = b'$ ist.

III.

Die drei Seiten eines Dreiecks QFR (Fig. 3.) drehen sich um die drei festen Puncte A, P, E, während zwei Ecken Q und R desselben sich in den sphärisch-geraden Linien QCD und RCB bewegen; man sucht den Ort des Punctes F, der dritten Ecke des Dreiecks.

Wir nehmen PE und PA zu Coordinaten-Axen, in Beziehung auf welche die fünf Puncte A, B, C, D, E gegeben oder bestimmt sein mögen, wie folgt:

$$E = (e, 0); \quad D = (d, 0); \quad A = (0, a); \quad B = (0, b); \quad C = (m, n).$$

Die Gleichung an CD ist dann: $y(m-d) - nx = -nd$; an BC: $my - (n-b)x = mb$. Die Gleichung an QPR hat, weil diese Linie durch den Anfangspunct geht, die Form: $y = v.x$. Daher findet man für ihre Durchschnittspuncte Q und R die Bestimmungen:

$$x = \frac{-nd}{v(m-d)-n}, \quad y = \frac{-ndv}{v(m-d)-n} \quad \text{für } Q, \text{ und} \quad x = \frac{mb}{mv+b-n}, \quad y = \frac{mbv}{mv+b-n} \quad \text{für } R.$$

Daher ist die Gleichung an QA:

$$ndy + [an - v(nd + ma - da)]x = and;$$

eben so ist die Gleichung an RE:

$$\left[me - \frac{mb - eb + ne}{v}\right]y + mbx = mbe.$$

Aus der ersten Gleichung ziehen wir:

$$v(nd + ma - da)x = n(dy + ax - ad),$$

aus der zweiten:

$$\frac{1}{v}(mb - eb + ne)y = m(ey + bx - be).$$

Indem wir die beiden Gleichungen multipliciren, wird v eliminirt, und eine Bedingungsgleichung für den Durchschnittspunct F oder (x, y) gefunden:
$(nd+ma-da)(mb-eb+ne).xy = mn(dy+ax-ad)(ey+bx-be)$. Dieser Gleichung leistet man Genüge, wenn man setzt: $x=0$, $y=a$; $x=0$, $y=b$; $x=e$, $y=0$; $x=d$, $y=0$, und $x=m$, $y=n$. Daher ist die Ortscurve des Punctes F ein Kegelschnitt, welcher, wie in der Planimetrie, durch die fünf Puncte A, B, C, D, E geht. Durch Entwickelung wird die Gleichung:

$$de.y^2-\left[\frac{n^2de-nde(a+b)-mab(d+e)+m^2ab+abde}{mn}\right]xy+abx^2$$
$$-de(a+b)y-ab(d+e)x+abde=0.$$

Der Satz kann, wie in der Planimetrie, auch so ausgesprochen werden: Wenn man jede zwei Gegenseiten eines in einen (sphärischen) Kegelschnitt geschriebenen Sechsecks verlängert bis zum Schneiden, so liegen die drei Durchschnittspuncte in einer (sphärisch-) geraden Linie. Dieses Theorem ist aber für die Sphärik eben so folgenreich, als für die Planimetrie.

IV.

Eine von zwei Tangenten RM und RN intercipirte dritte Tangente $P\pi Q$ (Fig. 4.) eines sphärischen Kegelschnitts wird vom Brennpuncte F aus unter dem Winkel QFP gesehen, dessen Gröſse φ ermittelt werden soll.

Nehmen wir die groſse Axe AB zur ersten Coordinaten-Axe und F zum Anfangspuncte, so ist die Gleichung zwischen rechtwinkligen Coordinaten:

$$\sqrt{(x^2+y^2)} = m+nx, \text{ oder}$$

$$1. \quad y^2+(1-n^2)x^2-2mnx-m^2=0.$$

Der Punct R sei bezeichnet mit (p, q); dann ist die Gleichung an das System der beiden Tangenten RM und RN:

$$2. \quad m^2(y-q)^2+(n^2-1)(qx-py)^2-2mn(y-q)(qx-py)+m^2(p-x)^2=0.$$

Die Gleichung an die dritte Tangente $P\pi Q$ sei $\alpha y+\beta x=1$; in Hinsicht auf sie hat man die Bedingungsgleichung:

$$3. \quad n^2-1+2mn\beta+m^2\beta^2+m^2\alpha^2=0.$$

Die Gleichung an FQ sei $y=a.x$, die an FP sei $y=a'.x$, dann ist $\operatorname{tang}\varphi=\frac{a'-a}{1+aa'}$.

Um den Durchschnittspunct Q zu finden, substituire man $y=ax$ in der Gleichung $\alpha y+\beta x=1$, wodurch man erhält $x=\frac{1}{\alpha a+\beta}$ und

und $y = \frac{a}{a\alpha+\beta}$. Diese Werthe müssen aber der Gleichung (2.) Genüge leisten; daher hat man zur Bestimmung von a die Gleichung:

$$m^2(a-a\alpha q-\beta q)^2+(n^2-1)(q-ap)^2-2mn(a-a\alpha q-\beta q)(q-ap)$$
$$+m^2(a\alpha p+\beta p-1)^2=0.$$

Dieselbe Gleichung erhält man aber auch zur Bestimmung von a'. Folglich sind a und a' ihre Wurzeln. Durch Entwickelung erhält sie die Form:

$$A.a^2-2B.a+C=0,$$

und es ist dann:

$$A=m^2(1-\alpha q)^2+(n^2-1)p+2mn(1-\alpha q)p+m^2\alpha^2p^2,$$
$$B=m^2(1-\alpha q)\beta q+(n^2-1)pq+mn(1-\alpha q)q+mn\beta pq+m^2(1-\beta p)\alpha p,$$
$$C=m^2.\beta^2q^2+(n^2-1)q^2+2mn\beta q^2+m^2(1-\beta p)^2.$$

Setzen wir aber $1-\alpha q-\beta p=k$, und substituiren wir also $1-\alpha q=k+\beta p$; $1-\beta p=k+\alpha q$, so erhalten wir:

$$A=mk(mk+2m\beta p+2np)+p^2(m^2\beta^2+m^2\alpha^2+2mn\beta+n^2-1),$$
$$B=mk(\beta qm+nq+m\alpha p)+pq(m^2\beta^2+m^2\alpha^2+2mn\beta+n^2-1),$$
$$C=mk(mk+2m\alpha q)+q^2(m^2\beta^2+m^2\alpha^2+2mn\beta+n^2-1).$$

Weil aber der Gleichung (3.) gemäfs $m^2\beta^2+m^2\alpha^2+2mn\beta+n^2-1=0$ ist, und auch der gemeinschaftliche Factor mk wegbleiben darf, so haben wir die einfachen Ausdrücke:

$$A=m+(m\beta+2n)p-m\alpha q,$$
$$B=(m\beta+n)q+m\alpha p,$$
$$C=m+m\alpha q-m\beta p.$$

Da aber a und a' die Wurzeln der Gleichung $A.a^2-2B.a+C=0$ sind, so ist $a+a'=\frac{2B}{A}$, und $aa'=\frac{C}{A}$. Hieraus folgt: $\frac{a'-a}{1+aa'}=\frac{2\sqrt{(B^2-AC)}}{A+C}$; daher ist dann auch:

$$\tang\varphi=\frac{2\sqrt{(B^2-AC)}}{A+C}.$$

Man findet aber

$$A+C=2(m+np), \text{ und } B^2-AC=p^2+q^2-(m+np)^2,$$

also

$$\tang\varphi=\frac{\sqrt{(p^2-(m+np)^2+q^2)}}{m+np}, \text{ oder } \cos\varphi=\pm\frac{m+np}{\sqrt{(p^2+q^2)}}.$$

Dieser Ausdruck ist unabhängig von α und β, d. h. der Winkel φ bleibt derselbe, wie auch die dritte Tangente $P\pi Q$ von den beiden anderen RM und RN intercipirt werden mag.

Wenn daher in Fig. 5. sich die Tangente PQ gehörig drehet, so fällt P mit M, und Q mit R zusammen; dabei rückt der Berührungspunct π

selbst nach M; daher ist der Winkel $RFM = PFQ$. Eben so erhellet, dafs der Winkel $NFR = PFQ$ ist, und also

$$RFM = RFN.$$

Werden also von einem Puncte R zwei Tangenten RM und RN an einen Kegelschnitt gezogen, so wird der Winkel MFN der beiden von einem Brennpuncte nach den Berührungspuncten gezogenen Leitstrahlen von der sphärisch-geraden Linie halbirt, welche den Brennpunct mit dem Puncte R verbindet.

Daher ist dann auch der Winkel $MFN = 2\varphi = 2.PFQ$.

Werden die beiden Tangenten RM und RN verlängert, so schneiden sie sich noch im Gegenpuncte R' von R, und wird die Tangente $P'x'Q'$ von ihnen intercipirt, so ist eben so auch der Winkel $P'FQ'$, welcher mit φ' bezeichnet werden mag, constant, dergestalt, dafs

$$\varphi + \varphi' = 180^\circ,$$

und also $\cos\varphi = -\cos\varphi'$ ist. Hierdurch ist zugleich die Zweideutigkeit im gefundenen Ausdrucke für $\cos\varphi$ erklärt.

Wir können den Winkel φ endlich auch noch von der individuellen Lage des Punctes R unabhängig machen, wobei wir (Fig. 6.) als geometrischen Ort des Punctes R, unter der Voraussetzung der Beständigkeit des Winkels φ, einen Kegelschnitt finden, welcher mit dem gegebenen $APQB$ denselben Brennpunct F hat, in Beziehung auf welchen der Winkel φ bestimmt wird. Denn, bezeichnen wir den Punct R mit (x, y), so ist:

$$\cos\varphi = \frac{m+nx}{\sqrt{(x^2+y^2)}}, \quad \text{oder} \quad \sqrt{(x^2+y^2)} = m' + n'x,$$

wenn zur Abkürzung gesetzt wird:

$$m' = \frac{m}{\cos\varphi} \quad \text{und} \quad n' = \frac{n}{\cos\varphi}.$$

Es ist dieser Gleichung gemäfs AB selbst ein Theil der grofsen Axe $A'B'$ des neuen Kegelschnitts. Werden die Parameter der beiden Kegelschnitte mit p und p', die grofsen Halb-Axen mit a und a', die beiden Excentricitäten mit e und e' bezeichnet, so ist:

$$1.\quad \tang p = \tang p' . \cos\varphi,$$

$$2.\quad \frac{\sin 2e}{\sin 2a} = \frac{\sin 2e'}{\sin 2a'} . \cos\varphi,$$

und hierdurch ist die Beschaffenheit des Kegelschnitts $A'RB'A'$ bestimmt.

Die in den Scheiteln A und B der gegebenen Curve errichteten Perpendikel $AM = Am$ und $BN = Bn$ sind der Länge nach dadurch bestimmt, dafs der Winkel $AFM = BFN = \varphi$ ist. Die Applicate FG, wovon die gegebene Curve in g geschnitten wird, ist $= p'$, und $Fg = p$.

Die auf diese Sätze zu gründende organische Beschreibung der Kegelschnitte ist also dieselbe, wie in der Planimetrie, wenn nur Hauptkreise statt der geraden Linien genommen werden.

V.

Der in Beziehung auf den Brennpunct F bestimmte constante Vectorwinkel $pFq = \varphi$ ist nicht derselbe mit dem in Beziehung auf den anderen Brennpunct f bestimmten Vectorwinkel $pfq = \psi$, und der Zusammenhang zwischen diesen beiden constanten Winkeln soll jetzt ermittelt werden. Um die Lage des Punctes R dabei zu bezeichnen, dienen uns die beiden Winkel $RFB = v$ und $RfA = w$.

Auch setzen wir $\tan FR = R$, und $\tan fR = r$. Demgemäfs haben wir:

$$R\cos\varphi = m + nR\cos v, \quad \text{und} \quad r\cos\psi = m + nr\cos w,$$

also:

$$R = \frac{m}{\cos\varphi - n\cos v}, \quad \text{und} \quad r = \frac{m}{\cos\psi - n\cos w}.$$

Da nun $R\cos v = \tan F\alpha$ und $r\cos w = \tan f\alpha$ ist, wenn $R\alpha$ senkrecht auf AB gefällt wird, und da auch noch $F\alpha + \alpha f = Ff = 2e$ ist, so hat man:

$$\tan 2e = \frac{m\cos v(\cos\psi - n\cos w) + m\cos w(\cos\varphi - n\cos v)}{(\cos\varphi - n\cos v)(\cos\psi - n\cos w) - m^2\cos v\cos w}, \quad \text{oder}$$

$$\frac{\sin 2e}{\cos 2e} = \frac{m(\cos v\cos\psi + \cos w\cos\varphi) - 2mn\cos v\cos w}{\cos\varphi\cos\psi - n(\cos v\cos\psi + \cos w\cos\varphi) + (n^2 - m^2)\cos v\cos w}.$$

Durch Fortschaffung der Nenner erhält man also:

$$\sin 2e\cos\varphi\cos\psi - (n\sin 2e + m\cos 2e)(\cos v\cos\psi + \cos w\cos\varphi)$$
$$+ ((n^2 - m^2)\sin 2e + 2mn\cos 2e)\cos v\cos w = 0.$$

Bedenkt man nun, dafs $n = \frac{\sin 2e}{\sin 2a}$, und $m = \frac{\cos 2e - \cos 2a}{\sin 2a}$ ist, so hat man:

$$n\sin 2e + m\cos 2e = \frac{1 - \cos 2e\cos 2a}{\sin 2a},$$

$$(n^2 - m^2)\sin 2e + 2mn\cos 2e = \sin 2e,$$

und also:

$$\frac{\cos\varphi\cos\psi + \cos v\cos w}{\cos v\cos\psi + \cos w\cos\varphi} = \frac{1 - \cos 2e.\cos 2a}{\sin 2e.\sin 2a} = \frac{\sin(a+e)^2 + \sin(a-e)^2}{\sin 2a.\sin 2e}.$$

Werden also v, w und φ als gegeben angesehen, so kann ψ daraus gefunden werden.

VI.

Wenn sich zwei sphärisch-gerade Linien, deren Gleichungen $y-q=\alpha(x-p)$, und $y-q=\beta(x-p)$ sein mögen, und die also beide durch den Punct (p,q) gehen, unter einem Winkel φ schneiden, so ist bei der Voraussetzung rechtwinkliger Axen-Coordinaten:

$$\tang\varphi=\frac{\pm(\alpha-\beta).\sqrt{(1+p^2+q^2)}}{1+q^2-pq(\alpha+\beta)+\alpha\beta(1+p^2)}.$$

Sind die beiden Linien Tangenten eines Kegelschnitts, dessen Gleichung $\frac{x^2}{\tang a^2}+\frac{y^2}{\tang b^2}=1$ sein mag, so ist

$$\alpha+\beta=\frac{-2pq}{\tang a^2-p^2},\quad \text{und}\quad \alpha\beta=\frac{\tang b^2-q^2}{\tang a^2-p^2},$$

also:

$$\tang\varphi=\pm\frac{2\sqrt{(q^2\tang a^2+p^2\tang b^2-\tang a^2.\tang b^2)}.\sqrt{(1+p^2+q^2)}}{\tang a^2+\tang b^2-(1+\tang a^2)q^2-(1+\tang b^2)p^2}.$$

Soll der Winkel φ ein rechter sein, so hat man:

$$(1+\tang a^2)q^2+(1+\tang b^2)p^2=\tang a^2+\tang b^2.$$

Daher ist der Ort des Punctes (p,q), von welchem aus an eine sphärische Ellipse jedesmal zwei auf einander senkrechte Tangenten gezogen werden können, wieder eine Ellipse, welche mit der gegebenen denselben Mittelpunct hat. Werden ihre Axen mit $2A$ und $2B$ bezeichnet, so ist:

$$\tang A^2=(\tang a^2+\tang b^2)\cos b^2,\quad \text{und}\quad \tang B^2=(\tang a^2+\tang b^2)\cos a^2.$$

In der Planimetrie ist die analoge Ortscurve bekanntlich ein Kreis, hier aber nur in dem Falle, wenn die gegebene Curve selbst ein Kreis ist.

Cleve, den 1. Juny 1830.

21.
Elementarer Beweis eines in der Differenzen-Rechnung vorkommenden Ausdrucks.

(Von Herrn *E. Köhlau*, Lieut. im Königl. Preufs. 26sten Inf.-Reg.)

Wenn $u = x^m$ ist, und es wird der Ausdruck $\Delta^n u$ gebildet, Δx constant gleich n angenommen, so ist das allgemeine Glied desselben:

$$\frac{m(m-1)\ldots(m-r+1)}{1.2.3\ldots r}x^{m-r}h^r\left(n^r-\frac{n}{1}(n-1)^r+\frac{n(n-1)}{1.2}(n-2)^r-\text{etc.}\right).$$

Bei Bildung der successiven Differenzen Δu, $\Delta^2 u$, $\Delta^3 u$ etc. zeigt sich aber, dafs $\Delta^n u$ keine Potenzen von n enthalten kann, deren Exponent kleiner ist als n; es mufs also, wenn $n > r$:

$$1.\quad n^r-n(n-1)^r+\frac{n(n-1)}{1.2}.(n-2)^r-\text{etc.}=0$$

sein. Eben so findet man, dafs $\Delta^m u$ constant und dem Product der natürlichen Zahlen von 1 bis m in n^m gleich ist, es mufs also:

$$2.\quad m^m-m(m-1)^m+\frac{m(m-1)}{1.2}(m-2)^m-\text{etc.}=1.2.3\ldots m$$

sein. Beide Ausdrücke lassen sich nun auch auf folgende Art, ohne Differenzen-Rechnung zu gebrauchen, beweisen.

So lange $n > 1$, ist immer:

$$(1-1)^{n-1}=1-(n-1)+\frac{(n-1)(n-2)}{1.2}-\frac{(n-1)(n-2)(n-3)}{1.2.3}+\text{etc.}=0.$$

Multiplicirt man diese Gleichung mit n, so ist auch:

$$n-n(n-1)+\frac{n(n-1)}{1.2}(n-2)-\frac{n(n-1)(n-2)}{1.2.3}(n-3)+\text{etc.}=0.$$

Wird hier n mit $n-1$ vertauscht, so wird:

$$(n-1)-(n-1)(n-2)+\frac{(n-1)(n-2)}{1.2}(n-3)-\text{etc.}=0,$$

wenn $n-1>1$ oder $n>2$ ist. Addirt man nun diese Gleichung zur vorigen, ordnet die Summe und multiplicirt sie mit n, so wird, wenn $n>2$:

$$n^2-n(n-1)^2+\frac{n(n-1)}{1.2}(n-2)^2-\text{etc.}=0.$$

Eben so findet man, dafs

$$n^3-n(n-1)^3+\frac{n(n-1)}{1.2}(n-2)^3-\text{etc}=0$$

ist, wenn $n>3$. Gesetzt nun, dieser Ausdruck hätte sich als richtig bewährt, wenn der Exponent r, und $n>r$ ist, und es wäre:

$$n^r - n(n-1)^r + \frac{n(n-1)}{1.2}(n-2)^r - \text{etc.} = 0,$$

so wäre auch, wenn $n-1>r$ oder $n>r+1$:

$$(n-1)^r - (n-1)(n-2)^r + \frac{(n-1)(n-2)}{1.2}(n-3)^r - \text{etc.} = 0.$$

Werden nun diese beiden Gleichungen addirt und die Summe mit n multiplicirt, so ist:

$$n^{r+1} - n(n-1)^{r+1} + \frac{n(n-1)}{1.2}(n-2)^{r+1} - \frac{n(n-1)(n-2)}{1.2.3}(n-3)^{r+1} + \text{etc.} = 0,$$

und die Richtigkeit des Ausdrucks (1.) hierdurch allgemein erwiesen.

Der Beweis für den Ausdruck (2.) folgt aus (1.) unmittelbar; denn setzt man:

$$n^n - n(n-1)^n + \frac{n(n-1)}{1.2}(n-2)^n - \text{etc.} = f(n),$$

und addirt:

$$(n+1)^n - (n+1)n^n + \frac{(n+1)n}{1.2}(n-1)^n - \frac{(n+1)n(n-1)}{1.2.3}(n-2)^n + \text{etc.} = 0,$$

so wird der Werth von $f(n)$ nicht geändert, und es bleibt:

$$(n+1)^n - n^{n+1} + \frac{n}{2}(n-1)^{n+1} - \frac{n(n-1)}{1.2}(n-2)^{n+1} + \text{etc.} = f(n).$$

Werden nun beide Theile der Gleichung mit $(n+1)$ multiplicirt, so wird der erste so von $(n+1)$ abhängig, wie es $f(n)$ von n war, mithin $f(n+1)$ sein. Es wird daher: $f(n+1) = (n+1)f(n)$.

Setzt man nun $n=1$, so wird $f(n)$ auch der Einheit gleich, daher $f(2) = 2f(1) = 1.2$, $f(3) = 3f(2) = 1.2.3$ und $f(n) = 1.2.3\ldots.n$.

Läfst man nun den Exponent zunehmen, und geht zu den Reihen über, deren Anfangsglieder n^{n+1}, n^{n+2}, ... n^{n+r} etc. sind, so werden zwar die Ausdrücke für dieselben zusammengesetzter, doch ist das Gesetz, nach welchem sie nach und nach aus einander abgeleitet werden können, ganz einfach. Denn setzt man:

$$n^{n+r} - n(n-1)^{n+r} + \frac{n(n-1)}{1.2}(n-2)^{n+r} - \text{etc.} = f(n,r), \quad \text{und}$$

$$n^{n+r-1} - n(n-1)^{n+r-1} + \frac{n(n-1)}{1.2}(n-2)^{n+r-1} - \text{etc.} = f(n,r-1),$$

multiplicirt die zweite Gleichung mit n, und zieht sie von der ersten ab, so erhält man:

$$n(n-1)^{n+r-1} - \frac{n(n-1)}{1}(n-2)^{n+r-1} + \frac{n(n-1)(n-2)}{1.2}(n-3)^{n+r-1} - \text{etc.}$$
$$= f(n,r) - nf(n,r-1).$$

Der erste Theil der Gleichung ist aber, wenn er analog mit den vorigen Ausdrücken bezeichnet wird: $nf(n-1,r)$; es ist demnach:

$$f(n,r) = nf(n-1,r) + nf(n,r-1).$$

22.

De resolutione aequationum per series infinitas.

(Auct. *C. G. J. Jacobi*, prof. math. Regiom.)

Theoriam resolutionis aequationum per series infinitas principiis novis superstruam, quae maxime in eo versantur, ut indagetur seriei eruendae functio **generatrix** sive functio, in cuius evolutione certa quadam ratione instituta inveniamus seriem, quae radicem exprimat, ut certi cuiusdam termini coëfficientem. Ita videbimus, proposita aequatione $f(x)=0$, series, quibus radix eius adeoque potestates radicis exprimantur, erui ex evolutione singulari expressionis $\log f(x)$ vel etiam $\frac{\partial f(x)}{f(x)\,\partial x}$; propositis inter duas variabiles x, y duabus aequationibus $f(x,y)=0$, $\varphi(x,y)=0$, series, quibus radices x, y earumque potestates et producta exprimantur, erui ex evolutione singulari expressionis

$$\frac{f'(x)\varphi'(y)-f'(y)\varphi'(x)}{f.\varphi};$$

propositis inter tres variabiles x, y, z tribus aequationibus

$$f(x,y,z)=0,\quad \varphi(x,y,z)=0,\quad \psi(x,y,z)=0,$$

series, quibus radices x, y, z earumque dignitates et producta exprimantur, erui ex evolutione singulari expressionis

$$\frac{f(x)[\varphi'(y)\psi'(z)-\varphi'(z)\psi'(y)]+f'(y)[\varphi'(z)\psi'(x)-\varphi'(x)\psi'(z)]+f'(z)[\varphi'(x)\psi'(y)-\varphi'(y)\psi'(x)]}{f.\varphi.\psi};$$

quae iam facile patet, quomodo ulterius continuentur.

Adnotare convenit, iam olim Ill. **Lagrange** in initio ipsius commentationis celeberrimae, qua theorema, quod ab eo nomen refert, condidit (*Hist. de l'Acad. de Berlin a.* 1768.), generationem illam seriei, per quam radix aequationis $f(x)=0$ exprimitur, animadvertisse, sed postea viam illam, qua theorema suum invenerat, dereliquisse. Namque et ipse et alii ejus, quam tum dederat, demonstrationis desiderabant rigorem. Aliis est principiis demonstratio nostra superstructa, quibus tamen magna intercedit similitudo cum iis, quibus sagacissimus **Cauchy** in calculo, quem vocavit **residuorum**, usus est. Attamen cum a nobis haud pauca adiecta, atque principia illa multo latius extensa adeoque ad resolutionem duarum vel plurium aequationum plures variabiles involventium applicata sint, hoc ipsum ad calculum illum residuorum, quo tam feliciter autor uti solet, ulterius promovendum facere potest.

Quia vero in sequentibus seriebus, de quibus quaeritur, invenimus ut certarum expressionum certa quadam ratione evolutarum coëfficientes, notatione nobis opus erit, qua evolutionis propositae singuli coëfficientes exprimantur. Quem in finem eandem adhibebo, qua olim in commentatiuncula „de fractionibus simplicibus" (Berol. 1825) usus eram. Designante enim $f(x)$ functionem certa quadam ratione ad dignitates ipsius x evolutam, coëfficientem dignitatis x^n in ea evolutione designabo per characterem

$$[f(x)]_{x^n}.$$

Nec non functione plurium variabilium $f(x, y, z, \ldots.)$ ad dignitates earum evoluta, coëfficientem termini $x^m y^n z^p \ldots.$ designabo per characterem

$$[f(x, y, z, \ldots.)]_{x^m y^n z^p \ldots.}$$

Observari quidem potest, quoties functio evoluta nonnisi positivas integras variabilium contineat, in locum notationis nostrae usitatam differentialium notationem restitui posse. Eo enim casu fit e. g.

$$[f(x)]_{x^n} = \frac{\partial^n f(x)}{\Pi n . \partial x^n},$$

posito post differentiationem $x = 0$, et designante Πn productum $1.2.3 \ldots. n$. Idem locum habet, ubi $f(x)$ negativas adeo dignitates ipsius x continet, neque tamen in infinitum. Ubi enim functione ea per x^m multiplicata, dignitates omnes positivae evadunt, fit

$$[f(x)]_{x^n} = \frac{\partial^{m+n} . x^m f(x)}{\Pi(m+n) \partial x^{m+n}},$$

posito post differentiationem $x = 0$. Eadem de pluribus variabilibus valent. At in sequentibus etiam evolutiones, quae utrinque in infinitum excurrunt, considerabuntur, sive quae variabilium et positivas et negativas dignitates in infinitum continent, quarum coëfficientes per differentialium notationem exhiberi non possunt. Unde maxime ad notationem novam confugiendum erat.

Adnotandum autem est, in genere expressioni $[f(x)]_{x^n}$ certam notionem non subesse, nisi antea, quem evolutionis modum adhibere convenit, definitum erit. Fit enim, ut quoties de evolutione functionis agitur, cuius argumentum pluribus nominibus seu terminis constat, veluti

$\frac{1}{a+b+c+\dots}$, $\log(a+b+c+\dots)$, aliam aliamque seriem eruas, ubi secundum alius nominis $a, b, c, \dots$ dignitates descendentes evolutionem instituis. Unde nisi definito evolutionis modo coëfficientes determinatae non erunt. Iis casibus, ut ipse adspectus doceat, quem evolutionis modum adhibere placet, nomen illud, secundum cuius dignitates descendentes evolutionem fieri supponitur, primum ordine exhibebo, sicuti in commentatione anteriore „de singulari discerptione fractionum etc." fecimus. Interim tamen, ubi commodum judicabitur, quem evolutionis modum adhibere conveniat, diserte adiicietur.

Jam principia, de quibus diximus, sequentibus lemmatibus exponemus.

Lemma I.

Ponamus functionem $f(x)$ certo quodam modo evolutam alios terminos non continere, nisi qui ipsius x dignitates sint neque igitur logarithmum ipsius x; differentiale eius $\frac{\partial f(x)}{\partial x}$ termino $\frac{1}{x}$ carebit, quippe qui nonnisi e differentiatione termini $\log x$ provenire potuisset, qui in $f(x)$ non invenitur. Erit igitur

$$1.\quad \left[\frac{\partial f(x)}{\partial x}\right]_{x^{-1}} = 0,$$

unde etiam, posito $\frac{1}{m+1}f(x)^{m+1}$ loco $f(x)$:

$$2.\quad \left[f(x)^m \frac{\partial f(x)}{\partial x}\right]_{x^{-1}} = 0.$$

Formula 2. exceptionis casum habet, qui considerationem sibi peculiarem poscit, casum quo $m = -1$. Quaeramus igitur coëfficientem ipsius $\frac{1}{x}$ in expressione

$$\frac{\partial f(x)}{f(x)\partial x} = \frac{\partial \log f(x)}{\partial x}.$$

Sit terminus ipsius $f(x)$, secundum cuius dignitates descendentes $\log f(x)$ evolvatur, $a_\mu x^\mu$ et ponatur:

$$f(x) = a_\mu x^\mu (1+U),$$

unde

$$\frac{\partial \log f(x)}{\partial x} = \frac{\mu}{x} + \frac{\partial \log(1+U)}{\partial x}.$$

Jam expressio

$$\log(1+U) = U - \frac{U^2}{2} + \frac{U^3}{3} - \frac{U^4}{4} + \dots$$

e solis dignitatibus ipsius x constat, unde

$$\left[\frac{\partial \log(1+U)}{\partial x}\right]_{x^{-1}} = 0,$$

ideoque

$$3.\quad \left[\frac{\partial \log f(x)}{\partial x}\right]_{x^{-1}} = \left[\frac{\partial f(x)}{f(x)\,\partial x}\right]_{x^{-1}} = \mu.$$

Videmus igitur, ubi dignitates functionis $f(x)$ secundum dignitates descendentes termini $a_\mu x^\mu$ evolvantur, quem ponimus unum esse e terminis ipsius $f(x)$, in expressione

$$f(x)^m \frac{\partial f(x)}{\partial x}$$

coëfficientem termini $\frac{1}{x}$ esse $=0$ sive expressionem illam termino $\frac{1}{x}$ omnino carere, nisi sit $m=-1$, quo casu terminus $\frac{1}{x}$ coëfficientem nanciscitur μ.

In applicationibus huius lemmatis, quas infra faciemus ad resolutionem aequationis per series, erit terminus, secundum cuius dignitates descendentes evolutio instituenda est, ax sive prima potestas variabilis; quo igitur casu statuemus:

$$\left[\frac{\partial f(x)}{f(x)\,\partial x}\right]_{x^{-1}} = 1.$$

Ponamus $F(x)$ esse aliam functionem, quae evoluta et ipsa e solis dignitatibus ipsius x constet, erit e 1.:

$$\left[\frac{\partial\,.\,F(x)f(x)}{\partial x}\right]_{x^{-1}} = 0,$$

ideoque

$$4.\quad \left[F(x)\frac{\partial f(x)}{\partial x}\right]_{x^{-1}} = -\left[f(x)\frac{\partial F(x)}{\partial x}\right]_{x^{-1}},$$

sive generalius.

$$5.\quad \left[F(x)\frac{\partial^n f(x)}{\partial x^n}\right]_{x^{-1}} = (-1)^n\left[f(x)\frac{\partial^n F(x)}{\partial x^n}\right]_{x^{-1}},$$

qua formula interdum commode uteris.

Lemma II.

Ponamus, functiones $f(x,y)$, $\varphi(x,y)$ certo quodam modo evolutas alios terminos non continere nisi qui ipsarum x, y dignitates dignitatumque producta sint, ideoque carere terminis $\log x$, $\log y$: sequitur e lemmate I., in expressionibus

$$\frac{\partial.[\varphi f'(x)]}{\partial y},\quad \frac{\partial.[\varphi f'(y)]}{\partial x}\;{}^{*)}$$

*) Ubi commodum duco, differentialium partialium notationem, quam Ill. Lagrange proposuit, adhibebo.

in altera terminos in $\frac{1}{y}$ ductos, in altera terminos in $\frac{1}{x}$ ductos deficere; unde in neutra invenietur terminus $\frac{1}{xy}$. Quarum igitur differentia quoque

$$\frac{\partial.[\varphi f'(x)]}{\partial y}-\frac{\partial.[\varphi f'(y)]}{\partial x}=f'(x)\varphi'(y)-f'(y)\varphi'(y)$$

cum termino $\frac{1}{xy}$ carent, eruimus theorema novum ac memorabile:

$$6.\quad [f'(x)\varphi'(y)-f'(y)\varphi'(x)]_{x^{-1}y^{-1}}=0.$$

Unde etiam, posito $\frac{1}{m+1}f^{m+1}$, $\frac{1}{n+1}\varphi^{n+1}$ loco f, φ, sequitur:

$$7.\quad \{f^m\varphi^n[f'(x)\varphi'(y)-f'(y)\varphi'(x)]\}_{x^{-1}y^{-1}}=0.$$

Quae formula exceptionis casum habet, ubi $m=-1$, $n=-1$, qui seorsim examinandus est.

Ac primum observo, ubi alter tantum numerus e. g. $m=-1$, formulam 7. non mutari, sive etiam expressionem

$$f^{-1}\varphi^n[f'(x)\varphi'(y)-f'(y)\varphi'(x)]=\varphi^n\left[\frac{\partial\log f}{\partial x}\varphi'(y)-\frac{\partial\log f}{\partial y}\varphi'(x)\right]$$

termino $\frac{1}{xy}$ carere. Ponamus enim, esse $ax^\mu y^\nu$ terminum ipsius $f(x,y)$, secundum cuius dignitates descendentes dignitates vel logarithmus eius evolvantur, continebit $\log f(x,y)$ terminos logarithmicos $\mu\log x+\nu\log y$; e differentialibus autem $\frac{f'(x)}{f}$, $\frac{f'(y)}{f}$ abeunt logarithmi, unde etiam expressiones

$$f^{-1}\varphi^{n+1}f'(x),\quad f^{-1}\varphi^{n+1}f'(y)$$

e solis dignitatibus et productis ipsarum x, y constant. Hinc sequitur, in differentialibus earum

$$\frac{\partial.[f^{-1}\varphi^{n+1}f'(x)]}{\partial y},\quad \frac{\partial.[f^{-1}\varphi^{n+1}f'(y)]}{\partial x}$$

respective terminos in $\frac{1}{y}$, $\frac{1}{x}$ ductos deficere; unde neutra habebit terminum $\frac{1}{xy}$, ideoque nec differentia earum

$$(n+1)f^{-1}\varphi^{n+1}[f'(x)\varphi'(y)-f'(y)\varphi'(x)],$$

sive erit:

$$8.\quad \{f^{-1}\varphi^{n+1}[f'(x)\varphi'(y)-f'(y)\varphi'(x)]\}_{x^{-1}y^{-1}}=0,$$

quod demonstrandum erat.

Jam vero videamus, quaenam evadat formula 7., ubi simul $m=-1$, $n=-1$, sive quaeramus coëfficientem termini $\frac{1}{xy}$ in expressione

$$\frac{f'(x)\varphi'(y)-f'(y)\varphi'(x)}{f.\varphi}=\frac{\partial\log f}{\partial x}.\frac{\partial\log\varphi}{\partial y}-\frac{\partial\log f}{\partial y}.\frac{\partial\log\varphi}{\partial x}.$$

Ponamus, esse $ax^{\mu}y^{\nu}$, $bx^{\mu'}y^{\nu'}$ terminos ipsarum $f(x,y)$, $\varphi(x,y)$, secundum quorum dignitates descendentes potestates earum et logarithmi evolvantur, ac sit:

$$f(x,y) = ax^{\mu}y^{\nu}(1+U), \quad \varphi(x,y) = bx^{\mu'}y^{\nu'}(1+V).$$

Ponatur porro brevitatis causa

$$L = \log(1+U) = U - \frac{U^2}{2} + \frac{U^3}{3} - \dots,$$
$$M = \log(1+V) = V - \frac{V^2}{2} + \frac{V^3}{3} - \dots,$$

quae expressiones e solis dignitatibus ipsarum x, y constant: invenitur

$$\frac{\partial \log f}{\partial x}\cdot\frac{\partial \log \varphi}{\partial y} - \frac{\partial \log f}{\partial y}\cdot\frac{\partial \log \varphi}{\partial x}$$
$$= \left(\frac{\mu}{x}+\frac{\partial L}{\partial x}\right)\left(\frac{\nu'}{y}+\frac{\partial M}{\partial y}\right) - \left(\frac{\nu}{y}+\frac{\partial L}{\partial y}\right)\left(\frac{\mu'}{x}+\frac{\partial M}{\partial x}\right).$$

In aequationis dextra parte, uncis solutis, inveniuntur expressiones

$$\frac{\partial L}{\partial x}\,\frac{\partial M}{\partial y} - \frac{\partial L}{\partial y}\,\frac{\partial M}{\partial x}, \quad \frac{1}{y}\,\frac{\partial L}{\partial x}, \quad \frac{1}{y}\,\frac{\partial M}{\partial x}, \quad \frac{1}{x}\,\frac{\partial L}{\partial y}, \quad \frac{1}{x}\,\frac{\partial M}{\partial y},$$

quae ex theorematibus antecedentibus termino $\frac{1}{xy}$ carent omnes, unde in expressione antecedente coëfficientem ipsius $\frac{1}{xy}$ nanciscimur simpliciter $\mu\nu'-\mu'\nu$; sive fit:

$$9. \quad \left[\frac{\partial \log f}{\partial x}\cdot\frac{\partial \log \varphi}{\partial y} - \frac{\partial \log f}{\partial y}\cdot\frac{\partial \log \varphi}{\partial x}\right]_{x^{-1}y^{-1}} = \left[\frac{f'(x)\varphi'(y)-f'(y)\varphi'(x)}{f.\varphi}\right]_{x^{-1}y^{-1}}$$
$$= \mu\nu'-\mu'\nu.$$

Videmus igitur, **ubi dignitates functionum $f(x,y)$, $\varphi(x,y)$, quae e solis dignitatibus variabilium x, y constant, secundum dignitates descendentes terminorum**

$$ax^{\mu}y^{\nu}, \quad bx^{\mu'}y^{\nu'}$$

evolvuntur, quos in functionibus illis inveniri supponimus, in expressione

$$f^m\varphi^n[f'(x)\varphi'(y) - f'(y)\varphi'(x)]$$

coëfficientem termini $\frac{1}{xy}$ esse $=0$, sive termino $\frac{1}{xy}$ eam omnino carere; nisi sit simul $m=-1$, $n=-1$, quo casu terminus $\frac{1}{xy}$ coëfficientem nanciscitur $\mu\nu'-\mu'\nu$.

In applicationibus huius theorematis, quas infra faciemus, evolutiones secundum dignitates descendentes terminorum ax, by instituentur, quo igitur casu $\mu = \nu' = 1$, $\mu' = \nu = 0$ ideoque

$$\left[\frac{f'(x)\varphi'(y)-f'(y)\varphi'(x)}{f.\varphi}\right]_{x^{-1}y^{-1}} = 1.$$

Assumta tertia functione $F(x,y)$, facile probatur, esse:

$$10. \quad F[f'(x)\varphi'(y)-f'(y)\varphi'(x)] = f'(x)\frac{\partial.[\varphi F]}{\partial y} - f'(y)\frac{\partial.[\varphi F]}{\partial x}$$
$$-\frac{\partial.[f\varphi F'(y)]}{\partial x} + f\varphi.\frac{\partial^2 F}{\partial x \partial y} + f\varphi'(x)F'(y) + \varphi f'(y)F'(x).$$

Jam quoties $F(x,y)$ et ipsa e solis variabilium x, y dignitatibus constat, e theorematibus antecedentibus expressiones

$$f'(x)\frac{\partial.[\varphi F]}{\partial y} - f'(y)\frac{\partial.[\varphi F]}{\partial x}, \quad \frac{\partial.[f\varphi F'(y)]}{\partial x}$$

termino $\frac{1}{xy}$ carent, unde e 10. predit:

$$11. \quad \{F[f'(x)\varphi'(y)-f'(y)\varphi'(x)]\}_{x^{-1}y^{-1}}$$
$$= \left[f\varphi.\frac{\partial^2 F}{\partial x \partial y} + f\varphi'(x)F'(y) + \varphi f'(y)F'(x)\right]_{x^{-1}y^{-1}},$$

cuius theorematis infra usus erit. Adnotandum, quoties F constans, abire 11. in 6.

Lemma III.

Ut similia eruamus de tribus functionibus, tres variabiles x, y, z involventibus, $f(x,y,z)$, $\varphi(x,y,z)$, $\psi(x,y,z)$, adnotetur aequatio identica:

$$12. \quad \frac{\partial.[\varphi'(y)\psi'(z)-\varphi'(z)\psi'(y)]}{\partial x} + \frac{\partial.[\varphi'(z)\psi'(x)-\varphi'(x)\psi'(z)]}{\partial y}$$
$$+ \frac{\partial.[\varphi'(x)\psi'(y)-\varphi'(y)\psi'(x)]}{\partial z} = 0,$$

quam differentiationibus exactis facile probas. E qua, posito brevitatis causa

$$\nabla = f'(x)[\varphi'(y)\psi'(z)-\varphi'(z)\psi'(y)] + f'(y)[\varphi'(z)\psi'(x)-\varphi'(x)\varphi'(z)]$$
$$+ f'(z)[\varphi'(x)\psi'(y)-\varphi'(y)\psi'(x)],$$

fluit sequens:

$$13. \quad \frac{\partial.f[\varphi'y\psi'z-\varphi'z\psi'y]}{\partial x} + \frac{\partial.f[\varphi'z\psi'x-\varphi'x\psi'z]}{\partial y} + \frac{\partial.f[\varphi'x\psi'y-\varphi'y\psi'x]}{\partial z}$$
$$= \nabla.$$

Ponamus, in functione $f(x,y,z)$ evoluta praeter dignitates ipsarum x, y, z alios terminos non inveniri, ideoque eam et a logarithmis earum vacuam esse; porro duas reliquas functiones $\varphi(x,y,z)$, $\psi(x,y,z)$ evolutas sive et ipsas solis dignitatibus variabilium x, y, z constare, sive praeter illas adhuc continere terminos logarithmicos

$$\mu'\log x + \nu'\log y + \varpi'\log z, \quad \mu''\log x + \nu''\log y + \varpi''\log z,$$

designantibus μ', ν' etc. constantes. Patet, expressiones certe

$$\varphi'(y)\psi'(z)-\varphi'(z)\psi'(y),\quad \varphi'(z)\psi'(x)-\varphi'(x)\psi'(z),\quad \varphi'(x)\psi'(y)-\varphi'(y)\psi'(x)$$

a logarithmis vacuas esse, ideoque etiam expressionum

$$\frac{\partial . f(\varphi' y\, \psi' z-\varphi' z\, \psi' y)}{\partial x},\quad \frac{\partial . f(\varphi' z\, \psi' x-\varphi' x\, \psi' z)}{\partial y},\quad \frac{\partial . f(\varphi' x\, \psi' y-\varphi' y\, \psi' x)}{\partial z},$$

primam terminis in $\frac{1}{x}$, secundam in $\frac{1}{y}$, tertiam in $\frac{1}{z}$ ductis carere; unde earum nulla continebit terminum $\frac{1}{xyz}$, ideoque nec summa earum, quam e 13. vidimus esse $=\nabla$. Nanciscimur igitur theorema fundamentale:

$$14.\quad [\nabla]_{x^{-1}y^{-1}z^{-1}}=0.$$

Ponamus iam, etiam primam functiônem $f(x, y, z)$ terminos logarithmicos continere $\mu \log x+\nu \log y+\varpi \log z$, designantibus μ, ν, ϖ constantes, ita ut posito

$$f(x, y, z)=\mu \log x+\nu \log y+\varpi \log z+U,$$

U solis variabilium x, y, z dignitatibus constet. Qua expressione loco $f(x, y, z)$ substituta in ipsa ∇, fit $\nabla=$

$$\frac{\partial U}{\partial x}(\varphi' y\, \psi' z-\varphi' z\, \psi' y)+\frac{\partial U}{\partial y}(\varphi' z\, \psi' x-\varphi' x\, \psi' z)+\frac{\partial U}{\partial z}(\varphi' x\, \psi' y-\varphi' y\, \psi' z)$$
$$+\frac{\mu}{x}(\varphi' y\, \psi' z-\varphi' z\, \psi' y)+\frac{\nu}{y}(\varphi' z\, \psi' x-\varphi' x\, \psi' z)+\frac{\varpi}{z}(\varphi' x\, \psi' y-\varphi' y\, \psi' z).$$

Jam e 14. pars prima huius expressionis

$$\frac{\partial U}{\partial x}(\varphi' y\, \psi' z-\varphi' z\, \psi' y)+\frac{\partial U}{\partial y}(\varphi' z\, \psi' x-\varphi' x\, \psi' z)+\frac{\partial U}{\partial z}(\varphi' x\, \psi' y-\varphi' y\, \psi' z)$$

termino $\frac{1}{xyz}$ caret; porro e lemmate II. facile obtinemus, in expressionibus

$$\varphi'(y)\psi' z-\varphi' z\, \psi' y,\quad \varphi' z\, \psi' x-\varphi' x\, \psi' z,\quad \varphi' x\, \psi' y-\varphi' y\, \psi' x$$

coëfficientes terminorum $\frac{1}{yz}$, $\frac{1}{zx}$, $\frac{1}{xy}$ respective esse

$$\nu'\varpi''-\nu''\varpi',\quad \varpi'\mu''-\varpi''\mu',\quad \mu'\nu''-\mu''\nu',$$

unde prodit theorema, siquidem functiones f, φ, ψ evolutae praeter dignitates variabilium x, y, z adhuc contineant terminos logarithmicos

$$\mu \log x+\nu \log y+\varpi \log z,\quad \mu' \log x+\nu' \log y+\varpi' \log z,$$
$$\mu'' \log x+\nu'' \log y+\varpi'' \log z,$$

fore

$$15.\quad [\nabla]_{x^{-1}y^{-1}z^{-1}}=\mu(\nu'\varpi''-\nu''\varpi')+\nu(\varpi'\mu''-\varpi''\mu')+\varpi(\mu'\nu''-\mu''\nu').$$

Rursus ponamus, functiones $f(x, y, z)$, $\varphi(x, y, z)$, $\psi(x, y, z)$, certo quodam modo evolutas solis variabilium x, y, z dignitatibus constare, earumque dignitates et logarithmos ad dignitates descendentes terminorum

$$a x^{\mu} y^{\nu} z^{\varpi}, \quad b x^{\mu'} y^{\nu'} z^{\varpi'}, \quad c x^{\mu''} y^{\nu''} z^{\varpi''},$$

qui in iis inveniri supponuntur, evolvi: logarithmi earum evoluti praeter dignitates variabilium continebunt terminos

$$\mu \log x + \nu \log y + \varpi \log z, \quad \mu' \log x + \nu' \log y + \varpi' \log z,$$
$$\mu'' \log x + \nu'' \log y + \varpi'' \log z.$$

Hinc ubi in ipsa ∇ loco f, φ, ψ substituimus vel f^m, φ^n, ψ^p vel $\log f$, $\log \varphi$, $\log \psi$, e 14., 15. fluit theorema, siquidem non simul $m = n = p = 1$, fieri

$$16. \quad [f^m \varphi^n \psi^p . \nabla]_{x^{-1} y^{-1} z^{-1}} = 0;$$

quoties vero simul $m = n = p = -1$, fieri

$$17. \quad \left[\frac{\nabla}{f\varphi\psi}\right]_{x^{-1} y^{-1} z^{-1}} = \mu(\nu'\varpi'' - \nu''\varpi') + \nu(\varpi'\mu'' - \varpi''\mu') + \varpi(\mu'\nu'' - \mu''\nu').$$

In applicationibus, quas infra faciemus, evolutiones ad dignitates descendentes terminorum ax, by, cz instituentur, quo igitur casu $\mu = \nu' = \varpi'' = 1$, reliqui autem $\mu' = \mu'' = \nu'' = \nu = \varpi = \varpi' = 0$, ideoque

$$\left[\frac{\nabla}{f\varphi\psi}\right]_{x^{-1} y^{-1} z^{-1}} = 1.$$

Ut formulae 11. lemmatis II. similem eruam, assumta quarta functione $F(x, y, z)$, quae et ipsa solis variabilium dignitatibus constat, transformo expressionem $[F.\nabla]_{x^{-1} y^{-1} z^{-1}}$ in aliam $[P]_{x^{-1} y^{-1} z^{-1}}$, in qua P differentialia functionis f secundum x, functionis φ secundum y, functionis ψ secundum z sumta non contineat. Quod transigitur hunc in modum. Posito enim fF loco f in expressione ipsius ∇, formula 14. in hanc abit:

$$[F.\nabla]_{x^{-1} y^{-1} z^{-1}} = -[fF'(x)(\varphi' y \psi' z - \varphi' z \psi' y) + fF'(y)(\varphi' z \psi' x - \varphi' x \psi' z) + fF'(z)(\varphi' x \psi' y - \varphi' y \psi' x)]_{x^{-1} y^{-1} z^{-1}}.$$

Porro e 11. sequitur:

$$[fF'(x)(\varphi' y \psi' z - \varphi' z \psi' y)]_{y^{-1} z^{-1}} =$$
$$\left[\varphi\psi \frac{\partial^2 . [fF'(x)]}{\partial y \, \partial z} + \varphi\psi'(y) \frac{\partial . [fF'(x)]}{\partial z} + \psi\varphi'(z) \frac{\partial . [fF'(x)]}{\partial y}\right]_{y^{-1} z^{-1}};$$

nec non e 4.:

$$-[fF'(y)\varphi'(x)\psi'(z)]_{z^{-1}} = \left[\psi \frac{\partial . [fF'(y)\varphi'(x)]}{\partial z}\right]_{z^{-1}}$$
$$-[fF'(z)\varphi'(y)\psi'(x)]_{y^{-1}} = \left[\varphi \frac{\partial . [fF'(z)\psi'(x)]}{\partial y}\right]_{y^{-1}}.$$

Quibus in aequationem superiorem substitutis, prodit:

$$-[F.\nabla]_{x^{-1}y^{-1}z^{-1}} =$$

$$\left\{\begin{array}{l} \varphi\psi\dfrac{\partial^2.[fF'x]}{\partial y\,\partial z}+\varphi\psi'y\dfrac{\partial.[fF'x]}{\partial z}+\psi\varphi'z\dfrac{\partial.[fF'x]}{\partial y} \\ +\psi\dfrac{\partial.[fF'y\varphi'x]}{\partial z}+\varphi\dfrac{\partial.[fF'z\psi'x]}{\partial y}+fF'y\varphi'z\psi'x+fF'z\varphi'x\psi'y \end{array}\right\}_{x^{-1}y^{-1}z^{-1}}.$$

Quae formula facile in hanc abit:

$$18.\qquad -[F.\nabla]_{x^{-1}y^{-1}z^{-1}} =$$

$$\left\{\begin{array}{l} f\varphi\psi\dfrac{\partial^3 F}{\partial x\,\partial y\,\partial z} \\ +f\dfrac{\partial.[\varphi\psi]}{\partial x}\,\dfrac{\partial^2 F}{\partial y\,\partial z}+\varphi\dfrac{\partial.[\psi f]}{\partial y}\,\dfrac{\partial^2 F}{\partial z\,\partial x}+\psi\dfrac{\partial.[f\varphi]}{\partial z}\,\dfrac{\partial^2 F}{\partial x\,\partial y} \\ +F'x\left[\varphi\psi\dfrac{\partial^2 f}{\partial y\,\partial z}+\varphi\psi'yf'z+\psi\varphi'zf'y\right] \\ +F'y\left[\psi f\,\dfrac{\partial^2\varphi}{\partial z\,\partial x}+\psi f'z\varphi'x+f\psi'x\varphi'z\right] \\ +F'z\left[f\varphi\,\dfrac{\partial^2\psi}{\partial x\,\partial y}+f\varphi'x\psi'y+\varphi f'y\psi'x\right] \end{array}\right\}_{x^{-1}y^{-1}z^{-1}}.$$

E formulis 11., 18. videbimus infra theoremata, quae Ill. Laplace de resolutione duarum aequationum inter duas, trium inter tres variabiles propositarum olim exhibuit, sponte demanare, quas igitur hoc loco antemittere placuit, quo facilius nostra cum illius inventis conciliari possint.

Indicata via, quae de duabus, tribus functionibus eruimus, ad maiorem functionum numerum facile extenduntur.

De reversione serierum,
sive resolutione aequationis propositae per series infinitas.

Lemmatum traditorum primam applicationem ad casum simplicissimum ac saepius tractatum faciamus, quo de radice aequationis propositae in seriem evolvenda quaeritur. Videbimus, ex evolutione logarithmi ipsius expressionis, quae nihilo aequatur, certa quadam ratione instituta, seriem quaesitam eiusque et potestates et logarithmos profluere, quippe quae in evolutione illa ut coëfficientes invenientur.

Quaestio de radice aequationis in seriem evolvenda omnibus casibus ad reversionem serierum revocari potest, qua id agitur, ut proposita serie

$$X = a_1x + a_2x^2 + a_3x^3 + a_4x^4 + \dots\dots,$$

alia indagetur series, qua vice versa x per X exprimatur:

$$x = b_1X + b_2X^2 + b_3X^3 + b_4X^4 + \dots\dots,$$

unde proposita aequatione

$$y = a_1 x + a_2 x^2 + a_3 x^3 + a_4 x^4 + \dots,$$

invenitur radix

$$x = b_1 y + b_2 y^2 + b_3 y^3 + b_4 y^4 + \dots.$$

Aequatione identica

$$x = b_1 X + b_2 X^2 + b_3 X^3 + b_4 X^4 + \dots,$$

differentiata et post differentiationem per X^n divisa, obtinetur:

$$\frac{1}{X^n} = \frac{\partial X}{\partial x}\left[\frac{b_1}{X_n} + \frac{2b_2}{X^{n-1}} + \frac{3b_3}{X^{n-2}} + \dots + \frac{nb_n}{X} + (n+1)b_{n+1} + \dots\right].$$

Evolvamus in hac aequatione singulas dignitates ipsius X ad dignitates ascendentes ipsius x ideoque ad dignitates descendentes termini $a_1 x$, qui in ipsa X invenitur: sequitur e lemmate I., in altera parte aequationis, dictum in modum evoluta, terminum $\frac{1}{x}$ nonnisi in expressione $nb_n \frac{\partial X}{X\partial x}$ inveniri; porro ex eodem lemmate fit

$$\left[\frac{\partial X}{X\partial x}\right]_{x^{-1}} = 1,$$

unde iam

$$\left[\frac{1}{X^n}\right]_{x^{-1}} = nb_n, \quad \text{sive} \quad b_n = \frac{1}{n}\left[\frac{1}{X^n}\right]_{x^{-1}}.$$

Quae est determinatio generalis coëfficientium evolutionis quaesitae.

Eadem omnino methodo, posito

$$x^m = y^m [\overset{m}{b}_1 + \overset{m}{b}_2 y + \overset{m}{b}_3 y^2 + \overset{m}{b}_4 y^3 + \dots],$$

coëfficientes $\overset{m}{b}_n$ determinas. Differentiata enim aequatione, quae identica fieri debet,

$$x^m = \overset{m}{b}_1 X^m + \overset{m}{b}_2 X^{m+1} + \overset{m}{b}_3 X^{m+2} + \overset{m}{b}_4 X^{m+3} + \dots,$$

et post differentiationem divisione facta per X^{m+n-1}: altera pars aequationis e lemmate I. in unica expressione $(m+n-1)\overset{m}{b}_n \frac{\partial X}{X\partial x}$ terminum $\frac{1}{x}$ habet, unde fit:

$$\left[\frac{mx^{m-1}}{X^{m+n-1}}\right]_{x^{-1}} = (m+n-1)\overset{m}{b}_n\left[\frac{\partial X}{X\partial x}\right]_{x^{-1}} = (m+n-1)\overset{m}{b}_n,$$

sive cum generaliter sit:

$$[x^{m-1} f(x)]_{x^{-1}} = [f(x)]_{x^{-m}},$$

fit:

$$19. \quad \overset{m}{b}_n = \frac{m}{m+n-1}\left[\frac{1}{X^{m+n-1}}\right]_{x^{-m}}.$$

Quoties m est integer negativus et $n = -m+1$, quo casu 19., indeterminata evadit, in locum eius formulae haec substitui debet:

$$20. \quad \overset{-m}{b}_{m+1} = m\,[\log X]_{x^m},$$

quod facile probatur. Eadem porro methodo, posito

$$\log x = \log y + \log b_1 + \overset{\circ}{b}_1 y + \overset{\circ}{b}_2 y^2 + \overset{\circ}{b}_3 y^3 + \ldots,$$

invenitur:

$$21. \quad \overset{\circ}{b}_n = \frac{1}{n}\left[\frac{1}{X^n}\right]_{x^0}.$$

Ubi m ést integer positivus, sequitur e 19.:

$$\frac{x^m}{m} = \left[\frac{y^m}{mX^m} + \frac{y^{m+1}}{(m+1)X^{m+1}} + \frac{y^{m+2}}{(m+2)X^{m+2}} + \ldots\right]_{x^{-m}},$$

sive cum neque $\log X$, neque $\frac{1}{X}$, $\frac{1}{X^2}$, ... $\frac{1}{X^{m-1}}$ evolutae terminum x^{-m} contineant:

$$22. \quad \frac{x^m}{m} = -[\log(X-y)]_{x^{-m}}.$$

Ex eadem formula, collata 20., fit:

$$\frac{-1}{mx^m} = -\left[\frac{X^m}{my^m} + \frac{X^{m-1}}{(m-1)y^{m-1}} + \ldots + \frac{X}{y} - \log X - \frac{y}{X} - \frac{y^2}{2X^2} - \ldots\right]_{x^m},$$

sive cum in X^{m+1}, X^{m+2}, ... nonnisi dignitates ipsius x altiores quam m^{ta} inveniantur:

$$23. \quad \frac{-1}{mx^m} = [\log(y-X) - \log(X-y)]_{x^m}.$$

Porro ex 21. fit:

$$\log x = \log b_1 + \log y + \left[\frac{y}{X} + \frac{y^2}{2X^2} + \frac{y^3}{3X^3} + \ldots\right]_{x^0},$$

sive cum $\log b_1 = -\log a_1 = -[\log X]_{x^0}$:

$$24. \quad \log x = \log y - [\log(X-y)]_{x^0}.$$

In locum formularum 22., 24. substitui possunt hae:

$$25. \quad \frac{x^m}{m} = [\log(y-X) - \log(X-y)]_{x^{-m}},$$

$$26. \quad \log x = [\log(y-X) - \log(X-y)]_{x^0},$$

cum expressio $\log(y-X)$ positivas ipsius x dignitates omnino non contineat; unde formulam 25. valere videmus pro omnibus valoribus numeri m et positivis et negativis.

Quae ne praepostere intelligantur formulae, revocare placet, secundum ea, quae supra monuimus, pro diverso modo, quo binomium, cuius logarithmus evolvendus proponitur, scribatur sive $y-X$ sive $X-y$, nos denotare per expressiones $\log(y-X)$, $\log(X-y)$ series diversas

$$\log(y-X) = \log y - \frac{X}{y} - \frac{X^2}{2y^2} - \frac{X^3}{3y^3} - \frac{X^4}{4y^4} - \ldots,$$

$$\log(X-y) = \log X - \frac{y}{X} - \frac{y^2}{2X^2} - \frac{y^3}{3X^3} - \frac{y^4}{4X^4} - \ldots,$$

in quibus porro dignitates et logarithmus ipsius X ad dignitates ascendentes ipsius x evolvendae sunt. Quibus bene intellectis, docent formulae 25., 26. in eadem expressione $\log(y-X)-\log(X-y)$, dictum in modum evoluta, in qua evolutione praeter logarithmum ipsius x dignitates eius et positivae et negativae in infinitum inveniuntur, coëfficientes dignitatum negativarum exhibere dignitates positivas, dignitatum positivarum negativas, constantem logarithmum seriei, qua radix x aequationis $X=y$ exprimitur.

Ponatur

$$b_1 y + b_2 y^2 + b_3 y^3 + b_4 y^4 + \ldots = Y,$$

ita ut ex aequatione $X=y$ fiat $x=Y$, e 25., 26. obtines aequationes identicas:

$$27. \quad \frac{Y^m}{m} = [\log(y-X)-\log(X-y)]_{x^{-m}},$$

$$28. \quad \log Y = [\log(y-X)-\log(X-y)]_{x^0}.$$

E quibus formulis, ubi evolutionem expressionis $\log(y-X)-\log(X-y)$ secundum dignitates ipsius x ordinas, invenis:

$$\log(y-X)-\log(X-y) = -\log x + \frac{Y}{x} + \frac{Y^2}{2x^2} + \frac{Y^3}{3x^3} + \ldots$$

$$+ \log Y - \frac{x}{Y} - \frac{x^2}{2Y^2} - \frac{x^3}{3Y^3} - \ldots$$

sive quod idem est:

$$29. \quad \log(y-X)-\log(X-y) = \log(Y-x)-\log(x-Y).$$

Quae formula mirae simplicitatis immutata manet, ubi x, X cum y, Y permutantur; quod pro reciprocitatis lege, quae inter aequationes $y=X$, $x=Y$ intercedit, cum ex illa haec, ex hac illa sequatur, locum habere debet. Quo rectius perspiciatur, quam notionem subesse volumus formulae 29., quae in hac theoria ut canonica spectari potest, proponamus eam ut

Theorema.

Proposita serie

$$X = a_1 x + a_2 x^2 + a_3 x^3 + a_4 x^4 + \ldots,$$

sit

$$Y = b_1 y + b_2 y^2 + b_3 y^3 + b_4 y^4 + \ldots$$

series, quae e reversione propositae nascitur, ita ut posito $X=y$ fiat $Y=x$: erit identice:

$$\log(y-X)-\log(X-y)=\log(Y-x)-\log(x-Y),$$

sive:

$$\begin{array}{l} \log y-\frac{X}{y}-\frac{X^2}{2y^2}-\frac{X^3}{3y^3}-\ldots \\ -\log X+\frac{y}{X}+\frac{y^2}{2X^2}+\frac{y^3}{3X^3}+\ldots \end{array} = \begin{array}{l} \log Y-\frac{x}{Y}-\frac{x^2}{2Y^2}-\frac{x^3}{2Y^3}-\ldots \\ -\log x+\frac{Y}{x}+\frac{Y^2}{2x^2}+\frac{Y^3}{3x^3}+\ldots, \end{array}$$

siquidem in aequationis parte prima singulae dignitates et logarithmus ipsius X ad ascendentes dignitates ipsius x, in parte secunda singulae dignitates et logarithmus ipsius Y ad ascendentes dignitates ipsius y evolvuntur. Quod docet theorema, in eadem evolutione expressionis

$$\log(y-X)-\log(X-y)=\log(Y-x)-\log(x-Y),$$

secundum dignitates elementi y ordinata, inveniri ut coëfficientes dignitates et logarithmum seriei propositae, secundum dignitates elementi x ordinata, dignitates et logarithmum seriei inversae.

Theorema curiosum, quod iam proposuimus, propter eam, qua gaudet, concinnitatem alia adhuc demonstratione maxime expedita comprobare operae pretium est.

Ponatur $X=f(x)$, atque evolvantur expressiones

$$\log(fx-fy)=\log fx-\frac{fy}{fx}-\frac{1}{2}\left(\frac{fy}{fx}\right)^2-\frac{1}{3}\left(\frac{fy}{fx}\right)^3-\ldots,$$

$$\log(fy-fx)=\log fy-\frac{fx}{fy}-\frac{1}{2}\left(\frac{fx}{fy}\right)^2-\frac{1}{3}\left(\frac{fx}{fy}\right)^3-\ldots$$

ad descendentes dignitates ipsius a_1, unde altera $\log(fx-fy)$ solas positivas dignitates ipsius y, altera $\log(fy-fx)$ solas positivas dignitates ipsius x, neutra positivas ipsius a_1 continebit. Quibus conditionibus evolutionis ratio omnino definita est. Jam sit

$$\frac{f(x)-f(y)}{x-y}=a_1+a_2(x+y)+a_3(x^2+xy+y^2)+\ldots=U,$$

erit

$$\log[f(x)-f(y)]=\log(x-y)+\log U=\log U+\log x-\frac{y}{x}-\frac{y^2}{2x^2}-\frac{y^3}{3x^3}-\ldots$$

$$\log[f(y)-f(x)]=\log(y-x)+\log U=\log U+\log y-\frac{x}{y}-\frac{x^2}{2y^2}-\frac{x^3}{3y^3}-\ldots$$

In utraque expressione $\log U$ eodem modo evolvi debet, videlicet ad dignitates descendentes ipsius a_1, unde subductione facta prodit:

30. $\log(fx-fy)-\log(fy-fx)=\log(x-y)-\log(y-x)$.

Jam in hac aequatione loco y substituatur Y, quo facto, cum sit $f(Y)=y$, formula 30. in hanc abit:

$$\log(fx-y)-\log(y-fx)=\log(x-Y)-\log(Y-x),$$

quod, posito $fx=X$, est theorema demonstrandum.

Ponatur

$$F(x)=A+A'x+A''x^2+A'''x^3+\dots\dots$$
$$+\frac{B'}{x}+\frac{B''}{x^2}+\frac{B'''}{x^3}+\dots\dots$$

aequatione

$$\log(y-X)-\log(X-y)=\log(Y-x)-\log(x-Y),$$

multiplicata per $F(x)$ invenimus coëfficientem termini $\frac{1}{x}$:

$$AY+\tfrac{1}{2}A'Y^2+\tfrac{1}{3}A''Y^3+\tfrac{1}{4}A'''Y^4$$
$$+B'\log Y-\frac{B''}{Y}-\tfrac{1}{2}\frac{B'''}{Y^2}-\dots\dots,$$

sive

$$\{[\log(y-X)-\log(X-y)]F(x)\}_{x^{-1}}=\int F(Y)\,\partial Y,$$

vel posito $F(x)=\frac{\partial\varphi(x)}{\partial x}=\varphi'(x)$, cum sit $Y=x$:

$$31.\quad \varphi(x)=\{[\log(y-X)-\log(X-y)]\varphi'(x)\}_{x^{-1}}.$$

Ubi in $\varphi(x)$ invenitur constans, ea dextrae parti aequationis adiicienda erit.

Quoties $\varphi(x)$ solis positivis dignitatibus ipsius x constat, 31. simplicius ita exhibetur:

$$32.\quad \varphi(x)=\varphi(0)-[\varphi'(x)\log(X-y)]_{x^{-1}}.$$

Posito igitur

$$\varphi(x)=P+P'y+P''y^2+P'''y^3+\dots\dots,$$

fit $P=\varphi(0)$ atque

$$33.\quad P^{(n)}=\frac{1}{n}\left[\frac{\varphi'(x)}{X^n}\right]_{x^{-1}}.$$

Sit aequatio proposita

$$\alpha-z+yf(z)=0,$$

atque evolvatur $\psi(z)$ in seriem

$$\psi(z)=P+P'y+P''y^2+P'''y^3+\dots\dots$$

Posito $z=\alpha+x$, aequatio proposita abit in $y=\frac{x}{f(\alpha+x)}$, $\psi(z)$ in $\psi(\alpha+x)$; ubi igitur in 33. ponimus

$$X=\frac{x}{f(\alpha+x)},\quad \varphi(x)=\psi(\alpha+x),$$

fit

$$P^{(n)}=\frac{1}{n}\left[\frac{\psi'(\alpha+x)f(\alpha+x)^n}{x^n}\right]_{x^{-1}}=\frac{1}{n}\,[\psi'(\alpha+x)f(\alpha+x)^n]_{x^{n-1}},$$

sive e theoremate Tayloriano

$$34. \quad P^{(n)} = \frac{\partial^{n-1}.[\psi'\alpha.f\alpha^n]}{\Pi n.\partial\alpha^n},$$

unde

$$35. \quad \psi(z) = \psi(\alpha) + y\psi'\alpha.f\alpha + \frac{y^2}{1.2}.\frac{\partial.[\psi'\alpha.f\alpha^2]}{\partial\alpha} + \frac{y^3}{2.3}.\frac{\partial^2.[\psi'\alpha.f\alpha^3]}{\partial\alpha^2} + \dots,$$

quae est series **Lagrangiana**.

Non generalior est aequatio, quam Ill. **Laplace** sibi resolvendam proposuit:

$$z = F(\alpha + yfz),$$

quippe quae, posito $z = F(u)$ in formam supra adhibitam redit:

$$u = \alpha + yfF(u),$$

quod adnotare convenit.

Inventa functione generatrice seriei, qua radix aequationis propositae sive functio radicis exprimitur, id commodi nacti sumus, ut eadem expressio omnibus modis, quibus evolutionem ordinare placet, facile accommodetur, ideoque etiam casui maxime generali, quo proposita aequatione $f(x, y)$, functio $\psi(x, y)$ ad dignitates ipsius y evolvenda est. Data enim aequatione

$$0 = f(x, y)$$
$$= a'y + a''y^2 + \dots + x(b + b'y + b''y^2 + \dots) + x^2(c + c'y + c''y^2 + \dots),$$

proponatur functio

$$\psi(x, y)$$
$$= A + A'y + A''y^2 + \dots + x(B + B'y + B''y^2 + \dots) + x^2(C + C'y + C''y^2 + \dots)$$

in seriem evolvenda

$$\psi(x, y) = P + P'y + P''y^2 + P'''y^3 + \dots;$$

ut eruatur $P^{(n)}$, observo, e formulis nostris esse

$$36. \quad \psi(x, y) = \psi(0, y) - \left[\frac{\partial\psi(x, y)}{\partial x}\log f(x, y)\right]_{x^{-1}};$$

iam expressionibus $\psi(0, y)$, $\frac{\partial\psi(x, y)}{\partial x}\log f(x, y)$ ad dignitates ipsius y evolutis, sint termini generales

$$A^{(n)}y^n, \quad T^{(n)}y^n,$$

erit

$$37. \quad P^{(n)} = A^{(n)} - [T^{(n)}]_{x^{-1}}.$$

Dedit olim Ill. **Laplace** in ipsa commentatione, qua seriem **Lagrangianam** primus rigorosa eaque elegantissima demonstratione munivit (Hist. Acad. Par. ad a. 1777), sive demonstratione theorema curiosum huc pertinens, quod cum attentionem Geometrarum fugisse videatur, ipsis autoris verbis apponam locum integrum. Postquam enim e consideratione aequationis $\left(\frac{\partial x}{\partial \alpha}\right) = z\left(\frac{\partial x}{\partial t}\right)$, in qua z data functio ipsius x, resolutionem aequationis $x = \varphi(a + \alpha z)$ adeoque plurium eiusmodi aequationum inter plures variabiles deduxerat, haec commentationi ad calcem adiicit.

„Consideratis aliis aequationibus ad differentias partiales inter x, α, t, per methodum praecedentem functionem quamlibet u ipsius x in seriem evolvere liceret, et invenirentur eo modo innumerae aequationes inter x et α, pro quibus evolutio ista succedit; at satis longe adhuc a solutione abessemus problematis generalis, quaecunque sit aequatio inter x et α proposita, functionem quamlibet ipsarum x et α, si fieri possit, ad dignitates integras positivas ipsius α evolvere. Quod ut resolvatur problema, iam theorema proponam propter eam, qua gaudet, et generalitatem et simplicitatem attentione Analystarum dignum."

„Sit $\varphi(x, \alpha) = 0$ aequatio inter x et α proposita, et u functio ipsius x et α in seriem evolvenda; posito $\alpha = 0$ abit aequatio proposita in $\varphi(x, 0) = 0$, qua resoluta habebuntur radices inter se diversae, quibus series diversae, in quas u evolvi potest, respondent; sit $x - a = 0$ una e radicibus illis, expressio $\varphi(x, 0)$ factorem habebit potestatem positivam ipsius $x - a$, quam ponimus esse $(x-a)^i$; quibus statutis, ubi nominatur $\alpha^n . q_n$ terminus generalis evolutionis functionis u, quae radici $x - a = 0$ respondet: erit

$$q_n = \frac{\partial^n u}{1.2.3\ldots.n\,\partial\alpha^n} - \frac{\partial^{n-1}.\left\{(x-a)^n \dfrac{\partial^n.\left(\dfrac{\partial u}{\partial x}\log\varphi(x,\alpha)\right)}{1.2.3\ldots.n\,\partial\alpha^n}\right\}}{1.2.3\ldots.(n-1)\,\partial x^{n-1}},$$

siquidem in altera parte aequationis 1°. binae variabiles x et α ut independentes considerantur, 2° post differentiationes secundum α factas ponitur $\alpha = 0$ et post differentiationes omnes $x = a$."

Hoc theorema per formulam nostram 37. facile probatur casu quo $i = 1$; casu vero quo i non $= 1$, invenitur idem egregie falsum esse. Eo enim casu factori $(x-a)^i$ respondent i radices aequationis $\varphi(x, \alpha) = 0$ inter se diversae nec nisi posito $\alpha = 0$ inter se aequales; neque formula ab Ill. Laplace apposita ad functionem unius radicis, sed ad summam functionum, quae singulis illis i radicibus respondent, pertinet. Locus ille hunc in modum emendandus erit.

„Sint radices aequationis $\varphi(x, \alpha) = 0$, quae factori $(x-a)^i$ respondent, x_1, x_2, x_3, ... x_i; porro valores, quos functio u induit, posito $x = x_1$, x_2, ... x_i, sint u_1, u_2, ... u_i; siquidem ponimus

$$u_1 + u_2 + u_3 + \ldots. + u_i = \Sigma q_n \alpha^n,$$

erit:

$$38. \quad q_n = \frac{i\,\partial^n u}{\Pi n\,\partial a^n} - \frac{\partial^{in-1}.\left\{(x-a)^{in}\,\dfrac{\partial^n.\left(\dfrac{\partial u}{\partial x}\log\varphi(x,a)\right)}{\Pi n\,\partial a^n}\right\}}{\Pi(in-1)\,\partial x^{in-1}},$$

post differentiationes transactas posito $a=0$, $x=a$."

Demonstrationem huius theorematis hoc loco praetermitto.

Per formulam nostram 37. facile etiam problema resolvitur, data aequatione $\varphi(x,y)=0$, ubi y ut functionem ipsius x spectemus, exhibere generaliter n^{tum} differentiale functionis $\psi(x,y)$; fit enim, ubi simpliciter $\psi(x,y)=y$:

$$39. \quad \frac{\partial^n y}{\partial x^n} = -\frac{\partial^{n-1}.\left(i^n.\dfrac{\partial^n.\log\varphi(x+h,y+i)}{\partial h^n}\right)}{\Pi(n-1)\,\partial i^{n-1}},$$

post differentiationes posito $h=0$, $i=0$; sive generalius, ubi $\psi^{(n)}=\left(\frac{\partial^n\psi}{\partial x^n}\right)$, $\psi_1=\left(\frac{\partial\psi}{\partial y}\right)$:

$$40. \quad \frac{\partial^n\psi(x,y)}{\partial x^n} = \psi^{(n)} - \frac{\partial^{n-1}.\left(i^n.\dfrac{\partial^n.\psi_1(x+h,y+i)\log\varphi(x+h,y+i)}{\partial h^n}\right)}{\Pi(n-1)\,\partial i^{n-1}},$$

post differentiationes posito $h=0$, $i=0$. E quibus formulis per regulas notas facile deducis formationes combinatorias sive terminorum formationem, quibus expressio quaesita constat, et numeros, qui terminos illos afficiunt.

De resolutione duarum aequationum inter duas variabiles propositarum per series infinitas.

Datis aequationibus inter duas variabiles:

$$\tau = a'x + a_1 y + a''x^2 + a'_1 xy + a_{11} y^2 + \dots$$
$$v = b'x + b_1 y + b''x^2 + b'_1 xy + b_{11} y^2 + \dots,$$

ponendo

$$b_1 a_n^{(m)} - a_1 b_n^{(m)} = \alpha_n^{(m)}, \quad a' b_n^{(m)} - b' a_n^{(m)} = \beta_n^{(m)}, \quad a'b - a_1 b' = \Delta,$$
$$b_1\tau - a_1 v = t, \quad a'v - b'\tau = u,$$

transformo eas in has simpliciores:

$$t = \Delta x + \alpha''x^2 + \alpha'_1 xy + \alpha_{11} y^2 + \alpha'''x^3 + \dots$$
$$u = \Delta y + \beta''x^2 + \beta'_1 xy + \beta_{11} y^2 + \beta'''x^3 + \dots$$

Jam ubi functio radicum $f(x,y)$ evolvenda est in seriem

$$f(x,y) = \Sigma\, C_n^{(m)} t^m u^n,$$

posito

$$X = \Delta x + \alpha'' x^2 + \alpha'_1 xy + \alpha_{,,} y^2 + \alpha''' x^3 + \dots$$
$$Y = \Delta y + \beta'' x^2 + \beta'_1 xy + \beta_{,,} y^2 + \beta''' x^3 + \dots$$

fieri debet identice

$$f(x, y) = \Sigma C_n^{(m)} X^m Y^n,$$

quod determinationem coëfficientium $C_n^{(m)}$ suggerit. Quarum expressionem generalem per lemma II. ita invenio.

Posito enim brevitatis causa $X' = \frac{\partial X}{\partial x}$, $X_1 = \frac{\partial X}{\partial y}$, $Y' = \frac{\partial Y}{\partial x}$, $Y_1 = \frac{\partial Y}{\partial y}$, in evolutione expressionis $\frac{X'Y_1 - X_1 Y'}{X^m Y^n}$ secundum dignitates descendentes ipsius Δ instituta, inveniuntur elementorum x, y et positivae et negativae dignitates, neque tamen, uti in lemmate II. vidimus, terminus $\frac{1}{xy}$, nisi sit simul $m = 1$, $n = 1$, eo autem casu, in eo lemmate vidimus, ipsius $\frac{1}{xy}$ coëfficientem esse $= 1$. Itaque multiplicata aequatione identica

$$f(x, y) = \Sigma C_n^{(m)} X^m Y^n$$

per expressionem

$$\frac{X'Y_1 - X_1 Y'}{X^{p+1} Y^{q+1}},$$

e lemmate II. in altera aequationis parte terminus $\frac{1}{xy}$ non invenietur nisi in ea expressione, in qua $m = p$, $n = q$, quae fit

$$C_q^{(p)} \cdot \frac{X'Y_1 - X_1 Y'}{XY},$$

in qua porro ex eodem lemmate termini $\frac{1}{xy}$ coëfficientem habes $C_q^{(p)}$. Unde iam:

$$41. \quad C_q^{(p)} = \left[f(x, y) \frac{X'Y_1 - X_1 Y'}{X^{p+1} Y^{q+1}} \right]_{x^{-1} y^{-1}}.$$

Qua formula generali completa problematis solutio continetur.

Ubi $f(x, y) = x^m y^n$, 41. facile in hanc formulam abit:

$$42. \quad C_q^{(p)} = \left[\frac{X'Y_1 - X_1 Y'}{X^{p+1} Y^{q+1}} \right]_{x^{-(m+1)} y^{-(n+1)}}.$$

Ut exemplum adsit, quomodo e formulis traditis formatio combinatoria termini generalis evolutionis quaesitae inveniatur, formationem ipsius $C_q^{(p)}$ in 42., qualem formula illa suggerit, indicabo.

Apparebit primum, $C_q^{(p)}$ formam induere:

$$C_q^{(p)} = \frac{A}{\Delta^{p+q}} - \frac{A_1}{\Delta^{p+q+1}} + \frac{A_2}{\Delta^{p+q+2}} - \dots \pm \frac{A_{p+q-m-n}}{\Delta^{2p+2q-m-n}},$$

in quibus A_λ functio integra positiva coëfficientium aequationum propositarum α'', α'_1, $\alpha_{,,}$, ... β'', β'_1, ... Sit terminus ipsius A_λ

$$(\alpha_{r,}^{r'})^{\mu'}(\alpha_{r_{,,}}^{r''})^{\mu''}\ldots\ldots(\beta_{s,}^{s'})^{\nu'}(\beta_{s_{,,}}^{s''})^{\nu''}\ldots\ldots,$$

fieri debet:

$$\mu'+\mu''+\ldots\ldots+\nu'+\nu''+\ldots\ldots=\lambda;$$

porro posito

$$\mu'+\mu''+\ldots\ldots=a,\quad \nu'+\nu''+\ldots\ldots=b,\quad \text{unde } a+b=\lambda,$$
$$\mu'r'+\mu''r''+\ldots\ldots=M,\quad \nu's'+\nu''s''+\ldots\ldots=N,$$
$$\mu'r_{,}+\mu''r_{,,}+\ldots\ldots=M',\quad \nu's_{,}+\nu''s_{,,}+\ldots\ldots=N',$$

fieri debet:

$$M+N=p+a-m,\quad M'+N'=q+b-n.$$

Coëfficientem autem numericum nancisceris:

$$(nN+mM'+mn)\frac{\Pi(p+a-1)\,\Pi(q+b-1)}{\Pi p\,\Pi q}\cdot\frac{\Pi a}{\Pi\mu'\,\Pi\mu''\ldots\ldots}\cdot\frac{\Pi b}{\Pi\nu'\,\Pi\nu''\ldots\ldots}.$$

Simul autem in ipsa A_λ terminos omnes invenis, qui conditionibus assignatis satisfaciunt.

Observo, ubi formas pleniores adhibuissemus

$$\tau=a'x+a_{,}y+a''x^2+a'_1xy+a_{,,}y^2+\ldots\ldots$$
$$v=b'x+b_{,}y+b''x^2+b'_1xy+b_{,,}y^2+\ldots\ldots,$$

formulam nostram generalem

$$C_q^{(p)}=\left[f(x,y)\frac{X'Y_1-X_1Y'}{X^{p+1}\,Y^{q+1}}\right]_{x^{-1}y^{-1}}$$

adhuc locum habuisse, siquidem expressio

$$\frac{1}{X^{p+1}\,Y^{q+1}}$$

ad dignitates descendentes elementorum a', $a_,$ evoluta fuisset; tum vero $C_q^{(p)}$ e pluribus seriebus infinitis compositam fuisse, quae ex evolutione expressionis

$$\frac{1}{(a'x+a_{,}y)^m}\cdot\frac{1}{(b_{,}y+b'x)^n},$$

ad descendentes dignitates ipsarum a', $b_,$ instituta, ortum ducunt. Quas in commentatione „de discerptione singulari etc." vidimus omnes summari posse per fractiones, quarum denominatores eiusdem quantitatis $\Delta=a'b_{,}-a_{,}b'$ dignitates sunt. Cui igitur summationi per transformationem aequationum propositarum indicatam, qua in terminis primae dimensionis altera variabilis tollitur, omnino supersedemus, et via directa expressionem ipsius $C_q^{(p)}$ in terminis finitis obtinemus. Ceterum idem assequeris, ubi loco x, y variabiles ξ, v inducis, ponendo

$$x=b_{,}\xi-a_{,}v,\quad y=a'v-b'\xi,$$

unde termini lineares fiunt

$$a'x+a_{,}y=\Delta\xi,\quad b'x+b_{,}y=\Delta v.$$

Docet formula nostra generalis 41., termini generalis evolutionis quaesitae

$$C_q^{(p)} t^p u^q$$

functionem generatricem esse

$$f(x,y)\frac{X'Y_1-X_1Y'}{X^{p+1}Y^{q+1}}t^p u^q;$$

cuius formulae ope facile etiam totius seriei, qua $f(x,y)$ exprimitur, functionem generatricem assignas. Ubi enim evolutio quaesita nonnisi positivas dignitates ipsarum t, u continet, tribuendo numeris p, q valores omnes a 0 usque ad ∞ obtines:

$$43.\quad f(x,y)=\left[f(x,y)\frac{X'Y_1-X_1Y'}{(X-t)(Y-u)}\right]_{x^{-1}y^{-1}}.$$

Quoties vero evolutio etiam dignitatibus negativis ipsarum t, u affecta est, poni debet, quae formula etiam illum casum amplectitur:

$$44.\quad f(x,y)=\left[f(x,y)(X'Y_1-X_1Y')\left(\frac{1}{X-t}+\frac{1}{t-X}\right)\left(\frac{1}{Y-u}+\frac{1}{u-Y}\right)\right]_{x^{-1}y^{-1}},$$

ubi e more nostro per expressionem

$$\left(\frac{1}{X-t}+\frac{1}{t-X}\right)\left(\frac{1}{Y-u}+\frac{1}{u-Y}\right)$$

denotamus seriem utrinque infinitam

$$\Sigma\frac{t^p u^q}{X^{p+1}Y^{q+1}},$$

tributis numeris p, q valores omnes a $-\infty$ ad $+\infty$. (Conf. comm. supra cit.) Posito $f(x,y)=x^m y^n$, fit e 44.:

$$45.\quad x^m y^n=\left[(X'Y_1-X_1Y')\left(\frac{1}{X-t}+\frac{1}{t-X}\right)\left(\frac{1}{Y-u}+\frac{1}{u-Y}\right)\right]_{x^{-(m+1)}y^{-(n+1)}}.$$

Inventa seriei quaesitae functione generatrice, id commodi nacti sumus, ut iam eadem expressio omnibus modis accommodari possit, quibus evolutionem functionis radicum ordinare placet. Sint enim coëfficientes aequationum propositarum $X-t=0$, $Y-u=0$ et ipsae functiones aliarum variabilium v, w, ubi functionem radicum, quae et ipsa variabiles v, w involvit, $\varphi(x,y,v,w)$, secundum dignitates ipsarum v, w evolvere placet, evolvatur functio generatrix secundum has ipsas variabiles; quo facto, ubi terminus generalis illius evolutionis est

$$P_q^{(p)} v^p w^q,$$

in quo $P_q^{(p)}$ solas variabiles x, y continet, erit terminus generalis evolutionis quaesitae

$$[P_q^{(p)}]_{x^{-1}y^{-1}}\cdot v^p w^q.$$

Quae est solutio problematis maxime generalis, datis aequationibus

$$\varphi(x, y, v, w) = 0, \quad \psi(x, y, v, w) = 0,$$

functionem $f(x, y, v, w)$ in seriem secundum dignitates ipsarum v, w progredientem evolvere.

Sint series, quibus radices x, y exprimuntur:

$$x = T, \quad y = U,$$

quibus loco x, y in formula 45. substitutis, obtinetur aequatio identica:

$$T^m U^n = \left[(X'Y_1 - X_1 Y')\left(\frac{1}{X-t} + \frac{1}{t-X}\right)\left(\frac{1}{Y-u} + \frac{1}{u-Y}\right)\right]_{x^{-(m+1)}y^{-(n+1)}},$$

quae docet aequatio, in evolutione expressionis

$$(X'Y_1 - X_1 Y')\left(\frac{1}{X-t} + \frac{1}{t-X}\right)\left(\frac{1}{Y-u} + \frac{1}{u-Y}\right),$$

ad dignitates ipsarum x, y ordinata, terminum generalem esse

$$\frac{T^m U^n}{x^{m+1} y^{n+1}},$$

quae expressio perinde ad valores omnes positivos atque negativos numerorum m, n pertinet. Tribuendo igitur numeris m, n valores omnes a $-\infty$ usque ad $+\infty$, eruimus aequationem identicam memorabilem:

$$46. \quad (X'Y_1 - X_1 Y')\left(\frac{1}{X-t} + \frac{1}{t-X}\right)\left(\frac{1}{Y-u} + \frac{1}{u-Y}\right)$$
$$= \left(\frac{1}{x-T} + \frac{1}{T-x}\right)\left(\frac{1}{y-U} + \frac{1}{U-y}\right).$$

Propter correlationem, quae inter aequationes $X - t = 0$, $Y - u = 0$ et aequationes $T - x = 0$, $U - y = 0$ obtinet, qua efficitur, ut ex illis hae, ex his illae sequuntur, in theoremate modo invento elementa x, y, X, Y cum elementis t, u, T, U permutari poterunt; quod ut ex ipso theoremate appareat, haec adnoto.

Sequitur enim e formula tradita 46. haec:

$$\left(\frac{1}{X-t} + \frac{1}{t-X}\right)\left(\frac{1}{Y-u} + \frac{1}{u-Y}\right) = \frac{1}{X'Y_1 - X_1 Y'}\left(\frac{1}{x-T} + \frac{1}{T-x}\right)\left(\frac{1}{y-U} + \frac{1}{U-y}\right).$$

Secundum ea autem, quae iam in commentatione supra citata observavi, expressionem quidem huiusmodi

$$\frac{1}{x-T} + \frac{1}{T-x}$$

non pro evanescente habemus, sed pro symbolo certae cuiusdam evolutionis; eadem autem expressio, ducta in $x - T$, sive in potestatem altiorem ipsius $x - T$ evanescet. Eodem modo expressio

$$\left(\frac{1}{x-T} + \frac{1}{T-x}\right)\left(\frac{1}{y-U} + \frac{1}{U-y}\right),$$

ducta in expressionem eiusmodi $(x-T)^m(y-U)^n$, in qua m, n numeri positivi, evanescit. Hinc ubi $\frac{1}{X'Y_1-X_1Y'}$ ad dignitates ascendentes ipsarum $x-T$, $y-U$ evolvimus, reiici poterunt dignitates et producta ipsarum $x-T$, $y-U$, nec remanebit nisi terminus primus evolutionis, sive in expressione

$$\frac{1}{X'Y_1-X_1Y'}\left(\frac{1}{x-T}+\frac{1}{T-x}\right)\left(\frac{1}{y-U}+\frac{1}{U-y}\right)$$

in factore $\frac{1}{X'Y_1-X_1Y'}$ loco x, y substitui poterit T, U. Jam vero, posito $x=T$, $y=U$, fit $X=t$, $Y=u$; unde posito

$$\frac{\partial T}{\partial t}=T',\quad \frac{\partial T}{\partial u}=T_1,\quad \frac{\partial U}{\partial t}=U',\quad \frac{\partial U}{\partial u}=U_1,$$

differentiando secundum t, u eruitur:

$$X'T'+X_1U'=1,\quad Y'T'+Y_1U'=0,$$
$$X'T_1+X_1U_1=0,\quad Y'T_1+Y_1U_1=1,$$

ideoque

$$X'=\frac{U_1}{T'U_1-T_1U'},\quad Y'=\frac{-U'}{T'U_1-T_1U'},$$
$$X_1=\frac{-T_1}{T'U_1-T_1U'},\quad Y_1=\frac{T'}{T'U_1-T_1U'}.$$

E quibus formulis sequitur, ubi sit $x=T$, $y=U$, fore

$$X'Y_1-X_1Y'=\frac{1}{T'U_1-T_1U'},\quad\text{sive}\quad \frac{1}{X'Y_1-X_1Y'}=T'U_1-T_1U'.$$

Cuius aequationis ope obtinemus formulam:

$$\left(\frac{1}{X-t}+\frac{1}{t-X}\right)\left(\frac{1}{Y-u}+\frac{1}{u-Y}\right)=(T'U_1-T_1U')\left(\frac{1}{x-T}+\frac{1}{T-x}\right)\left(\frac{1}{y-U}+\frac{1}{U-y}\right),$$

quae etiam e theoremate proposito 46. prodit, elementis x, y, X, Y cum t, u, T, U permutatis. Quam igitur ipsum theorema docet locum habere posse permutationem.

Restat, ut formula 46.

$$(X'Y_1-X_1Y')\left(\frac{1}{X-t}+\frac{1}{t-X}\right)\left(\frac{1}{Y-u}+\frac{1}{u-Y}\right)=\left(\frac{1}{x-T}+\frac{1}{T-x}\right)\left(\frac{1}{y-U}+\frac{1}{U-y}\right),$$

quam pro theoremate canonico in hac quaestione habere possumus, ex ipsa natura evolutionum instituendarum, inter quas illa identitatem sistit, comprobetur. Supra quidem in quaestione de reversione serierum sive resolutione aequationis singularis facile succedit idem, quia ex expressione $fx-fy$ factor $x-y$ extrahi potuit; quomodo vero in systemate duarum aequationum simile quid praestari possit, non ita statim patet. Quae tamen accuratius perpendenti hunc in modum succedunt.

Ponatur $X = f(x,y)$, $Y = \varphi(x,y)$, ac consideretur expressio:

$$\left(\frac{1}{f(x,y)-f(t,u)}+\frac{1}{f(t,u)-f(x,y)}\right)\left(\frac{1}{\varphi(x,y)-\varphi(t,u)}+\frac{1}{\varphi(t,u)-\varphi(x,y)}\right).$$

Quae expressio evolvatur ad dignitates descendentes ipsius Δ, ita ut

$\frac{1}{f(x,y)-f(t,u)}$ dignitates negativas unius elementi x, reliquarum positivas

$\frac{1}{f(t,u)-f(x,y)}$ - - - - t, -

$\frac{1}{\varphi(x,y)-\varphi(t,u)}$ - - - - y, -

$\frac{1}{\varphi(t,u)-\varphi(x,y)}$ - - - - u, - -

contineant. Quibus conditionibus singulas expressiones evolvendi modus omnino definitus est. Jam poni poterit:

$$f(x,y)-f(t,u) = A(x-t)+B(y-u),$$
$$\varphi(x,y)-\varphi(t,u) = C(x-t)+D(y-u),$$

designantibus A, B, C, D functiones integras positivas elementorum x, y sive series infinitas, in quibus nonnisi positivae integrae dignitates elementorum x, y inveniuntur. Quibus observatis, e praescripto evolvendi modo fit:

$$\frac{1}{f(x,y)-f(t,u)}+\frac{1}{f(t,u)-f(x,y)} = \Sigma\frac{B^p}{A^{p+1}}(u-y)^p\left(\frac{1}{(x-t)^{p+1}}+\frac{(-1)^p}{(t-x)^{p+1}}\right),$$

$$\frac{1}{\varphi(x,y)-\varphi(t,u)}+\frac{1}{\varphi(t,u)-\varphi(x,y)} = \Sigma\frac{C^q}{A^{q+1}}(t-x)^q\left(\frac{1}{(y-u)^{q+1}}+\frac{(-1)^q}{(u-y)^{q+1}}\right),$$

quibus in summis numeris p, q tribuuntur valores omnes a 0 usque ad ∞. Vix opus est, ut repetam, e notatione, de qua convenimus, series quas per $\frac{1}{(x-t)^{p+1}}$, $\frac{1}{(t-x)^{p+1}}$ repraesentamus, eo inter se differre, quod altera secundum negativas ipsius x, altera secundum negativas ipsius t dignitates procedat. Unde expressionem

$$\frac{1}{(x-t)^{p+1}}+\frac{(-1)^p}{(t-x)^{p+1}}$$

non pro evanescente habemus, quae tamen per dignitatem ipsius $x-t$ altiorem quam p^{tam} multiplicata evanescit. Eodem modo expressio

$$\frac{1}{(y-u)^{q+1}}+\frac{(-1)^q}{(u-y)^{q+1}}$$

per dignitatem ipsius $y-u$ altiorem quam q^{tam} multiplicata evanescit. Unde in summa:

$$\Sigma \frac{B^p C^q}{A^{p+1} D^{q+1}} (u-y)^p (t-x)^q \left(\frac{1}{(x-t)^{p+1}} + \frac{(-1)^p}{(t-x)^{p+1}}\right) \left(\frac{1}{(y-u)^{q+1}} + \frac{(-1)^q}{(u-y)^{q+1}}\right) =$$

$$\left(\frac{1}{f(x,y)-f(t,u)} + \frac{1}{f(t,u)-f(x,y)}\right)\left(\frac{1}{\varphi(x,y)-\varphi(t,u)} + \frac{1}{\varphi(t,u)-\varphi(x,y)}\right)$$

evanescent termini omnes, in quibus sive $p>q$, sive $q>p$, quibus reiectis nonnisi remanent, in quibus $p=q$. Unde expressio proposita fit

$$\Sigma \frac{B^p C^p}{A^{p+1} D^{p+1}} \left(\frac{1}{x-t} + \frac{1}{t-x}\right)\left(\frac{1}{y-u} + \frac{1}{u-y}\right)$$

sive

$$\frac{1}{AD-BC}\left(\frac{1}{x-t} + \frac{1}{t-x}\right)\left(\frac{1}{y-u} + \frac{1}{u-y}\right) \text{*)};$$

Jam ex iis, quae supra observavimus, ubi $\frac{1}{AD-BC}$ ad dignitates positivas ipsarum $x-t$, $y-u$ evolvimus, terminum primum eius evolutionis sive a dignitatibus earum vacuum in locum eius factoris $\frac{1}{AD-BC}$ substituere possumus. Patet autem ex aequationibus

$$f(x,y) - f(t,u) = A(x-t) + B(y-u),$$
$$\varphi(x,y) - \varphi(t,u) = C(x-t) + D(y-u),$$

ubi loco t, u scribimus $x-(x-t)$, $y-(y-u)$, atque $f(t,u)$, $\varphi(t,u)$ secundum dignitates ipsarum $x-t$, $y-u$ evolvimus, terminos a $x-t$, $y-u$ vacuos in evolutione ipsarum A, B, C, D fore respective $f'(x)$, $f'(y)$, $\varphi'(x)$, $\varphi'(y)$; unde loco $\frac{1}{AD-BC}$ scribere licet

$$\frac{1}{f'(x)\varphi'(y)-f'(y)\varphi'(x)} = \frac{1}{X'Y_1-X_1Y'}$$

quo facto fit:

$$\left(\frac{1}{f(x,y)-f(t,u)} + \frac{1}{f(t,u)-f(x,y)}\right)\left(\frac{1}{\varphi(x,y)-\varphi(t,u)} + \frac{1}{\varphi(t,u)-\varphi(x,y)}\right) =$$
$$\frac{1}{X'Y_1-X_1Y'}\left(\frac{1}{x-t} + \frac{1}{t-x}\right)\left(\frac{1}{y-u} + \frac{1}{u-y}\right).$$

In hac aequatione loco t, u ponamus series T, U, quibus loco x, y in $f(x,y)$, $\varphi(x,y)$ substitutis, fit

$$f(T,U) = t, \quad \varphi(T,U) = u;$$

*) Theorema, quo hic pervenimus:

$$\left(\frac{1}{A(x-t)+B(y-u)} + \frac{1}{A(t-x)+B(u-y)}\right)\left(\frac{1}{D(y-u)+C(x-t)} + \frac{1}{D(u-y)+C(t-x)}\right) =$$
$$\frac{1}{AD-BC}\left(\frac{1}{x-t} + \frac{1}{t-x}\right)\left(\frac{1}{y-u} + \frac{1}{u-y}\right)$$

alio modo in commentatione supra citata probatum est.

ubi insuper ponitur $f(x,y)=X$, $\varphi(x,y)=U$, formula antecedens in sequentem abit:

$$\left(\frac{1}{X-t}+\frac{1}{t-X}\right)\left(\frac{1}{Y-u}+\frac{1}{u-Y}\right)=\frac{1}{X'Y_1-X_1Y'}\left(\frac{1}{x-T}+\frac{1}{T-x}\right)\left(\frac{1}{y-U}+\frac{1}{U-y}\right),$$

quae per $X'Y_1-X_1Y'$ multiplicata theorema probandum suggerit.

Methodi a nobis traditae non eo casu circumscribuntur, quo evolutio quaesita e solis dignitatibus ipsarum t, u constat, quem unum hactenus consideravimus. In genere autem per artificia particularia reliqui casus ad illum revocantur. Ponamus e. g., evolvendam esse functionem $\log x \log y$, quae habebit evolutio formam

$$\log t \log u + A \log t + B \log u + C,$$

designantibus A, B, C series ad solas dignitates ipsarum t, u progredientes.

Jam ex aequationibus propositis $t=X$, $u=Y$ sequitur

$$\log x . \log y = \log\frac{tx}{X}.\log\frac{uy}{Y} =$$

$$\log t.\log u + \log t.\log\frac{y}{Y} + \log u.\log\frac{x}{X} + \log\frac{y}{Y}.\log\frac{x}{X},$$

qua in expressione $\log\frac{y}{Y}$, $\log\frac{x}{X}$ ad solas dignitates ipsarum x, y ideoque etiam ipsarum t, u evolvi poterunt, ideoque in casum anteriorem redeunt. Unde e formulis propositis obtinetur:

$$A = \left[\frac{X'Y_1-X_1Y'}{X-t}\left(\frac{1}{Y-u}+\frac{1}{u-Y}\right)\log\frac{y}{Y}\right]_{x^{-1}y^{-1}} = \log\frac{y}{u},$$

$$B = \left[\frac{X'Y_1-X_1Y'}{Y-u}\left(\frac{1}{X-t}+\frac{1}{t-X}\right)\log\frac{x}{X}\right]_{x^{-1}y^{-1}} = \log\frac{x}{t},$$

$$C = \left[(X'Y_1-X_1Y')\log\frac{x}{X}.\log\frac{y}{Y}\left(\frac{1}{X-t}+\frac{1}{t-X}\right)\left(\frac{1}{Y-u}+\frac{1}{u-Y}\right)\right]_{x^{-1}y^{-1}}$$

$$= \log\frac{y}{u}.\log\frac{x}{t}.$$

Quae obiter monuisse sufficiat.

Formulam generalem supra traditam

$$C_q^{(p)} = \left[f(x,y)\frac{X'Y_1-X_1Y'}{X^{p+1}Y^{q+1}}\right]_{x^{-1}y^{-1}}$$

per formulam 11. lemmatis II. etiam hunc in modum repraesentare licet:

$$47.\quad C_q^{(p)} = \left[\frac{f_1'}{pqX^pY^q}-\frac{X_1f'}{qX^{p+1}Y^q}-\frac{Y'f_1}{pX^pY^{q+1}}\right]_{x^{-1}y^{-1}},$$

siquidem $f_1'=\frac{\partial^2 f}{\partial x\partial y}$, $f'=\frac{\partial f}{\partial x}$, $f_1=\frac{\partial f}{\partial y}$. De theoremate sub illa forma proposito facile etiam decurrit, quod Ill. Laplace olim de resolutione

aequationum
$$x = t + \alpha\varphi(x, y), \quad y = u + \beta\psi(x, y)$$
invenit. Ponatur enim $x = t + \xi$, $y = u + \upsilon$: aequationes propositae in sequentes mutantur:
$$\alpha = \frac{\xi}{\varphi(t+\xi, u+\upsilon)}, \quad \beta = \frac{\upsilon}{\psi(t+\xi, u+\upsilon)}.$$
Quoties iam functio $f(x, y) = f(t+\xi, u+\upsilon)$ in seriem secundum dignitates ipsarum α, β progredientem evolvenda est, euius terminus generalis
$$C_q^{(p)} \alpha^p \beta^q,$$
fit e formula antecedente:
$$C_q^{(p)} = \left[\frac{1}{pq}\varphi^p \psi^q \frac{\partial^2 f}{\partial \xi \partial \upsilon} + \frac{1}{q}\varphi^{p-1}\psi^q \frac{\partial \varphi}{\partial \upsilon}\frac{\partial f}{\partial \xi} + \frac{1}{p}\varphi^p \psi^{q-1}\frac{\partial \psi}{\partial \xi}\frac{\partial f}{\partial \upsilon}\right]_{\xi^{p-1}\upsilon^{q-1}},$$
brevitatis causa loco $\varphi(t+\xi, u+\upsilon)$, $\psi(t+\xi, u+\upsilon)$, $f(t+\xi, u+\upsilon)$ posito φ, ψ, f. Quae e theoremate **Tayloriana** fit:

48. $$C_q^{(p)} = \frac{\partial^{p+q-2}\left[\frac{1}{pq}\varphi^p \psi^q \frac{\partial^2 f}{\partial x \partial y} + \frac{1}{q}\varphi^{p-1}\psi^q \frac{\partial \varphi}{\partial y}\frac{\partial f}{\partial x} + \frac{1}{p}\varphi^p \psi^{q-1}\frac{\partial \psi}{\partial x}\frac{\partial f}{\partial y}\right]}{\Pi(p-1)\,\Pi(q-1)\,\partial x^{p-1}\partial y^{q-1}},$$

in qua formula φ, ψ, f designant functiones $\varphi(x, y)$, $\psi(x, y)$, $f(x, y)$, atque post differentiationes exactas ponendum est $x = t$, $y = u$. Quod cum theoremate ab Ill. **Laplace** tradito convenit. Aequationes enim, quas ille considerat,
$$x = F(t + \alpha\varphi(x, y)), \quad y = \Pi(u + \beta\psi(x, y))$$
posito $x = F(x_1)$, $y = \Pi(y_1)$, revocantur ad formam a nobis adhibitam.

Observo adhuc, datis aequationibus $\varphi(x, y, t, u) = 0$, $\psi(x, y, t, u) = 0$, ubi x, y ut functiones ipsarum t, u considerantur, differentialia functionis $f(x, y, t, u)$, secundum t, u sumta per formulas nostras generaliter inveniri. Ponamus enim, loco t, u posito $t+h$, $u+i$ mutari x, y in $x+H$, $y+I$, unde aequationes propositae fiunt:
$$\varphi(x+H, y+I, t+h, u+i) - \varphi(x, y, t, u) = 0,$$
$$\psi(x+H, y+I, t+h, u+i) - \psi(x, y, t, u) = 0,$$
in quibus H, I ut incognitas sive radices consideramus. Quarum functionem $f(x+H, y+I, t+h, u+i)$ per methodos supra traditas in seriem evolvere possumus. Quibus ad dignitates ipsarum h, i ordinatis, ubi terminum generalem invenis $C_q^{(p)} h^p i^q$, erit
$$\frac{\partial^{p+q} f(x, y, t, u)}{\partial t^p \partial u^q} = \Pi p . \Pi q . C_q^{(p)}.$$
Pauca adhuc de systemate trium aequationum inter tres variabiles propositarum adiiciamus.

De resolutione trium aequationum inter tres variabiles propositarum per series infinitas.

Propositis aequationibus:

$$\sigma = ax + by + cz + dx^2 + exy + \dots$$
$$\tau = a'x + b'y + c'z + d'x^2 + e'xy + \dots$$
$$\upsilon = a''x + b''y + c''z + d''x^2 + e''xy + \dots$$

transformo eas in alias hujus formae:

$$s = \Delta x + \alpha x^2 + \beta xy + \gamma y^2 + \dots$$
$$t = \Delta y + \alpha' x^2 + \beta' xy + \gamma' y^2 + \dots$$
$$u = \Delta z + \alpha'' x^2 + \beta'' xy + \gamma'' y^2 + \dots$$

in quibus

$$s = (b'c'' - b''c')\sigma + (b''c - bc'')\tau + (bc' - b'c)\upsilon,$$
$$t = (c'a'' - c''a')\sigma + (c''a - ca'')\tau + (ca' - c'a)\upsilon,$$
$$u = (a'b'' - a''b')\sigma + (a''b - ab'')\tau + (ab' - a'b)\upsilon,$$
$$\Delta = a(b'c'' - b''c') + b(c'a'' - c''a') + c(a'b'' - a''b').$$

Jam ubi radicum x, y, z functio $f(x, y, z)$ in seriem evolvenda est, cuius terminus generalis $C_{p,q,r} s^p t^q u^r$, ipsam $C_{p,q,r}$ ope lemmatis III. ita invenio.

Posito

$$X = \Delta x + \alpha x^2 + \beta xy + \gamma y^2 + \dots$$
$$Y = \Delta y + \alpha' x^2 + \beta' xy + \gamma' y^2 + \dots$$
$$Z = \Delta z + \alpha'' x^2 + \beta'' xy + \gamma'' y^2 + \dots$$
$$\nabla = \frac{\partial X}{\partial x}\left(\frac{\partial Y}{\partial y}\frac{\partial Z}{\partial z} - \frac{\partial Y}{\partial z}\frac{\partial Z}{\partial y}\right) + \frac{\partial X}{\partial y}\left(\frac{\partial Y}{\partial z}\frac{\partial Z}{\partial x} - \frac{\partial Y}{\partial x}\frac{\partial Z}{\partial z}\right) + \frac{\partial X}{\partial z}\left(\frac{\partial Y}{\partial x}\frac{\partial Z}{\partial y} - \frac{\partial Y}{\partial y}\frac{\partial Z}{\partial x}\right),$$

et evoluta expressione $X^m Y^n Z^p \nabla$ ad dignitates descendentes ipsius Δ, vidimus in lemmate III. in evolutione illa coëfficientem termini $\frac{1}{xyz}$ esse $= 0$, nisi sit $m = n = p = -1$, quo casu terminus $\frac{1}{xyz}$ nanciscitur coëfficientem 1. Jam ubi

$$f(x, y, z) = \Sigma C_{p,q,r} s^p t^q u^r$$

fieri debet identice

$$f(x, y, z) = \Sigma C_{p,q,r} X^p Y^q Z^r,$$

unde e lemmate citato:

$$49. \quad C_{p,q,r} = \left[\frac{f(x, y, z)\nabla}{X^{p+1}\, Y^{q+1}\, Z^{r+1}}\right]_{x^{-1}y^{-1}z^{-1}}.$$

Expressio $C_{p,q,r}$ cum dignitates negativas ipsius Δ contineat, observo, si loco aequationum transformatarum $s = X$, $t = Y$, $u = Z$ formas pleniores adhibuisses, quas initio proposuimus, expressionem illam $C_{p,q,r}$ quam formula 47. suppeditat e pluribus seriebus valde complexis compositam fuisse, quae ex evolutione dignitatum negativarum ipsius Δ proveniunt.

Totam seriem, ubi e solis positivis ipsarum s, t, u dignitatibus constat, invenis:

$$50. \quad f(x,y,z) = \left[\frac{f(x,y,z)\nabla}{(X-s)(Y-t)(Z-u)}\right]_{x^{-1}y^{-1}z^{-1}};$$

quae formula id commodi habet, quod aliis quibuslibet modis se accommodet, quibus evolutionem functionis $f(x,y,z)$ ordinare placet.

E formula 21. lemmatis III. formulam pro $C_{p,q,r}$ inventam etiam hunc in modum repraesentare licet:

$$51. \quad pqr\,C_{p,q,r} =$$

$$\left\{\begin{aligned} &\frac{\partial^3 f}{X^p Y^q Z^r \partial x \partial y \partial z} + \frac{\partial . Y^{-q} Z^{-r}}{X^p \partial x} \cdot \frac{\partial^2 f}{\partial y \partial z} + \frac{\partial . Z^{-r} X^{-p}}{Y^q \partial y} \cdot \frac{\partial^2 f}{\partial z \partial x} + \frac{\partial . X^{-p} Y^{-q}}{Z^r \partial z} \cdot \frac{\partial^2 f}{\partial x \partial y} \\ &+ \frac{\partial f}{\partial x}\left[\frac{\partial^2 X^{-p}}{Y^q Z^r \partial y \partial z} + \frac{\partial Z^{-r}}{Y^q \partial y} \cdot \frac{\partial X^{-p}}{\partial z} + \frac{\partial Y^{-q}}{Z^r \partial z} \cdot \frac{\partial X^{-p}}{\partial y}\right] \\ &+ \frac{\partial f}{\partial y}\left[\frac{\partial^2 Y^{-q}}{Z^r X^p \partial z \partial x} + \frac{\partial X^{-p}}{Z^r \partial z} \cdot \frac{\partial Y^{-q}}{\partial x} + \frac{\partial Z^{-r}}{X^p \partial x} \cdot \frac{\partial Y^{-q}}{\partial z}\right] \\ &+ \frac{\partial f}{\partial z}\left[\frac{\partial^2 Z^{-r}}{X^p Y^q \partial x \partial y} + \frac{\partial Y^{-q}}{X^p \partial x} \cdot \frac{\partial Z^{-r}}{\partial y} + \frac{\partial X^{-p}}{Y^q \partial y} \cdot \frac{\partial Z^{-r}}{\partial x}\right] \end{aligned}\right\}_{x^{-1}y^{-1}z^{-1}}$$

Cuius formulae ope theorema ab Ill. **Laplace** de resolutione trium aequationum inter tres variabiles propositarum olim exhibitum facile probatur. Datis enim aequationibus:

$$\xi = s + \alpha f(\xi, v, \zeta),$$
$$v = t + \beta \varphi(\xi, v, \zeta),$$
$$\zeta = u + \gamma \psi(\xi, v, \zeta),$$

quam ille formam adhibet ponatur:

$$\xi = s + x, \quad v = t + y, \quad \zeta = u + z,$$

unde aequationes datae in has abeunt:

$$\alpha = \frac{x}{f(s+x, t+y, u+z)},$$

$$\beta = \frac{y}{\varphi(s+x, t+y, u+z)},$$

$$\gamma = \frac{z}{\psi(s+x, t+y, u+z)}.$$

Jam ubi ponitur esse

$$F(\xi, v, \zeta) = F(s+x, t+y, u+z) = \Sigma C_{p,q,r}\, \alpha^p \beta^q \gamma^r,$$

e formula 51., ponendo $X = \frac{x}{f}$, $Y = \frac{y}{\varphi}$, $Z = \frac{z}{\psi}$, et adhibita pro notatione nostra vulgari differentialium notatione, prodit

$$52.\qquad C_{p,q,r} = \frac{\partial^{p+q+r-3}\left\{\begin{array}{l} f^p\varphi^q\psi^r\frac{\partial^2 F}{\partial x\,\partial y\,\partial z} \\ +f^p\frac{\partial.\varphi^q\psi^r}{\partial x}.\frac{\partial^2 F}{\partial y\,\partial z}+\varphi^q\frac{\partial.\psi^r f^p}{\partial y}.\frac{\partial^2 F}{\partial z\,\partial x}+\psi^r\frac{\partial.f^p\varphi^q}{\partial z}.\frac{\partial^2 F}{\partial x\,\partial y} \\ +\frac{\partial F}{\partial x}\left[\varphi^q\psi^r\frac{d^2.f^p}{\partial y\,\partial z}+\varphi^q\frac{\partial.\psi^r}{\partial y}.\frac{\partial f^p}{\partial z}+\psi^r\frac{\partial\varphi^q}{\partial z}.\frac{\partial f^p}{\partial y}\right] \\ +\frac{\partial F}{\partial y}\left[\psi^r f^p\frac{\partial^2\varphi^q}{\partial z\,\partial x}+\psi^r\frac{\partial.f^p}{\partial z}.\frac{\partial\varphi^q}{\partial x}+f^p\frac{\partial\psi^r}{\partial x}.\frac{\partial\varphi^q}{\partial z}\right] \\ +\frac{\partial F}{\partial z}\left[f^p\varphi^q\frac{\partial^2\psi^r}{\partial x\,\partial y}+f^p\frac{\partial.\varphi^q}{\partial x}.\frac{\partial\psi^r}{\partial y}+\varphi^q\frac{\partial f^p}{\partial y}.\frac{\partial\psi^r}{\partial x}\right] \end{array}\right\}}{\Pi p.\Pi q.\Pi r.\partial x^{p-1}\partial y^{q-1}\partial z^{r-1}},$$

ubi loco $f(x,y,z)$, $\varphi(x,y,z)$, $\psi(x,y,z)$, $F(x,y,z)$ simpliciter scripsimus f, φ, ψ, F atque post differentiationes exactas ponendum est $x=s$, $y=t$, $z=u$. Quam dedit Ill. Laplace formulam in commentatione supra citata p. 120. Aequationes enim, quas ille adhibet, formam tenentes

$$\xi = \Pi(s+\alpha f(\xi,v,\zeta)),$$
$$v = X(t+\beta\varphi(\xi,v,\zeta)),$$
$$\zeta = \Omega(u+\gamma\psi(\xi,v,\zeta))$$

ponendo $\xi=\Pi\xi'$, $v=Xv'$, $\zeta=\Omega\zeta'$ in formam supra adhibitam redeunt.

Nec non ubi datis aequationibus

$$f(x,y,z,t,u,v) = 0,$$
$$\varphi(x,y,z,t,u,v) = 0,$$
$$\psi(x,y,z,t,u,v) = 0,$$

x, y, z ideoque etiam functio $F(x,y,z,t,u,v)$ ut functio ipsarum t, u, v consideratur, atque ea suppositione facta differentialia partialia ipsius F secundum t, u, v sumta eruenda sunt, expressionem

$$\frac{\partial^{p+q+r}F}{\partial t^p\,\partial u^q\,\partial v^r}$$

per formulas nostras generaliter exhibere licet.

Quae autem hactenus de duabus, tribus aequationibus inter duas, tres variabiles propositis protulimus, eadem facilitate ad numerum quemlibet aequationum et variabilium extenduntur.

23.
Über mechanische Quadraturen.
(Von Herrn *Th. Clausen* zu München.)

$\mathbf{D}$ie von Laplace *Méc. cél. T. IV. p.* 207. gegebene Formel veranlaſste mich den allgemeinen Ausdruck für die darin enthaltenen Coëfficienten zu suchen. Man gelangt dazu auf folgendem Wege. Denkt man sich die gegebene Function in eine Reihe Glieder von der Form $H(e^{hx} - e^{-hx})$ entwickelt, so sieht man leicht, daſs die Interpolationsreihe, die allgemein für jedes Glied von dieser Form gilt, ebenfalls für die Function gelte, und daſs man von den constanten Coëfficienten abstrahiren könne. Es sei demnach die Reihe Werthe von y_x, für $x = 0, 1, 2, 3, \ldots\ldots n$ folgendermaſsen geordnet, mit ihren successiven Differenzen:

x	y_x	$\Delta . y_x$	$\Delta^2 . y_x$	$\Delta^3 . y_x$
0	$1 - 1$			
1	$e^h - e^{-h}$	$(e^h-1)(1+e^{-h})$		
2	$e^{2h} - e^{-2h}$	$(e^h-1)(e^h+e^{-2h})$	$(e^h-1)^2(1-e^{-2h})$	
3	$e^{3h} - e^{-3h}$	$(e^h-1)(e^{2h}+e^{-3h})$	$(e^h-1)^2(e^h-e^{-3h})$	$(e^h-1)^3(1+e^{-3h})$
$\vdots$				
n-1	$e^{(n-1)h}-e^{-(n-1)h}$	$(e^h-1)(e^{(n-2)h}+e^{-(n-1)h})$	$(e^h-1)^2(e^{(n-2)h}-e^{-nh})$	$(e^h-1)^3(e^{(n-3)h}+e^{-nh})$.
n	$e^{nh}-e^{-nh}$	$(e^h-1)(e^{(n-1)h}+e^{-nh}$		

Für diesen Werth von y_x hat man also:
$$\Delta y_0 - \Delta y_{n-1} = -(1-e^{-h})(e^{nh}-1) + (1-e^h)(e^{-nh}-1),$$
$$\Delta^2 y_0 + \Delta^2 y_{n-2} = +(1-e^{-h})^2(e^{nh}-1) - (1-e^h)^2(e^{-nh}-1),$$
$$\Delta^3 y_0 - \Delta^3 y_{n-3} = -(1-e^{-h})^3(e^{nh}-1) + (1-e^h)^3(e^{-nh}-1),$$
$$\Delta^4 y_0 + \Delta^4 y_{n-4} = +(1-e^{-h})^4(e^{nh}-1) - (1-e^h)^4(e^{-nh}-1),$$
etc.

Nun ist aber $\int_0^n (e^{hx}-e^{-hx})\partial x = \frac{1}{h}(e^{nh}-1) + \frac{1}{h}(e^{-nh}-1)$; und $\frac{1}{2}y_0 + y_1 + y_2 + \ldots y_{n-1} + \frac{1}{2}y_n$ nach einer leichten Reduction
$$= \frac{1}{2}\frac{e^h+1}{e^h-1}(e^{nh}-1) - \frac{1}{2}\frac{e^{-h}+1}{e^{-h}-1}(e^{-nh}-1).$$

Es ist also, wenn man setzt:

$$\int_0^n y_x \partial x = \tfrac{1}{2}y_0 + y_1 + y_2 + y_3 + \ldots + y_{n-1} + \tfrac{1}{2}y_n$$
$$+ A_1(\Delta y_0 - \Delta y_{n-1})$$
$$+ A_2(\Delta^2 y_0 + \Delta^2 y_{n-2})$$
$$+ A_3(\Delta^3 y_0 - \Delta^3 y_{n-3})$$
$$+ A_4(\Delta^4 y_0 + \Delta^4 y_{n-4})$$
$$+ \ldots$$

gleichfalls

$$\frac{1}{h} = \frac{1}{2}\frac{e^h+1}{e^h-1} - A_1(1-e^{-h}) + A_2(1-e^{-h})^2 - A_3(1-e^{-h})^3 + A_4(1-e^{-h})^4 - \text{etc.},$$

oder wenn man $1-e^{-h} = z$ setzt:

$$\frac{1}{-\log \text{nat}(1-z)} = \frac{1}{2}\frac{2-z}{z} - A_1 z + A_2 z^2 - A_3 z^3 + A_4 z^4 - \text{etc.},$$

oder endlich:

$$\frac{1}{1+\frac{1}{2}z+\frac{1}{3}z^2+\frac{1}{4}z^3+\frac{1}{5}z^4+\ldots} = 1 - \tfrac{1}{2}z - A_1 z^2 + A_2 z^3 - A_3 z^4 + A_4 z^5 - \ldots$$

Außer den fünf von **Laplace** a. a. O. gegebenen Coëfficienten habe ich selbst noch folgende nach dieser Formel, und zur Sicherheit gegen Rechnungsfehler nach der Formel

$$\pm A_n = \int_0^1 \frac{x.x-1.x-2\ldots.x-n}{1.2.3.4\ldots.n}$$

berechnet.

$$A_1 = +\frac{1}{12}; \qquad A_7 = +\frac{33953}{3628800};$$
$$A_2 = -\frac{1}{24}; \qquad A_8 = -\frac{8183}{1036800};$$
$$A_3 = +\frac{19}{720}; \qquad A_9 = +\frac{3250433}{479001600};$$
$$A_4 = -\frac{3}{160}; \qquad A_{10} = -\frac{4671}{788480};$$
$$A_5 = +\frac{863}{60480}; \qquad A_{11} = +\frac{13695779093}{2615348736000};$$
$$A_6 = -\frac{275}{24192}; \qquad A_{12} = -\frac{2224234463}{475517952000}.$$

Zwischen den Grenzen $x = -\frac{1}{2}$ und $n+\frac{1}{2}$ ist $\int e^{hx} - e^{-hx}$

$$= \frac{e^{\frac{1}{2}h}}{h}(e^{nh}-1) - \frac{e^{-\frac{1}{2}h}}{-h}(e^{-nh}-1)$$

und

$$y_0 + y_1 \ldots. + y_{n-1} + y_n = \frac{e^h}{e^h-1}(e^{nh}-1) - \frac{e^{-h}}{e^{-h}-1}(e^{-nh}-1).$$

Wenn man also

$$\int_{-\frac{1}{2}}^{n+\frac{1}{2}} y_x \partial x = y_0 + y_1 + y_2 + \ldots + y_{n-1} + y_n$$
$$+ B_1(\Delta y_0 - \Delta y_{n-1})$$
$$+ B_2(\Delta^2 y_0 + \Delta^2 y_{n-2})$$
$$+ B_3(\Delta^3 y_0 - \Delta^3 y_{n-3})$$
$$+ \ldots$$

so wird

$$\frac{e^{\frac{1}{2}h}}{h} = \frac{e^h}{e^h - 1} - B_1(1-e^{-h}) + B_2(1-e^{-h})^2 - B_3(1-e^{-h})^3 + B_4(1-e^{-h})^4 - \text{etc.},$$

oder wenn man gleichfalls hier $1 - e^{-h} = z$ setzt:

$$\frac{1}{-\sqrt{(1-z)}\log\text{nat}(1-z)} = \frac{1}{z} - B_1 z + B_2 z^2 - B_3 z^3 + B_4 z^4 - B_5 z^5 + \ldots,$$

$$\frac{1 + \frac{1}{2}z + \frac{1.3}{2.4}z^2 + \frac{1.3.5}{2.4.6}z^3 + \frac{1.3.5.7}{2.4.6.8}z^4}{1 + \frac{1}{2}z + \frac{1}{3}z^2 + \frac{1}{4}z^3 + \frac{1}{5}z^4 + \text{etc.}} = 1 - B_1 z^2 + B_2 z^3 - B_3 z^4 + \text{etc.}$$

Die numerischen Werthe dieser Coëfficienten, gleichfalls auf zwei Arten berechnet, habe ich gefunden:

$$B_1 = -\frac{1}{24}; \qquad B_7 = -\frac{13528301}{464486400};$$
$$B_2 = +\frac{1}{24}; \qquad B_8 = +\frac{3194621}{116121600};$$
$$B_3 = -\frac{223}{5760}; \qquad B_9 = -\frac{3201305803}{122624409600};$$
$$B_4 = +\frac{103}{2880}; \qquad B_{10} = +\frac{122002655}{4904976384};$$
$$B_5 = -\frac{32119}{967680}; \qquad B_{11} = -\frac{63687408047173}{2678117105664000};$$
$$B_6 = +\frac{1111}{35840}; \qquad B_{12} = +\frac{10179163217133}{446352850944000}.$$

24.

Alia solutio problematis a celeberrimo Gaufs in opere: „Demonstratio attractionis, quam etc." tractati.

Auct. Th. Clausen.

Methodus, cujus ope summus Geometra problema hoc ad transcendentes ellipticas reducit, tam est elegans, tantaque generalitate gaudet, ut omnia alia hujusmodi problemata solvendi quasi typum praebeat. Si itaque finem tantum solutionis spectas, tanquam peracta videri potest; si vero nexum methodi Gaussianae comparationemque cum methodis antea usitatis requiris, quod sane analysin clarius perspiciendam facit: non omnino superfluae, ni fallor, sequentes pagellae aestimabuntur.

1.

Denotent A, B, C coordinatas orthogonales puncti ab annulo elliptico attracti, ad axes principales centrumque ellipseos relatas, cujus semiaxis major a, b semiaxis minor, e excentricitas est, E autem angulus ab astronomis anomalia excentrica vocatus. Coordinatae puncti ellipseos angulo E respondentes sunt

$$a\cos E,\quad b\sin E,$$

atque desuper $aa(1-ee)=bb$. Jam densitas annuli elliptici, cui crassities aequalis atque infinite parva supponitur, in quovis ellipseos puncto celeritati corporis hanc orbitam describentis inverse proportionalis statuitur, totaque annuli massa unitati aequalis concipitur; quocirca particula cujusvis annuli tempusculo ∂t respondens $\frac{\partial t}{T}$ erit, designante T tempus periodicum. Designata igitur per ϱ distantia puncti attracti a particula annuli elliptici, habetur hujus attractio

$$\frac{\partial . t}{\varrho\varrho . T}$$

vel, valoribus ipsorum ∂t et T per E substitutis, scilicet:

$$\partial t = a^{\frac{3}{2}}(1-e\cos E)\,\partial E,$$

$$T = 2a^{\frac{3}{2}}\pi,$$

designante π semicircumferentiam circuli cujus radius $=1$, attractio haec

$$\frac{1-e\cos E}{2\pi\varrho\varrho}\,\partial E$$

evadit. Quae in tres secundum axium directiones decomponitur, nempe:

$$1.\quad \begin{cases} \partial\xi = \dfrac{(A-a\cos E)(1-e\cos E)\partial E}{2\pi\varrho^3}, \\ \partial\upsilon = \dfrac{(B-b\sin E)(1-e\cos E)\partial E}{2\pi\varrho^3}, \\ \partial\zeta = \dfrac{C(1-e\cos E)\partial E}{2\pi\varrho^3}. \end{cases}$$

Hisce aequationibus ab $E=0$ usque ad $E=2\pi$ integratis, evadunt ξ, υ, ζ attractiones totius annuli in punctum propositum secundum directiones axium directionibus oppositas.

2.

Primo quidem hoc agitur, ut expressio ipsius $\varrho\varrho$ ad casum ubi $C=0$ reducatur. Hunc in finem ab aequatione

$$\varrho\varrho = aa\cos E^2 + bb\sin E^2 - 2aA\cos E - 2bB\sin E + AA + BB + CC$$

subtrahitur aequatio identica

$$0 = u\cos E^2 + u\sin E^2 - u,$$

designante u quantitatem adhuc indeterminatam, quam vero ita determinare licet, ut fit:

$$2.\quad \varrho\varrho = (aa-u)\cos E^2 + (bb-u)\sin E^2 - 2aA\cos E - 2bB\sin E + AA + BB + CC + u$$
$$= (aa-u)\left(\cos E - \frac{aA}{aa-u}\right)^2 + (bb-u)\left(\sin E - \frac{bB}{bb-u}\right)^2;$$

quibus valoribus comparatis, emergit:

$$\frac{aaAA}{aa-u} + \frac{bbBB}{bb-u} = AA + BB + CC + u,$$

vel

$$\frac{AA}{aa-u} + \frac{BB}{bb-u} = \frac{CC}{u} + 1,$$

quae aequatio evoluta ita se habet:

$$3.\quad u^3 + (AA + BB + CC - aa - bb)uu$$
$$+ (aabb - aaBB - aaCC - bbAA - bbCC)u + aabbCC = 0.$$

Jam observare licet, tributis u successive valoribus $-\infty$; 0; $+bb$; $+aa$; redire valores aequationis $-\infty$; $+aabbCC$; $-(aa-bb)bbBB$; $+(aa-bb)aaAA$ *); unde facile concluditur radices hujus aequationis omnes esse reales, earumque unam negativam, reliquas vero duas positivas, quarum altera quantitate $+bb$ minor est, altera vero inter bb et aa jacet. Quaenam vero earum ad propositum idonea sit, in sequentibus

*) Celeb. Gaufs in tractatu suo p. 12. methodum prolixiorem secutus est limites radicum aequationis hujus assignandi.

patebit; tertia certe est rejicienda, cum hac adoptata $bb - u$ negative evadat. Scribatur nunc:

4.
$$\begin{cases} \sqrt{(aa-u)} = a'; & \dfrac{aA}{aa-u} = f\cos\mu; \\[2mm] \sqrt{(bb-u)} = b'; & \dfrac{bB}{bb-u} = f\sin\mu; \end{cases}$$

tum aequatio transit in:

5. $\varrho\varrho = (a'\cos E - a'f\cos\mu)^2 + (b'\sin E - b'f\sin\mu)^2.$

Hoc itaque modo problema ad casum $C=0$, vel quo punctum attractum
in plano ellipseos jacet, reductum est.

3.

Si discerptio quantitatis cujuslibet in duo quadrata habetur, $\varrho\varrho = xx + yy$, notum est assignari posse innumeras alias, scilicet:

$$\varrho\varrho = (x\cos\varphi - y\sin\varphi)^2 + (x\sin\varphi + y\cos\varphi)^2,$$

designante φ angulum quemcumque. Hinc sequitur:

6. $\varrho\varrho = [a'\cos\varphi\cos E - b'\sin\varphi\sin E - f(a'\cos\varphi\cos\mu - b'\sin\varphi\sin\mu)]^2$
$\qquad + [a'\sin\varphi\cos E + b'\cos\varphi\sin E - f(a'\sin\varphi\cos\mu + b'\cos\varphi\sin\mu)]^2.$

Statuatur nunc

7. $\begin{cases} r\sin\varphi = -b'\sin\mu, \\ r\cos\varphi = a'\cos\mu, \end{cases}$

vel

$rr = a'a'\cos\mu^2 + b'b'\sin\mu^2,$

tunc prodit:

$rr\,\varrho\varrho = [a'a'\cos\mu\cos E + b'b'\sin\mu\sin E - f(a'a'\cos\mu^2 + b'b'\sin\mu^2)]^2$
$\qquad + [a'b'\sin(E-\mu)]^2,$

vel, reductionibus paucis factis:

8. $rr\varrho\varrho = [rr\cos(E-\mu) + \sin\mu\cos\mu(b'b' - a'a')\sin(E-\mu) - frr]^2$
$\qquad + [a'b'\sin(E-\mu)]^2.$

Faciatur nunc similis transformatio, qua in theoria ellipseos anomalia excentrica et vera comparantur:

9. $\begin{cases} \cos(T-\nu) = \dfrac{\cos(E-\mu)-f}{1-f\cos(E-\mu)}, \\[2mm] \sin(T-\nu) = \dfrac{\sqrt{(1-ff)}\sin(E-\mu)}{1-f.\cos(E-\mu)}, \\[2mm] \tang\tfrac{1}{2}(T-\nu) = \sqrt{\left(\dfrac{1+f}{1-f}\right)}\tang\tfrac{1}{2}(E-\mu), \end{cases}$

et vice versa:

$$9.\quad \begin{cases} \cos(E-\mu) = \dfrac{\cos(T-\nu)+f}{1+f\cos(T-\nu)}, \\ \sin(E-\mu) = \dfrac{\sqrt{(1-ff)}\sin(T-\nu)}{1+f\cos(T-\nu)}, \\ \partial E = \dfrac{\sqrt{(1-ff)}\,\partial T}{1+f\cos(T-\nu)}. \end{cases}$$

Ut vero hae substitutiones locum habere possint, necesse est haberi $f<1$. Videamus, an aliqua et quaenam radicum aequationis (3.) ad hoc sit idonea.

Ex aequationibus (4.) sequitur:

$$H = \frac{aaAA}{(aa-u)^2}+\frac{bbBB}{(bb-u)^2}$$
$$= \frac{AA}{aa-u}+\frac{BB}{bb-u}+\frac{AAu}{(aa-u)^2}+\frac{BBu}{(bb-u)^2};$$

si aequatio (3.) substituitur, prodit:

$$H = 1+u\left[\left(\frac{A}{aa-u}\right)^2+\left(\frac{B}{bb-u}\right)^2+\left(\frac{C}{u}\right)^2\right].$$

Hinc sequitur, si sumta fuerit radix negativa aequationis (3.), f evadere <1, sin minus >1; quapropter illa tantum assumi debet, rejectis duobus reliquis. Si statim ab initio fuisset $C=0$ atque punctum **extra** curvam situm, facile perspicitur fieri per aequationes (4.) (posito scilicet $u=0$) $f>1$. In eo casu ad aequationem (3.) regrediendum erit, quae posito $C=0$ transit in:

$$u^2+(AA+BB-aa-bb)u+aabb-aaBB-bbAA = 0.$$

In eo, de quo agitur casu, est $\frac{AA}{aa}+\frac{BB}{bb}>1$ ideoque terminus ultimus negativus. Quapropter, si in aequationem hanc successive ipsi u valores $-\infty$, 0, $+bb$, $+aa$ tribuuntur, valor hujus aequationis $+\infty$; negativus; $-(aa-bb)BB$; $+(aa-bb)AA$ evadit; unde facile concluditur radicum hujus aequationis alteram esse negativam, alteram vero inter bb et aa sitam. In hoc itaque casu radix hujus aequationis negativa assumi debet, postea vero eodem modo progrediendum est, ac si non fuisset $C=0$.

Hac demonstratione peracta, ad aequationem (8.) regredior, quae aequationibus (9.) substitutis, in

$$rr[1+f\cos(T-\nu)]^2\varrho\varrho$$
$$= [rr\cos(T-\nu)+\sqrt{(1-ff)}\sin\mu\cos\mu(b'b'-a'a')\sin(T-\nu)]^2$$
$$+[a'b'\sqrt{(1-ff)}\sin(T-\nu)]^2$$

et, si eodem modo, quo aequatio (5.) transcribitur,

$$rr[1+f\cos(T-\nu)]^2\varrho\varrho$$
$$=[rr\cos\psi\cos(T-\nu)+\sqrt{(1-ff)}(\sin\mu\cos\mu(b'b'-a'a')\cos\psi-a'b'\sin\psi)\sin(T-\nu)]^2$$
$$+[rr\sin\psi\cos(T-\nu)+\sqrt{(1-ff)}(\sin\mu\cos\mu(b'b'-a'a')\sin\psi+a'b'\cos\psi)\sin(T-\nu)]^2.$$

Angulus ψ nunc ita determinari potest, ut fiat:

$$10.\quad [1+f\cos(T-\nu]^2\varrho\varrho = MM\cos T^2+NN\sin T^2$$
$$= [M\cos\nu\cos(T-\nu)-M\sin\nu\sin(T-\nu)]^2$$
$$+ [N\sin\nu\cos(T-\nu)+N\cos\nu\sin(T-\nu)]^2.$$

Statui ita debet:

$$11.\quad \begin{cases} M\cos\nu = r\cos\psi, \\ M\sin\nu = -\frac{\sqrt{(1-ff)}}{r}(\sin\mu\cos\mu(b'b'-a'a')\cos\psi-a'b'\sin\psi), \\ N\cos\nu = \frac{\sqrt{(1-ff)}}{r}(\sin\mu\cos\mu(b'b'-a'a')\sin\psi+a'b'\cos\psi), \\ N\sin\nu = r\sin\psi; \end{cases}$$

unde derivatur:

$$12.\quad \cot 2\psi = \frac{a'a'b'b'+(a'a'-b'b')\sin\mu^2\cos\mu^2-\frac{r^4}{1-ff}}{2a'b'(b'b'-a'a')\sin\mu\cos\mu},$$

4.

Per aequationes (9. et 10.) habetur

$$13.\quad \frac{\partial E}{\varrho^2} = \frac{\sqrt{(1-ff)}[1+f\cos(T-\nu)]^2\partial F}{t^2}$$

designante t quantitatem $\sqrt{(MM\cos T^2+NN\sin T^2)}$, atque cum sit

$$A-a\cos E = A-a\cos\mu\cos(E-\mu)+a\sin\mu\sin(E-\mu),$$
$$B-b\sin E = B-b\sin\mu\cos(E-\mu)-b\cos\mu\sin(E-\mu),$$
$$1-e\cos E = 1-e\cos\mu\cos(E-\mu)+e\sin\mu\sin(E-\mu),$$

facile per aequationes (9.) invenitur:

$$14.\quad \begin{cases} (A-a\cos E)[1+f\cos(T-\nu)] = (A-af\cos\mu)+(Af-a\cos\mu)\cos(T-\nu)+a\sqrt{(1-ff)}\sin\mu\sin(T-\nu), \\ (B-b\sin E)[1+f\cos(T-\nu)] = (B-bf\sin\mu)+(Bf-b\sin\mu)\cos(T-\nu)-b\sqrt{(1-ff)}\cos\mu\sin(T-\nu), \\ C\qquad [1+f\cos(T-\nu)] = C\qquad + Cf\qquad \cos(T-\nu), \\ (1-e\cos E)[1+f\cos(T-\nu)] = (1-ef\cos\mu)+(f-e\cos\mu)\cos(T-\nu)+e\sqrt{(1-ff)}\sin\mu\sin(T-\nu). \end{cases}$$

Cum vero sit integratione a $T=0$ usque ad $T=2\pi$ facta

$$\int\frac{\cos T.\partial T}{t^3} = 0,$$
$$\int\frac{\sin T.\partial T}{t^3} = 0,$$
$$\int\frac{\cos T\sin T\partial T}{t^3} = 0,$$

si inter eosdem limites ponatur,

$$\int \frac{\cos T^2\, \partial T}{2\pi t^3} = P,$$
$$\int \frac{\sin T^2 .\, \partial T}{2\pi t^3} = Q;$$

invenitur:

$$\int \frac{\partial T}{2\pi t^3} = P + Q,$$
$$\int \frac{\cos(T-\nu)\,\partial T}{2\pi t^3} = 0,$$
$$\int \frac{\sin(T-\nu)\,\partial T}{2\pi t^3} = 0,$$
$$\int \frac{\cos(T-\nu)^2\,\partial T}{2\pi t^3} = P\cos\nu^2 + Q\sin\nu^2,$$
$$\int \frac{\cos(T-\nu)\sin(T-\nu)\,\partial T}{2\pi t^3} = \sin\nu\cos\nu\,(Q-P),$$
$$\int \frac{\sin(T-\nu)^2\,\partial T}{2\pi t^3} = P\sin\nu^2 + Q\cos\nu^2.$$

Ope harum aequationum facile per (13. et 14.) ex aequationibus (1.) derivatur:

$$\begin{aligned}\frac{\xi}{\sqrt{(1-ff)}} = {} & (A-af\cos\mu)(1-ef\cos\mu)(P+Q) \\ & + (Af-a\cos\mu)(f-e\cos\mu)(P\cos\nu^2+Q\sin\nu^2) \\ & + ae(1-ff)\sin\mu^2(P\sin\nu^2+Q\cos\nu^2) \\ & + \sqrt{(1-ff)}\sin\mu(Aef+af-2a^2e\cos\mu)\sin\nu\cos\nu(Q-P),\end{aligned}$$

$$\begin{aligned}\frac{v}{\sqrt{(1-ff)}} = {} & (B-bf\sin\mu)(1-ef\cos\mu)(P+Q) \\ & + (Bf-b\sin\mu)(f-e\cos\mu)(P\cos\nu^2+Q\sin\nu^2) \\ & - be(1-ff)\sin\mu\cos\mu\,(P\sin\nu^2+Q\cos\nu^2) \\ & + \sqrt{(1-ff)}(Bef\sin\mu-bf\cos\mu+b\cos2\mu)\sin\nu\cos\nu(Q-P),\end{aligned}$$

$$\begin{aligned}\frac{\zeta}{\sqrt{(1-ff)}} = {} & C(1-ef\cos\mu)(P+Q)+Cf(f-e\cos\mu)(P\cos\nu^2+Q\sin\nu^2) \\ & + Cef\sqrt{(1-ff)}\sin\mu\sin\nu\cos\nu(Q-P).\end{aligned}$$

25.

Zur Theorie der allgemeinen Kuppelung (Joint universel. Universal Joint.) der Wellen.

(Vom Herrn Dr. *Dietlein* zu Berlin.)

In Maschinen mufs öfters eine Welle länger sein, als dafs man sie aus einem einzigen Stücke Holz oder Metall (gewöhnlich Eisen) machen könnte, weshalb sie dann aus mehreren Stücken zusammengesetzt werden mufs. So lange die Drehachsen der einzelnen Stücke in eine und dieselbe gerade Linie fallen, reichen gewöhnliche Schiftungen und eiserne Ringe, wozu allenfalls noch Schienen und Bolzen kommen, hin; müssen aber die Drehachsen von je zwei unmittelbar auf einander folgenden Stücken zwar in Einer Ebene, aber nicht in Einer geraden Linie liegen, und kann oder will man keine Winkel-Räder zu Hülfe nehmen, so ist diese Art der Verbindung nicht mehr anwendbar. Man bedient sich dann derjenigen, welche man allgemeine Kuppelung nennt, und zwar allgemein, weil sie auch im ersten Fall gebraucht werden kann. An dem Ende einer der beiden Wellen, in dem Durchschnittspuncte ihrer Achsen, bringt man einen Biegel an; dieser enthält 2 Büchsen, deren Achsen in einer und derselben durch den Durchschnittspunct der Achsen der beiden Wellen gehenden geraden Linie liegen; dann macht man entweder im Umfange einer kreisförmigen Scheibe, je um einen Viertelkreis von einander entfernt, oder an den Enden der vier gleichen, rechte Winkel mit einander bildenden Arme eines Kreuzes, 4 Zapfen, welche in die gedachten Büchsen greifen, wie es (Taf. III. Fig. 7., 8. und 10.) vorstellen.

AC (Fig. 9.) sei die Richtung der Achse der Welle, auf deren Umdrehung die Kraft wirkt; BC die Richtung der Achse der Welle, deren Umdrehung die Last zu verhindern strebt; C der Durchschnittspunct beider; a die Ergänzung des Winkels ACB unter welchen sie einander schneiden zu 2 Rechten. Man ziehe DFM normal auf AC, und GKN normal auf BC, so ist DF die Projection der Ebene desjenigen Kreises, welchen die in den Pfannen des an AC befestigten Biegels liegenden Zapfen bei jeder Umdrehung beschreiben, auf die Ebene des Winkels ACB; GK dasselbe für die Welle, deren Achse BC; und $MCN = a$. Man beschreibe über DF, aus C, mit dem Halbmesser $CD = r$ (der Entfernung des Punctes von der Drehachse AC, in welchem die ersten beiden Zapfen des Kreuzes die Büchsen im Biegel von AC berühren) den Halbkreis DEF, und über FK, aus C, mit demselben Halbmesser r, den Halbkreis GHK; man stelle sich dann die Ebene von DEF um DF, und die Ebene von GHK um GK so gedreht vor, dafs beide normal auf die Ebene des Winkels ACB sind, so sind die Halbkreise DEF und GHK die Hälften der Wege, welche die Angriffspuncte der Zapfen des Kreuzes, während einer Umdrehung jeder der beiden Wellen durchlaufen. Betrachtet man E als den Anfangspunct des Weges, welchen der Angriffspunct eines in dem zu AC gehörigen Biegel liegenden Zapfens macht, und setzt den Winkel, den CE (der zugehörige Arm des Kreuzes) nach einer gewissen Zeit beschrieben hat, $lCE = \varphi$, zieht dann durch E, normal auf CE, eine Linie EL, und verlängert Cl bis sie die EL in L schneidet, so ist EL, also auch wenn man durch L gleichlaufend mit AEC, LM zieht, $CM = r \tang \varphi$. Während derselben Zeit mufs sich aber auch CG (der auf CE folgende mit seinen Zapfen im Biegel von BC liegende Arm des Kreuzes) eben so viel um BC drehen, als CH; der Winkel von CH (der mit CE zusammenfällt) an gerechnet, heifse ψ: so wird man ψ erhalten, wenn man durch M die Linie MNO gleichlaufend mit BC, durch H die Linie HO gleichlaufend mit GN, und durch den Durchschnittspunct O die Linie CO zieht; dann ist $HCO = \psi$.

Aber $EL = CM = r \tang \varphi$; $CN = HO = r \tang \psi$, und zugleich $CM : CN = 1 : \cos a$, folglich $\tang \varphi : \tang \psi = 1 : \cos a$, und mithin $\tang \psi = \cos a . \tang \varphi$; oder $\cos a = n$ gesetzt, $\tang \psi = n \tang \varphi$, wo n für jedes System unveränderlich ist.

Um eine Gleichung aufzustellen, welche für jede Lage des Systems das Verhältnifs der Kraft zur Last ausdrückt, sei

P die Kraft, welche im Abstande r von der Drehachse AC wirkt;

M die auf denselben Abstand r reducirte *träge Masse* vom Angriffspuncte der Kraft an;

Q die Last, welche im Abstande r von der Drehachse BC wirkt;

N die auf denselben Abstand r reducirte *träge Masse*, vom Angriffspuncte der Last an;

v die Geschwindigkeit des Puncts E;

w die Geschwindigkeit des Puncts G, welche der des Puncts H gleich ist.

Die Kraft P kann man als aus drei Theilen zusammengesetzt ansehen:

1) aus einem Theile, der mit der Last Q selbst im Gleichgewichte ist;
2) aus einem Theile, der wegen der Beschleunigung der trägen Masse M nöthig ist;
3) aus einem Theile zur Beschleunigung der trägen Masse N.

Der erste Theil ist $=\frac{w}{v}Q$, oder da $w=r\partial\psi$ und $v=r\partial\varphi$, auch $=\frac{\partial\psi}{\partial\varphi}.Q$.

Da der Raum, welcher von den Zapfen des Kreuzes die im Biegel der Welle AC liegen in der unendlich kleinen Zeit durchlaufen wird in welcher v um ∂v zunimmt, $=r\partial\varphi$ ist, so wird der zweite Theil $=\frac{2v\partial v}{4gr\partial\varphi}M$, wenn g die Beschleunigung der Schwere bedeutet.

Setzt man hierin w statt v, ψ statt φ und N statt M, und multiplicirt die so erhaltene Kraft $\frac{2w\partial w}{4gr\partial\psi}N$, da sie im Biegel der Welle BC nöthig wäre, mit $\frac{\partial\psi}{\partial\varphi}$, um sie auf die Büchse im Biegel der Welle AC zu bringen, so ist der dritte Theil

$$=\frac{2w\partial w}{4gr\partial\psi}.\frac{\partial\psi}{\partial\varphi}.N=\frac{2w\partial w}{4gr\partial\varphi}.N.$$

Hieraus ergiebt sich

$$P=\frac{\partial\psi}{\partial\varphi}Q+\frac{2v\partial v}{4gr\partial\varphi}M+\frac{2w\partial w}{4gr\partial\varphi}N.$$

Um $\partial\psi$ und $\partial\varphi$ durch $\operatorname{tang}\varphi$ und $\partial\operatorname{tang}\varphi$ auszudrücken, so ist, weil $\operatorname{tang}\psi=n\operatorname{tang}\varphi$, $\partial\varphi=\frac{\partial\operatorname{tang}\varphi}{1+\operatorname{tang}\varphi^2}$ und $\partial\psi=\frac{\partial\operatorname{tang}\psi}{1+\operatorname{tang}\psi^2}$,

$$\frac{\partial\psi}{\partial\varphi}=\frac{n.\partial\operatorname{tang}\varphi}{1+n^2\operatorname{tang}\varphi^2}.\frac{1+\operatorname{tang}\varphi^2}{\partial\operatorname{tang}\varphi}=\frac{n(1+\operatorname{tang}\varphi^2)}{1+n^2\operatorname{tang}\varphi^2}.$$

Dieses giebt

$$P=\frac{n(1+\operatorname{tang}\varphi^2)}{1+n^2\operatorname{tang}\varphi^2}Q+\frac{2v\partial v(1+\operatorname{tang}\varphi^2)}{4gr.\partial\operatorname{tang}\varphi}M+\frac{2w\partial w(1+\operatorname{tang}\varphi^2)}{4gr.\partial\operatorname{tang}\varphi}N.$$

Auf beiden Seiten mit $\frac{4gr\partial\operatorname{tang}\varphi}{1+\operatorname{tang}\varphi^2}$ multiplicirt und das erste Glied rechter Seite transponirt, giebt

$$4grP\frac{\partial\operatorname{tang}\varphi}{1+\operatorname{tang}\varphi^2}-4grQ\frac{n\partial\operatorname{tang}\varphi}{1+n^2\operatorname{tang}\varphi^2}=2v\partial vM+2w\partial wN,$$

und integrirt,

$$4grP\varphi-4grQ\operatorname{arc}\operatorname{tang}(n\operatorname{tang}\varphi)=v^2M+w^2N+\text{const.}$$

Es ist aber $v = \frac{r\partial\varphi}{\partial t}$ und $w = \frac{r\partial\psi}{\partial t}$, wenn ∂t einen unendlich kleinen Zeitraum bedeutet; also

$$v : w = \partial\varphi : \partial\psi, \quad w = \frac{\partial\psi}{\partial\varphi} v = \frac{n(1+\operatorname{tang}\varphi^2)}{1+n^2 \operatorname{tang}\varphi^2} v,$$

mithin

$$4grP\varphi - 4grQ \operatorname{arc\,tang}(n \operatorname{tang}\varphi) = v^2 M + \frac{n^2(1+\operatorname{tang}\varphi^2)^2}{(1+n^2\operatorname{tang}\varphi^2)^2} v^2 N + \text{const.}$$

Für $\varphi = 0$ ist $\operatorname{tang}\varphi = 0$ und v sei $= \alpha$. Dann ist

$$0 = \alpha^2 M + \alpha^2 n^2 N + \text{const.};$$

also vollständig

$$4gr[P\varphi - Q \operatorname{arc\,tang}(n.\operatorname{tang}\varphi)] = (v^2 - \alpha^2) M + n^2\left[v^2 \frac{(1+\operatorname{tang}\varphi^2)^2}{(1+n^2\operatorname{tang}\varphi^2)^2} - \alpha^2\right] N,$$

und endlich

$$P = \frac{Q \operatorname{arc\,tang}(n.\operatorname{tang}\varphi)}{\varphi} + \frac{(v^2-\alpha^2)M + n^2\left[v^2 \frac{(1+\operatorname{tang}\varphi^2)^2}{(1+n^2\operatorname{tang}\varphi^2)^2} - \alpha^2\right] N}{4gr\varphi}.$$

Wenn die Maschine immer fortgehen soll, so darf v weder $= \infty$ noch $= 0$ werden, sondern es muſs die Geschwindigkeit am Ende jedes Umganges der im Anfange desselben gleich sein. Um diese Bedingung zu erfüllen, muſs für $\varphi = 2\pi$, also für $\operatorname{tang}\varphi = 0$, $v = \alpha$ sein, folglich

$$P = Q.$$

Dann ist

$$4grP[\varphi - \operatorname{arc\,tang}(n.\operatorname{tang}\varphi)] = (v^2 - \alpha^2) M + n^2\left[v^2 \frac{(1+\operatorname{tang}\varphi^2)^2}{(1+n^2\operatorname{tang}\varphi^2)^2} - \alpha^2\right] N,$$

oder

$$4grP[\varphi - \operatorname{arc\,tang}(n\operatorname{tang}\varphi)] + \alpha^2[M + n^2 N] = v^2\left[M + n^2 \frac{(1+\operatorname{tang}\varphi^2)^2}{(1+n^2\operatorname{tang}\varphi^2)^2} N\right],$$

mithin

$$v^2 = \frac{4grP[\varphi - \operatorname{arc\,tang}(n\operatorname{tang}\varphi)] + \alpha^2[M+n^2N]}{M + n^2 \frac{(1+\operatorname{tang}\varphi^2)^2}{(1+n^2\operatorname{tang}\varphi^2)^2} N}.$$

Für $\varphi = 0$ also $\operatorname{tang}\varphi = 0$ ist

$$v^2 = \frac{\alpha^2[M+n^2N]}{M+n^2N} = \alpha^2.$$

Für $\varphi = \frac{\pi}{2}$ also $\operatorname{tang}\varphi = +\infty$ ist

$$v^2 = \frac{4grP\left[\frac{\pi}{2} - \frac{\pi}{2}\right] + \alpha^2[M+n^2N]}{M + n^2 \frac{\operatorname{tang}\varphi^4}{n^4\operatorname{tang}\varphi^4} N} = \alpha^2 \frac{M+n^2N}{M+\frac{N}{n^2}} = \alpha^2 \frac{n^2M+n^4N}{n^2M+N}.$$

Mit Ausnahme des Falles wo die Achsen der beiden Wellen in Einer geraden Linie liegen, also wo $a = 0$, oder $\cos a = n = 1$ und

$\frac{n^2 M + n^4 N}{n^2 M + N} = 1$, ist dieser Bruch immer < 1, weil $n < 1$ ist, mithin ist die Geschwindigkeit der Zapfen des Kreuzes, welche im Biegel der Welle BC liegen, am Ende des ersten Viertelkreises $< \alpha$.

Für $\varphi = \pi$ also $\operatorname{tang}\varphi = 0$, ist wie für $\varphi = 0$,

$$v^2 = \alpha^2.$$

Für $\varphi = \frac{3}{2}\pi$ also $\operatorname{tang}\varphi = -\infty$, ist wie für $\varphi = \frac{\pi}{2}$,

$$v^2 = \alpha^2 \frac{n^2 M + n^4 N}{n^2 M + N} < \alpha^2.$$

Für $a = 0$ also $\cos a = n = 1$ ist für jeden Werth von φ,

$$v^2 = \frac{4grP(\varphi - \varphi) + \alpha^2 (M + N)}{M + N} = \alpha^2.$$

Für $a = \frac{\pi}{2}$ also $\cos a = n = 0$, ist für jeden Werth von φ,

$$v^2 = \frac{4grP(\varphi - z\pi) + \alpha^2 M}{M},$$

wo z von 0 an jede ganze Zahl bedeuten kann; jedoch können nicht alle Werthe gebraucht werden.

Man setze $\varphi = m\pi$, wo m beliebig ist, so nimmt für die erste halbe Umdrehung der Welle AC der Werth von m von 0 bis 1 zu; für die zweite halbe Umdrehung von 1 bis 2, u. s. w. fort ins Unendliche.

Bringt man m in den obigen Ausdruck für v^2, so erhält man

$$v^2 = \frac{4grP\pi(m - z) + \alpha^2 M}{M}.$$

Soll nun für jedes Verhältnifs der Zahlenwerthe r, P und M, also allgemein, v möglich bleiben, so darf $m - z$ nicht verneint, also z nicht gröfser als m sein. Da z nur ganze Zahlen bedeutet, so kann

für die 1ste halbe Umdrehung der Welle AC, $z = 0$ oder $= 1$ sein;
für die 2te - - - - - $z = 1$ oder $= 2$;

und so weiter, und es ist nur noch auszumitteln welcher von beiden Werthen jedesmal gebraucht werden kann.

Setzt man in der Gleichung $v^2 = \frac{4grP\pi(m - z) + \alpha^2 M}{M}$, $m = 2$ und $z = 0$, so erhält man, da für diesen Fall die Maschine ihre ganzen Umgänge in gleichen Zeiträumen vollbringen, auch $v = \alpha$ sein mufs,

$$\alpha^2 = \frac{4gr\pi P}{M}(2 - 0) + \alpha^2, \text{ oder}$$

$$0 = 8g\pi . \frac{rP}{M}.$$

Dann müſste also entweder $M = \infty$, oder r oder $P = 0$ sein, was nicht möglich ist.

Setzt man aber $m = 2$, $z = 1$, $v = \alpha$, so erhält man

$$\alpha^2 = \frac{4 g r \pi P}{M}(2-1) + \alpha^2, \text{ oder}$$

$$0 = 4 g \pi . \frac{rP}{M};$$

also dasselbe Resultat wie vorher.

Auch die Rechnung zeigt also, daſs die allgemeine Kuppelung auf zwei Wellen deren Achsen einander rechtwinklig schneiden nicht anwendbar ist, sondern daſs α kleiner sein muſs als $\frac{1}{2}\pi$. Für $\alpha = \frac{1}{2}\pi$ würde sich die Welle AC drehen, während die Welle BC in Ruhe bliebe, indem die Pfannen im Biegel der letztern den zu der erstern gehörigen Zapfen die freie Umdrehung gestatten würden, wenn nur die Arme der Biegel einander nicht berühren könnten. Diesen letzten Umstand kann man aber nicht verhindern, wenn $\alpha = \frac{\pi}{2}$ wird, deshalb darf man bei der allgemeinen Kuppelung den Werth von α auch nicht zu nahe an $\frac{\pi}{2}$ bringen; man nimmt dann lieber zwischen dem Kraft- und dem Lastpuncte mehr als zwei Wellen.

Daſs es richtig sei wenn in der allgemeinen Gleichung

$$v^2 = \frac{4 g r P[\varphi - \text{arc tang}(n \tan g \varphi)] + \alpha^2 [M + n^2 N]}{M + n^2 \frac{(1 + \tan g \varphi^2)^2}{(1 + n^2 \tan g \varphi^2)^2} N},$$

für $\varphi = m\frac{\pi}{2}$, $\text{arc tang}(n . \tan g \varphi) = m\frac{\pi}{2}$ gesetzt wird, davon wird man sich leicht überzeugen, denn nur dann ist allgemein

$$[\varphi - \text{arc tang}(n \tan g \varphi)] = 0,$$

also am Ende jeder halben und ganzen Umdrehung

$$v = \alpha,$$

wie es gewöhnlich erforderlich ist. Ein besonderer Beweis scheint also überflüssig.

Soll v unveränderlich, also überall gleich α sein, so ist das veränderliche

$$P = \frac{Q \text{ arc tang}(n \tan g \varphi)}{\varphi} + \frac{\alpha^2 n^2 N\left(\frac{(1 + \tan g \varphi^2)^2}{(1 + n^2 \tan g \varphi^2)^2} - 1\right)}{4 g r \varphi}.$$

Für $\varphi = 0$ also tang $\varphi = 0$, ist

$$P = \frac{Q \operatorname{arc tang} 0}{0} + \frac{a^2 n^2 N}{4gr.0}(1-1);$$

$$P = Q.$$

Für $\varphi = \frac{\pi}{2}$ also tang $\varphi = \infty$, ist

$$P = \frac{Q\frac{\pi}{2}}{\frac{\pi}{2}} + \frac{a^2 n^2 N\left(\frac{\infty^4}{n^4 \infty^4} - 1\right)}{4gr.\frac{\pi}{2}},$$

$$P = Q + \frac{a^2 N\left(\frac{1}{n^2} - n^2\right)}{4gr.\frac{\pi}{2}},$$

$$P = Q + \frac{a^2 N(1-n^4)}{4grn^2.\frac{\pi}{2}},$$

für $n = 1$ ist dabei $P = Q$;

für $n = 0$ ist $P = Q + \dfrac{a^2 N}{4gr.\frac{\pi}{2}0}$, also unendlich.

Für $\varphi = \pi$ also tang $\varphi = 0$, ist

$$P = \frac{Q \operatorname{arc tang} 0}{\pi} + \frac{a^2 n^2 N(1-1)}{4gr\pi},$$

$$P = Q$$

Für $\varphi = \frac{3\pi}{2}$ also tang $\varphi = -\infty$, ist

$$P = Q + \frac{a^2 N(1-n^4)}{4gr\frac{\pi}{2}.n^2}.$$

Es wäre nun auch noch die Reibung an den Zapfen des Kreuzes in Rechnung zu bringen; allein da dieselbe nur eine unbedeutende Vermehrung von P erfordert und die Rechnung dadurch weitläufiger wird, so mag solches unterbleiben.

26.

Zu den Elementen der Geometrie.

(Von Hrn. Prof. *Gudermann* zu Cleve.)

1.

Die Elemente der Geometrie weisen zwei Aufgaben auf, welche ungeachtet der häufigsten Versuche bis jetzt nicht gehörig gelöset worden sind: die eine ist planimetrisch und besteht in der Aufstellung einer strengen Lehre von den Parallellinien, die zweite ist stereometrisch und betrifft den Beweis der bekannten Regel, nach welcher die Solidität einer Pyramide zu bestimmen ist. Vielleicht hat man in Hinsicht auf die erste Aufgabe erreicht, was irgend erreicht werden kann; aber die zweite genannte Aufgabe gestattet eine Erledigung, welche nichts mehr zu wünschen übrig läfst und der Hauptzweck dieser Abhandlung ist. Das Bedürfnifs einer mehr zusagenden Darstellung dieses stereometrischen Gegenstandes, am meisten gefühlt während des Unterrichts in den Elementen, und das Eingehen auf seine doch nur scheinbare Schwierigkeit führten den Verfasser dahin zurück, beweisen zu müssen, dafs symmetrische Polyëder gleichen Inhalt haben. Es gelang ihm hier die Zurückführung der Symmetrie der Polyëder auf die Congruenz. Eine aus pädagogischer Rücksicht davon gemachte Anzeige (in der Krit. Bibliothek. 1828. No. 17.), welche eine Antwort erwartete, blieb fast ein Jahr lang unbeantwortet, weshalb ich denn im Journale d. Math. Band IV. Heft I. auf den (S. 100.) aufgestellten Lehrsatz aufmerksam machte. Mit dem Erscheinen dieses Heftes des Journals erschien nun aber auch im Neuen Archiv für Philologie und Pädagogik. 1829. No. 12. eine Nachweisung, dafs das so eben genannte Theorem bereits von Durrande in den von Gergonne herausgegebenen *Annales de Mathématiques*. Th. VI. S. 340. etc. behandelt sei. Der Herr Prof. Förstemann in Danzig, welcher diese Nachweisung gegeben hat, sagt:

„In dieser Methode werden zuerst die Polyëder in dreiseitige Pyramiden zerfällt; dann wird jede solche Pyramide, indem man von der Bestimmung des Mittelpuncts der eingeschriebenen (nicht umschriebenen) Kugel ausgeht, in zwölf Theile und zwar vierseitige Pyramiden getheilt. Geschieht eine solche Eintheilung ganz gleichmäfsig an zwei symmetrischen Polyëdern, so werden die Theile des einen den entsprechenden Theilen des anderen congruent."

Diese Methode fällt aber keineswegs mit der zusammen, welche ich, ohne je die *Annales de Mathématiques* gesehen zu haben, angewandt habe, und die erwähnte Nachweisung veranlafst mich jetzt, meine Methode mitzutheilen. Auch mag es wohl allgemein interessant erscheinen, dafs nun auf zwei völlig verschiedene Arten das zu Stande gebracht worden ist, was in den *Éléments de Géometrie* von A. M. Legendre (1794) für unmöglich gehalten wird. (Man sehe die in den neueren Ausgaben verkürzte Note VII.)

2.

Um nun zunächst zu beweisen, dafs symmetrische viereckige Pyramiden gleichen Inhalt haben, dient die folgende Gedankenreihe, welche der Leser auch ohne Hinweisung auf eine Figur verfolgen wird:

I. Für eine viereckige Pyramide giebt es einen, aber nur einen Punct, welcher von den vier Ecken des Körpers gleich weit absteht (oder es kann eine, aber nur eine Kugel um eine viereckige Pyramide geschrieben werden.

II. Wenn man die drei Kanten VA, VB, VC einer viereckigen Pyramide $VABC$ über V hinaus so verlängert, dafs $VA' = VA$, $VB' = VB$ und $VC' = VC$, so ist die neue Pyramide $VA'B'C'$ der gegebenen symmetrisch.

III. Wenn zwei Polyëder einem dritten symmetrisch sind, so sind sie congruent.

IV. Wenn zwei viereckige Pyramiden $ABCD$ und $abcd$ symmetrisch sind und man schreibt Kugeln um dieselben, so sind ihre Radien gleich.

Der Beweis der drei ersten Vordersätze ist einfach; was den Beweis des vierten betrifft, so sei V der Mittelpunct der um $ABCD$ beschriebenen Kugel, und also $VA = VB = VC = VD$. Durch diese Radien ist die Pyramide $ABCD$ in vier andere viereckige zerlegt: $VABC$, $VABD$, $VACD$, $VBCD$. Verlängert man diese Radien, jeden um die eigene Länge, so entstehen (nach II.) vier neue Pyramiden $VA'B'C'$, $VA'B'D'$, $VA'C'D'$, $VB'C'D'$, welche der Reihe nach den vorigen symmetrisch sind und eine Pyramide $A'B'C'D'$ zusammensetzen, durch deren Ecken die Kugel um V ebenfalls geht. Diese Pyramide $A'B'C'D'$ ist symmetrisch mit $ABCD$; daher sind (nach III.) die beiden Pyramiden $A'B'C'D'$ und $abcd$ congruent.

V. Zwei symmetrische Pyramiden $VABC$ und $VA'B'C'$ sind gleich grofs, wenn $VA = VB = VC$ und also auch $V'A' = V'B' = V'C'$ ist.

Von den Scheiteln V und V' lasse man die Perpendikel VQ und $V'Q'$ auf die Grenzflächen ABC und $A'B'C'$, so sind die Dreiecke VQA, VQB, VQC, $V'Q'A'$, $V'Q'B'$, $V'Q'C'$ sämmtlich congruent, also $QA = QB = QC = Q'A' = Q'B' = Q'C'$ und die Puncte Q und Q' sind demnach die Mittelpuncte von Kreisen, welche um die congruenten Dreiecke ABC und $A'B'C'$ geschrieben werden können.

Jede Pyramide ist nun in drei zerlegt, und es ist $VAQB$ sowohl symmetrisch als auch zugleich congruent mit $V'A'Q'B'$; eben so $VAQC$ mit $V'A'Q'C'$ und $VBQC$ mit $V'B'Q'C'$; also ist $VABC = V'A'B'C'$.

VI. Überhaupt sind zwei symmetrische Pyramiden $ABCD$ und $A'B'C'D'$ gleich grofs.

Man schreibe Kugeln um dieselben, die Mittelpuncte derselben mögen V und V' sein; dann sind die Geraden $VA = VB = VC = VD = V'A' = V'B' = V'C' = V'D'$ (nach IV.). Ferner ist die Pyramide $VABC$ symmetrisch mit $V'A'B'C'$; also ist $VABC = V'A'B'C'$ (nach V.); eben so ist $VABD = V'A'B'D$; $VACD = V'A'C'D'$ und $VBCD = V'B'C'D'$. Hieraus aber folgt unmittelbar, dafs $ABCD = A'B'C'D'$.

Diese Methode der Zerfällung, wodurch ebenfalls zwölf Theile gefunden werden, ist offenbar sonst gänzlich verschieden von der, welche Durrande angewandt haben soll, da der Mittelpunct einer um eine viereckige Pyramide geschriebenen Kugel bekanntlich mit dem Mittelpuncte der hineingeschriebenen nicht zusammenfällt.

Was die Ausdehnung des so eben bewiesenen Theorems auf symmetrische Polyëder überhaupt betrifft, so hat sie keine Schwierigkeit.

Anmerk. Der in Band IV. Heft 1. Seite 100. dieses Journals vorkommende Ausdruck $2e-\varepsilon-4$ bezeichnet die kleinste Menge der viereckigen Pyramiden, in welche der Körper K oder K' zerlegt wird, indem man alle Diagonal-Ebenen durch die Ecke E legt. Nimmt man statt der Ecke E einen Punct im Innern des Körpers, so ist $\varepsilon = 0$.

3.

Legen wir uns die Inhaltsbestimmung eines abgekürzten Parallelepipedums $ABCDdcba$ vor; es seien Aa, Bb, Cc, Dd die vier parallelen Kanten, wodurch die Ecken der nicht parallelen Grundflächen $ABCD$ und $abcd$, welche Parallelogramme sind, verbunden werden.

Der Einfachheit wegen mag die Grundfläche $ABCD$ auf die Kanten Aa, Bb, Cc, Dd senkrecht gerichtet sein.

Man ziehe in den beiden Grundflächen die Diagonalen AC und BD, welche sich in E schneiden mögen, und die Diagonalen ac und bd, welche sich in e schneiden: so ist die Gerade Ee offenbar parallel den Kanten Aa, Bb, Cc, Dd.

Man verlängere Ee um eE', so daſs $eE' = Ee$, lege durch E' eine Ebene $A'B'C'D'$ parallel zu $ABCD$; verlängere auch Aa, Bb, Cc, Dd, und es mag die durch E' gelegte Ebene davon in A', B', C', D' geschnitten werden. Die Körper $ABCDdcba$ und $A'B'C'D'dcba$ sind dann **symmetrisch** und ergänzen sich zu einem senkrechten Parallelepipedum mit parallelen Grundflächen $ABCD$ und $A'B'C'D'$. Ist der Inhalt der Grundfläche $ABCD = G$, so ist die Solidität dieses senkrechten Parallelepipedums $= G.EE'$; also seine Hälfte $G.Ee$ ist der Ausdruck für die Solidität des Körpers $ABCDdcba$.

4.

Es sei $ABCcba$ ein abgekürztes dreikantiges Prisma, durch dessen parallele Kanten Aa, Bb, Cc die Ecken der beiden nicht parallelen Grundflächen ABC und abc verbunden werden. Die Grundfläche ABC mag wieder auf die Kanten Aa, Bb, Cc senkrecht gerichtet sein; ihre Gröſse sei $= \Delta$; die Solidität des Körpers sei P.

Setzen wir $P = \Delta . l$, so bezeichnet l eine Gerade, welche länger als die kürzeste der Kanten Aa, Bb, Cc und zugleich kürzer als die längste unter ihnen ist.

Man halbire die Seiten der beiden Grundflächen; A', B', C', a', b', c' seien die Mitten der Seiten BC, AC, AB, bc, ac, ab, und ziehe die Geraden AA', BB', CC', welche sich bekanntlich in **einem** Puncte V schneiden, und auch die Geraden aa', bb', cc', welche sich in v schneiden. Man ziehe noch $B'C'$, $A'C'$, $A'B'$, $b'c'$, $a'c'$, $a'b'$, wovon die Geraden AA', BB', CC', aa', bb', cc' in A'', B'', C'', a'', b'', c'' geschnitten werden. Es sind dann die Geraden Aa, $A'a'$, $A''a''$, Bb, $B'b'$, $B''b''$, Cc, $C'c'$, $C''c''$, Vv sämmtlich parallel, und man beweiset ohne Schwierigkeit:

$$Aa + Bb + Cc = A'a' + B'b' + C'c' = A''a'' + B''b'' + C''c'' = 3.Vv.$$

Durch diese Construction entsteht ein neues abgekürztes Prisma $A'B'C'c'b'a' = P'$, dessen Grundfläche $A'B'C' = \Delta'$ sei. Die Linie Vv ist das arithmetische Mittel der Kanten des Körpers P und auch der Kanten des Körpers P', und hat also für beide Körper eine gleiche Bedeutung.

Um das Prisma P' herum liegen noch drei andere abgekürzte dreikantige Prismen, und der Körper P' ergänzt jedes derselben zu einem abgekürzten Parallelepipedum, diese drei Parallelepipeden zusammengenommen sind aber $= P+2.P'$. Die Soliditäten derselben finden sich (nach No. 3.):

$$AC'A'B'b'a'c'a = 2\Delta'.A''a'',$$
$$BC'A'B'b'a'c'b = 2\Delta'.B''b'',$$
$$CA'B'C'c'b'a'c = 2\Delta'.C''c'',$$

also

$$P+2P' = 2\Delta'(A''a''+B''b''+C''c'') = 6\Delta'.Vv = (\Delta+2\Delta').Vv,$$

und also auch:

$$(P-\Delta.Vv) = 2.(\Delta'.Vv-P').$$

Setzen wir nun das Vorhandensein einer allgemeinen Regel voraus, nach welcher diejenige Grundfläche, welche auf die drei Kanten senkrecht gerichtet ist, mit dem arithmetischen Mittel dieser Kanten multiplicirt entweder immer die Solidität des Körpers giebt, oder immer zu viel oder immer zu wenig giebt: so sehen wir, dafs die beiden letzten Annahmen ungereimt sind. Denn indem wir annehmen, dafs $P > \Delta.Vv$, also auch $P' > \Delta'.Vv$ sei, folgt aus der Beziehung $P-\Delta.Vv = 2(\Delta'.Vv-P')$, dafs $P' < \Delta'.Vv$ sei. Eben so führt die Annahme $P < \Delta.Vv$, also auch $P' < \Delta'.Vv$ zu einem Widerspruche, und nur die Annahme $P = \Delta.Vv$, also auch $P' = \Delta'.Vv$ kann neben der bewiesenen Formel bestehen.

5.

Aber auch, ohne das Vorhandensein einer solchen allgemeinen Regel zu postuliren, gelangen wir auf die strengste Weise zum Ziele.

Wir dürfen setzen $P = \Delta(Vv+\pi)$ und $P' = \Delta'(Vv+\pi')$, in welchen Ausdrücken π und π' Linien bezeichnen, um welche Vv verlängert oder auch verkürzt werden müfste. Die Substitution dieser Ausdrücke giebt:

$$\Delta.\pi = -2\Delta'\pi',$$

und da $\Delta = 4.\Delta'$ ist, so haben wir $\pi' = -2\pi$. Wenn also

$$P = \Delta.(Vv+\pi), \text{ so ist } P' = \Delta'(Vv-2\pi).$$

Wenden wir nun dieselbe Construction, wodurch P' aus P hergeleitet wurde, auf P'' an, so finden wir eben so:

$$P'' = \Delta''(Vv+4\pi) \text{ und } \Delta'' = \frac{\Delta}{16}.$$

Die Fortsetzung giebt überhaupt:

$$\overset{n}{P} = \overset{n}{\Delta}(Vv+(-2)^n.\pi).$$

Die Grundfläche $\overset{n}{\Delta}$ dieses Körpers ist $=\frac{\Delta}{4^n}$; und seine drei parallelen Kanten $\overset{n}{A}\overset{n}{a}$, $\overset{n}{B}\overset{n}{b}$, $\overset{n}{C}\overset{n}{c}$ sind noch immer so beschaffen, daſs:

$$Vv = \frac{\overset{n}{A}\overset{n}{a}+\overset{n}{B}\overset{n}{b}+\overset{n}{C}\overset{n}{c}}{3}.$$

Die Solidität des Körpers $\overset{n}{P}$ ist aber auch $=\overset{n}{\Delta}.l$, wo l eine Linie bezeichnet, welche länger als die kürzeste und kürzer als die längste der drei Kanten des Körpers $\overset{n}{P}$ und also um so weniger von Vv verschieden sein kann, je gröſser die ganze Zahl n genommen wird, oder welche selbst $=Vv$ ist. Da nun aber

$$l = Vv+(-2)^n.\pi$$

ist, so kann n leicht groſs genug genommen werden (ohne nöthig zu haben diese Zahl unendlich groſs zu nehmen), daſs die Gleichung $l=Vv+(-2)^n.\pi$ ungereimt ist, wofern π eine wirkliche Länge hätte. Daher ist $\pi=0$ und also $l=Vv$, oder:

$$P = \Delta.Vv \text{ (wie in No. 4.).}$$

Die Modification der so eben bewiesenen Regel für den Fall, daſs keine der beiden Grundflächen auf die Kanten senkrecht gerichtet ist, darf hier der Kürze und ihrer Einfachheit wegen übergangen werden.

5.

Das abgekürzte Prisma P verwandelt sich in eine viereckige Pyramide, deren Höhe $= Cc$ ist, wenn wir die Ebene abc also legen, daſs a mit A und b mit B zusammenfällt.

Wir können aber auch eine viereckige Pyramide $ABCD$ als den Unterschied zweier dreikantiger abgekürzter Prismen darstellen. Es sei D der Scheitel, Dd die Höhe und ABC die Grundfläche der Pyramide. Man verlängere AB willkürlich und ziehe durch C und D zwei andere Gerade parallel zu AB. Durch diese drei parallelen Linien legen wir senkrecht eine Ebene PQR, wovon die verlängerte AB in Q, die durch D gehende Parallele in P und die durch C gehende in R geschnitten werde. Die Pyramide $ABCD$ ist dann der Unterschied der beiden abgekürzten Prismen $PQRDBC$ und $PQRDAC$. Ihre Soliditäten sind (nach No. 4.) ausgedrückt durch $PQR.\left(\frac{PD+QB+RC}{3}\right)$ und $PQR.\left(\frac{PD+QA+RC}{3}\right)$; der Unterschied derselben ist also $PQR.\frac{AB}{3}$. Aber der Inhalt des Dreiecks PQR ist $=\frac{QR.Dd}{2}$, also ist die Pyramide $ABCD=\frac{AB.QR}{2}.\frac{Dd}{3}$; da aber $\frac{AB.QR}{2}$ der Inhalt des Dreiecks ABC ist, so hat man endlich:

$$ABCD = ABC.\frac{Dd}{3}$$

zum Ausdrucke der (bekannten) Regel, welche ohne Mühe auf mehreckige Pyramiden ausgedehnt wird.

Diese Herleitung bedurfte also gar nicht der Vorstellung des Unendlichkleinen oder einer ins Unendliche fortgehenden Zerlegung, oder endlich der Summation einer unendlichen Reihe, deren Anwendung im vorliegenden Falle unschicklich ist. Sie empfiehlt sich wegen ihrer Einfachheit und macht daher auf einen Platz in den Elementen der Geometrie Anspruch, vorzugsweise vor denjenigen Darstellungen, in denen die getadelten Hülfsmittel benutzt werden.

Cleve, im März 1829.

27.
Beweis des Lehrsatzes Bd. 3. S. 312. dieses Journals.

(Von einem Ungenannten.)

Der Lehrsatz selbst läfst sich folgendermafsen aussprechen:

Ist ein Vieleck von $4m+2$ Seiten in eine Linie zweiter Ordnung eingeschrieben, und liegen $2m$ Durchschnittspuncte je zweier Gegenseiten desselben in einer Geraden, so liegt auch der $2m+1$te in derselben Geraden.

Der Satz beruht auf dem folgenden, welcher sich in den „Anal. geom. Entwickelungen von Plücker, pag. 183." bewiesen findet:

Wenn in eine Curve zweiter Ordnung zwei Vierecke beschrieben werden, deren drei erste Seiten einer Geraden in denselben drei Puncten begegnen, so vereinigen sich auch die vierten Seiten derselben in einem Puncte dieser Geraden.

Hat man nun z. B. ein Zehneck, bei welchem die Durchschnittspuncte der Seiten 1 und 6, 2 und 7, 3 und 8, 4 und 9 in einer Geraden liegen, und schneidet man von demselben die Seiten 9, 10, 1 und 4, 5, 6 durch Diagonalen α und β ab, so erhält man ein Sechseck, dessen Seiten 2 und 7, 3 und 8, β und α sich paarweise in einer Geraden A begegnen. Ferner findet der obige Satz auf die beiden Vierecke aus den Seiten 9, 10, 1, α und 4, 5, 6, β Anwendung; es liegen aber die Durchschnittspuncte von 4 und 9, 1 und 6, in der Geraden A, also liegt auch der Durchschnittspunct von 5 und 10 in dieser Geraden. Auf dieselbe Art überzeugt man sich, dafs der Satz allgemein ist, indem derselbe für ein Vieleck von $4m+2$ Seiten gelten mufs, wenn er für ein Vieleck von $4m-2$ Seiten gilt.

28.
Theorie der Potenzial- oder cyklisch-hyperbolischen Functionen.

(Von Herrn Prof. *Gudermann* zu Cleve.)

(Fortsetzung der Abhandlung No. 1. und 14. in den beiden vorigen Heften.)

Dreizehnter Abschnitt.
Entwickelungen der Potenzial-Functionen eines zweitheiligen Arcus nach Potenzen des zweiten Theils.

§. 66.

Was die Entwickelung der Functionen $\mathrm{Sin}(k+z)$ und $\mathrm{Cos}(k+z)$ in Reihen, welche nach Potenzen von z fortschreiten, betrifft, so ist dieselbe sehr einfach. Da nemlich $\mathrm{Cos}(k+z) = \mathrm{Cos}\,k.\mathrm{Cos}\,z + \mathrm{Sin}\,k.\mathrm{Sin}\,z$ und $\mathrm{Sin}(k+z) = \mathrm{Sin}\,k.\mathrm{Cos}\,z + \mathrm{Cos}\,k.\mathrm{Sin}\,z$ ist, so substituire man nur für $\mathrm{Cos}\,z$ und $\mathrm{Sin}\,z$ die bekannten nach Potenzen von z fortgehenden Reihen und man hat auf der Stelle:

$$\mathrm{Cos}(k+z) = \mathrm{Cos}\,k + \mathrm{Sin}\,k.\frac{z}{1'} + \mathrm{Cos}\,k.\frac{z^2}{2'} + \mathrm{Sin}\,k.\frac{z^3}{3'} + \mathrm{Cos}\,k.\frac{z^4}{4'} + \text{etc.}$$

$$\mathrm{Sin}(k+z) = \mathrm{Sin}\,k + \mathrm{Cos}\,k.\frac{z}{1'} + \mathrm{Sin}\,k.\frac{z^2}{2'} + \mathrm{Cos}\,k.\frac{z^3}{3'} + \mathrm{Sin}\,k.\frac{z^4}{4'} + \text{etc.}$$

Setzt man, um zu den cyklischen Functionen überzugehen, $k\sqrt{-1}$ für k und $z\sqrt{-1}$ für z, so entstehen die beiden folgenden Reihen:

$$\cos(k+z) = \cos k - \sin k.\frac{z}{1} - \cos k.\frac{z^2}{2'} + \sin k.\frac{z^3}{3'} + \cos k.\frac{z^4}{4'} - - \text{etc.}$$

$$\sin(k+z) = \sin k + \cos k.\frac{z}{1} - \sin k.\frac{z^2}{2'} - \cos k.\frac{z^3}{3'} + \sin k.\frac{z^4}{4'} + - \text{etc.}$$

In den beiden letzten Reihen folgen immer auf zwei Vorzeichen $-$ zwei Vorzeichen $+$ und umgekehrt.

Gröfsere Schwierigkeit bietet aber die Entwickelung des Quotienten $\frac{1}{\cos(k+z)}$ und die davon abhängende der Function $\mathfrak{L}(k+z)$ in eine nach Potenzen von z fortgehende Reihe dar. Diese Entwickelung fordert die Kenntnifs der höheren Differentiale der Function $\frac{1}{\cos k} = U$, und es beginnt daher die Untersuchung mit der Erforschung des Gesetzes, nach welchem diese höheren Differentiale fortgehen, da das Differentiiren selbst nur ein Übergehen von einem Differentiale zu dem nächst höheren, und also ein recurrirendes ist.

§. 67.

Setzen wir zur Vereinfachung $U=\frac{1}{\cos k}$; $\overset{1}{U}=\frac{\partial U}{\partial k}$; $\overset{2}{U}=\frac{\partial^2 U}{\partial k^2}$; u. s. w. und allgemein $\overset{n}{U}=\frac{\partial^n U}{\partial k^n}$. Werden die ersten Differentialverhältnisse $\overset{1}{U}$, $\overset{2}{U}$, $\overset{3}{U}$, $\overset{4}{U}$, etc. durch das gewöhnliche Differentüren hergeleitet, so erkennt man bald, daſs die Form derselben ziemlich verschieden ist, je nachdem ein solches Verhältniſs von gerader oder ungerader Ordnung ist. Für $\overset{2r}{U}$ findet man im Allgemeinen folgende Form:

$$\overset{2r}{U} = S\varphi(r,\beta).\cos k^{-(2\alpha+1)} \qquad \text{cond. } (\alpha+\beta=r),$$

und es sind die Coëfficienten $\varphi(r,0)$, $\varphi(r,1)$, $\varphi(r,2)$ u. s. w. nur noch die einzigen unbekannten Gröſsen.

Um diese Coëfficienten zu finden, ist es nothwendig, den vorgeleg- Ausdruck noch einmal zu differentüren; dies giebt:

$$\overset{2r+1}{U} = S(2\alpha+1).\varphi(r,\beta).\cos k^{-(2\alpha+2)}.\sin k \qquad \text{cond. } (\alpha+\beta=r).$$

Das wiederholte Differentüren führt also zu dem Ausdrucke:

$$\overset{2r+2}{U} = \left\{\begin{matrix} S(2\alpha+1)(2\alpha+2).\varphi(r,\beta).\cos k^{-(2\alpha+3)}.\sin k^2 \\ +S(2\alpha+1).\varphi(r,\beta).\cos k^{-(2\alpha+1)} \end{matrix}\right\} \text{cond. } (\alpha+\beta=r).$$

Wird nun noch $1-\cos k^2$ für das vorkommende $\sin k^2$ gesetzt, so läſst sich der Ausdruck zusammenziehen, wie folgt:

$$\overset{2r+2}{U} = S[2\alpha(2\alpha-1).\varphi(r,\beta)-(2\alpha+1)^2.\varphi(r,\beta-1)].\cos k^{-(2\alpha+1)} \text{ cond. } (\alpha+\beta=r+1).$$

Er fällt also wieder unter die bereits bekannte Form:

$$\overset{2r+2}{U} = S\varphi(r+1,\beta).\cos k^{-(2\alpha+1)} \qquad \text{cond. } (\alpha+\beta=r+1),$$

und es führt die Identificirung beider Ausdrücke zu der folgenden Coëfficienten-Beziehung:

$$\varphi(r+1,r+1-m) = 2m(2m-1).\varphi(r,r+1-m)-(2m+1)^2.\varphi(r,r-m).$$

Nach dieser ziemlich einfachen Recursionsformel lieſsen sich also die unbekannten Coëfficienten berechnen. Man vereinfacht sie aber noch sehr, wenn man setzt:

$$(-1)^{r-m}.\varphi(r,r-m).(2m)' \text{ für } \varphi(r,r-m)$$

und diese Substitution gleichmäſsig durchführt. Die Recursionsformel geht dadurch über in:

$$\varphi(r+1,r+1-m) = \varphi(r,r+1-m)+(2m+1)^2.\varphi(r,r-m)'$$

und man hat dann allgemein:

$$\overset{2r}{U} = S(-1)^{\beta}.(2\alpha)'.\varphi(r,\beta).\cos k^{-(2\alpha+1)} \qquad \text{cond. } (\alpha+\beta=r).$$

Die so eben gefundene Recursionsformel hat die gröfste Ähnlichkeit mit einer bekannten Beziehung, welche unter Combinationsclassen Statt findet, die bei unbedingter Wiederholbarkeit der Elemente gebildet sind. Nimmt man nemlich zur Scale die Reihe der Quadrate der auf einander folgenden ersten ungeraden Zahlen der natürlichen Zahlenreihe, und bezeichnet man die Scale auf folgende Art:

$$(m) = (1^2, 3^2, 5^2, \ldots .(2m+1)^2),$$

so hat diese Scale offenbar $(m+1)$ Elemente. Soll weiter das Zeichen $\underset{(m)}{\overset{n}{C}}$ die aus den Elementen der geschlossenen Scale (m) bei unbedingter Wiederholbarkeit gebildete Combinationsclasse des $n$ten Grades bezeichnen, so ist bekanntlich auch:

$$\underset{(m)}{\overset{r+1-m}{C}} = \underset{(m-1)}{\overset{r+1-m}{C}} + (2m+1)^2.\underset{(m)}{\overset{r-m}{C}}.$$

Da nun diese Formel offenbar mit der vorhin gefundenen Recursionsformel zusammenfällt, so folgt aus dieser Übereinstimmung:

$$\varphi(r, r-m) = \underset{(m)}{\overset{r-m}{C}}.$$

Bei diesem Schlusse versteht es sich aber von selbst, dafs er erst seine völlige Begründung erhält, wenn nachgewiesen wird, dafs dieses Resultat auch für die ersten Werthe der Zahlen r und m richtig ist, wovon man sich aber leicht überzeugen wird; denn auch völlig übereinstimmende Recursionsformeln lassen verschiedene Gröfsen aus der Rechnung hervorgehen, wenn die Gröfsen, von welchen die recurrirende Rechnung ausgeht, verschieden sind. Die völlig übereinstimmenden Recursionsformeln im §. 32. und §. 33. sind ein Beispiel der Art.

§. 68.

Wenn man aber den nun bekannten Ausdruck für das höhere Differential:

$$\overset{2r}{U} = S(-1)^{\beta}.(2\alpha)'.\underset{(\alpha)}{\overset{\beta}{C}}.\left(\frac{1}{\cos k}\right)^{2\alpha+1} \qquad \text{cond. } (\alpha+\beta=r).$$

noch einmal differentiirt, so hat man für ein Differentialverhältnifs von ungerader Ordnung allgemein den folgenden Ausdruck:

$$\overset{2r+1}{U} = \sin k.S(-1)^{\beta}.(2\alpha+1)'.\underset{(\alpha)}{\overset{\beta}{C}}.\left(\frac{1}{\cos k}\right)^{2\alpha+2} \qquad \text{cond. } (\alpha+\beta=r).$$

Die ersten Specialfälle dieser beiden allgemeinen Formeln sind die nachstehenden:

$$\overset{0}{U} = \frac{1}{\cos k}, \qquad \overset{1}{U} = \frac{\sin k}{\cos k^2},$$

$$\overset{2}{U} = \frac{2}{\cos k^3} - \frac{1}{\cos k}, \qquad \overset{3}{U} = \frac{6 \sin k}{\cos k^4} - \frac{\sin k}{\cos k^2},$$

$$\overset{4}{U} = \frac{24}{\cos k^5} - \frac{20}{\cos k^3} + \frac{1}{\cos k}, \qquad \overset{5}{U} = \frac{120 \sin k}{\cos k^6} - \frac{60 \sin k}{\cos k^4} + \frac{\sin k}{\cos k^2},$$

$$\overset{6}{U} = \frac{720}{\cos k^7} - \frac{840}{\cos k^5} + \frac{182}{\cos k^3} - \frac{1}{\cos k}.$$

Die Ausdrücke werden immer zusammengesetzter, je weiter man fortgeht, und es ist z. B.

$$\overset{12}{U} = \frac{479001600}{\cos k^{13}} - \frac{1037836800}{\cos k^{11}} + \frac{743783040}{\cos k^9} - \frac{197271360}{\cos k^7} + \frac{15159144}{\cos k^5} - \frac{132860}{\cos k^3} + \frac{1}{\cos k}.$$

Gestützt auf die beiden obigen, zur independenten Bestimmung dienenden und das allgemeine Gesetz des Fortschritts deutlich aussprechenden Formeln haben wir also für den Quotienten $\frac{1}{\cos(k+z)}$ die Reihe:

$$\frac{1}{\cos(k+z)} = U + \overset{1}{U}.\frac{z}{1} + \overset{2}{U}.\frac{z^2}{2'} + \overset{3}{U}.\frac{z^3}{3'} + \overset{4}{U}.\frac{z^4}{4'} + \text{etc.},$$

welche leicht auf hyperbolische Functionen übertragen werden kann. Bemerkt man ferner, dafs $\partial \mathfrak{L}(k+z) = \frac{\partial z}{\cos(k+z)}$ ist, wenn k als constant und z als veränderlich behandelt wird, so wird man die vorstehende Reihe mit ∂z multipliciren und dann integriren, wodurch man für $\mathfrak{L}(k+z)$ eine Reihe erhalten wird:

$$\mathfrak{L}(k+z) = \mathfrak{L}k + \frac{z}{\cos k} + \overset{1}{U}.\frac{z^2}{2'} + \overset{2}{U}.\frac{z^3}{3'} + \overset{3}{U}.\frac{z^4}{4'} + \overset{4}{U}.\frac{z^5}{5'} + \text{etc.}$$

welche einfacher durch $\mathfrak{L}(k+z) = \mathfrak{L}k + S\,\frac{\overset{a}{U}.z^{a+1}}{(a+1)'}$ ausgedrückt wird.

§. 6.

Unter den besonderen Werthen für k ist offenbar der Werth $k=0$ von Wichtigkeit; denn da hierdurch $\cos k = 1$ und $\sin k = 0$ wird, so sind die Coëfficienten: $\overset{1}{U}, \overset{3}{U}, \overset{5}{U}$, etc., welche ungerade Zeigezahlen tragen, einzeln Null, weil ihre Ausdrücke den Factor $\sin k$ tragen; auch ist nun $\mathfrak{L}k = 0$. Man erhält also:

$$\mathfrak{L}z = S\left\{\underset{\text{Für } k=0}{\overset{2a}{U}}\right\}.\frac{z^{2a+1}}{(2a+1)'}.$$

Setzt man weiter $\overset{r}{u} = \overset{2r}{U}$ für $k=0$, wie im §. 48., so erhält man für $\overset{r}{u}$ den allgemeinen zur independenten Bestimmung von $\overset{r}{u}$ dienenden Ausdruck:

$$\overset{r}{u} = S(-1)^{\beta}.(2\alpha)^{\cdot}.\overset{\beta}{\underset{(\alpha)}{\delta}} \quad \text{cond.}\ (\alpha+\beta=r).$$

Aus dem für $\overset{12}{U}$ angegebenen Ausdrucke folgt also z. B., da nun $r=6$ ist;

$$\begin{array}{rrr} \overset{12}{U} = & +\ 479001600 & -\ 1037836800 \\ & +\ 743783040 & -\ 197271360 \\ & +\ 15159144 & -\ 132860 \\ & +\ 1 & \\ \hline \text{Summe:} & +\ 1237943785 & -\ 1235241020 \end{array}$$

$$\text{oder}\quad \overset{6}{u} = 2702765 \quad \text{(wie im §. 42.).}$$

Für die in den Ausdrücken $\overset{r}{U}$ und $\overset{r}{u}$ vorkommenden Combinationsclassen aus den Elementen der Scale $(m) = \{1^2, 3^2, 5^2, \ldots . (2m+1)^2\}$ werden später andere Ausdrücke nachgewiesen werden, wodurch übrigens ihre Berechnung keineswegs erleichtert wird, — jeder in der Combinationslehre ein wenig Erfahrene wird in Anwendung bekannter combinatorischer Beziehungen im vorliegenden Falle ungleich schneller und sicherer zum Ziele gelangen.

Setzt man aber $k=\frac{\pi}{4}$, so ist $\sin k = \cos k = \sqrt{\tfrac{1}{2}}$, und man findet die folgenden Zahlen: $\overset{0}{U}=\sqrt{2}$; $\overset{1}{U}=\sqrt{2}$; $\overset{2}{U}=3\sqrt{2}$; $\overset{3}{U}=11\sqrt{2}$; $\overset{4}{U}=57\sqrt{2}$; $\overset{5}{U}=361\sqrt{2}$; $\overset{6}{U}=2763\sqrt{2}$; $\overset{7}{U}=34611\sqrt{2}$; $\overset{8}{U}=330737\sqrt{2}$ u. s. w. Man berechnet diese Zahlen aber leichter recurrirend; setzt man nemlich:

$$\frac{1}{\cos\left(\frac{\pi}{4}-z\right)} = \left(S(-1)^{\alpha}\overset{\alpha}{a}.\frac{z^{\alpha}}{\alpha'}\right).\sqrt{2},$$

so findet man leicht die folgende Recursionsformel:

$$\overset{n}{a} = [n]^{1}_{1'}.\overset{n-1}{a} + [n]^{2}_{2'}.\overset{n-2}{a} - [n]^{3}_{3'}.\overset{n-3}{a} - [n]^{4}_{4'}.\overset{n-4}{a} + [n]^{5}_{5'}.\overset{n-5}{a} + [n]^{6}_{6'}.\overset{n-6}{a} - - \text{etc.}$$

In dieser Formel wechseln immer zwei Vorzeichen Minus mit zwei Vorzeichen Plus und umgekehrt ab. Man hat also:

$$\mathfrak{L}\left(\frac{\pi}{4}+z\right) = \mathfrak{L}\left(\frac{\pi}{4}\right) + \sqrt{2}.\left(z+\frac{z^2}{2'}+3.\frac{z^3}{3'}+11.\frac{z^4}{4'}+57.\frac{z^5}{5'}+361.\frac{z^6}{6'}\right.$$
$$\left.+2763.\frac{z^7}{7'}+34611.\frac{z^8}{8'}+330737.\frac{z^9}{9'}+\text{etc.}\right).$$

Was das erste Glied $\mathfrak{L}\left(\frac{\pi}{4}\right)$ betrifft, so hat man $\operatorname{tang}\frac{\pi}{4}=1$, also $\mathfrak{Sin}\,\mathfrak{L}\left(\frac{\pi}{4}\right)=1$ und $\mathfrak{Cos}\,\mathfrak{L}\left(\frac{\pi}{4}\right)=\sqrt{2}$, also ist $\mathfrak{Sin}\,\mathfrak{L}\left(\frac{\pi}{4}\right)+\mathfrak{Cos}\,\mathfrak{L}\left(\frac{\pi}{4}\right)=1+\sqrt{2}$, und also

$$\mathfrak{L}\left(\frac{\pi}{4}\right) = \log(1+\sqrt{2}).$$

Man findet aber noch leichter den Werth von $\mathfrak{L}\left(\frac{\pi}{4}\right)$, wenn man in einer von den beiden ersten Formeln des §. 65. für das da vorkommende v setzt den Werth $v = \frac{1}{2}$.

Setzt man in der vorigen Formel $-z$ für z, so hat man eine Reihe, welche von der vorigen subtrahirt wird, und dann giebt:

$$\mathfrak{L}\left(\frac{\pi}{4}+z\right)$$
$$=\mathfrak{L}\left(\frac{\pi}{4}-z\right)+2\sqrt{2}\left(z+3.\frac{z^3}{3'}+57.\frac{z^5}{5'}+2763.\frac{z^7}{7'}+330737.\frac{z^9}{9'}+\text{etc.}\right).$$

Ähnliche und zum Theil noch einfachere Formeln findet man, wenn $k=\frac{\pi}{6}$ oder $k=\frac{\pi}{3}$ gesetzt wird.

Zusatz. Setzt man $k\sqrt{-1}$ für k und $z\sqrt{-1}$ für z, so gelangt man noch zu einer Reihe für $\frac{1}{\mathfrak{Cos}\,(k+z)}$. Setzt man nemlich:

$$\overset{2r}{U} = S(-1)^{\beta}(2\alpha)'\underset{(\alpha)}{\overset{\beta}{C}}\left(\frac{1}{\mathfrak{Cos}\,k}\right)^{2\alpha+1} \qquad \text{cond. } (\alpha+\beta=r),$$
$$\overset{2r+1}{U} = \left(S(-1)^{\beta}(2\alpha+1)'\underset{(\alpha)}{\overset{\beta}{C}}\left(\frac{1}{\mathfrak{Cos}\,k}\right)^{2\alpha+1}\right).\mathfrak{Sin}\,k \qquad \text{cond. } (\alpha+\beta=r),$$

so hat man

$$\frac{1}{\mathfrak{Cos}\,(k+z)} = U-\overset{1}{U}.\frac{z^1}{1'}-\overset{2}{U}.\frac{z^2}{2'}+\overset{3}{U}.\frac{z^3}{3'}+\overset{4}{U}.\frac{z^4}{4'}-\overset{5}{U}.\frac{z^5}{5'}-\text{etc.}$$

und

$$l(k+z) = lk+Uz-\overset{1}{U}.\frac{z^2}{2'}-\overset{2}{U}.\frac{z^3}{3'}+\overset{3}{U}.\frac{z^4}{4'}+\overset{4}{U}.\frac{z^5}{5'}+\overset{5}{U}.\frac{z^6}{6'}-\text{etc.}$$

In beiden Reihen folgen auf zwei Glieder mit den Vorzeichen Minus jedesmal zwei Glieder mit den Vorzeichen Plus und umgekehrt.

§. 70.

Noch reicher an Folgerungen ist die Entwickelung von $\tan (k+v)$ in eine nach Potenzen von z fortgehende Reihe. Setzt man nemlich:

$$\overset{0}{z} = \text{tang}\,k,$$

und bezeichnet man die höheren Differentialverhältnisse, wie folgt: $\overset{1}{z}=\frac{\partial \overset{0}{z}}{\partial k}$ und allgemein $\overset{n}{z}=\frac{\partial^n \overset{0}{z}}{\partial k^n}$, so hat man zunächst: $\overset{1}{z}=\cos k^{-2}$, und man übersieht überhaupt bald, daſs der Ausdruck für $\overset{2r-1}{z}$ folgende Form haben könne:

$$\overset{2r-1}{z} = S(-1)^{\beta}\varphi(r,\beta).\cos k^{-2\alpha} \qquad \text{cond. } (\alpha+\beta=r).$$

Differentiirt man ihn, so erhält man:

$$\overset{2r}{z} = S(-1)^{\beta}.2\alpha.\varphi(r,\beta).\cos k^{-(2\alpha+1)}.\sin k \qquad \text{cond. } (\alpha+\beta=r).$$

Wird noch einmal differentiirt, so erhält man:

$$\overset{2r+1}{z} = S(-1)^{\beta}\, 2\alpha(2\alpha+1).\varphi(r,\beta).\cos k^{-(2\alpha+2)} + S(-1)^{\beta+1}(2\alpha)^2.\varphi(r,\beta).\cos k^{-2\alpha}$$

mit der beiden Haupttheilen gemeinschaftlichen Bedingungsgleichung $\alpha+\beta = r$. Man kann aber diesen Ausdruck wieder unter die Form:

$$\overset{2r+2}{z} = S(-1)^{\beta}\varphi(r+1,\beta).\cos k^{-2\alpha} \qquad \text{cond.}\,(\alpha+\beta = r+1)$$

bringen und erhält also die Recursionsformel:

$$\varphi(r+1, r+1-m) = (2m-1)(2m-2).\varphi(r, r+1-m) + (2m)^2.\varphi(r, r-m).$$

Setzt man aber $(2m-1)^2.2^{2r-2m}.\varphi(r, r-m)$ für $\varphi(r, r-m)$, so geht die Recursionsformel dadurch über in:

$$\varphi(r+1, r+1-m) = \varphi(r, r+1-m) + m^2.\varphi(r, r-m)$$

und nach ihr können dann die unbekannten Vorzahlen im Ausdrucke:

$$\overset{2r-1}{z} = S(-1)^{\beta}.2^{2\beta}.(2\alpha-1)^2.\varphi(r,\beta).\left(\frac{1}{\cos k}\right)^{2\alpha} \qquad \text{cond.}\,(\alpha+\beta = r)$$

berechnet werden. Aber man erkennt auch aus ihr, dafs der Coëfficient $\varphi(r, r-m)$ eine aus den Quadraten der ersten Zahlen der natürlichen Zahlenreihe bei unbedingter Wiederholbarkeit der Elemente gebildete Combinationsclasse ist. Nimmt man nemlich die Scale:

$$(m) = (1^2, 2^2, 3^2, \ldots . m^2),$$

welche aus m Elementen besteht, so erhellet auf ähnliche Art, wie im §. 67., dafs allgemein:

$$\varphi(r, r-m) = \overset{r-m}{\underset{(m)}{C}}$$

sei, und man hat also nun:

$$\left.\begin{aligned} \overset{2r-1}{z} &= S(-1)^{\beta}.2^{2\beta}.(2\alpha-1)^2.\overset{\beta}{\underset{(\alpha)}{C}}.\left(\frac{1}{\cos k}\right)^{2\alpha} \\ \overset{2r}{z} &= \sin k.S(-1)^{\beta}.2^{2\beta}.(2\alpha)^2.\overset{\beta}{\underset{(\alpha)}{C}}.\left(\frac{1}{\cos k}\right)^{2\alpha+1} \end{aligned}\right\} \quad \text{cond.}\,(\alpha+\beta = r).$$

In beiden Ausdrücken darf aber auch noch sogleich $\alpha+1$ für α gesetzt werden, weil das Glied für $\beta = r$ oder $\alpha = 0$ selbst Null ist.

§. 71.

Gestützt auf diese beiden zur independenten Bestimmung dienenden Formeln hat man nun in Anwendung des Taylorschen Satzes:

$$\operatorname{tang}(k+v) = \overset{0}{z} + \overset{1}{z}.\frac{v}{1} + \overset{2}{z}.\frac{v^2}{2'} + \overset{3}{z}.\frac{v^3}{3'} + \overset{4}{z}.\frac{v^4}{4'} + \overset{5}{z}.\frac{v^5}{5'} + \text{etc.}$$

Setzt man zunächst $k=0$, so ist $\sin k = 0$ und $\cos k = 1$; es fallen also von den Gröfsen $\overset{0}{z}, \overset{1}{z}, \overset{2}{z}, \overset{3}{z}$, etc. alle diejenigen weg, welche eine gerade Zeigezahl tragen, weil sie den Factor sin$k$ enthalten. Setzt man weiter allgemein:

$$\overset{r-1}{w} = \overset{2r-1}{z} \quad \text{für} \quad k = 0,$$

so findet man für tang$v$ die nach Potenzen von v fortgehende Reihe:

$$\text{tang}\, v = v + \overset{1}{w}.\frac{v^3}{3'} + \overset{2}{w}.\frac{v^5}{5'} + \overset{3}{w}.\frac{v^7}{7'} + \overset{4}{w}.\frac{v^9}{9'} + \text{etc.}$$

welche mit der im §. 44. für tang$x$ gefundenen zusammenfüllt; es haben auch die Coëfficienten $\overset{1}{w}$, $\overset{2}{w}$, $\overset{3}{w}$, $\overset{4}{w}$ etc. dieselbe Bedeutung, wie im §. 43. und §. 44. Jetzt haben wir aber für die independente Berechnung dieser Coëfficienten die allgemeine Formel:

$$\overset{r}{w} = S(-1)^{\beta}.4^{\beta}.(2\alpha+1)^{r}.\underset{(\alpha+1)}{\overset{\beta}{C}} \qquad \text{cond.}\ (\alpha+\beta=r).$$

Da nun aber $(2\alpha+1)^r$ immer durch 2^{α}, und in der Regel noch durch eine höhere Potenz von 2 theilbar ist, so ist also das allgemeine Glied durch $2^{2\beta+\alpha} = 2^{2r-\alpha}$ oder eine noch höhere Potenz von 2 theilbar; daher ist überhaupt $\overset{r}{w}$ immer theilbar durch 2^r, aber in der Regel selbst durch eine Potenz von 2, deren Exponent entweder $=2r$ oder doch nur wenig $<2r$ ist.

Die Berechnung der Werthe von $\underset{(\alpha+1)}{\overset{\beta}{C}}$ für eine gegebene Summe $(1+\alpha+\beta=r+1)$ gelingt sehr einfach, indem man die Quadrate der ersten ganzen Zahlen bis zur Zahl r^2 in eine Horizontalreihe nach fallender Gröſse, etwa von der Linken zur Rechten stellt, und ihre allmäligen Summen von der Rechten zur Linken nimmt; diese sind dann schon Combinationsclassen des ersten Grades; unter sie werden von der Rechten zur Linken die Quadratzahlen Glied unter Glied gestellt; die über einander stehenden Zahlen werden multiplicirt, und die Producte wieder allmälig von der Rechten zur Linken addirt; die Summen sind die Combinationsclassen des zweiten Grades; so führt man überhaupt fort nach folgendem Rechnungs-Schema:

. . . .	25	16	9	4	1	
Combinations-Classen 1sten Grades	55)	30)	14)	5)	1)	Summen.
		16	9	4	1	Elemente.
		480	126	20	1	Produote.
Classen 2ten Grades . .		627)	147)	21)	1)	Summen.
			9	4	1	Elemente.
			1323	84	1	Producte.
Classen 3ten Grades			1408)	85)	1)	Summen.
				4	1	Elemente.
				340	1	Producte.
Classen 4ten Grades				431)	1)	Summen.
					1	Element.
Classe 5ten Grades					1	

Hiernach sind die folgenden Zahlen berechnet worden:

$\beta=0$	1	1	1	1	1	1	1	1	1
$\beta=1$	385	285	204	140	91	55	30	14	5
$\beta=2$	48279	25194	12138	5278	2002	627	147	21	1
$\beta=3$	2458676	846260	251498	61490	11440	1408	85	1	
$\beta=4$	52253971	10787231	1733303	196053	13013	341	1		
$\beta=5$	434928221	46587905	3255330	118482	1365	1			
$\beta=6$	1217854704	53157079	1071799	5461	1				
$\beta=7$	860181300	9668036	21845	1					
$\beta=8$	87099705	87381	1						
$\beta=9$	349525	1							
$\beta=10$	1								

So hat man z. B. für $r=3$ die folgenden Zahlen:

$$\overset{3}{w} = 4^0.7'.1 - 4^1.5'.14 + 4^2.3'.21 - 4^3.1'.1 = 5040 - 6720 + 2016 - 64$$

$$\text{Summe} = +7056 - 6784 = +272.$$

Also findet man $\overset{3}{w} = 272$, wie im §. 43.

Zusatz. Das so eben gezeigte mechanische Rechnungsverfahren kann auch bei der Ermittelung der Werthe der Combinationsclassen, welche in den Formeln des §. 68. und §. 69. vorkommen, und welche aus den Elementen einer anderen Scale gebildet werden müssen, angewandt werden.

§. 72.

Der besondere Fall, wo $k=\frac{\pi}{4}$, verdient ebenfalls eine besondere Beachtung. Setzt man nun noch $\frac{1}{2}x$ für v, so erhält man:

$$\operatorname{tang}\tfrac{1}{2}\left(\frac{\pi}{2}+x\right) = S\overset{\alpha}{u}.\frac{x^{2\alpha}}{(2\alpha)'} + S\overset{\alpha}{w}.\frac{x^{2\alpha+1}}{(2\alpha+1)'}$$

gesetzt, allgemein:

$$\overset{r}{u} = (\tfrac{1}{2})^{2r}.\overset{2r}{z} \quad \text{für} \quad k=\frac{\pi}{4} \quad \text{und}$$

$$\overset{r}{w} = (\tfrac{1}{2})^{2r+1}.\overset{2r+1}{z} \quad \text{für} \quad k=\frac{\pi}{4}.$$

Da aber $\cos\frac{\pi}{4} = \sin\frac{\pi}{4} = \sqrt{\tfrac{1}{2}}$ ist, so hat man auf der Stelle:

$$\overset{r}{u} = S(-1)^{\beta}\frac{(2\alpha)'}{2^{\alpha}}.\overset{\beta}{\underset{(\alpha)}{C}} \qquad \text{cond. } (\alpha+\beta=r),$$

$$\overset{r}{w} = S(-1)^{\beta}\frac{(2\alpha+1)'}{2^{\alpha}}.\overset{\beta}{\underset{(\alpha+1)}{C}} \qquad \text{cond. } (\alpha+\beta=r).$$

Da immer $(2\alpha)'$ und also auch $(2\alpha+1)'$ durch 2^α theilbar ist, so sind also die Coëfficienten $\frac{(2\alpha)'}{2^\alpha}$ und $\frac{(2\alpha+1)'}{2^\alpha}$, welche in diesen Ausdrücken vorkommen, ganze Zahlen.

Um nun noch zu zeigen, daſs die Coëfficienten $\overset{r}{u}$ und $\overset{r}{w}$ mit den im §. 42., §. 43. und an noch späteren Stellen eben so bezeichneten dieselben sind, dienen die beiden Formeln:

$$\operatorname{tang}\tfrac{1}{2}\left(\frac{\pi}{2}+x\right)+\operatorname{tang}\tfrac{1}{2}\left(\frac{\pi}{2}-x\right) = \frac{2}{\cos x} \quad \text{und}$$

$$\operatorname{tang}\tfrac{1}{2}\left(\frac{\pi}{2}+x\right)-\operatorname{tang}\tfrac{1}{2}\left(\frac{\pi}{2}-x\right) = 2\operatorname{tang}x,$$

durch deren Anwendung man findet:

$$\mathfrak{Cos}\,\mathfrak{L}x = \frac{1}{\cos x} = S\overset{\alpha}{u}.\frac{x^{2\alpha}}{(2\alpha)'} \quad \text{und} \quad \mathfrak{Sin}\,\mathfrak{L}x = \operatorname{tang}x = S\overset{\alpha}{w}.\frac{x^{2\alpha+1}}{(2\alpha+1)'}.$$

Es sind also sowohl zur independenten Berechnung der Coëfficienten $\overset{1}{u}$, $\overset{2}{u}$, $\overset{3}{u}$, etc., als auch der Coëfficienten $\overset{1}{w}$, $\overset{2}{w}$, $\overset{3}{w}$, etc. zwei allgemeine Formeln angegeben worden, welche, wie man sieht, ziemlich einfach sind.

Vierzehnter Abschnitt.

Geometrische Constructionen für die Beziehungen zwischen den Potenzial-Functionen, ihren Arcus und den vermittelnden Functionen.

Die gleichseitige Hyperbel.

§. 73.

Wie die Beziehungen zwischen den cyklischen Functionen und ihren Arcus am Kreise nachgewiesen werden, ist so allgemein bekannt, daſs es unpassend wäre, hier davon zu handeln; nicht ganz so bekannt ist die geometrische Nachweisung der Beziehungen zwischen den hyperbolischen Functionen an der gleichseitigen Hyperbel, von welcher diese Functionen den Namen hyperbolische erhalten.

Es sei (Taf. IV. Fig. 2.) die Gerade $AB = a$ die Halbaxe der gleichseitigen Hyperbel BM, und es seien die Coordinaten des Punctes M dieser Curve $AP = x$ und $PM = y$, so ist bekanntlich die Gleichung an die Curve:

$$y = \sqrt{(x^2 - a^2)}.$$

Wird nun die Fläche des Sectors $ABM = \sigma$ gesetzt, so hat man:

$$\sigma = \triangle APM - \text{Fläche } BPM = \frac{xy}{2} - \int y\,\partial x,$$

oder auch:

$$\partial\sigma = \frac{x\,\partial y - y\,\partial x}{2}.$$

Wird aber die Gleichung an die Curve differentiirt, so hat man $y\,\partial y = x\,\partial x$, also $\partial y = \frac{x}{y}\,\partial x$. Daher findet man:

$$\partial\sigma = \frac{a^2}{2} \cdot \frac{\partial x}{y}, \quad \text{also auch } \sigma = \frac{a^2}{2}\int \frac{\partial x}{\sqrt{(x^2-a^2)}}.$$

Setzt man nun $k = \text{Arc}\left(\text{Cos} = \frac{x}{a}\right)$, so hat man umgekehrt:

$$1. \quad \text{Cos}\, k = \frac{x}{a}.$$

und man findet

$$\partial k = \frac{\partial\left(\frac{x}{a}\right)}{\sqrt{\left(\left(\frac{x}{a}\right)^2 - 1\right)}} = \frac{\partial x}{\sqrt{(x^2-a^2)}} \quad \text{(nach §. 18.).}$$

Es ist demnach $\partial\sigma = \frac{a^2}{2} \cdot \partial k$ und also $\sigma = \frac{a^2}{2} \cdot k + \text{const.}$ Da nun für $x = a$ die Fläche $\sigma = 0$ werden mufs, und $\text{Cos}\,k = 1$, also $k = 0$ wird, so hat man const. $= 0$, und es ist demnach:

$$2. \quad \sigma = \frac{a^2}{2} \cdot k$$

Construirt man also mit dem Halbmesser a einen Kreissector, dessen Inhalt so grofs ist als der Inhalt des hyperbolischen Sectors σ, so ist der Quotient, welchen man erhält, wenn man den Bogen des Kreissectors durch seinen Radius a dividirt, der unbenannten Zahl k gleich, oder in anderen Worten: die unbenannte Zahl k ist dem Bogen des Kreissectors gleich, wenn der Radius a zur Einheit genommen wird.

Der Arcus k wird also aus dem bekannten Inhalte des hyperbolischen Sectors eben so gefunden, wie wenn dieser Sector ein cyklischer wäre; denn wenn er ein cyklischer wäre von der Gröfse σ, so hätte man ebenfalls $\sigma = \frac{a^2}{2} \cdot k$, wenn a der Halbmesser ist.

Aus der Gleichung $\text{Cos}\,k = \frac{x}{a} = \frac{AP}{AB}$ folgt nun aber leicht:

$$3. \quad \begin{cases} \text{Sin}\,k = \frac{y}{a} = \frac{PM}{AB} \text{ und} \\ \text{Tang}\,k = \frac{y}{x} = \frac{PM}{AP} \end{cases}$$

§. 74.

Die so eben erhaltenen drei Gleichungen veranlassen nun folgende einfache Construction:

Man schneide von P aus nach dem Scheitel B hin von der Abscisse ein Stück $PD=AB=a$ ab und ziehe die Gerade MD, so entsteht ein rechtwinkliges Dreieck DPM, worin der Winkel an D mit φ bezeichnet werden mag.

Da $PM=y$ und $PD=a$ ist, so findet man

$$MD = x = AP.$$

Daher hat man

$$\cos\varphi = \frac{a}{x},\quad \sin\varphi = \frac{y}{x} \quad\text{und}\quad \operatorname{tang}\varphi = \frac{y}{a}.$$

Jede dieser Gleichungen führt zusammengehalten mit den Gleichungen (3.) des §. 73. zu einer den Zusammenhang zwischen den Arcus k und φ ausdrückenden neuen Gleichung, nemlich:

$$\varphi = lk,\quad\text{oder umgekehrt:}\quad k = \mathfrak{L}\varphi.$$

Wird der im hyperbolischen Sector befindliche Winkel $BAM=\psi$ gesetzt, so hat man $\operatorname{tang}\psi=\frac{y}{x}$, und da die trigonometrische Tangente des Winkels, welchen die Berührungslinie der Curve für den Punct M mit der Abscissenlinie bildet $=\frac{\partial y}{\partial x}$ und also $=\frac{x}{y}$ ist, so folgt, dafs dieser Winkel den Winkel ψ zu einem rechten Winkel ergänzt. Hierauf kann eine bequeme Construction der Tangente gegründet werden.

Aus den beiden Gleichungen $\sin\varphi=\frac{y}{x}$ und $\operatorname{tang}\psi=\frac{y}{x}$ folgt ferner:

$$\sin\varphi = \operatorname{tang}\psi = \mathfrak{Tang}\,k.$$

Also ist $\psi=\frac{1}{2}l(2k)$ oder $k=\frac{1}{2}\mathfrak{L}(2\psi)$, also auch $\mathfrak{L}\varphi=\frac{1}{2}\mathfrak{L}(2\psi)$ und also $\varphi=l(\frac{1}{2}\mathfrak{L}(2\psi))$, oder umgekehrt $\psi=\frac{1}{2}l(2\mathfrak{L}\varphi)$, auf ähnliche Art wie im Zusatze zu §. 40. Eine ausführlichere Behandlung der gleichseitigen Hyperbel kann hier offenbar der Zweck nicht sein.

Die Kettenlinie.

§. 75.

Es seien (Fig. 3.) die Geraden $AP=x$ und $PM=y$ die Coordinaten (für den Anfangspunct A) eines Punctes M einer Curve, deren Gleichung ist:

$$y = a.\mathfrak{Cos}\frac{x}{a}.$$

Die Gröfse a heifse der Parameter der Curve. Man hat für $x=0$ offenbar $y=a$, und es ist also $AV=a$ oder der Parameter. Der Punct V heifse der Scheitel der Curve. Setzt man nemlich $-x$ für x, so bleibt y unverändert, und es theilt also der Punct V die Curve in zwei congruente Arme; die Gerade AW ist demnach eine Axe der Curve. Wenn x gröfser wird, so wird auch y gröfser und es ist y immer positiv. Daher liegt die Curve ganz auf einer Seite der Abscissenlinie PAp und entfernt sich immer mehr von ihr. Später wird gezeigt werden, dafs die Curve die sonst sogenannte Kettenlinie ist.

Differentiirt man die Gleichung an die Curve, so erhält man $\frac{\partial y}{\partial x}=\mathfrak{Sin}\,\frac{x}{a}$. Wird aber in M eine Tangente MT an die Curve gelegt, und der Winkel, welchen MT mit einer zur Abscissenlinie parallelen Mm bildet, $=\varphi$ gesetzt, so hat man auch $\operatorname{tang}\varphi=\frac{\partial y}{\partial x}$, und es ist also:

$$\operatorname{tang}\varphi=\mathfrak{Sin}\,\frac{x}{a}.$$

Setzt man also die unbenannte Zahl $\frac{x}{a}=k$, so hat man $\operatorname{tang}\varphi=\mathfrak{Sin}\,k$, und also

$$\varphi=lk,\ \text{oder umgekehrt:}\ k=\mathfrak{L}\varphi\ \text{und}\ x=a.k.$$

Durch diese drei Gleichungen sind die Beziehungen zwischen φ, k und x ausgedrückt. Die Gleichung an die Curve ist auch $y=a.\mathfrak{Cos}\,k$, und also auch:

$$y=\frac{a}{\cos\varphi}.$$

Wird der Bogen $VM=s$ gesetzt, so hat man $\partial s=\sqrt{(\partial x^2+\partial y^2)}$, und man findet $\partial s=\partial x\,\mathfrak{Cos}\,\frac{x}{a}$; wird die Gleichung integrirt, so hat man:

$$s=a.\mathfrak{Sin}\,\frac{x}{a}=a\,\mathfrak{Sin}\,k=a.\operatorname{tang}\varphi,$$

weil das Integral für $x=0$ verschwinden mufs. Wird diese Gleichung mit der zwischen x und y verbunden, so findet man:

$$y^2=a^2+s^2.$$

Es ist also immer $y>s$ und es nähern sich diese beiden Gröfsen ins Unendliche dem Verhältnisse der Gleichheit. Wird die Gleichung $s.\cot\varphi=a$ mit der Gleichung $y\cos\varphi=a$ verbunden, so hat man noch:

$$y.\sin\varphi=s.$$

§. 75.

Wird vom Fufspuncte P der Ordinate PM auf die Tangente MT das Loth PS gefüllt, so entsteht das rechtwinklige Dreieck MPS, worin der Winkel $MPS = \varphi$ ist.

Die beiden Katheten dieses Dreiecks findet man leicht:

$MS = s =$ Bogen VM und

$PS = a =$ dem Parameter AV, und also constant.

Die Hypothenuse PM ist $= y$ und also $y^2 = a^2 + s^2$, wie vorhin.

Stellt also $KSPL$ ein Lineal in der Form eines Rechtecks, dessen Breite $PS = KL = a$ ist, vor, so kann man die eine Seite dieses Lineals, das mit dem Puncte S sich anfänglich in V und mit dem Puncte P dann in A befindet, an der convexen Seite der Curve drehen oder abdrücken, und die freigewordene Seite SM erscheint dann als von dem Bogen VM abgewickelt, mit dem sie gleich lang ist; die andere Ecke P des Lineals wird durch eine solche Bewegung genöthigt, eine gerade Linie AP zu beschreiben. Es scheint, als ob diese auf die früheren einfachen Formeln gegründete Vorstellungsart der Abwickelung der Kettenlinie, wobei eine gerade Linie zu beschreiben der Punct P veranlafst wird, bisher nicht sei gekannt worden. Vielleicht liefse sich hieraus die Construction eines Instruments herleiten, mittelst dessen man umgekehrt statt der geraden Linie die Kettenlinie selbst beschreiben könnte, so wie man andere Curven z. B. die Kegelschnitte beschreibt. Denn obgleich es interessant sein mag, zu wissen wie man sich der Kettenlinie als einer Leitlinie bedienen könne, um eine gerade Linie zu beschreiben, so ist doch eine solche Art der Beschreibung unnütz.

§. 76.

Wird die Fläche $AVMP = f$ gesetzt, so ist $\partial f = y\,\partial x = a\,\partial x . \mathfrak{Cos}\frac{x}{a}$, und also

$$f = a^2 . \mathfrak{Sin}\frac{x}{a} = a s.$$

Daher ist die Fläche $f = VA$. Bogen $VM = PS . SM =$ dem Rechtecke $PSMR$.

Bezeichnet ϱ den Krümmungs-Halbmesser, so ist $\varrho = -\dfrac{\left(\frac{\partial s}{\partial x}\right)^3}{\frac{\partial^2 y}{\partial x^2}}$.

Aber $\dfrac{\partial s}{\partial x} = \dfrac{1}{\cos\varphi}$ und $\dfrac{\partial^2 y}{\partial x^2} = \dfrac{1}{a\cos\varphi}$, also hat man, wenn man nur die absolute Gröfse des Krümmungs-Halbmessers mit ϱ bezeichnet:

$$\varrho = \frac{a}{\cos\varphi^2}.$$

Es ist sonst ϱ negativ, welches bekanntlich anzeigt, dafs die Curve gegen die Abscissenlinie convex ist. Man findet aber auch

$$\varrho = \frac{y^2}{a} = a + \frac{s^2}{a}.$$

Für den Punct V ist also der Krümmungs-Halbmesser $= a =$ dem Parameter AV. Wird die Normale MR bis zum Einschnitte N in die Linie AN verlängert, so ist bekanntlich:

$$PM^2 = MR.MN, \text{ oder } y^2 = a.MN \text{ und also } MN = \frac{y^2}{a},$$

oder einfacher:

$$\varrho = MN.$$

Wird also MN über M hinaus verlängert, und die Verlängerung $MO = MN$ genommen, so ist MO der Krümmungs-Halbmesser auch der Lage nach, und es ist O der Mittelpunct des Krümmungskreises; seine Coordinaten sind AQ und QO, und man findet leicht:

$$AQ = PN - AP \text{ und } QO = 2.PM.$$

Man mufs, wenn man auf die Einfachheit der diese Curve betreffenden Beziehungen sieht, gestehen, dafs sie zu den interessantesten Curven gehört, welche die analytische Geometrie bisher als solche ausgezeichnet hat.

§. 77.

Nach diesen rein geometrischen Betrachtungen der mit der Gleichung $y = a.\mathfrak{Cos}\frac{x}{a}$ oder auch $y = a\frac{\left(e^{\frac{x}{a}} + e^{-\frac{x}{a}}\right)}{2}$ zusammengehörenden Curve fehlt noch der Beweis, dafs diese Curve die Kettenlinie sei, welche Benennung sie ihrer statischen Eigenschaft verdankt.

Ein gleichmäfsig dicker und schwerer Faden, welcher vollkommen biegsam ist, formt sich nemlich, wenn seine beiden Enden festgehalten werden, zu einer solchen Curve jedesmal, nur dafs ihr Parameter nicht immer derselbe ist. Diejenigen, welche über die Kettenlinie geschrieben haben, scheinen es nicht gekannt zu haben, dafs man die Gleichung an dieselbe unter die einfache Form $y = a.\mathfrak{Cos}\frac{x}{a}$ bringen könne, wenigstens ist in keinem der statischen Lehrbücher, welche dem Verfasser zu Gesichte kamen, die Gleichung an die Kettenlinie unter diese einfache Form gebracht worden. Umgekehrt hat man die zu dieser Gleichung gehörige Curve untersucht, ohne dabei anzugeben, dafs diese Curve die Kettenlinie sei. Man findet z. B. im zweiten Theile des *Traité du calcul différentiel et du calcul intégral* (*No.* 684. *pag.* 459.) eine, wenn auch nur gedrängte Darstellung der Eigenschaften dieser Curve, ohne die Angabe, dafs sie die Kettenlinie sei; dafür ist die historische Bemerkung hinzugefügt worden, dafs dieselbe Curve von Herrn Schubert (*Nova acta Acad. Petropol. T. IX. pag.* 178.) untersucht worden sei. Aber die Ansicht dieser Abhandlung stand mir nicht zu Gebote. Sollte aber auch in dieser Abhandlung die fragliche Behauptung ausgesprochen und nachgewiesen worden sein, so würde doch ein solcher Beweis nicht in Vieler Händen sein. Wir glauben daher auf ein allgemeiner verbreitetes Werk verweisen zu dürfen, welches jüngst auch ins Deutsche übersetzt worden ist: Lehrbuch der Mechanik von S. D. Poisson, aus dem Franz. übers. von Dr. J. C. Eduard Schmidt, Stuttgart und Tübingen bei Cotta 1825.

Im ersten Theile dieser Übersetzung (No. 142. pag. 155. u. ff.) ist für die Kettenlinie als Differential-Gleichung angegeben worden:

$$A.\sin c.\partial x - A.\cos c.\partial y = h.s.\partial x,$$

Beziehen wir diese Gleichung auf unsere Fig. 3., so ist $m'B = x$, $BC = y$ und Bogen $m'C = s$. Wir hingegen wollen $AD = x$, $DC = y$ und Bogen $VC = \sigma$ setzen. Setzen wir dann noch die constante Länge des Bogens $Vm' = l$, so ist $s = l - \sigma$. Wollen wir diese Abänderung in die Gleichung einführen, so müssen wir aufserdem noch $-\partial x$ für ∂x und $-\partial y$ für ∂y setzen, wodurch wir erhalten:

$$-A\sin c.\partial x + A\cos c.\partial y = -h(l-\sigma)\partial x,$$

oder auch

$$\frac{hl - A\sin c}{h} + \frac{A\cos c}{h}.\frac{\partial y}{\partial x} = \sigma.$$

Setzen wir weiter zur Abkürzung:

$$\alpha = \frac{A\cos c}{h} \quad \text{und} \quad \beta = \frac{hl - A\sin c}{h},$$

so haben wir die einfachere Gleichung $\beta + \alpha.\frac{\partial y}{\partial x} = \sigma$, welche noch einmal differentiirt giebt:

$$\alpha.\frac{\partial^2 y}{\partial x^2} = \frac{\partial \sigma}{\partial x}.$$

Um nun zu einer Gleichung blofs zwischen x und y zu gelangen, setzen wir $v = \frac{\partial y}{\partial x}$, so ist $\partial s = \sqrt{(\partial x^2 + \partial y^2)} = \partial x\sqrt{(1+v^2)}$, und also

$$\partial x = \alpha.\frac{\partial v}{\sqrt{(1+v^2)}}.$$

Die Integration nach §. 18. giebt auf der Stelle:

$$\alpha . \mathfrak{Arc}(\mathfrak{Sin} = v) = x + \text{const.},$$

oder umgekehrt:

$$\mathfrak{Sin}\left(\frac{x + \text{const.}}{\alpha}\right) = v = \frac{\partial y}{\partial x}.$$

Da nun für $\frac{\partial y}{\partial x} = 0$, d. h. im Puncte V auch $x = 0$ sein mufs, so hat man const. $= 0$ und also:

$$\partial y = \alpha . \frac{\partial x}{\alpha} . \mathfrak{Sin}\frac{x}{\alpha} \quad \text{oder} \quad y = \alpha\,\mathfrak{Cos}\frac{x}{\alpha} + \text{const.}$$

Für $x = 0$ mufs man $y = AV$ erhalten, und es ist also $AV = \alpha + \text{const.}$, weswegen:

$$y = \alpha\,\mathfrak{Cos}\frac{x}{\alpha} + AV - \alpha.$$

Bei der zu Anfang der Rechnung vorgenommenen Coordinatenveränderung wurde die Länge von AV unbestimmt gelassen; jetzt können wir AV so bestimmen, dafs die Gleichung am einfachsten wird, welches der Fall ist, wenn $AV = \alpha$ genommen wird. Die Gleichung an die Kettenlinie ist dann, wie behauptet wurde:

$$y = \alpha . \mathfrak{Cos}\frac{x}{\alpha},$$

und die Gröfse α ist ihr Parameter, welcher früher mit a bezeichnet wurde.

Zusatz. Herr Poisson gelangt durch eine ziemlich weitläufige Rechnung zu der Endgleichung:

$$y = \frac{A}{h}[1 - \tfrac{1}{2}(1 - \sin c) . e^{\vartheta x} - \tfrac{1}{2}(1 + \sin c) . e^{-\vartheta x}],$$

worin $\vartheta = \frac{h}{A \cos c}$ ist, und welche man nicht ohne Mühe in die unsrige einfachere umrechnen wird.

§. 78.

Zum Ausdrucke der Spannung T an der Stelle C der Curve giebt Poisson ferner die Formel:

$$T = \sqrt{(A^2 - 2Ahs . \sin c + h^2 s^2)}.$$

Setzen wir in derselben für s den Werth $l - \sigma$, so erhält man leicht:

$$T^2 = A^2 + h^2 l^2 - 2Ah \sin c + 2h(A \sin c - hl) . \sigma + h^2 s^2.$$

Es ist aber $\alpha^2 + \beta^2 = \frac{A^2 - 2Ahl \sin c + h^2 l^2}{h^2}$, und $A \sin c - hl = -h\beta$; also hat man

$$T^2 = h(\alpha^2 + \beta^2 - 2\beta\sigma + \sigma^2) = h . [(\sigma - \beta)^2 + \alpha^2].$$

Da nun nach §. 77. ferner $\sigma - \beta = \alpha . \mathfrak{Sin}\frac{x}{\alpha}$ ist, so finden wir

$$T = h . \alpha . \mathfrak{Cos}\frac{x}{\alpha} \quad \text{oder} \quad T = h . DC.$$

Wird das Gewicht des Bogens $VC = p$ gesetzt, so hat man $p = h.\sigma$, und also $h = p$ für $\sigma = 1$.

Der Ausdruck $T = h.DC$, auf welchen die Formel des Herrn Poisson von uns ist zusammengezogen worden, giebt nun zu erkennen, dafs die Spannungen an den verschiedenen Stellen der Curve den Perpendikeln proportional sind, welche man von ihnen auf die Abscissenlinie Pp fällt. Auch aus diesem Grunde ist die Linie Pp in Beziehung auf die Kettenlinie eine Linie von bemerkenswerther Lage.

§. 79.

Für die Brückenbaukunst ist die Frage von einiger Wichtigkeit, wie eine Kettenlinie construirt werden könne, welche durch zwei gegebene Puncte geht, die vom Scheitel der Curve einen gleichen gegebenen Abstand haben, oder was meist auf dasselbe hinausläuft, wie eine Brücke, welche die nach statischen Lehren vollkommenste Form haben soll, construirt werden könne, wenn die Breite des Flusses und die Höhe des Gewölbes gegeben sind.

Es sei die Breite des Flusses $Mm = 2b$ und die Höhe des Gewölbes $VW = h$.

Wäre der Parameter a der Curve oder der Winkel $mMT = \varphi$ bekannt, so wäre die Aufgabe der Construction so gut als gelöset; diese beiden Gröfsen müssen also vor allen gefunden werden, und dazu dient die Gleichung:

$$a + h = a.\mathfrak{Cos}\frac{b}{a}.$$

Setzen wir wieder $\frac{b}{a} = k$ und den Quotienten $\frac{b}{h} = w$, so ist w bekannt, und die Division giebt $\frac{h}{a} = \frac{k}{w}$, also $h = \frac{ak}{w}$; die Gleichung geht hierdurch über in:

$$a + \frac{ak}{w} = a.\mathfrak{Cos}\,k, \text{ oder einfacher: } 1 + \frac{k}{w} = \mathfrak{Cos}\,k.$$

Man hat also auch $\frac{k}{w} = \mathfrak{Cos}\,k - 1 = 2\mathfrak{Sin}\frac{1}{2}k^2$, und endlich:

$$1. \quad w = \frac{k}{2.\mathfrak{Sin}\frac{1}{2}k^2}.$$

Aus dieser Formel mufs der Werth von k gefunden werden, welches möglich sein mufs, weil $w = \frac{b}{h}$ bekannt ist. Wenn k gefunden ist, so hat man auf der Stelle:

$$2. \quad \varphi = lk \text{ und } a = \frac{b}{k}.$$

Es hält nicht schwer, k in eine nach Potenzen von w fortgehende Reihe zu entwickeln, aber die Rechnung gelingt ohnedies in der Regel ungleich schneller auf andere Art. Man thut aber wohl, schon jetzt cyklische Functionen statt der hyperbolischen in die Formel einzuführen. Setzt man nemlich $\mathfrak{L}\varphi$ für k, so ist

$$\mathfrak{Cos}\,k = \frac{1}{\cos\varphi} \quad \text{und} \quad \mathfrak{Cos}\,k - 1 = \frac{1-\cos\varphi}{\cos\varphi} = 2\,\mathfrak{Sin}\,\tfrac{1}{2}k^2.$$

Man hat also auch:

$$3. \quad w = \frac{\cos\varphi}{2\sin\frac{1}{2}\varphi^2}\,.\,\mathfrak{L}\varphi,$$

und aus dieser Gleichung soll eigentlich unmittelbar der Winkel φ gefunden werden. Dieses Geschäft wird sehr erleichtert durch eine kleine Hülfstabelle, worin für die aufeinander folgenden, um einen Grad zunehmenden Werthe des Winkels φ die zugehörigen Werthe von w oder von $\log w$, wenn auch nur in fünf Decimalstellen angegeben sind, weil man dadurch in den Stand gesetzt wird, rückwärts aus der bekannten Gröfse von w den zugehörigen Werth von φ bis auf einen Grad genau und auch noch genauer zu bestimmen. Ist der Winkel φ bis dahin bekannt, so wird man ihn bald durch eine oder ein paar Proberechnungen selbst bis auf eine Minute genau finden. Trigonometrische Tafeln mit 5 Decimalziffern reichen zu diesen Proberechnungen hin.

§. 80.

Hat man den Winkel φ schon bis auf eine Minute genau gefunden, so sei $\varphi + \delta''$ der verbesserte Werth von φ, und man hat genau:

$$\log w = \log\cos(\varphi+\delta'') + \log\mathfrak{L}(\varphi+\delta'') - 2\log\sin(\tfrac{1}{2}\varphi+\tfrac{1}{2}\delta'') - \log 2.$$

Ferner sei

$$\log \overset{1}{w} = \log\cos\varphi + \log\mathfrak{L}\varphi - 2\log\sin\tfrac{1}{2}\varphi - \log 2.$$

Setzt man nun:

$$1. \quad \log w - \log\overset{1}{w} = t,$$

so hat man offenbar:

$$t = [\log\cos(\varphi+\delta'') - \log\cos\varphi] + [\log\mathfrak{L}(\varphi+\delta'') - \log\mathfrak{L}\varphi]$$
$$- 2[\log\sin(\tfrac{1}{2}\varphi+\tfrac{1}{2}\delta'') - \log\sin\tfrac{1}{2}\varphi].$$

Setzt man nun weiter:

$$\log\cos(\varphi+1'') = \log\cos\varphi - \triangle\log\cos\varphi,$$
$$\log\mathfrak{L}\,(\varphi+1'') = \log\mathfrak{L}\,\varphi + \triangle\log\mathfrak{L}\,\varphi,$$
$$\log\sin(\tfrac{1}{2}\varphi+1'') = \log\sin\tfrac{1}{2}\varphi + \triangle\log\sin\tfrac{1}{2}\varphi,$$

so ist:

$$\log\cos(\varphi+\delta'')-\log\cos\varphi = -\delta.\Delta\log\cos\varphi,$$
$$\log\mathfrak{L}(\varphi+\delta'')-\log\mathfrak{L}\varphi = \delta.\Delta\log\mathfrak{L}\varphi,$$
$$\log\sin(\tfrac{1}{2}\varphi+\tfrac{1}{2}\delta'')-\log\sin\tfrac{1}{2}\varphi = \frac{\delta}{2}.\Delta\log\sin\tfrac{1}{2}\varphi,$$

und man findet nun leicht:

$$2.\quad \delta = \frac{t}{\Delta\log\mathfrak{L}\varphi-\Delta\log\cos\varphi-\Delta\log\sin\frac{1}{2}\varphi}.$$

Die Differenzen $\Delta\log\cos\varphi$ und $\Delta\log\sin\frac{1}{2}\varphi$ sind in den trigonometrischen Tafeln selbst angemerkt, hingegen ist die Differenz $\Delta\log\mathfrak{L}\varphi$ noch zu ermitteln, und dazu dient die Formel:

$$\Delta\log\mathfrak{L}\varphi = \frac{\log\mathfrak{L}(\varphi+1')-\log\mathfrak{L}\varphi}{60},$$

wenn man die alte Winkel-Eintheilung gebraucht; bei Anwendung der neuen Winkel-Eintheilung mufs diese Formel statt des Nenners 60 den Nenner 100 erhalten. Will man die Tabelle für die Werthe von $\mathfrak{L}k$ nicht gebrauchen, so findet man auch:

$$\Delta\log\mathfrak{L}\varphi = \frac{\log\log\operatorname{tang}\left(\frac{\pi}{4}+\frac{1}{2}\varphi+\frac{1}{2}.1'\right)-\log\log\operatorname{tang}\left(\frac{\pi}{4}+\frac{1}{2}\varphi\right)}{60 \text{ oder } 100},$$

und alle in dieser Formel vorkommende Logarithmen sind briggische.

§. 81.

Um die so eben beschriebene Rechnungsweise durch ein Beispiel zu erläutern, sei $b=100$ und $h=79$. Ferner habe man den Winkel φ schon bis auf eine Sexagesimal-Minute gefunden: $\varphi=61^\circ 10'$, also $\frac{\varphi}{2}=30^\circ 35'$; $45^\circ+\frac{\varphi}{2}=75^\circ 35'$. Daraus findet man nach der Formel:

$$\log\overset{2}{w} = \log\cos\varphi-2\log\sin\tfrac{1}{2}\varphi+\log\log\operatorname{tang}\left(45^\circ+\frac{\varphi}{2}\right)+0{,}0611857,$$

$$\log\operatorname{tang}\left(45^\circ+\frac{\varphi}{2}\right)=0{,}589\,9546$$

Also

$$\begin{array}{lr}
\log\log\operatorname{tang}\left(45^\circ+\frac{\varphi}{2}\right) & =0{,}770\,8186-\ \ 1\\
\text{Dazu }\log\cos\varphi\ \ldots & =9{,}683\,2843-10\\
\hline
\text{Summe}\ \ldots\ldots & 9{,}454\,1029-10\\
\ \ 2\log\sin\frac{1}{2}\varphi\ \ldots & 9{,}413\,0788-10\\
\hline
\text{Rest}\ \ldots\ldots\ldots & 0{,}041\,0241\\
\text{Dazu}\ \ldots\ldots\ldots & 0{,}061\,1857\\
\hline
\log\overset{1}{w} & =0{,}102\,2098
\end{array}$$

$$\begin{array}{lr}
\log b = \ldots\ldots & 2{,}000\ 0000\\
\log h = \ldots\ldots & 1{,}897\ 6271\\
\hline
\log w = & 0{,}102\ 3729\\
\log\overset{2}{w} = & 0{,}102\ 2098\\
\hline
t = \ldots & 1631
\end{array}$$

$$\begin{array}{lr}
\log\operatorname{tang}\left(45^\circ+\frac{\varphi}{2}+30''\right) & =0{,}590\,2166\\
\log\log\operatorname{tang}\left(45^\circ+\frac{\varphi}{2}+30''\right) & =0{,}771\,0114-1\\
\log\log\operatorname{tang}\left(45^\circ+\frac{\varphi}{2}\right) & =0{,}770\,8186-1\\
\hline
\text{Rest}\ \ldots\ldots\ldots\ldots & 1928
\end{array}$$

$$\begin{array}{lr}
\text{Also }\ \Delta\log\mathfrak{L}\varphi = \frac{1928}{60} = & 32{,}13\\
-\Delta\log\cos\varphi = & -38{,}2\\
-\Delta\log\sin\frac{1}{2}\varphi = & -35{,}7\\
\Delta\log\mathfrak{L}\varphi = & +32{,}13\\
\hline
32{,}13-73{,}9 = & -41{,}77
\end{array}$$

$$\text{Also } \delta = \frac{1631}{-41{,}77} = \qquad -39'' \ldots .$$
$$\varphi = \qquad 61^\circ\, 10'\; 0''$$

Der verbesserte Werth von φ ist $= 61^\circ\; 9'\, 21''$.
Genauer noch findet man den unbekannten Winkel durch die folgende zweite Correction.

Nun ist

$$\varphi = 61^\circ\, 9'\, 20'' \text{ (gesetzt)}, \quad \frac{\varphi}{2} = 30^\circ\, 34'\, 40'' \text{ und } 45^\circ + \frac{\varphi}{2} = 75^\circ\, 34'\, 40''$$

$$\log \operatorname{tang}\left(45^\circ + \frac{\varphi}{2}\right) = 0{,}589\,7800 \qquad \log \operatorname{tang}\left(45^\circ + \frac{\varphi}{2} + 5''\right) = 0{,}589\,8236{,}5$$

$\log\log \operatorname{tang}\left(45^\circ + \frac{\varphi}{2}\right)$	$= 9{,}770\,6900 - 10$
Dazu $\log \cos\varphi$ . .	$= 9{,}683\,4373 - 10$
und	$0{,}061\,1857$
Summe	$9{,}515\,3130 - 10$
$2 \log \sin \frac{1}{2}\varphi$ . . .	$9{,}412\,9364 - 10$
$\log \frac{1}{w}$	$0{,}102\,3766$
$\log w$	$0{,}102\,3729$
$t =$	-37

$\log\log \operatorname{tang}\left(45^\circ + \frac{\varphi}{2} + 5''\right)$	$= 9{,}770\,7222 - 10$
$\log\log \operatorname{tang}\left(45^\circ + \frac{\varphi}{2}\right)$	$= 9{,}770\,6900 - 10$
Rest	322
Also $\Delta \log \mathfrak{L}\varphi$	$= 32{,}2$
$-\Delta \log \cos\varphi =$	$-38{,}3$
$-\Delta \log \sin \frac{1}{2}\varphi =$	$-35{,}6$
Summe . . .	$= 32{,}2 - 73{,}9 = -41{,}7$

$$\text{und } \delta = \frac{-37}{-41{,}7} = 0''{,}887.$$

Daher hat man $\varphi = 61^\circ\, 9'\, 20''{,}89$, und dieser Werth ist denn sehr genau. Will man ihn nun noch genauer haben, so mufs man trigonometrische Tafeln mit mehr als sieben Decimalziffern in Anwendung bringen.

Zusatz. Die Formel $w = \frac{k}{2(\mathfrak{Sin}\,\frac{1}{2}k)^2}$ kann auch auf folgende Art benutzt werden. Setzt man $\mathfrak{Sin}\,\frac{1}{2}k = \operatorname{tang} l\,\frac{1}{2}k$ und $k = \mathfrak{L}\varphi$, so hat man nemlich $w = \frac{\mathfrak{L}\varphi}{2(\operatorname{tang} l\,\frac{1}{2}\mathfrak{L}\varphi)^2}$ und also $\log w = \log \mathfrak{L}\varphi - 2 \log \operatorname{tang}(l\,\frac{1}{2}\mathfrak{L}\varphi) - \log 2$.

§. 82.

Nachdem nun der Winkel φ genau genug gefunden ist, kann man den Parameter a auf doppelte Art finden nach den Formeln:

$$a = \frac{h}{2} \cdot \frac{\cos\varphi}{\sin \frac{1}{2}\varphi^2} \quad \text{und} \quad \frac{1}{a} = \frac{1}{b} \cdot \mathfrak{L}\varphi.$$

Dann hat man $a + h = y = PM$. Die Länge des Bogens $VM = s$ wird berechnet nach den Formeln:

$$s = y \cdot \sin\varphi \quad \text{und} \quad s = a \cdot \operatorname{tang}\varphi.$$

Hierauf findet man die Länge des Krümmungshalbmessers ϱ für den Punct M nach den Formeln: $\quad \varrho = \frac{y^2}{a} \quad$ und $\quad \varrho = \frac{a}{\cos\varphi^2}$.

Dann kennt man aber die Hauptbestimmungen der Construction der Curve. Wird das im §. 81. vorkommende Beispiel durchgeführt, so hat man:

$$\varphi = 61^\circ\, 9'\, 20'',89;\quad \frac{\varphi}{2} = 30^\circ\, 34'\, 40'',44;\quad 45^\circ + \frac{\varphi}{2} = 75^\circ\, 34'\, 40'',44.$$

$$\begin{array}{rl} \log h &= 1{,}897\,6271 \\ \log\cos\varphi &= 9{,}683\,4339 \\ \hline & \, 1{,}581\,0610 \\ & -9{,}713\,9696 \\ \hline \log a &= 1{,}867\,0914 \end{array}$$

$$\begin{array}{rrl} & \log\sin\frac{1}{2}\varphi &= 9{,}706\,4698-10 \\ \text{Also:} & \log\sin\frac{1}{2}\varphi^2 &= 9{,}412\,9396-10 \\ & \log 2 &= 0{,}301\,0300 \\ \hline & \text{Summe} \ldots\ldots & \, 9{,}713\,9696-10 \end{array}$$

Um $\log a$ auf die zweite Art zu berechnen, hat man $\mathfrak{L}\varphi = \frac{1}{\mu}\log\operatorname{tang}\left(45^\circ + \frac{\varphi}{2}\right)$. Aber

$$\begin{array}{rrl} & \log\operatorname{tang}\left(45^\circ+\frac{\varphi}{2}\right) &= 0{,}589\,7838 \\ \text{Also} & \log\log\operatorname{tang}\left(45^\circ+\frac{\varphi}{2}\right) &= 9{,}770\,6928-10 \\ & \log\frac{1}{\mu} &= 0{,}362\,2157 \\ \hline & \log\mathfrak{L}\varphi &= 0{,}132\,9085 \\ & \log b &= 2{,}000\,0000 \\ \hline \text{Also} & \log a &= 1{,}867\,0915 \ \text{(wie vorhin).} \end{array}$$

Daher hat man:

$$\begin{array}{rl} a &= 73{,}6362 \\ h &= 79{,}0000 \\ \hline y &= 152{,}6362 \end{array} \qquad \begin{array}{rl} \log y &= 2{,}183\,6576 \\ \log\sin\varphi &= 9{,}942\,4717 \\ \hline \log s &= 2{,}126\,1293 \\ \text{und}\quad s &= 133{,}6993 \end{array} \qquad \begin{array}{rl} \log a &= 1{,}867\,0915 \\ \log\cos\varphi^2 &= 9{,}366\,8678-10 \\ \hline \log\varrho &= 2{,}500\,2237 \\ \varrho &= 316{,}3907 \end{array}$$

Man findet auch $\log s$ und $\log\varrho$, wie folgt:

$$\begin{array}{rl} \log a &= 1{,}867\,0914 \\ \log\operatorname{tang}\varphi &= 0{,}259\,0379 \\ \hline \log s &= 2{,}126\,1293 \end{array} \qquad \begin{array}{rl} \log y^2 &= 4{,}367\,3152 \\ \log a &= 1{,}867\,0915 \\ \hline \log\varrho &= 2{,}500\,2237 \end{array}$$

Will man die Construction der Curve vollenden, so wird man zwischen den Grenzen $\varphi = 0$ und $\varphi = 61^\circ\, 9'\, 20'',89$ für gleiche Zunahmen des Winkels φ, welche nicht sehr klein zu sein brauchen, die zugehörigen Werthe der Gröfsen x, y, s, ϱ nach den Formeln des §. 74. und §. 76. berechnen. Sind auf diese Weise mehrere einzelne Puncte der Curve festgelegt, so wird man durch sie eine approximirende Curve legen, welches nun um so leichter ist, weil man die Gröfsen der Krümmungshalbmesser und die Lage der Mittelpuncte der Krümmungskreise kennt. Mit einem solchen Halbmesser braucht man nur aus dem zugehörigen Mittelpuncte allemal zwischen den willkürlich gewählten Grenzen der Theile der Curve einen Kreisbogen zu beschreiben, so wird dieser, sinnlich betrachtet, mit dem entsprechenden Theile der Curve einerlei sein, oder doch der Unterschied sehr gering, und zwar desto geringer sein, je gröſser die Anzahl der festgelegten Puncte der Curve ist, und so wird sich überhaupt die aus Kreisbogen zusammengesetzte Linie von der Kettenlinie hinlänglich wenig unterscheiden.

Zusatz. Einfacher wird die im §. 79. vorgelegte Aufgabe, wenn die Breite $Mm = 2b$ und als Höhe die Linie $AW = h$ gegeben sind. Man hat dann zur Bestimmung von φ die Gleichung:

$$\frac{b}{h} = \cos\varphi . \mathfrak{L}\varphi,$$

und wie vorhin:

$$\frac{1}{a} = \frac{1}{b} . \mathfrak{L}\varphi, \text{ oder auch } a = h . \cos\varphi.$$

Die Longitudinale.

§. 82.

Wenn zwei Zahlen φ und k in solcher Beziehung zu einander stehen, daſs $\varphi = lk$ oder umgekehrt $k = \mathfrak{L}\varphi$ ist, so ist bekanntlich immer $k > \varphi$. Werden daher die Abscisse x und der zugehörige Bogen s mit einer constanten Länge a verglichen, welche der Parmeter heiſsen mag, so ist auch $\frac{s}{a} > \frac{x}{a}$, wenn für $x = 0$ auch $s = 0$ sein soll. Man kann daher $\frac{s}{a} = k$ und $\frac{x}{a} = \varphi$ setzen, d. h. als Gleichung an die Curve aufstellen:

$$\frac{s}{a} = \mathfrak{L}\frac{x}{a}, \text{ oder umgekehrt } \frac{x}{a} = l\frac{s}{a}.$$

Die Curve mag die **Longitudinale** genannt werden. Die aufgestellte Gleichung hat noch nicht die zur genaueren Kenntniſs der Curve erforderliche Gestalt, und es muſs aus ihr endlich eine Gleichung hergeleitet werden, welche den Zusammenhang unter zwei rechtwinkligen Coordinaten eines unbestimmten Punctes der Curve ausdrückt. Man differentiire diese Gleichung, und man erhält $\partial x = \frac{\partial s}{\mathfrak{Cos}\frac{x}{a}}$. Sind nun x und y die beiden Coordinaten eines Punctes der Curve, so ist bekanntlich auch $\partial s^2 = \partial x^2 + \partial y^2$, und man findet

$$\partial y = \partial x . \mathfrak{Sin}\frac{s}{a}.$$

Da aber $\mathfrak{Sin}\frac{s}{a} = \text{tang}\, l\frac{s}{a} = \text{tang}\frac{x}{a}$ ist, so hat man:

$$\frac{\partial y}{\partial x} = \text{tang}\frac{x}{a}.$$

Nun ist aber $\frac{\partial y}{\partial x}$ auch gleich der trigonometrischen Tangente des Winkels, welchen die Berührungslinie des Punctes M der Curve, dessen Coordinaten x und y sind, mit der Abscissenlinie bildet, und welcher durch ψ bezeichnet sein mag; also hat man:

$$\text{tang}\,\psi = \text{tang}\frac{x}{a} = \text{tang}\,\varphi,$$

oder einfacher $\psi = \frac{x}{a} = \varphi$. Schneidet man also auf der Peripherie eines Kreises, der mit dem Radius a beschrieben ist, einen Bogen ab, dessen Länge der Abscisse gleicht, so ist der diesem Bogen zugehörige Winkel am Mittelpuncte des Kreises dem Winkel ψ jedesmal gleich; daher sind auch die Werthe der auf einander folgenden Abscissen den zugehörigen Werthen des Winkels ψ proportional.

§. 83.

Und nun ist es leicht, von der Differentialgleichung $\frac{\partial y}{\partial x} = \frac{x}{a}$ zur Gleichung an die Curve selbst aufzusteigen. Integrirt man nemlich so, dafs mit $x = 0$ auch $y = 0$ wird, so findet man:

$$y = a\,.\log\frac{1}{\cos\frac{x}{a}} \quad \text{oder} \quad e^{-\frac{y}{a}} = \cos\frac{x}{a} = \cos\varphi.$$

Diese Gleichung giebt nun zu erkennen, dafs zu gleich grofsen, aber entgegengesetzten Abscissen x auch gleich grofse, aber einstimmige Werthe der Ordinate y gehören.

Es stelle (Fig. 4.) die Linie CAD die Longitudinale vor, $AP = x$ und $PM = y$ seien die beiden Coordinaten des Punctes M der Curve, so ist AP zugleich eine Tangente der Curve für ihren Scheitel A; eine Tangente derselben für den Berührungspunct M sei MT, so ist der Winkel $MTP = \psi = \varphi = \frac{x}{a}$.

Da ferner $\log\frac{1}{\cos\varphi}$ unmöglich ist, wenn $\varphi > \frac{\pi}{2}$, so kann die Abscisse x nie gröfser genommen werden, als die Länge eines Quadranten vom Kreise beträgt, dessen Radius der Parameter der Curve a ist. Wird die Abscisse so grofs genommen, als ein solcher Quadrant, und ist etwa $AV = AW = \frac{\pi}{2}.a$, so ist die Ordinate y zwar nicht unmöglich, aber unendlich grofs. Werden also in den Puncten V und W zwei Perpendikel VN und WO auf der Abscissenlinie errichtet, so sind sie Asymptoten der Curve, die also mit ihren beiden congruenten Armen AD und AC ganz zwischen den Parallelen VN und WO enthalten bleibt und sich ihnen ins Unendliche nähert. Schon daraus darf geschlossen werden, dafs die Krümmung der Curve im Scheitel A am gröfsten ist und dafs dieselbe allmälig geringer wird, je weiter man sich auf einem der Arme vom Scheitel A entfernt. Noch deutlicher tritt diese Kenntnifs hervor aus der Betrachtung des Ausdrucks für den Krümmungshalbmesser selbst, welcher für den Punct M mit ϱ bezeichnet werde. Man findet leicht:

$$\varrho = \frac{a}{\cos\varphi}.$$

Der Krümmungshalbmesser für den Scheitel A ist also gleich dem Parameter a.

Die Gleichung $y = a \log \frac{1}{\cos\frac{x}{a}}$ führt endlich auch leicht zum Ausdrucke des Zusammenhanges zwischen y und s. Denn man hat

$$y = a \log \frac{1}{\cos\varphi} = a \log \mathfrak{Cos}\, k,$$

und da $k = \frac{s}{a}$ ist, so hat man auf der Stelle:

$$y = a \log \mathfrak{Cos}\, \frac{s}{a}.$$

Zusatz. Wollte man aus zwei gegebenen Coordinaten x und y die Longitudinale construiren, so müfste man zuerst die Gröfse des Winkels φ aus der Gleichung

$$\frac{x}{y} = \frac{\varphi}{-\log\cos\varphi}$$

zu ermitteln suchen, und hätte dann

$$a = \frac{x}{\varphi} = \frac{y}{-\log\cos\varphi}.$$

§. 84.

Will man die Ausdrücke für die Gröfsen x, y und s in Reihen entwickeln, so dafs eine solche Reihe auch nach Potenzen einer dieser Gröfsen fortschreitet, so fallen die meisten dieser Entwickelungen nicht schwer, weil früher umständlich behandelte Reihen dabei sogleich in Anwendung kommen. Will man aber die Gröfsen x und s in Reihen entwickeln, welche nach Potenzen von y fortschreiten, so kann bei diesen beiden Aufgaben keine der früher behandelten Reihen in Anwendung kommen.

Sieht man auf Fig. 4., worin MQ auf AQ senkrecht oder zu AP parallel ist, und also $AQMP$ ein Rechteck vorstellt, so macht es eine Verwechselung der Coordinaten nothwendig, MQ oder AP als Function von AQ oder PM zu betrachten, und da kann die Aufgabe, MQ in eine nach Potenzen von AQ fortgehende Reihe zu entwickeln, allerdings nicht zwecklos vorgelegt werden. Setzen wir daher nun $AQ = x$, $QM = y$, und, wie vorhin, den Bogen $AM = s$, so haben wir:

$$y = a.\text{arc}\left(\cos = e^{-\frac{x}{a}}\right) \quad \text{und} \quad s = a.\mathfrak{Arc}\left(\mathfrak{Cos} = e^{\frac{x}{a}}\right).$$

Erwägt man nun, dafs die Entwickelung eines Arcus, dessen Cosinus gegeben ist, in eine Reihe, welche nach Potenzen des Cosinus fortschreitet, gar nicht gefunden werden kann, so begreift man, warum die beiden verlangten Entwickelungen einige Schwierigkeit haben, und es die Mühe belohnt, hier davon zu handeln. Da die beiden Aufgaben, analytisch genommen, fast dieselben sind, so reicht es hin, die erste Aufgabe vollständig aufzulösen, weil man die gefundenen Resultate leicht übertragen oder für die zweite Aufgabe benutzen kann. Setzen wir zur Abkürzung $\overset{1}{y} = \frac{\partial y}{\partial x}$ und differentiirt man die erste Gleichung, so erhält man:

$$\overset{1}{y} = \left(e^{\frac{2x}{a}} - 1\right)^{-\frac{1}{2}}.$$

Die Aufgabe der Entwickelung ist also auf die in der That ein wenig einfachere der Function $\left(e^{\frac{2x}{a}} - 1\right)^{-\frac{1}{2}}$ zurückgeführt worden.

§. 85.

Mit der Entwickelung der Potenz $(e^x - 1)^{-1}$ in eine nach Potenzen von x fortgehende Reihe haben sich die Analysten viel beschäftigt, und es kommen bei ihr die sogenannten Bernoullischen Zahlen in Anwendung. Der vielfache Gebrauch dieser Entwickelung, z. B. bei der Herleitung des summatorischen Gliedes einer Reihe aus dem allgemeinen Gliede derselben, rechtfertigt diese Aufmerksamkeit auf sie. Noch gröfsere Schwierigkeit hat aber die Entwickelung einer Potenz von $e^x - 1$, wenn ihr Exponent eine gebrochene Zahl ist, wie im vorliegenden Falle. Überhaupt hängt die Entwickelung der Potenzen von $e^x - 1$ in eine nach Potenzen von x fortgehende Reihe ab von der Kenntnifs der Vorzahlen, welche in den Entwickelungen der (numerischen) Facultäten nach Potenzen ihres Grundfactors vorkommen. Wird nemlich in Anwendung der Bezeichnung der Facultäten nach Vandermonde allgemein gesetzt:

$$[a, d]^{+n} = a(a-d)(a-2d)\ldots(a-nd+d),$$
$$[a, d]^{-n} = \frac{1}{(a+d)(a+2d)(a+3d)\ldots(a+nd)},$$

so ist immer, der Exponent n mag eine positive oder negative ganze Zahl sein:

$$[a, d]^{n} = S(-1)^{a}.\,{}^{n}f^{a}.\,a^{n-a}.\,d^{a},$$

und die in dieser Reihe vorkommenden Vorzahlen oder die sogenannten Facultäten-Coëfficienten:

$${}^{n}f^{0},\ {}^{n}f^{1},\ {}^{n}f^{2},\ {}^{n}f^{3}\ \text{etc.}$$

sind gewisse Functionen des Exponenten n, welche ein durch die leicht herzuleitende Formel:

$${}^{n+1}f^{r} = {}^{n}f^{r} + n.\,{}^{n}f^{r-1}$$

ausgedrücktes allgemeines Gesetz ihrer Bildung befolgen. Wird der Begriff der Facultäten erweitert, auf ähnliche Art wie der Begriff der Potenzen, so sind auch solche Facultäten $[a, d]^{n}$ zulässig, deren Exponent n ein positiver oder auch negativer Bruch ist. Dann müssen aber für die Facultäten-Coëfficienten Ausdrücke angegeben werden, welche gebraucht werden können ohne Rücksicht darauf, was für eine Zahl der Exponent n der zugehörigen Facultät sei. Solche Ausdrücke sind die folgenden:

$${}^{n}f^{0} = 1,$$
$${}^{n}f^{1} = \frac{n(n-1)}{2} = \underset{1'}{[n-1]^{1}}.\,\tfrac{1}{2}n,$$
$${}^{n}f^{2} = \underset{2'}{[n-1]^{2}}.\,(\tfrac{1}{4}n^{2} - \tfrac{1}{12}n),$$
$${}^{n}f^{3} = \underset{3'}{[n-1]^{3}}.\,(\tfrac{1}{8}n^{3} - \tfrac{1}{8}n^{2}),$$
$${}^{n}f^{4} = \underset{4'}{[n-1]^{4}}.\,(\tfrac{1}{16}n^{4} - \tfrac{1}{8}n^{3} + \tfrac{1}{48}n^{2} + \tfrac{1}{120}n),$$
$${}^{n}f^{5} = \underset{5'}{[n-1]^{5}}.\,(\tfrac{1}{32}n^{5} - \tfrac{5}{48}n^{4} + \tfrac{5}{96}n^{3} + \tfrac{1}{48}n^{2}),$$
$${}^{n}f^{6} = \underset{6'}{[n-1]^{6}}.\,(\tfrac{1}{64}n^{6} - \tfrac{5}{64}n^{5} + \tfrac{5}{64}n^{4} + \tfrac{13}{576}n^{3} - \tfrac{1}{96}n^{2} - \tfrac{1}{252}n),$$
$${}^{n}f^{7} = \underset{7'}{[n-1]^{7}}.\,(\tfrac{1}{128}n^{7} - \tfrac{7}{128}n^{6} + \tfrac{35}{384}n^{5} + \tfrac{7}{1152}n^{4} - \tfrac{7}{192}n^{3} - \tfrac{1}{72}n^{2}),$$

$$ {}^{n}\overset{8}{f}=\underset{\overline{8'}}{[n-1]^{8}}.\left(\tfrac{1}{256}n^{8}-\tfrac{7}{192}n^{7}+\tfrac{35}{384}n^{6}-\tfrac{7}{288}n^{5}-\tfrac{469}{6912}n^{4}-\tfrac{1}{64}n^{3}+\tfrac{101}{8640}n^{2}+\tfrac{1}{240}n\right), $$

$$ {}^{n}\overset{9}{f}=\underset{\overline{9'}}{[n-1]^{9}}.\left(\tfrac{1}{512}n^{9}-\tfrac{3}{128}n^{8}+\tfrac{21}{250}n^{7}-\tfrac{7}{120}n^{6}-\tfrac{133}{1536}n^{5}+\tfrac{5}{384}n^{4}+\tfrac{101}{1920}n^{3}+\tfrac{3}{160}n^{2}\right), $$

$$ {}^{n}\overset{10}{f}=\underset{\overline{10'}}{[n-1]^{10}}.\left(\tfrac{1}{1024}n^{10}-\tfrac{15}{1024}n^{9}+\tfrac{35}{512}n^{8}-\tfrac{133}{1536}n^{7}-\tfrac{245}{3072}n^{6}+\tfrac{745}{9216}n^{5}\right. $$
$$ \left.+\tfrac{67}{5760}n^{4}+\tfrac{47}{2304}n^{3}-\tfrac{13}{576}n^{2}-\tfrac{n}{132}\right), $$

$$ {}^{n}\overset{11}{f}=\underset{\overline{11'}}{[n-1]^{11}}.\left(\tfrac{1}{2048}n^{11}-\tfrac{55}{6144}n^{10}+\tfrac{55}{1024}n^{9}-\tfrac{319}{3072}n^{8}-\tfrac{847}{18432}n^{7}+\tfrac{3179}{18432}n^{6}\right. $$
$$ \left.+\tfrac{121}{768}n^{5}-\tfrac{275}{4608}n^{4}-\tfrac{143}{1152}n^{3}-\tfrac{n^{2}}{24}\right) $$

u. s. w.

Die Berechnung dieser Werthe hat keine Schwierigkeit, wenn sie in gehöriger Weise unternommen wird, und gründet sich auf eine Formel, welche im Anhange hergeleitet wird. Die Möglichkeit der Berechnung dieser Zahlen für jeden Werth von n vorausgesetzt, hat man immer:

$$ (e^{x}-1)^{n} = S\,[n]^{-a}.{}^{-n}\overset{a}{f}.x^{n+a}, $$

und man wird in dieser Formel nun $\frac{2x}{a}$ für x und $-\frac{1}{2}$ für n setzen, wodurch man erhält:

$$ \overset{1}{y} = \left(S\,2^{a}[-\tfrac{1}{2}]^{-a}.{}^{\frac{1}{2}}\overset{a}{f}.\frac{x^{a-\frac{1}{2}}}{a^{a}}\right).\sqrt{\frac{a}{2}}. $$

Wird die Reihe mit ∂x multiplicirt und darauf integrirt, so erhält man:

$$ y = \left[1-\frac{\overset{1}{k}}{3'}.\frac{x}{a}+\frac{\overset{2}{k}}{5'}.\left(\frac{x}{a}\right)^{2}-\frac{\overset{3}{k}}{7'}.\left(\frac{x}{a}\right)^{3}+\frac{\overset{4}{k}}{9'}.\left(\frac{x}{a}\right)^{4}-\text{etc.}\right].\sqrt{(2ax)}, $$

und findet:

$$ \overset{r}{k} = (-1)^{r}.2^{r}(2r)^{r}.[-\tfrac{1}{2}]^{-r}.{}^{\frac{1}{2}}\overset{r}{f}, $$

eine Formel, nach welcher die unbekannten Vorzahlen $\overset{1}{k}$, $\overset{2}{k}$, $\overset{3}{k}$, etc. berechnet werden können.

Zusatz. Wenn die Differenz d unter den benachbarten Factoren einer Facultät $=+1$ ist, so kann sie der Kürze wegen in der Bezeichnung wegbleiben, und schon daran erkannt werden. Hiernach ist $[a,1]^{n}=[a]^{n}$.

§. 86.

Man kann noch eine andere Formel zur independenten Berechnung der Coëfficienten $\overset{1}{k}$, $\overset{2}{k}$, $\overset{3}{k}$, etc. herleiten. Da nemlich die Werthe der Function ${}^{n}\overset{r}{f}$, wenn n eine positive oder negative **ganze** Zahl ist, sich in Anwendung der Formel

$$ {}^{n+1}\overset{r}{f} = {}^{n}\overset{r}{f} + n.{}^{n}\overset{r-1}{f} $$

sehr einfach berechnen lassen und also als bekannt vorausgesetzt werden dürfen, so kann man die Werthe der Function ${}^{n}\overset{r}{f}$, im Falle n keine ganze

Zahl ist, aus den vorhin genannten Werthen berechnen, und dazu dient die Formel:

$$\overset{r}{{}^{n}f} = \frac{(n^2-1^2)(n^2-2^2)(n^2-3^2)\dots(n^2-r^2)}{(2r)'}\left(S(-1)^{\beta}[2r]_{\beta'}^{\beta}.\overset{r}{{}^{-\alpha}f}.\frac{n}{n+\alpha}\right) \text{(cond. } \alpha+\beta=r\text{)},$$

welche ebenfalls im Anhange wird hergeleitet werden. In Benutzung dieser Formel findet man:

$$\overset{r}{k} = S(-1)^{\beta}[2r]_{\beta'}^{\beta}.\overset{r}{{}^{-\alpha}f}.\underline{[3,-2]}^{r}_{2\alpha+1} \qquad \text{(cond. } \alpha+\beta=r\text{)}.$$

So hat man z. B. für $r=5$ die folgenden Zahlen:

$$\overset{5}{k} = 42525.\frac{3.5.7.9.11}{11} - 10.7770.\frac{3.5.7.9.11}{9} + 45.966.\frac{3.5.7.9.11}{7} - 120.\frac{3.5.7.9.11}{5}$$

$$+210.\frac{3.5.7.9.11}{3} = \begin{array}{rr} 40186125 - & 89743500 \\ 64552950 - & 15717240 \\ 727650 - & 0 \end{array}$$

$$\overset{5}{k} = 105466725 - 105460740 = +5985.$$

§. 87.

Es bleibt nun für die Entwickelung von y in eine nach Potenzen von x fortgehende Reihe nichts mehr hinzuzufügen, als eine Recursionsformel herzuleiten, nach welcher man die Coëfficienten $\overset{1}{k}$, $\overset{2}{k}$, $\overset{3}{k}$ etc. noch bequemer berechnen wird. Zu dem Ende bemerke man, daſs, wenn die Potenz

$$(S\overset{\alpha}{a}x^{p+\alpha q})^n = S\overset{\alpha}{A}x^{np+\alpha q}$$

dem polynomischen Lehrsatze gemäſs gesetzt wird, unter den Coëfficienten der beiden Reihen die einfache Beziehung:

$$S(n\alpha-\beta)\overset{\beta}{A}.\overset{\alpha}{a} = 0 \qquad \text{(cond. } \alpha+\beta=r\text{)}$$

Statt findet. Von dieser werden wir hier Gebrauch machen. Setzen wir nemlich:

$$\overset{\frac{1}{2}}{y} = \left(e^{\frac{ax}{a}}-1\right)^{-\frac{1}{2}} = \left(S\frac{\left(\frac{2x}{a}\right)^{\alpha+1}}{(\alpha+1)'}\right)^{-\frac{1}{2}} = S\overset{\alpha}{A}\left(\frac{x}{a}\right)^{\alpha-\frac{1}{2}},$$

so haben wir

$$n = -\tfrac{1}{2};\quad \overset{\alpha}{a} = \frac{2^{\alpha+1}}{(\alpha+1)'} \text{ und } \overset{\beta}{A} = (-1)^{\beta}.\frac{\overset{\beta}{k}}{(2\beta)'}\sqrt{\tfrac{1}{2}}.$$

Werden diese Werthe in der allgemeinen Recursionsformel substituirt, so erhält man nach einer geringen Veränderung:

$$S(-1)^{\alpha}[2r]^{2\alpha}_{(\alpha+1)'}.2^{\alpha}.(2r-\alpha).\overset{\beta}{k} = 0 \qquad \text{(cond. } \alpha+\beta=r\text{)}.$$

Wird das Glied $\overset{r}{k}$ auf die eine Seite des Gleichheitszeichens allein gebracht, so hat man:

$$\overset{r}{k} = [2r-1]^{1}_{2'}\,2.(2r-1).\overset{r-1}{k} - [2r-1]^{3}_{3'}.2^2.(2r-2)\overset{r-2}{k}\ldots.$$

$$\ldots.(-1)^{a+1}[2r-1]^{2a-1}_{(a+1)'}.2^a.(2r-a).\overset{r-a}{k}\ldots.+(-1)^{r+1}[2r-1]^{2r-1}_{(r+1)'}.2^r.r.\overset{0}{k}.$$

Die ersten Specialfälle dieser allgemeinen Formel sind die folgenden:

$$\overset{1}{k} = \overset{0}{k} = 1,$$

$$\overset{2}{k} = 9\overset{1}{k} - 2^2.2.\overset{0}{k},$$

$$\overset{3}{k} = 25\overset{2}{k} - 10.2^2.4.\overset{1}{k} + 5.2^3.3.\overset{0}{k},$$

u. s. w.

Das Rechnen nach diesen Formeln ist so bequem, als es nur gewünscht werden kann, und man findet:

$$\overset{2}{k} = +\quad 1,$$

$$\overset{3}{k} = -\quad 15 = -3.5,$$

$$\overset{4}{k} = -\quad 63 = -7.9,$$

$$\overset{5}{k} = +\quad 5985 = +5.7.\,9.\,19,$$

$$\overset{6}{k} = -158895 = -3^3.5.11.107,$$

u. s. w.

Man hat demnach folgende Reihe:

$$y = \left[1 - \frac{1}{3'}.\frac{x}{a} + \frac{1}{5'}.\left(\frac{x}{a}\right)^2 + \frac{15}{7'}.\left(\frac{x}{a}\right)^3 - \frac{63}{9'}.\left(\frac{x}{a}\right)^4 - \frac{5985}{11'}.\left(\frac{x}{a}\right)^5\right.$$

$$\left. - \frac{158895}{13'}.\left(\frac{x}{a}\right)^6\ldots.\right]\sqrt{(2ax)},$$

oder wenn man die Vorzahlen möglichst vereinfacht:

$$y = \left[1 - \frac{1}{6}.\frac{x}{a} + \frac{1}{120}\left(\frac{x}{a}\right)^2 + \frac{1}{336}.\left(\frac{x}{a}\right)^3 - \frac{1}{5760}\left(\frac{x}{a}\right)^4 - \frac{19}{126720}\left(\frac{x}{a}\right)^5\right.$$

$$\left. - \frac{107}{26880}.\left(\frac{x}{a}\right)^6\ldots.\right]\sqrt{(2ax)}.$$

Diese Reihen können, wie schon gesagt, benutzt werden, um der Gleichung:

$$e^{\frac{x}{a}} = \mathfrak{Cos}\frac{s}{a}$$

gemäfs, auch den Bogen s in eine nach Potenzen von x fortgehende Reihe zu entwickeln. Man kann nemlich diese Gleichung auch also schreiben:

$$e^{-\left(\frac{-x}{a}\right)} = \cos\left(\frac{s\sqrt{-1}}{a}\right),$$

und so sieht man, dafs man in den erhaltenen Reihen nur $-\frac{x}{a}$ für $\frac{x}{a}$ und $s\sqrt{-1}$ für y zu setzen hat. So erhält man denn auf der Stelle noch:

$$s = \left[1 + \frac{1}{3'}.\left(\frac{x}{a}\right)^1 + \frac{1}{5'}.\left(\frac{x}{a}\right)^2 - \frac{15}{7'}.\left(\frac{x}{a}\right)^3 - \frac{63}{.9'}.\left(\frac{x}{a}\right)^4 + \frac{5985}{11'}.\left(\frac{x}{a}\right)^5 \right.$$
$$\left. - \frac{158895}{13'}.\left(\frac{x}{a}\right)^6 \dots \right] \sqrt{(2ax)}.$$

Das erste Glied in der für y gefundenen Reihe ist gegen die nachfolgenden desto beträchtlicher, je kleiner die Abscisse $AQ = x$ im Verhältnifs zum Parameter a der Curve ist. Für geringe Werthe von x hat man also näherungsweise $y = \sqrt{(2ax)}$, d. h. die Longitudinale hat in der Nähe ihres Scheitels nur eine geringe Abweichung von einer apollonischen Parabel, welche denselben Parameter mit ihr hat.

§. 88.

Die Beziehung zwischen den durch die Gleichung $k = \mathfrak{L}\varphi$ verbundenen Arcus kann noch auf mehre andere Arten geometrisch construirt werden.

Denkt man sich zwei von einem Puncte ausgehende Curven, welche auf denselben Anfangspunct der Coordinaten und auf dieselben Abscissen bezogen sind, so kann die eine ein Kreisbogen von der Länge $a\varphi$ sein, wenn a den Radius desselben bezeichnet, während die Länge der anderen gröfser als $a\varphi$ und namentlich $= ak = a\mathfrak{L}\varphi$ ist; die Gleichung an diese Curve mufs dann noch ermittelt werden.

Der Halbkreis ABC (Fig. 5.) und die Curve FBE haben den Punct B gemein, D sei der Anfangspunct und $DP = x$ sei die gemeinschaftliche Abscisse der zusammengehörigen Puncte M und N; die Ordinaten seien $PM = z$ und $PN = y$; es wird eine Gleichung zwischen x und y gesucht. Da der Bogen $BM = a\varphi$ ist, wenn der Halbmesser $DA = DB = DC = a$ und der Winkel $BDM = \varphi$ ist, so soll also der Bogen $BN = a.\mathfrak{L}\varphi$ sein. Wird er mit s bezeichnet, so hat man also:

$$s = a.\mathfrak{L}\varphi \quad \text{und} \quad \partial s = \sqrt{(\partial x^2 + \partial y^2)}.$$

Aufserdem hat man $x = a\sin\varphi$ und $z = a\cos\varphi$. Man findet $\partial s = \frac{a\partial\varphi}{\cos\varphi}$, und hat also die Gleichung:

$$\partial y^2 = \frac{a^2\partial\varphi^2}{\cos\varphi^2} - \partial x^2.$$

Da weiter $\partial x = a\cos\varphi\,\partial\varphi$, so hat man $\partial y = a\partial\varphi\sqrt{\left(\frac{1}{\cos\varphi^2} - \cos\varphi^2\right)}$, oder auch:

$$\partial y = a \operatorname{tang}\varphi\, \partial\varphi \sqrt{(1+\cos\varphi^2)},$$

wenn man ∂x eliminirt. Eliminirt man aber φ und $\partial\varphi$, so hat man:

$$\partial y = \frac{x\,\partial x}{a^2-x^2}\sqrt{(2a^2-x^2)}.$$

Setzt man also den Winkel, welchen die Berührungslinie NT der Curve BE im Puncte N mit der Abscissenlinie einschliefst, $=\psi$, so hat man

$$\operatorname{tang}\psi = \frac{x\sqrt{(2a^2-x^2)}}{a^2-x^2} = \operatorname{tang}\varphi . \sqrt{\left(1+\frac{1}{\cos\varphi^2}\right)} = \sqrt{\left(\frac{1}{\cos\varphi^4}-1\right)}.$$

Vermöge dieser Gleichung läfst sich von den zwei Winkeln φ und ψ der eine aus dem anderen berechnen. Die Gleichung erscheint aber ungleich einfacher in der Gestalt:

$$\cos\varphi^2 = \cos\psi \quad \text{oder} \quad \sin\varphi = \sin\tfrac{1}{2}\psi . \sqrt{2},$$

und auf diese so einfache Formeln kann man eine leichte geometrische Construction gründen, wodurch man aus dem Winkel φ den Winkel ψ und umgekehrt findet.

Setzt man $\sqrt{(a^2-x^2)} = z = a\cos\varphi$, so hat man:

$$\partial y = -\frac{a\,\partial z}{z}\sqrt{\left(1+\frac{z^2}{a^2}\right)}.$$

Also

$$y = -\sqrt{(a^2+z^2)} + a . \mathfrak{Arc}\left(\mathfrak{Tang} = \frac{a}{\sqrt{(a^2+z^2)}}\right) + \text{const.}$$

Da nun für $z = a$ auch $y = a$ werden mufs, so hat man:

$$a = -\sqrt{(2a^2)} + a . \mathfrak{Arc}\left(\mathfrak{Tang} = \frac{1}{\sqrt{2}}\right) + \text{const.},$$

und also:

$$y - a = a\sqrt{2} - \sqrt{(a^2+z^2)} - a\,\mathfrak{Arc}\left(\mathfrak{Tang} = \frac{1}{\sqrt{2}}\right) + a\,\mathfrak{Arc}\left(\mathfrak{Tang} = \frac{a}{\sqrt{(a^2+z^2)}}\right).$$

Aber $\mathfrak{Arc}\left(\mathfrak{Tang} = \frac{1}{\sqrt{2}}\right) = \mathfrak{L}\left(\frac{\pi}{4}\right)$ und $z^2 = a^2 - x^2$, also hat man

$$y = a(1+\sqrt{2}) - \sqrt{(2a^2-x^2)} - a\,\mathfrak{L}\left(\frac{\pi}{4}\right) + a\,\mathfrak{Arc}\left(\mathfrak{Tang} = \frac{a}{\sqrt{(2a^2-x^2)}}\right).$$

Führt man statt x wieder φ ein, so hat man $\sqrt{(2a^2-x^2)} = a\sqrt{(2-\sin\varphi^2)}$ $= a\sqrt{(1+\cos\varphi^2)} = a\sqrt{(1+\cos\psi)} = a\cos\frac{\psi}{2}\sqrt{2}$, und also:

$$y = a\left[1+\sqrt{2} - \mathfrak{L}\left(\frac{\pi}{4}\right) - \cos\frac{\psi}{2}\sqrt{2} + \mathfrak{Arc}\left(\mathfrak{Tang} = \frac{1}{\cos\frac{\psi}{2}.\sqrt{2}}\right)\right].$$

Man hat auch $y = a\left[1+\sqrt{2} - \mathfrak{L}\left(\frac{\pi}{4}\right) - \mathfrak{Cot}\,k + k\right]$, und zur Bestimmung von k dient dann die Gleichung:

$$\mathfrak{Sin}\,k = \frac{1}{\cos\varphi}.$$

Der Ausdruck verliert noch ein Glied, wenn man $BQ = x$ und $QN = y$ setzt. Man hat dann:

$$y = a\left[\sqrt{2} - \mathfrak{L}\left(\frac{\pi}{4}\right) - \frac{1}{\sin k} + \mathfrak{L}k\right],$$

und der Winkel k wird berechnet nach der Gleichung:

$$\tang k = \frac{1}{\cos\varphi}.$$

Da nun aber

$$\sqrt{2} = 1{,}41421\ 35624 \text{ und}$$

$$\mathfrak{L}\left(\frac{\pi}{4}\right) = 0{,}88137\ 35870$$

$$\text{also } \sqrt{2} - \mathfrak{L}\frac{\pi}{4} = 0{,}53283\ 99754 \text{ ist,}$$

so hat man

$$y = a.0{,}53283\ 99754 + a\left(\mathfrak{L}k - \frac{1}{\sin k}\right);$$

zur Bestimmung von k dient, wie vorhin, die Gleichung:

$$\tang k = \frac{1}{\cos\varphi}.$$

Obgleich nun, wie man sieht, die Gleichung an die Curve sich in vielerlei Formen darstellen läſst, so erlangt sie dennoch nie einen hohen Grad der Einfachheit; auch hat die Curve keine sehr interessante Eigenschaften; daher mag das über sie Gesagte hinreichen. Der Ausdruck für den Krümmungshalbmesser gewinnt aber noch eine ziemliche Einfachheit; man findet:

$$\varrho = -\frac{a^2\sqrt{(2a^2 - x^2)}}{a^2 - x^2} = -\frac{a\sqrt{(1 + \cos\varphi^2)}}{\cos\varphi^2} = -a\cos\frac{\psi}{2}.\frac{\sqrt{2}}{\cos\psi},$$

oder auch $\varrho = -\frac{a\sin k}{\cos k^2}$, wenn $\tang k = \frac{1}{\cos\varphi}$ gesetzt wird.

Fünfzehnter Abschnitt.

Umformung gegebener Ausdrücke in die Form $\mathfrak{Cos}\,a + \mathfrak{Sin}\,a$; allgemeine Auflösung der cubischen Gleichungen.

§. 89.

Das Rechnen mit Ausdrücken von der Form $\mathfrak{Cos}\,a \pm \mathfrak{Sin}\,a$ ist besonders bequem, wenn Multiplication, Division, Potenziren und Wurzelausziehen die vorgeschriebenen Operationen sind, und es gründet sich auf die nachfolgenden vier allgemeinen Formeln:

$$(\mathfrak{Cos}\,a + \mathfrak{Sin}\,a)(\mathfrak{Cos}\,b + \mathfrak{Sin}\,b) = \mathfrak{Cos}(a + b) + \mathfrak{Sin}(a + b),$$

$$\frac{\mathfrak{Cos}\,a+\mathfrak{Sin}\,a}{\mathfrak{Cos}\,b+\mathfrak{Sin}\,b} = \mathfrak{Cos}(a-b)+\mathfrak{Sin}(a-b),$$
$$(\mathfrak{Cos}\,a+\mathfrak{Sin}\,a)^n = \mathfrak{Cos}\,na+\mathfrak{Sin}\,na,$$
$$\sqrt[n]{(\mathfrak{Cos}\,a+\mathfrak{Sin}\,a)} = \mathfrak{Cos}\frac{a}{n}+\mathfrak{Sin}\frac{a}{n},$$

Will man von den vier Rechnungsweisen Nutzen ziehen, so mufs man im Stande sein, jeden vorgelegten Ausdruck unter die Form $\mathfrak{Cos}\,k+\mathfrak{Sin}\,k$ zu bringen.

Ist etwa N eine mögliche Zahl, so setze man sogleich $e^k=N$, d. h. man suche den Exponenten k nach der Formel:
$$k=\log N,$$
und hat dann auf der Stelle
$$N=\mathfrak{Cos}\,k+\mathfrak{Sin}\,k,$$
$$\frac{1}{N}=\mathfrak{Cos}\,k-\mathfrak{Sin}\,k.$$
Man könnte auch, wenn auch nicht immer ganz so einfach, den Exponenten k finden nach der Formel:
$$N=\operatorname{tang}\left(\frac{\pi}{4}+\tfrac{1}{2}lk\right),$$
nach welcher man zunächst die Gröfse lk und hieraus dann k findet, in Anwendung der Tabelle der Longitudinalzahlen. Wenn $\pm lk$ nicht zu wenig von $\frac{\pi}{2}$ verschieden ist, so wird man nach dieser Formel noch schneller zum Ziele gelangen.

Hat aber die Zahl N die Form:
$$N=P+Q.\sqrt{-1},$$
so setze man
$$P=e^k.\cos\varphi \quad\text{und}\quad Q=e^k.\sin\varphi,$$
und hieraus findet man auf der Stelle:
$$\operatorname{tang}\varphi=\frac{P}{Q}.$$
Ist der Winkel φ bereits gefunden, so findet man den Arcus oder Exponenten k nach der Formel:
$$k=\log\left(\frac{P}{\cos\varphi}\right) \quad\text{oder}\quad k=\log\frac{Q}{\sin\varphi}.$$
Wollte man k früher als φ berechnen, so hätte man nach folgender Formel zu rechnen:
$$k=\log\sqrt{(P^2+Q^2)},$$
deren Gebrauch nur dann vorzuziehen ist, wenn die Quadrate P^2 und Q^2 sich bequem berechnen lassen. Sind aber die beiden Arcus k und φ ge-

funden, so hat man auf der Stelle:

$$N = \mathrm{Cos}(k+\varphi\sqrt{-1}) + \mathrm{Sin}(k+\varphi\sqrt{-1}),$$

$$\frac{1}{N} = \mathrm{Cos}(k+\varphi\sqrt{-1}) - \mathrm{Sin}(k+\varphi\sqrt{-1}).$$

Diese und ähnliche Sätze sind aber unter veränderter Beziehung allgemein bekannt, und es lohnt daher die Mühe nicht, dabei länger zu verweilen.

§. 90.

Wichtige Dienste leisten die Potenzialfunctionen, und namentlich die hyperbolischen bei der Auflösung der cubischen Gleichungen von der Form:

$$x^3 = bx + c,$$

unter welche bekanntlich alle unreine cubische Gleichungen gebracht werden können. Es seien die drei Wurzeln der Gleichung x, x', x'', und also $x+x'+x''=0$. Nimmt man für eine derselben die folgende Form an:

$$x = v.\mathrm{Cos}\,\varphi,$$

um sie in der Gleichung $x^3 = bx+c$ zu substituiren, so erhält man $v^3.\mathrm{Cos}\,\varphi^3 = bv\,\mathrm{Cos}\,\varphi + c$, oder auch:

$$\mathrm{Cos}\,\varphi^3 = \frac{b}{v^2}\mathrm{Cos}\,\varphi + \frac{c}{v^3},$$

und da auch:

$$\mathrm{Cos}\,\varphi^3 = \tfrac{3}{4}\,\mathrm{Cos}\,\varphi + \tfrac{1}{4}\,\mathrm{Cos}\,3\varphi$$

ist, so erhält man durch Identificirung die beiden Gleichungen:

$$\frac{b}{v^2} = \tfrac{3}{4} \quad \text{und} \quad \frac{c}{v^3} = \tfrac{1}{4}\,\mathrm{Cos}\,3\varphi,$$

welche zur Findung der Werthe der beiden Gröſsen v und φ dienen; man hat nemlich:

$$v = \sqrt{(\tfrac{4}{3}b)} \quad \text{und} \quad \mathrm{Cos}\,3\varphi = \frac{4c}{v^3} = \frac{\tfrac{1}{2}c}{\sqrt{(\tfrac{1}{3}b)^3}}.$$

Setzt man also $3\varphi = k$, d. h. $\varphi = \frac{k}{3}$, so hat man:

$$x = \sqrt{(\tfrac{4}{3}b)}.\mathrm{Cos}\,\tfrac{1}{3}k,$$

$$x' = \sqrt{(\tfrac{4}{3}b)}.\mathrm{Cos}(\tfrac{1}{3}k + \tfrac{2}{3}\pi\sqrt{-1}),$$

$$x'' = \sqrt{(\tfrac{4}{3}b)}.\mathrm{Cos}(\tfrac{1}{3}k + \tfrac{4}{3}\pi\sqrt{-1}),$$

wenn man den Arcus k berechnet nach der Formel:

$$\mathrm{Cos}\,k = \frac{\tfrac{1}{2}c}{\sqrt{(\tfrac{1}{3}b)^3}}.$$

Ist nemlich k ein nach dieser Formel bestimmter Arcus, so leisten derselben auch die Arcus $k \pm 2\pi\sqrt{-1}$; $k \pm 4\pi\sqrt{-1}$; $k \pm 6\pi\sqrt{-1}$, etc. ein Genüge. Man braucht aber nur die drei ersten Arcus k, $k+2\pi\sqrt{-1}$ und $k+4\pi\sqrt{-1}$, deren dritte Theile in den Formeln für x, x', x''

vorkommen, zu nehmen, weil die übrigen Arcus zu keinen neuen Werthen von x führen.

Der Ausdruck für die Wurzel x'' läfst sich aber noch einfacher darstellen, da $\frac{k}{3}+\frac{4}{3}\pi\sqrt{-1}=\frac{k}{3}-\frac{2}{3}\pi\sqrt{-1}$, und also $\mathfrak{Cos}\left(\frac{k}{3}+\frac{4}{3}\pi\sqrt{-1}\right)$ $=\mathfrak{Cos}\left(\frac{k}{3}-\frac{2}{3}\pi\sqrt{-1}\right)$ ist.

Die drei aufgestellten Formeln enthalten nun die vollständige Auflösung der cubischen Gleichungen unter allen Umständen, d. h. für alle Werthe der Zahlen b und c.

§. 91.

Im Gebrauche der angegebenen Formeln müssen aber mehrere Fälle wohl unterschieden werden, welche aus den besonderen Beschaffenheiten und dem Verhältnisse der in der Gleichung:

$$x^3 = bx + c$$

vorkommenden gegebenen Gröfsen b und c erkannt werden.

1. Wenn b und c positiv sind und $\mathfrak{Cos}\,k=\frac{\frac{1}{2}c}{\sqrt{(\frac{1}{3}b)^3}}>1$ ist.

In diesem Falle ist k möglich und es gelten die vorhin gefundenen Formeln unmittelbar. Will man sie aber entwickeln, dann ist

$$\mathfrak{Cos}(\tfrac{1}{3}k\pm\tfrac{2}{3}\pi\sqrt{-1}) = \mathfrak{Cos}\,\tfrac{1}{3}k.\cos\tfrac{2}{3}\pi\pm\mathfrak{Sin}\,\tfrac{1}{3}k.\sin\tfrac{2}{3}\pi\sqrt{-1},$$

oder auch, weil $\cos\frac{2}{3}\pi=-\frac{1}{2}$ und $\sin\frac{2}{3}\pi=+\frac{1}{2}\sqrt{3}$ ist:

$$\mathfrak{Cos}(\tfrac{1}{3}k\pm\tfrac{2}{3}\pi\sqrt{-1}) = -\tfrac{1}{2}\mathfrak{Cos}\,\tfrac{1}{3}k\pm\tfrac{1}{2}\mathfrak{Sin}\,\tfrac{1}{3}k.\sqrt{3}.\sqrt{-1}.$$

Man hat also:

$$x = \sqrt{(\tfrac{4}{3}b)}.\mathfrak{Cos}\,\tfrac{1}{3}k,$$

$$x' = -\sqrt{\left(\frac{b}{3}\right)}.\mathfrak{Cos}\,\tfrac{1}{3}k+\sqrt{b}.\mathfrak{Sin}\,\tfrac{1}{3}k.\sqrt{-1} = -\frac{x}{2}+\sqrt{b}.\mathfrak{Sin}\,\tfrac{1}{3}k.\sqrt{-1},$$

$$x'' = -\sqrt{\left(\frac{b}{3}\right)}.\mathfrak{Cos}\,\tfrac{1}{3}k-\sqrt{b}.\mathfrak{Sin}\,\tfrac{1}{3}k.\sqrt{-1} = -\frac{x}{2}-\sqrt{b}.\mathfrak{Sin}\,\tfrac{1}{3}k.\sqrt{-1},$$

und zur Bestimmung von k dient dann die Formel:

$$\mathfrak{Cos}\,k = \frac{\frac{1}{2}c}{\sqrt{(\frac{1}{3}b)^3}}.$$

Setzt man also $\mathfrak{L}k'$ für k, so hat man auch die Formeln:

$$x = \frac{\sqrt{(\frac{4}{3}b)}}{\cos l(\frac{1}{3}\mathfrak{L}k')},$$

$$x' = -\frac{x}{2}+\sqrt{b}.\operatorname{tang} l(\tfrac{1}{3}\mathfrak{L}k') \quad \text{und} \quad \cos k' = \frac{\sqrt{(\frac{1}{3}b)^3}}{\frac{1}{2}c},$$

$$x'' = -\frac{x}{2}-\sqrt{b}.\operatorname{tang} l(\tfrac{1}{3}\mathfrak{L}k').$$

2. Wenn b positiv, aber c negativ ist, und auch die absolute Größe $\mathfrak{Cos}\,k = \frac{\frac{1}{2}c}{\sqrt{(\frac{1}{3}b)^3}} > 1$ gefunden wird.

Nun ist der Arcus k unmöglich, weil $\mathfrak{Cos}\,k$ für ein mögliches k positiv ist. Setzt man daher nun sogleich $k+\pi\sqrt{-1}$ für k, so hat man, weil $\mathfrak{Cos}(k+\pi\sqrt{-1}) = -\mathfrak{Cos}\,k$ ist, für die drei Wurzeln die Ausdrücke:

$$x = \sqrt{(\tfrac{4}{3}b)}.\mathfrak{Cos}\left(\tfrac{1}{3}k + \tfrac{\pi}{3}\sqrt{-1}\right),$$

$$x' = \sqrt{(\tfrac{4}{3}b)}.\mathfrak{Cos}(\tfrac{1}{3}k + \pi\sqrt{-1}) = -\sqrt{(\tfrac{4}{3}b)}.\mathfrak{Cos}\,\tfrac{1}{3}k,$$

$$x'' = \sqrt{(\tfrac{4}{3}b)}.\mathfrak{Cos}\left(\tfrac{1}{3}k - \tfrac{\pi}{3}\sqrt{-1}\right),$$

wenn der Arcus k nach der Formel $\mathfrak{Cos}\,k = \frac{-\frac{1}{2}c}{\sqrt{(\frac{1}{3}b)^3}}$ bestimmt wird.

Die Ausdrücke für x'' und x können noch entwickelt werden, da $\mathfrak{Cos}\left(\frac{1}{3}k \pm \frac{\pi}{3}\sqrt{-1}\right) = \frac{1}{2}\mathfrak{Cos}\,\frac{1}{3}k \pm \frac{1}{2}\mathfrak{Sin}\,\frac{1}{3}k.\sqrt{-3}$ ist, so hat man also

$$x = \sqrt{\left(\tfrac{b}{3}\right)}.\mathfrak{Cos}\,\tfrac{1}{3}k + \sqrt{b}.\mathfrak{Sin}\,\tfrac{1}{3}k.\sqrt{-1} = -\tfrac{x'}{2} - \sqrt{b}.\mathfrak{Sin}\,\tfrac{1}{3}k.\sqrt{-1},$$

$$x' = -\sqrt{\left(\tfrac{4b}{3}\right)}.\mathfrak{Cos}\,\tfrac{1}{3}k,$$

$$x'' = \sqrt{\left(\tfrac{b}{3}\right)}.\mathfrak{Cos}\,\tfrac{1}{3}k - \sqrt{b}.\mathfrak{Sin}\,\tfrac{1}{3}k.\sqrt{-1} = -\tfrac{x'}{2} - \sqrt{b}.\mathfrak{Sin}\,\tfrac{1}{3}k.\sqrt{-1},$$

und den Arcus k findet man nach der Formel

$$\mathfrak{Cos}\,k = \frac{-\frac{1}{2}c}{\sqrt{(\frac{1}{3}b)^3}}.$$

Will man zu cyklischen Functionen übergehen, so sind die Ausdrücke:

$$x' = \frac{-\sqrt{\left(\frac{4b}{3}\right)}}{\cos l\,\frac{1}{3}\mathfrak{L}k},$$

$$x = -\tfrac{x'}{2} + \sqrt{b}.\mathrm{tang}\,l\,\tfrac{1}{3}\mathfrak{L}k.\sqrt{-1}, \qquad \text{für} \quad \cos k = \frac{\sqrt{(\frac{1}{3}b)^3}}{-\frac{1}{2}c},$$

$$x'' = -\tfrac{x'}{2} - \sqrt{b}.\mathrm{tang}\,l\,\tfrac{1}{3}\mathfrak{L}k.\sqrt{-1},$$

3. Wenn b negativ ist, so setze man sogleich $k+\frac{3}{2}\pi\sqrt{-1}$ für k, denn es ist bekanntlich $\mathfrak{Cos}(k+\frac{3}{2}\pi\sqrt{-1}) = \frac{\mathfrak{Sin}\,k}{\sqrt{-1}}$, und man erhält dann:

$$x = \sqrt{(-\tfrac{4}{3}b)}.\mathfrak{Sin}\,\tfrac{1}{3}k,$$

$$x' = -\tfrac{x}{2} + \sqrt{-b}.\mathfrak{Cos}\,\tfrac{1}{3}k.\sqrt{-1}, \qquad \text{für} \quad \mathfrak{Sin}\,k = \frac{\frac{1}{2}c}{\sqrt{\left(\frac{-b}{3}\right)^3}}.$$

$$x'' = -\tfrac{x}{2} - \sqrt{-b}.\mathfrak{Cos}\,\tfrac{1}{3}k.\sqrt{-1},$$

Geht man zu cyklischen Functionen über, so hat man:

$$x = \sqrt{\left(\frac{-4b}{3}\right)}\,.\,\operatorname{tang} l\tfrac{1}{3}\mathfrak{L}k,$$

$$x' = -\frac{x}{2} + \frac{\sqrt{-b}}{\cos l\frac{1}{3}\mathfrak{L}k}\sqrt{-1}, \qquad \text{für} \quad \operatorname{tang} k = \frac{\frac{1}{2}c}{\sqrt{\left(\frac{-b}{3}\right)^3}}.$$

$$x'' = -\frac{x}{2} - \frac{\sqrt{-b}}{\cos l\frac{1}{3}\mathfrak{L}k}\sqrt{-1},$$

4. Wenn endlich zwar b positiv, aber $\mathfrak{Cos}\,k = \frac{\frac{1}{2}c}{\sqrt{\left(\frac{b}{3}\right)^3}} < \pm 1$ ist, dann setze man in sämmtlichen Formeln sogleich $k\sqrt{-1}$ für k, und man erhält:

$$x = 2\sqrt{(\tfrac{4}{3}b)}\,.\cos\tfrac{1}{3}k,$$

$$x' = \sqrt{(\tfrac{4}{3}b)}\,.\cos(\tfrac{1}{3}k + \tfrac{2}{3}\pi) = -\frac{x}{2} + \sqrt{b}\,.\sin\tfrac{1}{3}k,$$

$$x'' = \sqrt{(\tfrac{4}{3}b)}\,.\cos(\tfrac{1}{3}k - \tfrac{2}{3}\pi) = -\frac{x}{2} - \sqrt{b}\,.\sin\tfrac{1}{3}k,$$

und zur Bestimmung von k dient dann die Formel $\cos k = \frac{\frac{1}{2}c}{\sqrt{\left(\frac{b}{3}\right)^3}}$.

Diese letzten Formeln sind allgemein bekannt.

§. 92.

Um die auf die vorigen Formeln gegründete Rechnungsweise für den Fall des Gebrauches der Longitudinalzahlen zu veranschaulichen und um den Grad der Genauigkeit zu zeigen, welcher bei Anwendung der Tabelle für diese Zahlen erreicht wird, legen wir uns als Aufgabe die Auflösung der cubischen Gleichung:

$$x^3 = 20514x - 1988260$$

vor, die aus den Wurzeln: -178; $89 + 57\sqrt{-1}$ und $89 - 57\sqrt{-1}$ gebildet ist. Die durch die Auflösung gefundenen Wurzeln können dann mit diesen Wurzeln verglichen werden. Man hat also:

$$b = +20514 \quad \text{und} \quad c = -1988260.$$

Da nun b positiv und c negativ ist, so kommen von den Formeln des §. 91. entweder die des 2ten oder die des 4ten Falles in Anwendung. Die Rechnung wendet briggische Logarithmen an.

Man hat $\log\sqrt{b} = 2{,}156\,0251$

$\log\sqrt{3} = 0{,}238\,5606$

$\log\sqrt{\left(\frac{b}{3}\right)} = 1{,}917\,4645$; $\log\sqrt{\left(\frac{b}{3}\right)^3} = 5{,}752\,3936$

$\log -\tfrac{1}{2}c = 5{,}997\,4432$

Unterschied $= 9{,}754\,9504 - 10.$

Da dieser Unterschied negativ ist, so gelten also die Formeln des 2ten Falles und nicht die des 4ten. Setzt man also:

$$\log\cos k = 9{,}754\,9504 - 10,$$

so ist

$$k = 61^\circ\,48'\,24'',97 \text{ (der neuen Kreis-Eintheilung).}$$

Aber

$$\mathfrak{L}(61^\circ\,48') = 1{,}164\,3790;\ \text{Diff. } 1'' = 27{,}62, \text{ also für } 24'',97 \text{ ist die Differenz:}$$
$$+\ 690 \qquad = 27{,}62 \,.\, 24{,}97.$$

Daher ist $\mathfrak{L}k = 1{,}164\,4480$; $\frac{1}{3}\mathfrak{L}k = 0{,}388\,1493$ und

$$l\tfrac{1}{3}\mathfrak{L}k = 24^\circ\,11'\,22'',71.$$

$\log\sqrt{(\frac{4}{3}b)} = 2{,}218\,4945$	$\log\sqrt{b} = 2{,}156\,0251$
$\log\cos l\frac{1}{3}\mathfrak{L}k = 9{,}968\,0745 - 10$	$\log\operatorname{tang} l\frac{1}{3}\mathfrak{L}k = 9{,}599\,8497 - 10$
$\log(-x') = 2{,}250\,4200$	Summe $= 1{,}755\,8748$
und $\log 178 = 2{,}250\,4200.$	und $\log 57 = 1{,}755\,8748.$

Also

$$x' = -178,$$
$$x = +\,89 + 57\sqrt{-1},$$
$$x'' = +\,89 - 57\sqrt{-1}.$$

Noch ungleich kürzer würde die Rechnung gewesen sein, wenn man $\log(-\frac{1}{2}c) - \log\sqrt[2]{\left(\frac{b}{3}\right)^3}$ nicht $= 0{,}2450496$, sondern $> 0{,}575441382$, oder gar $> 2{,}3047395642$ gefunden hätte, weil man im ersten Falle die Zahl $\frac{1}{3}\mathfrak{L}k$ nicht zu berechnen nöthig gehabt hätte in Anwendung der Tafeln der Längezahlen, und weil man im zweiten Falle diese Tafeln gar nicht zu gebrauchen nöthig gehabt hätte.

Wenn einmal die briggischen Logarithmen der hyperbolischen Cosinus, Sinus und Tangenten der Arcus k zwischen den Grenzen $k = 0$ und $k = 2$ ebenfalls berechnet sind, wie sie vom Verfasser bereits für die Arcus berechnet sind, welche > 2 sind, so wird der Gebrauch der Tafeln der Längezahlen zwar nicht nutzlos werden, aber in vielen Fällen zurücktreten, weil in ihnen keine Vermittelung zwischen den hyperbolischen und cyklischen Functionen dann mehr nöthig ist.

Zusatz. Man würde, wenn man $x = v\,.\,\mathfrak{Sin}\frac{k}{3}$, statt $x = v\,.\,\mathfrak{Cos}\frac{k}{3}$, gesetzt hätte, zu denselben Resultaten, wie im §. 91. gelangt sein. Die Cardanische Formel ist somit überflüssig geworden.

Sechszehnter Abschnitt.

Ausgedehnterer Gebrauch der Potenzial-Functionen in der Integralrechnung.

§. 82.

Schon längst sind die cyklischen oder auch Kreis-Functionen in der Integralrechnung angewandt worden, um vermittelst derselben und der ihnen zugehörigen Arcus Integrale auszudrücken, deren Werthe man sonst aus ungeschlossenen Reihen berechnen müßte.

Man pflegte jedoch bisher zu den Kreisfunctionen nur dann seine Zuflucht zu nehmen, wenn die Integrale in einer anderen Form imaginäre Ausdrücke enthielten, ein Umstand, welcher von den im vorgelegten Integrale vorkommenden beständigen Größen in der Regel herrührt. Man kann sich aber bei solchen Integralen auch der hyperbolischen Functionen mit großem Vortheil bedienen, wenn die Theorie derselben als gehörig entwickelt vorausgesetzt werden darf und man im Stande ist, die Werthe dieser Functionen augenblicklich zu bestimmen, falls man eine solche numerische Angabe nöthig hat. Man gewinnt dabei zugleich den nicht gering anzuschlagenden Vortheil. daß man das Integral eines vorgelegten Differentiales mit unbestimmten Constanten nur in einer Form aufzustellen braucht, alle übrigen oder die verwandten Formen desselben aber so nahe liegen, daß man selbst ohne alles Rechnen von der einen zu anderen übergehen kann und in vielen Fällen nur statt der durch deutsche Charactere bezeichneten Potenzial-Functionen die gleichlautenden, mit lateinischen Buchstaben oder Vorsylben bezeichneten und umgekehrt zu nehmen hat.

Um diese Behauptungen zu rechtfertigen und den Sinn des Verfahrens zu höherer Deutlichkeit zu bringen, wählen wir noch einige einfachere Aufgaben der Integralrechnung, welche besonders geeignet sind, den gleichmäßigen Gebrauch der sämmtlichen Potenzialfunctionen zu erläutern, wobei von selbst klar wird, daß die bisherige Beschränkung auf die cyklischen Functionen ein nachtheiliger, die Einheit des Verfahrens ohne hinreichenden Grund störender und unnütze Weitläufigkeiten herbeiführender Gebrauch ist. Er wird unstreitig von selbst aufhören, sobald man mit hinlänglich ausgedehnten Tafeln ausgerüstet sein wird, welche zur Realisirung der Werthe der hyperbolischen Functionen dienen und welche daher von dem Verfasser angefertigt wurden in einem Umfange, der nicht Vieles mehr zu wünschen übrig lassen wird.

§. 94.

Wählen wir zuerst das Integral $y=\int\frac{A\partial x}{\sqrt{(a+2bx+cx^2)}}$, welches bekanntlich sehr oft gebraucht wird. Man gebe ihm sogleich die Form:

$$y=A\sqrt{c}\int\frac{\partial x}{\sqrt{(ac+2bcx+c^2x^2)}},$$

oder auch

$$y=A\sqrt{c}\int\frac{\partial x}{\sqrt{[(ac-b^2)+(b+cx)^2]}}.$$

Setzt man nun:

$$v=\frac{b+cx}{\sqrt{(ac-b^2)}},$$

so findet man leicht $y=\frac{A}{\sqrt{c}}\int\frac{\partial v}{\sqrt{(1+v^2)}}$, und es ist also $y=\frac{A}{\sqrt{c}}.\,\mathfrak{Arc}(\mathfrak{Sin}=v)$, wenn wir in diesen Beispielen die dem Integrale noch beizugebende Constante unberücksichtigt lassen. Man giebt dem Ausdrucke ohne Weiteres die bequemere Form:

$$y=\frac{A.k}{\sqrt{c}}\quad\text{für}\quad\mathfrak{Sin}\,k=\frac{b+cx}{\sqrt{(ac-b^2)}}.$$

Diese Formel giebt nun das gesuchte Integral unter allen Umständen, d. h. für alle Werthe der Zahlen a, b, c und x an; von ihm kann man ohne Mühe zu den verwandten Formen übergehen.

§. 95.

Wenn c positiv und auch $ac-b^2$ positiv ist, dann wird man das Integral in der Form, in welcher es aufgestellt worden, anwenden oder etwa höchstens, $\mathfrak{L}k$ für k setzend, dasselbe verwandeln in:

$$y=\frac{A}{\sqrt{c}}.\,\mathfrak{L}k\quad\text{für}\quad\tang k=\frac{b+cx}{\sqrt{(ac-b^2)}}.$$

Wenn c zwar positiv, aber $ac-b^2$ negativ ist, dann wird man die Form des Integrals verändern, indem man $k\pm\frac{\pi}{2}\sqrt{-1}$ für k setzt, wodurch man, wenn man im Ausdrucke für y die Constante $\pm\frac{\pi}{2}\sqrt{-1}$ fallen läfst, und bemerkt, dafs $\mathfrak{Sin}\left(k+\frac{\pi}{2}\sqrt{-1}\right)=-\mathfrak{Cos}\,k.\sqrt{-1}=\frac{\mathfrak{Cos}\,k}{\sqrt{-1}}$ ist, auf der Stelle erhält:

$$y=\frac{Ak}{\sqrt{c}}\qquad\text{für}\quad\mathfrak{Cos}\,k=\frac{b+cx}{\sqrt{(b^2-ac)}};\quad\text{oder}$$

$$y=\frac{A}{\sqrt{c}}\mathfrak{L}\,k\quad\text{für}\quad\cos k=\frac{\sqrt{(b^2-ac)}}{b+cx}.$$

Zu demselben Resultate würde man auch gelangen in Anwendung der Formel $\int \frac{\partial v}{\sqrt{(v^2-1)}} = \mathfrak{Arc}(\mathfrak{Cos} = v)$, da man das vorgelegte Integral auch unter diese Form bringen kann.

Wenn endlich c negativ ist, so wird man $\frac{k}{\sqrt{-1}}$ für k setzen und erhalten $y = \frac{Ak}{\sqrt{-c}}$, wo denn der Arcus k bestimmt wird nach der Formel:

$$\cos k = \frac{b+cx}{\sqrt{(b^2-ac)}} \quad \text{oder} \quad \sin k = \frac{b+cx}{\sqrt{(b^2-ac)}}.$$

Dafs hier der Arcus k nach zwei verschiedenen Formeln berechnet werden kann, beruhet auf dem Satze, dafs $\sin\left(k+\frac{\pi}{2}\right) = \cos k$ und die beiden Arcus sich um die Constante $\frac{\pi}{2}$ von einander unterscheiden.

Die beiden Formeln würden unmöglich sein, wenn b^2-ac negativ, oder $ac > b^2$ wäre. Dieser Fall kann aber nicht eintreten; denn da $\sqrt{(a+2bx+cx^2)}$ möglich, also $a+2bx+cx^2$ positiv und daher $c(a+2bx+cx^2)$ nun negativ ist, so ist $ac+2bcx+c^2x^2$ negativ, also auch $ac-b^2+(b+cx)^2$ negativ, und da $(b+cx)^2$ positiv ist, so ist um so mehr $ac-b^2$ negativ und also $b^2 > ac$.

Eben so kann man zeigen, dafs, wenn c positiv und $ac-b^2$ negativ ist, die Function $\mathfrak{Cos}\, k = \frac{b+cx}{\sqrt{(b^2-ac)}} > 1$ und also k möglich sei.

§. 96.

Eine einfache und unmittelbare Folgerung aus dem Vorhergehenden ist die Integration von:

$$y = \int \frac{\partial x}{\sqrt{((\alpha+\beta x)(\alpha'+\beta' x))}},$$

worin α, β, α' und β' constante Gröfsen sind. Vergleicht man das Product $(\alpha+\beta x)(\alpha'+\beta' x) = \alpha\alpha' + (\alpha\beta'+\beta\alpha')x + \beta\beta' x^2$ mit $a+2bx+cx^2$, so hat man

$$a = \alpha\alpha'; \quad b = \frac{\alpha\beta'+\beta\alpha'}{2}, \quad \text{und} \quad c = \beta\beta',$$

und also $b^2-ac = \left(\frac{\alpha\beta'-\beta\alpha'}{2}\right)^2$ eine positive Gröfse. Daher hat man

$$y = \frac{k}{\sqrt{(\beta\beta')}} \quad \text{für} \quad \mathfrak{Cos}\, k = \pm \frac{\alpha\beta'+\beta\alpha'+2\beta\beta' x}{\alpha\beta'-\beta\alpha'}.$$

Das Vorzeichen $\pm$ kann so gewählt werden, dafs der Ausdruck für $\mathfrak{Cos}\, k$ positiv wird. Der Nenner ist aber positiv, wenn $\alpha\beta' > \beta\alpha'$ oder $\frac{\alpha}{\beta} > \frac{\alpha'}{\beta'}$.

Nehmen wir also an, dafs wirklich $\frac{\alpha}{\beta} > \frac{\alpha'}{\beta'}$ sei, so haben wir:

$$\mathfrak{Cos}\, k = \frac{\alpha\beta' + \beta\alpha' + 2\beta\beta' x}{\alpha\beta' - \beta\alpha'}.$$

Hieraus findet man aber zur Bestimmung des Arcus k die einfachere Formel:

$$\mathfrak{Tang}\, \tfrac{1}{2} k = \sqrt{\left(\frac{x + \frac{\alpha'}{\beta'}}{x + \frac{\alpha}{\beta}}\right)} \quad \text{und} \quad y = \frac{k}{\sqrt{(\beta\beta')}}.$$

Will man also zu cyklischen Functionen übergehen, so hat man:

$$y = \frac{\mathfrak{k}}{\sqrt{(\beta\beta')}} \quad \text{für} \quad \text{tang}\, \tfrac{1}{2} k = \sqrt{\left(\frac{x + \frac{\alpha'}{\beta'}}{x + \frac{\alpha}{\beta}}\right)}.$$

In einem verwandten Falle ist das Product $\beta\beta'$ negativ und man geht zu ihm über, indem man $\frac{k}{\sqrt{-1}}$ für k setzt, wodurch man auf der Stelle erhält:

$$y = \frac{k}{\sqrt{(-\beta\beta')}} \quad \text{und} \quad \text{tang}\, \tfrac{1}{2} k = \sqrt{\left(-\frac{x + \frac{\alpha'}{\beta'}}{x + \frac{\alpha}{\beta}}\right)},$$

und diese Form des Integrals ist denn allgemein bekannt.

§. 97.

Die Integrale $\int \frac{\partial k}{1 + e\, \mathfrak{Cos}\, k}$ und $\int \frac{\partial k}{(1 + e\, \mathfrak{Cos}\, k)^2}$ gehören zu einem Geschlechte von Integralen, was bei Untersuchungen über die Kegelschnitte und die Bewegungen der himmlischen Körper in ihnen in Anwendung kommt. Man kann diese gebrochenen Functionen in ganze dadurch verwandeln, dafs man einen Arcus φ einführt, der von dem Arcus k so abhängt, wie es die folgende Gleichung ausdrückt:

$$(1 + e\, \mathfrak{Cos}\, k) . (1 - e\, \mathfrak{Cos}\, \varphi) = 1 - e^2.$$

Wird die Multiplication vollzogen, so erhält man:

$$1. \quad \mathfrak{Cos}\, k = \frac{\mathfrak{Cos}\, \varphi - e}{1 - e\, \mathfrak{Cos}\, \varphi}.$$

Da $\mathfrak{Cos}\, k + 1 = 2\, \mathfrak{Cos}\, \frac{k^2}{2} = \frac{(1-e)(1 + \mathfrak{Cos}\, \varphi)}{1 - e\, \mathfrak{Cos}\, \varphi} = \frac{2(1-e) . \mathfrak{Cos}\, \frac{\varphi^2}{2}}{1 - e\, \mathfrak{Cos}\, \varphi}$ und

$\mathfrak{Cos}\, k - 1 = 2\, \mathfrak{Sin}\, \frac{k^2}{2} = \frac{(1+e)(\mathfrak{Cos}\, \varphi - 1)}{1 - e\, \mathfrak{Cos}\, \varphi} = \frac{2(1+e) . \mathfrak{Sin}\, \frac{\varphi^2}{2}}{1 - e\, \mathfrak{Cos}\, \varphi}$ ist,

so hat man:

$$2.\quad \mathfrak{Cos}\frac{k}{2} = \mathfrak{Cos}\frac{\varphi}{2}.\sqrt{\left(\frac{1-e}{1-e\,\mathfrak{Cos}\,\varphi}\right)},$$

$$3.\quad \mathfrak{Sin}\frac{k}{2} = \mathfrak{Sin}\frac{\varphi}{2}.\sqrt{\left(\frac{1+e}{1-e\,\mathfrak{Cos}\,\varphi}\right)},$$

$$4.\quad \mathfrak{Sin}\,k = \mathfrak{Sin}\,\varphi.\frac{\sqrt{(1-e^2)}}{1-e\,\mathfrak{Cos}\,\varphi}.$$

$$5.\quad \mathfrak{Tang}\frac{k}{2} = \mathfrak{Tang}\frac{\varphi}{2}.\sqrt{\left(\frac{1+e}{1-e}\right)}.$$

Ist nun die unbestimmte willkürlich gewählte beständige Zahl e positiv und <1, so ist offenbar der Gleichung 5. gemäfs $\mathfrak{Tang}\frac{k}{2} > \mathfrak{Tang}\frac{\varphi}{2}$, und also der Arcus φ kleiner als der Arcus k.

Die Beziehungen zwischen φ und k können auch umgekehrt werden, und man hat dann

$$6.\quad \mathfrak{Cos}\,\varphi = \frac{\mathfrak{Cos}\,k+e}{1+e\,\mathfrak{Cos}\,k},$$

$$7.\quad \mathfrak{Sin}\,\varphi = \frac{\mathfrak{Sin}\,k.\sqrt{(1-e^2)}}{1+e\,\mathfrak{Cos}\,k},$$

$$8.\quad \mathfrak{Sin}\frac{\varphi}{2} = \mathfrak{Sin}\frac{k}{2}.\sqrt{\left(\frac{1-e}{1+e\,\mathfrak{Cos}\,k}\right)},$$

$$9.\quad \mathfrak{Cos}\frac{\varphi}{2} = \mathfrak{Cos}\frac{k}{2}.\sqrt{\left(\frac{1+e}{1+e\,\mathfrak{Cos}\,k}\right)},$$

$$10.\quad \mathfrak{Tang}\frac{\varphi}{2} = \mathfrak{Tang}\frac{k}{2}.\sqrt{\left(\frac{1-e}{1+e}\right)}.$$

§. 98.

Differentiirt man die Gleichung

$$\log \mathfrak{Tang}\tfrac{1}{2}\varphi = \log \mathfrak{Tang}\tfrac{1}{2}k + \log\sqrt{\left(\frac{1-e}{1+e}\right)},$$

so erhält man zunächst:

$$\frac{\partial\,\mathfrak{Tang}\frac{1}{2}\varphi}{\mathfrak{Tang}\frac{1}{2}\varphi} = \frac{\partial\,\mathfrak{Tang}\frac{1}{2}k}{\mathfrak{Tang}\frac{1}{2}k},$$

und dann weiter:

$$\frac{\partial\varphi}{\mathfrak{Sin}\,\varphi} = \frac{\partial k}{\mathfrak{Sin}\,k}$$

Hieraus zieht man weiter $\partial k = \frac{\sqrt{(1-e^2)}}{1-e\,\mathfrak{Cos}\,\varphi}.\partial\varphi$, und man hat also:

$$\frac{\partial k}{1+e\,\mathfrak{Cos}\,k} = \frac{\partial\varphi}{\sqrt{(1-e^2)}};\quad \frac{\partial k}{(1+e\,\mathfrak{Cos}\,k)^2} = \frac{\partial\varphi(1-e\,\mathfrak{Cos}\,\varphi)}{(1-e^2)^{\frac{3}{2}}}.$$

Die Integration giebt nun auf der Stelle die beiden Formeln:

$$\int\frac{\partial k}{1+e\,\mathfrak{Cos}\,k} = \frac{\varphi}{\sqrt{(1-e^2)}};\quad \int\frac{\partial k}{(1+e\,\mathfrak{Cos}\,k)^2} = \frac{\varphi-e\,\mathfrak{Sin}\,\varphi}{(1-e^2)^{\frac{3}{2}}},$$

wenn die Integrale für $k=0$ und also auch für $\varphi=0$ verschwinden sollen. Zur Berechnung des Arcus φ dient dann aber eine von den Formeln 6., 7., 8., 9., 10. des §. 97. Diese Formeln geben aber für φ einen unmöglichen Arcus, wenn $e > 1$ ist. Die Unmöglichkeit fällt aber sogleich weg, wenn man nur $\frac{\varphi}{\sqrt{-1}}$ für φ setzt, und man erhält dann:

$$\int \frac{\partial k}{1+e\,\mathfrak{Cos}\,k} = \frac{\varphi}{\sqrt{(e^2-1)}}; \quad \int \frac{\partial k}{(1+e\,\mathfrak{Cos}\,k)^2} = \frac{e \sin\varphi - \varphi}{(e^2-1)^{\frac{3}{2}}}.$$

Der Arcus φ wird dann aber nach einer von den folgenden Formeln berechnet:

$$\cos\varphi = \frac{\mathfrak{Cos}\,k + e}{1+e\,\mathfrak{Cos}\,k},$$

$$\sin\varphi = \frac{\mathfrak{Sin}\,k.\sqrt{(e^2-1)}}{1+e\,\mathfrak{Cos}\,k},$$

$$\sin\tfrac{1}{2}\varphi = \mathfrak{Sin}\,\frac{k}{2}.\sqrt{\left(\frac{e-1}{1+e\,\mathfrak{Cos}\,k}\right)},$$

$$\cos\tfrac{1}{2}\varphi = \mathfrak{Cos}\,\frac{k}{2}.\sqrt{\left(\frac{e+1}{1+e\,\mathfrak{Cos}\,k}\right)},$$

$$\operatorname{tang}\tfrac{1}{2}\varphi = \mathfrak{Tang}\,\frac{k}{2}.\sqrt{\left(\frac{e-1}{e+1}\right)}.$$

Man sieht hier, wie selbst die cyklischen Functionen bei Rechnungen mit hyperbolischen Functionen nothwendig sind, ohne dafs die Longitudinalzahlen dabei in Anwendung kommen.

Wenn endlich $e = \pm 1$ ist, so versagen die bisherigen Formeln ebenfalls. Man hat aber

$$\int \frac{\partial k}{1+\mathfrak{Cos}\,k} = \int \frac{\partial k}{2\,\mathfrak{Cos}\,\frac{1}{2}k^2} = \mathfrak{Tang}\,\frac{k}{2},$$

$$\int \frac{\partial k}{1-\mathfrak{Cos}\,k} = \int \frac{-\partial k}{2\,\mathfrak{Sin}\,\frac{1}{2}k^2} = \mathfrak{Cot}\,\frac{k}{2}.$$

Setzt man aber $\mathfrak{Tang}\,\frac{k}{2}$ oder auch $\mathfrak{Cot}\,\frac{k}{2} = v$, so ist $\partial k = \frac{2\,\partial v}{1-v^2} = -\frac{2\,\partial v}{v^2-1}$; ferner ist $\frac{1}{1+\mathfrak{Cos}\,k} = \frac{1}{2}\left(1 - \mathfrak{Tang}\,\frac{k^2}{2}\right)$ und $\frac{1}{1-\mathfrak{Cos}\,k} = -\frac{1}{2}\left(\mathfrak{Cot}\,\frac{k^2}{2} - 1\right)$. Man hat also

$$\int \frac{\partial k}{(1+\mathfrak{Cos}\,k)^2} = \tfrac{1}{2}\int \partial v(1-v^2) \quad \text{für} \quad v = \mathfrak{Tang}\,\frac{k}{2}, \quad \text{und}$$

$$\int \frac{\partial k}{(1-\mathfrak{Cos}\,k)^2} = -\tfrac{1}{2}\int \partial v(v^2-1) \quad \text{für} \quad v = \mathfrak{Cot}\,\frac{k}{2};$$

d. h.

$$\int \frac{\partial k}{(1+\mathfrak{Cos}\,k)^2} = \tfrac{1}{2}\,\mathfrak{Tang}\,\tfrac{1}{2}k - \tfrac{1}{6}\,\mathfrak{Tang}\,\tfrac{1}{2}k^3,$$

$$\int \frac{\partial k}{(1-\mathfrak{Cos}\,k)^2} = -\tfrac{1}{6}\,\mathfrak{Cot}\,\tfrac{1}{2}k^3 + \tfrac{1}{2}\,\mathfrak{Cot}\,\tfrac{1}{2}k.$$

§. 99.

Den so eben mitgetheilten Formeln entsprechen eben so viele andere, die man aber aus ihnen sogleich erhält, wenn man nur $k\sqrt{-1}$ für k und zugleich $\varphi\sqrt{-1}$ für φ setzt.

Man erhält für $e < 1$:

$$\int\frac{\partial k}{1+e\cos k} = \frac{\varphi}{\sqrt{(1-e^2)}}, \text{ und } \int\frac{\partial k}{(1+e\cos k)^2} = \frac{\varphi - e\sin\varphi}{(1-e^2)^{\frac{3}{2}}},$$

und zur Findung von φ aus k hat man:

$$\cos\varphi = \frac{\cos k + e}{1+e\cos k}, \qquad \cos\frac{\varphi}{2} = \cos\frac{k}{2}\cdot\sqrt{\left(\frac{1+e}{1+e\cos k}\right)},$$

$$\sin\varphi = \frac{\sin k\cdot\sqrt{(1-e^2)}}{1+e\cos k}, \qquad \operatorname{tang}\frac{\varphi}{2} = \operatorname{tang}\frac{k}{2}\cdot\sqrt{\left(\frac{1-e}{1+e}\right)}.$$

$$\sin\frac{\varphi}{2} = \sin\frac{k}{2}\cdot\sqrt{\left(\frac{1-e}{1+e\cos k}\right)},$$

Ferner hat man für $e > 1$:

$$\int\frac{\partial k}{1+e\cos k} = \frac{\varphi}{\sqrt{(e^2-1)}}, \text{ und } \int\frac{\partial k}{(1+e\cos k)^2} = \frac{e\,\mathfrak{Sin}\,\varphi - \varphi}{(e^2-1)^{\frac{3}{2}}}.$$

Zur Berechnung des Arcus φ dient dann aber eine der folgenden Formeln:

$$\mathfrak{Cos}\,\varphi = \frac{\cos k + e}{1+e\cos k}, \qquad \mathfrak{Cos}\,\tfrac{1}{2}\varphi = \cos\frac{k}{2}\cdot\sqrt{\left(\frac{e+1}{1+e\cos k}\right)},$$

$$\mathfrak{Sin}\,\varphi = \frac{\sin k\cdot\sqrt{(e^2-1)}}{1+e\cos k}, \qquad \mathfrak{Tang}\,\tfrac{1}{2}\varphi = \operatorname{tang}\frac{k}{2}\cdot\sqrt{\left(\frac{e-1}{e+1}\right)}.$$

$$\mathfrak{Sin}\,\tfrac{1}{2}\varphi = \sin\frac{k}{2}\cdot\sqrt{\left(\frac{e-1}{1+e\cos k}\right)},$$

Wenn endlich $e = \pm 1$ ist, so hat man:

$$\int\frac{\partial k}{1+\cos k} = \operatorname{tang}\frac{k}{2}, \quad \text{und} \quad \int\frac{\partial k}{1-\cos k} = -\cot\frac{k}{2},$$

$$\int\frac{\partial k}{(1+\cos k)^2} = \tfrac{1}{2}\operatorname{tang}\frac{k}{2} + \tfrac{1}{6}\operatorname{tang}\frac{k^3}{2}, \qquad \int\frac{\partial k}{(1-\cos k)^2} = -\tfrac{1}{2}\cot\frac{k}{2} - \tfrac{1}{6}\cot\frac{k^3}{3}.$$

Diese Beispiele, welche man leicht bedeutend vermehren könnte, mögen hinreichen, und den Entschlufs herbeiführen, in den höheren Rechnungen sich der hyperbolischen Functionen eben so bedienen zu wollen, wie man bisher die Kreisfunctionen allein angewandt hat, und diesen letztern also statt der früher üblichen logarithmischen Integrale die durch hyperbolische Functionen ausgedrückten Integrale gegenüber zu stellen.

Anhang.

Erster Abschnitt.
Umformung einer Reihe.

§. 100.

Über die Reihe $P = \underset{\alpha^1}{S}\,[a]^{\alpha}.\dfrac{[b]^{\alpha}}{[c]^{\alpha}}.x^{\alpha}$ hat der Ritter Herr **Gauſs** eine sehr lehrreiche Abhandlung geschrieben, ohne jedoch in derselben einer Umformung zu gedenken, welche sie gestattet und wodurch sie in eine Reihe von ähnlicher Form umgestaltet wird. Wird mit Q die folgende Reihe bezeichnet:

$$Q = \underset{\alpha^1}{S}\,(-1)^{\alpha}[c-a]^{\alpha}.\frac{[b]^{\alpha}}{[c]^{\alpha}}(1+x)^{b-\alpha}.x^{\alpha},$$

so ist zu beweisen, daſs $P = Q$ sei. Die Wichtigkeit dieses Lehrsatzes liegt am Tage, denn die Formen der Reihen P und Q sind sehr allgemein, da unter a, b, c und x beliebige Zahlen verstanden werden dürfen. Wir wollen hier die Reihe Q so umformen, daſs ihr allgemeines Glied mit dem allgemeinen Gliede der Reihe P zusammenfällt, und entwickeln daher die in Q vorkommende Potenz $(1+x)^{b-\alpha}$ nach steigenden Potenzen von x, um in jedem Gliede die Entwickelung der ihm zugehörigen Potenz von $1+x$ zu substituiren. Dadurch erhalten wir eine Reihe von der Form:

$$Q = 1 + \overset{1}{q}.x + \overset{2}{q}.x^2 + \overset{3}{q}.x^3 \ldots\ldots \overset{\alpha}{q}.x^{\alpha} \ldots\ldots = S\overset{\alpha}{q}.x^{\alpha},$$

und es ist allgemein

$$\overset{r}{q} = \underset{\alpha^1}{S}\,(-1)^{\alpha}[c-a]^{\alpha}.\frac{[b]^{\alpha}}{[c]^{\alpha}}.\underset{\beta^1}{[b-\alpha]^{\beta}} \qquad \text{cond. } (\alpha+\beta=r).$$

Um diesen Ausdruck zusammenzuziehen, bemerke man, daſs $[b]^{\alpha}[b-\alpha]^{\beta} = [b]^{\alpha+\beta} = [b]^{r}$, und auch $\dfrac{1}{[c]^{\alpha}} = \dfrac{[c-\alpha]^{\beta}}{[c]^{r}}$ ist; ferner daſs

$$(-1)^{\alpha} = (-1)^{r}.(-1)^{\beta}, \quad \text{und} \quad (-1)^{\beta}[c-\alpha]^{\beta} = \underset{\beta^1}{[r-c-1]^{\beta}}.$$

Werden diese Werthe im Ausdrucke $\overset{r}{q}$ substituirt, so erhält man offenbar:

$$\overset{r}{q} = (-1)^{r}.\frac{[b]^{r}}{[c]^{r}}.\underset{\alpha^1}{S}[c-a]^{\alpha}\underset{\beta^1}{[r-c-1]^{\beta}} \qquad \text{cond. } (\alpha+\beta=r).$$

Nun ist aber allgemein bekannt, dafs dem binomischen Lehrsatze für die Facultäten gemäfs:

$$[v+w]^{r}_{r'} = S\,[v]^{\alpha}_{\alpha'}\,[w]^{\beta}_{\beta'} \qquad \text{cond. } (\alpha+\beta=r)$$

sei, folglich hat man in Anwendung dieser Formel $v=c-a$ und $w=r-c-1$, und also $v+w=r-a-1$, oder:

$$\overset{r}{q} = (-1)^{r}.[r-a-1]^{r}_{r'}.\frac{[b]^{r}}{[c]^{r}} = [a]^{r}_{r'}.\frac{[b]^{r}}{[c]^{r}}.$$

Da nun dieser Werth von $\overset{r}{q}$ auch der Coëfficient von x^r in der Reihe P ist, so ist also die Reihe Q in die Reihe P umgeformt worden. Man könnte offenbar aus der Reihe P umgekehrt die Reihe Q durch Umformung herleiten. Dieser Beweis des von dem Verfasser gefundenen Theorems ist direct und kurz, aber sehr verschieden von der Herleitung, wodurch der Verfasser das Theorem gefunden hat.

§. 101.

Um eine Idee von der Wichtigkeit des Theorems zu geben, mögen ein paar Folgerungen aus demselben hier einen Platz finden. Zuvor wollen wir jedoch die Reihe P bezeichnen mit $F(a,b,c,x)$, dann ist die Reihe $Q=(1+x)^b.F\left(c-a,b,c,\frac{-x}{1+x}\right)$, und also

$$F(a,b,c,x) = (1+x)^b.F\left(c-a,b,c,\frac{-x}{1+x}\right).$$

Setzen wir $a+v$ für c, so haben wir also auch:

$$F(a,b,a+v,x) = (1+x)^b.F(v,b,a+v,z),$$

wenn zur Abkürzung auch noch z gesetzt wird für $\frac{-x}{1+x}$. In Anwendung desselben Lehrsatzes hat man aber auch:

$$F(v,b,a+v,z) = F(b,v,a+v,z) = (1+z)^v.F\left(a+v-b,v,a+v,\frac{-z}{1+z}\right),$$

und es ist also:

$$F(a,b,a+v,x) = (1+x)^b.(1+z)^v.F\left(a+v-b,v,a+v,\frac{-z}{1+z}\right).$$

Nun ist aber $z=\frac{-x}{1+x}$, also $1+z=\frac{1}{1+x}$, und $\frac{-z}{1+z}=\frac{x}{1+x}(1+x)=x$, folglich hat man:

$$F(a,b,a+v,x) = (1+x)^{b-v}.F(a,+v-b,v,a+v,x).$$

Wird nun $b-v=n$ gesetzt, oder $b=n+v$, so hat man:

$$(1+x)^n = \frac{F(a,n+v,a+v,x)}{F(v,-n+a,a+v,x)}.$$

Dieser sehr allgemeine Ausdruck für die Potenz $(1+x)^n$, deren Exponent n eine beliebige Zahl sein darf, enthält zwei Gröfsen a und v, welche nach Belieben bestimmt werden dürfen, und ist von Euler bewiesen worden. Derselbe hat seiner Herleitung, welche etwas weitläufig und nicht wohl zu übersehen ist, eine Abhandlung gewidmet, worin er zum Schlusse aus dieser Formel Approximationswerthe einiger Functionen, als $\log(1+x)$ und e^x, herleitet. Hier erscheint diese Formel nur als eine unmittelbare Folgerung aus dem vorigen allgemeinen Theorem.

§. 102.

Da nach §. 100. die Reihe $F\left(a, b, c, \frac{-z}{1+z}\right) = \left(\frac{1}{1+z}\right)^b . F(c-a, b, c, z)$ ist, so setze man $c = -\frac{v}{d}$; $a = -1$, $b = -1$ und $z = -x^2$, und es ist dann

$$\frac{\overset{a}{[c-a]}}{\overset{a}{[c]}} = \frac{\overset{a}{\left[-\frac{v}{d}+1\right]}}{\overset{a}{\left[-\frac{v}{d}\right]}} = \frac{\left(1-\frac{v}{d}\right)\overset{a-1}{\left[-\frac{v}{d}\right]}}{\overset{a-1}{\left[-\frac{v}{d}\right]}.\left(-\frac{v}{d}-a+1\right)} = \frac{d-v}{-v-ad+d} = \frac{v-d}{v-d+ad},$$

und man findet überhaupt:

$$S(-1)^a . \frac{a'd^a}{\overset{a+1}{[v-d, -d]}} . \left(\frac{x^2}{1-x^2}\right)^{a+1} = S\frac{x^{2a+2}}{v-d+ad}.$$

Setzt man weiter z. B. $d=2$ und $v-d=w$, so hat man:

$$S\frac{x^{2a+2}}{w+2a} = S(-1)^a . \frac{a'.2^a}{\overset{a+1}{[w, -2]}} . \left(\frac{x^2}{1-x^2}\right)^{a+1} \text{*)}.$$

Setzen wir nun noch $w=1$, so ist die Reihe auf der linken Seite $= x\log\sqrt{\left(\frac{1+x}{1-x}\right)}$, und man hat also:

$$\log\sqrt{\left(\frac{1+x}{1-x}\right)} = \mathfrak{Arc}(\mathfrak{Tang} = x) = S(-1)^a . \frac{a'.2^a}{\overset{a+1}{[1, -2]}} . \frac{x^{2a+1}}{(1-x^2)^{a+1}}.$$

Setzt man aber $\mathfrak{Tang}\, k = x$, so ist $1-x^2 = \frac{1}{\mathfrak{Cos}\, x^2}$ und $\frac{x^{2a+1}}{(1-x^2)^{a+1}} = \mathfrak{Tang}\, k^{2a+1} . \mathfrak{Cos}\, k^{2a+1} = (\mathfrak{Tang}\, k . \mathfrak{Cos}\, k)^{2a+1} . \mathfrak{Cos}\, k = \mathfrak{Sin}\, k^{2a+1} . \mathfrak{Cos}\, k$, und man hat also

$$k = \mathfrak{Cos}\, k . S(-1)^a \frac{a'.2^a}{\overset{a+1}{[1, -2]}} . \mathfrak{Sin}\, k^{2a+1}.$$

*) Die Herleitung dieser speciellen Formel macht hauptsächlich den Inhalt eines vom Herrn Prof. Dr. Grunert verfafsten Gymnasial-Programmes vom Jahre 1826 aus; der von ihm gewählte Gang ist aber mühselig.

Wird $k\sqrt{-1}$ für k gesetzt, so hat man noch die folgende Reihe

$$k = \cos k \cdot S(+1)^{\alpha} \frac{\alpha' \cdot 2^{\alpha}}{[1, -2]^{\frac{\alpha+1}{2}}} \cdot \sin k^{2\alpha+1}.$$

Die ersten Glieder dieser beiden Reihen sind nun die folgenden:

$$k = \mathfrak{Cos}\, k \cdot \left(\mathfrak{Sin}\, k - \frac{2}{1} \cdot \frac{\mathfrak{Sin}\, k^3}{3} + \frac{2.4}{1.3} \cdot \frac{\mathfrak{Sin}\, k^5}{5} - \frac{2.4.6}{1.3.5} \cdot \frac{\mathfrak{Sin}\, k^7}{7} + \text{etc.}\right),$$

$$k = \cos k \cdot \left(\sin k + \frac{2}{1} \cdot \frac{\sin k^3}{3} + \frac{2.4}{1.3} \cdot \frac{\sin k^5}{5} + \frac{2.4.6}{1.3.5} \cdot \frac{\sin k^7}{7} + \text{etc.}\right).$$

Wenn man in der Reihe für $\log\sqrt{\left(\frac{1+x}{1-x}\right)}$ einige erste Glieder unverändert

lassen will, und $\log\sqrt{\left(\frac{1+x}{1-x}\right)} = x + \frac{x^3}{3} + \frac{x^5}{5} \ldots + \frac{x^{2n-1}}{2n-1} + x^{2n-1} \cdot S \cdot \frac{x^{2\alpha+2}}{2n+1+2\alpha}$

setzt, so kann man den zweiten Theil allein umformen, indem man
$w = 2n+1$ setzt, und hat dann

$$\mathfrak{Arc}(\mathfrak{Tang} = x) = x + \frac{x^3}{3} + \frac{x^5}{5} \ldots + \frac{x^{2n-1}}{2n-1} + x^{2n-1} \cdot S(-1)^{\alpha} \cdot \frac{\alpha' \cdot 2^{\alpha}}{[2n+1, -2]^{\frac{\alpha+1}{2}}} \cdot \left(\frac{x^2}{1-x^2}\right)^{\alpha+1}.$$

Diese Reihe kann ebenfalls leicht auf cyklische Functionen übertragen
werden. Man kann überhaupt aus dem im §. 100. bewiesenen Lehrsatze
noch sehr viele andere interessante Folgerungen ziehen.

Zweiter Abschnitt.

Der polynomische Lehrsatz ohne die Voraussetzung des binomischen und ohne die Hülfe der höheren Rechnung.

§. 103.

Werden die beiden Reihen $S\,\overset{\alpha}{a}\,x^{\alpha}$ und $S\,\overset{\beta}{c}\,x^{\beta}$ multiplicirt, so erhält
das Product die Form der Reihe $S\,\overset{\gamma}{A}\,x^{\alpha}$ und der Coëfficient des allgemeinen Gliedes in ihr ist:

$$\overset{r}{A} = S\,\overset{\alpha}{a}\,\overset{\beta}{c} \qquad \text{cond.}\,(\alpha + \beta = r).$$

Multiplicirt man auf beiden Seiten mit $r = \alpha + \beta$, so hat man

$$r \cdot \overset{r}{A} = S\alpha \cdot \overset{\alpha}{a}\overset{\beta}{c} + S\beta \cdot \overset{\alpha}{a}\overset{\beta}{c},$$

und die Bedingungsgleichung für α und β ist die vorige. Also ist auch,
wenn mit x^r multiplicirt, dann r als veränderlich betrachtet und etwa γ
für r gesetzt wird:

$$S\gamma \cdot \overset{\gamma}{A}x^{\gamma} = S\alpha \cdot \overset{\alpha}{a} \cdot \overset{\beta}{c}x^{\gamma} + S\beta \cdot \overset{\alpha}{a} \cdot \overset{\beta}{c}x^{\gamma} \qquad \text{cond.}\,(\alpha + \beta = \gamma).$$

Nun ist weiter

$$(S\beta.\overset{\beta}{c}x^{\beta})(S\overset{\alpha}{a}x^{\alpha}) = S\beta.\overset{\alpha\beta}{ac}x^{\gamma} \text{ und } (S\alpha.\overset{\alpha}{a}x^{\alpha})(S\overset{\beta}{c}x^{\beta}) = S\alpha.\overset{\alpha\beta}{ac}x^{\gamma},$$

wenn die Bedingungsgleichung $\alpha+\beta=\gamma$ für die Ausdrücke auf der rechten Seite beibehalten wird; also hat man:

$$S\gamma.\overset{\gamma}{A}x^{\gamma} = (S\beta.\overset{\beta}{c}x^{\beta})(S\overset{\alpha}{a}x^{\alpha}) + (S\alpha.\overset{\alpha}{a}x^{\alpha})(S\overset{\beta}{c}x^{\beta}),$$

und da $S\overset{\gamma}{A}x^{\gamma} = (S\overset{\alpha}{a}x^{\alpha})(S\overset{\beta}{c}x^{\beta})$ ist, so erhält man, wenn Gleiches durch Gleiches dividirt wird:

$$\frac{S\gamma.\overset{\gamma}{A}.x^{\gamma}}{S\overset{\gamma}{A}x^{\gamma}} = \frac{S\beta.\overset{\beta}{c}x^{\beta}}{S\overset{\beta}{c}x^{\beta}} + \frac{S\alpha.\overset{\alpha}{a}x^{\alpha}}{S\overset{\alpha}{a}x^{\alpha}}.$$

Werden also die Reihen $S\overset{\alpha}{a}x^{\alpha}$, $S\overset{\beta}{c}x^{\beta}$, $S\overset{\gamma}{A}x^{\gamma}$ bezeichnet mit p, q, P und die Reihen $S\alpha\overset{\alpha}{a}x^{\alpha}$, $S\beta\overset{\beta}{c}x^{\beta}$, $S\gamma\overset{\gamma}{A}x^{\gamma}$ mit p', q', P', so entsteht die Reihe p' eben so aus p, wie q' aus q und wie P' aus P, und man hat:

$$\frac{p'}{p} + \frac{q'}{q} = \frac{P'}{P}, \text{ und außerdem ist } P = p.q.$$

Sind mehrere Reihen p, q, r, s etc., deren Product $= P$ sein mag, mit gleichem Fortschritte der Potenzen von x gegeben, so ist eben so:

$$\frac{P'}{P} = \frac{p'}{p} + \frac{q'}{q} + \frac{r'}{r} + \frac{s'}{s} + \text{etc.}$$

Wenn also die Reihen p, q, r, s etc., deren Anzahl $= n$ sein mag, gleich sind, so hat man:

$$P = p^{n} \text{ und } \frac{P'}{P} = n.\frac{p'}{p},$$

d. h. wenn $(S\overset{\alpha}{a}x^{\alpha})^{n} = S\overset{\alpha}{A}x^{\alpha}$ ist, so ist:

$$\frac{S\alpha\overset{\alpha}{A}x^{\alpha}}{S\overset{\alpha}{A}x^{\alpha}} = n.\frac{S\alpha\overset{\alpha}{a}x^{\alpha}}{S\overset{\alpha}{A}x^{\alpha}}.$$

§. 104.

Um nun zu Potenzen mit gebrochenen Exponenten überzugehen, setzen wir $(S\overset{\alpha}{a}x^{\alpha})^{\frac{m}{n}} = S\overset{\alpha}{A}x^{\alpha}$, wobei der Kürze wegen der Beweis übergangen wird, daß $S\overset{\alpha}{A}x^{\alpha}$ die Form der Entwickelung habe. Es muſs also $(S\overset{\alpha}{a}x^{\alpha})^{m} = (S\overset{\alpha}{A}x^{\alpha})^{n}$ sein, und wenn wir $(S\overset{\alpha}{a}x^{\alpha})^{m} = S\overset{\alpha}{c}x^{\alpha}$ setzen, so ist also auch $(S\overset{\alpha}{A}x^{\alpha})^{n} = S\overset{\alpha}{c}x^{\alpha}$. Da weiter m und n nach der Annahme positive ganze Zahlen sind, so ist nach §. 103.

$$\frac{S\alpha\overset{\alpha}{c}x^{\alpha}}{S\overset{\alpha}{c}x^{\alpha}} = m.\frac{S\alpha\overset{\alpha}{a}x^{\alpha}}{S\overset{\alpha}{a}x^{\alpha}}, \text{ und } \frac{S\alpha\overset{\alpha}{c}x^{\alpha}}{S\overset{\alpha}{c}x^{\alpha}} = n.\frac{S\alpha\overset{\alpha}{A}x^{\alpha}}{S\overset{\alpha}{A}x^{\alpha}}.$$

Daher ist offenbar $\frac{S a \overset{a}{A} x^a}{S \overset{a}{A} x^a} = \frac{m}{n} . \frac{S a \overset{a}{a} x^a}{S \overset{a}{a} x^a}$ und die am Schlusse des §. 103. gefundene Formel gilt also auch für gebrochene positive Exponenten $\frac{m}{n}$.

Stellt man sich weiter unter n eine positive ganze oder auch gebrochene Zahl, unter $-n$ also eine solche, aber negative Zahl vor, und setzen wir

$$(S \overset{a}{a} x^a)^{-n} = S \overset{a}{A} x^a,$$

so soll also $(S \overset{a}{A} x^a) . (S \overset{a}{a} x^a)^n = 1$ sein. Wird aber $(S \overset{a}{a} x^a)^n = S \overset{a}{c} x^a$ gesetzt, so ist nach dem Vorigen, weil hier der Exponent n positiv ist:

$$\frac{S a \overset{a}{c} x^a}{S \overset{a}{c} x^a} = n . \frac{S a \overset{a}{a} x^a}{S \overset{a}{a} x^a}.$$

Das Product $(S \overset{a}{A} x^a)(S \overset{a}{c} x^a)$ muſs $= 1$, d. h. $= S \overset{a}{k} x^a$ sein, wenn in dieser Reihe $\overset{0}{k} = 1$, $\overset{1}{k} = 0$, $\overset{2}{k} = 0$, $\overset{3}{k} = 0$ etc. ist. Es ist also nach §. 103.

$$\frac{S a \overset{a}{A} x^a}{S \overset{a}{A} x^a} + \frac{S a \overset{a}{c} x^a}{S \overset{a}{c} x^a} = \frac{S a \overset{a}{k} x^a}{S \overset{a}{k} x^a} = 0,$$

weil im Zähler des Ausdrucks auch das Glied $0 . \overset{0}{k} . x^0 = 0$ und der Nenner $= 1$ ist. Wird aber mit der Gleichung

$$\frac{S a \overset{a}{c} x^a}{S \overset{a}{c} x^a} = n . \frac{S a \overset{a}{a} x^a}{S \overset{a}{a} x^a} \text{ die Gleichung } \frac{S a \overset{a}{c} x^a}{S \overset{a}{c} x^a} = - \frac{S a \overset{a}{A} x^a}{S \overset{a}{A} x^a}$$

verbunden, so erhält man:

$$\frac{S a \overset{a}{A} x^a}{S \overset{a}{A} x^a} = (-n) . \frac{S a \overset{a}{a} x^a}{S \overset{a}{a} x^a},$$

und die Formel am Schlusse des §. 103. gilt also auch für negative Exponenten; sie ist mithin allgemein. Die Gedrängtheit des Raumes gestattet es nicht, auf Exponenten von der Form $a + b\sqrt{-1}$ hier einzugehen. In einem von dem Verfasser gelieferten Schulprogramme vom Jahre 1825, woraus Gegenwärtiges ein Auszug ist, ist auch von solchen Exponenten gehandelt worden. Wenn also n eine beliebige Zahl ist, so findet zwischen den Coëfficienten in den durch die Gleichung $(S \overset{a}{a} x^a)^n = S \overset{a}{A} x^a$ verbundenen Reihen die folgende einfache Beziehung Statt:

$$\frac{S a \overset{a}{A} x^a}{S \overset{a}{A} x^a} = n . \frac{S a \overset{a}{a} x^a}{S \overset{a}{a} x^a}.$$

§. 105.

Schafft man in der Gleichung $\frac{S\alpha\overset{\alpha}{A}x^{\alpha}}{S\overset{\alpha}{A}x} = n.\frac{S\beta\overset{\beta}{a}x^{\beta}}{S\overset{\beta}{a}x^{\beta}}$ die Nenner weg, so giebt die Multiplication auf jeder Seite eine Reihe, und werden die beiden Reihen identificirt, so erhält man die noch einfachere und allgemeine Formel:

$$S(n\beta-\alpha).\overset{\alpha}{A}.\overset{\beta}{a} = 0 \qquad \text{cond.}\ (\alpha+\beta=r),$$

von welcher im §. 87. Anwendung gemacht wurde. Für das Binomialtheorem leitet man hieraus die Recursionsformel für die Berechnung der Coëfficienten her. Wird nemlich:

$$(1+x)^{n} = S\overset{\alpha}{A}x^{\alpha}$$

gesetzt, so hat man $\overset{0}{a}=1$, $\overset{1}{a}=1$, $\overset{2}{a}=0$, $\overset{3}{a}=0$, $\overset{4}{a}=0$ etc., und die vorige Formel ist nun:

$$-r\overset{r}{A}.a + (n.1-(r-1)\overset{r-1}{A}.a = 0,$$

oder einfacher:

$$\overset{r}{A} = \frac{n-r+1}{r}.\overset{r-1}{A}.$$

Vermöge dieser einfachen Formel findet man $\overset{1}{A} = n\overset{0}{A}$; $\overset{2}{A} = [n]^{2}_{2^1}\overset{0}{A}$; $\overset{3}{A} = [n]^{3}_{3^1}\overset{0}{A}$ etc., und allgemein: $\overset{r}{A} = [n]^{r}_{r^1}\overset{0}{A}$. Man findet aber leicht $\overset{0}{A}=1$ anderweitig, und so ist

$$(1+x)^{n} = S[n]^{\alpha}_{\alpha^1}.x^{\alpha}$$

als für jeden Exponenten richtig bewiesen. Man könnte nun, nachdem die **Newton**sche Formel in dieser Allgemeinheit bewiesen ist, dieselbe benutzen, wie gewöhnlich geschieht, um auch die Formel für die independente Berechnung der Polynomial-Coëfficienten $\overset{1}{A}$, $\overset{2}{A}$, $\overset{3}{A}$, etc. herzuleiten aus der gefundenen und allgemein gültigen Recursionsformel:

$$\overset{r}{A} = S\left(\frac{n(\alpha+1)-\beta}{r.\overset{0}{a}}\right).\overset{\alpha+1}{a}.\overset{\beta}{A} \qquad \text{cond.}\ (\alpha+\beta=r-1).$$

Wir aber werden auch die gesuchte Formel unabhängig von dem Binomialtheorem ableiten und die Recursionsformel dabei zum Grunde legen. Hätte in dieser nicht jedes Glied einen ihm eigenthümlichen Factor, oder hätte dieselbe die viel einfachere Gestalt:

$$\overset{r}{A} = S\overset{\alpha+1}{a}.\overset{\beta}{A} \qquad \text{cond.}\ (\alpha+\beta=r),$$

so würde man sie durch $\overset{0}{A}$ dividiren; sie wäre dann:

$$\frac{\overset{r}{A}}{\overset{0}{A}} = \left(\overset{1}{a}.\frac{\overset{r-1}{A}}{\overset{0}{A}} + \overset{2}{a}.\frac{\overset{r-2}{A}}{\overset{0}{A}}\dots + \overset{\alpha}{a}.\frac{\overset{r-\alpha}{A}}{\overset{0}{A}}\dots + \overset{r}{a}\right)$$

und hätte die gröſste Ähnlichkeit mit einer bekannten combinatorischen Beziehung unter Inbegriffen sogenannter Variationsformen, die ohne Unterschied des Grades zu gewissen Summen aus den Elementen $\overset{1}{a}, \overset{2}{a}, \overset{3}{a}$, etc. oder ihren Repräsentanten (1, 2, 3, etc.) gebildet sind. Diese combinatorische Formel ist:

$$ {}^{r}V = (\overset{1}{a}.{}^{r-1}V + \overset{2}{a}.{}^{r-2}V \ldots\ldots + \overset{\alpha}{a}.{}^{r-\alpha}V \ldots\ldots + \overset{r}{a}), $$

und es bezeichnet dann z. B. ${}^{r}V$ einen Inbegriff solcher Variationsformen, und zwar aller, welche aus den Elementen (1, 2, 3, ... r) zur Summe r gebildet werden können. (Dieselbe Formel findet man in des Hrn. Hofrath Thibaut „Grundriſs der allgemeinen Arithmetik (pag. 140.)" mit umständlicher Belehrung über ihre Bedeutung und ihre Brauchbarkeit.) Aus dieser Übereinstimmung würde man schlieſsen:

$$ \frac{\overset{r}{A}}{\overset{0}{A}} = {}^{r}V = {}^{r}_{\bullet}C, $$

und es bezeichnet dann ${}^{r}_{\bullet}C$ einen aus den Elementen $\overset{1}{a}, \overset{2}{a}, \overset{3}{a}, \ldots\ldots \overset{r}{a}$ gebildeten Inbegriff von Combinationsformen zur Summe r (unter unbedingter Wiederholbarkeit der Elemente); jede Combinationsform wird angesehen als ein Product ihrer Elemente und hat zum Coëfficienten die ihr zukommende Permutationszahl.

§. 106.

Aber, ungeachtet die Recursionsformel nicht die genannte Einfachheit hat, wird dennoch der Quotient $\frac{\overset{r}{A}}{\overset{0}{A}}$ eben so aus den Elementen $\overset{1}{a}, \overset{2}{a}, \overset{3}{a}, \ldots\ldots \overset{r}{a}$ gebildet sein, wie der Inbegriff ${}^{r}V$ aus denselben Elementen, nur wird jede zur Summe r gebildete Variationsform einen Coëfficienten erhalten müssen, welcher ein Product so vieler Factoren ist, als die Form Elemente hat, weil ein zur Form hinzukommendes Element der Recursionsformel gemäſs allemal einen solchen Factor $\frac{n(\alpha+1)-\beta}{r\overset{0}{a}}$, welcher aber ein veränderlicher ist, mitbringt. Man könnte, nachdem alle Formen des Inbegriffes ${}^{r}V$ gebildet wären, für jede Form das ihr zukommende Product von Factoren als ihren Coëfficienten berechnen; noch mehr, da es unter den Variationsformen mehrere giebt, welche, weil sie Permutationsformen einer Combinationsform sind, dieselben Elemente enthalten, so könnte man die ihnen zukommenden Coëfficienten addiren, und die gefundene Summe der genannten Combinationsform zum Coëfficienten geben. Eine solche Combinationsform des Grades ϑ und zur Summe r gebildet, enthalte das Element $\overset{\alpha+1}{a}$ in π Stellen, und die ihr zugehörige Permutationszahl sei N, so wird es unter den N Permutationsformen eine Menge von $N.\frac{\pi}{\vartheta}$ Formen geben, welche das Element $\overset{\alpha+1}{a}$ an der Spitze führen und also mit diesem Elemente zugleich der Recursionsformel gemäfs den Factor $\frac{n(\alpha+1)-\beta}{r\overset{\circ}{a}}$ erhalten. Der Coëfficient wegen des einen Elementes $\overset{\alpha+1}{a}$ auf der ϑten Stelle wird also $=\frac{N.\pi}{\vartheta}\left(\frac{(\alpha+1)n-\beta}{r.\overset{\circ}{a}}\right)$, und da nach und nach jedes andere Element der Combinationsform diese Stelle beim Permutiren gleichfalls besetzt, so bekommt also die Form wegen dieser einen Stelle eine Summe von Coëfficienten, die man aus dem so eben aufgestellten allgemeinen dadurch erhält, dafs man, ϑ als constant betrachtet, für α, β und π alle zusammengehörige Werthe setzt, welche den folgenden drei Bedingungsgleichungen Genüge leisten:

$$S\pi=\vartheta;\quad S(\alpha+1)\pi=r;\quad \alpha+\beta=r-1.$$

Die Combinationsform erhält also aufser ihrer Permutationszahl N wegen ihrer ϑten Stelle den Coëfficienten:

$$S\frac{\pi}{\vartheta}.\left(\frac{(\alpha+1)n-\beta}{r.\overset{\circ}{a}}\right)=\frac{n}{r\overset{\circ}{a}\vartheta}.S(\alpha+1)\pi-\frac{1}{r\overset{\circ}{a}\vartheta}S\pi\beta.$$

Die Summe $S(\alpha+1)\pi$ ist bekannt und $=r$, und da $\pi(\alpha+1)+\pi\beta=\pi r$, so ist $S(\alpha+1)\pi+S\pi\beta=S\pi r=r.S\pi$, und also $S\pi\beta=r\vartheta-r$. Es ist also die gesuchte Summe: $=\frac{n}{r\overset{\circ}{a}\vartheta}.r-\frac{r\vartheta-r}{r\overset{\circ}{a}\vartheta}=\frac{n-\vartheta+1}{\overset{\circ}{a}\vartheta}$.

Der Factor r im Nenner hebt sich also, worauf sehr viel ankommt, gegen r im Zähler, wodurch die Summe $\frac{n-\vartheta+1}{\vartheta.\overset{\circ}{a}}$ von ihr unabhängig wird; diese Summe hängt also lediglich von der Stelle in der Form ab; er ist also der allgemeine Factor der Factoren eines Productes, welches die Combinationsform aufser ihrer Permutationszahl N zum Coëfficienten vor sich nimmt. Man erhält diese Factoren, indem man für ϑ der Reihe nach die Werthe $(1,2,3,4,\dots\vartheta)$ setzt, und es ist demnach dieser Coëfficient:

$$=\frac{n}{1.\overset{\circ}{a}}.\frac{n-1}{2.\overset{\circ}{a}}.\frac{n-2}{3.\overset{\circ}{a}}\dots\frac{n-\vartheta+1}{\vartheta\overset{\circ}{a}}=[n]^{\vartheta}_{\vartheta'}.\left(\frac{1}{\overset{\circ}{a}}\right)^{\vartheta}.$$

Denselben Coëfficienten erhält aber jede mit ihrer Permutationszahl versehene Combinationsform vom ϑten Grade, d. h. dieser Coëfficient ist der ganzen Classe dieser Formen gemeinschaftlich und ändert sich nur für die übrigen Classen der zur Summe r gebildeten Formen; es ist also:

$$\overset{r}{A} = \overset{0}{A} . S\, [n]^{\vartheta}_{\vartheta^1} . \left(\frac{1}{\overset{0}{a}}\right)^{\vartheta} . \, {}^{r}_{\vartheta}\overset{\vartheta}{C},$$

in welchem Ausdrucke sich das Summenzeichen S bloſs auf die Veränderlichkeit von ϑ bezieht, wofür alle Werthe $\vartheta = (1, 2, 3, \ldots . r)$ gesetzt werden müssen. Der Coëfficient $\overset{\bullet}{A}$ muſs vor der recurrirenden Berechnung bekannt sein, er kann aus der Recursionsformel nicht gefunden werden. Man findet aber leicht: $\overset{0}{A} = (\overset{0}{a})^{n}$, und hat also;

$$\overset{r}{A} = S\, [n]^{\vartheta}_{\vartheta^1} . (\overset{0}{a})^{n-\vartheta} . \, {}^{r}_{\vartheta}\overset{\vartheta}{C}.$$

Diese Formel ist allgemein bekannt, wie auch alles Übrige, was noch über das Polynomialtheorem vorzubringen wäre. (Man findet dieselbe Formel in des Hrn. Hofrath Thibaut „Grundriſs der allgemeinen Arithmetik p. 200.")

§. 107.

Aus der in §. 104. bewiesenen Formel leitet man leicht eine noch allgemeinere her. Man habe nemlich von einem Polynome P bereits die Potenzen mit den Exponenten f, g, und $f+g$ entwickelt, und es sei:

$$P^{f} = S\,\overset{a}{\varphi}(f) . x^{a}; \quad P^{g} = S\,\overset{a}{\varphi}(g) . x^{a}; \quad P^{f+g} = S\,\overset{a}{\varphi}(f+g) . x^{a}.$$

Da nun aber $P^{f+g} = (P^{f})^{\frac{f+g}{f}}$ ist, so hat man nach §. 104. offenbar;

$$\frac{S\alpha . \overset{a}{\varphi}(f+g) . x^{a}}{S\overset{a}{\varphi}(f+g) . x^{a}} = \frac{f+g}{f} . \frac{S\alpha . \overset{a}{\varphi}(f) . x^{a}}{S\overset{a}{\varphi}(f) . x^{a}}.$$

Auſserdem hat man noch die folgende identische zweite Gleichung:

$$\frac{f+g}{f} . \frac{S\overset{a}{\varphi}(f+g) . x^{a}}{S\overset{a}{\varphi}(f+g) . x^{a}} = \frac{f+g}{f} . \frac{S\overset{a}{\varphi}(f) . x^{a}}{S\overset{a}{\varphi}(f) . x^{a}}.$$

Multipliciren wir die erste Gleichung mit q und die zweite mit p, so erhält man:

$$\frac{S\left\{p\left(\frac{f+g}{f}\right) + \alpha q\right\} . \overset{a}{\varphi}(f+g) . x^{a}}{S\overset{a}{\varphi}(f+g) . x^{a}} = \frac{f+g}{f} . \frac{S(p+\alpha q)\,\overset{a}{\varphi}(f) . x^{a}}{S\overset{a}{\varphi}(f) . x^{a}}.$$

Setzt man nun für $S\,\overset{a}{\varphi}(f+g) . x^{a}$ das Product aus $S\,\overset{a}{\varphi}(f) . x^{a}$ und $S\,\overset{a}{\varphi}(g) . x^{\alpha}$, so hat man nach Fortschaffung der Nenner, wenn die beiden

Reihen auf den beiden Seiten des Gleichheitszeichens identificirt werden, folgende Beziehung unter den Polynomial-Coëfficienten:

$$\left(p+\frac{rfq}{f+g}\right).\overset{r}{\varphi}(f+g) = S(p+\alpha q).\overset{\alpha}{\varphi}(f).\overset{\beta}{\varphi}(g) \quad \text{cond.}\,(\alpha+\beta=r),$$

welche sehr fruchtbar an Folgerungen ist. Über dieselben sehe man die Analysis von Herrn **Schweins**, worin ebenfalls ein Beweis des Polynomialtheorems ohne die Voraussetzung des Binomialtheorems versucht worden ist. Der von **Klügel** geführte Beweis ist ungenügend. Unter diesen Folgerungen zeichnen wir hier die allgemeinste aus:

$$\frac{p(f+g)+r(qf-pd)}{f(f+g)(g-rd)}.\overset{r}{\varphi}(f+g) = S\frac{p+\alpha q}{(g-\alpha d)(f+\alpha d)}.\overset{\beta}{\varphi}(g-\alpha d).\overset{\alpha}{\varphi}(f+\alpha d),$$

wozu die Bedingungsgleichung $\alpha+\beta=r$ gehört. Man hat nur einen besondern Fall dieser Formel nöthig, um zu beweisen, daſs wenn gesetzt wird:

$$z^n = S\overset{\alpha}{\varphi}(1).x^{p+\alpha q},$$

durch Umkehrung gefunden wird die folgende Reihe:

$$x^m = S\frac{m}{m+\alpha q}.\overset{\alpha}{\varphi}\left(\frac{-m-\alpha q}{p}\right).z^{\frac{n}{p}(m+\alpha q)} \quad \text{und}$$

$$\log x = \log\left(\frac{z^n}{\overset{0}{\varphi}(1)}\right)^{\frac{1}{p}} + S\frac{1}{(\alpha+1)q}.\overset{\alpha+1}{\varphi}\left(-\frac{q}{p}(\alpha+1)\right).z^{\frac{(\alpha+1)nq}{p}}.$$

Diese sehr bekannten Reihen sind nur deswegen hierher gesetzt worden, weil später davon Gebrauch gemacht werden wird.

§. 108.

Wenn die Coëfficienten $\overset{0}{\varphi}1, \overset{1}{\varphi}1, \overset{2}{\varphi}1, \overset{3}{\varphi}1$, etc. als Elemente einer Scale $p = \overset{0}{a}, \overset{1}{a}, \overset{2}{a}, \overset{3}{a}$, etc. gegeben sind, so wird ein Polynomial-Coëfficient $\overset{r}{\varphi}n$ lediglich aus den Elementen dieser Scale berechnet, und jedes Lehrbuch der Analysis giebt dazu die auf die Formeln §. 105. und §. 106. gegründete nähere Anweisung. Ist daher allgemein $\overset{r}{\varphi}1$ für jede ganze Zahl r, welche nicht gröſser als r zu sein braucht, bekannt: $\overset{r}{\varphi}1 = \overset{r}{a}$, so können die Coëfficienten $\overset{0}{\varphi}n, \overset{1}{\varphi}n, \overset{2}{\varphi}n, \overset{3}{\varphi}n, \ldots$ bis $\overset{r}{\varphi}n$ einschlieſslich berechnet werden. Man nehme nun eine andere Scale $q = (\overset{1}{a}, \overset{2}{a}, \overset{3}{a}, \ldots)$ an, welche von der vorigen p nur darin verschieden ist, daſs das erste Glied $\overset{0}{a}$ der Scale p in q fehlt, und wird in ähnlicher Art gesetzt $\overset{0}{\psi}1 = \overset{1}{a}$, $\overset{1}{\psi}1 = \overset{2}{a}$, $\overset{2}{\psi}1 = \overset{3}{a}$, ... $\overset{r}{\psi}1 = \overset{r+1}{a}$, so können die Coëfficienten $\overset{0}{\psi}n, \overset{1}{\psi}n, \overset{2}{\psi}n$, etc.

ebenfalls aus den Elementen der Scale q berechnet werden. Diese Coëfficienten treten dadurch in Zusammenhang mit den Coëfficienten $\overset{0}{\varphi} n$, $\overset{1}{\varphi} n$, $\overset{2}{\varphi} n$, etc. und über diesen Zusammenhang bleibt noch Einiges zu sagen übrig.

Setzt man die Reihe $P = S\,\overset{\alpha}{a}\,x^{\alpha} = S\,\overset{n}{\varphi} 1 . x^{\alpha}$ und $Q = S\,\overset{\alpha+1}{a} . x^{\alpha+1} = S\,\overset{\alpha+1}{\varphi} 1 . x^{\alpha+1} = S\,\overset{\alpha}{\psi} 1 . x^{\alpha+1}$, so hat man $P^n = S\,\overset{n}{\varphi} n . x^{\alpha}$ und $Q^n = S\,\overset{\alpha}{\psi} n . x^{n+\alpha}$, und aufserdem ist $P = \overset{0}{a} + Q$. In Anwendung des Binomialtheorems hat man nun offenbar:

$$P^n = (\overset{0}{a})^n . \left(1 + \frac{Q}{\overset{0}{a}}\right)^n = S\,[n]^{\alpha}_{\overline{\alpha'}} . \overset{0}{a}{}^{n-\alpha} . Q^{\alpha}.$$

Da nun aber $Q^{\alpha} = S\,\overset{\beta}{\psi}\alpha . x^{\alpha+\beta}$ ist, wenn das Summezeichen S hier blofs auf die Veränderlichkeit von β geht, so erhält man, wenn diese Reihe und auch für P^n die Reihe substituirt wird, durch Identificirung der beiden entstehenden Reihen die folgende Formel, welche aber mit der in §. 106. gefundenen im Grunde dieselbe ist.

$$1. \quad \overset{r}{\varphi} n = S\,[n]^{\alpha}_{\overline{\alpha'}} . \overset{0}{a}{}^{n-\alpha} . \overset{\beta}{\psi}\alpha \qquad \text{cond.}\ (\alpha+\beta=r).$$

Man kann diese Formel umkehren, so dafs die Coëfficienten ψ durch die Coëfficienten φ ausgedrückt werden. Man gelangt aber einfacher zum Ziele, wenn man bedenkt, dafs $Q = P - \overset{0}{a}$ und also $Q^m = (-1)^m\,S\,(-1)^{\alpha}\,[m]^{\alpha}_{\overline{\alpha'}}\,P^{\alpha}$ ist. Werden für Q^m und P^{α} die Reihen substituirt, so erhält man:

$$2. \quad \overset{r}{\psi} m = S(-1)^{\beta}\,[m]^{\beta}_{\overline{\beta'}} . \overset{0}{a}{}^{\beta} . \overset{m+r}{\varphi}\alpha \qquad \text{cond.}\ (\alpha+\beta=r).$$

Dieser Ausdruck ist jedoch nur dann zu gebrauchen, wenn m eine positive ganze Zahl ist. Aber dieser Ausdruck für $\psi\alpha$ kann in der Formel (1.) substituirt werden, und man erhält dadurch:

$$\overset{r}{\varphi} n = S(-1)^{\gamma}\,[r-\beta]^{\gamma}_{\overline{\gamma'}}\,[n]^{r-\beta}_{\overline{(r-\beta)'}}\,\overset{0}{a}{}^{n-\delta} . \overset{r}{\varphi}\delta \qquad \text{cond.}\ (\beta+\gamma+\delta=r).$$

Dieser Ausdruck wird einfacher vorgestellt unter

$$\overset{r}{\varphi} n = S\,\overset{\lambda}{A} . \overset{0}{a}{}^{n-\delta}\,\overset{r}{\varphi}\delta \qquad \text{cond.}\ (\lambda+\delta=r),$$

und man hat dann:

$$\overset{m}{A} = S(-1)^{\gamma}\,[r-\beta]^{\gamma}_{\overline{\gamma'}}\,[n]^{r-\beta}_{\overline{(r-\beta)'}} \qquad \text{cond.}\ (\beta+\gamma=m).$$

Dieser Ausdruck gestattet aber noch eine bedeutende Zusammenziehung.

Es ist nemlich $[n]^{r-m+\gamma} = [n]^{r-m}[n-r+m]^{\gamma}$, und eben so ist $(r-m+\gamma)' = (r-m)'[r-m+\gamma]^{\gamma}$, also hat man:

$$\overset{m}{A} = \frac{[n]^{r-m}}{(r-m)'} \cdot S(-1)^{\gamma} \frac{[n-r+m]^{\gamma}}{\gamma'} \qquad \text{cond. } (\beta+\gamma=m).$$

Nun ist weiter $(-1)^{\gamma} = (-1)^{m}(-1)^{\beta} = (-1)^{m}\frac{[-1]^{\beta}}{\beta'}$, also hat man $\overset{m}{A} = (-1)^{m}\frac{[n]^{r-m}}{(r-m)'} S \frac{[-1]^{\beta}}{\beta'}\frac{[n-r+m]^{\gamma}}{\gamma'}$, und in Anwendung des binomischen Lehrsatzes für die Facultäten hat man nun offenbar:

$$\overset{m}{A} = (-1)^{m}\frac{[n]^{r-m}}{(r-m)'} \cdot \frac{[n-r+m-1]^{m}}{(m)'} = (-1)^{m}\frac{[n]^{r+1}}{(r-m)'m'} \cdot \frac{1}{n-r+m}.$$

Wird dieser Ausdruck substituirt, so erhält man

$$\overset{r}{\varphi} n = S(-1)^{\lambda}\frac{[n]^{r+1}}{\lambda'\delta'} \cdot \frac{\overset{0}{a}{}^{n-\delta}}{n-\delta} \cdot \overset{r}{\varphi}\delta \qquad \text{cond. } (\lambda+\delta=r).$$

Wird endlich noch bemerkt, daſs $\frac{r'}{\lambda'\delta'} = \frac{[r]^{\lambda}}{\lambda'} = \frac{[r]^{\delta}}{\delta'}$ ist, so hat man auch:

$$3. \qquad \overset{r}{\varphi} n = \frac{1}{r'}\, S(-1)^{\lambda}\frac{[r]^{\lambda}}{\lambda'} \cdot \frac{[n]^{r+1}}{n-\delta} \cdot \overset{0}{a}{}^{n-\delta} \cdot \overset{r}{\varphi}\delta \qquad \text{cond. } (\lambda+\delta=r).$$

Die im Ausdrucke vorkommende Facultät $[n]^{r+1}$ ist immer durch $n-\delta$ theilbar und ist darum nicht abgesondert worden, obgleich sie ein für alle Glieder gleicher Factor ist.

Die Berechnung der Coëfficienten $\overset{r}{\varphi} n$ ist durch diese Formel auf die Berechnung eben solcher Coëfficienten, aber mit Potenzen-Exponenten δ, welche positive ganze Zahlen sind, zurückgeführt.

Weiter unten wird eine ähnliche Formel in ungleich gröſserer Allgemeinheit hergeleitet werden.

Dritter Abschnitt.

Potenzen einiger Reihen.

§. 109.

Für die Beziehungen unter den Potenzial-Functionen und ihren Arcus sind einige Reihen angegeben worden, welche mit noch anderen Reihen unter folgender allgemeiner Form enthalten sind:

$$P = S\frac{[a, d]^{a}}{[e, h]^{a}} x^{a},$$

deren Potenzen sich im Allgemeinen leichter berechnen lassen, als die Potenzen aller anderen Reihen, welche nicht unter diese Form fallen.

Setzen wir nun $\overset{n}{P} = S\overset{\alpha}{\varphi} n . x^{\alpha}$, und also $P = S\overset{\alpha}{\varphi} 1 . x^{\alpha}$, so ist allgemein

$$\overset{r}{\varphi} 1 = [a, \overset{r}{d}] : [c, \overset{r}{h}],$$

und nach §. 107. ist weiter

$$\left(v + \frac{rw}{n+1}\right) \overset{r}{\varphi}(n+1) = S(v + \alpha w) \overset{\alpha}{\varphi} 1 . \overset{\beta}{\varphi} n \qquad \text{cond.} (\alpha + \beta = r),$$

oder auch

$$= v . \overset{r}{\varphi} n + S(v + w + \alpha w) \overset{\alpha+1}{\varphi} 1 . \overset{\beta}{\varphi} n \qquad \text{cond.} (\alpha + \beta = r - 1).$$

Wird nun $v + w = c$ und $w = -h$, also $v = c + h$ gesetzt, so hat man offenbar:

$$\left(c + h - \frac{rh}{n+1}\right) . \overset{r}{\varphi}(n+1) = (c+h) . \overset{r}{\varphi} n + S \frac{[a, \overset{\alpha+1}{d}]}{[c, \overset{\alpha}{d}]} . \overset{\beta}{\varphi} n \qquad \text{cond.} (\alpha + \beta = r - 1).$$

Da aber auch nach §. 107.:

$$v + \frac{(r-1)w}{n+1} . \overset{r-1}{\varphi}(n+1) = S(v + \alpha w) . \overset{\alpha}{\varphi} . \overset{\beta}{\varphi} n \qquad \text{cond.} (\alpha + \beta = r - 1)$$

ist, so setze man $v = a$ und $w = -d$, wodurch man die folgende zweite Gleichung erhält:

$$a - \frac{(r-1)d}{n+1} . \overset{r-1}{\varphi}(n+1) = S \frac{[a, \overset{\alpha+1}{d}]}{[c, \overset{\alpha}{d}]} . \overset{\beta}{\varphi} n \qquad \text{cond.} (\alpha + \beta = r - 1).$$

Durch Verbindung dieser beiden Gleichungen erhält man also die folgende einfachere:

$$\left(c + h - \frac{rh}{n+1}\right) . \overset{r}{\varphi}(n+1) = \left(a - \frac{(r-1)d}{n+1}\right) \overset{r-1}{\varphi}(n+1) + (c+h) . \overset{r}{\varphi} n,$$

oder auch

$$\overset{r}{\varphi}(n+1) = \frac{(n+1)(c+h)}{(n+1)(c+h) - rh} . \overset{r}{\varphi} n + \frac{(n+1)a - (r-1)d}{(n+1)(c+h) - rh} \overset{r-1}{\varphi}(n+1),$$

auf welche eine recurrirende Berechnung der Polynomialcoëfficienten in den Reihen für die Potenzen von P gegründet werden kann.

§. 110.

Um den Gebrauch dieser Formel an einem nicht unwichtigen Beispiele zu zeigen, legen wir uns die Aufgabe der Umkehrung der Reihe $e^x = S\frac{x^{\alpha}}{\alpha'}$, wo e die Basis des natürlichen Logarithmensystems bedeutet, vor. Da das Anfangsglied der Reihe $= 1$ ist und kein x enthält, so mufs es auf die andere Seite des $=$ gebracht werden, und man hat also die Potenzen der Reihe $P = e^x - 1 = S\frac{x^{1+\alpha}}{(\alpha+1)'}$ zu dem Ende zu entwickeln.

Diese Reihe fällt wirklich unter die Form der Reihe P im §. 109., für $d=0$, $a=1$, $h=-1$ und $c=2$; denn es ist $\overset{r}{[2,-1]}=\overset{r+1}{[1,-1]}=(r+1)^r$.
Man hat also:

$$\overset{r}{\varphi}(n+1)=\{\overset{r}{\varphi}n+\overset{r-1}{\varphi}(n+1)\}.\frac{n+1}{n+r+1} \text{ oder } \overset{r}{\varphi}n=\frac{n}{n+r}\{\overset{r}{\varphi}(n-1)+\overset{r-1}{\varphi}n\}.$$

Man schliefst aus dieser Formel, dafs allgemein $\overset{r}{\varphi}n$ den Factor $\frac{n^r}{(n+r)^r}=\frac{1}{(n+1)(n+1)\dots(n+r)}=\overset{-r}{[n]}$ enthalten werde. Setzt man daher sogleich: $\overset{-r}{[n]}.\overset{r}{\varphi}n$ für $\overset{r}{\varphi}n$, so hat man:

$$(e^x-1)^n = S\overset{-a}{[n]}.\overset{a}{\varphi}n.x^{n+a},$$

und die gefundene Recursionsformel geht, wenn jene Substitution gleichmäfsig durchgeführt wird, über in:

$$\overset{r}{\varphi}n=\overset{r}{\varphi}(n-1)+n.\overset{r-1}{\varphi}n.$$

Nun ist aber, wie schon im §. 85. angegeben ist, ${}^{n+1}\overset{r}{f}={}^{n}\overset{r}{f}+n.{}^{n}\overset{r-1}{f}$, und wenn $-n$ für n gesetzt wird: ${}^{-n+1}\overset{r}{f}={}^{-n}\overset{r}{f}+(-n).{}^{-n}\overset{r-1}{f}$, oder auch

$${}^{-n}\overset{r}{f}={}^{-(n-1)}\overset{r}{f}+n.{}^{-n}\overset{r-1}{f},$$

und da diese Recursionsformel mit der für $\overset{r}{\varphi}n$ ganz zusammenfällt, auch die Gleichheit der ersten nach diesen Formeln zu berechnenden Gröfsen nachgewiesen werden kann, so hat man allgemein: $\overset{r}{\varphi}n={}^{-n}\overset{r}{f}$, und es ist demnach:

$$1.\quad (e^x-1)^n = S\overset{-a}{[n]}.{}^{-n}\overset{a}{f}.x^{n+a}.$$

wie in §. 85. ebenfalls behauptet wurde. Da $e^x-1=\mathfrak{Cos}\,x-1+\mathfrak{Sin}\,x$ $=2\mathfrak{Sin}\frac{x^2}{2}+2\mathfrak{Sin}\frac{x}{2}\mathfrak{Cos}\frac{x}{2}=2\mathfrak{Sin}\frac{x}{2}\left(\mathfrak{Sin}\frac{x}{2}+\mathfrak{Cos}\frac{x}{2}\right)=2\mathfrak{Sin}\frac{x}{2}.e^{\frac{x}{2}}$ ist, so hat man also auch:

$$2.\quad \left(2\mathfrak{Sin}\frac{x}{2}\right)^n = e^{-\frac{nx}{2}}.S\overset{-a}{[n]}.{}^{-n}\overset{a}{f}.x^{n+a}.$$

In Anwendung der im §. 107. zur Umkehrung dienenden allgemeinen Formel hat man also: $x^m=S\frac{m}{m+a}\overset{a}{\varphi}(-m-a).(e^x-1)^{m+a}$, und da $\overset{r}{\varphi}n=\overset{-r}{[n]}.{}^{-n}\overset{r}{f}$, also $\overset{r}{\varphi}(-m-r)=\overset{-r}{[-m-r]}.{}^{m+r}\overset{r}{f}$, und daher $\frac{m}{m+r}.\overset{r}{\varphi}(-m-r)$ $=(-1)^r.\overset{-r}{[m]}.{}^{m+r}\overset{r}{f}$ ist, so hat man:

$$3.\quad x^m = S(-1)^a\overset{-a}{[m]}\,{}^{m+a}\overset{a}{f}.(e^x-1)^{m+a}.$$

Setzt man $e^x - 1 = z$, so ist $e^x = 1 + z$ und $x = \log(1+z)$, also hat man $\{\log(1+z)\}^m = S(-1)^\alpha [m]^{-\alpha} . {}^{m+\alpha}\overset{\alpha}{f} . z^{m+\alpha}$, und für $m = 1$ hat man $\log(1+z) = S(-1)^\alpha . \frac{z^{\alpha+1}}{\alpha+1}$, wie allgemein bekannt ist. Es fällt die Reihe für $\log(1+z)$ ebenfalls unter die Form der Reihe für P im §. 109., und man hätte also die Potenzen dieser Reihe in ähnlicher Art entwickeln können, wie die Potenzen der Reihe für $e^x - 1$.

§. 111.

Eine andere Folgerung ist die Entwickelung von e^{e^x} in eine nach Potenzen von x fortgehende Reihe. Es ist nemlich:

$$e^{e^x} = e\left(e^{e^x} - 1\right) = eS\frac{(e^x-1)^\alpha}{\alpha'} = e.S\,[\alpha]^{-\beta}_{\alpha'} {}^{-\alpha}\overset{\beta}{f} x^{\alpha+\beta}.$$

Wird daher $\alpha + \beta = \gamma$ gesetzt, und bemerkt, daſs der Coëfficient $[\alpha]^{-\beta}_{\alpha'} = \frac{1}{(\alpha+\beta)'} = \frac{1}{\gamma'}$ ist, so hat man: $e^{e^x} = e.S\,{}^{-\alpha}\overset{\beta}{f} . \frac{x^\gamma}{\gamma'} = e\Big\{1 + 1.\frac{x}{1} + (1 + {}^{-1}\overset{1}{f}).\frac{x^2}{2'} + (1 + {}^{-2}\overset{1}{f} + {}^{-1}\overset{2}{f}).\frac{x^3}{3'} + (1 + {}^{-3}\overset{1}{f} + {}^{-2}\overset{2}{f} + {}^{-1}\overset{3}{f}).\frac{x^4}{4'} + (1 + {}^{-4}\overset{1}{f} + {}^{-3}\overset{2}{f} + {}^{-2}\overset{3}{f} + {}^{-1}\overset{4}{f}).\frac{x^5}{5'} + \text{etc.}\Big\}$, eine Reihe, deren Fortgang also einem ziemlich einfachen Gesetze unterworfen ist, und deren erste Glieder sind:

$$e^{e^x} = e\left(1 + x + \frac{2x^2}{2'} + \frac{5x^3}{3'} + \frac{15x^4}{4'} + \frac{52x^5}{5'} + \frac{203x^6}{6'} + \frac{877x^7}{7'} + \frac{4140x^8}{8'} + \text{etc.}\right).$$

Wenn im Ausdrucke für $\left(2\,\mathfrak{Sin}\frac{x}{2}\right)^n$ der Formel (2.) für die Exponentialgröſse $e^{-\frac{nx}{2}}$ substituirt wird eine Reihe, so giebt die wirkliche Multiplication eine nach Potenzen von x fortgehende Reihe für $\left(2\,\mathfrak{Sin}\frac{x}{2}\right)^n$. Setzt man zuvor $2x$ für x, so hat man offenbar auch:

$$(\mathfrak{Sin}\,x)^n = e^{-nx}.S\,[n]^{-\alpha}.2^\alpha.{}^{-n}\overset{\alpha}{f}.x^{n+\alpha}.$$

Man kann diese Reihe unter $(\mathfrak{Sin}\,x)^n = S\,\overset{\alpha}{a}.x^{n+\alpha}$ vorstellen, und hat dann allgemein:

$$\overset{r}{a} = S(-1)^\beta\,[n]^{-\alpha}.2^\alpha.{}^{-n}\overset{\alpha}{f}.\frac{n^\beta}{\beta'} \qquad \text{cond. } (\alpha + \beta = r).$$

Dieser Ausdruck zernichtet sich jedesmal, wenn r eine ungerade Zahl bezeichnet, und hat auch noch andere, zum Theil lästige Eigenschaften, welche darin bestehen, daſs man die Werthe von $[n]^{-\alpha}.{}^{-n}\overset{\alpha}{f}$ für solche Werthe von n, welche negative oder auch gebrochene Zahlen sind, nicht eben so einfach berechnen kann, als wenn n eine positive ganze Zahl ist. Schon für $n = -1$ tritt diese gröſsere Schwierigkeit ein.

§. 112.

Man könnte auf den Gedanken kommen, die höheren Differentialverhältnisse der Potenz $y = (\mathfrak{Sin}\, x)^n$ zu entwickeln, um dann die Taylorsche Reihe anzuwenden. Diese Verhältnisse findet man auch leicht. Es ist nemlich $\frac{\partial^2 y}{\partial x^2} = n(n-1)\,\mathfrak{Sin}\, x^{n-2} + n^2\,\mathfrak{Sin}\, x^n$, und man findet überhaupt:

$$\left.\begin{aligned} \frac{\partial^{2r} y}{\partial x^{2r}} &= S\,[n]^{2\beta} \cdot \underset{(\beta)}{\overset{\alpha}{C}} \cdot \mathfrak{Sin}\, x^{n-2\beta} \\ \frac{\partial^{2r+1} y}{\partial x^{2r+1}} &= S\,[n]^{2\beta+1} \cdot \underset{(\beta)}{\overset{\alpha}{C}} \cdot \mathfrak{Sin}\, x^{n-2\beta-1} \cdot \mathfrak{Cos}\, k \end{aligned}\right\} \quad \text{cond. } (\alpha + \beta = r).$$

In diesen Ausdrücken, welche offenbar nicht sehr zusammengesetzt sind, bezeichnet allgemein das Zeichen $\underset{(\beta)}{\overset{\alpha}{C}}$ eine aus den Elementen der Scale $(\beta) = [n^2, (n-2)^2, (n-4)^2, \ldots (n-2\beta)^2]$, welche aus $\beta+1$ Elementen besteht, bei unbedingter Wiederholbarkeit derselben gebildete Combinationsclasse des αten Grades. In Anwendung dieser Ausdrücke hat man sogleich:

$$(\mathfrak{Sin}\,(x + \Delta x))^n = \mathfrak{Sin}\, x^n + \frac{\partial y}{\partial x} \cdot \frac{\Delta x}{1} + \frac{\partial^2 y}{\partial x^2} \cdot \frac{\Delta x^2}{2'} + \text{etc.}$$

Aber dieser Ausdruck versagt, wenn $x = 0$ gesetzt wird. Anders verhält es sich mit dem ähnlichen Ausdrucke für $(\mathfrak{Cos}\,(x + \Delta x))^n$; setzt man nemlich $y = (\mathfrak{Cos}\, x)^n$, so findet man

$$\left.\begin{aligned} \frac{\partial^{2r} y}{\partial x^{2r}} &= S(-1)^\beta\,[n]^{2\beta} \cdot \underset{(\beta)}{\overset{\alpha}{C}} \cdot \mathfrak{Cos}\, x^{n-2\beta} \\ \frac{\partial^{2r+1} y}{\partial x^{2r+1}} &= S(-1)^\beta\,[n]^{2\beta} \cdot \underset{(\beta)}{\overset{\alpha}{C}} \cdot \mathfrak{Cos}\, x^{n-2\beta-1} \cdot \mathfrak{Sin}\, x \end{aligned}\right\} \quad \text{cond. } (\alpha + \beta = r).$$

Man erhält diese beiden letzten Ausdrücke aus den beiden vorigen, indem man nur $x + \frac{\pi}{2}\sqrt{-1}$ für x setzt, und die Unmöglichkeit wieder fallen läſst. Wenn man weiter in den beiden letzten Formeln $n = -1$ und $x\sqrt{-1}$ für x setzt, so erhält man die im §. 68. angegebenen Ausdrücke. Wird in den beiden letzten Ausdrücken $x = 0$ gesetzt, so fällt nur der zweite weg, aber der erste bleibt.

Schlieſslich mag noch bemerkt werden, daſs, da $\frac{1}{e^x - 1} - \frac{1}{e^x + 1} = \frac{1}{e^{2x} - 1}$ ist, die Entwickelung von $(e^x - 1)^{-1}$ auf die Entwickelung von $(e^x + 1)^{-1}$ in eine nach Potenzen von x fortgehende Reihe zurückgebracht werden kann. Auf diese Weise hat man zwei Formeln zur independenten Berechnung der unbekannten Coëfficienten gefunden, welche allgemein bekannt sind.

Vierter Abschnitt.

Bemerkenswerther Ausdruck für Combinationsclassen, die bei unbedingter Wiederholbarkeit gebildet sind.

Eine sehr allgemeine Entwickelungsmethode für $\varphi(x+z)$.

§. 113.

Wählt man in einer Scale $(n) = (a, \overset{1}{a}, \overset{2}{a}, \overset{3}{a}, \ldots . \overset{n}{a})$, welche offenbar $(n+1)$ Elemente von willkürlicher Gröfse begreift, willkürlich eines, um die übrigen Elemente einzeln von ihm zu subtrahiren und eine Potenz mit unveränderlichem Exponenten, die aus jenem einen Elemente gebildet ist, durch das Product der erhaltenen Differenzen zu dividiren, so können solcher Quotienten so viele gebildet werden, als Elemente vorhanden sind, und die Summe dieser Quotienten ist dann ein Ausdruck, welcher mit einer aus den Elementen der Scale (n) bei unbedingter Wiederholbarkeit gebildeten Combinationsclasse gleichgeltend ist, aber unter gewissen Umständen auch $=1$ und auch $=0$ sein kann.

Unter $\overset{\alpha}{\psi} n$ verstehe man allgemein das Product $(\overset{\alpha}{a} - a)(\overset{\alpha}{a} - \overset{1}{a}) \ldots$ $\ldots (\overset{\alpha}{a} - \overset{\alpha-1}{a})(\overset{\alpha}{a} - \overset{\alpha+1}{a}) \ldots . (\overset{\alpha}{a} - \overset{n}{a})$, so ist der eben beschriebene Ausdruck:

$$\frac{a^m}{\overset{0}{\psi} n} + \frac{\overset{1}{a}{}^m}{\overset{1}{\psi} n} + \frac{\overset{2}{a}{}^m}{\overset{2}{\psi} n} \ldots . + \frac{\overset{\alpha}{a}{}^m}{\overset{\alpha}{\psi} n} \ldots . + \frac{\overset{n}{a}{}^m}{\overset{n}{\psi} n} = \Phi(m, n),$$

und es versteht sich von selbst, dafs unter den Elementen $a, \overset{1}{a}, \overset{2}{a}, \ldots . \overset{n}{a}$ keine zwei gleiche vorkommen dürfen, weil sonst wenigstens zwei von den Nennern ψ Null sein würden.

Käme noch ein Element $\overset{n+1}{a}$ zu den Elementen der Scale (n), so hätte man den ähnlichen Ausdruck:

$$\frac{a^m}{\overset{0}{\psi}(n+1)} + \frac{\overset{1}{a}{}^m}{\overset{1}{\psi}(n+1)} \ldots . + \frac{\overset{\alpha}{a}{}^m}{\overset{\alpha}{\psi}(n+1)} \ldots . + \frac{\overset{n}{a}{}^m}{\overset{n}{\psi}(n+1)} + \frac{\overset{n+1}{a}{}^m}{\overset{n+1}{\psi}(n+1)} = \Phi(m, n+1).$$

Da aber $\overset{\alpha}{\psi}(n+1) = (\overset{\alpha}{a} - \overset{n+1}{a}) . \overset{\alpha}{\psi} n$ ist, wenn $\alpha < n+1$ ist, so hat man

$$\frac{1}{\overset{\alpha}{\psi} n} = \frac{\overset{\alpha}{a} - \overset{n+1}{a}}{\overset{\alpha}{\psi}(n+1)},$$

und wenn dieser Werth im ersten Ausdrucke gleichmäfsig substituirt wird, so erhält man:

$$\left.\begin{array}{l} \dfrac{\overset{0}{a}{}^{m+1}}{\overset{0}{\psi}(n+1)} + \dfrac{\overset{1}{a}{}^{m+1}}{\overset{1}{\psi}(n+1)} \dots + \dfrac{\overset{a}{a}{}^{m+1}}{\overset{a}{\psi}(n+1)} \dots + \dfrac{\overset{n}{a}{}^{m+1}}{\overset{n}{\psi}(n+1)} \\ -\overset{n+1}{a}\cdot\left(\dfrac{\overset{0}{a}{}^{m}}{\overset{0}{\psi}(n+1)} + \dfrac{\overset{1}{a}{}^{m}}{\overset{1}{\psi}(n+1)} \dots + \dfrac{\overset{a}{a}{}^{m}}{\overset{a}{\psi}(n+1)} \dots + \dfrac{\overset{n}{a}{}^{m}}{\overset{n}{\psi}(n+1)}\right) \end{array}\right\} = \varphi(m,n).$$

Der obere Theil des Ausdruckes von $\varphi(m,n)$ ist offenbar

$$= \varphi(m+1, n+1) - \frac{\overset{n+1}{a}{}^{m+1}}{\overset{n+1}{\psi}(n+1)},$$

und der untere mit $-\overset{n+1}{a}$ multiplicirte Theil ist

$$= -\overset{n+1}{a}.\varphi(m, n+1) + \frac{\overset{n+1}{a}{}^{m+1}}{\overset{n+1}{\psi}(n+1)},$$

also hat man:

$$\varphi(m+1, n+1) = \varphi(m,n) + \overset{n+1}{a}.\varphi(m, n+1),$$

und schon aus dieser Formel würde man schliefsen können, dafs allgemein $\varphi(m,n) = \underset{(n)}{\overset{m-n}{C}}$ sei, wenn unter $\underset{(n)}{\overset{m-n}{C}}$ eine aus den $(n+1)$ Elementen der Scale (n) bei unbedingter Wiederholbarkeit gebildete Combinationsclasse des $(m-n)$ten Grades verstanden wird.

§. 114.

Um aber den Schlufs hier evidenter zu machen, leiten wir aus der gefundenen Formel eine andere her. Es bezeichne $\varphi_a(m,n)$ dasselbe, wie $\varphi(m,n)$, nur mit dem Unterschiede, dafs $\varphi_a(m,n)$ aus den übrigen Elementen der Scale (n) gebildet sei, welche bleiben, wenn das Element $\overset{a}{a}$ zuvor aus ihr weggelassen ist, und eben so bezeichne $\varphi_e(m,n)$ einen Ausdruck, welcher aus den Elementen der Scale (n) gebildet ist, wenn das Element $\overset{e}{a}$ zuvor aus ihr weggelassen ist. In Anwendung dieser Bezeichnung hat man nach §. 113.:

$$\varphi(m,n) = \varphi_a(m-1,n) + \overset{a}{a}.\varphi(m-1,n) \quad \text{und}$$
$$\varphi(m,n) = \varphi_e(m-1,n) + \overset{e}{a}.\varphi(m-1,n).$$

Sind nun a und e verschieden von einander (jede ist nicht $> n$), so findet man durch Subtraction:

$$0 = \varphi_a(m-1,n) - \varphi_e(m-1,n) + (\overset{a}{a} - \overset{e}{a})\,\varphi(m-1,n),$$

und wenn $m+1$ für m gesetzt wird, so hat man:

$$1. \quad \varphi(m,n) = \frac{\varphi_e(m,n) - \varphi_a(m,n)}{\overset{a}{a} - \overset{e}{a}}.$$

Eine ähnliche Formel betrifft Combinationsclassen, welche bei unbedingter Wiederholbarkeit aus deu Elementen gewisser Scalen gebildet sind. Wird nemlich unter (n, α) die Scale n, wenn das Element $\overset{\alpha}{a}$ aus ihr gestofsen ist, verstanden und unter (n, ε) die Scale n nach Wegwerfung des Elementes $\overset{\varepsilon}{a}$ aus ihr, so hat man bekanntlich:

$$\underset{(n)}{\overset{r+1}{C}} = \underset{(n,\alpha)}{\overset{r+1}{C}} + \underset{(n)}{\overset{r}{C}}.\overset{\alpha}{a} \quad \text{und} \quad \underset{(n)}{\overset{r+1}{C}} = \underset{(n,\varepsilon)}{\overset{r+1}{C}} + \underset{(n)}{\overset{r}{C}}.\overset{\varepsilon}{a},$$

und also auch:

$$2. \quad \underset{(n)}{\overset{r}{C}} = \frac{\underset{(n,\varepsilon)}{\overset{r+1}{C}} - \underset{(n,\alpha)}{\overset{r+1}{C}}}{\overset{\alpha}{a} - \overset{\varepsilon}{a}}.$$

Nun ist aber nach §. 113. offenbar $\varphi(m, 1) = \frac{\overset{0}{a}{}^m}{\overset{0}{a} - \overset{1}{a}} + \frac{\overset{1}{a}{}^m}{\overset{1}{a} - \overset{0}{a}} = \frac{\overset{0}{a}{}^m - \overset{1}{a}{}^m}{\overset{0}{a} - \overset{1}{a}}$, und $\underset{(1)}{\overset{m-1}{C}} = \overset{0}{a}{}^{m-1} + \overset{0}{a}{}^{m-2}.\overset{1}{a}{}^1 + \overset{0}{a}{}^{m-3}.\overset{1}{a}{}^2 + \overset{0}{a}{}^{m-4}.\overset{1}{a}{}^3 \dots + \overset{0}{a}{}^1.\overset{1}{a}{}^{m-2} + \overset{1}{a}{}^{m-1}$, und wird diese aus m Gliedern bestehende Reihe summirt, so hat man ebenfalls $\frac{\overset{0}{a}{}^m - \overset{1}{a}{}^m}{\overset{0}{a} - \overset{1}{a}}$ zur Summe, und es ist also zunächst: $\varphi(m, 1) = \underset{(1)}{\overset{m-1}{C}}$, welches der obigen Behauptung im §. 113. gemäfs ist. Und nun dienen die Formeln (1. und 2.) zur Fortsetzung des Beweises. Da nemlich die Scalen (2, 2) und (2, 1) ebenfalls nur zwei Elemente und also nicht mehr als die Scale $(1) = \overset{0}{a}, \overset{1}{a}$ enthalten, so hat man, weil $\varphi(m, 1) = \underset{(1)}{\overset{m-1}{C}}$ ist,

$$\text{auch } \varphi_2(m, 2) = \underset{(2,2)}{\overset{m-1}{C}} \text{ und } \varphi_1(m, 2) = \underset{(2,1)}{\overset{m-1}{C}}.$$

Daher ist nach der Formel (1.): $\varphi(m, 2) = \frac{\varphi_2(m, 2) - \varphi_1(m, 2)}{\overset{1}{a} - \overset{2}{a}} = \frac{\underset{(2,2)}{\overset{m-1}{C}} - \underset{(2,1)}{\overset{m-1}{C}}}{\overset{1}{a} - \overset{2}{a}}$, welcher Ausdruck nach Formel (2.) $= \underset{(2)}{\overset{m-2}{C}}$ ist; man hat also auch

$$\varphi(m, 2) = \underset{(2)}{\overset{m-2}{C}}.$$

Der Fortgang ist so einfach, dafs man die Richtigkeit der Behauptung: $\varphi(m, n) = \underset{(n)}{\overset{m-n}{C}}$ schon ganz übersieht. Aus dieser Gleichung könnte man auch schon schliefsen, dafs $\varphi(n, n) = 1$ sein werde, weil $\underset{(n)}{\overset{0}{C}} = 1$ ist, und und dafs $\varphi(m, n) = 0$ sein werde, wenn $m < n$ angenommen wird.

§. 115.

Um nun die Richtigkeit dieser letzten Behauptungen ganz ins Klare zu setzen, bemerken wir, dafs für den Fall $n<m$ das vorhin gefundene Resultat benutzt werden darf, und dafs also namentlich

$$\varphi(n,n-1)=\underset{(n-1)}{\overset{1}{C}}=a+\overset{1}{a}+\overset{2}{a}\ldots\ldots+\overset{n-1}{a}\text{ sei,}$$

oder einfacher $\varphi(n,n-1)=(n-1)$. Wird nun unter (n,α) wieder die Scale $(a+\overset{1}{a}\ldots\ldots+\overset{\alpha}{a}\ldots\ldots+\overset{n}{a})$ nach Auslöschung des Elementes $\overset{\alpha}{a}$ in ihr verstanden, so haben wir also auch, weil die Scale (n,α) nicht mehr Elemente enthält, als die Scale $(n-1)$:

$$\varphi_\alpha(n,n)=(n,\alpha)\quad\text{und}\quad\varphi_\varepsilon(n,n)=(n,\varepsilon).$$

Da nun aber $(n,\alpha)=(n)-\overset{\alpha}{a}$ und $(n,\varepsilon)=(n)-\overset{\varepsilon}{a}$ ist, so haben wir $\varphi_\varepsilon(n,n)-\varphi_\alpha(n,n)=\overset{\alpha}{a}-\overset{\varepsilon}{a}$, und da nach §. 114, Formel (1.)

$$\varphi(n,n)=\frac{\varphi_\varepsilon(n,n)-\varphi_\alpha(n,n)}{\overset{\alpha}{a}-\overset{\varepsilon}{a}}$$

ist, so ist also auch offenbar

$$\varphi(n,n)=\frac{\overset{\alpha}{a}-\overset{\varepsilon}{a}}{\overset{\alpha}{a}-\overset{\varepsilon}{a}}=+1.$$

Um nun noch schliefslich zu beweisen, dafs $\varphi(m,n)=0$ sei, wenn $m<n$ genommen wird, dient die Formel:

$$\varphi(m+1,n+1)=\varphi(m,n)+\overset{n+1}{a}.\varphi(m,n+1).$$

Setzen wir in derselben $m=n$, so haben wir

$$\varphi(n+1,n+1)=\varphi(n,n)+\overset{n+1}{a}.\varphi(n,n+1),$$

und da $\varphi(n,n)=\varphi(n+1,n+1)=1$ ist, so hat man $\overset{n+1}{a}.\varphi(n,n+1)=0$, und also $\varphi(n,n+1)=0$. Setzen wir nun aber in der Formel

$$\varphi(m+1,n)=\varphi(m,n-1)+\overset{n}{a}.\varphi(m,n)\text{ die Zahl }n=m+2,$$

so haben wir $\varphi(m+1,m+2)=\varphi(m,m+1)+\overset{m+2}{a}\varphi(m,m+2)$, so ist nach dem so eben Gefundenen $\varphi(m+1,m+2)=\varphi(m,m+1)=0$, und also $\varphi(m,m+2)=0$. Wird weiter $n=(m+3,m+4$, etc.) gesetzt, so findet man $\varphi(m,m+3)=0$, $\varphi(m,m+4)=0$ etc., und es ist also allgemein $\varphi(m,m+k)=0$, wenn k eine positive ganze Zahl bedeutet, welche >0 ist.

In Anwendung dieses nun vollständig bewiesenen sehr fruchtbaren combinatorischen Theorems können die mehreren im Werke vorkommenden Combinationsclassen augenblicklich in analytische Ausdrücke umgesetzt werden. Wer also, aus was immer für Gründen, die Einmischung combinatorischer Begriffe meidet, kann davon Gebrauch machen für den genannten Zweck; er wird sich aber bald überzeugen, daſs die geforderte Rechnung mit bestimmten Zahlen dadurch nicht erleichtert, sondern umgekehrt erschwert wird. Wir machen aber von dem Theoreme einen andern Gebrauch.

§. 116.

Wenn man die Scale $(n) = (a, \overset{1}{a}, \overset{2}{a}, \ldots . \overset{n}{a})$ um ein Element $\overset{n+1}{a} = x$ vermehrt, so ist also, nach dem so eben Bewiesenen:

$$\Phi(m, n+1) = 0,$$

wenn m nur nicht gröſser als n ist, und man hat also:

$$\frac{a^m}{\overset{0}{\psi}(n+1)} + \frac{\overset{1}{a}{}^m}{\overset{1}{\psi}(n+1)} \ldots . + \frac{\overset{\alpha}{a}{}^m}{\overset{\alpha}{\psi}(n+1)} \ldots . + \frac{\overset{n}{a}{}^m}{\overset{n}{\psi}(n+1)} = -\frac{x^m}{\overset{n+1}{\psi}(n+1)}.$$

Wird das letzte Glied von seinem Nenner befreit, und bemerkt, daſs

$$\frac{\overset{n+1}{\psi}(n+1)}{\overset{\alpha}{\psi}(n+1)} = \frac{(x-a)(x-\overset{1}{a}) \ldots . (x-\overset{\alpha-1}{a})(x-\overset{\alpha}{a})(x-\overset{\alpha+1}{a}) \ldots . (x-\overset{n}{a})}{(\overset{\alpha}{a}-a)(\overset{\alpha}{a}-\overset{1}{a}) \ldots . (\overset{\alpha}{a}-\overset{\alpha-1}{a})(\overset{\alpha}{a}-\overset{\alpha+1}{a}) \ldots . (\overset{\alpha}{a}-\overset{n}{a})(\overset{\alpha}{a}-x)},$$

und also nach Aufhebung des gemeinschaftlichen Factors $x-\overset{\alpha}{a}$ im Zähler und Nenner $= -\dfrac{(x-a)(x-\overset{1}{a}) \ldots . (x-\overset{\alpha-1}{a})(x-\overset{\alpha+1}{a}) \ldots . (x-\overset{n}{a})}{(\overset{\alpha}{a}-a)(\overset{\alpha}{a}-\overset{1}{a}) \ldots . (\overset{\alpha}{a}-\overset{\alpha-1}{a})(\overset{\alpha}{a}-\overset{\alpha+1}{a}) \ldots . (\overset{\alpha}{a}-\overset{n}{a})}$ ist, welcher Ausdruck mit $-\overset{\alpha}{X}$ bezeichnet werden mag, so hat man die folgende ziemlich einfache Gleichung:

$$\overset{0}{X}.a^m + \overset{1}{X}.\overset{1}{a}{}^m + \overset{2}{X}.\overset{2}{a}{}^m \ldots . + \overset{\alpha}{X}.\overset{\alpha}{a}{}^m \ldots . + \overset{n}{X}.\overset{n}{a}{}^m = x^m.$$

Die Gröſsen $\overset{0}{X}, \overset{1}{X}, \overset{2}{X}$ etc. sind in ähnlicher Art gebildet, wie die Gröſse $\overset{\alpha}{X}$ und es ist z. B.

$$\overset{0}{X} = \frac{(x-\overset{1}{a})(x-\overset{2}{a}) \ldots . (x-\overset{n}{a})}{(a-\overset{1}{a})(a-\overset{2}{a}) \ldots . (a-\overset{n}{a})}.$$

Man muſs aber nicht vergessen, daſs die gefundene Gleichung nur dann ihre Richtigkeit hat, wenn m nicht $> n$ ist.

Die Gröſse $\overset{\alpha}{X}$ ist $= 1$ für $x = \overset{\alpha}{a}$ und ist $= 0$, wenn x gleich einem von a verschiedenen Elemente der Scale $(n) = a, \overset{1}{a}, \overset{2}{a}, \ldots . \overset{n}{a}$ ist.

§. 117.

Wenn eine Function von x eine rationale ganze von geschlossener Form ist, und dieselbe unter der Form:

$$fx = A + \overset{1}{A}x + \overset{2}{A}x^2 \ldots + \overset{\alpha}{A}x^\alpha \ldots + \overset{n}{A}x^n,$$

welche vom $n$ten Grade ist, dargestellt werden kann, so kann man den arithmetischen Ausdruck dieser Function finden, wenn man zu $n+1$ verschiedenen Werthen von x, welche in der Scale $(n) = a, \overset{1}{a}, \overset{2}{a}, \ldots \overset{n}{a}$ enthalten sind, die zugehörigen Werthe der Function fx kennt.

Man könnte ja auch für x in dem für fx aufgestellten Ausdrucke nach einander die in der Scale (n) enthaltenen Elemente als Werthe substituiren, und fände dann $(n+1)$ Gleichungen des ersten Grades, woraus die eben so vielen unbekannten Coëfficienten $A, \overset{1}{A}, \overset{2}{A}, \ldots \overset{n}{A}$ sicher berechnet werden könnten, da die für x substituirten Werthe der Annahme gemäfs sämmtlich verschieden von einander sind und also keine identische Gleichungen vorkommen. Ein solche Gleichung wäre z. B.

$$f\overset{\alpha}{a} = A + \overset{1}{A}\overset{\alpha}{a}^1 + \overset{2}{A}\overset{\alpha}{a}^2 \ldots + \overset{\beta}{A}\overset{\alpha}{a}^\beta \ldots + \overset{n}{A}.\overset{\alpha}{a}^n.$$

Man gelangt aber ungleich rascher zum gesuchten Ausdrucke für fx, wenn man die vorstehende Gleichung mit $\overset{\alpha}{X}$ multiplicirt, dann für α die aufeinander folgenden Werthe $\alpha = 0, 1, 2, \ldots n$ setzt und die entstehenden einzelnen Gleichungen addirt. Dadurch erhält man:

$$S\overset{\alpha}{X}f\overset{\alpha}{a} = A.S\overset{\alpha}{X} + \overset{1}{A}.S\overset{\alpha}{X}\overset{\alpha}{a}^1 \ldots + \overset{\beta}{A}.S\overset{\alpha}{X}\overset{\alpha}{a}^\beta \ldots + \overset{n}{A}.S\overset{\alpha}{X}\overset{\alpha}{a}^n,$$

wenn sich das Summezeichen S auf die Veränderlichkeit von α, nach der Bedingung α nicht $> n$, bezieht. In Anwendung des im §. 116. bewiesenen Satzes hat man also:

$$S\overset{\alpha}{X}.f\overset{\alpha}{a} = A + \overset{1}{A}x^1 \ldots + \overset{\beta}{A}.x^\beta \ldots + \overset{n}{A}.x^n,$$

oder einfacher:

$$fx = \overset{0}{X}.f\overset{0}{a} + \overset{1}{X}.f\overset{1}{a} + \overset{2}{X}.f\overset{2}{a} \ldots + \overset{\alpha}{X}.f\overset{\alpha}{a} \ldots + \overset{n}{X}.f\overset{n}{a}.$$

Wollte man diesen Ausdruck nach Potenzen von x entwickeln, welches aber unnöthig ist, so würde er unter die im Anfange für fx gewählte Form fallen und eine Form des $n$ten Grades sein.

Wenn die Function fx nicht in einer Form des $n$ten Grades dargestellt werden kann, sondern eine Form eines noch höheren Grades ist, oder gar ins Unendliche fortgeht, oder endlich gar nicht einmal den gewählten einfachen Fortschritt nach Potenzen von x haben kann und gleichwohl nur $(n+1)$ Werthe der Function bekannt sind, so ist der auf die vorige Weise gefundene Ausdruck für fx unrichtig oder nur näherungsweise richtig. In diesem Falle sinkt die Formel zu einer Interpolationsformel herab und Lagrange hat dieselbe auch als solche zuerst gefunden, aber auf ganz andere Weise, wie hier gelehrt worden ist.

Zusatz. Die im §. 108. gefundene Formel (3.) könnte man aus der so eben gefundenen allgemeineren ohne Mühe herleiten.

§. 118.

Der im §. 117. für fx gefundene Ausdruck ist für den Gebrauch sehr bequem, wenn die Zahl n, welche den Grad der Form für fx bestimmt, keine sehr grofse ganze Zahl ist; ist diese Zahl aber grofs, oder ist sie vollends unendlich, so ist die Form des Ausdrucks unbequem, denn er hat nicht nur $(n+1)$ Glieder, sondern jedes Glied besteht auch aus $(n+1)$ Factoren, und wenn also n ins Unendliche fortgeht, so ist auch jedes Glied ein Product von unendlich vielen Factoren, und der Ausdruck für diesen Fall völlig unbrauchbar. Es kann aber aus dem Theoreme des §. 113. eine Folgerung gezogen werden, die uns in den Stand setzt, einen neuen Ausdruck für eine Function zu finden, welcher den genannten Übelstand nicht hat.

Es bezeichne φx eine Form des $n$ten Grades (rationale ganze Function) und es sei etwa:

$$\varphi x = A + \overset{1}{A} x + \overset{2}{A} x^2 \ldots . + \overset{n}{A}. x^n,$$

so kann der Ausdruck $\frac{\varphi a}{\underset{0}{\psi} n} + \frac{\varphi \overset{1}{a}}{\underset{1}{\psi} n} + \frac{\varphi \overset{2}{a}}{\underset{2}{\psi} n} \ldots . + \frac{\varphi \overset{\alpha}{a}}{\underset{\alpha}{\psi} n} \ldots . + \frac{\varphi \overset{n}{a}}{\underset{n}{\psi} n}$ leicht auf einen einfachen Ausdruck seines Werthes zurückgebracht werden. Substituirt man nemlich im Ausdrucke für φx statt x der Reihe nach a, $\overset{1}{a}$, $\overset{2}{a}$, etc. bis $\overset{n}{a}$, so erhält man:

$$\begin{aligned} & A.\left(\frac{1}{\underset{0}{\psi} n} + \frac{1}{\underset{1}{\psi} n} \ldots . + \frac{1}{\underset{n}{\psi} n}\right) \\ & + \overset{1}{A}.\left(\frac{a}{\underset{0}{\psi} n} + \frac{\overset{1}{a}}{\underset{1}{\psi} n} \ldots . + \frac{\overset{n}{a}}{\underset{n}{\psi} n}\right) \\ & + \quad \vdots \qquad \vdots \\ & + \overset{n-1}{A}.\left(\frac{a^{n-1}}{\underset{0}{\psi} n} + \frac{\overset{1}{a}{}^{n-1}}{\underset{1}{\psi} n} \ldots . + \frac{\overset{n}{a}{}^{n-1}}{\underset{n}{\psi} n}\right) \\ & + \overset{n}{A}.\left(\frac{a^n}{\underset{0}{\psi} n} + \frac{\overset{1}{a}{}^n}{\underset{1}{\psi} n} \ldots . + \frac{\overset{n}{a}{}^n}{\underset{n}{\psi} n}\right), \end{aligned}$$

und da nach §. 115. die eingeklammerten Ausdrücke einzeln $=0$ sind, und nur der letzte eingeklammerte Ausdruck $=1$ ist, so hat man also:

$$\frac{\varphi a}{\overset{0}{\psi} n}+\frac{\varphi \overset{1}{a}}{\overset{1}{\psi} n}+\frac{\varphi \overset{2}{a}}{\overset{2}{\psi} n}\ldots\ldots+\frac{\varphi \overset{a}{a}}{\overset{a}{\psi} n}\ldots\ldots+\frac{\varphi \overset{n}{a}}{\overset{n}{\psi} n}=\overset{n}{A}.$$

Hingegen ist der Ausdruck auf der linken Seite $=0$, wenn φx eine rationale ganze Function ist, deren Grad $<n$ ist.

Ist also z. B. $\varphi x = A(x-p)(x-q)(x-r)\ldots\ldots$ und ist die Menge der Factoren $x-p$, $x-q$, $x-r$, etc. $=n$, so ist die gesuchte Summe $=A$, und wenn diese Menge $<n$ ist, so ist die Summe $=0$, obgleich p, q, r etc. beliebige Werthe haben. Ist aber die Menge der Factoren $x-p$, $x-q$, $x-r$, etc. $>n$, dann werden auch die Zahlen p, q, r, etc. auf den Betrag der Summe Einfluſs haben.

§. 119.

Es seien a, $\overset{1}{a}$, $\overset{2}{a}$, $\overset{3}{a}$, ... $\overset{a}{a}$, ... mehrere aufeinander folgende und etwa nach ihrer steigenden Gröſse geordnete Werthe einer veränderlichen Gröſse z, und eine Function dieser Gröſse z, welche durch $\varphi(x+z)$ im Allgemeinen bezeichnet sein mag, habe die jenen Werthen von z entsprechenden Werthe u, $\overset{1}{u}$, $\overset{2}{u}$, $\overset{3}{u}$, ... $\overset{a}{u}$, ..., deren es also eben so viele giebt, so ist $\varphi(x+a)=u$, $\varphi(x+\overset{1}{a})=\overset{1}{u}$, $\varphi(x+\overset{2}{a})=\overset{2}{u}$, $\varphi(x+\overset{3}{a})=\overset{3}{u}$, ... allgemein $\varphi(x+\overset{a}{a})=\overset{a}{u}$. Nehmen wir nun für $\varphi(x+z)$ die folgende Form an:

1. $\varphi(x+z)=\overset{0}{A}+\overset{1}{A}(z-a)+\overset{2}{A}(z-a)(z-\overset{1}{a})+\overset{3}{A}(z-a)(z-\overset{1}{a})(z-\overset{2}{a})+$ etc.

so sind die Coëfficienten $\overset{0}{A}$, $\overset{1}{A}$, $\overset{2}{A}$ etc. die einzigen noch unbekannten Gröſsen. Bezeichnen wir aber die Producte der Factoren $z-a$, $z-\overset{1}{a}$, $z-\overset{2}{a}$, etc. auf ähnliche Art, wie die Facultäten, mit

$$[z|\overset{r}{a}]=(z-a)(z-\overset{1}{a})(z-\overset{2}{a})\ldots\ldots(z-\overset{r-1}{a}),$$

so nemlich, daſs auch $[z|\overset{0}{a}]=1$ und $[z|\overset{1}{a}]=z-a$ ist, so haben wir:

$$\varphi(x+z)=S\overset{a}{A}.[z|\overset{a}{a}].$$

Unter der Voraussetzung aber, daſs die unbekannten Coëfficienten $\overset{0}{A}$, $\overset{1}{A}$, $\overset{2}{A}$, $\overset{3}{A}$, etc. von z unabhängig sind, können dieselben gefunden werden. Setzt man nemlich, um allgemein den Coëfficienten $\overset{n}{A}$ zu finden, $\overset{n}{a}$ für z, so fallen in der für $\varphi(x+z)$ angenommenen Reihe alle Glieder weg, welche auf das Glied $\overset{n}{A}.[z|\overset{n}{a}]$ folgen, weil sie den Factor $z-\overset{n}{a}=\overset{n}{a}-\overset{n}{a}=0$ enthalten. Man hat also:

$$\Phi(x+z) = S A . [z|a]^{n-a} \text{ für } z = \overset{n}{a}.$$

Dieser Ausdruck ist in Hinsicht auf z offenbar eine rationale ganze Function des $n$ten Grades; auch gilt diese Gleichung für alle dem Werthe $\overset{n}{a}$ vorhergehende Werthe von z, und da der Coëfficient der höchsten oder $n$ten Potenz von z in diesem Ausdrucke $= \overset{n}{A}$ ist, so hat man also in Anwendung des im §. 118. bewiesenen Lehrsatzes:

$$2. \quad \overset{n}{A} = \frac{u}{\overset{0}{\psi} n} + \frac{\overset{1}{u}}{\overset{1}{\psi} n} + \frac{\overset{2}{u}}{\overset{2}{\psi} n} \dots + \frac{\overset{a}{u}}{\overset{a}{\psi} n} \dots + \frac{\overset{n}{u}}{\overset{n}{\psi} n},$$

wodurch also allgemein der Coëfficient $\overset{n}{A}$ bekannt geworden ist; die als Nenner vorkommenden Größen ψ haben aber denselben Bau und dieselbe Bedeutung wie im §. 113. Der Coëfficient $\overset{0}{A}$ wird aus der Gleichung (1.) gefunden, wenn man $z = a$ setzt, wodurch man erhält:

$$\overset{0}{A} = \Phi(x+a) = u.$$

Der Ausdruck $\overset{n}{A}$ ist eine von der Function $u = \Phi(x+a)$ abgeleitete Function von x, welche daher durch $D^n u$ bezeichnet sein mag, wobei dann aber n die Ordnungszahl ist, und also D^n nicht etwa als eine Potenz, womit u multiplicirt werden solle, zu betrachten ist. In Anwendung dieser Bezeichnung haben wir also

$$3. \quad \Phi(x+z) = u + D^1 u . [z|a]^1 + D^2 u . [z|a]^2 + D^3 u . [z|a]^3 \dots \text{ und}$$

$$4. \quad D^n u = \frac{u}{\overset{0}{\psi} n} + \frac{\overset{1}{u}}{\overset{1}{\psi} n} + \frac{\overset{2}{u}}{\overset{2}{\psi} n} \dots + \frac{\overset{a}{u}}{\overset{a}{\psi} n} \dots + \frac{\overset{n}{u}}{\overset{n}{\psi} u}.$$

Der Ausdruck (3.) kann nun offenbar, wenn es nöthig ist, selbst ins Unendliche fortgesetzt werden, wenn nur die Reihe der Bedingungen, welche auf die Bestimmung der Function Einfluſs haben müssen, ebenfalls ins Unendliche fortgeht. Dieses Entwickelungstheorem ist das allgemeinste, was die Analysis je aufstellte; denn die gewöhnlichen Theoreme, welche für die Entwickelungen der Functionen in Anspruch genommen werden, erscheinen nur als besondere vor dem gegenwärtigen allgemeineren.

§. 120.

Die Ermittelung der Derivirten (derivirten Function) $D^n u$, welche das Deriviren heiſsen kann, geschieht nach der im §. 119. aufgestellten Formel (4.), diese Ermittelung ist dann independent; aber das Deriviren kann auch ein recurrirendes sein. Um nun dazu die Regel zu finden, stellen wir fest, dafs unter $D^n \overset{1}{u}$ immer ein dem Ausdrucke $D^n u$ ähnlich gebildeter sei, den man aus diesem schon dadurch findet, dafs man die im Ausdrucke $D^n u$ vorkommenden Elemente jedes mit dem nächst folgenden vertauscht, und also setzt $\overset{1}{a}$ für a, $\overset{2}{a}$ für $\overset{1}{a}$, $\overset{3}{a}$ für $\overset{2}{a}$, u. s. w.

Die Gröfsen ψ erhalten dadurch ebenfalls eine Abänderung, sie enthalten nemlich nach einer solchen Veränderung das Element a nicht mehr, hingegen tritt das Element $\overset{n+1}{a}$ in sie hinein, ohne dafs es jedoch an die Stelle des hinausgetretenen Elements a käme. Geht etwa $\overset{\alpha}{\psi} n$ dadurch über in $\overset{\alpha}{\psi}_1 n$, so ist offenbar $(\overset{\alpha}{a} - a) . \overset{\alpha-1}{\psi}_1 n = \overset{\alpha}{\psi}(n+1)$ für jedes α, welches $< n$; und eben so auch $\overset{\alpha}{\psi} n = (\overset{\alpha}{a} - \overset{n+1}{a}) . \overset{\alpha}{\psi}(n+1)$.

Die Ausdrücke für $D^n u$ und $D^n \overset{1}{u}$ gehen aber, wenn nur $\frac{\overset{\alpha}{a} - a}{\overset{\alpha}{\psi}(n+1)}$ für $\frac{1}{\overset{\alpha-1}{\psi}_1 n}$, und $\frac{\overset{\alpha}{a} - \overset{n+1}{a}}{\overset{\alpha}{\psi}(n+1)}$ für $\frac{1}{\overset{\alpha}{\psi} n}$ gesetzt wird, über in die folgenden:

$$D^n \overset{1}{u} = \frac{a u}{\overset{0}{\psi}(n+1)} + \frac{\overset{1}{a}\overset{1}{u}}{\overset{1}{\psi}(n+1)} \dots + \frac{\overset{n+1}{a} . \overset{n+1}{u}}{\overset{n+1}{\psi}(n+1)} - a . D^{n+1} u,$$

$$D^n u = \frac{a u}{\overset{0}{\psi}(n+1)} + \frac{\overset{1}{a}\overset{1}{u}}{\overset{1}{\psi}(n+1)} \dots + \frac{\overset{n+1}{a} . \overset{n+1}{u}}{\overset{n+1}{\psi}(n+1)} - \overset{n+1}{a} . D^{n+1} u,$$

Wird also die zweite Gleichung von der ersten subtrahirt, so hat man die folgende einfache Formel:

$$D^{n+1} u = \frac{D^n \overset{1}{u} - D^n u}{\overset{n+1}{a} - a}.$$

Um also von einer Derivirten (Derivate) $D^n u$ zur nächst höheren $D^{n+1} u$ aufzusteigen, vertausche man jedes in der gegebenen Derivate vorkommende Element mit dem nächst folgenden, vom veränderten Ausdrucke subtrahire man den gegebenen und dividire den Rest durch den Unterschied der beiden äufsersten Elemente, welche im Reste vorkommen.

Mit jeder neuen Derivation findet man also in der Reihe

$$\varphi(x+z) = S\, D^\alpha u . [z|a]^\alpha$$

ein neues oder späteres Glied; aber mit jedem solchen Schritte kommt auch ein neues Element in Rechnung und macht sich also auch eine neue Bedingung für die Bestimmung der Function geltend.

§. 121.

Wenn in der Elementenreihe $a, \overset{1}{a}, \overset{2}{a}, \ldots \overset{k}{a}, \ldots \overset{n}{a}, \ldots$ einige erste Elemente unbenutzt bleiben, so hat man nicht nöthig, die Folge der übrigen abzuändern. Soll etwa das Element $\overset{k}{a}$ als das erste betrachtet werden, so tritt es in den vorigen Formeln an die Stelle des Elementes a; überhaupt treten dann die Elemente $\overset{k}{a}, \overset{k+1}{a}, \overset{k+2}{a}$, etc. an die Stelle der Elemente $a, \overset{1}{a}, \overset{2}{a}$, etc. Dadurch geht allgemein $D^\alpha u$ über in $D^\alpha \overset{k}{u}$, und es bezeichnet dann $D^\alpha \overset{k}{u}$ einen Ausdruck, welchen man erhält, wenn man jede Zeigezahl der im Ausdrucke $D^\alpha u$ vorkommenden Elemente um k erhöhet. Eben so bedeutet dann $[z|\overset{k}{a}]^{\alpha}$, daſs man die Zeigezahl eines jeden in $[z|a]^{\alpha}$ vorkommenden Elementes um k erhöhen soll. Man hat also noch allgemeiner:

$$\varphi(x+z) = u + D^1 \overset{k}{u}.[z|\overset{k}{a}]^{1} + D^2 u.[z|\overset{k}{a}]^{2} + D^3 u.[z|\overset{k}{a}]^{3} + \text{etc.} = S\, D^\alpha u.[z|\overset{k}{a}]^{\alpha}.$$

Da nun k eine beliebige ganze Zahl ist, so kann man also $\varphi(x+z)$ auf beliebig viele sich ähnliche Arten entwickeln. Diese allgemeinere Darstellung ist oft nothwendig.

Ist nun $\varphi'(x+z)$ eine zweite Function und wird $\varphi'(x+a) = v$, $\varphi'(x+\overset{1}{a}) = \overset{1}{v}$, $\varphi'(x+\overset{2}{a}) = \overset{2}{v}$, etc. und allgemein $\varphi'(x+\overset{\alpha}{a}) = \overset{\alpha}{v}$ gesetzt, so hat man also auch:

$$\varphi'(x+z) = v + D^1 v.[z|a]^{1} + D^2 v.[z|a]^{2} + D^3 v.[z|a]^{3} + \text{etc.} = S\, D^\alpha v.[z|a]^{\alpha},$$

und das Product der beiden Functionen $\varphi(x+z)$ und $\varphi'(x+z)$ ist nun offenbar:

$$\varphi(x+z).\varphi'(x+z) = uv + D^1(uv).[z|a]^{1} + D^2(uv).[z|a]^{2} + \text{etc.} = S\, D^\gamma(uv).[z|a]^{\gamma}.$$

Dieses Product läſst sich aber auch durch wirkliche Multiplication der Reihe für $\varphi'(x+z)$ mit einer Reihe für $\varphi(x+z)$ finden; soll das Product aber in der That dieselbe Form erhalten mit dem vorstehenden, so darf für $\varphi(x+z)$ nicht immer dieselbe Entwickelung gebraucht werden, d. h. es muſs k für jedes neue Glied des Multiplicators $S\, D^\alpha v.[z|a]^{\alpha}$ einen anderen und zwar mit der Zeigezahl des Gliedes übereinstimmenden Werth erhalten. Hiernach hat man noch:

$$\varphi(x+z).\varphi'(x+z) = S\,\{D^\alpha v.[z|a]^{\alpha}.D^\beta \overset{\alpha}{u}.[z|\overset{\alpha}{a}]^{\beta}\},$$

und da $[z|a]^{\alpha}.[z|\overset{\alpha}{a}]^{\beta} = [z|a]^{\gamma}$ für $\alpha+\beta=\gamma$ ist, so stimmen offenbar die

Reihen für das Product $\varphi(x+z).\varphi'(x+z)$ in der Form völlig zusammen. Man hat also allgemein:

$$D^r(u.v) = S\, D^\alpha v . D^\beta \overset{\alpha}{u} \qquad \text{cond. } (\alpha+\beta=r).$$

Nach dieser einfachen Formel kann die Derivate eines Productes $u.v$ aus den Derivaten der Factoren u und v des Productes hergeleitet werden. Die ersten Glieder dieses Ausdrucks sind:

$$D^r(u.v) = D^r u + D^1 v . D^{r-1} \overset{1}{u} + D^2 v . D^{r-2} \overset{2}{u} + D^3 v . D^{r-3} \overset{3}{u} + \text{etc.}$$

Noch einfacher ist die Formel, nach welcher man die Derivaten eines mehrgliedrigen Ausdrucks findet. Man hat nemlich:

$$D^r(u+v) = D^r u + D^r v.$$

Der Beweis dieser Formel wird, da die Wahrheit am Tage liegt, der Kürze wegen übergangen.

§. 122.

Um ein einfaches Beispiel des Gebrauches der behandelten Entwickelungsmethode zu geben, legen wir uns die Entwickelung der Function $(x+z)^m$ vor. Hier ist $\varphi x = x^m$ und $\overset{\alpha}{u} = (x+\overset{\alpha}{a})^m$. Man hat also:

$$(x+z)^m = u + D^1 u . [z|\overset{1}{a}] + D^2 u . [z|\overset{2}{a}] + D^3 u . [z|\overset{3}{a}] + \text{etc.}$$

und es findet sich allgemein:

$$D^n u = \frac{(x+a)^m}{\overset{0}{\psi} n} + \frac{(x+\overset{1}{a})^m}{\overset{1}{\psi} n} + \frac{(x+\overset{2}{a})^m}{\overset{2}{\psi} n} \dots + \frac{(x+\overset{n}{a})^m}{\overset{n}{\psi} n}.$$

Die für $(x+z)^m$ angegebene Reihe bricht ab, wenn m eine positive ganze Zahl ist. Um dieses zu beweisen, bemerken wir, daſs nach §. 113. der Ausdruck

$$\frac{a^m}{\overset{0}{\psi} n} + \frac{\overset{1}{a}{}^m}{\overset{1}{\psi} n} + \frac{\overset{2}{a}{}^m}{\overset{2}{\psi} n} \dots + \frac{\overset{n}{a}{}^m}{\overset{n}{\psi} m} = \underset{(n)}{\overset{m-n}{C}}$$

ist, wenn als Scale bei der combinatorischen Operation dient

$$(n) = (a, \overset{1}{a}, \overset{2}{a}, \dots \overset{n}{a}).$$

Wird nun im Ausdrucke jedes Element um x vermehrt, so behalten die Nenner ψ im Ausdrucke die vorigen Werthe, weil sie nur Unterschiede der Elemente enthalten. Man hat also

$$D^n u = D^n(x+a)^m = \underset{(n)}{\overset{m-n}{C}},$$

wenn die Scale $(n) = (x+a, x+\overset{1}{a}, x+\overset{2}{a}, \dots x+\overset{n}{a})$ statt der vorigen gebraucht wird. Dieser Ausdruck ist aber offenbar $=0$, wenn m eine positive ganze Zahl ist, welche $<n$. Man hat also in Anwendung dieser

Scale der geschlossenen Ausdruck:

$$(x+z)^m = S \underset{(\alpha)}{\overset{\beta}{C}} . [z|a]^{\alpha} \qquad \text{cond.} (\alpha+\beta=m),$$

und die Scale (α) ist dann eine in Hinsicht auf die Menge ihrer Elemente veränderliche, nemlich $(\alpha)=(x+a, x+\overset{1}{a}, x+\overset{2}{a}, \ldots . x+\overset{\alpha}{a})$. Es würde hier zu weit führen, von den Fällen ausführlicher zu handeln, in welchen m keine positive ganze Zahl ist.

Fünfter Abschnitt.

Besondere Entwickelungsmethoden für $\varphi(x+z)$.

§. 123.

Die vorhin entwickelte Methode, eine Function $\varphi(x+z)$ durch eine Reihe auszudrücken, ist so allgemein, dafs ihre Allgemeinheit in vielen Fällen überflüssig ist. Die Elemente a, $\overset{1}{a}$, $\overset{2}{a}$, etc. konnten willkürlich, ohne allen Zusammenhang, gewählte Gröfsen sein; nur war vorausgesetzt, dafs keine gleiche unter ihnen vorkämen; und wozu sollte auch die Wiederholung einer Bedingung in der Bestimmung einer Function dienen. Nehmen wir jetzt an, dafs $a=0$, $\overset{1}{a}=k$, $\overset{2}{a}=2k$, $\overset{3}{a}=3k$, etc. und allgemein $\overset{\alpha}{a}=\alpha k$ sei, so verwandeln sich die Producte $[z|a]^{\alpha}$ in Facultäten, nemlich es ist nun $[z|a]^{\alpha}=[z,k]^{\alpha}=z(z-k)(z-2k)\ldots.(z-\alpha k+k)$. Ferner ist nun $\varphi(x+\overset{0}{a})=\varphi(x+a)=u=\varphi x$ und also $D^0 u=D^0 \varphi x$. Man hat also zunächst:

$$\varphi(x+z)=\varphi x+D^1\varphi x.[z,k]^1+D^2\varphi x.[z,k]^2+D^3\varphi x.[z,k]^3\ldots.=S D^{\alpha}\varphi x.[z,k]^{\alpha}.$$

Weiter hat man $\overset{\alpha}{u}=\varphi(x+\alpha k)$, und zur Specialisirung von $D^n\varphi x$ ist es nun erforderlich, die in seinem Ausdrucke vorkommenden Nenner ψ näher zu betrachten.

Es ist aber nun

$$\overset{r}{\psi}n = (\overset{r}{a}-\overset{0}{a})(\overset{r}{a}-\overset{1}{a})\ldots.(\overset{r}{a}-\overset{r-1}{a})(\overset{r}{a}-\overset{r+1}{a})\ldots.(\overset{r}{a}-\overset{n}{a}),$$

und da $\overset{r}{a}-\overset{n}{a}=rk-nk=(r-n)k=-(n-r)k$ ist, so hat man offenbar:

$$\overset{r}{\psi}n = (-1)^{n-r}.k^r.r'(n-r)',$$

und es ist also:

$$D^n\varphi x = S(-1)^{\beta}.\frac{\varphi(x+\alpha k)}{k^n\alpha'\beta'} \qquad \text{cond.} (\alpha+\beta=n).$$

Schafft man in diesem Ausdrucke die Nenner fort, so hat man also:

$$D^n\varphi x = \frac{1}{k^n . n'} S(-1)^\beta [n]^{\beta}_{\beta'} \varphi(x+\alpha k) \qquad \text{cond. } (\alpha+\beta=n).$$

Die Recursionsformel ist nun einfacher die folgende:

$$D^{n+1}\varphi x = \frac{D^n\varphi(x+k)-D^n\varphi x}{(n+1)k}.$$

Wird nun der Ausdruck $(D^n\varphi x).(k^n.n')$ mit $\Delta^n\varphi x$ bezeichnet, und die $n$te Differenz der Function φx genannt, so hat man:

$$\Delta^n\varphi x = S(-1)^\beta [n]^{\beta}_{\beta'} . \varphi(x+\alpha k),$$

und die Recursionsformel wird nun ebenfalls einfacher:

$$\Delta^{n+1}\varphi x = \Delta^n\varphi(x+k) - \Delta^n\varphi x;$$

also auch $\Delta\varphi x = \varphi(x+k)-\varphi x$. Wird nun etwa $\chi x = x$ gesetzt, so ist also $\Delta x = \Delta\chi x = \chi(x+k)-\chi x = x+k-x = k$. Man wird also nun der Gleichmäßigkeit wegen auch Δx für k setzen. Dadurch erhält man also:

1. $\varphi(x+z)=\varphi x+\frac{\Delta\varphi x}{\Delta x}.[z,\Delta x]^{1}_{1'}+\frac{\Delta^2\varphi x}{\Delta x^2}.[z,\Delta x]^{2}_{2'}\ldots\ldots = S\frac{\Delta^\alpha\varphi x}{\Delta x^\alpha}.[z,\Delta x]^{\alpha}_{\alpha'}$,

2. $\Delta^n\varphi x = S(-1)^\beta [n]^{\beta}_{\beta'} \varphi(x+\alpha\Delta x)$ cond. $(\alpha+\beta=n)$,

3. $\Delta^{n+1}\varphi x = \Delta^n\varphi(x+\Delta x) - \Delta^n\varphi x$.

Die im §. 121. gefundene Formel heißt nun:

4. $\Delta^n(\varphi x.\psi x) = S[n]^{\alpha}_{\alpha'}\Delta^\alpha\varphi x.\Delta^\beta\psi(x+\alpha\Delta x)$ cond. $(\alpha+\beta=n)$.

Zusatz. Hätte man $\overset{0}{a}=0$, $\overset{1}{a}=-k$, $\overset{2}{a}=-2k$, etc. und allgemein $\overset{\alpha}{a}=-\Delta k$ gesetzt, und hätte man dann statt des Zeichens Δ das Zeichen ∇ genommen, so hätte man die folgenden Formeln erhalten:

1. $\varphi(x+z) = S\frac{\nabla^\alpha\varphi x}{\nabla x^\alpha}.[z,-\nabla x]^{\alpha}_{\alpha'}$,

2. $\nabla^n\varphi x = S(-1)^\beta[n]^{\alpha}_{\alpha'}\varphi(x-\beta\nabla x)$ cond. $(\alpha+\beta=n)$,

3. $\nabla^{n+1}\varphi x = \nabla^n\varphi x - \nabla^n\varphi(x-\nabla x)$,

4. $\nabla^n(\varphi x.\psi x) = S[n]^{\alpha}_{\alpha'}\nabla^\alpha\varphi x.\nabla^\beta\psi(x-\alpha\nabla x$ cond. $(\alpha+\beta=n)$.

§. 124.

Die beiden für $\varphi(x+z)$ angegebenen Reihen gehen nun zwar ins Unendliche fort, aber sie brechen unter gewissen Umständen dennoch ab.

Wenn nemlich z ein Vielfaches von $+\Delta x$ oder von $-\nabla x$ ist, so hat man

$$\varphi(x+n\Delta x) = S\,\underset{\alpha'}{\overset{\alpha}{[n]}}\Delta^{\alpha}\varphi x = S\,\underset{\beta'}{\overset{\beta}{[n]}}\Delta^{\alpha}\varphi x \quad \text{cond.}\,(\alpha+\beta=n),$$

$$\varphi(x-n\nabla x) = S(-1)^{\alpha}\underset{\alpha'}{\overset{\alpha}{[n]}}\nabla^{\alpha}\varphi x = S(-1)^{\alpha}\underset{\beta'}{\overset{\beta}{[n]}}\nabla^{\alpha}\varphi x \quad \text{cond.}\,(\alpha+\beta=n).$$

Aufserdem können die Differenzen $\Delta^{\alpha}\varphi x$ und $\nabla^{\alpha}\varphi x$ von einem gewissen Gliede an einzeln $=0$ sein, und dann brechen die Reihen ebenfalls ab, obgleich z kein Vielfaches von Δx oder von $-\nabla x$ ist.

Der im §. 113. behandelte, oder noch etwas allgemeinere Ausdruck für $D^{n}(x+a)^{m}$ im §. 122. geht nun, wenn $a=0$ und $a=\alpha\Delta x$ gesetzt wird, über in $\underset{(n)}{\overset{m-n}{C}}$ für die Scale:

$$(n) = x,\ x+\Delta x,\ x+2\Delta x,\ \ldots\ x+n\Delta x.$$

Wird $x=0$ gesetzt, so hat man also

$$\underset{\text{für } x=0}{D^{n}x^{m}} = \underset{(n)}{\overset{m-n}{C}}.\Delta x^{m-n} \text{ für die Scale } (n)=0,1,2,3,\ldots n,$$

und da $\Delta^{n}x^{m} = \Delta x^{n}.n'.D^{n}x^{m}$ ist, so hat man

$$\underset{\text{für } x=0}{\Delta^{n}x^{m}} = n'.\underset{(n)}{\overset{m-n}{C}}.\Delta x^{m} = n'.{}^{-n}\overset{m-n}{f}.\Delta x^{m},$$

wenn ${}^{-n}\overset{m-n}{f}$ einen Facultäten-Coëfficienten, wie früher, bezeichnet. Man hat also:

$$\underset{\text{für } x=0 \text{ und } \Delta x=1}{\Delta^{n}x^{m}} = S(-1)^{\beta}\underset{\beta'}{\overset{\beta}{[n]}}.\alpha^{m} = n'.{}^{-n}\overset{m-n}{f} \quad \text{cond.}\,(\alpha+\beta=n).$$

§. 125.

Wenn man den Ausdruck $\varphi(x+z) = S\dfrac{\Delta^{\alpha}\varphi x}{\Delta x^{\alpha}}.\underset{\alpha'}{\overset{\alpha}{[z,\Delta x]}}$ nach Potenzen von z entwickeln will, so hat man also nur die in jedem Gliede vorkommenden Facultäten zu entwickeln, denn der Factor $\dfrac{\Delta^{\alpha}\varphi x}{\Delta x^{\alpha}}$ enthält die Gröfse z nicht. Nun ist aber allgemein:

$$\overset{n}{[z,\Delta x]} = S\,{}^{n}\overset{\beta}{f}.z^{n-\beta}.(-\Delta x)^{\beta},$$

und wird dieser Ausdruck substituirt, so erhält man:

$$\varphi(x+z) = S\,\Delta^{\alpha}\varphi x.{}^{\alpha}\overset{\beta}{f}.z^{\alpha-\beta}.\frac{\Delta x^{\beta-\alpha}}{\alpha'}.(-1)^{\beta}.$$

Nun ist aber ${}^{+\alpha}\overset{\beta}{f}=0$, wenn $\alpha<\beta$ ist; daher kann man sogleich $\alpha+\beta$ für α setzen, und erhält dadurch:

$$\varphi(x+z) = S\,\Delta^{\alpha+\beta}\varphi x.{}^{\alpha+\beta}\overset{\beta}{f}\frac{z^{\alpha}}{\Delta x^{\alpha}}.\frac{1}{(\alpha+\beta)'}.(-1)^{\beta}.$$

Dieser nach Potenzen von z fortschreitende Ausdruck kann nun einfacher unter

$$1.\quad \varphi(x+z) = S\overset{\alpha}{A}.z^\alpha$$

vorgestellt werden, und die in dieser Reihe vorkommenden Coëfficienten A haben dann folgenden Ausdruck:

$$\overset{r}{A} = S(-1)^\beta \frac{\Delta^{r+\beta}\varphi x}{\Delta x^r}.{}^{r+\beta}f^\beta.\frac{1}{(r+\beta)'}.$$

Er erscheint ein wenig einfacher, wenn man ihn mit $r'.\Delta x^r$ multiplicirt; dadurch erhält man:

$$2.\quad r'.\overset{r}{A}.\Delta x^r = S(-1)^\beta [r]^{-\beta}.{}^{r+\beta}f^\beta.\Delta^{r+\beta}\varphi x.$$

Setzt man $r=1$, so hat man also noch:

$$3.\quad \overset{1}{A}.\Delta x = S(-1)^\beta \frac{\Delta^{\beta+1}\varphi x}{\beta+1}.$$

In Anwendung dieser Reihen, welche aber leider selten gehörig convergiren, könnte oder müfste man die Coëfficienten $\overset{1}{A}$, $\overset{2}{A}$, $\overset{3}{A}$ etc. berechnen, wenn man die Function $\varphi(x+z)$ nach steigenden Potenzen von z entwickeln wollte. Wenn man den Ausdruck einer Function nicht kennt, sondern ihn erst nach gegebenen Bedingungen, wie im §. 119. gezeigt worden ist, zu ermitteln hat, so bleibt auch im Grunde kein anderes Mittel, als der Gebrauch dieser Reihen, für die Berechnung der Coëfficienten $\overset{1}{A}$, $\overset{2}{A}$, $\overset{3}{A}$ etc. übrig.

§. 126.

Unter der Voraussetzung, dafs die Coëfficienten $\overset{1}{A}$, $\overset{2}{A}$, $\overset{3}{A}$ etc. berechnet sind, kann man auch die Gröfse $\Delta^m\varphi x$ nach Potenzen von Δx entwickeln. Da man nemlich, wenn der Reihe nach $0\Delta x$, $1\Delta x$, $2\Delta x$, etc. für z gesetzt wird, allgemein erhält:

$$\varphi(x+v.\Delta x) = S\overset{\gamma}{A}.v^\gamma.\Delta x^\gamma$$

und $\Delta^n\varphi x = S(-1)^\beta [n]^{\beta}_{\beta'}\varphi(x+\alpha\Delta x)$ cond. $(\alpha+\beta=n)$ ist, so erhält man durch Substitution:

$$\Delta^n\varphi x = S(-1)^\beta [n]^{\beta}_{\beta'}\alpha^\gamma.\overset{\gamma}{A}.\Delta x^\gamma \qquad \text{cond.}\ (\alpha+\beta=\gamma).$$

Nun ist aber allgemein $S(-1)^\beta [n]^{\beta}_{\beta'}\alpha^m = n'.{}^{-n}f^{m-n}$, also hat man einfacher:

$$\Delta^n\varphi x = S\,n'.{}^{-n}f^{\gamma-n}.\Delta x^\gamma.\overset{\gamma}{A}.$$

Nun ist aber ${}^{-n}f^{\gamma-n}=0$, so lange $\gamma<n$ ist; daher kann sogleich $\gamma+n$ für

γ geschrieben werden, wodurch man erhält:

$$\Delta^n \varphi x = (S\,{}^{-n}\overset{\gamma}{f}.\overset{n+\gamma}{A}.\Delta x^{n+\gamma}).n'.$$

Die ersten Glieder dieser Reihe sind nun aber offenbar die folgenden:

$$\Delta^n \varphi x = n'(\overset{n}{A}\Delta x^n + {}^{-n}\overset{1}{f}.\overset{n+1}{A}.\Delta x^{n+1} + {}^{-n}\overset{2}{f}.\overset{n+2}{A}.\Delta x^{n+2} + \text{etc.}),$$

oder es ist:

$$\frac{1}{n'}.\frac{\Delta^n \varphi x}{\Delta x^n} = \overset{n}{A} + {}^{-n}\overset{1}{f}.\overset{n+1}{A}.\Delta x + {}^{-n}\overset{2}{f}.\overset{n+2}{A}.\Delta x^2 + {}^{-n}\overset{3}{f}.\overset{n+3}{A}.\Delta x^3 + \text{etc.}$$

Wenn man also die Ausdrücke $\frac{\Delta \varphi x}{\Delta x}$, $\frac{1}{2'}.\frac{\Delta^2 \varphi x}{\Delta x^2}$; $\frac{1}{3'}.\frac{\Delta^3 \varphi x}{\Delta x^3}$; etc. in Reihen entwickelte, welche nach steigenden Potenzen von Δx fortgehen, so würden die Coëfficienten $\overset{1}{A}$, $\overset{2}{A}$, $\overset{3}{A}$, etc. die Anfangsglieder dieser Reihen sein, und man könnte sie dann in der Reihe $\varphi(x+z) = S\overset{a}{A}.z^a$ substituiren. Nun zeigt sich aber bald, daſs es nicht einmal nöthig ist, die Gröſsen $\frac{\Delta \varphi x}{\Delta x}$, $\frac{1}{2'}.\frac{\Delta^2 \varphi x}{\Delta x^2}$; $\frac{1}{3'}.\frac{\Delta^3 \varphi x}{\Delta x^3}$; etc. vollständig in Reihen zu verwandeln, sondern daſs die Kenntniſs des Anfangsgliedes der ersten Reihe hinreicht, um das Anfangsglied der zweiten, aus diesem dann das der dritten Reihe u. s. w. zu finden. Diese Art der Herleitung oder Derivation der Gröſse $\overset{1}{A}$ aus $\overset{0}{A}$ oder φx, der Gröſse $\overset{2}{A}$ aus $\overset{1}{A}$, der Gröſse $\overset{3}{A}$ aus $\overset{2}{A}$, u. s. w. ist also für die Theorie der Entwickelung von Wichtigkeit; sie heiſst **Differentiiren**. Bezeichnet man das Anfangsglied der höheren Differenz $\Delta^n \varphi x$ einer Function φx mit $\partial^n \varphi x$, so hat man also für das *n*te **Differential** von φx:

$$\partial^n \varphi x = \overset{n}{A}.\Delta x^n.n'.$$

Sieht man nun selbst x als eine Function an, so ist das Anfangsglied der Reihe für Δx offenbar wieder $= \Delta x$, so lange Δx unentwickelt bleibt, und man hat also auch $\partial x = \Delta x$. Kann und muſs aber Δx wieder nach Potenzen der Differenz einer anderen veränderlichen Gröſse entwickelt werden, so ist offenbar ∂x nur das Anfangsglied der dadurch erhaltenen Reihe. Man thut daher wohl, für alle Fälle in der Formel $\partial^n \varphi x = n'.\overset{n}{A}.\Delta x^n$ statt Δx zu setzen ∂x, obgleich es unnöthig wäre, wenn Δx unentwickelt bleibt. Man hat also:

$$\frac{1}{n'}.\frac{\partial^n \varphi x}{\partial x^n} = \overset{n}{A},$$

und wenn dieser Werth substituirt wird, so hat man die beiden Reihen:

$$\varphi(x+z) = S\frac{\partial^a \varphi x}{\partial x^a}.\frac{z^a}{a'} \text{ und}$$

$$\Delta^n \varphi x = S[n]^{-a}.{}^{-n}\!\!\int^a.\frac{\partial^{n+a}\varphi x}{\partial x^{n+a}}.\Delta x^{n+a}.$$

Zusatz. Wäre $z=\varphi x$ und $x=\psi v$, und hätte man gefunden $\Delta z = A.\Delta x + B.\Delta x^2$ etc., wie auch $\Delta x = a\Delta v + b\Delta v^2 +$ etc., so hätte man offenbar für Δz auch eine Reihe von der Form

$$\Delta z = Aa.\Delta v + P.\Delta v^2 + Q.\Delta v^3 + \text{etc.},$$

und also, wenn Δv unentwickelt bleibt, offenbar $\partial z = A.a.\Delta v$, wie auch $\partial z = A.\partial x$. Hätte man $\partial z = A.\Delta x$ gesetzt, also Δx nicht in ∂x verwandelt, so würde man durch Substitution erhalten $\partial z = Aa.\Delta v + Ab.\Delta v^2 +$ etc., da doch ∂z nur $= Aa.\Delta v$, d. h. dem Anfangsgliede der Differenz gleich sein soll. Daher kann die Versäumung der auch schon durch die Gleichmäſsigkeit veranlaſsten Verwandlung von Δx in ∂x im Ausdrucke $\partial z = A.\Delta x$ zu Fehlern führen.

§. 127.

Um nun noch zu zeigen, daſs man aus dem Anfangsgliede einer Differenzreihe das Anfangsglied der nächst höheren Differenzreihe finden könne, setzen wir

$$\Delta^n \varphi x = \frac{\partial^n \varphi x}{\partial x^n}.\Delta x^n + P.\Delta x^{n+1} + Q.\Delta x^{n+2} + \text{etc.};$$

die Gröſsen $\frac{\partial^n \varphi x}{\partial x^n}$, P, Q, etc. sind dann Functionen von x. Weil nun $\Delta^n \varphi x = \Delta^n \varphi(x+\Delta x) - \Delta^n \varphi x$ ist, so muſs man in jedem Gliede der Reihe $x+\Delta x$ für x setzen und vom also veränderten Gliede das Glied selbst subtrahiren, oder in Zeichen:

$$\Delta^{n+1}\varphi x = \left(\Delta\frac{\partial^n \varphi x}{\partial x^n}\right)\Delta x^n + \Delta P.\Delta x^{n+1} + \Delta Q.\Delta x^{n+2} + \text{etc.}$$

Da nun aber

$$\Delta\frac{\partial^n \varphi x}{\partial x^n} = \frac{\partial\left(\frac{\partial^n \varphi x}{\partial x^n}\right)}{\partial x}\Delta x + A\,\Delta x^2 + B\,\Delta x^3 + \text{etc.},$$

$$\Delta P = \frac{\partial P}{\partial x}\Delta x + A'\Delta x^2 + B'\Delta x^3 + \text{etc.},$$

$$\Delta Q = \frac{\partial Q}{\partial x}\Delta x + A''\Delta x^2 + B''\Delta x^3 + \text{etc.},$$

etc.

ist, so hat man offenbar, wenn diese Reihen substituirt werden:

$$\Delta^{n+1}\varphi x = \frac{\partial \frac{\partial^n \varphi x}{\partial x^n}}{\partial x} . \Delta x^{n+1} + A\,\Delta x^{n+2} + B\,\Delta x^{n+3} + \text{etc.}$$
$$+ \frac{\partial P}{\partial x} . \Delta x^{n+2} + A'\,\Delta x^{n+3} + \text{etc.}$$
$$+ \frac{\partial Q}{\partial x} \Delta x^{n+3} + \text{etc.}$$

und da auch $\Delta^{n+1}\varphi x = \frac{\partial^{n+1}\varphi x}{\partial x^{n+1}} . \Delta x^{n+1} + V . \Delta x^{n+2} + W\,\Delta x^{n+3} + \text{etc.}$ ist, so hat man

$$\frac{\partial^{n+1}\varphi x}{\partial x^{n+1}} = \frac{\partial \frac{\partial^n \varphi x}{\partial x^n}}{\partial x}.$$

Diese Formel, welche auch einfacher $\partial^{n+1}\varphi x = \partial(\partial^n \varphi x)$ ist, ist der Ausdruck der obigen Behauptung. Hat man also ein höheres Differential $\partial^n \varphi x$, so setze man in ihm $x + \Delta x$ für x, entwickele dasselbe nach Potenzen (steigenden) von Δx, subtrahire von der Entwickelung $\partial^n \varphi x$, und behalte vom Reste nur das Glied, welches mit $\Delta x'$ multiplicirt ist, verwandle dann Δx in ∂x, so hat man $\partial^{n+1}\varphi x$.

Wie hieraus die bekannten Regeln des Differentiirens herzuleiten und wie man sich zu verhalten, wenn x wieder als Function einer neuen veränderlichen Gröfse anzusehen ist, mufs hier der Kürze wegen übergangen werden. Darin stimmen auch die meisten Darstellungen der Differentialrechnung überein. Schliefslich wird bemerkt, dafs die im §. 125. gefundenen Reihen (2. und 3.) nun sind:

$$\frac{\partial^r \varphi x}{\partial x^r} . \Delta x^r = S(-1)^\beta [r]^{-\beta} . {}^{r+\beta}\!\!\int^{\beta} . \Delta^{r+\beta}\varphi x \quad \text{und}$$
$$\frac{\partial y}{\partial x} . \Delta x = S(-1)^\beta \frac{\Delta^{\beta+1}\varphi x}{\beta+1}.$$

Sowohl die Reihe für $\frac{\partial^r \varphi x}{\partial x^r}\Delta x$ als auch die Reihe $\Delta^r \varphi x = S[r]^{-\beta} . {}^{-r}\!\!\int^{\beta} . \Delta x^{r+\beta}$, welche mit den Reihen für $\{\log(1+z)\}^r$ und $(e^z - 1)^r$ Ähnlichkeit haben, behalten auch noch eine Bedeutung, wenn r eine negative ganze Zahl bezeichnet.

§. 128.

Die Reihe $\varphi(x+z) = S\frac{\partial^\alpha \varphi x}{\partial x^\alpha} . \frac{z^\alpha}{\alpha^{,}}$ ist von jeher fast ausschliefslich benutzt worden, um Functionen zu entwickeln. Die beiden Reihen:

$$\varphi(x+z) = S\frac{\Delta^\alpha \varphi x}{\Delta x^\alpha} . [z, \Delta x]^{\alpha}_{\alpha^{,}} \quad \text{und}$$
$$\varphi(x+z) = S\frac{\nabla^\alpha \varphi x}{\nabla x^\alpha} . [z, -\nabla x]^{\alpha}_{\alpha^{,}},$$

in deren Mitte gleichsam die erste oder auch die **Taylorsche** Reihe fällt, hat man aber bis jetzt kaum anders als zur Interpolation benutzt. In vielen Fällen ist gleichwohl ein nach Facultäten fortgehender Ausdruck für die Rechnung in bestimmten Zahlen bequemer als ein nach Potenzen fortgehender.

Um ein Beispiel zu geben, legen wir uns die Aufgabe der Entwickelung der Function ${}^{x}\overset{r}{f}$ in eine nach Facultäten von x fortgehende Reihe vor. Setzen wir $\varphi x = {}^{x}\overset{r}{f}$ und $\Delta x = 1$, so ist $\Delta\varphi x = {}^{x+1}\overset{r}{f} - {}^{x}\overset{r}{f}$, und da ${}^{x+1}\overset{r}{f} = {}^{x}\overset{r}{f} + x\,.\,{}^{x}\overset{r-1}{f}$ ist, so hat man

$$\Delta\,{}^{x}\overset{r}{f} = x\,.\,{}^{x}\overset{r-1}{f}.$$

Nehmen wir auf beiden Seiten der Gleichung die $m$te Differenz, so haben wir:

$$\Delta^{m+1}\,{}^{x}\overset{r}{f} = \Delta^{m}\,(x\,.\,{}^{x}\overset{r-1}{f}).$$

Da nun $x\,.\,{}^{x}\overset{r-1}{f}$ ein Product aus x und ${}^{x}\overset{r-1}{f}$ ist, so haben wir, wenn die Formel (4.) des §. 123. gebraucht wird:

$$\Delta^{m}\,\{x\,.\,{}^{x}\overset{r-1}{f}\} = x\,.\,\Delta^{m}\,{}^{x}\overset{r-1}{f} + m\,.\,\Delta^{m-1}\,{}^{x+1}\overset{r-1}{f},$$

und es ist also auch

$$\Delta^{m+1}\,{}^{x}\overset{r}{f} = x\,.\,\Delta^{m}\,{}^{x}\overset{r-1}{f} + m\,.\,\Delta^{m-1}\,{}^{x+1}\overset{r-1}{f}.$$

Da aber allgemein $\Delta^{n}\psi(x+\Delta x) = \Delta^{n}\psi x + \Delta^{n+1}\psi x$ ist, so hat man also auch $\Delta^{m-1}\,{}^{x+1}\overset{r-1}{f} = \Delta^{m-1}\,{}^{x}\overset{r-1}{f} + \Delta^{m}\,{}^{x}\overset{r-1}{f}$, und wenn dieser Ausdruck gebraucht wird, so hat man:

$$\Delta^{m+1}\,{}^{x}\overset{r}{f} = (x+m)\,\Delta^{m}\,{}^{x}\overset{r-1}{f} + m\,.\,\Delta^{m-1}.\,{}^{x}\overset{r-1}{f}.$$

Diese Formel dient nun zur recurrirenden Berechnung der höheren Differenzen der sogenannten Facultäten-Coëfficienten. Aus dieser Formel kann eine Menge von Folgerungen gezogen werden, womit wir uns aber nicht aufhalten. Wir bemerken nur, daſs die Formel für $x = 0$ am einfachsten wird, nemlich:

$$\Delta^{m+1}\,{}^{x}\overset{r}{f} = m\,.\,(\Delta^{m}\,{}^{x}\overset{r-1}{f} + \Delta^{m-1}\,{}^{x}\overset{r-1}{f}) \text{ für } x = 0.$$

Die Formel, welche zur independenten Berechnung der höheren Differenzen dient, ist $\Delta^{m}\varphi x = S(-1)^{\beta}\,[m\overset{\beta}{\underset{\beta'}{]}}\,\varphi(x+\alpha\Delta x)$ cond. $(\alpha+\beta=m)$, und wenn $\varphi(x+\alpha\Delta x) = {}^{x+\alpha}\overset{r}{f}$ gesetzt wird, so hat man:

$$\Delta^{m}\,{}^{x}\overset{r}{f} = S(-1)^{\beta}\,[m\overset{\beta}{\underset{\beta'}{]}}\,{}^{x+\alpha}\overset{r}{f} \quad \text{cond. } (\alpha+\beta=m).$$

51*

Will man die Differenzen für $x=0$ haben, so dient die Formel

$$\Delta^{m}\, {}^{x}\overset{r}{f} = S(-1)^{\beta}\,[m]^{\beta}_{\beta^{1}}\,.\,{}^{\alpha}\overset{r}{f}$$

mit der vorigen Bedingungsgleichung. Der Ausdruck kann aber noch sehr zusammengezogen werden, wenn man bemerkt, dafs ${}^{\alpha}\overset{r}{f} > 0$, so lange die positive ganze Zahl $\alpha < r$ ist. Man kann daher sogleich $\alpha + r$ für α setzen, und hat also

$$\underset{\text{Für } x=0.}{\Delta^{m}\, {}^{x}\overset{r}{f}} = S(-1)^{\beta}\,[m]^{\beta}_{\beta^{1}}\,.\,{}^{r+\alpha}\overset{r}{f} \qquad \text{cond.}\,(\alpha+\beta = m-r).$$

§. 129.

Um von diesen Formeln nun Gebrauch zu machen, setzen wir in der Formel $\varphi(x+z) = S\,\dfrac{\Delta^{\alpha}\varphi x}{\Delta x^{\alpha}}\,.\,[z, \Delta x]^{\alpha}_{\alpha^{1}}$ ebenfalls $\varphi x = {}^{x}\overset{r}{f}$, $\Delta x = 1$, $x=0$, und dann x für z. Dadurch erhält man:

$${}^{x}\overset{r}{f} = S\,\{\underset{\text{Für } x=0.}{\Delta^{\alpha}\, {}^{x}\overset{r}{f}}\}\,[x]^{\alpha}_{\alpha^{1}}.$$

Aber der für $\{\underset{x=0}{\Delta^{m}\, {}^{x}\overset{r}{f}}\}$ im §. 128. gefundene Ausdruck giebt zu erkennen, dafs er $=0$ sei, so lange $m < r$. In der für ${}^{x}\overset{r}{f}$ angegebenen Reihe fallen also alle erste Glieder, für welche $\alpha < r$ ist, weg, und man kann also sogleich $r+\alpha$ für α setzen. Führen wir für $\{\underset{x=0}{\Delta^{r+m}\, {}^{x}\overset{r}{f}}\}$ das einfachere Zeichen $\overset{m}{\varphi} r$ ein, so haben wir also:

$$1. \quad {}^{x}\overset{r}{f} = S\,\overset{\alpha}{\varphi} r\,.\,[x]^{r+\alpha}_{(r+\alpha)^{1}},$$

und zur Berechnung der unbekannten Coëfficienten dient dann die Formel:

$$2. \quad \overset{m}{\varphi} r = S(-1)^{\beta}\,[m+r]^{\beta}_{\beta^{1}}\,.\,{}^{r+\alpha}\overset{r}{f} \qquad \text{cond.}\,(\alpha+\beta = m).$$

Wenn $r > 0$ ist, so ist auch noch $\overset{0}{\varphi} r = 0$, weil für $r > 0$ auch ${}^{r}\overset{r}{f} = 0$ ist. Wird diese Abänderung der Bezeichnung in die Recursionsformel eingeführt, so hat man:

$$3. \quad \overset{m+1}{\varphi} r = (m+r)\,.\,\{\overset{m+1}{\varphi}(r-1) + \overset{m}{\varphi}(r-1)\}.$$

Die Rechnung nach dieser Recursionsformel ist besonders bequem. In Anwendung derselben findet man leicht die folgenden allgemeinen Resultate:

$$\overset{r}{\varphi} r = 1.3.5.7\ldots(2r-1) = [1,-2]^{r} \quad \text{und} \quad \overset{1}{\varphi} r = 1.2.3\ldots r = [1,-1]^{r} = [r]^{r}$$

$$\text{und} \quad \overset{m}{\varphi} r = 0, \quad \text{wenn } m > r \text{ ist.}$$

Für die übrigen Coëfficienten $\overset{2}{\varphi}r$, $\overset{3}{\varphi}r$, $\overset{4}{\varphi}r$, ... $\overset{r-1}{\varphi}r$ lassen sich ähnliche, aber minder einfache Resultate finden.

Die begonnene Rechnung giebt aber die folgenden bestimmten Resultate:

$$^{x}\overset{1}{f} = [x]^{2}_{\overline{2'}}$$

$$^{x}\overset{2}{f} = 2[x]^{3}_{\overline{3'}} + 3[x]^{4}_{\overline{4'}}$$

$$^{x}\overset{3}{f} = 6[x]^{4}_{\overline{4'}} + 20[x]^{5}_{\overline{5'}} + 15[x]^{6}_{\overline{6'}}$$

$$^{x}\overset{4}{f} = 24[x]^{5}_{\overline{5'}} + 130[x]^{6}_{\overline{6'}} + 210[x]^{7}_{\overline{7'}} + 105[x]^{8}_{\overline{8'}}$$

$$^{x}\overset{5}{f} = 120[x]^{6}_{\overline{6'}} + 924[x]^{7}_{\overline{7'}} + 2380[x]^{8}_{\overline{8'}} + 2520[x]^{9}_{\overline{9'}} + 945[x]^{10}_{\overline{10'}}$$

$$^{x}\overset{6}{f} = 720[x]^{7}_{\overline{7'}} + 7308[x]^{8}_{\overline{8'}} + 26432[x]^{9}_{\overline{9'}} + 44100[x]^{10}_{\overline{10'}} + 34650[x]^{11}_{\overline{11'}} + 10395[x]^{12}_{\overline{12'}}$$

u. s. w.

Als Probe für die Richtigkeit der Berechnung der Coëfficienten in diesen Ausdrücken dient die Formel:

$$-\overset{1}{\varphi}r + \overset{2}{\varphi}r - \overset{3}{\varphi}r \ldots + (-1)^{\alpha}\overset{\alpha}{\varphi}r \ldots + (-1)^{r}\overset{r}{\varphi}r = (-1)^{r}.$$

So ist z. B.

$$-720+7308-26432+44100-34650+10395=(-1)^{6}=+1=61803-61802.$$

Zusatz. Setzt man $\left(S\frac{x^{\alpha+2}}{\alpha+2}\right)^{m} = S\,{}^{m}\overset{\alpha}{\mathfrak{R}}x^{2m+\alpha}$, so findet man nach §. 109. allgemein $\overset{m}{\varphi}r = [m+r]^{r-m}\cdot{}^{m}\overset{r-m}{\mathfrak{R}}$, was leicht zu beweisen ist.

§. 130.

Die Anwendung der Reihe $\varphi(x+z) = S\frac{\nabla^{\alpha}\varphi x}{\nabla x^{\alpha}}\cdot[z, -\nabla x]^{\alpha}_{\overline{\alpha'}}$ geschieht in ähnlicher Art, und man findet:

$$\nabla^{m+1}\,{}^{x}\overset{r}{f} = (x-m-1)\nabla^{m}\,{}^{x-1}\overset{r-1}{f} + m\,.\,\nabla^{m-1}\,{}^{x-1}\overset{r-1}{f},$$

womit man fast eben so wie früher verführt, und ähnliche, obgleich von den vorigen verschiedene Ausdrücke erhält, mit deren Herleitung wir uns hier aber nicht aufhalten. Soviel erhellet im Allgemeinen aus dem Vorhergehenden, daſs die Function $^{x}\overset{r}{f}$ eine rationale ganze Function von x des $2r$ten Grades ist. Weil aber die Form dieser Function nun bekannt geworden ist, so kann die im §. 117. für solche Functionen hergeleitete allgemeine Formel zur Anwendung kommen, nemlich:

$$\varphi x = S\,\overset{\alpha}{X}.\varphi\overset{\alpha}{a} \text{ für } \alpha \text{ nicht } > n.$$

Im vorliegenden Falle, wo $\varphi x = {}^{x}\overset{r}{f}$ die gesuchte Gröfse ist, hat man also $n = 2r$.

Setzen wir $\overset{0}{a} = 0$, $\overset{1}{a} = 1$, $\overset{2}{a} = 2$, ... $\overset{r}{a} = r$; $\overset{r+1}{a} = -1$, $\overset{r+2}{a} = -2$, $\overset{r+3}{a} = -3$, ... $\overset{2r}{a} = -r$, so hat man also $\varphi\overset{\alpha}{a} = {}^{\alpha}\overset{r}{f} = 0$, wenn α nicht $> r$ und $\varphi\overset{r+\alpha}{a} = {}^{-\alpha}\overset{r}{f}$, und wenn diese Werthe substituirt werden, so findet man auf der Stelle:

$${}^{x}\overset{r}{f} = \frac{(x^2-1^2)(x^2-2^2)(x^2-3^2)\dots(x^2-r^2)}{(2r)'}.\left(S(-1)^{\beta}\,\underset{\beta'}{[2r]^{\beta}}.{}^{-\alpha}\overset{r}{f}.\frac{x}{x+\alpha}\right)$$
$$\text{cond. } (\alpha+\beta = r).$$

Wollte man ${}^{x}\overset{r}{f}$ nach Potenzen von x entwickeln, so ginge auch dieses an; wir aber wollen diese Entwickelung nur theilweise vornehmen und dem Ausdrucke die folgende Gestalt geben:

$${}^{x}\overset{r}{f} = \underset{r'}{[x-1]^{r}}.({}^{r}\overset{0}{A}x^{r} + {}^{r}\overset{1}{A}x^{r-1} + {}^{r}\overset{2}{A}x^{r-2} \dots + {}^{r}\overset{\alpha}{A}x^{r-\alpha} \dots + {}^{r}\overset{r-1}{A}x),$$

weil bekannt ist, dafs der Ausdruck diese Gestalt haben könne. Setzt man zur Einfachheit $\overset{r}{\psi}x = \underset{r'}{[x-1]^{r}}$ und $\overset{r}{\varphi}x = S\,{}^{r}\overset{\alpha}{A}x^{\beta}\cdot\text{cond.}(\alpha+\beta = r)$, so hat man ${}^{x}\overset{r}{f} = \overset{r}{\psi}x.\overset{r}{\varphi}x$, also auch ${}^{x+1}\overset{r}{f} = \overset{r}{\psi}(x+1).\overset{r}{\varphi}(x+1)$, und da ${}^{x+1}\overset{r}{f} = {}^{x}\overset{r}{f} + x.{}^{x}\overset{r-1}{f}$ ist, so hat man also:

$$\overset{r}{\psi}(x+1).\overset{r}{\varphi}(x+1) = (\overset{r}{\psi}x).(\overset{r}{\varphi}x) + x(\overset{r-1}{\psi}x).(\overset{r-1}{\varphi}x).$$

Nun ist aber $\overset{r}{\psi}(x+1) = \frac{x}{r}\overset{r-1}{\psi}x$ und $\overset{r}{\psi}x = \frac{x-r}{r}\overset{r-1}{\psi}x$, also hat man, wenn diese Werthe substituirt werden, eine Gleichung, welche durch $\overset{r-1}{\psi}x$ dividirt die folgende ist:

$$x(\overset{r}{\varphi}(x+1) - \overset{r}{\varphi}x) = r(x\overset{r-1}{\varphi}x - \overset{r}{\varphi}x).$$

Werden hierin für $\overset{r}{\varphi}x$, $\overset{r}{\varphi}(x+1)$ und $\overset{r-1}{\varphi}x$ die Werthe substituirt, so erhält man durch Identificirung die folgende Recursionsformel:

$$(2r-m).{}^{r}\overset{m}{A} = r.{}^{r-1}\overset{m}{A} - \{\underset{2'}{[r-m+1]^{2}}\,{}^{r}\overset{m-1}{A} + \underset{3'}{[r-m+2]^{3}}\,{}^{r}\overset{m-2}{A} \dots + \underset{(\alpha+1)'}{[r-m+\alpha]^{\alpha+1}}\,{}^{r}\overset{m-\alpha}{A} \dots + \underset{(m+1)'}{[r]^{m+1}}\,{}^{r}\overset{0}{A}\}.$$

Die Rechnung nach dieser Formel ist noch ziemlich einfach, und durch dieselbe sind die im §. 85. aufgestellten Ausdrücke gefunden worden.

Manche sonst bemerkenswerthe Beziehung hat hier übergangen werden müssen, weil der der Theorie der Potenzial-Functionen beizufügende Anhang ohnehin schon den beabsichtigten Umfang überschritten hat.

(Ende. Die hierzu gehörigen Tabellen im nächsten Bande.)

29.

De functionibus ellipticis commentatio altera.

(Auct. C. G. J. Jacobi, prof. math. Regiom.)

De summis serierum functionum ellipticarum, quarum argumenta seriem arithmeticam constituunt.

Proponemus in sequentibus formulas quasdam elementares circa summas functionum ellipticarum, quarum argumenta seriem arithmeticam constituunt. Quae cum in aliis quaestionibus usui esse possunt, tum summa facilitate formulas generales de functionum ellipticarum transformatione suppeditant.

Proficiscor a formula nota de additione integralium ellipticorum, quae ad secundam speciem pertinent:

1. $E(a)+E(u)-E(a+u) = k^2 \sin \text{am}(a) \sin \text{am}(u) \sin \text{am}(u+a)$,

in qua e notatione in commentatione priore de functionibus ellipticis proposita:

$$E(u) = \int_0^u \Delta^2 \text{am}(u) \,.\, \partial u.$$

Scribamus in formula (1.) pa loco a, unde illa fit:

$$E(pa)+E(u)-E(u+pa) = k^2 \sin \text{am}(pa) \sin \text{am}(u) \sin \text{am}(u+pa);$$

atque posito successive u, $u+a$, $u+2a$, ... $u+(n-1)a$ loco u, summationem instituamus. Designata generaliter per $\Sigma^{(n)} F(u)$ summa

$$\Sigma^{(n)} F(u) = F(u)+F(u+a)+F(u+2a)+\ldots\ldots+\Sigma(u+(n-1)a),$$

fit:

$$nE(pa)+\Sigma^{(n)}E(u)-\Sigma^{(n)}E(u+pa) = k^2 \sin \text{am}(pa) \Sigma^{(n)} \sin \text{am}(u) \sin \text{am}(u+pa).$$

Eodem modo e formula

$$E(na)+E(u)-E(u+na) = k^2 \sin \text{am}(na) \sin \text{am}(u) \sin \text{am}(u+na),$$

loco u posito successive u, $u+a$, $u+2a$, ... $u+(p-1)a$, et summatione facta obtines:

$$pE(na)+\Sigma^{(p)}E(u)-\Sigma^{(p)}E(u+na) = k^2 \sin \text{am}(na) \Sigma^{(p)} \sin \text{am}(u) \sin \text{am}(u+na).$$

Jam observo, esse

$$\Sigma^{(n+p)} E(u) = \Sigma^{(n)} E(u)+\Sigma^{(p)} E(u+na) = \Sigma^{(p)} E(u)+\Sigma^{(n)} E(u+pa),$$

ideoque

$$\Sigma^{(n)} E(u)-\Sigma^{(n)} E(u+pa) = \Sigma^{(p)} E(u)-\Sigma^{(p)} E(u+na).$$

Unde e duabus formulis appositis invenimus:

$$2.\quad \begin{matrix} k^2 \sin\mathrm{am}(pu)\, \Sigma^{(n)} \sin\mathrm{am}(u) \sin\mathrm{am}(u+pa) \\ -k^2 \sin\mathrm{am}(nb)\, \Sigma^{(p)} \sin\mathrm{am}(u) \sin\mathrm{am}(u+na) \end{matrix} = nE(pa) - pE(na).$$

Casus est memorabilis, quo $\sin\mathrm{am}(na)$ neque simul $\sin\mathrm{am}(pa)$ evanescit, quo casu (2.) fit:

$$3.\quad \Sigma^{(n)} \sin\mathrm{am}(u) \sin\mathrm{am}(u+pa) = \frac{nE(pa) - pE(na)}{k^2 \sin\mathrm{am}(pa)}.$$

Jam observo, in elementis probari formulas:

$$\cos\mathrm{am}(a) = \cos\mathrm{am}(u) \cos\mathrm{am}(u+a) + \Delta\,\mathrm{am}(a) \sin\mathrm{am}(u) \sin\mathrm{am}(u+a),$$

$$\Delta\,\mathrm{am}(a) = \Delta\,\mathrm{am}(u)\, \Delta\,\mathrm{am}(u+a) + k^2 \cos\mathrm{am}(u) \sin\mathrm{am}(u) \sin\mathrm{am}(u+a),$$

unde e (3.) nanciscimur etiam:

$$4.\quad \Sigma^{(n)} \cos\mathrm{am}(u) \cos\mathrm{am}(u+pa) = n \cos\mathrm{am}(pa) - \frac{\Delta\,\mathrm{am}(a)}{k^2 \sin\mathrm{am}(a)} (nE(pa) - pE(na)),$$

$$5.\quad \Sigma^{(n)} \Delta\,\mathrm{am}(u)\, \Delta\,\mathrm{am}(u+pa) = n\, \Delta\,\mathrm{am}(pa) - \cot\mathrm{am}(a)\, (nE(pa) - pE(na)).$$

Videmus igitur, quoties $\sin\mathrm{am}(na)$ evanescat, neque simul $\sin\mathrm{am}(pa)$, expressiones

$$\Sigma^{(n)} \sin\mathrm{am}(u) \sin\mathrm{am}(u+pa),$$
$$\Sigma^{(n)} \cos\mathrm{am}(u) \cos\mathrm{am}(u+pa),$$
$$\Sigma^{(n)} \Delta\,\mathrm{am}(u)\, \Delta\,\mathrm{am}(u+pa)$$

ab argumento u independentes esse. Ceterum posito, ut in fundamentis,

$$w = \frac{mK + m'iK'}{n},$$

designantibus m, m' numeros quoslibet positivos seu negativos, qui cum ipso n uterque eundem non habent factorem communem, ut $\sin\mathrm{am}(na)$ neque simul $\sin\mathrm{am}(pa)$ evanescat, fieri debet $a = 2\mu w$, designante μ numerum integrum quemlibet, dummodo μp per n non divisibilis sit.

Alias circa summas functionum ellipticarum formulas hunc in modum nancisceris. Posito enim

$$\mathrm{am}(u) = \alpha,\quad \mathrm{am}(v) = \beta,\quad \mathrm{am}(u+v) = \sigma,\quad \mathrm{am}(u-v) = \vartheta,$$

e formulis (24. — 29.) pag. 33. Fundam. sequitur:

$$\cos\sigma\; \Delta\vartheta + \cos\vartheta\; \Delta\sigma = \frac{2\cos\beta\, \Delta\beta \,.\, \cos\alpha\, \Delta\alpha}{1 - k^2 \sin\beta^2 \sin\alpha^2},$$

$$\Delta\sigma\; \sin\vartheta + \Delta\vartheta\; \sin\sigma = \frac{2\cos\beta \,.\, \sin\alpha\, \Delta\alpha}{1 - k^2 \sin\beta^2 \sin\alpha^2},$$

$$\sin\sigma \cos\vartheta + \sin\vartheta \cos\sigma = \frac{2\Delta\beta \,.\, \sin\alpha \cos\alpha}{1 - k^2 \sin\beta^2 \sin\alpha^2}.$$

Simul autem dedimus formulas pag. 32. (4. — 6.):

$$\sin\sigma - \sin\vartheta = \frac{2\sin\beta \,.\, \cos\alpha\, \Delta\alpha}{1 - k^2 \sin\beta^2 \sin\alpha^2},$$

$$\cos\vartheta - \cos\sigma = \frac{2\sin\beta\,\Delta\beta \,.\, \sin\alpha\,\Delta\alpha}{1-k^2\sin\beta^2\sin\alpha^2},$$

$$\Delta\vartheta - \Delta\sigma = \frac{2k^2\sin\beta\cos\beta \,.\, \sin\alpha\cos\alpha}{1-k^2\sin\beta^2\sin\alpha^2},$$

quibus cum prioribus combinatis, prodit:

$$6.\quad \cos\sigma\,\Delta\vartheta + \cos\vartheta\,\Delta\sigma = \frac{\Delta\beta}{\tan\!g\,\beta}(\sin\sigma - \sin\vartheta),$$

$$7.\quad \Delta\sigma\sin\vartheta + \Delta\vartheta\sin\sigma = \frac{1}{\Delta\beta\,\mathrm{tang}\,\beta}(\cos\vartheta - \cos\sigma),$$

$$8.\quad \sin\sigma\cos\vartheta + \sin\vartheta\cos\sigma = \frac{\Delta\beta}{\sin\beta\cos\beta}(\Delta\vartheta - \Delta\sigma).$$

Posito $u+\frac{a}{2}$ loco u et $v=\frac{a}{2}$, fit

$$\beta = \mathrm{am}\left(\frac{a}{2}\right),\quad \sigma = \mathrm{am}(u+a),\quad \vartheta = \mathrm{am}(u),$$

unde (6. — 8.) ita repraesentantur:

$$\cos\mathrm{am}(u)\,\Delta\mathrm{am}(u+a) + \cos\mathrm{am}(u+a)\,\Delta\mathrm{am}(u) =$$
$$\frac{\Delta\,\mathrm{am}\frac{a}{2}}{\mathrm{tang\,am}\frac{a}{2}}[\sin\mathrm{am}(u+a) - \sin\mathrm{am}(u)],$$

$$\Delta\,\mathrm{am}(u)\sin\mathrm{am}(u+a) + \Delta\,\mathrm{am}(u+a)\sin\mathrm{am}(u) =$$
$$\frac{1}{\Delta\,\mathrm{am}\frac{a}{2}\,\mathrm{tang\,am}\frac{a}{2}}[\cos\mathrm{am}(u) - \cos\mathrm{am}(u+a)],$$

$$\sin\mathrm{am}(u)\cos\mathrm{am}(u+a) + \sin\mathrm{am}(u+a)\cos\mathrm{am}(u) =$$
$$\frac{\Delta\,\mathrm{am}\frac{a}{2}}{\sin\mathrm{am}\frac{a}{2}\cos\mathrm{am}\frac{a}{2}}[\Delta\,\mathrm{am}(u) - \Delta\,\mathrm{am}(u+a)].$$

In his formulis loco a scribatur pa, atque loco u successive posito u, $u+a$, ... $u+(n-1)a$, summatio instituatur; deinde in iisdem formulis loco a scribatur na, atque loco u successive posito u, $u+a$, ... $u+(p-1)a$, rursus summatio instituatur. Utrisque summis inter se comparatis, ubi insuper observas, generaliter esse

$$\Sigma^{(n)}F(u) - \Sigma^{(n)}F(u+pa) = \Sigma^{(p)}F(u) - \Sigma^{(p)}F(u+na),$$

obtineo:

$$9.\quad \frac{\mathrm{tang\,am}\frac{pa}{2}}{\Delta\,\mathrm{am}\frac{pa}{2}}\Sigma^{(n)}[\cos\mathrm{am}(u)\,\Delta\,\mathrm{am}(u+pa) + \cos\mathrm{am}(u+pa)\,\Delta\,\mathrm{am}(u)] =$$
$$\frac{\mathrm{tang\,am}\frac{na}{2}}{\Delta\,\mathrm{am}\frac{na}{2}}\Sigma^{(p)}[\cos\mathrm{am}(u)\,\Delta\,\mathrm{am}(u+na) + \cos\mathrm{am}(u+na)\,\Delta\,\mathrm{am}(u)].$$

10. $$\operatorname{tang}\operatorname{am}\frac{pa}{2}\Delta\operatorname{am}\frac{pa}{2}.\Sigma^{(n)}[\Delta\operatorname{am}(u+pa)\sin\operatorname{am}u+\Delta\operatorname{am}(u)\sin\operatorname{am}(u+pa)]$$
$$=\operatorname{tang}\operatorname{am}\frac{na}{2}\Delta\operatorname{am}\frac{na}{2}.\Sigma^{(p)}[\Delta\operatorname{am}(u+na)\sin\operatorname{am}u+\Delta\operatorname{am}(u)\sin\operatorname{am}(u+na)],$$

11. $$\frac{\sin\operatorname{am}\frac{pa}{2}\cos\operatorname{am}\frac{pa}{2}}{\Delta\operatorname{am}\frac{pa}{2}}.\Sigma^{(n)}[\sin\operatorname{am}(u)\cos\operatorname{am}(u+pa)+\sin\operatorname{am}(u+pa)\cos\operatorname{am}(u)]$$
$$=\frac{\sin\operatorname{am}\frac{na}{2}\cos\operatorname{am}\frac{na}{2}}{\Delta\operatorname{am}\frac{na}{2}}.\Sigma^{(p)}[\sin\operatorname{am}(u)\cos\operatorname{am}(u+na)+\sin\operatorname{am}(u+na)\cos\operatorname{am}(u)].$$

Casu speciali, quo $\sin\operatorname{am}(na)$ neque simul $\sin\operatorname{am}(pa)$ evanescit, e (9.—11.) sequuntur formulae memorabiles:

12. $\Sigma^{(n)}[\cos\operatorname{am}(u)\,\Delta\operatorname{am}(u+pa)+\cos\operatorname{am}(u+pa)\,\Delta\operatorname{am}(u)]=0,$

13. $\Sigma^{(n)}[\Delta\operatorname{am}(u)\sin\operatorname{am}(u+pa)+\Delta\operatorname{am}(u+pa)\sin\operatorname{am}(u)]=0,$

14. $\Sigma^{(n)}[\sin\operatorname{am}(u)\cos\operatorname{am}(u+pa)+\sin\operatorname{am}(u+pa)\cos\operatorname{am}(u)]=0.$

Jam ope formularum (3.—5.), (12.—14.) formulas generales de functionum ellipticarum transformatione condimus.

Demonstratio nova formularum fundamentalium de transformatione functionum ellipticarum.

Consideremus expressiones

$$R=\sin\operatorname{am}(u)+\sin\operatorname{am}(u+4w)+\sin\operatorname{am}(u+8w)+\dots+\sin\operatorname{am}(u+4(n-1)w),$$
$$S=\cos\operatorname{am}(u)+\cos\operatorname{am}(u+4w)+\cos\operatorname{am}(u+8w)+\dots+\cos\operatorname{am}(u+4(n-1)w),$$
$$T=\Delta\operatorname{am}(u)+\Delta\operatorname{am}(n+4w)+\Delta\operatorname{am}(u+8w)+\dots+\Delta\operatorname{am}(u+4(n-1)w),$$

in quibus n sit numerus impar, $w=\frac{mK+m'iK'}{n}$, uti supra atque in Fundamentis, ita ut posito $4w=a$, quoties $p<n$ aut certe p per n non divisibilis, $\sin\operatorname{am}(na)=0$ neque tamen simul $\sin\operatorname{am}(pa)=0$.

Ubi brevitatis causa designamus per $\Sigma F(u)$ summam

$$\Sigma F(u)=F(u)+F(u+4w)+\dots+F(u+4(n-1)w),$$

expressiones R, S, T brevius ita repraesentare licet:

$$R=\Sigma\sin\operatorname{am}(u),\quad S=\Sigma\cos\operatorname{am}(u),\quad T=\Sigma\Delta\operatorname{am}(u).$$

Quaeramus expressionum R, S, T quadrata et producta binarum.

Fit, uti ipsa multiplicatione instituta apparet:

$$\begin{aligned}RR&=\Sigma\sin^2\operatorname{am}(u)+\Sigma\sin\operatorname{am}(u)\sin\operatorname{am}(u+4w)\\&+\Sigma\sin\operatorname{am}(u)\sin\operatorname{am}(u+8w)\\&\dots\dots\dots\dots\\&+\Sigma\sin\operatorname{am}(u)\sin\operatorname{am}(u+4(n-1)w),\end{aligned}$$

$$SS = \Sigma\cos^2\mathrm{am}(u) + \Sigma\cos\mathrm{am}(u)\cos\mathrm{am}(u+4w)$$
$$+\Sigma\cos\mathrm{am}(u)\cos\mathrm{am}(u+8w)$$
$$\cdots\cdots\cdots$$
$$+\Sigma\cos\mathrm{am}(u)\cos\mathrm{am}(u+4(n-1)w),$$
$$TT = \Sigma\,\Delta^2\mathrm{am}(u) + \Sigma\,\Delta\,\mathrm{am}(u)\,\Delta\,\mathrm{am}(u+4w)$$
$$+\Sigma\,\Delta\,\mathrm{am}(u)\,\Delta\,\mathrm{am}(u+8w)$$
$$\cdots\cdots\cdots$$
$$+\Sigma\,\Delta\,\mathrm{am}(u)\,\Delta\,\mathrm{am}(u+4(n-1)w).$$

Jam ex iis, quae supra proposuimus, apparet, expressiones huiusmodi:

$$\Sigma\sin\mathrm{am}(u)\sin\mathrm{am}(u+4pw),$$
$$\Sigma\cos\mathrm{am}(u)\cos\mathrm{am}(u+4pw),$$
$$\Sigma\,\Delta\,\mathrm{am}(u)\,\Delta\,\mathrm{am}(u+4pw),$$

in quibus, uti in antecedentibus $p<n$, constantibus aequales esse, sive ab argumento u non pendere. Unde ponere licet:

$$15.\quad \begin{cases} RR = \Sigma\sin^2\mathrm{am}(u) - 2\varrho, \\ SS = \Sigma\cos^2\mathrm{am}(u) - 2\sigma, \\ TT = \Sigma\,\Delta^2\,\mathrm{am}(u) + 2\tau, \end{cases}$$

designantibus ϱ, σ, τ constantes, quarum valores e valoribus specialibus ipsius u peti possunt. Quem in finem adnoto formulas elementares

$$\sin\mathrm{am}\,4(n-m)w = -\sin\mathrm{am}(4mw),$$
$$\cos\mathrm{am}(K+4(n-m)w) = -\cos\mathrm{am}(K+4mw),$$
$$\Delta\,\mathrm{am}(K+iK'+4(n-m)w) = -\Delta\,\mathrm{am}(K+iK'+4mw),$$

porro formulas

$$\sin\mathrm{am}(0) = \cos\mathrm{am}(K) = \Delta\mathrm{am}(K+iK') = 0,$$

e quibus patet, posito resp. $u=0$, $u=K$, $u=K+iK'$, expressiones R, S, T ideoque etiam RR, SS, TT evanescere. Hinc cum insuper sit

$$\Delta\,\mathrm{am}(K+iK'+u) = i\varkappa'\,\mathrm{tang}\,\mathrm{am}(u),$$

eruimus e (15.), posito resp. $u=0$, $u=K$, $u=K+iK'$:

$$\varrho = \sin^2\mathrm{am}\,4w + \sin^2\mathrm{am}\,8w + \ldots + \sin^2\mathrm{am}\,2(n-1)w,$$
$$\sigma = \cos^2\mathrm{coam}\,4w + \cos^2\mathrm{coam}\,8w + \ldots + \cos^2\mathrm{coam}\,2(n-1)w,$$
$$\tau = k'k'[\mathrm{tang}^2\mathrm{am}\,4w + \mathrm{tang}^2\mathrm{am}\,8w + \ldots + \mathrm{tang}^2\mathrm{am}\,2(n-1)w].$$

Quantitates ϱ, σ, τ eaedem sunt, quas et in commentatione priore de funct. ellipt. eadem denotatione exhibuimus.

E formulis (15.) sequitur:

$$RR + SS = n - 2\varrho - 2\sigma,$$
$$\varkappa^2 RR + TT = n - 2\varkappa^2\varrho + 2\tau,$$

unde ponere licet

$$R = \sqrt{(n-2\varrho-2\sigma)} \sin\psi,$$
$$S = \sqrt{(n-2\varrho-2\sigma)} \sin\psi,$$
$$T = \sqrt{(n-2k^2\varrho+2\tau)} \sqrt{\left(1-\frac{\varkappa^2(n-2\varrho-2\sigma)}{n-2\varkappa^2\varrho+2\tau}\sin\psi^2\right)},$$

sive posito

$$\frac{\varkappa^2(n-2\varrho-2\sigma)}{n-2\varkappa^2\varrho+2\tau} = \lambda\lambda, \quad n-2\varkappa^2\varrho+2\tau = \frac{1}{MM},$$

fit

$$R = \frac{\lambda}{\varkappa M}\sin\psi, \quad S = \frac{\lambda}{\varkappa M}\cos\psi, \quad T = \frac{1}{M}\sqrt{(1-\lambda\lambda\sin\psi^2)}.$$

Quaeramus iam producta binarum expressionum R, S, T. Instituta multiplicatione, invenitur:

$$ST = \Sigma \cos\mathrm{am}(u)\triangle\mathrm{am}(u)$$
$$+\tfrac{1}{2}\Sigma[\cos\mathrm{am}(u)\triangle\mathrm{am}(u+4w)+\cos\mathrm{am}(u+4w)\triangle\mathrm{am}(u)]$$
$$+\tfrac{1}{2}\Sigma[\cos\mathrm{am}(u)\triangle\mathrm{am}(u+8w)+\cos\mathrm{am}(u+8w)\triangle\mathrm{am}(u)]$$
$$\cdots\cdots\cdots\cdots\cdots\cdots\cdots\cdots\cdots$$
$$+\tfrac{1}{2}\Sigma[\cos\mathrm{am}(u)\triangle\mathrm{am}(u+4(n-1)w)+\cos\mathrm{am}(u+4(n-1)w)\triangle\mathrm{am}(u)].$$

Adiecimus factorem $\tfrac{1}{2}$, cum in summis, quibus adiectus est, unusquisque terminus bis occurrat. Jam vero e (12.), posito $a=4w$, quoties, ut in antecedentibus, $p<n$, fit:

$$\Sigma[\cos\mathrm{am}(u)\triangle\mathrm{am}(u+4pw)+\cos\mathrm{am}(u+4pw)\triangle\mathrm{am}(u)] = 0,$$

unde simpliciter: $ST = \Sigma\cos\mathrm{am}(u)\triangle\mathrm{am}(u).$

Eodem modo invenitur ope formularum (13., 14.):

$$TR = \Sigma\triangle\mathrm{am}(u)\sin\mathrm{am}(u),$$
$$RS = \Sigma\sin\mathrm{am}(u)\cos\mathrm{am}(u).$$

Sequitur autem e formulis:

$$R=\Sigma\sin\mathrm{am}(u), \quad S=\Sigma\cos\mathrm{am}(u), \quad T=\Sigma\triangle\mathrm{am}(u),$$

instituta differentiatione:

$$\frac{\partial R}{\partial u} = \quad \Sigma\cos\mathrm{am}(u)\triangle\mathrm{am}(u) = \quad ST,$$
$$\frac{\partial S}{\partial u} =- \quad \Sigma\triangle\mathrm{am}(u)\sin\mathrm{am}(u) =- TR,$$
$$\frac{\partial T}{\partial u} =-\varkappa^2\Sigma\sin\mathrm{am}(u)\cos\mathrm{am}(u) =-\varkappa^2 RS,$$

unde cum ex autecedentibus sit:

$$R = \frac{\lambda}{\varkappa M}\sin\psi, \quad S=\frac{\lambda}{\varkappa M}\cos\psi, \quad T=\frac{1}{M}\sqrt{(1-\lambda\lambda\sin\psi^2)},$$

fit:

$$\frac{\partial\psi}{\partial u} = \frac{1}{M}\sqrt{(1-\lambda\lambda\sin\psi^2)}, \quad \text{sive} \quad \frac{\partial u}{M} = \frac{\partial\psi}{\sqrt{(1-\lambda\lambda\sin\psi^2)}},$$

unde cum ψ et u simul evanescant:

$$\psi = \operatorname{am}\left(\frac{u}{M}, \lambda\right).$$

Nacti igitur sumus valores ipsarum R, S, T:

$$R = \frac{\lambda}{\varkappa M} \sin \operatorname{am}\left(\frac{u}{M}, \lambda\right),$$

$$S = \frac{\lambda}{\varkappa M} \cos \operatorname{am}\left(\frac{u}{M}, \lambda\right),$$

$$T = \frac{1}{M} \Delta \operatorname{am}\left(\frac{u}{M}, \lambda\right),$$

sive quod idem est:

$$\frac{\lambda}{\varkappa M} \sin \operatorname{am}\left(\frac{u}{M}, \lambda\right) = \sin \operatorname{am}(u) + \sin \operatorname{am}(u+4w) + \dots + \sin \operatorname{am}(u+4(n-1)w),$$

$$\frac{\lambda}{\varkappa M} \cos \operatorname{am}\left(\frac{u}{M}, \lambda\right) = \cos \operatorname{am}(u) + \cos \operatorname{am}(u+4w) + \dots + \cos \operatorname{am}(u+4(n-1)w),$$

$$\frac{1}{M} \Delta \operatorname{am}\left(\frac{u}{M}, \lambda\right) = \Delta \operatorname{am}(u) + \Delta \operatorname{am}(u+4w) + \dots + \Delta \operatorname{am}(u+4(n-1)w).$$

Quae sunt formulae de functionum ellipticarum transformatione fundamentales.

30.

Auflosung der Aufgaben 1. und 2. des Herrn Steiner im zweiten Bande dieses Journals S. 96.

(Von Herrn *Th. Clausen* zu München.)

---

1. **Wenn in einer Ebene drei beliebige Kreise einander in einem Puncte schneiden, so soll man durch denselben eine Gerade so ziehen, dafs wenn A, B, C ihre übrigen Durchschnitte mit den Kreisen sind, die Abschnitte AB, BC ein gegebenes Verhältnifs zu einander haben.**

Es sei der gemeinschaftliche Durchschnittspunct der drei Kreise der Anfangspunct der Coordinaten. Die rechtwinkligen Coordinaten des Mittelpunctes des ersten Kreises a, b, und dessen Halbmesser r; des zweiten a', b', r'; und des dritten a'', b'', r''. Man hat also:

$$aa + bb = rr,$$
$$a'a' + b'b' = r'r',$$
$$a''a'' + b''b'' = r''r''.$$

Zieht man nun durch den Anfangspunct der Coordinaten eine Linie, die mit der Axe der x den Winkel θ macht, und ist die Entfernung des Durchschnittes derselben A mit dem ersten Kreise von dem Anfangspuncte der Coordinaten x; die Entfernung des Durchschnitts B mit dem zweiten Kreise x'; und die Entfernung des Durchschnitts C mit dem dritten Kreise x''; so hat man ebenfalls:

$$(a - x\cos\theta)^2 + (b - x\sin\theta)^2 = rr,$$
$$(a' - x'\cos\theta)^2 + (b' - x'\sin\theta)^2 = r'r',$$
$$(a'' - x''\cos\theta)^2 + (b'' - x''\sin\theta)^2 = r''r''.$$

Subtrahirt man von jeder dieser drei Gleichungen die entsprechende der obigen, so ergiebt sich:

$$x = 2(a\cos\theta + b\sin\theta),$$
$$x' = 2(a'\cos\theta + b'\sin\theta),$$
$$x'' = 2(a''\cos\theta + b''\sin\theta),$$

mithin:

$$x' - x = AB = 2\{(a' - a)\cos\theta + (b' - b)\sin\theta\},$$
$$x'' - x' = BC = 2\{(a'' - a')\cos\theta + (b'' - b)\sin\theta\}.$$

Ist also $AB = \mp k\,BC$, je nachdem C und A auf entgegengesetzten oder auf derselben Seite von B liegen, so hat man:

$$0 = \{(a'-a) \pm k(a''-a')\}\cos\theta + \{(b'-b) \pm k(b''-b')\}\sin\theta,$$

folglich:

$$-\operatorname{tang}\theta = \frac{a'-a \pm k(a''-a')}{b'-a \pm k(b''-b')}.$$

Zieht man nun durch die Mittelpuncte des zweiten und dritten Kreises eine unbestimmte gerade Linie, und bestimmt auf derselben vom Mittelpuncte des zweiten Kreises aus nach beiden Seiten einen Punct in einer Entfernung, die sich zu der Entfernung der Mittelpuncte der beiden Kreise wie $AB:BC$ verhält, und legt dann durch einen dieser Puncte und den Mittelpunct des ersten Kreises eine Gerade, so ist die Tangente des von derselben mit der Axe der x gebildeten Winkels:

$$\frac{b'-b \pm k(b''-b')}{a'-a \pm k(a''-a')} = \operatorname{tang}(90+\theta),$$

je nachdem der bestimmte Punct um den Mittelpunct des dritten Kreises auf derselben, oder auf entgegengesetzter Seite vom Mittelpuncte des zweiten Kreises liegt.

Es ist also die gesuchte Gerade, die auf die oben bestimmte aus dem gemeinschaftlichen Durchschnitte der drei Kreise gefällte Gerade.

2. **Wenn im Raume vier beliebige Kugeln einander in einem Puncte schneiden, so soll man durch denselben eine Gerade so ziehen, dafs wenn aufserdem A, B, C, D die Puncte sind, in welchen sie den Kugelflächen aufserdem begegnet, ihre Abschnitte AB, BC, CD gegebene Verhältnisse zu einander haben.**

Es sei der gemeinschaftliche Durchschnittspunct der vier Kugeln der Anfangspunct der Coordinaten, und die rechtwinkligen Coordinaten der Mittelpuncte und die Halbmesser derselben resp.

$$\begin{array}{cccc} a, & b, & c, & r, \\ a', & b', & c', & r', \\ a'', & b'', & c'', & r'', \\ a''', & b''', & c''', & r''', \end{array}$$

so dafs also:

$$\begin{aligned} aa + bb + cc &= rr, \\ a'a' + b'b' + c'c' &= r'r', \\ a''a'' + b''b'' + c''c'' &= r''r'', \\ a'''a''' + b'''b''' + c'''c''' &= r'''r'''. \end{aligned}$$

Sei ferner eine gerade Linie durch den Anfangspunct der Coordinaten gelegt, dessen Winkel mit der Axe der z, φ ist, und dessen Projection auf die Ebene der x und y mit der Axe der x den Winkel η bildet, so ist, wenn u, u', u'', u''', die resp. Entfernungen der übrigen Durchschnitte A, B, C, D dieser Linie mit den vier Kugeln sind:

$$(a - u \sin\varphi\cos\eta)^2 + (b - u \sin\varphi\sin\eta)^2 + (c - u \cos\varphi)^2 = r\, r,$$
$$(a' - u' \sin\varphi\cos\eta)^2 + (b' - u' \sin\varphi\sin\eta)^2 + (c' - u' \cos\varphi)^2 = r' r',$$
$$(a'' - u'' \sin\varphi\cos\eta)^2 + (b'' - u'' \sin\varphi\sin\eta)^2 + (c'' - u'' \cos\varphi)^2 = r'' r'',$$
$$(a''' - u''' \sin\varphi\cos\eta)^2 + (b''' - u''' \sin\varphi\sin\eta)^2 + (c''' - u''' \cos\varphi)^2 = r''' r'''.$$

Subtrahirt man von jeder dieser Gleichungen die entsprechende der obigen, so folgt:

$$u = 2\,(a \sin\varphi \cos\eta + b \sin\varphi\sin\eta + c \cos\varphi),$$
$$u' = 2\,(a' \sin\varphi \cos\eta + b' \sin\varphi \sin\eta + c' \cos\varphi),$$
$$u'' = 2\,(a'' \sin\varphi \cos\eta + b'' \sin\varphi \sin\eta + c'' \cos\varphi),$$
$$u''' = 2\,(a''' \sin\varphi \cos\eta + b''' \sin\varphi \sin\eta + c''' \cos\varphi);$$

mithin:

$$u' - u = BC = 2\{(a' - a)\sin\varphi\cos\eta + (b' - b)\sin\varphi\sin\eta + (c' - c)\cos\varphi\},$$
$$u'' - u' = CD = 2\{(a'' - a')\sin\varphi\cos\eta + (b'' - b')\sin\varphi\sin\eta + (c'' - c')\cos\varphi\},$$
$$u''' - u'' = AB = 2\{(a''' - a'')\sin\varphi\cos\eta + (b''' - b'')\sin\varphi\sin\eta + (c''' - c'')\cos\varphi\}.$$

Ist also $AB = \mp k.BC$, $CD = \mp k'.BC$, je nachdem C und A von B aus, oder B und D von C aus, auf entgegengesetzten oder auf denselben Seiten liegen, so hat man:

$$0 = \{(a' - a) \pm k(a'' - a')\}\sin\varphi\cos\eta + \{(b' - b) \pm k(b'' - b')\}\sin\varphi\sin\eta$$
$$+ \{(c' - c) \pm k (c'' - c')\}\cos\varphi,$$
$$0 = \{(a''' - a'') \pm k'(a'' - a')\}\sin\varphi\cos\eta + \{(b''' - b'') \pm k'(b'' - b')\}\sin\varphi\sin\eta$$
$$+ \{(c''' - c'') \pm k'(c'' - c')\}\cos\varphi,$$

woraus sich die Winkel φ und η leicht bestimmen lassen.

Man ziehe nun durch den Mittelpunct der zweiten und dritten Kugel, eben so wie in der Aufgabe 1., eine unbestimmte Gerade, und bestimme einen Punct, dessen Entfernung von dem Mittelpunct der zweiten Kugel (in der Richtung nach dem Mittelpuncte der dritten, oder in entgegengesetzter genommen) sich zu der Entfernung der Mittelpuncte der beiden Kugeln wie $AB:BC$ verhält. Nach diesem Puncte ziehe man vom Mittelpuncte der ersten Kugel eine gerade Linie, deren Winkel mit den drei Coordinaten-Axen resp. μ, μ', μ'' seien. Ist nun V die Länge derselben, so sind offenbar die Projectionen auf die drei Axen:

$$V.\cos\mu = a' - a \pm k(a'' - a'),$$
$$V.\cos\mu' = b' - b \pm k(b'' - b'),$$
$$V.\cos\mu'' = c' - c \pm k(c'' - c').$$

Bestimmt man nun noch auf der durch die Mittelpuncte der zweiten und dritten Kugel gezogenen Geraden einen Punct, dessen Entfernung vom Mittelpuncte der zweiten Kugel (in entgegengesetzter oder in der Richtung des Mittelpuncts der dritten Kugel) sich zu der Entfernung der beiden Mittelpuncte, wie $CD:BC$ verhält, und zieht man von diesem Puncte nach dem Mittelpuncte der vierten Kugel eine Gerade V', die mit den drei Coordinaten-Axen die Winkel ν, ν', ν'' resp. bilden: so sind die drei Projectionen:

$$V'\cos\nu = \pm k'(a'' - a') + a''' - a'',$$
$$V'\cos\nu' = \pm k'(b'' - b') + b''' - b'',$$
$$V'\cos\nu'' = \pm k'(c'' - c') + c''' - c''.$$

Sind nun die Winkel der gesuchten Geraden mit den drei Axen ξ, ξ', ξ'', so sind:

$$\cos\xi = \sin\Phi\sin\eta,$$
$$\cos\xi' = \sin\Phi\sin\eta,$$
$$\cos\xi'' = \cos\Phi.$$

Substituirt man in die obigen zwei Gleichungen zur Bestimmung von Φ und η die eben gefundenen Werthe, so verwandeln sie sich in:

$$\cos\xi\cos\mu + \cos\xi'\cos\mu' + \cos\xi''\cos\mu'' = 0,$$
$$\cos\xi\cos\nu + \cos\xi'\cos\nu' + \cos\xi''\cos\nu'' = 0;$$

folglich steht die gesuchte Gerade auf einer mit den Linien V und V' parallel gelegten Ebene senkrecht. (Siehe Gaufs *Disquisit. generales circa sup. curvas.*)

31.

Über den Stillstand eines Planeten oder Cometen in seiner scheinbaren aus einem andern beobachteten Bahn.

(Von Herrn *Th. Clausen* zu München.)

---

1. In den astronomischen Lehrbüchern wird gewöhnlich nur von dem geocentrischen Stillstand der Planeten, und zwar blofs in der Länge, gehandelt, indem man, wegen der geringen Neigung der Bahnen derselben, auf Bewegung in der Breite keine Rücksicht nimmt. Da nun also eine Bedingung erfüllt werden mufs, so kann man im Allgemeinen einen Punct in der einen Bahn willkürlich annehmen und den Punct in der andern angeben, wo der Planet oder die Erde sich befinden mufs, wenn ein Stillstand stattfinden soll. Fast in allen diesen Fällen ist aber noch immer, wie Delambre bemerkt, die Bewegung in der Breite merklich, indem der Planet nahe einen kleinen Halbkreis beschreibt, dessen Halbmesser, und die kleinste Geschwindigkeit des Körpers in demselben, insbesondere bei den kleinen Planeten, oft bedeutend sind; in einem noch höhern Grade ist dies bei den Cometen der Fall, die Curven von den verschiedensten Krümmungen über das ganze Himmelsgewölbe beschreiben.

Betrachtet man nun den Fall, der bei diesen Körpern blofs von Interesse ist, wo die geocentrische Bewegung derselben gänzlich verschwindet, so sind zwei Bedingungen, wodurch also der Punct in beiden Bahnen, in denen dieses stattfindet, völlig bestimmt sind.

Es seien die rechtwinkligen Coordinaten des Körpers M auf willkürliche Axen bezogen, x, y, z; des Körpers M', x', y', z'; β der Winkel der von M nach M' gezogenen Geraden Δ mit der Axe der x, y; und α der Winkel zwischen der Projection dieser Linie auf die genannte Ebene und der Axe der x, so hat man:

$$\Delta \cos\beta \cos\lambda = x' - x,$$
$$\Delta \cos\beta \sin\lambda = y' - y,$$
$$\Delta \sin\beta \qquad = z' - z,$$

Die Bedingungen des scheinbaren Stillstandes des einen Körpers aus dem andern gesehen sind nun: $\partial\beta = 0$, $\partial\alpha = 0$; folglich wenn man von den drei Gleichungen die logarithmischen Differentiale nimmt:

$$1.\quad \frac{\partial\Delta}{\Delta}=\frac{\partial x'-\partial x}{x'-x},\quad \frac{\partial\Delta}{\Delta}=\frac{\partial y'-\partial y}{y'-y},\quad \frac{\partial\Delta}{\Delta}=\frac{\partial z'-\partial z}{z'-z};$$

subtrahirt man je zwei dieser Gleichungen von einander, so findet man:

$$2.\quad \begin{cases} x\partial y-y\partial x+x'\partial y'-y'\partial x' = x'\partial y-y'\partial x+x\partial y'-y\partial x', \\ y\partial z-z\partial y+y'\partial z'-z'\partial y' = y'\partial z-z'\partial y+y\partial z'-z\partial y', \\ z\partial x-x\partial z+z'\partial x'-x'\partial z' = z'\partial x-x'\partial z+z\partial x'-x\partial z'. \end{cases}$$

Diese Gleichungen gelten bloſs für zwei verschiedene, indem sich jede derselben aus den beiden andern ableiten läſst. Es sind aber $x\partial y-y\partial x$, $y\partial z-z\partial y$, $z\partial x-x\partial z$ die resp. Projectionen des doppelten vom Radius vector des Körpers M in den Zeittheilchen ∂t beschriebenen Elements $k.\sqrt{p}.\partial t$ auf die Ebenen der x, y; der y, z; und der z, x; wo p der halbe Parameter der Bahn und k die bekannte Gauſsische Constante bedeuten. Sind also i, g, h die resp. Neigungen der Bahn gegen diese Ebenen, so hat man:

$$3.\quad \begin{cases} x\partial y-y\partial x = k\sqrt{p}\cos i\,\partial t, \\ y\partial z-z\partial y = k\sqrt{p}\cos g\,\partial t, \\ z\partial x-x\partial z = k\sqrt{p}\cos h\,\partial t, \end{cases}$$

Und eben so, wenn p' der halbe Parameter der Bahn von M', und i', g', h' die resp. Neigungen derselben gegen die eben genannten drei Ebenen bedeuten:

$$4.\quad \begin{cases} x'\partial y'-y'\partial x' = k\sqrt{p'}\cos i'.\partial t, \\ y'\partial z'-z'\partial y' = k\sqrt{p'}\cos g'.\partial t, \\ z'\partial x'-x'\partial z' = k\sqrt{p'}\cos h'.\partial t. \end{cases}$$

Die Gleichungen (2.) verwandeln sich durch Substitution dieser Ausdrücke in:

$$5.\quad \begin{cases} [\sqrt{p}\cos i+\sqrt{p'}\cos i']k\partial t = x'\partial y-y'\partial x+x\partial y'-y\partial x', \\ [\sqrt{p}\cos g+\sqrt{p'}\cos g']k\partial t = y'\partial z-z'\partial y+y\partial z'-z\partial y', \\ [\sqrt{p}\cos h+\sqrt{p'}\cos h']k\partial t = z'\partial x-x'\partial z+z\partial x'-x\partial z'. \end{cases}$$

Multiplicirt man diese Gleichungen mit z, x, y resp. und dann mit ∂z, ∂x, ∂y, addirt jedesmal die drei Producte, berücksichtigt die Gleichungen (3. und 4.) und daſs

$$z\cos i+x\cos g+y\cos h = 0,$$
$$\partial z\cos i+\partial x\cos g+\partial y\cos h = 0,$$

so erhält man:

$$6.\quad \begin{cases} \sqrt{p'}[z\cos i'+x\cos g'+y\cos h']+\sqrt{p}[z'\cos i+x'\cos g+y'\cos h]=0, \\ \sqrt{p'}[\partial z\cos i'+\partial x\cos g'+\partial y\cos h']+\sqrt{p}[\partial z'\cos i+\partial x'\cos g+\partial y'\cos h]=0. \end{cases}$$

Bezeichnet man nun durch ζ den senkrechten Abstand von M von der Bahn von M', und durch ζ' den senkrechten Abstand von M' von der Bahn M, so hat man

$$\zeta = z \cos i' + x \cos g + y \cos h',$$
$$\zeta' = z' \cos i + x' \cos g + y' \cos h.$$

Die Bedingungsgleichungen verwandeln sich dadurch in die höchst einfachen Formeln:

$$7. \quad \frac{\zeta}{\sqrt{p}} + \frac{\zeta'}{\sqrt{p'}} = 0; \quad \frac{\partial \zeta}{\sqrt{p}} + \frac{\partial \zeta'}{\sqrt{p'}} = 0.$$

2. Um diese Gröfsen durch die Elemente der Bahnen auszudrücken, sei p der halbe Parameter der Bahn von M, e die Excentricität, φ die wahre Anomalie, und r der Radius vector; für den Körper M' werden die entsprechenden Gröfsen durch einen Accent bezeichnet. Ferner sei die Neigung der Bahn von M' gegen die von M, i, der Winkel zwischen dem Perihel von N und dem Durchschnitt der beiden Bahnen η; der Winkel zwischen dem Durchschnitt und dem Perihel von M', ϖ, so ist:

$$\zeta = r \sin(\eta - \varphi) \sin i; \quad r = \frac{p}{1 + e \cos \varphi},$$
$$\zeta' = r' \sin(\varpi + \varphi') \sin i; \quad r' = \frac{p'}{1 + e' \cos \varphi'},$$

und da $\frac{\partial (r \cos \varphi)}{k \partial t} = -\frac{\sin \varphi}{\sqrt{p}}$; $\frac{\partial (r \sin \varphi)}{k \partial t} = \frac{\cos \varphi + e}{\sqrt{p}}$; so wird:

$$\frac{\partial \zeta}{\sin i \, k \partial t} = -\frac{\cos(\varphi - \eta) + e \cos \eta}{\sqrt{p}}; \quad \frac{\partial \zeta'}{\sin i \, k \partial t} = \frac{\cos(\varphi' + \varpi) + e' \cos \varpi}{\sqrt{p'}}.$$

Durch Substitution dieser Ausdrücke verwandeln sich die Gleichungen (7.) in:

$$8. \quad \frac{\sin(\varphi - \eta)\sqrt{p}}{1 + e \cos \varphi} = \frac{\sin(\varphi' + \varpi)\sqrt{p'}}{1 + e' \cos \varphi'}; \quad \frac{\cos(\varphi - \eta) + e \cos \eta}{p} = \frac{\cos(\varphi' + \varpi) + e' \cos \varpi}{p'}.$$

Obgleich diese Gleichungen sehr einfach sind, so ist ihre directe Auflösung doch nicht möglich, da die Elimination von einer der unbekannten auf eine Gleichung vom achten Grade der andern führt. Die sich von selbst darbietende indirecte Auflösungsart führt aber sehr schnell zum Ziele.

Es ist bemerkenswerth, dafs die Neigung der beiden Bahnen gegen einander aus den Formeln verschwindet.

3. Man kann auch die Gleichungen (8.) auf eine andere Art herleiten, die ich noch hinzufüge. Zieht man die Linien, die die beiden Himmelskörper in zweien aufeinander folgenden Zeitmomenten verbinden, so sind diese in dem scheinbaren Stillstandspuncte miteinander parallel. Die

vier Endpuncte derselben liegen also in einer Ebene, mithin auch die Tangenten an den Bahnen in diesen Puncten. Diese schneiden sich daher in einem Puncte, der in dem Durchschnitte beider Ebenen liegt. Dieses ist eine Bedingung des Stillstandes. Da ferner die beiden obigen Linien parallel sind, und beide zwei andere Linien in einer Ebene schneiden, so müssen die von ihnen abgeschnittenen Stücke, oder die Bewegung der Körper im Zeittheilchen ∂t, den beiden Stücken der Tangenten zwischen ihrem Durchschnitte und den Puncten in der Bahn, wo sie tangiren, proportionirt sein. Dieses ist die andere Bedingung.

Es seien nun die wahren Anomalien der beiden Körper φ und φ'; die Radii vectoren r, r'; die halben Parameter der Bahnen p und p'; und ihre Excentricitäten e und e'; ferner die Entfernungen der Perihelien von derselben Knotenlinie ϖ und ϖ'.

Nun ist allgemein in jedem Kegelschnitt, wenn man die rechtwinkligen Coordinaten auf den Hauptaxen nimmt:

$$x = r\cos\varphi;\quad y = r\sin\varphi;\quad r = \frac{p}{1+e\cos\varphi};$$

$$\frac{\partial x}{k\,\partial t} = -\frac{\sin\varphi}{\sqrt{p}};\quad \frac{\partial y}{k\,\partial t} = \frac{\cos\varphi+e}{\sqrt{p}};\quad \frac{\partial r}{k\,\partial t} = \frac{e\sin\varphi}{\sqrt{p}};$$

und wenn θ der Winkel der Tangente mit der Abscissenlinie, und ∂s das von dem Körper im Zeittheilchen ∂t beschriebene Element ist:

$$\frac{\partial x}{k\,\partial t} = \frac{\partial s}{k\,\partial t}\cos\theta;\quad \frac{\partial y}{k\,\partial t} = \frac{\partial s}{k\,\partial t}\sin\theta;$$

folglich

$$\frac{\sqrt{p}.\partial s}{k\,\partial t}\cos\theta = -\sin\varphi,$$

$$\frac{\sqrt{p}.\partial s}{k\,\partial t}\sin\theta = \cos\varphi+e;$$

und wenn N ein beliebiger Winkel ist:

$$\frac{\sqrt{p}.\partial s}{k\,\partial t}\sin(\theta+N) = \cos(\varphi+N)+e\cos N.$$

Die erste Bedingung ist nun, dafs die beiden Dreiecke, deren zwei Seiten und der eingeschlossene Winkel r, das Stück der Tangente bis zum Durchschnittspuncte der Tangenten beider Bahnen und $\theta-\varphi$ in dem einen Körper, und r', das abgeschnittene Stück der andern Tangente und $\theta'-\varphi'$ sind, miteinander eine gemeinschaftliche Seite Δ, die zwischen dem Brennpuncte der Bahnen und dem Durchschnitte beider Tangenten gezogene Grade habe; und dafs die an r und r' liegenden Winkel $\varpi+\varphi$ und

$\varpi' + \varphi'$, und mithin die r und r' gegenüberliegenden $180 - (\varpi + \theta)$, $180 - (\varpi' + \theta')$ sind. Es mufs demnach sein:

$$\frac{\sin(\theta - \varphi)}{\varDelta} = \frac{\sin(\theta + \varpi)}{r} \quad \text{und}$$

$$\frac{\sin(\theta' - \varphi')}{\varDelta} = \frac{\sin(\theta' + \varpi')}{r'};$$

oder

$$\frac{\sin(\theta + \varpi)}{r\sin(\theta - \varphi)} = \frac{\sin(\theta' + \varpi')}{r'\sin(\theta' - \varphi')};$$

welche Formel sich nach der Substitution der obigen Gleichung für $\sin(\theta + N)$, wenn man für N nach und nach ϖ, $-\varphi$ setzt, in folgende verwandelt:

$$\frac{\cos(\varphi + \varpi) + e\cos\varpi}{p} = \frac{\cos(\varphi' + \varpi') + e'\cos\varpi'}{p'},$$

welche mit der zweiten der Gleichungen (8.) identisch ist.

Nennt man die beiden Stücke der Tangenten bis zu ihrem gemeinschaftlichen Durchschnittspuncte T und T', so ist die zweite Bedingung $\frac{\partial s}{\partial s'} = \frac{T}{T'}$; nun ist aber:

$$\frac{\sin(\varphi + \varpi)}{T} = \frac{\sin(\theta - \varphi)}{\varDelta},$$

$$\frac{\sin(\varphi' + \varpi')}{T'} = \frac{\sin(\theta' - \varphi')}{\varDelta};$$

folglich

$$\frac{T}{T'} = \frac{\sin(\varphi + \varpi)}{\sin(\varphi' + \varpi')} \cdot \frac{\sin(\theta' - \varphi')}{\sin(\theta - \varphi)} = \frac{\partial s}{\partial s'},$$

oder

$$\sin(\varphi + \varpi)\sin(\theta' - \varphi')\,\partial s' = \sin(\varphi' + \varpi')\sin(\theta - \varphi)\,\partial s,$$

oder endlich:

$$\frac{\sin(\varphi + \varpi)\sqrt{p}}{1 + e\cos\varphi} = \frac{\sin(\varphi' + \varpi')\sqrt{p'}}{1 + e\cos\varphi'},$$

welche mit der ersten der Gleichungen (8.) übereinkommt.

4. Als Beispiel wählte ich den interessanten Enkeschen Cometen. Da ich aber den Stillstandspunct bei etwa 160^0 und 190^0 Anomalie fand, wo er für uns unsichtbar ist, so setze ich die Rechnung nicht her.

Als zweites Beispiel nahm ich den Cometen von Biela, wie er 1826 sich bewegte. Unter Annahme $\log e'$ 9,8730702 habe ich für die Bahn desselben gefunden: ϖ $218^0\,22'\,32''$, Länge des aufsteigenden Knotens $251^0\,25'\,3''$, Neigung $13^0\,33'\,52''$. $\log p'$ 0,1977012. Für die Erde ist $\log e = 8{,}2248126$; $\log p = 9{,}9998779$; $-\eta = 208^0\,31'\,58''$. Demnach wird die zweite der Gleichungen (8.)

$$\cos(\varphi + 208^\circ\, 31'\, 58'')$$
$$= \text{Num. log } 9{,}8021767 \cos(\varphi' + 218^\circ\, 22'\, 32'')\ \text{Num. log } 9{,}5519367.$$

Durch Zuziehung der ersten Gleichung (8.) findet man einen Stillstandspunct zwischen 150° und 180° wahrer Anomalie, den ich der zu großsen Entfernung wegen übergehe. Ein zweiter ergiebt sich für $\varphi' = -57^\circ\, 6'\, 5''$; $\varphi = -45^\circ\, 24'\, 15''$, wo die geocentrische Länge 42° 57′ 10″, Breite 32° 27′ 13″ und Entfernung von der Erde 0,1574. In 4 Stunden ändert der geocentrische Ort sich nicht 5″, wie ich durch unmittelbare Rechnung gefunden habe. Dieser Stillstandspunct erfordert, dafs das Perihel auf den ersten oder zweiten Januar falle. Da dieses grade bei der Erscheinung desselben Cometen in 1805 der Fall ist, so habe ich mit den Elementen der damals von ihm beschriebenen Bahn den Stillstandspunct berechnet und gefunden:

$$\varphi' = -60^\circ\, 8'; \quad \varphi = -48^\circ\, 11'.$$

Danach hätte das Perihel am 31,0 December eintreffen sollen, welches aber in der That am 1,9 Januar, zwei Tage später, eingetreten ist. Die Beobachtungen des Cometen deuten an, dafs er wirklich wenige Tage vor seiner Entdeckung, ungeachtet der grofsen Nähe bei der Frde, eine äufserst langsame Bewegung gehabt habe.

München, den 9. Sept. 1830.

32.

Bemerkungen zu der Abhandlung No. 26. im 6. Bande dieses Journals (Heft 3. S. 303.), den Ausdruck des körperlichen Inhalts der Pyramide betreffend.

In einem gelegentlichen Briefe an den Herausgeber bemerkt der Herr Professor Möbius zu Leipzig: dem an dem angeführten Orte gegebenen Beweise des Satzes, daſs die Pyramide der dritte Theil eines Prisma sei, welches mit ihr gleiche Grundfläche und Höhe hat, scheine, ungeachtet des darin an den Tag gelegten Scharfsinns, doch nicht vorzügliche Einfachheit eigenthümlich zu sein. Der Euclidische, und noch mehr der Legendrische Beweis des Satzes sei einfacher. Auch den Begriff des Unendlichen hätten Euclides und Legendre schon vermieden, und der gegenwärtige Beweis sei eben sowohl indirect, als die Beweise der beiden genannten Geometer. Auch hier werde die Gleichheit nur dadurch bewiesen, daſs die Unmöglichkeit der Ungleichheit dargethan werde. Der Beweis endlich, der gleich zu Anfange des Aufsatzes von dem Satze gegeben werde: daſs symmetrische Tetraëder gleichen Inhalt haben, stehe ganz so in der 5ten Ausgabe der Legendrischen Geometrie, in der in dem Aufsatze selbst erwähnten 7ten Note. Daſs der Verfasser des Aufsatzes diesen Beweis von Neuen darstelle, und gleichwohl auf die 7te Note in der neuen Ausgabe der Geometrie von Legendre verweise, lasse sich also nur dadurch erklären, daſs er von den neuen Ausgaben die 5te, vom Jahre 1804, nicht zu Gesicht bekommen haben müsse.

Dem Herausgeber hat der neue Beweis des ersten Satzes, wenn auch nicht einfacher als der Euclidische und Legendrische, so doch sinnreich und eigenthümlich geschienen; und deshalb ist der Aufsatz in dem Journale abgedruckt worden. Zu dem Umstande, daſs der Beweis von der Gleichheit der Gröſse symmetrischer Tetraëder schon bei Legendre vorkommt, bemerkt der Herausgeber, daſs sich dieser Beweis in einer neueren Ausgabe von Legendre's Geometrie, namentlich in der 11ten vom Jahre 1817, (der nemlichen, von welcher der Herausgeber im Jahre

1822 eine Deutsche Übersetzung geliefert hat) in der 7ten Note nicht findet, so dafs also der Herr Verfasser des Aufsatzes auch diese neuere Ausgabe vor Augen gehabt haben kann.

Übrigens scheint es dem Herausgeber, der Satz: dafs der Inhalt einer Pyramide der dritte Theil des Inhalts eines Prisma von gleicher Grundfläche und Höhe sei, könne noch elementarer auf folgende Art bewiesen werden.

Zuerst kann bekanntlich leicht gezeigt werden, dafs sich ein beliebiges Prisma mit dreiseitiger Grundfläche, es sei senkrecht oder schief, in drei Pyramiden von gleicher Grundfläche und gleicher Höhe theilen lasse. Es kommt also nur darauf an, zu zeigen, dafs Pyramiden von gleicher Grundfläche und Höhe gleich grofs sind; denn alsdann folgt unmittelbar, dafs ein Prisma dreimal so grofs ist als eine Pyramide, die mit ihm gleiche Grundfläche und Höhe hat.

Man theile die senkrechte Höhe zweier Pyramiden, von gleicher Grundfläche und Höhe, in eine beliebige Zahl gleicher Theile und lege durch die Theilungs-Puncte Ebenen mit der Grundfläche parallel, also wagerecht. Durch den Durchschnitt dieser Ebenen mit den Seiten-Ebenen der Pyramiden lege man, perpendiculair auf jene, senkrechte Ebenen, und verlängere sie jedesmal bis zu der nächsten wagerechten Ebene ober- und unterhalb, so dafs prismenförmige Schichten entstehen, die sowohl die Pyramiden umschliefsen, als von ihnen umschlossen werden. Von diesen Schichten haben in beiden Pyramiden jedesmal die, welche in gleicher Höhe liegen, wie leicht zu zeigen, gleich grofse Grundflächen; also sind sie, weil sie gleich hoch sind, von einer zur andern Pyramide, gleich grofs. Es ist also auch die Gesammtheit, der umschliefsenden Prismen sowohl, als der umschlossenen, in beiden Pyramiden gleich grofs. Nun ist auch jede umschlossene Schicht so grofs, als die unmittelbar darüber liegende umschliefsende: folglich ist die Gesammtheit der umschlossenen Schichten so grofs als die Gesammtheit der umschliefsenden, letztere nach Abzug der einzigen untersten, umschliefsenden Schicht genommen. Der Unterschied des Inhalts der umschliefsenden und der umschlossenen Schichten ist also dem Inhalte der untersten, umschliefsenden Schicht gleich. Es ist aber der Inhalt der Pyramide kleiner als der Inhalt der Gesammtheit der sie umschliefsenden, und gröfser als die Gesammtheit der von ihr umschlossenen Schichten. Also ist der Unterschied zwischen dem

Inhalt der Pyramide und der Summe der sie umschliefsenden oder der von ihr umschlossenen Schichten, nothwendig kleiner als der Unterschied der Gesammtheit der umschliefsenden und der umschlossenen Schichten selbst; folglich kleiner als der Inhalt der einen, untersten, umschliefsenden Schicht. Der Inhalt der Gesammtheit der umschliefsenden und der umschlossenen Schichten ist aber in beiden Pyramiden gleich grofs; also können die beiden Pyramiden selbst, äufsersten Falls, um nicht mehr verschieden sein, als um den Inhalt der untersten umschliefsenden Schicht. Nun kann aber die Höhe der Pyramiden in so viele gleiche Theile getheilt werden, als man will, und folglich kann die unterste Schicht so niedrig, und mithin so klein angenommen werden, als man will. Es folgt also, dafs der Unterschied des Inhalts zweier Pyramiden von gleicher Grundfläche und Höhe kleiner ist als die kleinste Gröfse, die man annehmen will: mithin sind die Pyramiden nothwendig gleich grofs.

Dieser Beweis beruht auf einer Art von Annäherung; aber Ähnliches findet auch bei jedem andern Statt. Dagegen vermeidet er das Unendlich-Kleine und die Summirung von Reihen, und ist völlig anschaulich und elementar. Er scheint daher besonders für den Elementar-Unterricht passend. Es ist der nemliche, der sich in dem Lehrbuche der Geometrie des Herausgebers, Berlin 1826—27, bei Reimer, im zweiten Theile, §. 587. S. 726. findet, und der Herausgeber glaubt seiner hier haben erwähnen zu dürfen, da dieses Buch, obgleich es keine Nachbildung anderer, sondern ganz aus eigenem, längeren Nachdenken über die Wissenschaft hervorgegangen ist, bis jetzt ziemlich übersehen wurde.

33.
Einige Nachrichten von Büchern.

Anfangsgründe der höheren Mechanik, nach der antiken, reingeometrischen Methode bearbeitet von Dr. Lehmann.

Ankündigung. Unter diesem Titel wird im Anfange des künftigen Jahres eine Schrift erscheinen, welche in der Methode und Tendenz von den meisten bisherigen Werken ähnlichen Inhalts abweicht. Die Bearbeitung der Mechanik, im weitesten Umfange des Worts, wonach man darunter die vollständige Lehre vom Gleichgewicht und der Bewegung der Körper versteht, begann schon im Alterthum zu der Zeit, als kaum erst die Elemente der reinen Geometrie in ein System gebracht waren; die Verdienste des Archimedes in dieser Hinsicht, welcher in seinen Büchern vom Schwerpunct und von schwimmenden Körpern die Gleichgewichts-Theorie schon bis zu einem bedeutenden Grade der Ausbildung brachte, werden, so lange die Welt steht, in gefeiertem Andenken bleiben. So wie nun die ganze Mathematik der Alten reine Geometrie war (man wolle hier bei dem Ausdruck reine Geometrie mehr an die Methode als den Stoff der Untersuchungen denken), so wurde natürlich auch die Mechanik von ihnen rein geometrisch bearbeitet; insofern ist der Versuch, welchen ich in dem obgenannten Werke dem Publikum vorzulegen gesonnen bin, nicht neu, sondern uralt; aber ich habe bei der Ausarbeitung mich bestrebt, unbeschadet der Methode, weiter als die Alten zu gehen. Daſs die Griechischen Geometer bei der Bearbeitung der Statik und Mechanik eine gewisse Grenze nicht überschreiten konnten, lag wohl nicht in der Unbequemlichkeit der alten mathematischen Methode (hoffentlich werden die Leser des angekündigten Werks vom Gegentheil überzeugt werden); eher möchte der Grund in den weitumfassenden geschichtlichen Erscheinungen zu finden sein, in der gänzlichen Vernichtung des mathematischen Studiums, so wie aller Zweige des edleren menschlichen Denkens, durch die einreiſsende Barbarei des Mittelalters, welcher schon vor dem Anfange der Völkerwanderung bedeutungsvolle Vorspiele vorhergingen. Wenigstens möchte sichs schwer beweisen lassen, daſs die Alten die Ausbildung der mechanischen Lehren irgendeinmal verlassen, und nachher doch noch fortgefahren hätten, die reine Geometrie auf eine höhere Stufe der Vollendung zu bringen. In der Dunkelheit des Mittelalters, wo auch die Araber nur Sammler waren, wurden in der Mathematik überhaupt, und also auch in der Mechanik, keine wesentlich neue Theorien entdeckt. Nach der Wiederherstellung der Wissenschaften dauerte die reingeometrische Behandlung aller mathematischen und also auch der mechanischen Lehren noch Jahrhunderte lang fort, bis durch Einführung des niederen und höheren Calculs eine unerschöpfliche Quelle von Entdeckungen für die Mechanik eröffnet wurde. Während die Engländer, bis auf Newton und Maclaurin herab, mitten in der Bearbeitung der schwierigsten Theorien die Vorliebe für die antike Methode noch immer lebhaft durchleuchten lieſsen, entfernten sich die Franzosen, und nach ihrem Beispiel die Deutschen, immer mehr davon, und lösten zuletzt alles so sehr in Calcul auf, daſs in Werken wie Laplace's Mechanik des Himmels durch die gänzliche Abwesenheit aller geometrischen Zeichnungen die antike Methode den Todesstoſs erhielt. Die von der Mitte des 17ten Jahrhunderts an auf einen lethargischen Schneckengang folgenden Riesenschritte in der Ausbildung der Mechanik haben bis auf die neuesten Zeiten die Ansicht begünstigt, daſs die reingeometrische Methode sich mit der weiteren Ausbildung der Wissenschaft nicht vereinigen lasse. Von der andern Seite ist aber die höhere Mechanik für Anfänger unzugänglicher geworden, weil die groſse Schwierigkeit im Abstracten des Calculs, im Gebrauch des Negativen, Imaginären und Unendlichkleinen nicht nur viele Köpfe abschreckt, sondern auch nach ihrer wahren Bedeutung gar nicht mit Worten deutlich gemacht werden kann *), und nur von auserwählten Geistern nach langem Kampfe, nach Durchbrechung der Schale, durch die angestrengteste Thätigkeit des inneren Anschauungsvermögens und durch Errathen, in vollendeter Klarheit aufgefafst und fortgebildet wird. Bei diesen Umständen mufs uns ein Mittel willkommen sein, die wichtigen Sätze der reinen und angewandten Bewegungslehre in absolut anschaulichen und handgreiflichen Schlüssen allen denjenigen zugänglich zu machen, welche überhaupt die Elemente der Mathematik aufzufassen fähig sind, und das ist kein andres als die Übertragung der antiken, reingeometrischen, streng synthetischen Methode auf die neueren Fortschritte der Wissenschaft, und namentlich auf die Mechanik. Meine im vorigen Jahre bei Kummer in Zerbst herausgegebenen mathematischen Abhandlungen sollten einen ersten Versuch abgeben, die Möglichkeit einer solchen Übertragung der antiken Methode auf die höhere Mathematik überhaupt zu zeigen. Was im Anhange des genannten Buchs sich speciell auf höhere Mechanik bezieht, erscheint in dem angekündigten Werke, welches übrigens auf die erwähnten mathematischen Abhandlungen keine Beziehung hat, sondern als ein Ganzes für sich verstanden werden kann, weiter ausgeführt, so dafs darin viele im ersteren Werke erregte Hoffnungen, welche zu Zweifeln Veranlassung geben konnten, realisirt sind. In diesem zuletzt bearbeiteten und im künftigen Jahre erscheinenden Werke, welches sich die strenge logische und geometrische Consequenz des Euclides zur Haupt-Aufgabe gemacht hat, war wegen des innern Zusammenhanges des Systems unvermeidlich, vieles, was nach Inhalt und Methode bereits bekannt und namentlich in Newtons *Principiis philosophiae naturalis mathematicis* und anderen älteren Werken auf ähnliche Weise dargestellt ist, mit aufzunehmen; doch kommen auch verschiedene von Newton noch nicht bearbeitete Theorien vor, welche sich, wie der Erfolg lehrt, leicht an die antike Methode anschmiegen, so unwahrscheinlich dies auch manchem auf den ersten Blick dünken möchte. So habe ich allen Grund zu vermuthen, dafs die in Euler's *Theoria motuum corporum solidorum seu rigidorum*, und später im Laplace und vielen anderen Werken arithmetisch und analytisch entwickelte Lehre von der drehenden Bewegung fester Körper, von den Haupt-Umdrehungs-Axen und den darauf bezüglichen periodischen Schwankungen sich selbst überlassener rotirender Körper, hier zum erstenmal reingeometrisch und synthetisch bearbeitet erscheint.

Um die Reinheit der geometrischen Methode zu erhalten, habe ich die Begriffe von Kraft, Geschwindigkeit, Masse, Moment u. s. w. ohne physicalische Beimischung, auf reinmathematischem Wege und so definirt, dafs der erklärte Begriff jedesmal als eine willkürliche Combination einfacherer reingeometrischer Begriffe erscheint, und nachher in Anmerkungen gezeigt, wie diese scheinbar willkürlich construirten Begriffe sich in der Natur wiederfinden; ich bin hierin dem Beispiele Lagrange's in seiner *Mécanique analytique* gefolgt, und habe mich, in der Erwägung, dafs wir nie dem innern Wesen der Naturkräfte auf den Grund kommen können, nicht entschliefsen können, den Ansichten derer beizutreten, welche sagen, dafs man in der theoretischen Mechanik, nach dem Beispiele von Newton, Laplace und andern, von dem physicalischen Begriffe der Kraft ausgehen müsse, welcher, zu Anfang des Systems hingestellt, doch immer nur eine vage und unbestimmte Definition zulafst. Bei diesem von mir befolgten Gange, welcher sich nicht bemüht die inneren Kräfte, sondern nur die Gesetze der Naturerscheinungen kennen zu lernen, verlieren die sogenannten physicalischen Grundgesetze der Bewegung alles räthselhafte Ansehn; der Grundsatz des Beharrungsvermögens: „Jeder Körper verbleibt so lange im

*) Leider treffen diese und ähnliche Vorwürfe den Calcul, wie er ist, nur zu sehr. Wäre er aber, wie er sein sollte und könnte, so würde er eben so klar sein und wahrlich nicht mehr Abstractionen erfordern als irgend eine andere Theorie der Mathematik, oder irgend eine andere Behandlungsart ihrer Untersuchungen. Anm. d. Herausg.

Zustande der Ruhe oder der geradlinigen und gleichförmigen Bewegung, als keine Kraft auf ihn wirkt," geht nun in eine blofse Definition über: „So lange ein Punct im Zustande der Ruhe oder der geradlinigen und gleichförmigen Bewegung verharrt, sagen wir, dafs keine Kraft auf ihn wirke," u. s. w.; der Streit hinsichtlich des Maafses der Kräfte, ob sie den Geschwindigkeiten oder den Quadraten der Geschwindigkeiten proportional seien, wird nun ganz umgangen, und selbst der Lehrsatz vom Parallelogramm der Kräfte nimmt die Gestalt einer blofsen Definition an. An die Stelle des Unendlichkleinen habe ich überall die Betrachtung der ersten und letzten Verhältnisse treten lassen, dabei aber wo möglich noch mehr als Newton in seinen *Principiis* auch den Ausdruck des Unendlichkleinen zu vermeiden gesucht; ich glaubte auf diese Art dafür zu sorgen, dafs auch denen, welche noch nicht in Betrachtungen dieser Art geübt sind, die Anschauung keinen Augenblick verloren gehe. Dies Unternehmen ward am schwierigsten da, wo die an der Bewegung blofser Puncte entwickelten Gesetze auf die Bewegung fester Körper übergetragen werden sollten; denn da kommt aufser den bisher namhaft gemachten Streitpuncten auch noch der Kampf des atomistischen und dynamischen Systems zur Sprache, und die Schwierigkeit wird noch mehr dadurch vermehrt, dafs der Atomist seine Atome doch auch immer als Körper und nicht als geometrische Puncte zu betrachten und daher gewissermafsen sich selbst zu widersprechen gezwungen ist, der Dynamiker dagegen, bei der Übertragung der an discreten Puncten entwickelten Bewegungsgesetze auf die Bewegung stetig ausgefüllter Körper, einen Sprung in den Schlüssen unter keiner Bedingung vermeiden kann. Indem ich mich aufser Stande fühlte, mich mit den Widersprüchen des atomistischen Systems auszusöhnen, habe ich bei dem von mir befolgten Gange die erwähnten Sprünge nicht verheimlicht, und zu diesem Behufe eben so viele Annahmen, als Sprünge unvermeidlich waren, nach Art der physicalischen Annahmen des Archimedes, hingestellt, und mich hinterher in Anmerkungen auf die Erfahrung berufen, wodurch die aus jenen Annahmen gezogenen Schlüsse bestätigt werden; ich habe indessen, um auch hier die reingeometrische Methode möglichst zu erhalten, die Anzahl dieser Annahmen auf das möglichste Minimum reducirt.

Nach diesen Auseinandersetzungen über Tendenz und Methode des angekündigten Werks möchte über den Inhalt noch folgendes zu bemerken sein. Dem Titel entsprechend, wonach blofs Anfangsgründe der höheren Mechanik gegeben werden sollten, kann es keineswegs der Zweck dieses Werks sein, alles zu umfassen, was zur Statik und Mechanik gehört, oder ein geschlossenes Ganzes zu bilden; es sollte nur der Anfang eines Systems sein, welches sich hinterher in demselben Geiste wird weiter fortführen lassen. Überdies setzen diese Anfangsgründe sich noch engere Schranken, indem nemlich die Rücksicht der Anwendung auf Astronomie vorwaltet. Ich habe mich bei der Ausarbeitung im Ganzen von Laplace's Mechanik des Himmels leiten lassen. Bekanntlich umfafst dieses unsterbliche Werk in seinem ersten Buche die allgemeinen Gesetze des Gleichgewichts und der Bewegung, welche in den folgenden Büchern speciell auf die Himmelskörper angewandt werden. Die im ersten Buche entwickelten allgemein-mechanischen Theorien auf reingeometrischem und streng synthetischem Wege herzuleiten, ist der Hauptzweck des angekündigten Werks, und es ist auf diese Art alles, was im ersten Buche des Laplace enthalten ist, mit Ausnahme dessen, was sich auf Flüssigkeiten bezieht, und überdies noch manches aus dem zweiten Buche und anderes, was sich nicht in Laplace's, sondern in Poisson's Mechanik befindet, in einem Umfange von etwa 30 Bogen in Octav, welche übrigens die Theorie des conischen Pendels und der rotatorischen Bewegung fester Körper noch vollständiger als Laplace und Poisson enthalten, dargestellt, so dafs dabei zum Verständnifs nichts als die Elemente des Euclides und einige Sätze des Archimedes und Appollonius, auf welche ich im Verlauf der Schrift öfters verweise, dagegen aber nichts von dem Theorem der neueren Arithmetik, Algebra und Analysis vorausgesetzt wird. Folgende Übersicht des Inhalts möchte vielleicht das Publicum im Voraus über den im angekündigten Werke herrschenden Geist gründlicher belehren.

Das Werk zerfällt in 3 Theile, wovon die beiden ersteren, dem Umfange nach die kleineren, nur als vorbereitende betrachtet werden können. Der 1ste Theil ist betitelt: Vorbereitende arithmetische Lehren, der 2te Theil: Vorbereitende geometrische Lehren, der 3te: Mechanische Lehren. Die arithmetischen Lehren beziehen sich aber nicht auf Arithmetik im neueren Sinne des Worts, wonach alle Gröfsen als Zahlen, mit Rücksicht auf eine ein- für allemal festgesetzte Einheit, betrachtet werden müfsten, sondern gleichfalls auf die antike Methode, und sind nur darum von den geometrischen Lehren abgesondert worden, weil sie, wie die Sätze des 5ten Buchs des Euclides, Gröfsen überhaupt, und nicht räumliche Gröfsen allein betreffen. Für Gegenstände dieser Art ist die Benennung arithmetisch nicht ganz passend; doch habe ich bisher keine passendere kurze Benennung auffinden können. Der 1ste Abschnitt des 1sten Theils enthält eine Vervollständigung der Euclidischen Proportionslehre, welche als Grundlage der ganzen antiken Methode betrachtet werden kann. Der 2te Abschnitt behandelt die arithmetischen und geometrischen Reihen, sowohl begrenzte als unbegrenzte, und deren Summirung, soweit diese Theorie in der Mechanik angewandt wird. Der 3te Abschnitt betrachtet die convergirenden Reihen allgemeiner, besonders diejenigen, welche aus dem binomischen Lehrsatze hervorgehen, doch nur so weit, als späterhin in diesem Werke davon Gebrauch gemacht wird. Im 4ten Abschnitt, welcher überschrieben ist: Von den Facultäten, werden gewisse aus dem Binomial-Theorem hervorgehende merkwürdige Sätze auf antike Art bewiesen; übrigens sind beide Abschnitte, der 3te und 4te, hauptsächlich zur Begründung der Theorie des gemeinen und conischen Pendels und zur Herleitung der dabei vorkommenden unendlichen Reihen eingeschaltet. Die vorbereitenden geometrischen Lehren handeln im 1sten Abschnitt von den Tangenten, Normalen, Krümmungskreisen, Krümmungshalbmessern, Krümmungs-Ebenen, Evoluten und Evolventen bei Curven im Allgemeinen, von einfacher und von doppelter Krümmung; die Begriffe werden scharf bestimmt, und die merkwürdigsten Eigenschaften bewiesen; Lehren dieser Art können bei der festen Begründung der ersten mechanischen Grundbegriffe, Geschwindigkeit, Kraft, Zusammensetzung der Bewegungen, nicht aufser Acht gelassen werden. Der 2te Abschnitt betrachtet speciell die Krümmungshalbmesser der Kegelschnitte, und stützt sich vorzüglich auf das 5te Buch der *Conica* des Apollonius, welches von den Gröfsten und Kleinsten handelt; dieser Abschnitt wird hauptsächlich bei der Theorie der Centralbewegungen und bei der Entwickelung der Keplerschen Gesetze angewandt. Der 3te Abschnitt ist überschrieben: Vom Schwerpunct zwischen jeder beliebigen Anzahl Puncte im Raume. Der Schwerpunct wird hier reingeometrisch und ohne alle physicalische Beimischung definirt, und dann die von Laplace beschriebene Methode, den Schwerpunct zwischen jeder Anzahl gegebener Puncte in Beziehung auf 3 feste Ebenen oder in Beziehung auf 3 feste Puncte, die nicht in gerader Linie liegen, zu bestimmen, auf antikem Wege bewiesen. Der 4te Abschnitt: Von den goniometrischen Linien, entwickelt hauptsächlich diejenigen Reihen für die Sinus und Cosinus vielfacher Bogen und für die Potenzen der Sinus, welche zum Beweise der unendlichen Reihe für die Zeit einer gemeinen oder conischen Pendelschwingung dienen, mit Vermeidung der Begriffe des Negativen und Imaginären; dieser Abschnitt stützt sich vorzüglich auf den 4ten Abschnitt des ersten Theils. Alsdann folgt noch ein kleiner, 5ter Abschnitt: Von der Cykloïde; es wird darin die Art, an einen gegebenen Punct der Cykloïde eine Tangente zu ziehen, ohne Beimischung des Unendlichkleinen bewiesen, zum Behuf der Theorie der Cykloide als Tautochrone. Soviel von den vorbereitenden Abschnitten.

Der 1ste Abschnitt der eigentlich mechanischen Lehren begründet die Begriffe der Geschwindigkeit und der beschleunigenden und verzögernden Kraft bei einer Bewegung, insofern nicht darauf gesehen wird, ob sie geradlinig oder krummlinig ist.

Auch wird darin die vollständige Theorie der von der Schwere getriebenen, senkrecht abwärts fallenden und senkrecht aufwärts steigenden Körper entwickelt. Im 2ten Abschnitt wird die Begriffsbestimmung der Kräfte insofern vervollständigt, als nun auch auf die Zusammensetzungen der Bewegungen Rücksicht genommen wird. Der 3te Abschnitt, von Centralbewegungen, beweist die 3 Keplerschen Gesetze und ihre Umkehrungen; dann wird das *Problema duorum corporum* behandelt, die Bestimmung der Bahnen zweier sich gegenseitig nach dem Gravitationsgesetz anziehender Puncte; zugleich wird diese Theorie insofern erweitert, als nun sogleich das Theorem von der Erhaltung der Bewegung des Schwerpuncts zwischen einer beliebigen Anzahl sich gegenseitig anziehender Puncte daran geknüpft wird. Zur Begründung des Satzes, daſs die Keplerschen Gesetze nicht für bloſse Puncte allein, sondern auch für Kugeln von gleichförmiger Dichtigkeit oder für solche Kugeln gelten, deren Dichtigkeit in gleichen Entfernungen vom Mittelpuncte allemal gleich ist, dient der 4te Abschnitt; weil aber die Betrachtung fest mit einander verbundener Puncte, welche durch Anziehen und Abstoſsen auf einander wirken, bis dahin noch nicht vorgekommen ist, so beschränkt sich dieser Abschnitt auf die Betrachtung des Falls, wo vorausgesetzt wird, daſs eine Kugel einen bloſsen Punct anzieht. Der 5te Abschnitt handelt von Bewegungen auf vorgeschriebenem Wege, sowohl im Allgemeinen, als auch speciell und mit möglichster Ausführlichkeit vom gemeinen und conischen Pendel, überhaupt von der Bewegung eines von der Schwere getriebenen Puncts in einer vorgeschriebenen Kugelfläche oder Cykloide, wobei auch die für diese Bewegungen geltenden unendlichen Reihen auf antikem Wege bewiesen werden. Vom 6ten Abschnitt an beginnt die Lehre vom Gleichgewicht und der Bewegung eines Systems von Puncten, welche nach einem beliebigen Gesetz, doch mit Beobachtung des Princips der Gleichheit der Wirkung und Gegenwirkung, auf einander wirken. Voran steht das Princip der virtuellen Geschwindigkeiten; ich habe mich bemüht, dieses, so wie die Umkehrung desselben, in antiker Form auszudrücken und nach antiker Methode zu beweisen. Daran knüpft sich die Theorie des einarmigen, zweiarmigen und des Winkelhebels, dann die des Gleichgewichts eines Systems fest mit einander verbundener Puncte, und im 7ten Abschnitt die des Gleichgewichts eines festen Körpers, und sodann im 8ten Abschnitt die beim 4ten Abschnitt noch rückständig gelassene Untersuchung über die Gravitation für den Fall, wo beide Körper, der anziehende und angezogene Kugeln sind. Der 9te Abschnitt entspricht dem 5ten Capitel im 1sten Buch des Laplace, und entwickelt die allgemeinen Gesetze der Bewegung eines Systems von Körpern, das Princip der Erhaltung der lebendigen Kräfte und der Winkelflächen; auch wird die Theorie der unveränderlichen Ebene in möglichster Vollständigkeit und mit steter Festhaltung der geometrischen Anschauung entwickelt. Der 10te Abschnitt endlich schlieſst sich an das 7te Capitel des 1sten Buchs des Laplace, und enthält die Theorie der drehenden Bewegung der festen Körper, hauptsächlich für den Fall, wenn auf einen solchen Körper entweder gar keine äuſseren Kräfte oder nur parallele Kräfte, wie die Schwere, wirken. Mit der Bewegung um eine feste Axe, weil ihre Theorie die leichtere ist, wird der Anfang gemacht, und dabei die Theorie des zusammengesetzten Pendels gegeben. Der Schwingungspunct bei einem zusammengesetzten Pendel wird zur Begründung des Begriffs des Moments der Trägheit eines Körpers im Allgemeinen benutzt, welcher Begriff, wenn man die Betrachtung des Unendlichkleinen oder das atomistische System umgehen will, schwierig ist (eine Schwierigkeit, die sich übrigens auch bei der Begriffsbestimmung des Schwerpuncts eines Körpers findet). Die Definition des Moments der Trägheit eines Körpers wird, so wie die Definition des Schwerpuncts eines Körpers, nicht reingeometrisch, sondern mit Benutzung statischer und mechanischer Hülfsbegriffe, gegeben; hinterher folgt indessen ein Versuch, das Moment der Trägheit bei einer bestimmten Art von Körpern, nemlich bei Kugeln von gleichförmiger Dichtigkeit (welche auch Laplace im 1. Buch seiner Mechanik speciell betrachtet), vermittelst eines der Exhaustionsmethode der Alten ähnlichen Verfahrens zu bestimmen. Daran schlieſst sich denn die Begriffsbestimmung der Haupt-

Axen, unter Grundlegung des Begriffs des Moments der Trägheit, übrigens reingeometrisch entwickelt. Auch werden die merkwürdigsten geometrischen Eigenschaften der Haupt-Axen, namentlich der Zusammenhang derselben mit den gröfsten und kleinsten Momenten der Trägheit, bewiesen. Nun beginnt die Untersuchung über die Bewegung fester Körper oder fester Systeme von Puncten, für den Fall, wenn nur Ein Punct oder gar kein Punct fest ist, und es werden die merkwürdigsten Gesetze der drehenden Bewegung in möglichster Vollständigkeit und Anschaulichkeit hergeleitet. Voran steht der Fall, wo ein Körper sich um eine Haupt-Axe dreht; dann folgt die Betrachtung des Falls, wo ein Körper unzählige in Einer Ebene liegende Haupt-Axen hat, und sich um eine von den Haupt-Axen verschiedene Axe dreht (von dieser Bewegung wird eine vollständige Theorie gegeben); endlich wird die Bewegung für den Fall bestimmt, wo der sich drehende Körper nur 3 Haupt-Axen hat, und sich um eine von den Haupt-Axen verschiedene Axe dreht. Von dieser letzteren Bewegung wird zwar keine vollständige Theorie gegeben (welche auch selbst bei Anwendung des höheren Calculs, wenn man nicht bei Annaherungen stehen bleiben will, fast mit unüberwindlichen Schwierigkeiten verbunden ist); aber es werden auch die dabei vorkommenden periodischen Schwankungen der augenblicklichen Umdrehungs-Axe um die Haupt-Axe des gröfsten oder kleinsten Moments und um die Axe der unveränderlichen Ebene, so wie die Bedingungen des sicheren und unsicheren Zustandes, in möglichster Vollständigkeit entwickelt, und zuletzt gezeigt, dafs die Bewegung nach Ablauf einer Periode allemal genau wie von vorn anfängt.

Inwiefern die hier angekündigte Arbeit, mit Beobachtung der antiken Methode, auf schwierigere Gegenstände der Mechanik des Himmels, auf das Problem der 3 Körper und den Perturbationscalcul, ausgedehnt werden kann, kann nur die Zeit lehren.

Einige neuere mathematische Schriften sind folgende:

C. J. Gaufs, *Principia generalia theoriae figurae fluidorum in statu aequilibrii, Goett.* 1830. eine wichtige, ihres berühmten Verfassers würdige Schrift, welche ihren Gegenstand in grofser Allgemeinheit umfafst, so dafs sie die Laplacesche Theorie der Capillarität gleichsam als Corollarium enthält.

J. J. Caspari, Lehrbuch der ebenen Geometrie, Coblenz 1829—30. Dieses Lehrbuch zeichnet sich durch die Menge der Übungs-Beispiele, durch Streben nach System und durch Deutlichkeit aus.

J. G. Hartmann, Elemente der analytischen Geometrie, Berlin 1830. Der bis jetzt erschienene erste Band dieser Schrift enthält zwar nur die ersten Elemente der Analysis der geraden Linie und der Linien zweiter Ordnung, zeichnet sich aber durch Einfachheit und Natürlichkeit aus, und ist deshalb den Lernenden zu empfehlen.

A. M. Legendre *Theorie des nombres; troisième édition, Paris chez Didot*, 1830. Diese neue Auflage ist fast doppelt so stark als die früheren, und daher fast als ein neues Werk des würdigen Veteranen der mathematischen Literatur zu betrachten.

S. D. Poisson *sur le mouvement de deux fluides élastiques superposés*; enthält eine tiefe Untersuchung der schwierigen Aufgabe von Mittheilung der Bewegung in elastischen Flüssigkeiten.

Von Lacroix *traité élém. d'arithm.* ist die 18te Auflage; von dessen *élém. de géom.* die 14te Auflage; von dessen *traité élém. du calc. diff. et int.* die 4te Auflage; von Bourdon *élém. d'arithm.* die 7te Auflage, und von dessen *élémens d'algèbre* die 5te Auflage erschienen.

Die *Annales de mathématiques* von Gergonne befinden sich jetzt im 21sten Bande; von der *Correspondance mathématique et physique* von Quetelet ist der 6te Band, von der Wiener Zeitschrift für Mathematik und Physik der 7te Band vollendet, und das *Bulletin des sciences mathématiques, physiques et chimiques* von Ferussac befindet sich im 13ten Bande. Von Cauchy *exercices de mathématiques* sind jetzt in allem 50 Hefte erschienen.

Lightning Source UK Ltd.
Milton Keynes UK
UKHW020127090119
334943UK00005B/536/P

9 780364 346242